粮油作物绿色提质增效栽培技术

杨新田　吴玲玲　主编

黄河水利出版社

·郑州·

内 容 提 要

　　本书共分十章,介绍了小麦、玉米、谷子、大豆、绿豆、甘薯、马铃薯、花生、油菜、芝麻十种粮食油料作物的生物学特征特性、优质品种、绿色提质增效适用技术和主要病虫草害防治技术。本书既可作为基层农业技术人员的技术手册,也可作为农业产业扶贫技术培训教材和农民生产参考用书。

图书在版编目(CIP)数据

　　粮油作物绿色提质增效栽培技术/杨新田,吴玲玲主编. —郑州:黄河水利出版社,2018.9
　　ISBN 978 – 7 – 5509 – 2137 – 5

　　Ⅰ.①粮…　Ⅱ.①杨…　②吴…　Ⅲ.①粮油作物 – 栽培技术 ②油料作物 – 栽培技术　Ⅳ.①S51 ②S565

　　中国版本图书馆 CIP 数据核字(2018)第 221222 号

出　版　社:黄河水利出版社　　　　　　　　　　网址:www.yrcp.com
　　　　　　地址:河南省郑州市顺河路黄委会综合楼 14 层　　邮政编码:450003
发行单位:黄河水利出版社
　　　　　　发行部电话:0371 – 66026940、66020550、66028024、66022620(传真)
　　　　　　E-mail:hhslcbs@126.com
承印单位:河南承创印务有限公司
开本:787 mm×1 092 mm　1/16
印张:22.75
字数:520 千字　　　　　　　　　　　　　印数:1—1 000
版次:2018 年 8 月第 1 版　　　　　　　　印次:2018 年 8 月第 1 次印刷

定价:56.00 元

《粮油作物绿色提质增效栽培技术》
编　委　会

前　言

粮食、油料作物是我国的主要农作物,在国民经济中占有十分重要的地位,这些作物的生产是关系到人类生存的最重要的物质生产。改革开放以来,我国粮油作物生产稳步发展,近年来,随着国民经济的发展和人民膳食结构的改变,国家对粮油作物的生产提出了更高的要求,要把科技兴农摆在更加突出的位置,促进粮油产业转型升级,以科技创新带动粮油产业向更高层次发展,深入推进农业供给侧结构性改革,着力推进农业提质增效,增强农业可持续发展能力。今后,我国粮油生产将从追求高产向优质转型,从吃饱向吃好、吃得健康转型,迫切需要推广绿色增产增效技术,这也是落实农业部"提质增效转方式,稳粮增收可持续"工作要求的需要,建设农产品竞争力和增加农民收入的需要。为顺应农业生产转方式、调结构新形势,在种植管理过程中应大力推广应用新品种、新技术,实现良种良法良机配套、绿色高质高效同步,提高粮油生产质量和产量,提升种植效益。

有鉴于此,我们根据近年来优质粮油作物生产研究的新成果、新技术、新经验,参阅有关科技资料,组织编写了《粮油作物绿色提质增效栽培技术》。本书比较系统地介绍了小麦、玉米、花生等十大作物的生物学特征特性,各个作物当前主推的优质专用品种;结合生产条件详细论述了各个作物的绿色提质增效适用技术和主要病虫草害防治技术。书中理论联系实际,文字通俗易懂,既可作为基层农业技术人员的技术手册,也可作为农业产业扶贫技术培训教材和农民生产参考用书。

本书在写作过程中引用了大量前人的文献资料、科研成果、数据,也得到了许多专家、同行们的支持和帮助,在此一并致谢。

由于时间仓促,加之受编者水平和能力的限制,书中疏漏、错误及缺点在所难免,诚望广大读者批评指正,以便进一步修改和补充,在此深表感谢。

编　者

2018 年 1 月

前　言

目　录

第一章 小 麦

第一节 小麦栽培的生物学基础

一、小麦的生育时期

小麦从种子开始萌发到新种子成熟称为小麦的一生,亦称小麦的全生育期。在整个生长发育过程中,植株的形态和生理特征发生显著变化,陆续形成小麦的根、茎、叶、分蘖、穗、小花、籽粒等器官,并通过个体发育和群体发展形成产量。

小麦的生育期(全生育期),是指从出苗至成熟所经历的天数。我国各麦区小麦生育期差异很大,可从春小麦的 100 d 左右到冬性冬小麦的 300 多天。一般同一麦区冬性品种生育期较春性品种长,而在能正常成熟的前提下,同一麦区生育期长的品种产量潜力相对较高,调整播种期可控制其生育期长短,并对产量有较强的调控效应。

在小麦生长发育过程中,新的器官不断形成,外部形态发生诸多变化,根据器官建成和外部形态特征的显著变化,可将小麦整个生育期划分为多个生育时期,包括出苗期、分蘖期、越冬期、返青期、起身期(生物学拔节)、拔节期(农艺拔节期)、孕穗期、抽穗期、开花期、灌浆成熟期等。春小麦没有越冬期、返青期和起身期。

(一)出苗期

小麦第一片绿叶伸出胚芽鞘 2 cm 时为出苗,全田 50% 的籽粒到达该标准时即为出苗期。

(二)分蘖期

小麦分蘖伸出其邻近叶叶鞘 1.5 ~ 2 cm 时,称为出蘖。当全田 10% 的植株第一个分蘖伸出叶鞘 1.5 ~ 2 cm 时,为分蘖始期;50% 的植株达到该标准时,为分蘖期。

(三)越冬期

冬前日平均气温降到 1 ~ 2 ℃时,小麦植株基本停止生长,进入越冬期,直至来年开春返青期结束。

(四)返青期

来年春天,气温回升,小麦恢复生长,当 50% 植株年后新长出的叶片(多为冬春交接叶)伸出叶鞘 1 ~ 2 cm,且大田小麦叶片由暗绿变为青绿色时,称为返青期。

(五)起身期

小麦基部第一节间开始伸长,此期亦称生物学拔节期。起身期对应小麦幼穗分化的小花原基分化期。

(六)拔节期(农艺拔节期)

小麦的主茎第一节间基本定长,距离地面 1.5 ~ 2 cm,基部第二节间开始伸长,也称为农艺拔节期。拔节期对应小麦幼穗分化的雌雄蕊原基分化期。

（七）孕穗期

植株旗叶(亦称剑叶,指小麦茎秆上的最后一片叶)完全伸出倒二叶鞘(叶耳可见),即为孕穗期,也称挑旗期。

（八）抽穗开花期

麦穗(不包括芒)从旗叶鞘中伸出达整个穗长度的一半时称为小麦抽穗期。全田有50%的植株第一朵花开放时为开花期。

（九）灌浆成熟期

此期包括籽粒的形成、灌浆、乳熟、蜡熟与完熟期。其中,蜡熟期是小麦收获适期,此时籽粒大小、颜色与成熟籽粒相似,内部呈蜡状,籽粒含水量22%左右,叶片枯黄,籽粒干重达最大值;蜡熟期后是完熟期,此时籽粒已达到品种正常大小和颜色,内部变硬,含水量降至20%以下,此时收获小麦已经偏迟,且籽粒易脱落,收获损失提高。

二、小麦的阶段发育

小麦在特定的生育阶段需特定的外界环境条件,才能完成一系列质变,不可逆地由营养生长转向生殖生长,并抽穗结实,形成新的种子,这种阶段性的质变称为阶段发育。小麦最重要的阶段发育过程是春化阶段和光照阶段。春化阶段是指小麦需要一定的低温条件才能由营养生长转向幼穗分化;此后还需要一定的日照长度才能使完成正常的幼穗分化,此阶段称为光照阶段。

（一）春化阶段（感温阶段）

感受春化作用的器官是萌动种子胚的生长点或幼苗的生长点,胚乳与春化作用无关(蔡可,1957)。在春化阶段起主导作用的是适宜的温度条件,根据不同品种通过春化阶段所需温度的高低和时间的长短差异,可将小麦划分为以下几种类型:

(1)春性品种。北方春播品种在5～20 ℃,秋播地区品种在0～12 ℃的条件下,经过5～15 d可完成春化阶段的发育。未经春化处理的种子在春天播种能正常抽穗结实。

(2)半冬性品种。在0～7 ℃的条件下,经过15～35 d,即可通过春化阶段。未经春化处理的种子春播,不能抽穗或延迟抽穗,抽穗极不整齐。

(3)冬性品种。对温度要求极为敏感,在0～3 ℃条件下,经过30 d以上才能完成春化阶段发育。未经春化处理的种子春播,不能抽穗结实。

我国秋播冬小麦一般南方品种春性较强,向北推移增强,华南、长江流域的品种以春性品种为主,高海拔地区有少数冬性品种,黄淮平原以半冬性和冬性为主,北部麦区和新疆地区冬小麦多属强冬性,东北、西北、北部麦区品种属春小麦。近年来,随着全球变暖及小麦适播期的延迟,冬性偏弱的小麦品种播种面积有扩大的趋势。

（二）光照阶段（感光阶段）

通过春化阶段后,在适宜的外界环境条件下,小麦即可进入感光阶段(光照阶段)。此时的主导因素是日照长度,光照时间的长短直接影响小麦抽穗结实。根据对光照长短的反应,可将小麦品种分为三种类型:

(1)反应迟钝型。在每日8～12 h光照条件下,16 d以上能顺利通过光照阶段而抽穗,不因日照时间的长短而有明显差异。这类小麦多属于原产低纬度的春性小麦品种。

（2）反应中等。在每日8 h的光照条件下,不能通过光照阶段,但在12 h光照条件下,经24 d以上可以通过光照阶段,一般半冬性类型的小麦品种属于此类。

（3）反应敏感型。每日光照12 h以上,经30~40 d才能正常通过光照阶段,而每日8~12 h光照条件下,不能通过光照阶段。冬性类型和高纬度地区春性类型品种多属此类。

（三）阶段发育理论在小麦生产中的应用

温光反应特性是小麦阶段发育的必要条件,控制着小麦生育进程,决定着茎蘖数的多少与幼穗分化的起始和进程,影响着全生育期的长短。生产中可充分利用不同小麦品种的温光反应特性,指导育种中亲本的选择、调节花期相遇、安全引种以及合理栽培措施的制定。

1. 安全引种

引种时应充分考虑品种的温光发育特性与当地温光条件的吻合程度,一般相近纬度和生态环境下引种易于成功。而在北种南引时,小麦品种对春化要求较高,易引起不抽穗或抽穗延迟,生育期延长,因此应引冬性偏弱、生育期短的小麦品种,如引种能成功,可提高小麦产量;相反,南种北引时,易完成春化阶段,成熟期提前,生育期缩短,产量降低,应引种生育期偏长的偏冬性品种。不同海拔地区间引种,低海拔向高海拔地区引种,应参照南种北引;高海拔向低海拔地区引种,则类似于北种南引。

2. 品种布局

冬性品种生育期长、适播期早、产量高,适宜北方寒冷地区种植;半冬性品种生育期中等、产量最高,一般适宜黄淮海冬麦区种植;春性较强的品种生育期较短,一般在长江中下游麦区和南方冬麦区进行种植,产量水平相对较低。高纬度与高海拔地区应种植春小麦。

3. 育种

为扩大小麦品种的适种范围,应尽可能引入对温光反应特别是对日照长度相对不敏感的基因。在杂交育种程序中,为调节花期相遇,应尽可能选择温光反应特性相近的父母本,或者人工调节温光生态条件(主要是春化作用),使亲本花期相遇。此外,还可利用小麦的温光特性,缩短各世代生育期加速育种进程,或者选择不同地区,进行异地加代。

4. 栽培

应根据小麦品种温光特性选择品种适宜的播期、播量,并进行合理的肥水管理,实现小麦高产。如:冬性品种对长日敏感,要求春化温度低、时间长,宜适期早播,确保早感受外界代温,完成春化阶段;春性品种对春化要求温度高、时间短,秋季早播易通过春化阶段,但易遭冻害,因此宜适期迟播。此外,品种的分蘖能力与春化时间的长短有关,冬性品种分蘖力强宜稀播,春性品种宜密播。

三、小麦根、茎、叶的生长

（一）种子萌发与出苗

1. 种子萌发过程

在适宜的水分、氧气和温度条件下,胚开始萌动,至胚根突破种皮形成种苗的整个过程叫种子萌发。一般可划分为三个阶段：

（1）物理化学阶段，为物理吸水膨胀过程，吸水后种子内的淀粉、脂肪、蛋白质和纤维素等大分子由凝胶状态转变为溶胶态，体积随之增大；此阶段的主要作用是产生膨压以促进种子萌发，同时促进种子内部的物质转化。

（2）生物化学阶段，经呼吸作用，胚乳中的淀粉和储存蛋白不断分解成可溶性糖和氨基酸，脂肪经乙醛酸循环水解；此外再经过一系列新的合成反应，形成新器官生长所需的蛋白质、多糖和脂肪。

（3）生物学阶段，种子开始萌发，胚根鞘首先突破种皮而萌发，称为"露白"，接着胚芽鞘也破皮而出，当胚芽达到种子的一半、胚根长与种子等长时，即达到发芽的标准。

2. 幼胚的生长与出苗

种子萌发后，胚芽鞘向上伸长顶出地表，称为出土。胚芽鞘见光后停止生长，接着从胚芽鞘中长出第一片绿叶，当第一片绿叶伸出胚芽鞘 2 cm 时称为出苗，田间有 50% 苗达到上述标准时为出苗期。

3. 影响萌发出苗的因素

生产中要求小麦田间出苗迅速整齐、出苗率高。生产上"斤子万苗"的说法较为通用：即每斤（0.5 kg）小麦籽粒数约 12 500 粒（按千粒重 40 g 计），种子发芽率为 90% ~ 95% 以上，田间出苗率为 85% ~ 90% 以上，由此计算每斤种子出苗 95 000 ~ 10 500 株。影响出苗率和出苗速度主要因素有种子质量、品种特性、温度、水分、播种深度、土壤空气和整地质量等。

（1）种子质量及品种特性。种子质量及品种特性是影响出苗率高低和出苗速度的内因。

（2）温度。在一定温度范围内，随温度升高，小麦种子吸水加快，各种分解酶活性增强，加快了物质和能量转化，种子发芽也快。小麦种子发芽的最低温度为 1 ~ 2 ℃，最适温度为 15 ~ 20 ℃，最高温度为 35 ~ 40 ℃。因此，在生产上要强调适期播种，以有利于田间出苗并形成壮苗。小麦播种出苗最适的日均温为 15 ~ 18 ℃，此时从播种到出苗需 6 ~ 7 d，且出苗率高。日均温低于 3℃ 时播种，一般当年幼苗不能出土，成为"土里捂"，出苗率也显著下降。

（3）土壤湿度与土壤溶液浓度。土壤湿度过高或过低，均不利于出苗率和出苗速度。小麦种子萌发出苗最适的相对土壤含水量为 80% 左右，对应的土壤绝对含水量为：砂土 14% ~ 16%、壤土 16% ~ 18%、黏土 20% ~ 24%。当土壤含水量分别低于 10%、13% 和 16% 时，出苗时间延长，出苗率降低。因此，播前应保证好的底墒，以确保苗全、苗壮。

（4）土壤空气。小麦种子发芽需充足的氧气，用于呼吸作用、分解细胞内储存营养物质氧化为各种中间产物、释放能量，以满足新器官建成所需的物质和能量。通常情况下，土壤中的氧气足以保证小麦种子萌发和出苗的需要，但当土壤黏重、水分过多、土表板结或播种过深时，则因缺氧而不能萌发。

（5）播种深度。播种深度主要影响种子萌发至幼苗出土所消耗的能量多少，并由此影响幼苗素质。小麦应适当浅播，以加快出苗速度，降低胚乳养分消耗，确保壮苗。一般沙质土壤播种深度可适当加深，较湿的黏质土壤应适当浅播。一般播种深度 3 ~ 5 cm 较为适宜。

（二）根

1. 根系的发生

种子萌发时首先伸出主胚根，经 2~3 d 再从胚轴基部长出第一、第二条侧根，这三条根的根原基在种胚形成时即已存在并明显可见，因而当种子萌发时，首先长出的是这三条根。当主茎第一叶出土后，初生根的数目就不再增加，因此小麦初生根数目一般为 3~5 条，偶尔可达 7~8 条。

小麦次生根发生在茎基部的分蘖节上，发生时间一般与同位分蘖发生同步或稍后。主茎各叶位的节根数一般为 2~4 条，分蘖各叶位节根数少于主茎，一般为 1~3 条，主茎抱茎叶节根数多达 5~6 条。一株小麦次生根数目多的可达 70~80 条，少的 10 多条，因品种类型和环境条件而异。

2. 根系的生长与分布

小麦种子根一般在出苗 7~10 d 内全部形成，数量相对稳定。种子根产生后生长较快，其方向为垂直伸长。次生根产生历时较长，在北方冬麦区次生根数量在一生中一般出现两个高峰，即冬前分蘖高峰期与冬后拔节至抽穗高峰期。一般 0~20 cm 土层内小麦的根系占 60% 以上，20~40 cm 土层内 30%，40 cm 以下土层约占 10%。次生根主要分布在 0~50 cm 土层，最深可达 200 cm 以上。

3. 影响根系生长的因素

土壤特性和耕作方式是小麦根系生长的重要因素。土体容量（根土容积）、土壤质地、土壤坚实度、耕翻方法、土壤水分、土壤营养状况等均影响着根系的生长与分布。可以把根群外围至根尖所形成的曲面所包括的根系与土壤空间称为"根土容积"。在大田条件下，根土容积实际上等于最大根深与单位水平面积的乘积，根土容积的大小直接反映小麦水分养分供应及土壤理化作用的最大范围，也是根群发育适应环境的空间幅度。

冬小麦苗期对土壤水分适应能力较强，耐旱性较强，苗期受旱而春季土壤水分得到改善时，小麦发根力反而会得到加强；拔节至抽穗期土壤水分欠缺，会严重影响根的生长。土壤水分不仅影响到根量的增长与分布，而且对根系活力与吸收比表面积有密切的关系。

土壤营养种类与数量影响根系的生长。耕层施肥对根系有促进下扎的作用，深层施肥具有明显的诱导作用，甚至深层施肥达 150~250 cm 时，都有明显的诱导作用。而且当根系进入施肥层后，就会产生大量分枝形成根团，致使施肥层根干重明显大于不施肥处。因此，施肥是调控根系生长的重要手段。

（三）茎

小麦茎秆储藏物质是指在茎秆中储存并可被再利用的非结构性物质，主要为非结构（水溶性）碳水化合物，包括葡萄糖、果糖、蔗糖、果聚糖等可溶性糖。根据合成时间与运向可将茎秆储存光合产物分成两类：一是开花前形成的光合产物，当这部分光合产物生产量大于植株结构生长所需时，多余部分在茎鞘等营养器官中临时储存；二是开花后形成的光合产物，这部分光合产物根据去向也可分成两部分：一是暂时储存于茎鞘中，灌浆中后期再分解输送至籽粒；二是直接运输到籽粒。储存光合产物对小麦籽粒产量尤其是维持逆境下的产量具有重要意义。

（四）叶

叶片是小麦进行光合、呼吸和蒸腾最重要的器官,对籽粒产量形成具重要作用。(主茎)叶片还与其他器官有较好的同伸关系,可指示小麦生育进程,并在很大程度上反映了植株的营养与生理状况,是小麦进行生长发育与产量形成调控的重要指示器官。小麦叶一般可分为完全叶、不完全叶和变态叶。

四、分蘖及其成穗

分蘖是小麦重要的生物学特性之一,分蘖的数量和质量反映了麦苗生长的强弱,是决定群体结构和个体发育健壮程度的重要标志,最终影响和决定产量的高低。

小麦分蘖发生在地表下的分蘖节上,分蘖节由麦苗基部若干密集在一起的节组成。

小麦各级分蘖的出生与主茎叶片的出生具一定的"同伸"关系。小麦主茎生出第三叶时(用3/0表示),由胚芽鞘中长出胚芽鞘分蘖,即"C"蘖,是小麦最早生出的分蘖,此蘖能否发生与品种特性、播种深度和地力等有关。主茎伸出第四叶时,在主茎第一叶叶鞘中长出第一个分蘖(Ⅰ蘖),以后主茎每增生一片叶,即沿主茎出蘖节位由下向上顺序长出各个分蘖。因此,主茎出叶数(n)与主茎分蘖数呈"$n-3$"的同伸关系。当主茎长出第六片叶时,在主茎第三叶叶鞘中长出第三个分蘖;同时,第一个一级分蘖(Ⅰ蘖)已达到三叶龄(用3/1表示),在其蘖鞘中长出第一个二级分蘖,即"Ⅱ$_p$"蘖。

五、籽粒形成与成熟

（一）抽穗开花

1. 抽穗

幼穗分化完毕后,麦穗迅速伸长变粗,进入孕穗期,旗叶全展。尔后穗下节间把麦穗送出旗叶鞘,顶端第一小穗露出旗叶叶鞘时叫抽穗,全田50%的植株抽穗叫抽穗期,达90%时为齐穗期。麦穗整穗旗叶鞘需3~5 d,全田抽穗期持续6~8 d。

2. 开花受精

小麦一般在抽穗后2~4 d开花,高温低湿条件下可于当天开花,低温阴湿可延迟到抽穗后10~15 d才开花。小麦日夜均能开花,但主要集中于上午9~11时和下午15~17时,形成一日两次开花高峰。一般主茎穗先开,分蘖穗按发生先后依次开花,整个麦穗开花顺序与小花分化顺序一致:中部小穗基部第一朵花先开,然后渐及上下部小穗;每个小穗都是基部第一小花先开,向上依次开花。一个麦穗小花3~5 d开完,以第2~3 d为盛花,全田开花需6~8 d。

（二）小麦籽粒的形成过程

籽粒形成过程是光合产物的形成、调运、聚积、固化的过程,我国大部分麦区一般需30~40 d,少数地区长达60 d以上。以北方冬麦区为例,大致可分为三个阶段。

1. 籽粒形成期

开始于受精坐脐,伴随着幼胚形成和种皮内水分急剧增加,籽粒长度迅速伸长,胚胎和籽粒"库容"逐渐形成,至籽粒长度达全长的3/4(多半仁)时,转入乳熟期。该阶段籽粒宽度增长很小,籽粒颜色由灰白逐渐转为灰绿。该期历时10~12 d,初期含水量达

70%～80%，干重增长很慢。末期胚乳由清水状转为清乳状，含水量降至65%左右，胚乳汁液稀薄、带有黏性。此阶段胚胎形成，已具发芽并形成幼苗的能力。

2. 灌浆阶段

始于"多半仁"，经"顶满仓"到蜡熟前期为灌浆过程。其间"库容物质"不断向籽粒调运，因此干物质增加快，含水量由65%～70%逐渐降至40%左右，功能叶及茎秆内储存性干物质也开始分解并向籽粒运转。籽粒长、宽、厚同时增长，体积达到最大，谓之"顶满仓"。乳熟历时越长，物质充实越好，粒重越高。该期末期还经历一个短时期的面团期，时间为2～3 d，水分继续减少，胚乳黏滞呈面筋状，体积开始缩小，灌浆过程结束，干重增长缓慢。灌浆过程中株体重心急剧上移，应注意防止倒伏。

3. 蜡熟期与完熟期

该期经历时间短，为7～10 d。蜡熟期含水量由40%急剧降至20%左右，粒色由黄绿转黄，胚乳由面筋状转为蜡质状，叶片枯黄，茎秆呈金黄色，蜡熟末期籽粒干重最高，是最适收获期。籽粒含水量降至20%以下、籽粒在短时期内变硬时，称为"硬仁"期，该期历时很短，为2～3 d。此时收获，不仅粒重降低，还会因籽粒大量从穗子脱落造成产量损失。

第二节　主要优质小麦品种简介

一、优质高产小麦品种

（一）周麦22号

选育单位：周口市农业科学院。品种来源：周麦12/温麦6号//周麦13号。

特征特性：半冬性，中熟，比对照豫麦49号晚熟1 d。幼苗半匍匐，叶长卷、叶色深绿，分蘖力中等，成穗率中等。株高80 cm左右，株型较紧凑，穗层较整齐，旗叶短小上举，植株蜡质厚，株行间透光较好，长相清秀，灌浆较快。穗近长方形，穗较大，均匀，结实性较好，长芒、白壳、白粒，籽粒半角质，饱满度较好，黑胚率中等。平均亩穗数36.5万穗，穗粒数36.0粒，千粒重45.4 g。苗期长势壮，冬季抗寒性较好，抗倒春寒能力中等。春季起身拔节迟，两极分化快，抽穗迟。耐后期高温，耐旱性较好，熟相较好。茎秆弹性好，抗倒伏能力强。高抗条锈病，抗叶锈病，中感白粉病、纹枯病，高感赤霉病、秆锈病。轻感叶枯病，旗叶略干尖。该品种增产潜力大，但对肥水要求较高，应立足于在高肥水地推广利用，注意防治赤霉病。

（二）周麦27号

选育单位：由周口市农业科学院。品种来源：周麦16/矮抗58。

特征特性：冬季抗寒性较好，春季起身拔节早，两极分化快，抗倒春寒能力一般。株高74 cm，株型偏松散，旗叶长卷上冲。茎秆弹性中等，抗倒性中等。耐旱性一般，灌浆快，熟相一般。穗层整齐，穗较大，小穗排列较稀，结实性好。穗纺锤形，长芒、白壳、白粒，籽粒半角质，饱满度较好。高感条锈病、白粉病、赤霉病、纹枯病，中感叶锈病。适宜在黄淮冬麦区南片的河南省（南阳、信阳除外）、安徽省北部、江苏省北部、陕西省关中地区高中水肥地块早中茬种植。

（三）矮抗 58

选育单位：河南科技学院。2005 年通过河南省和国家审定。审定编号：国审麦 2005008。品种来源：周麦 11//温麦 6 号/郑州 8960。

特征特性：该品种属半冬性中熟品种。幼苗匍匐，冬季叶色淡绿，分蘖多，抗冻性强，春季生长稳健，蘖多秆壮，叶色浓绿。株高 70 cm 左右，高抗倒伏，饱满度好。产量三要素协调，亩成穗 45 万穗左右，穗粒数 38 ~ 40 粒，千粒重 42 ~ 45 g。抗白粉病、条锈病、叶枯病，中抗纹枯病，根系活力强，成熟落黄好。一般亩产 500 ~ 550 kg，最高可达 700 kg。该品种稳产性好，抗倒性突出，深受农民欢迎。中后期注意防病。

（四）豫麦 49 - 198

选育单位：温县平安农业科技开发有限公司。审定编号：豫审麦 2005004。品种来源：豫麦 49 改良。

特征特性：半冬性品种，生育期 227 d。幼苗生长健壮，叶色深绿，分蘖成穗率高，抗寒性好；株型紧凑，长相清秀，株高 75 cm；旗叶半直立，稍卷曲，根系活力强，耐旱性较好；穗层整齐，通风透光好，灌浆速度快；黑胚率低。高抗叶枯病，中抗条锈病，中感白粉病、纹枯病、叶锈病和赤霉病。

（五）丰舞 981

选育单位：舞阳县种子公司。审定编号：豫审麦 2004021。品种来源：豫麦 57 中系选。

特征特性：半冬性大穗型中早熟品种。幼苗直立，长势健壮，分蘖力适中，抽穗早，亩成穗较多；株型松紧适中，株高 73 ~ 78 cm，茎秆弹性好，较抗倒伏；旗叶上冲，前期长相清秀，后期有轻微早衰，穗层整齐，活秆成熟；中大穗，籽粒白色，饱满度好，黑胚率高；亩穗数 37 万 ~ 42 万穗，穗粒数 38 ~ 40 粒，千粒重 42 g 左右；丰产稳产性好。

（六）豫教 5 号

选育单位：河南教育学院。审定编号：豫审麦 2011002。品种来源：郑 91138/豫麦 49 号。

特征特性：属半冬性中晚熟品种，平均全生育期 237.8 d，比对照周麦 18 号晚熟 0.3 d。幼苗半匍匐，苗势壮，叶宽短披，黄绿色，冬季抗寒性较好，分蘖力强，春季起身拔节早；株高 75.5 cm，株型松散，抗倒伏能力一般；旗叶宽大上举，叶色灰绿；长方形穗，小穗排列较密，穗层整齐，穗下节短，抽穗偏迟，受倒春寒影响，有虚尖现象，不耐后期高温；籽粒半角质，均匀，饱满度较好，外观商品性较好。中感白粉病、条锈病和叶枯病，中抗叶锈和纹枯病。

（七）花培 6 号

选育单位：河南省农作物新品种重点试验室。审定编号：豫审麦 2008006。品种来源：豫麦 21/豫麦 2 号//漯麦 4 号。

特征特性：属半冬性中晚熟品种，全生育期 230 d，比对照豫麦 49 晚熟 3 d。幼苗直立，叶片宽大，长势较强，两极分化快，分蘖成穗率中等，抗寒能力弱，成熟期偏晚；株高 77 cm，株型半紧凑，茎秆粗壮，抗倒性较好；长方形大穗，穗层厚，小穗排列密，穗粒数多，籽粒半角质，饱满，千粒重高。平均亩成穗数 32.4 万穗，穗粒数 39.3 粒，千粒重 54.7 g。中抗叶枯、白粉病,中感条锈、叶锈、纹枯病。

(八)衡观35

选育单位:河北省农林科学院旱作农业研究所。审定编号:国审麦2006010。品种来源:84观749/衡87-4263。

特征特性:半冬性偏春,中早熟,成熟期比对照豫麦49号和新麦18早1~2 d。幼苗直立,叶宽披,叶色深绿,分蘖力中等,春季起身拔节早,生长迅速,两极分化快,抽穗早,成穗率一般。株高77 cm左右,株型紧凑,旗叶宽大、卷曲,穗层整齐,长相清秀。穗长方形,长芒、白壳、白粒,籽粒半角质,饱满度一般,黑胚率中等。平均亩穗数36.6万穗,穗粒数37.6粒,千粒重39.5 g。苗期长势壮,抗寒力中等。对春季低温干旱敏感。茎秆弹性好,抗倒性较好。耐后期高温,成熟早,熟相较好,抗干热风、耐穗发芽。接种抗病性鉴定:中抗秆锈病,中感白粉病、纹枯病,中感至高感条锈病,高感叶锈病、赤霉病。注意预防倒春寒。

(九)丰德存麦13号

选育单位:河南丰德康种业有限公司。审定编号:豫审麦2017014。品种来源:周麦24/周麦22。

特征特性:属半冬性中晚熟品种。全生育期230.6~231 d。幼苗半匍匐,叶色浓绿,冬季抗寒性一般;分蘖力一般,成穗率中等,春季起身拔节早,两极分化较快,抽穗偏晚,对春季低温较敏感;株型适中,旗叶上举,穗下节长,茎叶蜡质厚,株高78.1~84 cm,茎秆弹性一般,抗倒伏能力中等;穗长方形,长芒、白壳、白粒,籽粒半角质,耐后期高温,成熟落黄好。产量构成三要素:亩成穗数37.1万~40.2万穗,穗粒数34.3~34.8粒,千粒重46.8~49.5 g。中抗条锈病,中感叶锈病、白粉病和纹枯病,高感赤霉病。

(十)秋乐2122

选育单位:河南秋乐种业科技股份有限公司。审定编号:豫审麦2014024。品种来源:许农5号/新麦18。

特征特性:属半冬性中熟品种,全生育期224.8~233.5 d。幼苗半直立,叶色浅绿,叶片较大,冬季抗寒性较好;春季起身较早,两级分化快,分蘖力中等,成穗率一般;株型较松散,旗叶上举有干尖,穗下节间长,株行间通风透光性较好,茎秆有蜡质,穗层较厚,株高81.7~83 cm,茎秆粗壮有弹性;长方形大穗,长芒、白壳、白粒,籽粒半角质,饱满度较好;后期耐热性好,成熟落黄好。产量三要素:亩穗数37.3万~39.1万穗,穗粒数34.1~39.1粒,千粒重40.6~45.9 g。中感条锈病、叶锈病、白粉病和纹枯病,高感赤霉病。

(十一)豫教6号

选育单位:河南教育学院小麦育种研究中心、孝感市农业科学院、河南滑丰种业科技有限公司。审定编号:国审麦2016016。品种来源:花培3号/漯麦4号。

特征特性:弱春性,全生育期216 d,比对照品种偃展4110早熟1 d。幼苗直立,长势旺,叶片宽长,叶色黄绿,分蘖力一般,成穗率高,成穗数较多,冬季抗寒性一般。春季起身拔节早,两极分化快,耐倒春寒能力一般。后期耐高温能力一般,灌浆较快,熟相好。株高82.3 cm,抗倒性一般。株型紧凑,旗叶宽长、上冲,穗层整齐。穗长方形,穗小,长芒、白壳、白粒,籽粒半角质,饱满度较好。亩穗数44.1万穗,穗粒数29.6粒,千粒重44.3 g。

抗病性鉴定:中抗条锈病,中感纹枯病,高感叶锈病、白粉病、赤霉病。

(十二)许科 129

选育单位:河南省许科种业有限公司。审定编号:国审麦 2016011。品种来源:郑麦366/新麦 19//周麦 16。

特征特性:半冬性,全生育期 225 d,比对照品种周麦 18 早熟 1 d。幼苗半匍匐,苗势壮,叶片宽长直,叶色浓绿,冬季抗寒性好。分蘖力较强,成穗率一般。春季起身拔节快,两极分化快,耐倒春寒能力中等。后期根系活力较强,耐后期高温,耐旱性较好,熟相较好。株高 88.2 cm,茎秆弹性中等,抗倒性较弱,株型松紧适中,旗叶宽短,上冲,穗层厚。穗纺锤形,长芒、白壳、白粒,籽粒半角质、饱满度中等。亩穗数 38.7 万穗,穗粒数 32.6粒,千粒重 45.2 g。抗病性鉴定:高抗条锈病,中抗叶锈病,高感白粉病、赤霉病、纹枯病。

(十三)百农 4199

选育单位:河南科技学院。审定编号:豫审麦 2017003。品种来源:百农高光 3709F2/矮抗 58。

特征特性:属半冬性中早熟品种,全生育期 229.0～230.9 d。幼苗半匍匐,叶片短宽,叶色浓绿,冬季抗寒性好;分蘖力一般,成穗率高,春季起身拔节早,两极分化快,抽穗早;株型偏紧凑,旗叶小、上举,株高 68.1～75.0 cm,茎秆弹性弱,抗倒伏能力一般,对春季低温较敏感,有虚尖现象;纺锤形穗,上部穗码较密,长芒、白壳、白粒、角质,籽粒饱满度好;不耐后期高温,熟相一般。产量构成三要素:亩成穗数 41.1 万～46.1 万穗,穗粒数30.5～32.8 粒,千粒重 45.0～47.5 g。中抗条锈病,中感叶锈病、白粉病和纹枯病,高感赤霉病。注意防治赤霉病。

(十四)中原 18

选育单位:河南锦绣农业科技有限公司。审定编号:国审麦 2016020。品种来源:百农矮抗 58/豫麦 68//98－68。

特征特性:弱春性,全生育期 217 d,与对照品种偃展 4110 熟期相当。幼苗半直立,叶片宽,长势旺,叶色浓绿,冬季抗寒性一般。分蘖力中等,成穗率较高。春季起身拔节早,两极分化快,耐倒春寒能力一般。根系活力强,耐后期高温,灌浆快,熟相较好。株型稍紧凑,株高 78.8 cm,茎秆弹性中等,抗倒性较弱。旗叶宽长、下披。穗纺锤形,穗层厚,长芒、白壳、白粒,籽粒半角质、饱满度中等。亩穗数 41 万穗,穗粒数 27.5 粒,千粒重 52 g。抗病性鉴定,高抗条锈病,中感叶锈病,高感白粉病、赤霉病、纹枯病。

(十五)许科 168

选育单位:河南省许科种业有限公司。审定编号:国审麦 20180024。品种来源:许科316/04 中 36。

特征特性:半冬性,全生育期 230 d,与对照品种周麦 18 熟期相当。幼苗半匍匐,耐倒春寒能力一般。株高 78.1 cm,株型较紧凑,茎秆弹性较好,抗倒性较好。旗叶宽大、上冲,穗层厚,熟相中等。穗纺锤形,长芒、白壳、白粒,籽粒半角质,饱满度较好。亩穗数37.6 万穗,穗粒数 33.2 粒,千粒重 47.2 g。抗病性鉴定,高感纹枯病、叶锈病、白粉病、赤霉病,中抗条锈病。品质检测:籽粒容重 816 g/L、803 g/L,蛋白质含量 13.83%、13.84%,湿面筋含量 29.3%、29.3%,稳定时间 3.7 min、4.9 min。

(十六)泛麦 8 号

选育单位:河南黄泛区地神种业农科所。审定编号:豫审麦 2008007。品种来源:泛矮 2 号/原泛 3 号。

特征特性:属半冬性中熟品种,全生育期 228 d,比对照豫麦 49 晚熟 1 d。幼苗匍匐,抗寒性一般,分蘖成穗率高;起身拔节慢,抽穗晚;株高 73 cm,较抗倒伏;株型略松散,叶片较大,穗层整齐,穗子大、均匀,成熟落黄好;纺锤形穗,长芒、白粒,籽粒半角质,饱满。平均亩成穗数 39.5 万穗,穗粒数 37.4 粒,千粒重 43.5 g。高抗叶锈病,中抗条锈、叶枯病,中感白粉、纹枯病。

2007 年经农业部农产品质量监督检验测试中心(郑州)测试:容重 796 g/L,粗蛋白质含量 15.42%,湿面筋含量 27.9%,吸水量 53.4 mL/100 g,降落值 381 s,形成时间 7.2 min,稳定时间 10.4 min,沉淀值 73.5 mL。品质优良,面粉白度高、出粉率高。籽粒半角质,饱满度好,无黑胚,商品性好。面白,深受中储粮、中粮、白象集团等大型收储、制粉企业和农民喜爱。理想白度 81.6%。适宜河南省(南部稻茬麦区除外)早中茬中高肥力地种植。

(十七)周麦 23 号

选育单位:河南省周口市农业科学院。审定编号:国审麦 2008008。品种来源:周麦 13 号/新麦 9 号。

特征特性:弱春性,中熟,成熟期比对照偃展 4110 晚 2 d。幼苗半匍匐,分蘖力中等,苗期长势壮,春季起身拔节略迟,两极分化快,成穗率中等。株高 85 cm 左右,株型稍松散,茎秆粗壮,旗叶宽大、上冲。穗层整齐,穗长方形,长芒、白壳、白粒,籽粒半角质,卵圆形,饱满度中等,黑胚率稍高。平均亩穗数 35.5 万穗,穗粒数 40.2 粒,千粒重 44.5 g。冬季耐寒性较好,耐倒春寒能力中等。抗倒性较好。较耐后期高温,熟相较好。接种抗病性鉴定:慢叶锈病,中感白粉病、纹枯病,高感条锈病、赤霉病、秆锈病。部分区试点发生叶枯病。

(十八)中麦 895

选育单位:中国农业科学院作物科学研究所、中国农业科学院棉花研究所。审定编号:国审麦 2012010。品种来源:周麦 16/荔垦 4 号。

特征特性:半冬性多穗型中晚熟品种,成熟期与对照周麦 18 同期。幼苗半匍匐,长势壮,叶宽直挺,叶色黄绿,分蘖力强,成穗率中等,亩成穗数较多,冬季抗寒性中等。起身拔节早,两极分化快,抽穗迟,抗倒春寒能力中等。株高平均 73 cm,株型紧凑,株相清秀,株行间透光性好,旗叶较宽,上冲。茎秆弹性中等,抗倒性中等。叶功能期长,耐后期高温能力好,灌浆速度快,成熟落黄好。前中期对肥水较敏感,肥力偏低的试点成穗数少。穗层较整齐,结实性一般。穗纺锤形,长芒、白壳、白粒,半角质,饱满度好,黑胚率高。2011 年、2012 年区域试验平均亩成穗数 45.2 万穗、43.4 万穗,穗粒数 29.8 粒、29.7 粒,千粒重 47.1 g、45.8 g。抗病性鉴定:中感叶锈病,高感条锈病、白粉病、纹枯病和赤霉病。

(十九)平安 11 号

选育单位:河南平安种业有限公司。审定编号:豫审麦 2015010。品种来源:濮麦 9 号/开麦 28//濮麦 9 号。

特征特性:属半冬性中晚熟品种,全生育期230.5~233.4 d。幼苗半匍匐,叶片宽短,叶色浓绿;冬季抗寒能力强,分蘖力较强,春季起身略晚,两极分化快,抗倒春寒能力较弱;株型较紧凑,旗叶小、平展,株高74.3~80.1 cm,茎、秆、穗部有蜡质,茎秆弹性一般,抗倒性较弱;纺锤形穗,长芒、白壳、白粒,籽粒角质;耐后期高温,熟相一般。产量构成三要素:亩成穗数43.4万~45.0万穗,穗粒数34.1~35.6粒,千粒重39.1~42.7 g。中抗条锈病、中感叶锈病、白粉病、纹枯病、高感赤霉病。适宜河南省(南部稻麦两熟区域除外)早中茬中高肥力地种植。

(二十)百农207

选育单位:河南百农种业有限公司、河南华冠种业有限公司。审定编号:国审麦2013010。品种来源:周16/百农64。

特征特性:半冬性中晚熟品种,全生育期231 d,比对照周麦18晚熟1 d。幼苗半匍匐,长势旺,叶宽大,叶深绿色。冬季抗寒性中等。分蘖力较强,分蘖成穗率中等。早春发育较快,起身拔节早,两极分化快,抽穗迟,耐倒春寒能力中等。中后期耐高温能力较好,熟相好。株高76 cm,株型松紧适中,茎秆粗壮,抗倒性较好。穗层较整齐,旗叶宽长、上冲。穗纺锤形,短芒、白壳、白粒,籽粒半角质,饱满度一般。平均亩穗数40.2万穗,穗粒数35.6粒,千粒重41.7 g。抗病性接种鉴定:高感叶锈病、赤霉病、白粉病和纹枯病,中抗条锈病。

(二十一)淮麦21号

选育单位:江苏省徐淮地区淮阴农业科学研究所。审定编号:国审麦200809。品种来源:淮麦17/豫麦54。

特征特性:弱春性,中熟,成熟期比对照偃展4110晚2 d。幼苗半匍匐,分蘖力强,苗期长势旺,春季起身慢,次生分蘖多,拔节抽穗迟,后期生长快,成穗率偏低。株高85 cm左右,株型较紧凑,旗叶宽长、上冲,长相清秀。穗黄绿色,穗近长方形,长芒、白壳、白粒,籽粒半角质,饱满度好,粒较小,黑胚率较低。冬季抗寒性好,较耐倒春寒。抗倒性较好。耐后期高温,熟相较好。接种抗病性鉴定:叶锈病免疫,中抗条锈病、赤霉病,慢感锈病,中感纹枯病,高感白粉病。

(二十二)新麦32

选育单位:河南省新乡市农业科学院。审定单位:国审麦20180013。品种来源:矮抗58/周麦22。

特征特性:半冬性,全生育期230 d,与对照品种周麦18熟期相当。幼苗半匍匐,叶片窄短,叶色浓绿,分蘖力较强,耐倒春寒能力一般。株高79.2 cm,株型松紧适中,蜡质层厚,茎秆弹性好,抗倒性较好。旗叶细长、上冲,穗层厚,熟相一般。穗纺锤形,长芒、白壳、白粒,籽粒半角质,饱满度中等。亩穗数38.1万穗,穗粒数33.8粒,千粒重46.1 g。抗病性鉴定:高感纹枯病、白粉病、赤霉病,中抗条锈病和叶锈病。品质检测:籽粒容重806 g/L、794 g/L,蛋白质含量15.42%、14.81%,湿面筋含量33.9%、31.0%,稳定时间3.8 min、4.1 min。

(二十三)郑育麦16

选育单位:河南郑育农业科技有限公司。审定编号:国审麦20180020。品种来源:济麦 4 号/豫教 5 号。

特征特性:半冬性,全生育期 230 d,与对照品种周麦 18 熟期相当。幼苗半匍匐,叶片宽短,耐倒春寒能力一般。株高 82.5 cm,株型稍松散,茎秆弹性较好,抗倒性较好。旗叶短小、上冲,穗层厚,熟相好。穗纺锤形,长芒、白壳、白粒,籽粒角质,饱满度较好。亩穗数 39.9 万穗,穗粒数 33.3 粒,千粒重 47.1 g。抗病性鉴定:高感叶锈病、纹枯病、白粉病和赤霉病,中抗条锈病。品质检测:籽粒容重 806 g/L、808 g/L,蛋白质含量 15.70%、14.65%,湿面筋含量 34.2%、34.1%,稳定时间 3.0 min、2.2 min。

(二十四)豫丰 11

选育单位:河南省科学院同位素研究所有限责任公司、河南省核农学重点实验室、河南省豫丰种业有限公司。审定编号:国审麦 20180017。品种来源:(周麦 18/豫同 198)F0 辐射诱变。

特征特性:半冬性,全生育期 229 d,比对照品种周麦 18 早熟 1 d。幼苗半直立,叶片宽短,叶色黄绿,分蘖力中等,耐倒春寒能力一般。株高 80.4 cm,株型稍松散,茎秆弹性一般,抗倒性中等。旗叶宽长、内卷、上冲,穗层厚,熟相好。穗椭圆形,短芒、白壳、白粒,籽粒角质,饱满度中等。亩穗数 38.8 万穗,穗粒数 32.5 粒,千粒重 48.4。抗病性鉴定:高感纹枯病、白粉病和赤霉病,中感叶锈病,中抗条锈病。品质检测:籽粒容重 814 g/L、808 g/L,蛋白质含量 15.06%、13.90%,湿面筋含量 30.9%、29.7%,稳定时间 8.0 min、9.7 min。2015 年主要品质指标达到中强筋小麦标准。

(二十五)郑麦 369

选育单位:河南省农业科学院小麦研究所。审定编号:国审麦 20180030。品种来源:郑麦 366/良星 99。

特征特性:半冬性,生育期 229 d,比对照品种周麦 18 早熟 1 d。幼苗半直立,叶片窄长,叶色浓绿,分蘖力中等,耐倒春寒能力一般。株高 83.1 cm,株型稍松散,茎秆弹性好,抗倒性较好。旗叶细小、上冲,穗层较厚,熟相好。穗纺锤形,短芒、白壳、白粒,籽粒角质,饱满度较好。亩穗数 42.3 万穗,穗粒数 30.3 粒,千粒重 46.6 g。抗病性鉴定:高感叶锈病、白粉病、赤霉病,中感纹枯病,中抗条锈病。品质检测:籽粒容重 816 g/L、814 g/L,蛋白质含量 14.71%、13.85%,湿面筋含量 30.9%、31.4%,稳定时间 4.8 min、6.9 min。

(二十六)郑麦 618

选育单位:河南省农业科学院小麦研究所,审定编号:国审麦 20180027。品种来源:周麦 16/选 04115 - 8//周麦 16。

半冬性,全生育期 229 d,比对照品种周麦 18 熟期略早。幼苗半直立,叶色浓绿,分蘖力较强,耐倒春寒能力中等。株高 76.4 cm,株型松紧适中,蜡质重,茎秆弹性较好,抗倒性较好。旗叶宽长、上冲,穗下节长,穗层较整齐,熟相较好。穗长方形,短芒、白壳、白粒,籽粒半角质,饱满度较好。亩穗数 36.8 万穗,穗粒数 35.4 粒,千粒重 46.4 g。抗病性鉴定:高感叶锈病、纹枯病、白粉病、赤霉病,中抗条锈病。品质检测:籽粒容重 792 g/L、786 g/L,蛋白质含量 14.94%、13.86%,湿面筋含量 31.1%、32.5%,稳定时间 4.3 min、2.9 min。

（二十七）俊达 109

选育单位：河南俊达种业有限公司。审定编号：国审麦 20180032。品种来源：豫教 5 号/济麦 4 号。

特征特性：半冬性，全生育期 229 d，比对照品种周麦 18 熟期略早。幼苗半直立，分蘖力较强，耐倒春寒能力一般。株高 79.1 cm，株型松紧适中，茎秆弹性较好，抗倒性中等。旗叶宽短、上冲，穗层厚，熟相中等。穗纺锤形，长芒、白壳、白粒，籽粒半角质，饱满度中等。亩穗数 39.2 万穗，穗粒数 33.7 粒，千粒重 46.4 g。抗病性鉴定：高感叶锈病、白粉病、赤霉病，中感条锈病和纹枯病。品质检测：籽粒容重 808 g/L、802 g/L，蛋白质含量 14.79%、14.31%，湿面筋含量 32.6%、33.0%，稳定时间 3.5 min、2.5 min。

（二十八）中麦 170

选育单位：中国农业科学院棉花研究所、中国农业科学院作物科学研究所、咸阳市农业科学研究院。审定编号：国审麦 20180034。品种来源：济麦 19/丰优 3 号。

特征特性：半冬性，全生育期 229 d，比对照品种周麦 18 熟期略早。幼苗半匍匐，分蘖力较强，耐倒春寒能力一般。株高 81.2 cm，株型松紧适中，茎秆弹性中等，抗倒性中等。旗叶宽短、内卷、上冲，穗层整齐，熟相好。穗纺锤形，长芒、白壳、白粒，籽粒角质，饱满度好。亩穗数 44.9 万穗，穗粒数 29.6 粒，千粒重 45.6 g。抗病性鉴定：高感白粉病和赤霉病，中感叶锈病和纹枯病，中抗条锈病。品质检测：籽粒容重 820 g/L、803 g/L，蛋白质含量 14.31%、13.09%，湿面筋含量 28.8%、28.4%，稳定时间 5.2 min、4.8 min。

（二十九）高麦 6 号

选育单位：河南德宏种业股份有限公司。审定编号：国审麦 20180038。品种来源：周麦 13/百农 64//周麦 22。

特征特性：半冬性，全生育期 228 d，比对照品种周麦 18 早熟 1 d。幼苗半匍匐，叶片宽长，叶色黄绿，分蘖力中等，耐倒春寒能力中等。株高 77.1 cm，株型紧凑，茎秆弹性好，抗倒性强。旗叶短宽、上冲，穗层整齐，熟相好。穗长方形，长芒、白壳、白粒，籽粒角质，饱满度好。亩穗数 37.8 万穗，穗粒数 36.8 粒，千粒重 44.4 g。抗病性鉴定：高感纹枯病、白粉病、赤霉病，中感条锈病，高抗叶锈病。品质检测：籽粒容重 810 g/L、806 g/L，蛋白质含量 14.36%、14.23%，湿面筋含量 29.5%、32.2%，稳定时间 4.3 min、2.5 min。

（三十）光泰 68

选育单位：为河南泰禾种业有限公司。审定编号：国审麦 20180039。品种来源：郑育 9987/漯 4518。

特征特性：半冬性，全生育期 229 d，比对照品种周麦 18 熟期略早。幼苗半直立，分蘖力强，耐倒春寒能力一般。株高 81.4 cm，株型稍松散，茎秆弹性一般，抗倒性中等。旗叶窄长、上冲，穗层厚，熟相较好。穗纺锤形，长芒、白壳、白粒，籽粒半角质，饱满度较好。亩穗数 40.9 万穗，穗粒数 31.8 粒，千粒重 48.7 g。抗病性鉴定：高感叶锈病、纹枯病、白粉病、赤霉病，中感条锈病。品质检测：籽粒容重 823 g/L、806 g/L，蛋白质含量 13.71%、12.74%，湿面筋含量 28.6%、28.7%，稳定时间 3.1 min、4.1 min。

（三十一）新麦 36

选育单位：河南省新乡市农业科学院。审定编号：国审麦 20180041。品种来源：周麦

22/中育12。

特征特性:半冬性,全生育期231 d,比对照品种周麦18熟期略早。幼苗半匍匐,叶片窄长,叶色黄绿,分蘖力中等,耐倒春寒能力中等。株高80.6 cm,株型松紧适中,茎秆蜡质层较厚,茎秆弹性较好,抗倒性较好。旗叶细小、上冲,穗层厚,熟相一般。穗纺锤形,短芒、白壳、白粒,籽粒半角质,饱满度较好。亩穗数37.6万穗,穗粒数35.8粒,千粒重44.5 g。抗病性鉴定:高感叶锈病、白粉病、纹枯病、赤霉病,中抗条锈病。品质检测:籽粒容重781 g/L、784 g/L,蛋白质含量13.41%、13.80%,湿面筋含量30.6%、32.2%,稳定时间6.3 min、4.4 min。

(三十二)先天麦12号

选育单位:河南先天下种业有限公司。审定编号:国审麦20180044。品种来源:邓麦1号/陕225。

特征特性:弱春性,全生育期222 d,与对照品种偃展4110熟期相当。幼苗半直立,叶片宽长,叶色浅绿,分蘖力中等,耐倒春寒能力一般。株高81.6 cm,株型紧凑,茎秆弹性较好,抗倒性较好。旗叶窄长、平展,穗层厚,熟相一般。穗纺锤形,长芒、白壳、白粒,籽粒角质,饱满度较好。亩穗数41.0万穗,穗粒数29.1粒,千粒重48.6 g。抗病性鉴定:高感纹枯病、叶锈病、白粉病、赤霉病,中抗条锈病。品质检测:籽粒容重826 g/L、830 g/L,蛋白质含量14.26%、13.16%,湿面筋含量26.3%、25.6%,稳定时间4.4 min、5.9 min。

(三十三)众麦7号

选育单位:河南顺鑫大众种业有限公司、申彦昌。审定编号:国审麦20180045,品种来源:偃展一号选系/烟159-9选系//烟1666。

特征特性:弱春性,全生育期221 d,比对照品种偃展4110熟期略早。幼苗近直立,分蘖力中等,耐倒春寒能力一般。株高82.3 cm,株型紧凑,茎秆弹性中等,抗倒性一般。旗叶细长、上冲,穗下节长,穗层厚,熟相好。穗纺锤形,长芒、白壳、白粒,籽粒半角质,饱满度较好。亩穗数43.6万穗,穗粒数29.6粒,千粒重44.6 g。抗病性鉴定:高感条锈病、赤霉病、纹枯病、白粉病,高抗叶锈病。品质检测:籽粒容重831 g/L、812 g/L,蛋白质含量14.05%、13.04%,湿面筋含量28.2%、27.2%,稳定时间8.0 min、9.2 min。

(三十四)洛旱22

选育单位:洛阳农林科学院、洛阳市中垦种业科技有限公司。审定编号:国审麦20180058。品种来源:周麦16/洛旱7号。

特征特性:半冬性,全生育期238 d,比对照品种洛旱7号熟期略早。幼苗半匍匐,分蘖力强。株高74.9 cm,株型半松散,抗倒性较好。熟相一般。穗长方形,长芒、白壳、白粒,籽粒角质,饱满度较好。亩穗数36.8万穗,穗粒数35.8粒,千粒重43.5 g。抗病性鉴定:高感条锈病、白粉病和黄矮病,中感叶锈病。品质分析:籽粒容重807 g/L、814 g/L,蛋白质含量13.09%、13.59%,湿面筋含量28.5%、30.7%,稳定时间4.5 min、3.8 min。

(三十五)驻麦328

选育单位:驻马店市农业科学院。审定编号:国审麦20180047。品种来源:矮抗58/济95519。

特征特性:弱春性,全生育期225 d,比对照品种偃展4110熟期略早。幼苗近直立,叶色黄绿,耐倒春寒能力一般。株高 70.6 cm,株型紧凑。旗叶短宽、上冲,穗层整齐,熟相较好。穗纺锤形、短芒、白壳、白粒,籽粒半角质,饱满度中等。亩穗数 43.2 万穗,穗粒数 31.1 粒,千粒重 43.0 g。抗病性鉴定:高感白粉病、赤霉病、纹枯病,中抗条锈病,高抗叶锈病。品质检测:籽粒容重 794 g/L、784 g/L,蛋白质含量 14.75%、14.06%,湿面筋含量 29.5%、32.1%,稳定时间 2.3 min、2.7 min。

(三十六)濮麦 6311

选育单位:濮阳市农业科学院、中国农业科学院棉花研究所。审定编号:国审麦 20180037。品种来源:矮抗 58/周麦 18。

特征特性:半冬性,全生育期 229 d,比对照品种周麦 18 熟期略早。幼苗半匍匐,叶片宽短,叶色黄绿,分蘖力较强,耐倒春寒能力一般。株高 78.6 cm,株型稍松散,茎秆弹性差,抗倒性一般。旗叶短宽、上冲,穗层较整齐,熟相一般。穗纺锤形、长芒、白壳、白粒,籽粒角质,饱满度中等。亩穗数 38.1 万穗,穗粒数 32.8 粒,千粒重 49.8 g。抗病性鉴定:高感白粉病和赤霉病,中感叶锈病和纹枯病,慢条锈病。品质检测:籽粒容重 796 g/L、787 g/L,蛋白质含量 15.28%、14.04%,湿面筋含量 30.9%、31.1%,稳定时间 4.4 min、5.1 min。

二、优质强筋小麦品种

(一)博农 6 号

审定编号:国审麦 2014008。

特征特性:全生育期 218 d,比对照品种偃展 4110 早熟 1 d。幼苗直立,苗势壮,叶片短直立,叶色浓绿,冬季抗寒性较好。两级分化快,分蘖成穗率较高。株高 70~75 cm,茎秆粗壮,抗倒性强。株型紧凑,穗层整齐,穗码较密,籽粒椭圆形,角质,饱满度好。亩穗数 42.7 万穗,穗粒数 38.5 粒,千粒重 44.1 g。中抗条锈病,高抗赤霉病、纹枯病。品质混合样测定:籽粒容重 803 g/L,蛋白质(干基)含量 14.51%,硬度指数 65.5,面粉湿面筋含量 31.8%,沉降值 39.4 mL,吸水率 55.3%,面团稳定时间 8.3 min,最大抗延阻力 400 E.U,延伸性 159 mm,拉伸面积 87 cm²。适宜播种期 10 月中下旬。春季水肥管理可适当提前到起身期前后进行,亩施尿素 7.5~10 kg;春季注意防治纹枯病。

(二)存麦 8 号

选育单位:河南省天存小麦改良技术研究所。审定编号:国审麦 2014005。品种来源:周麦 24/周麦 22。

特征特性:半冬性中晚熟品种,全生育期 226 d,与对照品种周麦 18 熟期相当。幼苗匍匐,苗势壮,叶片窄短,叶色浓绿,冬季抗寒性好。分蘖力较强,成穗率偏低。春季起身拔节较快,两极分化较快,耐倒春寒耐力中等。后期耐高温能力中等,熟相较好。株高 76 cm,茎秆弹性好,抗倒性较好。株型紧凑,旗叶短宽、上冲,穗叶同层,穗层整齐。穗长方形,穗码较密,短芒、白壳、白粒,籽粒椭圆形,角质,饱满度较好,黑胚率中等。亩穗数 38 万穗,穗粒数 34.1 粒,千粒重 45 g;抗病性鉴定:条锈病近免疫,高感叶锈病、白粉病、赤霉病、纹枯病。品质混合样测定:籽粒容重 792.5 g/L,蛋白质(干基)含量 14.45%,硬度指数 60,面粉湿面筋含量 29.1%,沉降值 36.5 mL,吸水率 52.2%,面团稳定时间 11.3 min,

最大抗延阻力 596 E. U，延伸性 131 mm，拉伸面积 103 cm²。品质达到强筋品种审定标准。

（三）丰德存麦 1 号

选育单位：河南省天存小麦改良技术研究所、河南丰德康种业有限公司。审定编号：国审麦 2011004。品种来源：周 9811/矮抗 58。

特征特性：半冬性中晚熟品种，成熟期与对照周麦 18 相当。幼苗半匍匐，叶窄小、稍卷曲，分蘖力强，成穗率偏低。冬季抗寒性较好。春季起身拔节略晚，两极分化快，抗倒春寒能力一般。株高 77 cm 左右，株型松紧适中，旗叶短宽、上冲、浅绿色。茎秆细韧，抗倒性较好。叶功能期长，灌浆慢，熟相好。穗层整齐，结实性一般。穗纺锤形，短芒、白壳、白粒，籽粒半角质，饱满度较好，黑胚率稍偏高。亩穗数 42.8 万穗、穗粒数 32.1 粒，千粒重 44.8 g。抗病性鉴定：高感条锈病、叶锈病、白粉病、赤霉病，中感纹枯病。2010 年、2011 年品质测定结果分别为：籽粒容重 802 g/L、806 g/L，硬度指数 65.1（2011 年），蛋白质含量 14.98%、14.30%；面粉湿面筋含量 32.9%、31.5%，沉降值 46.0 mL、35.1 mL，吸水率 57.8%、58.7%，稳定时间 8.5 min、7.9 min，最大抗延阻力 448 E. U、374 E. U，延伸性 158 mm、144 mm，拉伸面积 92 cm²、74 cm²。品质达到强筋品种审定标准。

（四）丰德存麦 5 号

选育单位：河南丰德康种业有限公司。审定编号：国审麦 2014003，品种来源：周麦 16/郑麦 366。

半冬性中晚熟品种，全生育期 228 d，与对照周麦 18 熟期相当。幼苗半匍匐，苗势较壮，叶片窄长直立，叶色浓绿，冬季抗寒性较好。冬前分蘖力较强，分蘖成穗率一般。春季起身拔节较快，两极分化快，抽穗较早，耐倒春寒能力一般。后期耐高温能力中等，熟相较好。株高 76 cm，茎秆弹性一般，抗倒性中等。株型稍松散，旗叶宽短、外卷、上冲，穗层整齐，穗下节短。穗纺锤形，长芒、白壳、白粒，籽粒椭圆形、角质，饱满度较好，黑胚率中等。亩穗数 38.1 万穗，穗粒数 32 粒，千粒重 42.3 g；抗病性鉴定：慢条锈病，中感叶锈病、白粉病，高感赤霉病、纹枯病。品质混合样测定：籽粒容重 794 g/L，蛋白质（干基）含量 16.01%，硬度指数 62.5，面粉湿面筋含量 34.5%，沉降值 49.5 mL，吸水率 57.8%，面团稳定时间 15.1 min，最大抗延阻力 754 E. U，延伸性 177 mm，拉伸面积 171 cm²。品质达到强筋品种审定标准。

（五）藁优 2018

选育单位：藁城市农业科学研究所。审定编号：冀审麦 2008007。引种单位：河南丰源农业科技有限公司。引种证号：豫引麦 2011005 号。品种来源：9411/98172。

属半冬性多穗型中熟强筋品种，平均全生育期 229.6 d，比对照周麦 18 早熟 0.4 d。幼苗半匍匐，苗势壮，叶片窄短，青绿色；冬前分蘖力较强，冬季抗寒性一般；春季起身拔节快，两极分化快，苗脚利索，株型较紧凑，蜡质层厚，叶片窄长，内卷，上冲，2010～2011 两年平均株高 74.1～76 cm，茎秆弹性好，较抗倒；长方形穗、短芒、码稀，籽粒灌浆慢，成熟落黄一般，受倒春寒影响有缺粒现象；籽粒角质、饱满，黑胚低，容重高。田间自然发病较轻，中抗条锈病及白粉病。本年度成产三要素为：亩穗数 48.0 万穗，穗粒数 29.3 粒，千粒重 42.7 g。2010 年经农业部农产品质量监督检验测试中心（郑州）测试：容重 832 g/L，粗蛋白(干基)15.2%,湿面筋33.2%,降落数值428 s,沉淀值81.2 mL,吸水量57.6%,形成时间7.2 min,稳定时间21.4 min,烘焙品质评分值86.7,出粉率71.9%。主要品质指标达强筋粉标准。

(六)怀川916

选育单位:河南怀川种业有限责任公司。审定编号:豫审麦2011024。以豫麦47为母本,小偃54为父本杂交选育而成的弱春偏半冬小麦新品种。

弱春性多穗型早熟强筋品种,平均生育期224.9 d,比对照品种偃展4110早熟0.3 d。幼苗匍匐,苗期叶小、耐寒性好,分蘖成穗率一般;春季返青起身晚,两极分化慢,苗脚不利落;成株期株型偏松散,旗叶偏小、上冲,略卷,穗下节短,株高64.5~82.9 cm,茎秆弹性一般,抗倒性中等;纺锤形穗,穗层整齐,短芒,穗短粗,码密,受春季低温影响有缺粒现象;籽粒角质,饱满度中等,黑胚率低;耐高温能力中等,灌浆速度慢,成熟落黄较差。2009、2010年度产量构成三要素为:亩穗数43.5万穗、38.8万穗,穗粒数33.4粒、29.3粒,千粒重38.9 g、46.4 g。中抗叶锈病、叶枯病,中感白粉、条锈病、纹枯病。品质分析:2009年、2010年经农业部农产品质量监督检验测试中心(郑州)测试,蛋白质(干基)14.56%、14.67%,容重750 g/L、806 g/L,湿面筋30%、31.2%,降落数值303 s、187 s,吸水量59.2 mL/100g、62.9 mL/100 g,面团形成时间1.7 min、3.0 min,稳定时间10.9 min、8.9 min,弱化度36 F.U.、54 F.U.,沉淀值75.2 mL、74.8 mL,硬度69 HI、70 HI,出粉率70.8%、69.7%。主要品质指标达国家强筋小麦标准。10月14~20日播种,最佳播期10月15日左右。

(七)师栾02-1

选育单位:河北师范大学、栾城县原种场。审定编号:国审麦2007016。品种来源:9411/9430。

特征特性:半冬性,中熟,成熟期比对照石4185晚1 d左右。幼苗匍匐,分蘖力强,成穗率高。株高72 cm左右,株型紧凑,叶色浅绿,叶小上举,穗层整齐。穗纺锤形,护颖有短绒毛,长芒、白壳、白粒,籽粒饱满、角质。平均亩穗数45.0万穗,穗粒数33.0粒,千粒重35.2 g。春季抗寒性一般,旗叶干尖重,后期早衰。茎秆有蜡质,弹性好,抗倒伏。抗寒性鉴定:抗寒性中等。抗病性鉴定:中抗纹枯病,中感赤霉病,高感条锈病、叶锈病、白粉病、秆锈病。2005年、2006年分别测定混合样:容重803 g/L、786 g/L,蛋白质(干基)含量16.30%、16.88%,湿面筋含量32.3%、33.3%,沉降值51.7 mL、61.3 mL,吸水率59.2%、59.4%,稳定时间14.8 min、15.2 min,最大抗延阻力654 E.U、700 E.U,拉伸面积163 cm²、180 cm²,面包体积760 cm²、828 cm²,面包评分85分、92分。该品种品质优,应以优质订单生产为主。

(八)西农3517

选育单位:西北农林科技大学。审定编号:陕审麦2008005号。引种单位:河南格瑞农业有限公司。引种证号:豫引麦2011003号。品种来源:西农1376/西农88。

特征特性:属半冬性中晚熟强筋品种,平均全生育期230.9 d,比对照周麦18早熟0.7 d。幼苗半匍匐,苗势壮,叶窄短披,叶色浓绿;冬前分蘖力强,冬季抗寒性较强,春季起身拔节快,两极分化快,苗脚利索;株型半紧凑,叶片窄长、上冲,2010~2011年两年平均株高 72.0~83.5 cm,茎秆粗壮,弹性较好,抗倒性较好;纺锤形穗,穗小,成熟落黄好,受倒春寒影响,穗下部有缺粒现象;籽粒角质,粒小,饱满度较好,黑胚率较低,容重高。中抗条锈病,中感白粉病,高感赤霉病,田间自然发病轻。2010 年经农业部农产品质量监督检验测试中心(郑州)测试,容重 825 g/L,粗蛋白(干基)15.5%,湿面筋 37.2%,降落数值 370 s,沉淀值 74.5 mL,吸水量 60.5%,形成时间 4.5 min,稳定时间 9.5 min,烘焙品质评分值 70.1,出粉率 71.0%。主要品质指标达强筋粉标准。

(九)新麦 26

选育单位:河南省新乡市农业科学院、河南敦煌种业新科种子有限公司。审定编号:国审麦 2010007。品种来源:新麦 9408/济南 17。

特征特性:半冬性,中熟,成熟期比对照新麦 18 晚熟 1 d,与周麦 18 相当。幼苗半直立,叶长卷,叶色浓绿,分蘖力较强,成穗率一般。冬季抗寒性较好。春季起身拔节早,两极分化快,抗倒春寒能力较弱。株高 80 cm 左右,株型较紧凑,旗叶短宽、平展、深绿色。抗倒性中等。熟相一般。穗层整齐。穗纺锤形,长芒、白壳、白粒,籽粒角质、卵圆形、均匀、饱满度一般。2008 年、2009 年区域试验平均亩穗数 40.7 万穗、43.5 万穗,穗粒数 32.3 粒、33.3 粒,千粒重 43.9 g、39.3 g,属多穗型品种。接种抗病性鉴定:高感白粉病和赤霉病,中感条锈病,慢叶锈病,中抗纹枯病。区试田间试验部分试点高感叶锈病、叶枯病。2008 年、2009 年分别测定混合样:籽粒容重 784 g/L、788 g/L,硬度指数 64.0、67.5,蛋白质含量 15.46%、16.04%;面粉湿面筋含量 31.3%、32.3%,沉降值 63.0 mL、70.9 mL,吸水率 63.2%、65.6%,稳定时间 16.1 min、38.4 min,最大抗延阻力 628 E.U、898 E.U,延伸性 189 mm、164 mm,拉伸面积 158 cm²、194 cm²。品质达到强筋品种审定标准。该品种外观商品性好,品质优,深受粮食加工企业喜爱,应以优质订单生产为主,生产利用时应注意防治白粉病和赤霉病,预防倒春寒,控制群体,防止倒伏,稳定品质。

(十)新麦 28

选育单位:河南敦煌种业新科种子有限公司。审定编号:豫审麦 2014016。品种来源:新麦 18/陕优 225。

特征特性:属半冬性中熟强筋旱地品种。全生育期 223.9~230.8 d。幼苗半匍匐,叶片细长,叶色深绿,分蘖力较强,成穗率较高,春季发育较慢,抽穗较迟,冬季及春季抗寒性较弱;成株期株型半松散,旗叶细长、上举,有干尖,株高 62~75.7 cm,茎秆较细,弹性好,抗倒性较好。纺锤形穗,穗下节长,长芒、白壳、白粒,角质,黑胚率低;后期早衰,不抗干热风,落黄差。产量构成三要素:亩穗数 32 万~38.2 万穗,穗粒数 28.2~34.5 粒,千粒重 35.9~37.6 g。中抗条锈病、中感叶锈病、白粉病、纹枯病、高感赤霉病。

(十一)阳光 818

审定编号:国审麦 2014012。

特征特性:半冬性早熟品种,全生育期 236 d,比对照洛旱 7 号早熟 2 d。幼苗半直立,叶片较宽,苗期生长势强,成穗率较高,成穗数中等。春季起身较早,两极分化较快,抽穗早。落黄好。株高 70 cm,抗倒性好。株型半紧凑,旗叶半披,茎秆、叶色灰绿,穗层整齐。长方形穗,小穗排列紧密,长芒、白壳、白粒,籽粒半角质,饱满度好。平均亩穗数 40 万穗,穗粒数 42 粒,千粒重 45 g。抗病性鉴定:高抗锈病,中抗白粉病、纹枯病。品质混合样测定:籽粒容重 773 g/L,蛋白质(干基)含量 14.9%,硬度指数 58.5,面粉湿面筋含量 31.9%,沉降值 42.2 mL,吸水率 55.6%,面团稳定时间 8.2 min,最大抗延阻力 358 E.U, 延伸性 172 mm,拉伸面积 87 cm^2。品质达到强筋品种审定标准。

(十二)郑麦 101

选育单位:河南省农业科学院小麦研究所丰优育种室。审定编号:国审麦 2013014。

特征特性:弱春性中早熟品种,全生育期 216 d。幼苗半匍匐,叶片细长直立,叶色浓绿。冬前分蘖力强,冬季抗寒性较好。春季起身拔节迟,两级分化较快,抽穗早,分蘖成穗率中等,亩成穗数较多。株高适中,株高 75~80 cm,茎秆弹性好,抗倒伏性好;根系活力较强,耐热性较好,灌浆较充分,成熟落黄快,熟相好;穗近长方形,穗大码稀,白壳、白粒,籽粒大小中等,角质,饱满度较好,黑胚率低,商品性好。综合抗性较好,耐渍性强,耐肥抗倒;高抗梭条花叶病毒病,中抗叶枯病、叶锈病、条锈病,纹枯病轻,叶枯病和赤霉病发病普遍率低,有一定耐病性。平均亩穗数 41.6 万穗,穗粒数 33.5 粒,千粒重 41.4 g。经农业部质量监督检验测试机构品质测试,籽粒容重 784 g/L,蛋白质含量 15.58%,面粉湿面筋含量 34.6%,沉降值 40.8 mL,吸水率 55.9%,面团稳定时间 7.1 min,品质指标达到强筋小麦品质标准。

(十三)郑麦 3596

选育单位:河南省农业科学院小麦所丰优育种室。审定编号:豫审麦 2014002。品种来源:郑麦 366 航天诱变。

特征特性:属半冬性中晚熟强筋品种,全生育期 225.6~234.9 d。幼苗半匍匐,叶色深绿、宽大,冬季抗寒性强;分蘖力中等,成穗率高;春季起身拔节早,两极分化快,抽穗早;成株期株型紧凑,旗叶偏小、上冲、有干尖,穗下节短,株高 75~76.6 cm,茎秆弹性好,抗倒伏能力强;穗纺锤形,大小均匀,籽粒卵圆形,角质率高,饱满度好,外观商品性好;根系活力好,叶功能期长,较耐后期高温,成熟落黄好。经河南省农业科学院植保所接种鉴定,中感条锈病、叶锈病、白粉病和纹枯病,高感赤霉病。综合抗病性较优。经农业部农产品质量监督检验测试中心(郑州)检测,蛋白质 16.14%~15.99%,容重 798~799 g/L,湿面筋 33.2%~33.8%,形成时间 7.6~11.8 min,稳定时间 13.3~18.6 min,品质达到国家一级强筋小麦标准。

(十四)郑麦 366

选育单位:河南省农业科学院小麦研究所。审定编号:国审麦 2005003。品种来源:豫麦 47/PH82-2-2。

特征特性:半冬性早中熟品种,成熟期比对照豫麦 49 号早 1~2 d。幼苗半匍匐,叶色黄绿。株高 70 cm 左右,株型较紧凑,穗层整齐,穗黄绿色,旗叶上冲。穗纺锤型,长芒、白壳、白粒,籽粒角质,较饱满,黑胚率中等。平均亩穗数 39.6 万穗,穗粒数 37 粒,千粒重 37.4 g。越冬抗寒性好,抗倒春寒能力偏弱,抗倒伏能力强,不耐干热风,后期熟相一般。接种抗病性鉴定:高抗条锈病和秆锈病,中抗白粉病,中感赤霉病,高感叶锈病和纹枯病。田间自然鉴定,高感叶枯病。2004 年、2005 年分别测定混合样:容重 795 g/L、794 g/L,蛋白质(干基)含量 15.09%、15.29%,湿面筋含量 32%、33.2%,沉降值 42.4 mL、47.4 mL,吸水率 63.1%、63.1%,面团形成时间 6.4 min、9.2 min,稳定时间 7.1 min、13.9 min,最大抗延阻力 462 E. U. 、470 E. U. ，拉伸面积 110 cm² 、104 cm² 。该品种品质指标均衡，加工品质优良，深受粮食加工企业重视，适于订单农业种植，生产中注意防治赤霉病和纹枯病，预防倒春寒。

（十五）郑麦 379

选育单位：河南省农业科学院小麦研究所用。审定编号：国审麦 2016013。品种来源：周 13 和 D9054－6 选育的小麦品种。

特征特性：属半冬性中晚熟品种，平均生育期 224.4 d，与对照品种周麦 18 相当。冬季抗寒性一般，成穗率偏高；穗层整齐，长方形穗，籽粒椭圆形，大小均匀，黑胚少，角质率高，饱满度中等，外观商品性好。平均亩成穗数 45.9 万穗，穗粒数 33.5 粒，千粒重 44.2 g。中抗叶锈病、纹枯病和叶枯病，中感白粉病和条锈病，高感赤霉病。据农业部农产品质量监督检验测试中心（郑州）测定，蛋白质 14.08%，容重 823 g/L，湿面筋 30.4%，降落数值 442 s，吸水量 63.4 mL/100 g，形成时间 5.5 min，稳定时间 9.2 min，弱化度 17 F. U. ，沉淀值 53.2 mL，硬度 72 HI，出粉率 70%。品质达到国家强筋小麦标准。

（十六）郑麦 583

选育单位：河南省农业科学院小麦研究中心。审定编号：豫审麦 2012003。品种来源：矮抗 58 系统选育。

特征特性：属半冬性中晚熟品种，平均生育期 224.2 d，比对照品种周麦 18 号早熟 0.3 d。幼苗半匍匐，叶色深绿，长势壮，冬季抗寒性较好，分蘖力较强；春季返青晚，起身慢，抗倒春寒能力强，成穗率一般，穗层整齐；成株期株型偏紧凑，穗下节偏短，旗叶偏长半披，平均株高 79 cm，茎秆弹性较好，抗倒伏能力一般。中短芒，穗偏大、均匀，结实性好；籽粒角质，饱满度好。根系活力强，落黄好。2009 年区试混合样品质分析结果（郑州）：蛋白质 15.52%，容重 779 g/L，湿面筋 33.8%，降落数值 408 s，吸水量 57.9 mL/100 g，形成时间 4.2 min，稳定时间 7.2 min，弱化度 49 F. U. ，沉淀值 72.0 mL，硬度 63 HI，出粉率 66.7%。2011 年区试混合样品质分析结果（郑州）：蛋白质 16.03%，容重 810 g/L，湿面筋 36.6%，降落数值 444 s，吸水量 61.1 mL/100 g，形成时间 4.2 min，稳定时间 8 min，弱化度 49 F. U. ，沉淀值 75 mL，硬度 67 HI，出粉率 72.4%。2011 年经河南省农科院植保所接种鉴定，中抗叶枯病，中感白粉病、条锈病、叶锈病和纹枯病，高感赤霉病。

（十七）郑麦 7698

选育单位：河南省农业科学院小麦研究中心。审定编号：国审麦 2012009。品种来源：郑麦 9405/4B269//周麦 16。

特征特性：半冬性多穗型中晚熟品种，成熟期比对照周麦 18 晚 0.3 d。幼苗半匍匐，苗势较壮，叶窄短，叶色深绿，分蘖力较强，成穗率低，冬季抗寒性较好。春季起身拔节迟，春生分蘖略多，两极分化快，抽穗晚。抗倒春寒能力一般，穗部虚尖、缺粒现象较明显。株高平均 77 cm，茎秆弹性一般，抗倒性中等。株型较紧凑，旗叶宽长上冲，蜡质重。穗层厚，穗多穗匀。后期根系活力较强，熟相较好，穗长方形，籽粒角质，均匀，饱满度一般。2010 年、2011 年区域试验平均亩穗数 38.0 万穗、41.5 万穗，穗粒数 34.3 粒、35.5 粒，千粒重 44.4 g、43.6 g。前中期对肥水较敏感，肥力偏低的地块成穗数少。抗病性鉴定：慢条锈病，高感叶锈病、白粉病、纹枯病和赤霉病。混合样测定：籽粒容重 810 g/L、818 g/L，蛋白质含量 14.79%、14.25%,籽粒硬度指数 69.7(2011 年),面粉湿面筋含量 31.4%、30.4%,沉降值 40.0 mL、33.1 mL,吸水率 61.1%、60.8%,面团稳定时间 9.7 min、7.4 min,最大拉伸阻力 574 E.U、362 E.U,延伸性 148 mm、133 mm,拉伸面积 108 cm^2、66 cm^2。注意防治赤霉病和预防倒春寒。

(十八)郑麦 9023

选育单位:河南省农业科学院小麦研究所、西北农林科技大学。审定编号:豫审麦 2001003,鄂审麦 003－2001,苏审麦 200203,国审麦 2003027。品种来源:{(小偃 6 号×西农 65)×[83(2)3－3×84(14)43]}F3×陕 213。

特征特性:弱春性,成熟期比对照豫麦 18 号早 2 d。幼苗直立,分蘖力中等,叶黄绿色,叶片上冲。株高 80 cm,株型较紧凑,抗倒伏性中等。穗层整齐,穗纺锤形,长芒、白壳、白粒、籽粒角质。成穗率较高,平均亩穗数 39 万穗,穗粒数 27 粒,千粒重 43 g;在长江中下游区试中,平均亩穗数 30 万穗,穗粒数 30 粒,千粒重 43 g。冬春长势旺,抗寒力弱。耐后期高温,灌浆快,熟相好。中抗条锈病,中感叶锈病和秆锈病,高感赤霉病、白粉病和纹枯病。黄淮南片试验,容重 800 g/L,粗蛋白含量 14.5%,湿面筋含量 33%,沉降值 44.4 mL,吸水率 64.2%,面团稳定时间 7.6 min,最大抗延阻力 364.8 E.U,拉伸面积 58.7 cm^2。长江中下游麦区试验,容重 777 g/L,粗蛋白含量 14.0%,湿面筋含量 29.8%,沉降值 45.3 mL,吸水率 59.9%,稳定时间 7.1 min,最大抗延阻力 445 E.U,延伸性 17.7 cm,拉伸面积 103.9 cm^2。在中晚茬地种植,应防止早播发生冬季冻害。

(十九)郑品麦 8 号

选育单位:河南金苑种业有限公司。审定编号:国审麦 2016014。品种来源:(矮抗 58/周麦 18)F1 种子诱变。

特征特性:半冬性品种,全生育期 226 d,与对照品种周麦 18 相当。幼苗匍匐,苗势壮,叶片宽卷,叶色浓绿,冬季抗寒性中等。分蘖力较强,成穗率偏低。春季起身拔节早,两极分化快,耐倒春寒能力一般。耐高温能力一般,熟相较好。株高 81 cm,抗倒性较弱。株型松散,旗叶宽长、下披,穗层厚,穗叶同层。穗纺锤形,小穗稀,长芒、白壳、白粒,籽粒半角质,饱满度较好。亩穗数 39.1 万穗,穗粒数 31.4 粒,千粒重 47.1 g。抗病性鉴定:条锈病近免疫,高感叶锈病、白粉病、赤霉病、纹枯病。

(二十)周麦 32

选育单位:周口市农业科学院。审定编号:豫审麦 2014001。品种来源:矮抗 58/周麦 24。

特征特性:属半冬性中晚熟强筋品种,全生育期 226～235.2 d。幼苗匍匐,叶片窄长,叶色浅绿,冬季抗寒性一般;分蘖力强,成穗率较高,春季起身拔节快,两极分化快;株型松紧适中,旗叶宽短、上冲,穗下节短,穗层较厚,平均株高 74～75 cm,茎秆弹性好,抗倒伏能力强;穗纺锤形,长芒、白粒、卵圆形、角质;根系活力好,叶功能期长,耐后期高温,成熟落黄好。产量构成三要素:亩穗数 42.6 万～47.3 万穗,穗粒数 30.6～32.7 粒,千粒重 40.5～41.7 g。

2011～2012 年经河南省农业科学院植保所接种鉴定,高抗条锈病,中感叶锈病、白粉病和纹枯病,高感赤霉病。2011 年经农业部农产品质量监督检验测试中心(郑州)检测,蛋白质 16.22%,容重 808 g/L,湿面筋 33.7%,降落数值 462 s,沉淀值 74.3 mL,吸水量 59.1 mL/100 g,形成时间 8.4 min,稳定时间 17.3 min,弱化度 25 F.U.,硬度 65 HI,出粉率 72.5%;2012 年经农业部农产品质量监督检验测试中心(郑州)检测:蛋白质 16.88%,容重 814 g/L,湿面筋 35.8%,降落数值 409 s,沉淀值 80 mL,吸水量 60.4 mL/100 g,形成时间 5.7 min,稳定时间 8.4 min,弱化度 59 F.U.,硬度 60 HI,出粉率 70.2%。

（二十一）周麦 30 号

选育单位:周口市农业科学院。审定编号:国审麦 2016006。品种来源:周麦 23 号/周麦 18－15。

特征特性:半冬性品种,全生育期 226 d,与对照品种周麦 18 相当。幼苗半匍匐,苗势壮,叶片宽卷,叶色青绿,冬季抗寒性中等。分蘖力中等,成穗率一般,成穗数偏少。春季起身拔节早,两极分化快,耐倒春寒能力一般。后期根系活力强,耐后期高温,旗叶功能好,灌浆快,熟相较好。株高 80 cm,茎秆硬,抗倒性强。株型偏紧凑,旗叶宽大、上冲,穗层整齐。穗纺锤形,穗码较密,长芒、白壳、白粒,籽粒角质、饱满度中等。亩穗数 35.3 万穗,穗粒数 36.6 粒,千粒重 46.7 g。抗病性鉴定:条锈病免疫,高抗叶锈病,高感白粉病、赤霉病、纹枯病。品质检测:籽粒容重 802 g/L,蛋白质含量 15.66%,湿面筋含量 33.3%,沉降值 42.3 mL,吸水率 58.2%,稳定时间 7.4 min,最大拉伸阻力 379 E.U.,延伸性 159 mm,拉伸面积 82 cm²。

（二十二）西农 585

选育单位:育种者为西北农林科技大学农学院。审定编号:国审麦 20170014。品种来源:西农 4211/西农 9871。

特征特性:弱春性,全生育期 216 d,与对照品种偃展 4110 熟期相当。幼苗半匍匐,叶片宽长,分蘖力较强,耐倒春寒能力一般。株高 78.9 cm,株型较松散,茎秆弹性一般,抗倒性一般。茎叶蜡质明显,旗叶短宽、上举,穗层整齐,熟相中等。穗纺锤形,白壳、长芒、白粒,籽粒角质,饱满度一般。亩穗数 42.2 万穗,穗粒数 31.2 粒,千粒重 44.4 g。抗病性鉴定:慢条锈病,中感叶锈病、纹枯病,高感白粉病、赤霉病。品质检测:籽粒容重 807 g/L,蛋白质含量 14.91%,湿面筋含量 33.2%,稳定时间 5.8 min。

（二十三）西农 979

选育单位:西北农林科技大学。审定编号:国审麦 2005005。品种来源:西农 2611/(918/95 选 1)F1。

特征特性:半冬性偏春早熟强筋品种,成熟期比豫麦 49 号早 2～3 d。幼苗匍匐,叶片较窄,分蘖力强,成穗率较高。株高 75 cm 左右,茎秆弹性好,株型略松散,穗层整齐,旗叶窄长、上冲。穗纺锤形,长芒、白壳、白粒,籽粒角质,较饱满,色泽光亮,黑胚率低。平均亩穗数 42.7 万穗,穗粒数 32 粒,千粒重 40.3 g。苗期长势一般,越冬抗寒性好,抗倒春寒能力稍弱;抗倒伏能力强;不耐后期高温,有早衰现象,熟相一般。中抗至高抗条锈病,慢秆锈病,中感赤霉病和纹枯病,高感叶锈病和白粉病。田间自然鉴定,高感叶枯病。2004 年、2005 年分别测定混合样:容重 804 g/L、784 g/L,蛋白质(干基)含量 13.96%、15.39%,湿面筋含量 29.4%、32.3%,沉降值 41.7 mL、49.7 mL,吸水率 64.8%、62.4%,面团形成时间 4.5 min、6.1 min,稳定时间 8.7 min、17.9 min,最大抗延阻力 440 E.U.、

564 E. U. ,拉伸面积94 cm^2、121 cm^2。

(二十四)西农511

选育单位:西北农林科技大学。审定编号:国审麦20180040。品种来源:西农2000 - 7/99534。

特征特性:半冬性,全生育期233 d,比对照品种周麦18晚熟1 d。幼苗匍匐,分蘖力强,耐倒春寒能力中等。株高78. 6 cm,株型稍松散,茎秆弹性较好,抗倒性好。旗叶宽大、平展,叶色浓绿,穗层整齐,熟相好。穗纺锤形,短芒、白壳,籽粒角质,饱满度较好。亩穗数36. 9万穗,穗粒数38. 3粒,千粒重42. 3 g。抗病性鉴定:高感白粉病、赤霉病,中感叶锈病、纹枯病,中抗条锈病。品质检测:籽粒容重815 g/L、820 g/L,蛋白质含量14. 00%、14. 68%,湿面筋含量28. 2%、32. 2%,稳定时间11. 2 min、13. 6 min。2017年主要品质指标达到强筋小麦标准。

(二十五)周麦36号

选育单位:周口市农业科学院。审定编号:国审麦20180042。品种来源:矮抗58/周麦19//周麦22。

特征特性:半冬性,全生育期232 d,与对照品种周麦18熟期相当。幼苗半匍匐,叶片宽短,叶色浓绿,分蘖力中等,耐倒春寒能力中等。株高79. 7 cm,株型松紧适中,茎秆蜡质层较厚,茎秆硬,抗倒性强。旗叶宽长、内卷、上冲,穗层整齐,熟相好。穗纺锤形,短芒、白壳、白粒,籽粒角质,饱满度较好。亩穗数36. 2万穗,穗粒数37. 9粒,千粒重45. 3 g。抗病性鉴定:高感白粉病、赤霉病、纹枯病,高抗条锈病和叶锈病。品质检测:籽粒容重796 g/L、812 g/L,蛋白质含量14. 78%、13. 02%,湿面筋含量31. 0%、32. 9%,稳定时间10. 3 min、13. 6 min。2016年主要品质指标达到强筋小麦标准。

三、优质弱筋小麦品种介绍

(一)郑麦004

选育单位:河南省农业科学院小麦研究所。审定编号:国审麦2004007。品种来源:豫麦13/90m434//石89 - 6021(冀麦38)。

特征特性:该品种属半冬性中熟弱筋品种。幼苗半匍匐,叶片细窄,叶色黄绿,抗寒性好,分蘖力强,成穗率较高,亩成穗数多。旗叶短窄上举,株型紧凑,长相清秀,株高80 cm,茎秆弹性好,较抗倒伏。穗长方形,穗层整齐,穗粒数多,籽粒偏粉质,饱满度较好。一般亩成穗数40万穗左右,穗粒数38粒左右,千粒重40 g左右,黑胚率低。耐旱、耐渍、耐后期高温,根系活力强,抗干热风。中抗条锈病、纹枯病,感叶锈病、白粉病和叶枯病。品质优,据2003年度农业部谷物品质监督检验测试中(北京)对国家黄淮南片区试多点混合样进行品质定,郑麦004籽粒容重792 g/L,蛋白质(干基)11. 96%,湿面筋232%,沉降值11. 0 mL,吸水率53. 2%,稳定时间0. 9 min,最大抗延阻力32 E. U,拉伸面积4 cm^2,达到国家弱筋小麦品质标准;2004年度,农业部谷物品质监督检验测试中心(北京)再次对国家黄淮南片区试多点混合样进行品质测定,郑麦004容重799 g/L,蛋白质(干基)12. 4%,湿面筋25. 1%,沉降值12. 8 mL,吸水率53. 7%,稳定时间1. 0 min,最大抗延阻力120 E. U,拉伸面积13 cm^2,达到国家弱筋小麦品质标准。

(二)郑丰 5 号

选育单位:河南省农业科学院小麦研究所。审定编号:豫审麦 2006015。品种来源:Ta900274 × 郑州 891。

特征特性:该品种弱春性大穗型中早熟品种,全生育期 218 d 左右,与对照豫麦 18 熟期相当。幼苗直立,苗期生长健壮,抗寒性较好,起身拔节快,分蘖适中,分蘖成穗率一般。株型松紧适中,穗下节长,株高 85 cm,茎秆弹性弱,抗倒性差。穗层整齐,穗纺锤形,小穗排列稀,后期耐高温,成熟较早,落黄一般,籽粒较长,半角质,黑胚率低,籽粒商品性好。产量三要素较协调,一般亩成穗数 40 万穗左右,穗粒 34 粒左右,千粒重 40 g 左右。2004～2005 年度经河南省农业科学院植保所成株期综合抗性鉴定和接种鉴定,高抗白粉病,中抗条锈病和叶枯病,中感纹枯病和叶锈病。2006 年经农业部农产品质量检验测试中心(郑州)品质检测,堆密度 782 g/L,粗蛋白质(干基)12.42%,湿面筋 23.6%,降落值376 秒,沉降值 24.7 mL,吸水率 56.1%,面团形成时间 1.7 min,稳定时间 1.4 min,主要指标达到弱筋麦标准。

(三)太空 5 号(丰优 10 号)

选育单位:河南省农业科学研究院小麦研究所。审定编号:豫审麦 2002005。品种来源:豫麦 21 号航天诱变选育而成。

特征特性:该品种属弱春性多穗型中早熟弱筋品种,全生育期 220 d 左右。幼苗半直立,分蘖力强,抗寒性好。起身拔节快,苗脚干净利落,株高 85 cm,穗下节长,抽穗早,灌浆快,成熟早,落黄好。穗长方形,长芒、白壳,穗层整齐,籽粒大,白粒,粉质。产量三要素协调,一般每亩成穗数 35 万穗左右,穗粒数 35～40 粒,千粒重 40～50 g。中抗白粉病(2级),条锈病(2 级),叶锈病(2 级)和叶枯病(5/20),中感纹枯病(3 级)。堆密度 775 g/L,粗蛋白质(干基)含量 11.83%,湿面筋 20.6%,沉降值 32.0 mL,吸水率 51.6%,形成时间2.0 min,稳定时间 2.0 min,软化度 155 F. U。

(四)豫麦 50

选育单位:河南省农科院小麦研究所。品种来源:豫麦 50 是河南省农科院小麦研究所丰优育种室从中、美、澳等国内外 20 多个优异资源组成的抗白粉病优质轮选群体中选择优良可育株,并经多年系谱和混合选择育成的优质弱筋抗病稳产小麦新品种。

特征特性:弱春性,分蘖多,耐寒性好,茎秆粗壮。株高 85 cm 左右,亩成穗数 40 万穗左右,穗粒数 35 粒左右,千粒重 40～50 g。中早熟,落黄好。大穗,穗长 10～15 cm,长芒、白粒、粉质。高抗白粉病(0－15/10),中抗条锈、叶锈、纹枯病。在国内优质品种中,优质和抗白粉病的结合是最好的品种。

参加全国小麦品质鉴评,分析结果为沉降值 13.50 mL,湿面筋含量 24.6%,吸水率52.9%,形成时间 1.15 min,稳定时间 1.05 min,烘焙评分 88.29 分,综合评价优于对照澳洲白麦和饼干粉,达到优质软麦标准,并获第二届全国农业博览会金奖。农业部农产品质量监督检验测试中心(郑州)测定:粗蛋白含量 9.98%,湿面筋含量 20.8%,吸水率54.2%,面团形成时间 1.3 min,稳定时间 1.5 min,均超过国标优质弱筋麦标准,是农业部认可的全国仅有的 8 个优质弱筋小麦品种之一。同时,豫麦 50 面粉白度高,适于面粉加工作配粉和生产不含增白剂的面粉。此外,豫麦 50 粗蛋白含量低,芽率高、芽势强且整齐,是啤酒厂生产小麦啤的优质原料。

(五)扬麦 15

选育单位:江苏里下河地区农业科学研究所。品种来源:原名'扬 0 - 118',属春性中熟小麦品种,由江苏里下河地区农业科学研究所以扬 89 - 40/川育 21526 杂交,于 2001 年选育而成。2005 年 9 月通过江苏省品种审定委员会审定。

特征特性:该品种春性,中熟,比扬麦 158 迟熟 2 d;分蘖力较强,株型紧凑,株高 80 cm,抗倒性强;幼苗半直立,生长健壮,叶片宽长,叶色深绿,长相清秀;穗棍棒形,长芒、白壳,大穗大粒,籽粒红皮粉质,每穗 36 粒,子拉饱满,粒红,千粒重 42 g;分蘖力中等,成穗率高,每亩 30 万穗左右;中抗至中感赤霉病,中抗纹枯病,中感白粉病。耐肥抗倒,耐寒、耐湿性较好。

2003 年农业部谷物品质监督检验测试中心检测结果:水分 9.7%,粗蛋白(干基) 10.24%,容重 796 g/L,湿面筋含量 19.7%,沉降值 23.1 mL,吸水率 54.1%,形成时间 1.4 min,稳定时间 1.1 min,达到国家优质弱筋小麦的标准,适宜作为优质饼干、糕点专用小麦生产。

第三节　小麦高产高效栽培技术

一、整地与播种技术

(一)精选种子

播前要精选种子,去除病粒、霉粒、烂粒等,并选晴天晒种 1 ~ 2 d。种子质量应达到如下标准:纯度≥99.0%,净度≥99.0%,发芽率≥85%,水分≤13%。

(二)种子包衣和药剂拌种

为预防土传、种传病害及地下害虫,特别是根部和茎基部病害,必须做好种子包衣或药剂拌种。条锈病、纹枯病、腥黑穗病等多种病害重发区,可选用 2% 立克秀干拌剂或湿拌剂,按每 100 kg 种子用药剂 100 ~ 150 g,或 6% 亮穗悬浮种衣剂按 100 kg 种子用药剂 33 ~ 45 mL,或苯醚甲环唑(3% 敌萎丹)悬浮种衣剂按药种比 1∶(167 ~ 200)进行种子包衣,氟咯菌腈(2.5% 适乐时)悬浮种衣剂按每 100 kg 种子用药剂 100 ~ 200 mL,或 27% 酷拉斯(苯醚·咯·噻虫)悬浮种衣剂按每 100 kg 小麦种子用制剂 200 mL 拌种;小麦全蚀病重发区,可选用硅噻菌胺(12.5% 全蚀净)悬浮剂每 10 kg 种子 20 ~ 40 mL,或适麦丹(2.4% 苯醚甲环唑 + 2.4% 氟咯菌腈)悬浮种衣剂按每 100 kg 种子用 10 ~ 15 g 药剂拌种;小麦黄矮病和丛矮病发生区,可用 27% 酷拉斯悬浮种衣剂拌种;防治蝼蛄、蛴螬、金针虫等地下害虫可用 40% 甲基异柳磷乳油或 40% 辛硫磷乳油进行药剂拌种。多种病虫混发区,采用杀菌剂和杀虫剂各计各量混合拌种或种子包衣。对上季收获期遇雨等造成种子质量较差的,不宜用含三唑类的杀菌剂进行种子包衣或拌种。

(三)土壤处理

地下害虫严重发生地块,每亩可用 40% 辛硫磷乳油或 40% 甲基异柳磷乳油 0.3 kg,加水 1 ~ 2 kg,拌细土 25 kg 制成毒土,耕地前均匀撒施于地面,随犁地翻入土中。

（四）精细整地

前茬玉米收获后应及早粉碎秸秆，秸秆切碎长度≤10 cm，均匀撒于地表，用大型拖拉机耕翻入土，耙糖压实，并浇塌墒水，每亩补施尿素 5 kg，以加速秸秆腐解。

秋作物成熟后及早收获腾茬，耙糖保墒。按照"秸秆还田必须深耕，旋耕播种必须耙实"的要求，提倡用大型拖拉机深耕细耙。连续旋耕 2～3 年的麦田必须深耕一次，耕深 25 cm 左右，或用深松机深松 30 cm 左右，以破除犁底层，促进根系下扎，有利于吸收深层水分和养分，增强抗灾能力。耕后耙实耙细，平整地面，彻底消除"龟背田"。

播前土壤墒情不足的麦田应适时造墒，保证土壤含水量达到田间最大持水量的 70%～85%，确保足墒播种，一播全苗。

（五）科学施肥

一般亩产 400 kg 左右麦田亩施纯氮（N）12～14 kg，磷肥（P_2O_5）5～7 kg，钾肥（K_2O）4～6 kg；亩产 500 kg 以上高产麦田亩施纯氮（N）14～16 kg，磷肥（P_2O_5）8～10 kg，钾肥（K_2O）5～8 kg。小麦玉米一年两熟麦田应注意增加磷肥施用量。

基肥在应耕地前撒施或用旋耕播种机机施。机施肥料宜选用颗粒肥，且注意肥层与种子之间的土壤隔离层不小于 3 cm，肥带宽度略大于种子的播幅宽度。

（六）播种

根据品种特性，确定适宜播期。豫北、豫西北地区半冬性品种宜在 10 月 5～12 日播种，弱春性品种在 10 月 12～18 日播种；豫中、豫东地区半冬性品种在 10 月 8～15 日播种，弱春性品种在 10 月 15～20 日。适期播种范围内，早茬地种植分蘖力强、成穗率高的品种，亩基本苗控制在 15 万～18 万株，一般亩播量 8～10 kg；中晚茬地种植分蘖力弱、成穗率低的品种，亩基本苗控制在 18 万～22 万株，一般亩播量 9～12 kg。如播种时土壤墒情较差、因灾延误播期或整地质量差、土壤肥力低的麦田，可适当增加播种量。一般每晚播 3 d 亩增加播量 0.5 kg，但亩播量最多不能超过 15 kg。

提倡半精量播种，并适当缩小行距。高产田块采用 20～23 cm 等行距，或（15～18）cm×25 cm 宽窄行种植；中低产田采用 20～23 cm 等行距种植。机播作业麦田要求做到下种均匀，不漏播、不重播，深浅一致，覆土严实，地头地边播种整齐。与经济作物间作套种还应注意留足留好预留行。播种深度以 3～5 cm 为宜，在此深度范围内，应掌握沙土地宜深，黏土地宜浅；墒情差的宜深，墒情好的宜浅；早播的宜深，晚播的宜浅的原则。采用机条播时播种机行走速度控制在每小时 5 km，确保下种均匀、深浅一致，不漏播、不重播。旋耕和秸秆还田的麦田，播种时要用带镇压装置的播种机随播镇压，踏实土壤，确保顺利出苗。

二、田间管理技术

（一）冬前及越冬期管理

1. 查苗补种，疏密补稀

缺苗在 15 cm 以上的地块要及时催芽开沟补种同品种的种子，墒情差时在沟内先浇水再补种；也可采用疏密补稀的方法，移栽带 1～2 个分蘖的麦苗，覆土深度要掌握上不压心、下不露白，并压实土壤，适量浇水，保证成活。

2. 适时中耕镇压

每次降雨或浇水后要适时中耕保墒,破除板结,促根蘖健壮发育。对群体过大过旺麦田,可采取深中耕断根或镇压措施,控旺转壮,保苗安全越冬。对秸秆还田没有造墒的麦田,播后必须进行镇压,使种子与土壤接触紧密;对秋冬雨雪偏少、口墒较差,且坷垃较多的麦田,应在冬前适时镇压,保苗安全越冬。

3. 看苗分类管理

(1)对于因地力、墒情不足等造成的弱苗,要抓住冬前有利时机追肥浇水,一般每亩追施尿素 10 kg 左右,并及时中耕松土,促根增蘖。

(2)对晚播弱苗,冬前可浅锄松土,增温保墒,促苗早发快长。这类麦田冬前一般不宜追肥浇水,以免降低地温,影响发苗。

(3)对有旺长趋势的麦田,要及时进行深中耕镇压,中耕深度以 7 ~ 10 cm 为宜。

4. 科学冬灌

对秸秆还田、旋耕播种、土壤悬空不实或缺墒的麦田必须进行冬灌,保苗安全越冬。冬灌的时间一般在日平均气温 3 ~ 4 ℃时开始进行,在夜冻昼消时完成,每亩浇水 40 m³,禁止大水漫灌。浇过冬水后的麦田,在墒情适宜时要及时划锄松土,以免地表板结龟裂,透风伤根造成黄苗死苗。

5. 防治病虫草害

麦田化学除草:于 11 月上中旬至 12 月上旬,日平均气温 10 ℃以上时及时防除麦田杂草。对野燕麦、看麦娘、黑麦草等禾本科杂草,每亩用 6.9% 精恶唑禾草灵(骠马)水乳剂 60 ~ 70 mL 或 10% 精恶唑禾草灵(骠马)乳油 30 ~ 40 mL 加水 30 kg 喷雾防治;对节节麦、野燕麦等杂草亩用 3% 甲基二磺隆乳油(世玛)25 ~ 30 mL 加水 30 kg 喷雾防治。对播娘蒿、荠菜、猪殃殃等阔叶类杂草,每亩可用 75% 苯磺隆(阔叶净、巨星)干悬浮剂 1.0 ~ 1.8 g,或 10% 苯磺隆可湿性粉剂 10 ~ 15 g,或 20% 使它隆乳油 50 ~ 60 mL 加水 30 ~ 40 kg 喷雾防治。

也可以在播后芽前或芽后早期亩用 50% 吡氟酰草胺(骄马)可湿性粉剂 15 ~ 20 g,防治麦田阔叶杂草和部分一年生禾草。骄马在小麦播种后至拔节前均可使用,骄马既能杀死已出土杂草,又能封闭未出土杂草,有效防除小麦田猪殃殃、繁缕、牛繁缕、婆婆纳、宝盖草、麦家公、野油菜、荠菜、播娘蒿、野老鹤草等绝大多数一年生阔叶杂草。兑农药时要采取两步配制法,即先用少量水配制成较为浓稠的母液,然后再倒入盛有水的容器中进行最后稀释。

越冬前是小麦纹枯病的第一个盛发期,每亩可用 12.5% 烯唑醇(禾果利)可湿性粉剂 20 ~ 30 g,或 15% 三唑酮可湿性粉剂 100 g,兑水 50 kg 均匀喷洒在麦株茎基部进行防治。

对蛴螬、金针虫等地下虫危害较重的麦田,每亩用 40% 甲基异柳磷乳油或 50% 辛硫磷乳油 500 mL 加水 750 kg,顺垄浇灌;或每亩用 50% 辛硫磷乳油或 48% 毒死蜱乳油 0.25 ~ 0.3 L,兑水 10 倍,拌细土 40 ~ 50 kg,结合锄地施入土中。

对麦黑潜叶蝇发生严重麦田,亩用 40% 氧化乐果 80 mL,加 4.5% 高效氯氰菊酯 30 mL 加水 40 ~ 50 kg 喷雾;或用 1% 阿维菌素 3 000 ~ 4 000 倍液喷雾,同时兼治小麦蚜虫和红蜘蛛。对小麦胞囊线虫病发生严重田块,亩用 5% 线敌颗粒剂 3.7 kg,在小麦苗期顺垄撒施,撒后及时浇水,提高防效。

6. 严禁畜禽啃青

要加强冬前麦田管护,管好畜禽,杜绝畜禽啃青。

(二)返青—抽穗期管理

1. 中耕划锄

返青期各类麦田都要普遍进行浅中耕,以松土保墒,破除板结,增加土壤透气性,提高地温,消灭杂草,促进根蘖早发稳长。对于生长过旺麦田,在起身期进行隔行深中耕,控旺转壮,蹲秸壮秆,预防倒伏。

2. 因苗制宜,分类管理

(1)对于一类苗麦田,应积极推广氮肥后移技术,在小麦拔节中期结合浇水每亩追施尿素 8～10 kg,控制无效分蘖滋生,加速两极分化,促穗花平衡发育,培育壮秆大穗。

(2)对于二类苗麦田,应在起身初期进行追肥浇水,一般每亩追施尿素 10～15 kg 并配施适量磷酸二铵,以满足小麦生长发育和产量提高对养分的需求。

(3)对于三类苗麦田,春季管理以促为主,早春及时中耕划锄,提高地温,促苗早发快长;追肥分两次进行,第一次在返青期结合浇水每亩追施尿素 10 kg 左右,第二次在拔节后期结合浇水每亩追施尿素 5～7 kg。

(4)对于播期早、播量大,有旺长趋势的麦田,可在起身期每亩用15%多效唑可湿性粉剂 30～50 g 或壮丰胺 30～40 mL,加水 25～30 kg 均匀喷洒,或进行深中耕断根,控制旺长,预防倒伏。

(5)对于没有水浇条件的麦田,春季要趁雨每亩追施尿素 8～10 kg。

3. 预防"倒春寒"和晚霜冻害

小麦晚霜冻害频发区,小麦拔节期前后一定要密切关注天气变化,在预报有寒流来临之前,采取浇水、喷洒防冻剂等措施,预防晚霜冻害。一旦发生冻害,应及时采取浇水施肥等补救措施,一般每亩追施尿素 5～10 kg,促其尽快恢复生长。

4. 防治病虫草害

重点防治麦田草害和纹枯病,挑治麦蚜、麦蜘蛛,补治小麦全蚀病。

(1)早控草害。返青期是麦田杂草防治的有效补充时期,对冬前未能及时除草而杂草又重的麦田,此期应及时进行化除。播娘蒿、荠菜发生较重田块,每亩用10%苯磺隆可湿性粉剂 10～15 g 加水 40 kg 喷雾;猪殃殃、野油菜、播娘蒿、荠菜、繁缕发生较重地块,每亩用5.8%麦喜悬浮剂用药量为 10 mL 加水喷施;对以野燕麦、看麦娘、早熟禾、黑麦草、节节麦、雀麦为主的麦田恶性禾木科杂草的除草剂品种可用 3%世玛(甲基二磺隆)30 mL/亩加助剂喷雾进行防治。对以猪秧秧、泽漆、繁缕等较难防除的阔叶杂草为主的田块,每亩用20%使它隆 50～60 mL 或20%二甲四氯钠盐水剂 150 mL+20%使它隆乳油 25～35 mL 加水喷雾;对硬草、看麦娘等禾本科杂草和阔叶杂草混生田块,用3%世玛(甲基二磺隆)30 mL/亩加助剂+10%苯磺隆每亩用 10 g 或6.9%骠马水剂 50 mL+20%溴苯腈乳油 100 mL 加水喷雾。化学除草技术性很强,特别专业化统一防治要特别注意:严格掌握用药量、施药时期和用水量;小麦拔节后(进入生殖生长期,株高 13 cm 时)后对药剂十分敏感,绝对禁止使用化学除草剂,以防药害;极端天气,气温过高或寒潮来临时一般不要用药;大风天气不能施药,以免药液飘移,对邻近敏感作物产生药害。

(2)小麦纹枯病。小麦起身至拔节期,气温达到 10 ~ 15 ℃是纹枯病第二个盛发期。当发病麦田病株率达到 15%,病情指数为 3% ~ 6% 时,每亩用 12.5% 烯唑醇(禾果利)可湿性粉剂 20 ~ 30 g,或 15% 三唑酮可湿性粉剂 100 g,或 25% 丙环唑乳油 30 ~ 35 mL,加水 50 kg 喷雾,隔 7 ~ 10 d 再施一次药,连喷 2 ~ 3 次。注意加大水量,将药液喷洒在麦株茎基部,以提高防效。

(3)蚜虫、麦蜘蛛。麦二叉蚜在小麦返青、拔节期,麦长管蚜在扬花末期是防治的最佳时期。当苗期蚜虫百株虫量达到 200 头以上时,每亩可用 50% 抗蚜威可湿性粉剂 10 ~ 15 g,或 10% 吡虫啉可湿性粉剂 20 g 加水喷雾进行挑治。当小麦市尺单行有麦圆蜘蛛 200 头或麦长腿蜘蛛 100 头以上时,每亩可用 1.8% 阿维菌素乳油 8 ~ 10 mL,加水 40 kg 喷雾防治。

5. 化学调控

在小麦返青期,用壮丰安 30 ~ 40 mL/亩,或多效唑 40 mL/亩兑水喷施,可使植株矮化,抗倒伏能力增强,并能兼治小麦白粉病和提高植株对氮素的吸收利用率,提高小麦产量和籽粒蛋白质含量;在拔节初期,对有旺长趋势的麦田,用 0.15% ~ 0.3% 的矮壮素溶液喷施,可有效地抑制基部节间伸长,使植株矮化,基部茎节增粗,从而防止倒伏;在小麦拔节期,也可用助壮素 15 ~ 20 mL,兑水 50 ~ 60 kg 叶面喷施,可抑制节间伸长,对防止小麦植株倒伏有显著效果。

(三)抽穗—成熟期管理

1. 适时浇好灌浆水

小麦生育后期如遇干旱,在小麦孕穗期或籽粒灌浆初期选择无风天气进行小水浇灌,此后一般不再灌水,尤其不能浇麦黄水,以免发生倒伏,降低品质。

2. 叶面喷肥

在小麦抽穗至灌浆期间,用尿素 1 kg 或硫酸钾型三元复合肥加磷酸二氢钾 200 g 兑水 50 kg 进行叶面喷洒,以补肥防早衰、防干热风危害,提高粒重,改善品质。

3. 防治病虫害

1)抽穗至扬花期

早控条锈病、白粉病,科学预防赤霉病;重点防治麦蜘蛛。

小麦条锈病、白粉病、叶枯病:每亩可用 15% 三唑酮可湿性粉剂 80 ~ 100 g,或 12.5% 烯唑醇(禾果利)可湿性粉剂 40 ~ 60 g,或 25% 丙环唑乳油 30 ~ 35 g,或 30% 戊唑醇悬浮剂 10 ~ 15 mL,加水 50 kg 喷雾防治,间隔 7 ~ 10 d 再喷药一次。

小麦赤霉病:小麦抽穗扬花期若天气预报有 3 d 以上连阴雨天气,应抓住下雨间隙期每亩可用 50% 多菌灵可湿性粉剂 100 g,或多菌灵胶悬剂、微粉剂 80 g 加水 50 kg 喷雾。如喷药后 24 h 遇雨,应及时补喷。尤其是地势低洼,土质黏重,排水不良,土壤湿度大的麦田更应注意赤霉病的防治。

麦蜘蛛:当平均每 33 cm 行长小麦有麦蜘蛛 200 头时,应选择晴天中午前或下午 3 点后无风天气,每亩用 1.8% 虫螨克乳油 8 ~ 10 mL 或 20% 甲氰菊酯乳油 30 mL 或 40% 马拉硫磷乳油 30 mL 或 1.8% 阿维菌素乳油 8 ~ 10 mL 加水 50 kg 喷雾防治。

2）灌浆期

灌浆期是多种病虫重发、叠发、为害高峰期，必须做到杀虫剂、杀菌剂混合施药，一喷多防，重点控制穗蚜，兼治锈病、白粉病和叶枯病。

小麦蚜虫：当穗蚜百株达 500 头或益害比 1：150 以上时，每亩可用 50% 抗蚜威可湿性粉剂 10 ~ 15 g，或 10% 吡虫啉可湿性粉剂 20 g，或 40% 毒死蜱乳油 50 ~ 75 mL，或 3% 啶虫脒 20 mL，或 4.5% 高效氯氰菊酯 40 mL，加水 50 kg 喷雾，也可用机动弥雾机低容量（亩用水 15 kg）喷防。

小麦白粉病、锈病、蚜虫等病虫混合发生区，可采用杀虫剂和杀菌剂各计各量，混合喷药，进行综合防治。每亩可用 15% 三唑酮可湿性粉剂 100 g，或 12.5% 烯唑醇（禾果利）可湿性粉剂 40 ~ 60 g，或 25% 丙环唑乳油 30 ~ 35 g，或 30% 戊唑醇悬浮剂 10 ~ 15 mL 加 10% 吡虫啉可湿性粉剂 20 g，或 40% 毒死蜱乳油 50 ~ 75 mL 加水 50 kg 喷雾。上述配方中再加入磷酸二氢钾 150 g 还可以起到补肥增产的作用，但要现配现用。

黏虫防治。当发现每平方米有 3 龄前黏虫 15 头以上时，每亩用灭幼脲 1 号有效成分 1 ~ 2 g，或灭幼脲 3 号有效成分 3 ~ 5 g 喷雾防治。

4. 适时收获，预防穗发芽

在蜡熟末期至完熟初期适时收获。若收获期有降雨过程，应适时抢收，天晴时及时晾晒，防止穗发芽和籽粒霉变。

第四节　强筋、弱筋小麦生产技术规程

强筋小麦生产技术规程

1　范围

本标准规定了强筋小麦生产的术语和定义、产地环境、播前准备、播种、田间管理、收获与储藏。

本标准适用于强筋小麦的生产。

2　规范性引用文件

下列文件对于本文件的应用是必不可少的。凡是注日期的引用文件，仅注日期的版本适用于本文件。凡是不注日期的引用文件，其最新版本（包括所有的修改单）适用于本文件。

GB 4285　农药安全使用标准

GB 4404.1—2008　粮食作物种子第 1 部分：禾谷类

GB 5084—2005　农田灌溉水质标准

GB/T 17320—2013　小麦品种品质分类

NY/T 496　肥料合理使用准则通则

NY/T 1276—2007　农药安全使用规范总则

3　术语和定义

下列术语和定义适用于本文件。

强筋小麦:籽粒硬质,籽粒粗蛋白质含量(干基)≥14%,面粉湿面筋含量(14%水分基)≥30%,面团稳定时间≥8 min,加工成的小麦粉筋力强、延伸性好、适于制作面包类专用面粉的小麦。

4　产地环境

4.1　生态环境

中壤土或黏质土壤,远离污染源的地块。小麦生育期间光照充分,后期降雨量偏少。宜在豫北、豫西北麦区及豫中、豫东部的部分中高肥力麦田种植。

4.2　土壤养分

0~20 cm 土壤耕层有机质含量≥15 g/kg,全氮(N)含量≥1.2 g/kg,有效磷(P)含量≥15 mg/kg,速效钾(K)含量≥110 mg/kg。

5　播前准备

5.1　种子

5.1.1　品种选用

选用通过国家或河南省农作物品种审定委员会审定,适应种植地区生态条件的抗逆、抗病、抗倒伏稳产高产品种。品质性状应符合 GB/T 17320—2013 强筋小麦的规定。种子质量应符合 GB 4404.1—2008 的规定。

5.1.2　种子处理

选用包衣种子;未包衣种子应在播种前选用安全高效的杀虫剂、杀菌剂进行拌种。杀虫剂和杀菌剂的使用应符合 GB 4285 和 NY/T 1276—2007 的规定。

5.2　造墒保墒

前茬作物收获后及早粉碎秸秆,均匀覆盖地表,秸秆长度小于 5 cm。播种时耕层土壤相对含水量应达到 70%~80%,土壤墒情不足时应适时适量浇灌底墒水。

5.3　整地

秸秆还田的地块,应进行机械深耕(耕作深度 25 cm 左右);旋耕地块则应隔 2~3 年深耕一次。耕后耙实,达到坷垃细碎、地表平整。地下害虫严重的地块应用杀虫剂进行土壤处理,杀虫剂的使用应符合 GB 4285 和 NY/T 1276—2007 的规定。

5.4　施肥

在测土配方施肥的基础上,适量增施氮肥、补施硫肥。施氮总量在测土配方施肥的基础上每 667 亩❶增加纯氮(N)2~4 kg,每 667 亩施硫肥(S)3~4 kg。

磷肥和钾肥一次性底施,氮肥分基肥与追肥两次施用,基肥与追肥比例为 6:4。有条

---

❶　1 亩 = 1/15 hm² ≈ 666.67 m²。

件的地方应增施有机肥,适当减少化学肥料用量。肥料使用应符合 NY/T 496—2010 的规定。

6 播种

6.1 播期

根据品种特性,确定适宜播期。豫北、豫西北地区半冬性品种宜在 10 月 5 ~ 12 日播种,弱春性品种在 10 月 12 ~ 18 日播种;豫中、豫东地区半冬性品种在 10 月 8 ~ 15 日播种,弱春性品种在 10 月 15 ~ 20 日播种。

6.2 播量

在适宜播期范围内,每亩播量 9 ~ 10 kg。整地质量较差或晚播麦田,应适当增加播量。超出适播期后,播期每推迟 3 d 每亩应增加播量 0.5 kg,但播量最多每亩不超过 15 kg。

6.3 播种方法

采用精量播种机播种,播深 3 ~ 5 cm。采用等行距(18 ~ 20 cm)或宽窄行(24 cm × 16 cm)播种,或采用宽幅播种方式(带宽 8 cm,行距 22 ~ 26 cm)播种,播后镇压。

7 田间管理

7.1 前期管理（出苗—越冬）

7.1.1 查苗补种

出苗后应及时查苗补种,对缺苗断垄(10 cm 以上无苗为缺苗,17 cm 以上无苗为断垄)的地块,用同一品种的种子浸种催芽(露白)后及早补种。

7.1.2 中耕松土

11 月中旬至 12 月中旬应普遍中耕一遍,以松土保墒、破除板结、灭除杂草。

7.1.3 合理灌溉

土壤墒情严重不足(耕层土壤相对含水量低于 50%)时,可进行冬灌。提倡节水灌溉,每亩灌溉量以 30 ~ 40 m³ 为宜,灌水后应及时中耕保墒。灌溉水应符合 GB 5084—2005 规定。

7.1.4 促弱控旺

越冬期壮苗指标:叶龄达到六叶一心至七叶,每亩总茎数 65 万 ~ 80 万,叶面积系数 1 ~ 1.5,幼穗分化达到二棱初期或二棱中期。如果麦苗生长过旺或冬前出现基部节间伸长,应采取镇压、深中耕或化控技术控制生长。弱苗以促为主,土壤墒情适宜时每亩追施尿素 2 ~ 3 kg;土壤干旱应结合灌溉追肥。

7.1.5 防除杂草

于 11 月上中旬(小麦 3 ~ 4 叶期),日平均温度在 10 ℃ 以上时及时防除麦田杂草,防治方法见附表(略)。农药使用应符合 GB 4285 和 NY/T 1276—2007 的规定。

7.2 中期管理（返青—抽穗）

7.2.1 中耕除草

早春浅中耕松土,提温保墒,灭除麦田杂草。冬前未进行化学除草的麦田,在早春返青期(日平均气温10 ℃以上时)应及时进行化学除草,用药方法按7.1.5的规定。

7.2.2　镇压控旺

对长势过旺的麦田宜采用镇压、深耕断根或化控剂控制旺长。

7.2.3　肥水调控

在小麦拔节期,结合灌水追施氮肥,每亩灌溉量以40～50 m³为宜。追氮量为总施氮量的40%左右。但对于早春土壤偏旱且苗情长势偏弱的麦田,灌水施肥可提前至起身期。

7.2.4　防治病虫害

在返青至抽穗期,重点防治小麦纹枯病、锈病、白粉病及吸浆虫、蚜虫和红蜘蛛。当病虫达到防治指标时及时进行药剂防治。

7.2.5　预防晚霜冻害

小麦拔节后,若预报出现日最低气温降至0～2 ℃的寒流天气,且日降温幅度较大时,应及时灌水预防冻害发生。寒流过后,及时检查幼穗受冻情况,发现幼穗受冻的麦田应及时追肥浇水,每亩宜追施尿素5～10 kg。

7.3　后期管理(抽穗—成熟)

7.3.1　灌溉

当土壤相对含水量低于60%、植株呈现旱象时进行灌水,每亩灌溉量以30～40 m³为宜。灌溉应在花后15 d以前完成,灌溉时应避开大风天气。

7.3.2　叶面喷肥

在灌浆前、中期,每亩用尿素1 kg和200 g磷酸二氢钾兑水50 kg进行叶面喷肥,促进籽粒氮素积累。叶面喷肥可与病虫害防治结合进行。

7.3.3　防治病虫害

抽穗—扬花期要注意防治小麦赤霉病,具体方法见附表(略)。若遇花期阴雨,应在药后5～7 d补喷一次。灌浆期应注意防治白粉病、锈病、叶枯病、黑胚病及蚜虫等,防治方法见附表(略)。成熟期前20 d内停止使用农药。

8　收获与储藏

8.1　收获

在完熟初期,当籽粒呈现品种固有色泽、籽粒含水量达到18%以下时应及时收获,防止穗发芽。

8.2　储藏

收获后籽粒水分含量降至12.5%时,入库储藏。

弱筋小麦生产技术规程

1　范围

本标准规定了弱筋小麦生产的术语和定义、产地环境、播前准备、播种、田间管理、收获与储藏。

本标准适用于弱筋小麦的生产。

2 规范性引用文件

下列文件对于本文件的应用是必不可少的。凡是注日期的引用文件,仅注日期的版本适用于本文件。凡是不注日期的引用文件,其最新版本(包括所有的修改单)适用于本文件。

GB 4285 农药安全使用标准

GB 4404.1—2008 粮食作物种子第 1 部分:禾谷类

GB 5084—2005 农田灌溉水质标准

GB/T 17320—2013 小麦品种品质分类

NY/T 496 肥料合理使用准则通则

NY/T 1276—2007 农药安全使用规范总则

3 术语和定义

下列术语和定义适用于本文件。

弱筋小麦:籽粒胚乳为粉质,籽粒粗蛋白质含量(干基)低于 12.5%,面粉湿面筋含量(14% 水分基)低于 26%,加工成的小麦粉筋力弱,适合于制作蛋糕和酥性饼干等食品的小麦。

4 产地环境

4.1 生态环境

宜选择在排灌条件良好的豫南麦区或沿黄稻茬麦田,且远离污染源的地块种植。

4.2 土壤养分

0 ~ 20 cm 土壤耕层有机质含量 ≥13 g/kg,全氮(N)含量 ≥0.8 g/kg,有效磷(P)含量 ≥12 mg/kg,速效钾(K)含量 ≥100 mg/kg。

5 播前准备

5.1 种子

5.1.1 品种选用

选用通过国家或河南省农作物品种审定委员会审定,适应种植地区生态条件的抗病、耐湿、耐穗发芽稳产高产品种。品质性状应符合 GB/T 17320—2013 中弱筋小麦的规定。种子质量符合 GB 4404.1—2008 的规定。

5.1.2 种子处理

宜选用包衣种子,未包衣种子应在播种前选用安全高效的杀虫剂、杀菌剂进行拌种。杀虫剂和杀菌剂的使用应符合 GB 4285 和 NY/T 1276—2007 的规定。

5.2 整地起沟

宜采用机械深耕(耕作深度 25 cm 左右),旋耕地块应隔 2 ~ 3 年深耕一次。耕后机耙,达到坷垃细碎、地表平整。整地时起好腰沟、厢沟和边沟,做到内外沟配套、沟沟相通,排灌通畅。地下害虫严重的地块应用杀虫剂处理,杀虫剂的使用应符合 GB 4285 和 NY/ T 1276—2007 的规定。

5.3　底肥

坚持"减氮、增磷、补钾微"的施肥原则,磷钾肥用量按当地测土配方推荐施肥量的要求施用,氮肥在推荐施肥量基础上每亩减少 10% ~ 15%。

磷钾肥一次性底施,氮肥分基肥与追肥两次施用。其中 60% ~ 70% 氮肥作基肥,30% ~ 40% 作为春季追肥。在施用有机肥的情况下,可适当减少化学氮肥的用量。肥料使用应符合 NY/ T 496—2010 的规定。

6　播种

6.1　播期

根据品种特性确定适宜播期。豫南半冬性品种在 10 月 15 ~ 25 日播种,弱春性品种在 10 月 20 日至 10 月底播种;沿黄稻茬麦半冬性品种在 10 月 6 ~ 13 日,弱春性品种为 10 月 13 ~ 19 日。

6.2　播量

在适宜播期范围内,每亩播量 9 ~ 10 kg。整地质量较差或晚播麦田,应适当增加播量。超出适播期后,播期每推迟 3 d 每亩应增加播量 0.5 kg,但每亩播量最多不超过 15 kg。

6.3　播种方法

采用精量播种机播种,播深 3 ~ 4 cm。采用等行距(20 ~ 22 cm)或宽窄行(24 cm × 16 cm)播种,播后镇压。

7　田间管理

7.1　前期管理(出苗—越冬)

7.1.1　查苗补种

出苗后应查苗补种,对缺苗断垄(10 cm 以上无苗为缺苗,17 cm 以上无苗为断垄),用同一品种的种子浸种催芽(露白)后及早补种。

7.1.2　中耕松土

11 月中旬至 12 月中旬普遍进行中耕,松土保墒,破除板结,灭除杂草。

7.1.3　合理灌溉

土壤墒情严重不足(耕层土壤相对含水量低于 50%)时,可进行冬灌。提倡节水灌溉,每亩灌溉量以 30 ~ 40 m³ 为宜,灌水后应及时中耕保墒。灌溉水应符合 GB 5084—2005 规定。

7.1.4　促弱控旺

越冬期壮苗指标:叶龄达到六叶一心至七叶,每亩总茎数 65 万 ~ 80 万,叶面积系数 1 ~ 1.5,幼穗分化达到二棱初期或二棱中期。如果麦苗生长过旺或冬前出现基部节间伸长,应采取镇压、深中耕或化控技术控制生长。弱苗以促为主,可以在土壤墒情适宜时,每亩追施尿素 2 ~ 3 kg。

防除杂草。于 11 月上中旬,小麦 3~4 叶期,日平均温度在 10 ℃ 以上时及时防除麦田杂草。防治方法见附表(略)。农药使用应符合 GB 4285 和 NY/T 1276—2007 的规定。

7.2 中期管理(返青—抽穗)

7.2.1 中耕除草

早春浅中耕松土,提温保墒,灭除麦田杂草。冬前进行化学除草,可在早春返青期(日平均气温 10 ℃ 以上时)及时进行化除,用药方法按 7.1.5 的规定。

7.2.2 镇压控旺

对长势过旺的麦田采用镇压、中耕断根或用化控剂控旺。

7.2.3 肥水调控

在小麦起身至拔节期进行灌溉追肥,一般采用畦灌或喷灌,每亩灌溉量为 40~50 m^3,追施总施氮量的 30%~40%。

7.2.4 预防晚霜冻害

小麦拔节后若预报出现日最低气温降至 0~2 ℃ 的寒流天气,且日降温幅度较大时,应及时浇水,预防冻害发生。寒流过后,及时检查幼穗受冻情况,发现幼穗受冻的麦田,每亩可追施尿素 5~7 kg。

7.2.5 防治病虫害

在返青至抽穗期,重点防治小麦纹枯病、锈病、白粉病及吸浆虫、蚜虫和红蜘蛛,在病虫达到防治指标时及时进行药剂防治,防治方法见附表(略)。

7.2.6 清沟排渍

应经常进行清沟排渍,排除田间积水,防止渍害发生。

7.3 后期管理(抽穗—成熟)

7.3.1 灌溉

在小麦开花期至籽粒形成期(在开花后 7~10 d)灌水,每亩灌溉量为 30~40 m^3,灌溉时避开大风天气。在灌浆中期可根据田间情况,进行少量灌溉,注意防倒。

7.3.2 叶面喷肥

在灌浆期每亩用 200 g 磷酸二氢钾兑水 50 kg 叶面喷施。叶面喷肥可与病虫害防治结合进行。

7.3.3 排涝防渍

雨后及时进行沟厢清理,疏通沟渠,排渍降湿,增加土壤透气性。

7.3.4 防治病虫害

抽穗至扬花期要注意防治小麦赤霉病,若遇花期阴雨,应在药后 5~7 d 补喷一次。灌浆期应注意防治白粉病、锈病、叶枯病、黑胚病及蚜虫等,防治方法见附表(略)。成熟期前 20 d 内停止使用农药。

8 收获与储藏

8.1 收获

在完熟初期,当籽粒呈现品种固有色泽、籽粒含水量达到 18% 以下时应及时收获,防止穗发芽。

8.2　储藏

收获后籽粒水分含量降至12.5%时,入库储藏。

第五节　优质强筋小麦配套技术

优质化是未来小麦发展的必然趋势,随着生活水平的提高,消费者对面粉的需求日益高端化和专用化,做面包要专用面包粉,做饺子要专用饺子粉。这些专用粉都需要优质强筋小麦,现在的种植面积和产量都远远不能满足市场需要。为推进小麦产业结构调整,加快优质专用小麦发展,提高小麦生产水平和供给质量,本部分从良种良法配套方面,总结了一整套优质强筋小麦栽培技术,以适应调整种植结构,发展优质强筋小麦,积极推进小麦供给侧结构性改革的需要。

一、区域化种植、规模化生产

区域化种植、规模化生产是实现强筋小麦优质、高产、高效的基础,在优质强筋小麦生产适宜区和适宜强筋小麦种植的中壤土与轻黏壤土地上,集中连片规模种植为商品小麦生产的基础。在品种的选用上,应在集中连片的基地内采用相同品种,做到专种、专收、专储、专卖,确保粮食质量均匀、不混杂,这样才能保证商品小麦籽粒品质的一致性。

二、选用优质高产品种

小麦的品质、产量特性是由其遗传基础所决定的,栽培措施对其有重要的影响。要生产出高质量的强筋小麦,首先要选用优质高产的强筋小麦品种。目前,在生产上大面积推广和应用的优质强筋小麦品种有新麦26、西农979、郑麦366、郑麦379、怀川916、郑麦9023、郑麦101、郑麦7698、新麦28、丰德存麦1号、丰德存麦5号、郑麦3596、豫麦34、郑农16、高优503、藁8901、郑麦9405、济麦20号、烟农19、陕优225、周麦30等。可根据当地生态条件和产量水平,因地制宜,合理选用。一些在生产上连续多年种植,混杂退化严重,不能够生产出符合要求的强筋小麦品种,应注意防杂保纯和提纯复壮,确保生产上种植的品种质量纯正达标,对一些已经不适应品质要求的老品种要及时更新。

强筋小麦:籽粒硬质,籽粒粗蛋白质含量(干基)≥14%,面粉湿面筋含量(14%水分基)≥30%,面团稳定时间≥8 min,加工成的小麦粉筋力强、延伸性好,适于制作面包类专用面粉的小麦。

三、推广包衣种子和种子处理技术

多采用以防治小麦苗期病虫害为主、以调节小麦生长为辅的不同配方种衣剂包衣技术。利用31.9%奥拜瑞(30.8%吡虫啉+1.1%戊唑醇)悬浮种衣剂或27%酷拉斯(苯醚·咯·噻虫)悬浮种衣剂或氟咯菌腈(2.5%适乐时)悬浮种衣剂为小麦种子包衣,有利于防治地下害虫和苗期易发生的根腐病、纹枯病等苗期病虫害,培育冬前壮苗,目前已成为对种子进行处理的主要措施。没有种衣剂时可采用50%的辛硫磷或40%的甲基异柳磷或其他同类产品进行拌种,可防止蝼蛄、蛴螬、金针虫等地下害虫;在散黑穗病、白粉病、纹枯病、全蚀病或苗期锈病易发生地区可用20%的粉锈宁、12.5%烯唑醇或多菌灵拌种；同时防治病害和虫害时，可以选杀虫剂和杀菌剂混合拌种，达到病虫兼治的效果。

四、增施氮肥，补施硫肥

在测土配方施肥的基础上，适量增施氮肥、补施硫肥，注重前氮后移。施氮总量在测土配方施肥的基础上每亩增加纯氮（N）2~4 kg，每亩施硫肥（S）3~4 kg。磷肥和钾肥一次性底施，氮肥分基肥与追肥两次施用，基肥与追肥比例为6:4。有条件的地方应增施有机肥，适当减少化学肥料用量。一般底施肥50~60 kg复合肥（硫基）一袋（N:P_2O_5:K_2O = 24:14:7左右的含量），生物有机肥40 kg。

五、足墒下种，一播全苗

足墒播种是实现小麦苗齐、苗全、苗匀、苗壮的基础。前茬作物收获后及早粉碎秸秆，均匀覆盖地表，秸秆长度小于5 cm。强筋小麦适宜种植的土壤是两合土、黏壤土和黏土，最适宜出苗的土壤含水量为：两合土18%~20%，黏壤土20%~22%，黏土22%~24%。播种时耕层土壤相对含水量应达到70%~80%。若土壤水分低于上述指标，则应浇好底墒水，以确保一播全苗，为冬前小麦的健壮生长打下坚实的基础。

六、适时精量匀播

冬小麦的适宜播种期，因各地气候、品种、耕作制度等不同差异很大。但原则上要求麦苗在越冬前主茎有6~7片叶，3~5个分蘖，达到壮苗标准。半冬性品种一般在10月8~15日播种，春性品种在10月15~20日播种。

具体的播种量可遵循"以田定产，以产定种，以种定穗，以穗定苗，以苗定播量"的原则来确定。在适宜播期范围内，每亩播量9~10 kg。整地质量较差或晚播麦田，应适当增加播量。超出适播期后，播期每推迟3 d每亩应增加播量0.5 kg，但播量最多每亩不超过15 kg。近年来，对于高产田多采用精量或半精量播种，一般分蘖成穗率低的大穗型品种，基本苗为14万~18万/亩；分蘖成穗率高的中穗型品种，基本苗为10万~15万/亩。具体到每块地的播种量可根据基本苗、种子的千粒重、种子发芽率、整地情况和土壤墒情等综合确定。

采用精量播种机播种，播深3~5 cm。采用等行距（18~20 cm）或宽窄行（24 cm×16 cm）播种，或采用宽幅播种方式（带宽8 cm，行距22~26 cm）播种，播后镇压。

七、加强冬前管理

小麦的生育前期是指从播种出苗到返青这一阶段，是小麦以生根、长叶、分蘖为主的营养生长时期。在这个时期，麦田管理的主攻目标是确保全苗，促根增蘖，培育壮苗，防止冻害，实现安全越冬，为春季早发健壮生长，获得足够的穗数奠定基础。

小麦冬前壮苗的标准：在黄淮冬麦区，半冬性品种冬前达到7叶或7叶1心，单株总头数7~8个，单株次生根7~10条，叶蘖同伸，群体头数60万~70万头/亩。春性品种冬前达到6叶或6叶1心，单株总头数5~6个，单株次生根7~10条，叶蘖同伸，群体头数

60 万 ~ 70 万头/亩。

（一）查苗补缺，疏密补稀

小麦出苗后，要立即进行查苗。对缺苗断垄的地方，要用原品种的种子浸种催芽后进行补种；对出苗过于密集的地方，要在分蘖前及时进行间苗；小麦分蘖后若仍有缺苗断垄的地方，要进行疏苗补栽。补栽用的苗要选壮苗，并做到"上不压青，下不露白"，栽后浇水，保证成活。

（二）中耕除草

小麦苗期中耕，可以破除板结，改善土壤通透性，提高地温，调节土壤水分，增加土壤微生物活性，有利于土壤养分的释放，并且具有断老根，生新根，促进根系发育，控制无效分蘖，防止群体过大的作用。苗期中耕应根据苗情、墒情和土壤质地来确定。一般晚播弱苗、根系较浅较少，中耕宜浅，以防伤根和埋苗；对壮苗、旺苗，在群体总茎数达到合理指标时，则应适当深中耕，深度可在 10 cm 左右。

（三）镇压防冻

因地制宜对麦田进行镇压，可以减少土壤孔隙度，防止冬季透风受冻，并可减轻由寒风引起的土壤气态水损失，有利于保墒防旱。在整地质量差、土块大的麦田，镇压可以压碎土块，覆盖分蘖节，防止冻害。镇压损伤一部分小麦叶片，可以控制麦苗旺长，减少叶片养分消耗，促使养分向分蘖节积累，使麦苗健壮，减轻冻害。麦田镇压应在土壤封冻前进行，但对于土壤湿度大、含盐量高的盐碱地则不宜镇压。

（四）推广化学除草

在 11 月中旬至 12 月上旬，根据麦田杂草类型选用化学除草剂进行化学除草。对以猪秧秧、荠菜等双子叶杂草为主的麦田，可选用 75% 杜邦巨星 1 g/亩或 10% 苯磺隆可湿性粉剂 10 ~ 15 g/亩或 20% 氯氟吡氧乙酸乳油 50 ~ 60 mL 兑水 50 kg 喷洒进行化学除草；对以节节麦、野燕麦为主的麦田，可选用 3% 甲基二磺隆乳油（世玛）25 ~ 30 mL 或 70% 氟唑磺隆（彪虎）水分散剂 3 ~ 5 g 或 6.9% 的骠马乳油 50 mL 或 15% 炔草酸（麦极）可湿性粉剂 30 g/亩兑水 50 kg 进行防除。禾本科和阔叶杂草混生的麦田杂草可选用 3.6% 阔世玛 20 g/亩或麦极 + 苯磺隆复配剂兑水防治。施用化学除草剂要严格按照产品说明书进行，不可随意加大或减少用药量，也不可随意重喷或漏喷，同时要选择在无风晴朗的天气条件下喷洒。

八、巧抓春季管理

春季管理是指从小麦返青到抽穗期的管理。小麦返青后，随着外界温度的逐渐升高，小麦根、茎、叶、蘖开始迅速生长。这一阶段是小麦一生中生长发育最旺盛的时期，也是小麦需水、需肥最多的时期。此期，群体生长与个体生长、营养生长与生殖生长的矛盾非常突出，并且随温度的回升，病、虫、草害也逐渐进入高发期。因此，这一时期麦田管理的中心任务就是因苗管理，合理运筹水肥，调控两极分化，促弱控旺，争取穗大粒多，秆壮不倒。

（一）中耕松土

在小麦返青期要及时中耕松土，以利通气、保墒、提高地温，促进根系发育，使麦苗稳健生长。

（二）肥水调控

拔节期重施肥水，促大蘖成穗，结合灌水追施氮肥，追氮量为总施氮量的 40% 左右，每亩追施尿素 10 ~ 12 kg，每亩灌溉量以 40 ~ 50 m³ 为宜，灌水追肥时间在 3 月下旬。但对于早春土壤偏旱且苗情长势偏弱的麦田，灌水施肥可提前至起身期。

（三）化学调控

高秆易倒伏的小麦如新麦 26，在小麦返青起身期（3 月初），用壮丰安 30 ~ 40 mL/亩，或亩喷多效唑 60 ~ 80 g 兑水 30 ~ 40 kg 喷施，可使植株矮化，抗倒伏能力增强，并能兼治小麦白粉病和提高植株对氮素的吸收利用率，提高小麦产量和籽粒蛋白质含量；在拔节初期，对有旺长趋势的麦田，用 0.15% ~ 0.3% 的矮壮素溶液喷施，可有效地抑制基部节间伸长，使植株矮化，基部茎节增粗，从而防止倒伏，若与 2,4 - D 混用，还可以兼治麦田阔叶杂草；在小麦拔节期，也可用助壮素 15 ~ 20 mL，兑水 50 ~ 60 kg 叶面喷施，可抑制节间伸长，对防止小麦植株倒伏有显著效果。

（四）防治病虫

在小麦返青后，应注意小麦锈病、白粉病、纹枯病等病害及蚜虫、红蜘蛛等虫害的防治。在拔节或孕穗期用 12.5% 烯唑醇（禾果利）可湿性粉剂 40 ~ 60 g，或 25% 丙环唑乳油 30 ~ 35 g，或 30% 戊唑醇悬浮剂 10 ~ 15 mL 或 20% 的粉锈宁 50 g 兑水 50 ~ 60 kg 喷施，对小麦锈病、白粉病等具有较好的防治作用。在小麦返青期用 5% 的井岗霉素 100 ~ 150 g 兑水 60 ~ 70 kg，或用 25% 丙环唑乳油 30 ~ 35 g 兑水喷施对小麦纹枯病有较好防治作用。对红蜘蛛危害的麦田，可用 1.8% 阿维菌素 4 000 ~ 5 000 倍液、15% 哒螨灵 1 500 ~ 2 000 倍液等药剂进行喷雾防治。防治麦叶蜂，可用 2.5% 氟氯氰菊酯或高效氯氰菊酯 2 000 ~ 3 000 倍喷雾。

（五）预防晚霜冻害

小麦拔节后，若预报出现日最低气温降至 0 ~ 2 ℃ 的寒流天气，且日降温幅度较大时，应及时灌水预防冻害发生。寒流过后，及时检查幼穗受冻情况，发现幼穗受冻的麦田应及时追肥浇水，每亩宜追施尿素 5 ~ 10 kg。

九、重视后期管理

从抽穗开花到成熟是小麦的生育后期，是决定小麦产量和品质的关键时期。因此，小麦后期管理的中心任务是养根、护叶、防早衰、防倒伏和防止病虫危害，促进有机物质的合成和向籽粒运转，提高粒重和品质。

（一）叶面喷肥

做好叶面喷肥是提高强筋小麦品质的重要措施。叶面喷肥能有效改善植株的营养状况，延长叶片的功能期，促进碳氮代谢，提高粒重和蛋白质含量，增加产量和改善品质。在灌浆前、中期，每亩用尿素 1 kg 和 200 g 磷酸二氢钾兑水 50 kg 进行叶面喷肥，促进籽粒氮素积累。

（二）防治病虫害

小麦生育后期的病虫害主要有锈病、白粉病、赤霉病、蚜虫、吸浆虫和黏虫等。病虫危害会大幅度降低小麦粒重，导致小麦减产和籽粒品质变差，应切实注意，加强预测预报，及时进行防治。抽穗(麦穗露出旗叶)—扬花期(5月1~9日)要注意防治小麦赤霉病,4月下旬喷洒氰烯菌酯 + 己唑醇 + 高效氯氟氰菊酯 + 磷酸二氢钾,重点预防和控制小麦赤霉病的发生兼治穗蚜,若遇花期阴雨,应在药后5~7 d补喷一次。

提倡一喷三防综合用药,每亩可选用30%戊唑醇悬浮剂10~15 mL或15%粉锈宁可湿性粉剂70~100 g + 3%啶虫咪乳油20~30 mL或菊酯类农药40~50 mL或10%吡虫林可湿性粉剂10~15 g + 磷酸二氢钾100 g,兑水50 kg喷雾防治。

十、适期收获

收获时期对小麦产量、营养品质、加工品质和种子质量有较大影响。收获过早,籽粒成熟度差,含水量大,干燥后籽粒不饱满,千粒重降低,籽粒品质差;收获过晚,易折秆掉穗落粒,加上呼吸作用和淋溶作用,使粒重降低,容重减小,色泽变差,严重影响产量和品质。优质高产麦田的适宜收获期应在蜡熟末期。蜡熟末期的小麦植株呈现黄色,叶片枯黄,茎秆尚有弹性,籽粒颜色接近本品种固有的色泽,养分停止向籽粒运转,籽粒较硬,含水量在18%以下。作为优质专用小麦生产,必须做到单收单脱,单独晾晒,单储单运。若采用机械收割,可在完熟期收获。收获后及时晾晒,防止遇雨和潮湿霉烂,并在入库前做好粮食精选,保持优质小麦商品粮的纯度和质量。收获后籽粒水分含量降至12.5%时,入库储藏。

第六节　小麦宽幅精播高产栽培技术

小麦宽幅精播技术是对小麦精量播种高产栽培技术的延续和发展,通过两项关键技术革新,实现了农机农艺融合,其核心是"扩大行距,扩大播幅,健壮个体,提高产量"。一是单孔单粒窝眼式排种器,实行单粒窝眼式下种,可以形成均匀的种子流,无缺苗断垄,无疙瘩苗,克服了传统播种机密集条播,籽粒拥挤,争肥、争水、争营养,根少苗弱的缺点。二是双管单腿开沟器播种,内装分粒器,一腿双行,播种出苗后可以在一个播幅苗带内隐约发现两行麦苗,一般亩播量8~10 kg,从播种开始就为创造后期合理的群体结构打下良好基础,有效地克服了高产田后期易倒伏减产的技术瓶颈。生产实践证明,该技术在不增加投入的情况下,平均亩产8%以上。

技术要点:

(1)选用高产品种。选用单株生产力强、增产潜力大,亩产能达600~700 kg以上的高产优质中穗型或多穗型品种,如周麦22号、百农419、百农207等,对所选的地块要求地力水平高,土、肥、水条件良好。

(2)培肥地力。采取有机无机肥料相结合,氮、磷、钾平衡施肥,增施微肥。全生育期亩追施纯氮16 kg,磷(P_2O_5)7.5~12 kg,钾(K_2O)7.5 kg,硫酸锌1 kg。总施肥量中,60%的氮肥和50%的钾肥留作追肥,其余全部肥料作底肥。

(3)坚持深耕深松、耕耙配套,重视防治地下害虫,耕后撒毒饼或辛硫磷颗粒灭虫,提高整地质量,杜绝以旋代耕。

(4)采用宽幅精量播种机宽幅精量播种。一是扩大行距,改传统小行距(15~20 cm)

密集条播为等行距(22~26 cm)宽幅播种;二是扩大播幅,将播幅由传统的3~5 cm扩大到8~10 cm,改传统密集条播籽粒拥挤一条线为宽播幅分散式粒播。

(5)坚持适期适量足墒播种。播期在10月8~15日,亩播量在8~10 kg。

(6)科学管理。冬前合理运筹肥水,促控结合,化学除草,安全越冬;早春镇压划锄,增温保墒,浇好拔节水,氮肥后移,重视叶面喷肥,延缓小麦植株衰老,最终达到调控群体与个体矛盾,协调穗、粒、重三者关系,以较高的生物产量和经济系数达到小麦高产的目标。

第七节 小麦立体匀播绿色增产增效技术

小麦立体匀播技术,是以小麦生物特性及其适应的系统建构为核心,充分发挥小麦特征特性,实现群体最佳与个体最优,其技术效果是小麦苗株全田覆盖,充分利用全部农田资源,实现根多苗壮、秆粗叶绿、穗多穗大、稳产高产。该栽培技术从根本上改变了沿袭几千年的行垄种植方式,其技术关键是麦株均匀分布,将小麦行垄种植的"一维行距"变为无垄栽培的"二维株距",使小麦在最适群体的前提下,每棵单株均匀独立占有农田地面,把苗株线性集中分布变为每棵小麦都享有独立均衡的营养空间。

一、品种选择

选用分蘖能力强、单株生产力强、增产潜力大的小麦半冬性品种。所选品种应经过国家或省级品种审定委员会审定,并经过当地试验示范,适应当地生产条件,对当地主要病、灾害具有一定抗逆性等特性。种子质量应达到国家种子质量标准。

二、秸秆还田

前茬是玉米地的麦田,用玉米秸秆还田机粉碎2~3遍,并均匀抛撒,粉碎秸秆长度小于5 cm,田间抛撒均匀度大于85%。

三、深耕深松

2~3年机械深耕或深松一次,耕深或深松达到25 cm以上,破除犁底层。非深耕或深松年份,秸秆还田后可直接用立体匀播机播种。

四、种子处理

采用合适的种衣剂进行包衣,没有包衣的采用药剂拌种,杜绝白籽下田。要根据当地病虫种类,选择高效低毒的对应种衣剂和拌种剂,按照推荐剂量使用,且符合国家相关标准规定。对纹枯病、根腐病、腥黑穗病等多种病害重发区,可选用2%戊唑醇或20%三唑醇拌种。对于小麦全蚀病重发区,可选用12.5%全蚀净悬浮剂拌种。防治地下害虫可用40%甲基异硫磷乳油或48%毒死蜱乳油或50%辛硫磷乳油拌种。多种病虫混发区,采用杀菌剂和杀虫剂各计各量混合使用,地下害虫重发区要进行土壤处理。

五、立体匀播

采用小麦立体匀播机播种,集施肥、旋耕、播种、一次镇压、精细覆土、2 次镇压,6 项工序一次作业完成,改传统条播为小麦立体均匀播种,改传统种子直接顺播种沟入土为种子匀播后再精细覆土,做到整个播幅内种子上面等深覆土,更利于出苗整齐一致;改传统条播中旋耕和播种分开作业为一次作业;改传统条播中播种和镇压分开作业为同时完成。覆土深度视土壤墒情和土壤类型确定在 3～5 cm。按照冬前达到壮苗标准计算适宜播期,在最适播期内机械适墒播种。按每亩 18 万～25 万基本苗确定播量,适宜播期后播种,每推迟 1 d,每亩增播量 0.5 kg。

六、适量施底肥

依据产量目标、土壤肥力等测土配方施肥。底施纯氮 6～7 kg/亩、五氧化二磷 5～6 kg/亩、氧化钾 5～6 kg/亩、微肥适量,并增施有机肥。底肥随立体匀播机播种时一次施入。

七、冬前管理

冬前日均温 10 ℃以上时,根据麦田杂草类别选择相应除草剂防除麦田杂草。适时进行冬前苗期镇压,保苗安全越冬。加强麦田管护,严防畜禽啃青。

八、节水灌溉及前氮后移

针对不同区域、不同灌溉方式可采取节水灌溉措施:一是井灌区加压喷灌。将压力水通过喷头洒向地面,可控制喷洒水量,保证作物根系层土壤水分含量适宜。二是井灌区软管输水(小白龙)灌溉。春季一类麦田要以控为主,在灌溉条件好、土壤肥力较高地块提倡"前氮后移",推迟到小麦拔节期亩施尿素 8～10 kg。二类苗麦田一般土壤肥力中等,要促控结合,在小麦起身初期到中期结合浇水亩追尿素 8～10 kg。无灌溉条件的地块,应在春季降水时趁墒追施起身肥。

九、统防统治

结合病虫测报,采用植保无人机作业,开展病虫草害统防统治。重点防治纹枯病、条锈病、白粉病、赤霉病、吸浆虫、蚜虫等病虫害。抽穗期开始,结合病虫防治开展一喷三防,选用适宜杀虫剂、杀菌剂和磷酸二氢钾,各计各量,现配现用,机械喷防,防病、防虫、防早衰(干热风)。

十、机械收获

籽粒蜡熟末期采用联合收割机及时收获。

第八节　小麦主要病虫草害综合防治

　　小麦病、虫、杂草的危害是直接影响小麦的高产、稳产、优质和高效的主要因素。随着我国小麦栽培制度及其生产条件、气候条件的改变和小麦产量与品质的提高,小麦病、虫、杂草的发生与危害不断演替,如何持续地控制病、虫、草害的发生与危害,保护小麦持续增产、增收、增效,是一项极其重要的战略任务。

一、生态环境对小麦病虫草害的影响

　　小麦在生长发育过程中常受到多种病、虫、杂草等有害生物的侵害,小麦有害生物是农业生态系统中的组成部分。在自然状态下,有害生物危害小麦后造成产量和品质下降的程度取决于有害生物的种群数量,其种群数量变动及其对小麦的侵害受周围复杂的生态因素的相互作用,直接或间接影响着它们的生存、生长、发育、繁殖、分布等。影响小麦有害生物的生态环境条件包括气候因素、土壤因素、小麦与其他营养物因素、天敌因素。

二、小麦主要病害及其防治技术

(一)小麦锈病

　　小麦锈病俗称黄疸病,分条锈病、叶锈病、秆锈病三种。锈病往往交织发生,其中条锈病危害最大。近年来叶锈病和条锈病发生重、面积大、流行范围广,对小麦生产构成严重威胁。

　　1. 症状特征

　　三种锈病的主要症状可概括为"条锈成行,叶锈乱,秆锈是个大红斑"。条锈病主要危害小麦叶片,也可危害叶鞘、茎秆、穗部。夏孢子堆在叶片上排列呈虚线状,鲜黄色,孢子堆小,长椭圆形。叶锈主要危害叶片,叶鞘和茎秆上少见。夏孢子堆在叶片上散生,橘红色,孢子堆中等大小,圆形至长椭圆形。秆锈病主要危害茎秆和叶鞘,也可危害穗部。夏孢子堆穿透叶片的能力较强,同一侵染点在正反面都可出现孢子堆,而叶背面的孢子堆较正面的大。

　　2. 防治措施

　　小麦锈病的防治应贯彻"预防为主,综合防治"的植保方针,严把"越夏菌源控制"、"秋苗病情控制"和"春季应急防治"这三道防线,做到发现一点,防治一片,点片防治与普治相结合,群防群治与统防统治相结合等多项措施综合运用;坚持综合治理与越夏菌源的生态控制相结合,选用抗病品种与药剂防治相结合,把损失压低到最低限度。

　　(1)预防措施:①因地制宜种植抗锈品种,这是防治的基本措施;②小麦收获后及时翻耕灭茬,消灭自生麦苗,减少越夏菌源;③搞好大区抗病品种合理布局,切断菌源传播路线。

　　(2)药剂防治措施:①拌种。用种子量0.03%的立克秀(有效成分:戊唑醇),或用种子量的0.02%的粉锈宁或禾果利(有效成分)拌种。即用15%粉锈宁可湿性粉剂75 g与50 kg种子,或20%粉锈宁乳油75 mL与50 kg种子干拌,拌种力求均匀,拌药种子当日播完。用粉锈宁拌种要严格掌握用药量,避免发生药害。②大田喷药:对早期出现的发病中心要集中进行围歼防治,切实控制其蔓延。大田内病叶率达 0.5% ~1% 时立即进行普治,每亩用 12.5% 禾果利可湿性粉剂 30 ~35 g,25% 丙环唑乳油(科惠)8 ~9 g 或 20% 粉锈宁乳油 45 ~60 mL,或选用其他三唑酮、烯唑醇类农药按要求的剂量进行喷雾防治,并及时查漏补喷。重病田要进行二次喷药。

(二)小麦赤霉病

小麦赤霉病又名红头瘴、烂麦头。在全国各地均有分布,该病主要为害小麦,一般可减产 1 ~2 成,大流行年份减产 5 ~6 成,甚至绝收,对小麦生产构成严重威胁。

1. 症状特征

赤霉病主要危害小麦穗部,但在小麦生长的各个阶段都能危害,苗期侵染引起苗腐,中、后期侵染引起秆腐和穗腐,尤以穗腐危害性最大。通常一个麦穗的小穗先发病,然后迅速扩展到穗轴,进而使其上部其他小穗迅速失水枯死而不能结实。一般扬花期侵染,灌浆期显症,成熟期成灾。赤霉病侵染初期在颖壳上呈现边缘不清的水渍褐色斑,渐蔓延至整个小穗,病小穗随即枯黄。发病后期在小穗基部出现粉红色胶质霉层。

2. 防治措施

小麦赤霉病的防治应本着“选用抗病品种为基础,药剂防治为关键,调整生育期避危害”的综合防治策略。

(1)选用抗病品种。小麦赤霉病常发区应选穗形细长、小穗排列稀疏、抽穗扬花整齐集中、花期短、残留花药少、耐湿性强的品种。

(2)做好栽培避害。根据当地常年小麦扬花期雨水情况适期播种,避开扬花多雨期。做到田间沟沟通畅,增施磷、钾肥,促进麦株健壮,防止倒伏早衰。

(3)狠抓药剂防治。小麦赤霉病防治的关键是抓好抽穗扬花期的喷药预防。一是要掌握好防治适期,于 10% 小麦抽穗至扬花初期喷第一次药,感病品种或适宜发病年份 1 周后补喷一次;二是要选用优质防治药剂,每亩用 25% 氰烯菌酯悬乳剂 100 g,或 25% 戊唑醇 15 ~20 g 或 80% 多菌灵超微粉 50 g,或 80% 多菌灵超微粉 30 g 加 15% 粉锈宁 50 g,或 40% 多菌灵胶悬剂 150 mL 兑水 40 kg,或选用使百功喷雾;三是掌握好用药方法,喷药时要重点对准小麦穗部均匀喷雾。使用手动喷雾器每亩兑水 40 kg,使用机动喷雾器每亩兑水 15 kg 喷雾,如遇喷药后下雨,则需雨后补喷。如果使用粉锈宁防治则不能在小麦盛花期喷药,以免影响结实。

(三)小麦白粉病

小麦白粉病广泛分布于我国各小麦主要产区。小麦受害后,可致叶片早枯、分蘖数减少、成穗率降低、千粒重下降。一般可造成减产 10% 左右,严重的达 50% 以上。

1. 症状特征

小麦白粉病在小麦各生育期均可发生。该病可侵害小麦植株地上部各器官,以叶片和叶鞘为主,发病重时颖壳和芒也可受害。发病时,叶面出现直径 1 ~2 mm 的白色霉点,后逐渐扩大为近圆形至椭圆形白色霉斑,霉斑表面有一层白粉,遇有外力或振动立即飞散。后期病部霉层变为灰白色至浅褐色,病斑上散生有针头大小的小黑粒点。主要危害叶片,严重时也危害叶鞘、茎秆和穗部。

2. 防治措施

（1）选用抗、耐病品种。

（2）农业防治。越夏区麦收后及时耕翻灭茬，铲除自生麦苗；合理密植和施用氮肥，适当增施有机肥和磷、钾肥；改善田间通风透光条件，降低田间湿度，提高植株抗病性。

（3）药剂防治。通常于孕穗期至抽穗期病株率达20%时施药。一般在早春病株率达5%时选用三唑酮（粉锈宁）防治效果最佳。秋苗发病早且严重的地区应于秋季或冬前用药剂进行种子处理或施药防治。种子处理用种子重量的0.03%（有效成分）、6%立克秀（戊唑醇）悬浮种衣剂拌种，也可用2.5%适乐时20 mL + 3%敌萎丹100 mL兑适量水拌种10 kg，并堆闷3 h。生长期施药：亩用12.5%腈菌唑乳油20 mL或25%丙环唑乳油30~40 g或50%粉锈宁胶悬剂100 g或33%纹霉清可湿性粉剂50 g兑水喷雾。注意轮换用药。选择作用机制不同的药剂轮换使用，以降低或延缓抗药性，提高防治效果。

（四）小麦纹枯病

小麦纹枯病又称立枯病、尖眼点病。感病麦株因输导组织受损而导致穗粒数减少、籽粒灌浆不足和千粒重降低，一般造成产量损失10%左右，严重者达30%~40%。

1. 症状特征

小麦受害后在不同生育阶段表现的症状不同。主要发生在叶鞘和茎秆上。幼苗发病初期，在地表或近地表的叶鞘上先产生淡黄色小斑点，随后呈典型的黄褐色梭形或眼点状病斑，后期病株基部茎节腐烂，病苗枯死。小麦拔节后在基部叶鞘上形成中间灰色、边缘棕褐色的云纹状病斑，病斑融合后，茎基部呈云纹花秆状，并继续沿叶鞘向上部扩展至旗叶。后期病斑侵入茎壁后，形成中间灰褐色、四周褐色的近圆形眼斑，造成茎壁失水坏死，最后病株枯死，形成枯株白穗。

2. 防治措施

该病属于土传性病害，在防治策略上应采取"健身控病为基础，药剂处理种子早预防，早春及拔节期药剂防治为重点"的综合防治策略。

（1）预防措施。①选用抗病和耐病品种。②合理施肥。配方施肥，增施经高温腐熟的有机肥，不偏施、过施氮肥，控制小麦过分旺长。③适期晚播，合理密植。播种愈早，土壤温度愈高，发病愈重，合理播种量，避免倒伏，可明显减轻病害。④合理浇水。早浇、轻浇返青水，不大水漫灌，以避免植株间长期湿度过大。及时清除田间杂草，做到沟沟相通，雨后田间无积水，保持田间低湿。

（2）化学防治：①播前药剂拌种：用6%立克秀悬浮种衣剂3~4 g（有效成分）拌麦种100 kg，或用种子重量0.2%的33%纹霉清可湿性粉剂拌种。一定要按要求用量拌种，否则会影响种子发芽。②防治适期掌握在小麦分蘖末期纹枯病纵向侵染时喷药，当平均病株率达10%~15%时开始防治。亩用20%井冈霉素可湿性粉剂30 g，或12.5%禾果利可湿性粉剂32~64 g，或40%多菌灵胶悬剂50~100 g，或70%甲基托布津可湿性粉剂兑水50 kg喷雾。喷雾时要注意适当加大用水量，使植株中下部充分着药，以确保防治效果。

（五）小麦全蚀病

小麦全蚀病又名根腐病、黑脚病，为河南省补充检疫对象。小麦感病后，分蘖减少，成穗率低，千粒重下降。发病愈早，减产幅度愈大。

1. 症状特征

小麦全蚀病是一种典型根病。病菌侵染的部位只限于小麦根部和茎基部 15 cm 以下,地上部的症状是根及茎基部受害所引起。受土壤菌量和根部受害程度的影响,田间症状显现期不一。轻病地块在小麦灌浆期病株始显零星成簇早枯白穗,远看与绿色健株形成明显对照;重病地块在拔节后期即出现若干矮化发病中心,麦田生长高低不平,中心病株矮、黄、稀,极易识别。各期症状主要特征如下:①分蘖期。地上部无明显症状,仅重病植株表现稍矮,基部黄叶多。冲洗麦根可见种子根与地下茎变灰黑色。②拔节期。病株返青迟缓,黄叶多,拔节后期重病株矮化、稀疏,叶片自下而上变黄,似干旱、缺肥。拔出观察植株种子根、次生根大部变黑。横剖病根,根轴变黑。在茎基部表面和叶鞘内侧,生有较明显的灰黑色菌丝层。③抽穗灌浆期。病株成簇或点片出现早枯白穗,在潮湿麦田中,茎基部表面布满条点状黑斑形成"黑脚"。上述症状均为全蚀病的突出特点,也是区别于其他小麦根腐型病害的主要特征。

2. 防治措施

根据小麦全蚀病的传病规律和各地防病经验,要控制病害,必须做到保护无病区,封锁零星病区,采用综合防治措施压低老病区病情。

(1)植物检疫。控制和避免从病区大量引种。如确需调出良种,要选无病地块留种,单收单打。病地麦粒不做种,麦糠不沤粪,严防病菌扩散。病地停种两年小麦、粟等寄主作物,改种大豆、高粱、麻类、油菜、棉花、蔬菜、甘薯等非寄主作物。

(2)定期轮作倒茬。大轮作:病地每 2～3 年定期停种一季小麦,改种蔬菜、棉花、油菜、春甘薯等非寄主作物,也可种植春玉米。大轮作可在麦田面积较小的病区推广。小换茬:小麦收获后,复种一季夏甘薯、伏花生、夏大豆、高粱、秋菜(白菜、萝卜)等非寄主作物后,再直播或移栽冬小麦,也可改种春小麦。有水利条件的地区,实行稻、麦水旱轮作,防病效果也较明显。轮作换茬要结合培肥地力,并严禁放入病粪,否则病情回升快。

(3)药剂防治:①土壤处理。播种前亩用 1 000 g 50% 多菌灵和 1 000 g 五氯硝基苯;或亩用 400～500 g 50% 二氯异氰尿酸;或亩用 100～150 g 85% 三氯异氰尿酸。以上药剂与 10～20 kg 细土混匀,或混于小麦基肥中,均匀地撒施到一亩地中,然后旋耕或翻耕再播种。②药剂拌种。12.5% 全蚀净 20 mL 或用 20 mL 适乐时＋100 mL 敌萎丹＋水 150 g 拌麦种 10 kg,晾干后播种,主治全蚀病,也可兼治黑穗病等根部侵染的病害。③喷淋茎基。在小麦三叶期、返青期、拔节期对发病地块每亩用 20% 三唑酮乳油 100～150 g,加水 80～100 kg,充分搅匀,拧掉喷头,直接用喷杆顺垄喷淋于小麦茎基部。

(六)小麦散黑穗病

小麦散黑穗病又名黑疸、乌麦、灰包等。

1. 症状特征

小麦散黑穗病主要危害穗部,病株在孕穗前不表现症状。病穗比健穗较早抽出,病株比健康植株稍矮,初期病穗外面包有一层灰色薄膜,病穗抽出后薄膜破裂,散出黑粉,黑粉吹散后,只残留裸露的穗轴,而在穗轴的节部还可以见到残余的黑粉,病穗上的小穗全部被毁或部分被毁,仅上部残留少数健穗。一般主茎、分蘖都出现病穗,该病偶尔也侵害叶片和茎秆,在其上长出条状黑色孢子堆。

2. 防治措施

（1）农业措施：一是选用抗病品种；二是建立无病留种田，种子田远离大田小麦300 m以外，抽穗前注意检查并及时拔除病株进行销毁。

（2）播前种子处理：用6%的立克秀悬浮种衣剂按种子量的0.03%～0.05%（有效成分）或三唑酮（有效成分）或羟锈宁按种子量的0.015%～0.02%拌种，或用50%多菌灵可湿性粉剂0.1 kg兑水5 kg，拌麦种50 kg，拌后堆闷6 h，可兼治腥黑穗病。

（3）化学防治：选用20%三唑酮或50%多菌灵、70%甲基托布津等药剂在发病初期进行喷雾防治。

（七）小麦腥黑穗病

小麦腥黑穗病属植物检疫对象。

1. 症状特征

小麦腥黑穗病有网腥黑穗病和光腥黑穗病两种，其症状无区别。病株一般比健株稍矮，分蘖多，病穗较短，颜色较健穗深，发病初为灰绿色，后变为灰白色，颖壳略向外张开，部分病粒露出。小麦受害后，一般全穗麦粒均变成病粒。病粒较健粒短肥，初为暗绿色，后变为灰白色，表面包有一层灰褐色薄膜，内充满黑粉。

2. 防治措施

（1）农业措施：冬小麦不宜过迟播种，春小麦不宜过早播种；播种不宜过深；选用抗病品种等。

（2）药剂拌种：参照小麦散黑穗病药剂拌种。

（八）小麦秆黑粉病

小麦秆黑粉病，又叫黑秆疯、黑铁条等。

1. 症状特征

小麦幼苗期即可发病，拔节后开始表现症状，主要发生在小麦叶片和茎秆上。病部初呈淡灰色与叶脉平行的条纹；孢子堆逐渐隆起，初白色，后变灰白色至黑色，最后表皮破裂，散出黑粉；病株矮小，畸形或卷曲，分蘖增多，病叶卷曲。多数发病麦株不能抽穗而卷曲在叶鞘内，提前死亡，少数病株虽能抽穗，但一般不能结实，个别抽穗的虽能结实，但穗小，籽粒秕瘦。

2. 防治措施

（1）农业措施：①选用抗病品种。②合理轮作：在土壤传病为主地区，可与非寄主作物进行1～2年轮作。③精细耕地、足墒适时播种、施用无菌肥等。

（2）种子处理：参照小麦散黑穗病药剂拌种。

3. 化学防治

参照小麦散黑穗病的防治方法。

（九）小麦根腐病

小麦根腐病俗称死穗病、白穗病。

1. 症状特征

病害在茎基部、叶鞘及叶鞘内侧形成黑褐色条斑或梭形斑，根部产生褐色或黑色病斑，后期根系腐烂造成死苗、死穗、死株。

（1）危害时间。小麦整个生育期，以苗期侵染为主。

（2）危害部位。小麦叶、茎、根、穗均可受害，主要危害根茎部，引起不同程度的茎基腐或根腐。根部：发病初期产生褐色或黑色病斑，后期根系腐烂造成死苗、死穗、死株。茎部：在茎基部、叶鞘及叶鞘内侧呈现黑褐色条斑或棱形斑，严重时茎基变褐，坏死，基部折断，使植株倒伏或造成死株、死穗。叶片：病斑有大小两种，初为棱形小褐斑，扩大后呈长椭圆形或不规则褐色大斑，中部色浅，气候潮湿时，病部产生黑色霉状物，即病菌分生孢子梗和分生孢子。严重时，整个叶片迅速枯死。穗部：穗部受害时，初在颖壳上形成褐色不规则病斑，穗轴和小穗梗变色，严重时小穗枯死，病穗籽粒秕瘦。种子受害时，病粒胚尖呈黑色，重者全胚呈黑色，根腐病除发生在胚部以外，也可发生在胚乳的腹背或腹沟等部分。病斑棱形，边缘褐色，中央白色。此种种子叫"花斑粒"。

2. 防治措施

小麦根腐病的防治应以农业措施为主，化学防治为辅。

（1）农业措施：①选用抗病和抗逆性（抗寒、旱、涝）强的丰产品种，并要合理轮作。②增施有机肥、磷肥，调整氮、磷比例，提高地力。土壤肥沃可增加根系生长，提高小麦抗病性，促进拮抗微生物的繁衍。③加强田间管理：深耕细耙，精细整地。小麦返青拔节期适期中耕，加强肥水管理，促进根系发育，后期尽可能避免麦田积水。

（2）化学防治：立克秀、烯唑醇、粉锈宁、敌力脱等杀菌剂是目前防治小麦根腐病的高效药剂。使用方法如下：①药剂拌种。用6%立克秀悬浮种衣剂进行种子处理（按使用说明）。如果用粉锈宁拌种，往往有抑芽作用，一般推迟出苗 2~4 d，出苗率降低。使用时一定要严格掌握用药量，适度增加 10%~15% 的播种量，播种深度以 4 cm 为宜。②大田喷药。在三叶期选用 20% 粉锈宁乳剂，或 15% 粉锈宁可湿性粉剂，或 12.5% 烯唑醇可湿性粉剂，或 25% 敌力脱乳油等按照使用说明进行喷雾防治，并可兼治早期纹枯病、白粉病。

（十）小麦霜霉病

1. 症状特征

小麦霜霉病往往与小麦病毒病、除草剂药害发生混淆，其区别见表1-1。

表1-1　小麦霜霉病与小麦病毒病、除草剂药害的区别

小麦霜霉病	小麦黄矮病	小麦丛矮病	2,4-D 丁酯药害
旗叶宽大且肥厚，叶面不平，呈凹凸状，心叶基部色淡，脉间有淡黄色边缘不清的条纹，自叶基向叶尖发展，旗叶及穗常变为畸形	叶片大小变化不明显，叶色自叶尖向下渐变黄，可达叶的 1/2 处，叶肉先褪绿，叶脉后褪绿	叶色浓绿，心叶色淡，叶脉上有淡黄色条点或条纹产生，自基部向叶尖发展，基部叶片变厚、变硬，顶部叶片常变小、变薄	整个植株叶色浓绿，株形紧缩，但叶变厚、变硬、直挺，有些成葱管状，有些穗、叶成畸形

小麦整个生育期均可侵染发病，整个植株表现症状。小麦返青后即开始出现症状。发病植株矮小，叶色淡绿，心叶黄白色，较细，有时扭曲，叶肉部分较黄，呈条纹状。部分重病株在拔节前便枯黄而死。拔节后病株矮化明显，叶部条纹清晰可见，顶叶宽长、肥厚，较

健株叶片宽 1~2 倍,有些还扭曲,并产生畸形穗,有些穗的颖片变为叶片状,芒弯曲。病株蜡质层明显加厚,所结种子多秕瘦不饱,发芽率低。

2. 防治措施

(1)选用抗病品种,淘汰感病品种,搞好优质品种合理布局。

(2)搞好种子药剂处理:选用 35% 阿普隆 100~150 g 干拌种子 50 kg,或 15% 甲霜灵 75 g 拌麦种 50 kg,随拌随播种。

(3)加强栽培管理:精细整地,适量灌水,防止苗期淹水,实行与非禾本科植物轮作;清除田间杂草及病残组织,减少初侵染源。

(十一)小麦叶枯病

小麦受害后,籽粒皱缩,出粉率低,一般减产 1%~7%,重者可达 30%~50%。

1. 症状特征

主要危害叶片和叶鞘,有时也危害穗部和茎秆。发病期主要在小麦拔节至抽穗期,在叶片上最初出现卵圆形浅绿色病斑,以后逐渐扩展连结成不规则形大块黄色病斑。病斑上散生黑色小粒。有时病斑呈黄色并连成条纹状,叶脉为黄绿色,严重时黄叶部分呈水渍状长条,并左右扩展,使叶片变成枯白色。一般先由下部叶片发病,逐渐向上发展。在晚秋及早春,病菌侵入寄主根冠,则下部叶片枯死,致使植株衰弱,甚至死亡。茎秆和穗部的病斑不太明显,比叶部病斑小。

2. 防治措施

(1)栽培管理措施:①选用抗病、耐病良种;②深翻灭茬,清除病残体,消灭自生麦苗;③农家肥高温堆沤后施用,重病田宜轮作。

(2)药剂防治:①药剂拌种。用 6% 的立克秀悬浮种衣剂按种子量的 0.03%~0.05%(有效成分)或三唑酮(有效成分)或羟锈宁按种子量的 0.015%~0.02% 拌种,或用 50% 多菌灵可湿性粉剂 0.1 kg,兑水 5 kg,拌麦种 50 kg,拌后堆闷 6 h,可兼治腥黑穗病。②田间喷药。重病区,可在小麦分蘖前期用多菌灵、甲基托布津、代森锰锌或百菌清喷雾防治,每隔 7~10 d 喷 1 次,共喷 2~3 次,可有效控制叶枯病的流行为害。

(十二)小麦土传花叶病毒病

1. 症状特征

该病主要危害冬小麦。感病小麦秋苗期一般不表现症状,第二年春小麦返青才显症。发病初期叶上出现长短不等的褪绿条状斑,随着病情扩展,多个条斑联合形成不规则的淡黄色条状斑块或斑纹,呈黄色花叶状。感病小麦植株矮化,穗小粒少,籽粒秕瘦。

2. 防治措施

(1)选用抗病、耐病丰产品种。

(2)农业措施:一是实行小麦与油菜、薯类、豆类等非麦类作物的多年轮作,减轻病害发生;二是病田适当推迟播种期,避开禾谷多黏菌的最适侵染期;三是加强肥水管理,增施基肥和充分腐熟的农家肥,健田与病田不串灌、漫灌;四是加强栽培管理,防止病残体、病土等传入无病区。

(十三)小麦胞囊线虫病

小麦胞囊线虫病一般可使小麦减产 20%~30%,发病严重地块可达 70% 以上,甚至绝收,对小麦生产威胁极大。

1. 症状特征

小麦胞囊线虫寄生危害小麦根部,病害症状表现在地上部分,典型的症状是植株矮化、叶片发黄、苗子瘦弱,类似缺肥症。发病初期麦苗中下部叶片发黄,而后由下向上发展,叶片逐渐发黄,最后枯死。该病害在田间分布不均匀,常成团发生,主要在小麦的苗期、返青拔节期、灌浆期症状表现明显。受害轻的在拔节期症状明朗化,受害重的在小麦4叶期即出现黄叶。苗期受害幼苗矮黄,地下部根系分叉,多而短,丝结成乱麻状;返青拔节期病株生长势弱,明显矮于健株,根部有大量根结;灌浆期小麦群体常现绿中加黄、高矮相间的山丘状,根部可见大量线虫白色胞囊(大小如针尖),成穗少,穗小粒少,产量低。

2. 防治措施

(1)加强栽培管理:适当早播和增施氮肥和磷肥,改善土壤肥力,提高植株抵抗力,可有效降低该病为害程度。

(2)选用抗(耐)病品种:小麦胞囊线虫病发生严重的地区,可选种抗病、耐病的品种,如太空6号、新麦18、新麦19、濮麦9号等抗病品种。

(3)轮作:与其他禾谷类作物隔年或3年轮作。

(4)药剂防治:可用0.5%阿维菌素种衣剂6 mL/kg进行种子包衣。小麦播种前每亩用5%涕灭威(神农丹)2 kg或10%灭线磷颗粒剂3 kg,或10%丙溴磷颗粒剂3 kg,也可用5%茎线灵2 kg或3%甲基异柳磷颗粒剂6 kg进行土壤处理,可有效降低该病为害;目前小麦胞囊线虫病已为害严重的地块,每亩用以上药剂加尿素5~10 kg再加适量细沙用耧顺麦垄串施,施后及时浇水使药剂尽快、完全被植株吸收,效果较好。

三、主要虫害及其防治技术

(一)麦蚜

1. 分布与危害

麦蚜,又名腻虫。危害小麦的主要有麦长管蚜、麦二叉蚜、禾缢管蚜、麦无网长管蚜。麦蚜在小麦苗期,多集中在麦叶背面、叶鞘及心叶处;小麦拔节、抽穗后,多集中在茎、叶和穗部刺吸为害,并排泄蜜露,影响植株的呼吸和光合作用。被害处呈浅黄色斑点,严重时叶片发黄,甚至整株枯死。穗期危害,造成小麦灌浆不足,籽粒干瘪,千粒重下降,引起严重减产。

2. 防治措施

防治策略:要协调应用各种防治措施,充分发挥自然控制能力,依据科学的防治指标及天敌利用指标,适时进行喷药防治,把小麦损失控制在经济允许水平以下。

防治措施:

(1)农业防治:保护利用自然天敌,要注意改进施药技术,选用对天敌安全的选择性药剂,减少用药次数和数量,保护天敌免受伤害。当天敌与麦蚜比小于1:150(蚜虫小于150头/百株)时,可不用药防治。

(2)生物防治:利用0.2%苦参碱(克蚜素)水剂400倍液喷雾有较好效果。

(3)药剂防治:播种期可以采用高剂量吡虫啉拌种或缓释剂混播。小麦中后期,主要是防治穗期麦蚜。首先是查清虫情,在小麦拔节后,每 3~5 d 到麦田随机取 50~100 株(麦蚜量大时可减少株数)调查蚜量和天敌数量,当百株(茎)蚜量超过 500 头,天敌与蚜虫比在 1∶150 以上时,即需防治。可用 50% 抗蚜威可湿性粉剂 4 000 倍液、10% 吡虫啉 1 000 倍、50% 辛硫磷乳油 2 000 倍或 5% 的高效氯氰菊酯 2 000 倍液兑水喷雾。在穗期防治时应考虑兼治小麦锈病和白粉病及黏虫等,每亩用粉锈宁 6 g 加抗蚜威 6 g 加灭幼脲 2 g(三者均指有效成分)混用,对上述病虫综合防效可达 85%~90% 以上。

(二)小麦吸浆虫

1. 分布与危害

小麦吸浆虫,又名麦蛆。有麦红吸浆虫、麦黄吸浆虫两种。河南省主要是麦红吸浆虫。被吸浆虫危害的小麦,其生长势和穗型大小不受影响,且由于麦粒被吸空,麦秆表现直立不倒,具有"假旺盛"的长势。近年来,随着小麦产量、品质的不断提高,水肥条件的不断改善和农机免耕作业,跨区作业的发展,吸浆虫发生范围不断扩大,发生程度明显加重,对小麦生产构成严重威胁。

2. 防治措施

小麦吸浆虫的防治应贯彻"蛹期和成虫期防治并重,蛹期防治为主"的指导思想。

(1)选用抗虫品种:一般穗型紧密、内外颖缘毛长而密、麦粒皮厚、浆液不易外溢的品种抗虫性好。

(2)农业措施:对重发区实行轮作,不进行春灌,实行水地旱管,减少虫源化蛹率。

(3)化学防治:在小麦播种前撒毒土防治土中幼虫,于播前进行土壤处理。每亩用 50% 辛硫磷乳油 200 mL,兑水 5 kg,喷在 20 kg 干土上,拌匀制成毒土撒施在地表,耙入土壤表层。①蛹期防治:在小麦孕穗期撒毒土防治幼虫和蛹,是防治该虫的关键时期。这时吸浆虫移至土表层开始化蛹、羽化,这时是抵抗力弱的时期。当麦田每小方土(10 cm×10 cm×20 cm)有 2 头以上虫蛹时,每亩用 5% 毒死蜱粉剂 600~900 g,或 3% 甲基异柳磷粉剂 2 kg,或 50% 辛硫磷乳油 200 mL,配制成 25~30 kg 毒(沙)土,顺麦垄均匀撒施地表进行防治,但要防止撒施在麦叶上。撒在麦叶上的毒土要及时用树枝、扫帚等辅助扫落在地表上。撒施后浇水可提高药效。②成虫期防治:小麦抽穗开花期防治成虫,小麦抽穗时,成虫羽化出土或飞到穗上产卵,这时结合防治麦蚜,在傍晚防治。每 10 网复次幼虫 20 头左右,或用手扒开麦垄一眼可见 2~3 头成虫,即可立即防治。选用 4.5% 高效氯氰菊酯、或 50% 辛硫磷、或 10% 吡虫啉、或 40% 氧化乐果 1 000 倍液,或 50% 毒死蜱 1 500 倍液等喷雾防治,将成虫消灭在产卵之前。喷药时间应在每天上午 10 时之前和下午 4 时之后,最好在傍晚防治,以免影响小麦授粉。

(三)麦蜘蛛

1. 分布与危害

麦蜘蛛,又名红蜘蛛、火龙、红旱、麦虱子,主要有麦长腿蜘蛛和麦圆蜘蛛。麦蜘蛛春秋两季危害麦苗,成、若虫都可危害,被害麦叶出现黄白小点,植株矮小,发育不良,重者干枯死亡。

2. 防治措施

(1)农业防治:主要措施有深耕、除草、增施肥料、轮作、早春耙耱。

(2)化学防治:在冬小麦返青后,选当地发生较重的麦田进行调查,随机取5点,每点查33 cm,下放白塑料布或盛水的盆,轻拍麦株,记载落下的虫数,当平均每33 cm行长有虫200头以上,上部叶片20%面积有白色斑点时,应进行药剂防治。亩用1.8%阿维菌素20 mL或20%灭扫利乳油80 mL,或20%哒螨灵可湿性粉剂50 g,或15%扫螨净乳油90 mL,兑水45 kg均匀喷雾。喷药时注意一定要喷透,使药液深入麦苗基部。喷药时加入磷酸二氢钾或其他叶面肥,可增强光合作用,提高小麦产量。

(四)麦叶蜂

1. 分布与危害

麦叶蜂,又名齐头虫、小黏虫、青布袋虫,有小麦叶蜂、大麦叶蜂、黄麦叶蜂和浙江麦叶蜂。麦叶蜂主要以幼虫危害麦叶,从叶边缘向内咬成缺刻,重者可将叶尖全部吃光。

2. 防治措施

(1)农业防治:播种前深耕,可把土中休眠的幼虫翻出,使其不能正常化蛹,以致死亡。

(2)药剂防治:防治适期应掌握在三龄幼虫前,可用48%毒死蜱乳油30~40 mL、2.5%高效氯氟氰菊酯乳油30 mL、4.5%高效氯氰菊酯乳油30 mL,加水30~50 kg均匀喷雾,每亩用药液30~40 kg。

(3)人工捕打:利用麦叶蜂幼虫的假死习性,傍晚时进行捕打。

(五)黏虫

1. 分布与危害

黏虫,又称剃枝虫、五色虫、行军虫等,属鳞翅目,夜蛾科。黏虫是一种具远距离迁飞为害的"暴发性"害虫,大发生时幼虫成群结队迁移,所遇绿色作物几乎被掠食一空,造成作物大幅度减产甚至绝收。

2. 防治措施

(1)农业防治:在黏虫越冬区及冬季为害区,结合各项农事活动铲草堆肥,修理田埂,清除田间根茬,从而消灭大量越冬黏虫,减少其产卵机会,压低虫源基数。

(2)物理防治:利用成虫的产卵习性,每亩麦田插杨树枝把或谷草把20~50个诱其产卵,每2~5 d更换草把,换下的草把集中烧毁;也可用糖醋盆、黑光灯、频振式杀虫灯等诱杀成虫,压低虫口密度。

(3)化学防治:在预测预报的基础上,抓住幼虫低龄阶段(主要是二、三龄)或结合麦田"一喷三防"及时用药,是大发生时有效控制黏虫的主要措施。当麦田幼虫平均25~30头/m² 时,及时选用25%快杀灵乳油40~60 mL,或25%灭幼脲3号悬浮剂30~40 g,或50%辛硫磷乳油1 000~2 000倍液,或4.5%高效氯氰菊酯乳油30~60 mL,兑水50 kg喷雾。喷雾力求均匀、周到,田间地头、路边的杂草上都要喷到。防治时要根据当地植物保护部门发布的虫情预报,及时、快速施药,速战速决,力争在1~2 d内消灭黏虫主力,并注意查残扫残。

(六)小麦黑潜叶蝇

1. 分布与危害

小麦黑潜叶蝇为害时雌蝇用粗硬的产卵器刺破小麦叶片,在麦叶中上部形成一行行类似于"条锈病"的淡褐色针孔状斑点,雌蝇将卵产在麦苗第一、二片叶子端部,卵孵化成幼虫后,潜食叶肉,潜痕呈袋状,内可见蛆虫及虫粪。使叶片半段干枯,幼虫约 10 d 老熟,爬出叶外入土化蛹越冬,为害造成产量损失 10%~20%。

2. 防治措施

(1)防治幼虫:每亩用 40% 氧化乐果 60 mL 或 5% 甲维盐 10 g 或 20% 斑潜净(阿维·杀单)8 g 加水 20~30 kg 喷雾。

(2)防治成虫:每亩用 80% 敌敌畏乳油 100 g 加 20 kg 细土拌匀,制成毒土顺垄撒施。

(七)小麦地下害虫

1. 分布与危害

小麦地下害虫是危害小麦地下和近地面部分的土栖害虫,主要包括 3 大类:蛴螬(金龟甲或金龟子幼虫的总称)、金针虫和蝼蛄。为害小麦主要有华北大黑鳃金龟甲、铜绿丽金龟、沟金针虫、细胸金针虫、华北蝼蛄和非洲蝼蛄等。这些害虫主要在小麦秋苗期和春季苗期为害,咬食小麦地下根茎,小麦秋苗期造成缺苗断垄,春季苗期为害则导致枯心苗,使小麦植株提前枯死。

2. 防治方法

地下害虫长期在土壤中栖息、为害,是较难防治的一类害虫,在防治中要开展以农业防治和化学防治为主的综合防治,要春、夏、秋三季防治,同时要以播种期防治为主,兼顾作物生长期防治,对蛴螬还要进行成虫防治。小麦地下害虫的防治指标为:蛴螬 3 头/m^2,蝼蛄 0.3~0.5 头/m^2,金针虫 3~5 头/m^2,春季麦苗被害率 3%。

(1)农业防治:地下害虫一般在杂草丛生、耕作粗放的地区发生重。因此,应采用一系列农业技术措施,如精耕细作、轮作倒茬、深耕深翻土地、适时中耕除草、合理灌水以及将各种有机肥充分腐熟发酵等,可压低虫口密度,减轻为害。

(2)物理防治:利用蝼蛄、金龟甲的趋光性,用黑光灯和频振式杀虫灯诱杀。发生为害期,在田边或村庄设置黑光灯、白炽灯诱杀成虫,以减少田间虫口密度。

(3)人工捕杀:结合田间操作,也可对新拱起的蝼蛄隧道采用人工挖洞捕杀虫、卵的办法。

(4)化学防治:①种子处理。用 48% 乐斯本乳油 10 mL 加水 1 kg 拌麦种 10 kg,堆闷 3~5 h 后播种。或用 50% 辛硫磷乳油按种子重量的 0.2% 拌种,可有效地防治三种地下害虫。②土壤处理。在播种前,每亩用 50% 辛硫磷或甲基异柳磷乳油 250~300 mL 兑水 30~40 kg,将药剂均匀喷洒在地面,然后耕翻或用圆盘耙把药剂与土壤混匀。在小麦返青期每亩用 50% 辛硫磷乳油 250~300 mL,结合灌水施入土中防治;或亩用 50% 辛硫磷乳油 200~250 mL,加细土 25~30 kg,将药液加水稀释 10 倍喷洒在细土上并拌匀,顺垄条施,随即浅锄,防治蛴螬。③毒饵、毒谷诱杀。为害严重的地块,最好在秋播以前用毒饵进行一次防治。毒谷随播种随撒在播种沟里,或与种子混播。秋冬季小麦苗期地下害虫发生严重的田块,每亩用 50% 辛硫磷乳油 20~50 g 加水 3~5 kg 稀释,拌入 30~75 kg 碾碎炒香的米糠或麸皮中制成毒饵撒施防治。如果小麦苗期地下害虫为害严重,可以对重发田块用 50% 辛硫磷乳油 1 000 倍液或 48% 乐斯本乳油 1 000 倍液喷浇灌小麦苗根部。

四、主要草害及其防治技术

(一)杂草的种类、发生及为害情况

我国麦田杂草有 200 多种,从防除的角度,按照形态学大致可分为三大类:禾本科杂草、阔叶杂草及莎草。

禾本科杂草:茎圆或略扁,节和节间区别明显,节间中空。叶鞘开张,常有叶舌。胚具 1 片子叶,叶片狭窄而长,平行叶脉,叶无柄。主要杂草有野燕麦、雀麦、节节麦、毒麦、看麦娘、早熟禾、马唐、止血马唐、牛筋草、狗尾草、金色狗尾草、硬草、罔草、长芒棒头草等。

阔叶杂草:包括所有的双子叶植物杂草及部分单子叶植物杂草。茎圆形或四棱形。叶片宽阔,具网状叶脉,叶有柄。胚常具 2 片子叶。主要杂草有荠菜、播娘蒿、牛繁缕、猪殃殃、鳢肠、大巢菜、马齿苋、葎草、车前、苍耳田旋花、小旋花、米瓦罐、麦家公、泽漆、藜、小藜、灰藜、猪毛菜、萹蓄、地锦、地肤、委陵菜、小蓟、小花鬼针草、蒲公英、阿尔泰狗哇花、旋覆花、苣荬菜、山苦荬、小飞蓬、草木樨、益母草、夏枯草、紫花地丁、独行菜、龙葵、王不留行、鸭跖草、酸模叶蓼、曼陀罗等。

莎草类:茎三棱形或扁三棱形,无节与节间的区别,茎常实心。叶鞘不开张,无叶舌。胚具 1 子叶,叶片狭窄而长,平行叶脉,叶无柄。主要杂草有球穗扁莎草、异型莎草、碎米莎草、牛毛毡等。

因气候、耕作制度、土壤状况等因素,不同地区、不同地块田间杂草种类有较大差异,群落复杂。一般来说,旱茬麦田杂草以阔叶杂草为主,伴生部分禾本科杂草;稻茬麦田则以禾本科杂草为主,伴生其他阔叶杂草。跨区域调种、大型机械跨区域耕作、同类除草剂连续多年应用等不同程度地影响着草相的变化。近几年来看,总体可概括为:阔叶杂草是麦田杂草的主要种类;野燕麦、雀麦、节节麦等恶性禾本科杂草上升趋势明显,部分地块为害猖獗;莎草类因萌发较晚(一般 5 月中下旬开始萌发),一般威胁不大。

小麦田杂草的发生量与播种期、播种深度、耕作制度和土壤墒情有关,受气温和降水影响较大。麦田杂草有两个出草高峰。第一个出草高峰在播种后 10~30 d,此期间出苗的杂草占杂草总数的 70%~90%;第二个出草高峰在开春气温回升以后。冬前早播,秋季雨水多、气温高,冬前出草量大;春季雨量多,麦田春草发生量大;晚茬麦因冬前出草量少,春季出草量较冬前多;如遇秋冬干旱、春季雨较多的年份,早播麦田冬前出草少,冬后常有大量春草萌发;在冬季气温低,寒流侵袭频繁的年份,麦田冬前萌发的杂草,越冬期常大量自然死亡。

近年来,麦田杂草发生呈加重趋势。其主要原因,一是小麦高产栽培水肥条件的改善,促进小麦生长的同时,也利于杂草的生长发育和繁殖;二是由于厄尔尼诺现象使气候变暖,特别是秋冬季变暖,麦田杂草出土早、数量大、长势旺,与小麦竞争力强,危害大。

麦田杂草与小麦争夺光照、水分和养分,严重影响小麦生长,导致小麦减产,杂草严重时可导致小麦减产 50% 以上。有些杂草也是农作物害虫、害螨和病原菌的越冬寄主与重要食物资源。因此,防除麦田杂草是确保小麦丰收的重要措施。

(二)麦田除草方法

麦田除草方法较多,常采用的有植物检疫、农业措施防除、物理防除、生物防除、化学

防除等。其中,农业措施防除包括轮作、精选种子、使用腐熟肥料。清除田边、路边和沟旁杂草,以及合理密植等;物理防除包括人工拔草、人工或机械锄草、烧毁杂草等;生物防除包括以昆虫、病原菌和养殖动物灭草等,但是最常用的则是人工除草和化学除草两种。人工除草优点是不污染环境,但费工、费时、费力,化学除草被大量推广应用。化学除草的优点有:一是省工、省时、省力,与人工除草相比除草效率提高 8 ~ 10 倍;二是除草效果好,一般除草效果在 90% 以上,特别是对于在小麦行内与小麦混生且难以辨别、难以拔除的杂草,如野燕麦、雀麦、节节麦等禾本科杂草,具有良好的防除效果;三是除草受天气的影响小,连阴雨天施药也有较好的防效,而人工除草效果受天气的影响较大。因此,化学除草深受农民的欢迎,除草面积逐年扩大。但化学除草使用不当,容易产生很多负作用:其一,防治效果不佳或产生药害;其二,对后茬作物和临近作物产生药害等。田间生产上,药害事件屡见不鲜。

因此,使用化学除草一定要注意以下几点:

(1)选用安全对路的除草剂品种。选用除草剂,首先要对小麦和后茬作物安全。其次,每种除草剂都有一定的杀草谱,要根据草相选择除草剂种类。对以阔叶杂草为主的麦田,应选用杀阔叶杂草的除草剂,而对以禾本科杂草为主的麦田,应选用杀禾本科杂草的除草剂,阔叶和禾本科杂草混生的麦田,应选用以上两种除草剂混合使用。需要注意的是,同是阔叶杂草或者禾本科杂草的除草剂,其杀草谱也不尽相同,务必科学选用。

(2)把握好防治时机。麦田化学除草适期有播种后苗前土壤处理、秋苗期和春季返青期至拔节前 3 个时期,其中,秋苗期小麦 3 叶期或杂草 2 ~ 4 叶期(如黄淮冬麦区大约在 11 月中旬至 12 月上旬)是麦田化学除草的最佳时期,这时麦田杂草大部分出土,草小抗药性差,防治效果好,一次施药基本控制全生育期杂草的危害,且因施药早、施药间隔期长,除草剂残留少,对后茬作物影响小,所以秋苗期是最佳的除草时机。但温度过低时(不同农药要求不同,一般要求在日平均气温低于 5 ℃以上)不宜施药防治,否则,防治效果差。小麦返青期(黄淮冬麦区在 2 月下旬至 3 月上旬)也是化学除草适宜时期,但也要趁早,偏晚草大防除效果差。

(3)严格用药剂量。剂量过低,对杂草防治效果差,起不到除草保麦的作用。用量过大,不仅对小麦造成药害,而且有时对后茬作物也有不良影响。要严格用药剂量,要按推荐剂量使用,特殊情况试验后应用。

(三)化学除草技术

1. 播后苗前土壤处理

麦田播后苗前土壤处理主要是防除禾本科杂草,而阔叶杂草的防除则以苗后为主。此期用药的要点是:由于小麦播种较浅,用药前务必覆盖好种子层,以免用药时伤害种子;土壤墒情是药效能否充分发挥的关键,要整平、整细,保持适宜的土壤湿度;弄清本地杂草的发生群落,选择适宜的除草剂单剂或除草剂混用;喷雾应均匀、周到,喷液量以 30 ~ 40 kg/亩为宜;小麦播种后 1 ~ 2 d 用药。可选用以下除草剂:①用 50% 杀草丹乳油和 48% 拉索乳油各 100 mL/亩,混合后加水喷雾地面。②20% 异丙隆可湿性粉剂。主要用于防除看麦娘、野燕麦、黑麦草、早熟禾等禾本科杂草,兼治荠菜、扁蓄、繁缕等阔叶杂草。亩用 20% 异丙隆可湿性粉剂 0.3 ~ 0.4 kg 土壤处理。在特别干旱的北方地区,用药量可加大到 0.4 ~ 0.6 kg。③50% 扑草净可湿性粉剂。用于防除看麦娘、马唐、狗尾草、荠菜、繁缕、婆婆纳等。亩用 50% 扑草净可湿性粉剂 75 ~ 100 g 土壤处理。特别干旱的地区,药后应进行 1 ~ 2 cm 浅混土。

2. 苗后茎叶处理

(1)麦田禾本科杂草的防除。可以选择 15% 炔草酯可湿性粉剂(麦极)、6.9% 精恶唑禾草灵水乳剂(彪马)、30 g/L 甲基二磺隆油悬浮剂(世玛)、70% 氟唑磺隆水分散粒剂(彪虎)、7.5% 啶磺草胺水分散粒剂(优先)等。

(2)麦田阔叶杂草的防除。可以选择 20% 使它隆乳油 50 mL/亩、5.8% 麦喜悬浮剂 10 mL/亩、48% 苯达松水剂用药量 130 ~ 180 mL/亩、75% 苯磺隆(杜邦巨星)干燥悬浮剂 0.9 ~ 1.4 g/亩、20% 二甲四氯水剂 250 mL/亩,72% 2,4 - D 丁酯乳油 60 ~ 80 mL/亩等防治阔叶杂草。

以看麦娘、日本看麦娘等禾本科杂草为主的麦田。可选用 6.9% 精恶唑禾草灵悬乳剂冬前 60 ~ 70 mL/亩,15% 炔草酯可湿粉冬前 20 ~ 30 g/亩、春季 30 ~ 40 g/亩;冬前在麦苗二叶期以前防除,冬后早春防治须适当加大用量。

防除以猪殃殃、播娘蒿、繁缕、婆婆纳、野油菜等双子叶杂草为主的麦田,可选用 75% 杜邦巨星干悬剂 1 g,或 10% 苯磺隆可湿性粉剂 15 g 或 20% 使它隆乳油 50 mL/亩兑水 30 kg 均匀茎叶喷雾,也可用氯氟吡氧乙酸、唑草酮、溴苯腈和二甲四氯水剂等除草剂进行防除。

双子叶杂草与单子叶杂草混发的麦田,每亩用 6.9% 骠马乳油 50 mL 加 20% 使它隆乳油 30 mL,也可用 9% 苯磺·精噁唑禾草灵 30 ~ 50 g,兑水 30 kg 喷雾防治。配药时一定要做到二次稀释法,施药时要喷透、喷匀,不重喷、不漏喷,重复的部分易产生药害,漏喷的地方杂草不死。

五、麦田主要病虫草害综合防治技术

小麦主要病虫草害的发生有明显的阶段性,控制小麦病虫害要坚持"预防为主,综合防治"的植保方针,大力推广分期治理、一次混合施药兼治多种病虫草技术,抓好秋播秋苗期、返青拔节期和穗期"三期"综合治理,特别是穗期"一喷三防",可全面有效地控制病虫草的危害,确保小麦安全、优质、丰产。

秋苗期是构建良好麦田生态系统,乃至良好农田生态系统的关键时期,是小麦病虫草综合防治的关键时期,特别要做好预防工作。要以根病、地下害虫和麦田杂草防治为重点,抓好以药剂处理种子为主的综合防治措施,兼治农田害鼠、灰飞虱和蚜虫等,减少锈病、白粉病等的越冬菌源,为翌年小麦丰收打下良好的基础。主要是推广科学的种植结构,因地制宜地推广麦油套、麦菜套、麦棉套、种植油菜诱集带等种植方式,加强健身栽培,选用抗耐病优质良种,大力推广药剂处理种子,做好秋苗期杂草防治和加强麦种检疫。

返青拔节期是纹枯病、全蚀病、根腐病等根病和丛矮病、黄矮病等病毒病的侵染扩展高峰,也是麦蜘蛛、地下害虫和草害的危害盛期,是小麦综合防治的第二个关键环节。主要是选择对路药剂喷雾防治。

"一喷三防"是在小麦生长中后期使用杀虫剂、杀菌剂、植物生长调节剂、叶面肥等混配剂喷雾,达到防病、防虫、防干热风,增粒增重,确保小麦增产的一项关键技术措施。①抽穗扬花期施药:及时喷药预防赤霉病,兼治白粉病、锈病和蚜虫等。一般情况下亩用50%多菌灵可湿性粉剂80 g/亩,加12.5%烯唑醇30 g、10%吡虫啉20 g喷雾,可起到治虫防病的双重效果。最好在抽穗后扬花前施药,尽量不要在扬花盛期喷药。②灌浆期施药:主治麦蚜、白粉病、叶锈病,兼治其他病虫害和干热风。当百穗有蚜虫500头时应及时喷药防治,可用10%吡虫啉可湿性粉剂20~30 g/亩,加12.5%烯唑醇可湿性粉剂30 g和磷酸二氢钾200 g混合喷雾。一般一次施药即可,必要时可再喷一次。

麦田面积大,小麦各生育期病虫发生时间比较集中,非常适宜开展大面积专业化统一防治,可以达到防治效率高、防治效果好、防治成本低、保护小麦安全生产的良好效果。同时,要注意保护利用麦田天敌,充分发挥自然天敌对多种有害生物的控制作用。

第二章 玉 米

第一节 玉米栽培的生物学基础

一、玉米的特征特性

（1）玉米是 C_4 作物，号称"高产之王"。玉米在光合生理上属于 C_4 作物，相比小麦等 C_3 作物而言，具有"二高"：光饱和点高和光合效率高；"二低"：光呼吸低和 CO_2 补偿点低。换言之，在同样条件下，玉米比小麦等 C_3 植物具有较高的光合生产能力，单位时间内生产的光合产物较多，而呼吸消耗又较低，因此玉米比小麦等 C_3 植物具有更大的增产潜力。冬小麦生长期长达 8 个多月，每亩最高产量才达 600 多千克，而夏玉米生长季节仅有 3 个多月，每亩最高产量已能超吨。

（2）玉米品种利用的是杂种优势，增产能力强。杂种优势采用的是基因杂合技术，其显著特点就是把两个性状都十分优良而基因型不同的亲本进行杂交，所产生的杂种一代（ F_1 ）在各方面比起双亲都表现优越，我们在生产上所利用的玉米品种正是各方面性状都比双亲优越的杂种 F_1 代。比起小麦、大豆等自花授粉作物所采用的基因纯合育种技术所培育出的品种具有更强的增产潜力。玉米本属异花授粉作物，杂种优势利用是玉米增产的一大优势。再加上玉米是 C_4 作物，所以玉米的增产潜力巨大。

（3）玉米适应性广，抗逆性强，对光、热、水、肥资源的利用比较充分。在高肥水地块种植易获得高产，在中低产田种植也能有较好收益。

（4）玉米类型多，用途广泛。依据玉米籽粒特征，可将玉米分为硬粒型、马齿型、半马齿型、糯质型、爆裂型、粉质型、甜质型、有稃型、甜粉型 9 个类型，根据生育期长短可分为早熟、中熟和晚熟 3 种类型，根据株型可分为紧凑型、平展型和半紧凑型 3 个类型，按播种季节可分为春玉米、夏玉米、秋玉米、冬玉米；按用途和经济价值可分为高油玉米、高蛋白玉米、高淀粉玉米、青饲青贮玉米、糯玉米、甜玉米、爆裂玉米、笋玉米等类型。正是由于玉米多类型特性，其用途广泛，现已不仅仅食用（只占很少部分），还被大量饲用和工业深加工用，市场需求量不断加大，玉米生产的发展前景十分广阔。

二、玉米生育期及生育时期

（一）生育期

玉米从播种到新的种子成熟，叫做玉米的一生。从出苗到成熟所经历的天数为生育期。玉米生育期长短与品种、播期和温度等因素有关。一般叶数多、播期早、温度低的生育期长，反之则短。春播 90 ~ 120 d、夏播 70 ~ 85 d 的为早熟型；春播 150 ~ 180 d、夏播 100 d 以上的为晚熟型；介于两者之间的为中熟型品种。

（二）生育时期

玉米一生受内外条件变化的影响，其植株形态、构造发生显著变化的日期称为生育时期。玉米一生共分七个生育时期，具体名称和标准如下：

（1）播种期：即播种日期。

（2）出苗期：幼苗高 2 cm 左右的日期。

（3）拔节期：茎基部节间开始伸长的日期。

（4）抽雄期：雄穗主轴顶端露出 3～5 cm 的日期。

（5）开花期：雄穗主轴开花的日期。

（6）吐丝期：雌穗花丝伸出苞叶 1～2 cm 长的日期。

（7）成熟期：雌穗苞叶变黄而松散，籽粒呈现本品种固有形状、颜色，种胚下方尖冠处形成黑色层的日期。

生产上，通常以全田 50% 的植株达到上述标准的日期，为各生育时期的记载标准。

另外，生产中还常用小、大喇叭口期作为生育进程和田间肥水管理的标志。小喇叭口期是指植株有 12～13 片可见叶，7 片展开叶，心叶形似小喇叭口。大喇叭口期是指叶片大部可见，但未全展，心叶丛生，上平中空，形似大喇叭口。

三、玉米的阶段发育

玉米各器官的发生、发育具有稳定的规律性和顺序性。依其根、茎、叶、穗、粒先后发生的主次关系和营养生长、生殖生长的进程，将其一生划分成苗期、穗期和花粒期三个阶段。每个阶段包括一个或几个生育时期。生产上根据每个生育阶段的生育特点进行阶段性管理。

（一）苗期阶段

苗期阶段也称营养生长阶段，春玉米历时 35 d 左右，夏玉米历时 25 d 左右。该阶段从播种到拔节，是玉米生根、长叶、分化茎节的营养生长阶段，以根生长为中心，其发育特点是茎叶生长相对缓慢，而根系发育迅速。田间管理的中心任务就是促进根系发育、培育壮苗，达到苗早、苗足、苗齐、苗壮的"四苗"要求，为玉米丰产打好基础。

1. 播种—三叶期

一粒有生命的种子埋入土中，当外界的温度在 8 ℃以上、水分含量 60% 左右和通气条件较适宜时，一般经过 4～6 d 即可出苗。等到长到三叶期，种子储藏的营养耗尽，称为"离乳期"，这是玉米苗期的第一阶段。这个阶段土壤水分是影响出苗的主要因素，所以浇足底墒水对玉米产量起决定性的作用。另外，种子的大小和播种深度与幼苗的健壮也有很大关系，种子个大，储藏营养就多，幼苗就比较健壮；而播种深度直接影响到出苗的快慢，出苗早的幼苗一般比出苗晚的要健壮，据试验，播深每增加 2.5 cm，出苗期平均延迟 1 d，因此幼苗就弱。

2. 三叶期—拔节

三叶期是玉米一生中的第一个转折点，玉米从自养生活转向异养生活。从三叶期到拔节，由于植株根系和叶片不发达，吸收和制造的营养物质有限，幼苗生长缓慢，主要是进行根、叶的生长和茎节的分化。

玉米苗期怕涝不怕旱,涝害轻则影响生长,重则造成死苗,轻度的干旱,有利于根系的发育和下扎。

(二)穗期阶段

穗期阶段也称营养生长和生殖生长并进阶段,春玉米历时30~40 d,夏玉米历时27~30 d。该阶段是从拔节到雄穗开花,既有根、茎、叶旺盛生长,也有雌雄穗的快速分化发育,是玉米一生中生长发育最旺盛的阶段也是田间管理最关键的时期。这期间增生节根3~5层,茎节间伸长、增粗、定型,叶片全部展开;抽出雄穗其主轴开花。大喇叭口期以前植株以营养生长为主,其后转为生殖生长为主。调节植株生育状况,促进根系健壮发达,争取茎秆中下部节间短粗坚实,中部叶片宽大色浓,总体上株壮穗大是穗期田间管理的中心任务。

(三)花粒期阶段

花粒期也称生殖生长阶段,此期经历时间,早、中、晚熟品种分别为30 d、40 d、50 d。该阶段是从雄穗开花到籽粒成熟,包括开花、吐丝和成熟三个时期。此阶段营养生长基本结束,进入以开花、受精、结实籽粒发育的生殖生长阶段。籽粒迅速生成、充实,成为光合产物的运输、转移中心。因此,保证正常开花、授粉、受精,增加粒数,扩大籽粒体积;最大限度地保持绿叶面积,增加光合强度,延长灌浆时间;防灾防倒,争取粒多、粒大、粒饱、高产,是该阶段田间管理的中心任务。

第二节　优质高产玉米新品种介绍

(一)浚单20

河南省浚县农科所选育,2003年通过国家审定,审定编号:国审玉2003054。株型紧凑,夏播生育期97 d。株高240 cm,穗位105 cm;果穗筒型粗大,穗长17 cm,穗粗5.1 cm,穗行数16~18行,行粒数38粒,结实性好,不秃尖,轴细,黄粒,半马齿型,出籽率90.4%,高抗矮花叶病,抗小斑病,瘤黑粉病,弯孢菌叶斑病,中抗茎腐病,玉米螟。适宜河南省及黄淮海夏玉米区推广种植,一般肥力地3 500~3 800株/亩,高肥力地3 800~4 200株/亩,一般亩产650~700 kg。

(二)郑单958

河南省农科院选育,2000年通过国家审定,审定编号:国审玉2000009。株型紧凑,叶片上冲,夏播生育期100~105 d,株高250 cm,穗位110 cm,果穗筒型,穗长16.9 cm,穗粗4.8 cm,穗行数14~16行,行粒数36粒,结实性好,轴细,黄粒,半马齿,出籽率90%。中抗小斑病、矮花叶病,感茎腐病、瘤黑粉病、弯孢菌叶斑病,感玉米螟。适宜河南省及黄淮海夏玉米区推广种植,种植密度4 000~45 000株/亩,一般亩产650~700 kg。

(三)浚单18

河南省浚县农科所选育,2002年河南省审定,审定编号:豫审玉2002004。株型紧凑,夏播生育期98 d,株高250 cm,穗位110 cm,果穗筒型,穗长16.3 cm,穗粗4.9 cm,穗行数16行,行粒数38粒,结实性好,不秃尖,轴细,黄粒,半硬粒型,出籽率90.1%。高抗茎腐,抗小斑病、矮花叶病、玉米螟,中抗弯孢叶斑病,感瘤黑粉病,适宜河南省及黄淮海夏玉米区推广种植,适宜密度在 3 500 ~ 3 800 株/亩,一般亩产 650 ~ 700 kg。

(四)浚单 22

2004 年通过河南省审定,株型紧凑,株高 258.1 cm,穗位 112.8 cm;果穗筒型,结实性好,穗长 17.6 cm,穗粗 5.1 cm,穗行数 15.9 行,行粒数 38 粒,白轴,籽粒黄色,半马齿型,千粒重 340 ~ 360 g,出籽率 90%,抗小斑病、矮花叶病,中抗茎腐病,感瘤黑粉病。适宜在河南各地夏播种植,中肥地 3 300 ~ 3 500 株/亩,高肥地 3 500 ~ 3 800 株/亩,一般亩产 650 kg,种子包衣防治瘤黑粉病。

(五)滑丰 9 号

2006 年通过河南省审定。株型紧凑,夏播生育期 99 d;株高 258 cm,穗位 116 cm,果穗筒型,穗长 17.3 cm,穗粗 5.1 cm,穗行数 15.4 行,行粒数 34.7 粒,轴白色,籽粒黄色,半马齿,千粒重 329.4 g,出籽率 90.2%。高抗茎腐病,中抗小斑病,感瘤黑粉病、弯孢菌叶斑病、玉米螟。适宜河南省各地播种,适宜密度 4 000 株/亩,一般亩产 600 ~ 650 kg。

(六)浚单 26

2005 年河南省审定。紧凑,夏播生育期 98 d,幼苗叶鞘浅紫色,叶色深绿,窄上举;穗上部叶片有卷曲,单株叶片数为 19 ~ 20 片,株高 245 cm 左右,穗位高 105 cm 左右,果穗筒型,穗柄短,穗长 16.0 cm 左右,穗粗 5.0 cm 左右,秃尖轻,结实性好;穗行数 16 行,行粒数 34 ~ 35 粒,白轴,籽粒黄色,半硬粒型,千粒重 330 g 左右,出籽率 89%。抗大小斑病、矮花叶病,中抗茎腐病,感弯孢菌叶斑病、瘤黑粉病,高感玉米螟。适宜河南省各地夏播种植,夏播适宜密度 4 000 株/亩左右,一般亩产 600 ~ 650 kg。

(七)中科 11

国审玉 2006034。夏播生育期 99 d。株型紧凑,叶片宽大上冲,株高 250 cm,穗位高 110 cm,成株叶片数 19 ~ 21 片,花丝浅红色,果穗筒型,穗长 16.8 cm,穗行数 14 ~ 16 行,穗轴白色,籽粒黄色,半马齿型,千粒重 316 g。高抗矮花叶病,抗茎腐病,中抗大斑病、小斑病和玉米螟。适宜种植密度 3 800 ~ 4 000 株/亩,一般亩产 650 ~ 700 kg。

(八)新单 29

豫审玉 2008010。夏播生育期 96 d,全株叶片数 20 片左右,株高 275 cm,穗位高 103 cm;幼苗健壮,叶色浓绿,花丝红色,叶鞘浅红色;果穗筒型穗长 17 cm,穗粗 5.3 cm,穗行数 16 行,行粒数 39.5 粒;籽粒黄色,白轴,半马齿型千粒重 335 g,出籽率 88%。高抗矮花叶病,抗大斑病,中抗小斑病、茎腐病、黑粉病;每亩适宜密度 3 500 ~ 4 000 株,一般亩产 650 ~ 700 kg。

(九)豫单 998

豫审玉 2006015。夏播生育期 102 d 左右,株型紧凑,全株叶片数 20 片,株高 270 ~ 280 cm,穗位高 120 ~ 125 cm;叶色浓绿,果穗筒型,穗长 18 cm,穗粗 5.1 cm,穗轴白色,籽粒黄色,硬粒型,出籽率 84%,千粒重 340 ~ 350 g。高抗茎腐病,抗大小斑病、矮花叶病。适宜种植密度每亩 4 000 ~ 4 500 株。一般亩产 660 ~ 680 kg。

(十)新单 26

豫审玉 2008009。夏播生育期 98 d,株型紧凑,全株叶片 20 片,株高 256 cm,穗位高 108 cm,果穗筒型,穗长 18 cm,穗粗 5.1 cm,黄粒,红轴,半马齿型,千粒重 300 g,出籽率

89%。高抗瘤黑粉病、矮花叶病,抗大斑病,中抗小斑病、茎腐病。每亩适宜密度 4 000 株,一般亩产 690 kg。

(十一)洛单 248

豫审玉 2008003。夏播生育期 98 d,株型紧凑,全株叶片 20 片左右,株高 250 cm,穗位高 105 cm,幼苗叶鞘紫色,叶缘浅紫色;果穗圆筒型,穗长 17.5 cm,穗粗 5 cm,穗行数 14~16 行,行粒数 38.6 粒,黄粒,白轴,半马齿型,千粒重 314 g,出籽率 90.6%。高抗大斑病、茎腐病、瘤黑粉病、矮花叶病,抗小斑病、弯孢霉叶斑病、玉米螟,中抗南方锈病。每亩适宜密度 4 000 株,一般亩产 690 kg。

(十二)豫丰 3358

豫审玉 2008008。夏播生育期 96 d。株型紧凑,全株叶片 19 片,株高 245 cm,穗位高 104 cm;雄穗颖片浅紫色,花药绿色,花丝粉红色,果穗圆筒型,穗长 17.8 cm,穗位高 104 cm,穗粗 4.9 cm,穗行数 15.4 行,行粒数 38.6 粒,黄粒,白轴马齿形,千粒重 285 g,出籽率 89.6%。抗瘤黑粉病、矮花叶病,中抗小斑病、茎腐病、玉米螟,感大斑病,高感弯孢菌叶斑病。适宜种植密度 4 000 株/亩。一般亩产 670 kg。

(十三)蠡玉 18

夏播生育期 104 d。幼苗叶鞘紫色,成株株型紧凑,株高 257 cm,穗位 115 cm,花药青黄色,花丝青绿色;穗长 17.8 cm,穗行数 14 行;穗轴白色,籽粒黄色,半马齿形,千粒重 334 g;出籽率 87.7%。高抗矮花叶病,抗大斑病,中抗茎腐病、玉米螟,感瘤黑粉病。适宜种植密度 4 000~4 500/亩,一般亩产 670 kg。

(十四)金博士 658

豫审玉 2006012。夏播生育期为 95 d。株型半紧凑,成株叶片数 19~20 片,株高 255 cm,穗位高 105 cm,雄穗分蘖数中等,穗长 22 cm,穗粗 5 cm,穗行数 16~18 行,行粒数为 38.1 粒,千粒重 336 g,出籽率 88%;白轴,黄白粒,半马齿型。抗矮花叶病、大斑病、小斑病、瘤黑粉病。适宜种植密度 3 500 株/亩。一般亩产 600~650 kg。

(十五)泽玉 34

夏播生育期 98 d 左右。株型半紧凑。幼苗生长势强,叶鞘深绿色,株高 260 cm 左右,穗位 105 cm 左右,雄穗主枝直立,全株 19~20 片叶,果穗长筒形,穗长 24~26 cm,穗粗 5.8 cm,穗行数 16~18 行,籽粒黄色,半马齿型,出籽率 89% 以上。抗玉米大斑病、小斑病、穗腐病,中抗丝黑穗病、茎腐病、矮花叶病。夏播 3 000~3 300 株/亩为宜。一般亩产 600~650 kg。

(十六)怀玉 5288

河南怀川种业有限责任公司选育,豫审玉 2014013。品种来源:以自选系 HX113 为母本,自选系 H7298 为父本组配而成的单交种。

夏播生育期 97~103 d。株型半紧凑,全株总叶片数 19.4~19.5 片,株高 283~289 cm,穗位高 110.9~114 cm;叶色绿色,叶鞘紫色,第一叶尖端匙形;雄穗分枝 15 个,雄穗颖片绿色,花药浅紫色,花丝浅紫色;果穗圆筒形,穗长 13.6~15.4 cm,秃尖长 0.4~0.8 cm,穗粗 4.7~5.0 cm,穗行数 14~18 行,行粒数 28.6~31.5 粒;穗轴红色,籽粒黄色,半马齿粒型,千粒重 274~341.7 g,出籽率 85.9%~87.1%,田间倒折率 0.7%~1.4%。中抗大斑病、小斑病、茎腐病、瘤黑粉病、矮花叶病,抗弯孢菌叶斑病,高抗玉米螟,高感矮花叶病、中抗玉米螟。中等水肥地 4 500 株/亩,高水肥地不超过 5 000 株/亩。

（十七）群英 8

夏播生育期 98 d。株型半紧凑,株高 268 cm,穗位高 100 cm,成株叶片数 21 片,幼苗颜色绿色,花丝红色,花药黄色,花丝粉红色,果穗筒形,穗长 19.9 cm,穗行数 17.6 行,行粒数 33.1 粒,穗轴浅红色,籽粒黄色,偏硬粒型,千粒重 293 g,出籽率 86.5%。高抗矮花叶病,中抗大斑病、小斑病,感茎腐病、玉米螟、瘤黑粉病。种植密度,中低产地块 3 000 ～ 3 300株/亩,高水肥地块 3 300 ～ 3 500 株/亩。一般亩产 630 kg。

（十八）滑丰 9 号

豫审玉 2006014。夏播生育期 99 d。株型紧凑,全株叶片 19 ～ 20 片,株高 258 cm,穗位高 116 cm;幼苗叶鞘紫色,花丝紫色,果穗筒型,穗长 17.3 cm,穗粗 5.1 cm,穗行数 15.4 行;穗轴白色,籽粒黄色,半马齿,千粒重 329.4 g,出籽率 90.2%。抗大斑病,中抗小斑病,感弯孢菌叶斑病、玉米螟。适宜种植密度 4 000 株/亩,亩产 600 ～ 650 kg。

（十九）东单 14

夏播生育期 98 d。幼苗叶片浅绿色,叶鞘深紫色。株型紧凑,根系发达,株高 275 cm左右,穗位 113 cm 左右,叶片数 20 ～ 21 片。雄穗分枝中等,花药浅红色。果穗筒形,穗轴白色,花丝绿色,穗长 19.8 cm 左右,穗行数 18.1 行左右,千粒重 360 g 左右,籽粒黄色,半马齿型。抗病性:中抗大斑病,抗小斑病,感弯孢菌叶斑病,高抗茎腐病、黑粉病、矮花叶病,抗玉米螟。种植密度 3 000 ～ 3 500 株/亩,亩产 600 ～ 650 kg。

（二十）蠡玉 35

豫审玉 2007014。夏播生育期 103 d,株型半紧凑,全株叶片数 19 ～ 20 片,幼苗叶鞘紫红色,花丝浅紫色,花药黄色;株高 245 cm,穗位 111 cm,果穗筒形,穗长 17.1 cm,穗粗 4.8 cm,穗行数平均 15.5 行,穗粒数 503 粒,白轴,黄粒、半马齿型,出籽率 85.8%,千粒重 323.6 g,抗小斑病,中抗大斑病,高感弯孢菌叶斑病,高抗茎腐病,感瘤黑粉病和矮花叶病。适宜密度为每亩 4 300 株,一般亩产 600 ～ 650 kg。

（二十一）隆平 206

豫引玉 2009010。夏播生育期 101 d。株型紧凑,株高 259.6 cm,穗位高 112.7 cm;穗长 14.7 cm,穗粗 5.4 cm,穗行数 15.8 行,行粒数 32.2 粒;黄粒、白轴、半马齿型,出籽率 91.1%,千粒重 366.8 g,品质中;籽粒粗蛋白 9.12%,粗脂肪 3.65%,粗淀粉 76.2%,赖氨酸 0.278%。抗病性接种鉴定:高抗矮花叶病,抗弯孢菌叶斑病、茎腐病,中抗小斑病、瘤黑粉病、玉米螟。在多年的试验和生产实践中,隆平 206 表现出抗倒性和耐渍涝能力。适宜密度为 4 000 ～ 4 500 株/亩。

（二十二）先玉 335

国审玉 2004017 号。夏播生育期 98 d,幼苗长势较强,成株株型紧凑、清秀,气生根发达,叶片上举。幼苗叶鞘紫色,叶片绿色,叶缘绿色。成株株型紧凑,株高 286 cm,穗位高 103 cm,全株叶片数 19 片左右。花粉粉红色,颖壳绿色,花丝紫红色,果穗筒形,穗长 18.5 cm,穗行数 15.8 行,穗轴红色,籽粒黄色,马齿型,半硬质,百粒重 34.3 g。籽粒粗蛋白含量 9.55%,粗脂肪含量 4.08%,粗淀粉含量 74.16%,赖氨酸含量 0.30%。经农业部谷物及制品质量监督检验测试中心(哈尔滨)测定,籽粒粗蛋白含量 9.58%,粗脂肪含量 3.41%,粗淀粉含量 74.36%,赖氨酸含量 0.28%。高抗茎腐病,中抗黑粉病、弯孢菌叶斑病,感大斑病、小斑病、矮花叶病和玉米螟。适宜密度为 4 000~4 500 株/亩。

(二十三)郑韩 358

豫审玉 2009016。夏播生育期 96 d。株型紧凑,根系发达,株高 256 cm,穗位高 108 cm;幼苗绿色,芽鞘紫色,长势健壮,穗上叶夹角小,全株叶片数 21 片;雄花分枝多,花丝绿色,花药绿色;果穗圆筒形,穗长 18.5 cm,穗粗 4.9 cm,穗行数 14~16 行,行粒数 39 粒;黄粒,红轴,半硬粒型,千粒重 340 g,出籽率 89.2%。籽粒粗蛋白质 9.76%,粗脂肪 4.68%,粗淀粉 72.84%,赖氨酸 0.314%,容重 750 g/L。高抗矮花叶病,抗玉米螟,中抗大斑病(5 级)、小斑病(5 级),高感弯孢菌叶斑病(9 级)、茎腐病(50.0%)、瘤黑粉病(60.9%)。中等水肥地块每亩密度 4 000 株左右,高水肥地块不超过 4 500 株。

(二十四)浚单 29

豫审玉 2009029。夏玉米区出苗至成熟 100 d,与郑单 958 相当。幼苗叶鞘紫色,叶片绿色,叶缘绿色,花药黄色,颖壳绿色。株型紧凑,株高 258 cm,穗位高 117 cm,成株叶片数 19~20 片。花丝浅紫色,果穗筒形,穗长 16.6 cm,穗行数 14~16 行,穗轴白色,籽粒黄色、半马齿型,百粒重 31.7 g。平均倒伏(折)率 9.8%。高抗矮花叶病,中抗小斑病、茎腐病和玉米螟,感大斑病和弯孢菌叶斑病,高感瘤黑粉病。籽粒容重 759 g/L,粗蛋白含量 10.19%,粗脂肪含量 4.19%,粗淀粉含量 71.69%,赖氨酸含量 0.31%。每亩适宜密度 4 000~4 500 株。

(二十五)隆平 208

豫审玉 2011007。夏播生育期 95~100 d。株型紧凑,叶片数为 20 片,株高 255~284 cm,穗位高 108~121 cm;芽鞘紫色,叶色深绿,穗上部叶片较窄挺,分布稀疏,透光性好,穗位叶及以下叶片平展,叶片较窄;雄穗分枝多,花粉量大,花期协调,颖壳绿色,花药黄色,花丝浅紫色,苞叶长度长;果穗筒形,穗长 15.5~15.8 cm,穗粗 5.2 cm,穗行数 14~16 行,行粒数 31.2~34.3 粒,穗轴白色;籽粒黄色,半马齿型,千粒重 328.1~346.2 g,出籽率 88.7%~89.7%。粗蛋白质 10.05%,粗脂肪 4.41%,粗淀粉 74.78%,赖氨酸 0.280%,容重 725 g/L。高抗瘤黑粉病,抗小斑病、弯孢菌叶斑病、茎腐病,中抗大斑病,高感矮花叶病,感玉米螟。适宜密度为 4 000 株/亩。

(二十六)登海 605

国审玉 2010009。在黄淮海地区出苗至成熟 101 d,比郑单 958 晚 1 d,需有效积温 2 550 ℃左右。幼苗叶鞘紫色,叶片绿色,叶缘绿带紫色,花药黄绿色,颖壳浅紫色。株型紧凑,株高 259 cm,穗位高 99 cm,成株叶片数 19~20 片。花丝浅紫色,果穗长筒形,穗长 18 cm,穗行数 16~18 行,穗轴红色,籽粒黄色、马齿型,百粒重 34.4 g。高抗茎腐病,中抗玉米螟,感大斑病、小斑病、矮花叶病和弯孢菌叶斑病,高感瘤黑粉病、褐斑病和南方锈病。籽粒容重 766 g/L,粗蛋白含量 9.35%,粗脂肪含量 3.76%,粗淀粉含量 73.40%,赖氨酸含量 0.31%。每亩适宜密度 4 000~4 500 株。

(二十七)伟科 702

豫审玉 2011008。夏播生育期 97~101 d。株型紧凑,叶片数 20~21 片,株高 246~

269 cm,穗位高 106～112 cm;雄穗分枝 6～12 个;果穗筒形,穗长 17.5～18.0 cm,穗粗 4.9～5.2 cm,穗行数 14～16 行,行粒数 33.7～36.4 粒,穗轴白色;籽粒黄色,半马齿型,千粒重 334.7～335.8 g,出籽率 89.0%～89.8%。粗蛋白质 10.5%,粗脂肪 3.99%,粗淀粉 74.7%,赖氨酸 0.314%,容重 741 g/L。籽粒品质达到普通玉米 1 等级国标;淀粉发酵工业用玉米 2 等级国标;饲料用玉米 1 等级国标;高淀粉玉米 2 等级部标。高抗大斑病、矮花叶病,抗小斑病(3 级),高感弯孢菌叶斑病,中抗茎腐病,高感瘤黑粉病,感玉米螟。一般亩产 550～620 kg,适宜河南各地夏播种植。6 月 20 日前播种,密度 4 000 株/亩。

(二十八)纯玉 958

豫审玉 2014001。夏播生育期 96～103 d。株型紧凑,全株总叶片数 18～20 片,株高 240～257 cm,穗位高 100～110 cm;雄穗分枝 11～13 个;果穗筒形,穗轴白色,穗长 17.5 cm,秃尖长 0.6 cm,穗粗 4.8 cm,穗行数 14～16 行,行粒数 38～40 粒,籽粒黄色,半马齿型,千粒重 330～350 g,出籽率 90.0%,田间倒折率 2.9%。粗蛋白质 9.98%,粗脂肪 3.42%,粗淀粉 73.52%,赖氨酸 0.31%。抗大斑病、小斑病,中抗弯孢菌叶斑病、矮花叶病、茎腐病、瘤黑粉病,中抗玉米螟。一般肥力地块密度地 3 700～4 000 株/亩。

(二十九)桥玉 8 号

豫审玉 2011010。夏播生育期 96～98 d。株型紧凑,叶片数 20 片左右,株高 289～294 cm,穗位高 112～123 cm;雄穗分枝 5～7 个;果穗筒形,穗长 17.0～17.3 cm,穗粗 4.7～4.9 cm,穗行数 12～16 行,行粒数 35.5～37.4 行,穗轴红色;黄白粒,半马齿型,千粒重 323.4～354.1 g,出籽率 86.1%～86.7%。粗蛋白质 11.64%,粗脂肪 3.6%,粗淀粉 72.95%,赖氨酸 0.338%,容重 757 g/L。籽粒品质达到普通玉米 1 等级国标;淀粉发酵工业用玉米 2 等级国标;饲料用玉米 1 等级国标;高淀粉玉米 3 等级部标。高抗大斑病,感瘤黑粉病,高感小斑病,抗弯孢菌叶斑病,感茎腐病,高感矮花叶病,中抗玉米螟。适宜密度 4000～4500 株/亩。

(三十)豫禾 988

豫审玉 2008001。夏播生育期 96 d。株型紧凑,全株叶片 20 左右,株高 248 cm,穗位高 105 cm;雄穗分枝数中等;果穗中间形,穗长 18.1 cm,穗粗 5.0 cm,穗行数 14～16 行,行粒数 27.0 粒,黄粒,白轴,半马齿型,千粒重 316.2 g,出籽率 89.5%。籽粒粗蛋白质 10.44%,粗脂肪 3.89%,粗淀粉 73.26%,赖氨酸 0.32%,容重 736 g/L。品质达到普通玉米 1 等级部标,饲料玉米 1 等级部标,高淀粉玉米 3 等级部标。高抗茎腐病、矮花叶病,抗弯孢霉叶斑病,中抗小斑病、大斑病、瘤黑粉病、南方锈病,感玉米螟。适宜密度 4 500 株/亩。

(三十一)秋乐 218

豫审玉 2015007。夏播生育期 99～102 d。叶色绿色,叶鞘深紫红色,第一叶尖端匙形;全株总叶片数 18～19 片,株型半紧凑,株高 288.3～294.0 cm,穗位高 104.8～107.0 cm,田间倒折率 0.8%～3.5%;雄穗颖片微红,雄穗分枝 3～5 个,花药深紫色,花丝紫红色;果穗筒形,穗轴红色,籽粒黄色,半马齿型,穗长 17.8 cm,秃尖长 1.2 cm,穗粗 4.6～4.7 cm,穗行数 14～18 行,行粒数 34.7～37.1 粒,千粒重 299.6～338.1 g,出籽率 86.1～87.2%。高抗瘤黑粉病、弯孢菌叶斑病,抗锈病、穗腐病,中抗小斑病,感茎基腐病、玉米螟。粗蛋白质 10.72%,粗脂肪 4.09%,粗淀粉 74.55%,赖氨酸 0.33%,容重 748 g/L。中等水肥地 4 000 株/亩,高水肥地不超过 4 500 株/亩。

(三十二) 怀玉 18

豫审玉 2015008。夏播生育期 98～104 d。叶色绿色,叶鞘紫色,第一叶尖端匙形;全株总叶片数 19～21 片,株型紧凑,株高 254.6～268.0 cm,穗位高 103.2～110.0 cm,田间倒折率 0.2%～0.9%;雄穗分枝 10.2 个,花药黄色,花丝浅紫色;果穗中间型,穗轴白色,籽粒黄色,硬粒型。穗长 16.6～17.3 cm,秃尖长 0.7 cm,穗粗 4.6～5.2 cm,穗行数 14～16 行,行粒数 33.7～35.9 粒,千粒重 306.4～358.2 g,出籽率 87.6%～88.2%。抗大斑病和小斑病,中抗茎基腐病、瘤黑粉病、玉米螟和矮花叶病,感弯孢菌叶斑病。粗蛋白质 11.23%,粗脂肪 4.44%,粗淀粉 71.48%,赖氨酸 0.32%,容重 754 g/L。一般亩产 590～780 kg,适宜密度 4 000～4 500 株/亩。

(三十三) 航星 118

豫审玉 2015010。该品种生育期 99～105 d。叶色浓绿,基部叶鞘浅紫色,第一叶尖端形状卵圆形;主茎叶片数 18～20 片,株型半紧凑,株高 265.0～276.0 cm,穗位高 92.0～100.9 cm,田间倒折率 0.1%～5.7%;雄穗分枝数 5～11 个,花药紫色,花丝浅紫色;果穗柱形,红轴,籽粒黄色,马齿型。穗长 17.6～18.2 cm,穗粗 4.7～4.9 cm,穗行数 14～18 行,行粒数 29.9～33.6 粒,千粒重 304.1～353.3 g,出籽率 85.2%～89.6%。2014 年河南农业大学植保学院人工接种鉴定:高抗弯孢菌叶斑病、茎基腐病、瘤黑粉病;抗小斑病、穗腐病,中抗锈病、玉米螟。2014 年检测,粗蛋白质 10.10%、粗脂肪 4.51%、粗淀粉 74.9%、赖氨酸 0.33%、容重 722 g/L。中等肥力田块 4 200 株/亩,高水肥田块 4 500 株/亩。

(三十四) 华农 138

国审玉 2014013。夏玉米区出苗至成熟 102 d,株高 274.3 cm,穗位 98.8 cm,株型半紧凑,穗长 19.0 cm,穗行数 14.4 行,秃尖长 1.4 cm,单穗粒重 169.7 g,百粒重 38.4 g,籽粒黄色,半马齿型,穗轴红色。经天津农科院植保所鉴定:中抗小斑病(43.9%),高抗弯孢菌叶斑病(11.6%),高感黑粉病(41.5%),抗茎基腐病(9.1%)。经河北省农科院植保所鉴定,感小斑病,中抗弯孢菌叶斑病,感黑粉病(21.4%),感茎基腐病(34.7%)。经农业部谷物及制品质量监督检验测试中心(哈尔滨)分析,粗蛋白(干基)8.43%,粗淀粉(干基)76.45%,粗脂肪(干基)3.42%,赖氨酸(干基)0.3%。高淀粉玉米品种。亩种植密度 4 000～4 500 株。

(三十五) 滑玉 168

国审玉 2015012。黄淮海夏玉米区出苗至成熟 102 d,与郑单 958 相当。幼苗叶鞘紫色,叶片绿色,花药浅紫色。株型紧凑,株高 292 cm,穗位高 100 cm,成株叶片数 19～20 片。花丝浅紫色,果穗筒形,穗长 17.3 cm,穗行数 16～18 行,穗轴红色,籽粒黄色、半马齿型,百粒重 32.5 g。接种鉴定:抗大斑病,中抗小斑病、茎腐病和穗腐病,感弯孢叶斑病,高感瘤黑粉病和粗缩病。籽粒容重 790 g/L,粗蛋白含量 10.64%,粗脂肪含量 3.13%,粗淀粉含量 73.54%,赖氨酸含量 0.35%。亩种植密度 4 000～4 500 株。

（三十六）宇玉 30 号

国审玉 2014010。株型紧凑，全株叶片数 19～21 片，幼苗叶鞘绿色，花丝浅红色，花药红色。区域试验结果：夏播生育期 106 d，株高 287 cm，穗位 107 cm，倒伏率 2.4%、倒折率 0.9%。果穗筒形，穗长 17.5 cm，穗粗 4.4 cm，秃顶 0.7 cm，穗行数平均 14.8 行，穗粒数 486 粒，红轴，黄粒，半硬粒型，出籽率 85.6%，千粒重 317 g，容重 754 g/L。中抗小斑病、大斑病，感弯孢叶斑病，中抗茎腐病，高感瘤黑粉病，高抗矮花叶病。粗蛋白含量 10.0%，粗脂肪 3.7%，赖氨酸 0.44%，粗淀粉 72.7%。适宜密度为每亩 5 000 株左右。

（三十七）联创 808

国审玉 2015015。黄淮海夏玉米区出苗至成熟 102 d，比郑单 958 早熟 1 d。幼苗叶鞘紫色，叶片绿色，叶缘绿色，花药浅紫色，颖壳绿色。株型半紧凑，株高 285 cm，穗位高 102 cm，成株叶片数 19～20 片。花丝浅绿色，果穗筒形，穗长 18.3 cm，穗行数 14～16 行，穗轴红色，籽粒黄色，半马齿型，百粒重 32.9 g。接种鉴定：中抗大斑病，感小斑病、粗缩病和茎腐病，高感弯孢叶斑病、瘤黑粉病和粗缩病。籽粒容重 765 g/L，粗蛋白含量 9.65%，粗脂肪含量 3.06%，粗淀粉含量 74.46%，赖氨酸含量 0.29%。亩种植密度 4 000 株左右。

（三十八）豫单 606

豫审玉 2014009。夏播生育期 98～102 d。株型半紧凑，全株总叶片数 19～19.8 片，株高 282～294.1 cm，穗位高 104～115 cm；叶色绿色，叶鞘浅紫色，第一叶尖端卵圆形；雄穗分枝 7～11 个，雄穗颖片绿色，花药黄色，花丝浅紫色；果穗筒形，穗长 16～16.7 cm，秃尖长 0.6～0.7 cm，穗粗 4.7～5.2 cm，穗行数 12～18 行，行粒数 31.5～35 粒；穗轴白色，籽粒黄红色，硬粒型，千粒重 298.9～359.1 g，出籽率 86.9%～89.5%，田间倒折率 0.7%～2%。中抗大斑病（3 级）玉米螟（5 级），高抗小斑病（1 级）、弯孢菌叶斑病（1 级）瘤黑粉病（1 级），抗茎腐病（3 级），感矮花叶病（7 级）。粗蛋白质 11.5%，粗脂肪 4.4%，粗淀粉 69.2%，赖氨酸 0.34%，容重 769 g/L。中肥地一般适宜密度为 4 500 株/亩左右。

（三十九）迪卡 653

豫审玉 2015011。夏播生育期 98～105 d。叶色深绿，叶鞘绿色，第一叶尖端圆到匙形；全株叶片 18～20 片，株型半紧凑，株高 270.0～281.2 cm，穗位高 118.0～123.0 cm，田间倒折率 0.1%～5.2%；雄穗颖片绿色，雄穗分枝数 11～15 个，花药绿色，花丝浅紫色；果穗筒形，穗长 16.3～17.2 cm，秃尖长 0.4 cm，穗粗 4.6～4.7 cm，穗行数 12.0～16.0 行，行粒数 36.4～38.8 粒；穗轴白色，籽粒黄色，半马齿型，千粒重 348.7～353.3 g，出籽率 89.2%～91.1%。抗大斑病，中抗小斑病、矮花叶病、茎腐病，高抗弯孢菌叶斑病，感瘤黑粉病、玉米螟；2013 年接种鉴定：中抗大斑病，抗弯孢菌叶斑病、茎腐病、小斑病，感玉米螟、瘤黑粉病，高感矮花叶病。蛋白质含量 11.69%、粗淀粉含量 72.22%、粗脂肪含量 4.05%、赖氨酸含量 0.31%，容重 736 g/L。密度 4 500～5 000 株/亩为宜。

（四十）裕丰 303

国审玉 2015010。黄淮海夏玉米区出苗至成熟 102 d，与郑单 958 相当。株高 270 cm，穗位高 97 cm，成株叶片数 20 片，穗长 17 cm，穗行数 14～16 行，百粒重 33.9 g。接种鉴定，中抗弯孢菌叶斑病，感小斑病、大斑病、茎腐病，高感瘤黑粉病、粗缩病和穗腐病。籽粒容重 778 g/L，粗蛋白含量 10.45%，粗脂肪 3.12%，粗淀粉含量 72.70%，赖氨酸含量 0.32%。中上等肥力地块种植,亩种植密度 3 800 ~ 4 200 株。注意防治粗缩病和穗腐病,瘤黑粉病高发区慎用。

(四十一)圣瑞 999

郑州圣瑞元农业科技开发有限公司选育。豫审玉 2013005。品种来源:以自选系圣 68 为母本,以圣 62 为父本组配而成的单交种。

夏播育期 98 ~ 102 d。株型紧凑,全株总叶片数 19 ~ 21 片,株高 240 ~ 250 cm,穗位高 99 ~ 107 cm;叶片绿色,叶鞘浅紫,第一叶尖端圆到匙形,雄穗分枝 6 ~ 10 个,花药黄色,花丝浅紫,果穗锥型;穗长 15.6 ~ 16.7 cm,秃尖长 0.6 cm,穗粗 4.9 cm,穗行数 12 ~ 16 行,行粒数 36.0 粒,千粒重 367.0 g,籽粒黄色,半马齿型,穗轴白色,出籽率 89.8%,田间倒折率 0.5%。高抗大斑病、小斑病、感弯孢菌叶斑病,中抗矮花叶病,抗茎腐病、瘤黑粉病,高感玉米螟。适宜种植密度 4 500 株/亩。

第三节　玉米提质增效栽培技术

一、选地

土壤肥沃,通透性好,有机质含量 1% 以上,速效氮 80 μg/g 以上,速效磷 20 μg/g 以上,速效钾 100 μg/g 以上,水源充足,灌排条件好。

二、品种选择

选用紧凑大穗型、抗逆性强的优质新品种,如鲁单 981、郑单 958、伟科 702 等。种子纯度 ≥98%,发芽率 ≥85%,净度 ≥98%,含水量 ≤13%。

三、种子处理

可用 5.4% 吡·戊玉米种衣剂包衣,控制苗期灰飞虱、蚜虫、粗缩病、丝黑穗病和纹枯病等。或采用药剂拌种,用戊唑醇、福美双、粉锈宁等药剂拌种可以减轻玉米丝黑穗病的发生,用辛硫磷、毒死蜱等药剂拌种,防治地老虎、金针虫、蝼蛄、蛴螬等地下害虫。

四、播种

(一)播种时间

适宜播期为 6 月上中旬。小麦收获后尽早播种玉米,玉米粗缩病连年发生的地块适宜播期为 6 月 10 ~ 15 日,发病严重的地块在 6 月 15 日前后播种。

(二)播种量

紧凑型玉米品种留苗 4 500 ~ 5 000 株/亩,紧凑大穗型品种留苗 3 500 ~ 4 000 株/亩,留苗密度可根据品种特性适当调整。

(三)播种方式

麦收后抢茬夏直播,采用等行或大小行足墒机械播种,根据墒情酌情浇水。

（四）种肥

施用玉米专用肥或缓控释肥等，氮肥（N）、磷肥（P_2O_5）和钾肥（K_2O）的养分含量分别为 14～16 kg/亩、6～8 kg/亩和 12～13 kg/亩，种肥一次性同播，后期不再追施肥料。施肥于种子侧下方 3～5 cm。与种子分开，防止烧种和烧苗。

五、苗期管理

（一）除草

玉米播种后，及时浇水，确保实行玉米一次播种全苗。

播种后出苗前，墒情好时可直接喷施 40%乙·阿合剂等 200～250 mL/亩兑水 50 kg进行封闭式喷雾；墒情差时，于玉米幼苗 3～5 片可见叶、杂草 2～5 叶期用 4%玉农乐悬浮剂（烟嘧磺隆）100 mL/亩兑水 50 kg 喷雾。

（二）病虫防控

加强粗缩病、灰飞虱、黏虫、蓟马、地老虎和二点委夜蛾等病虫害的综合防控。

（三）遇涝及时排水

苗期怕涝，淹水持续时间不能超过 1 d。如遇涝渍天气，应及时排水；浅中耕、划锄，通气散墒；及时追施速效氮肥，或喷施 6-苄氨基腺嘌呤（6-BA）进行化学调控。死苗率达60%以上时，需进行重播或改种其他作物。

六、穗期管理

（一）防高温干旱、防渍涝

孕穗至灌浆期如遇高温、干旱应集中有限水源、实施有效灌溉，加强田间管理，尤其要防止"卡脖旱"。喷施叶面肥（如磷酸二氢钾 800～1 000 倍液），降温增湿，增强植株抗旱性。若遭遇渍涝，则及时排水。灌溉定额为 20～25 m^3/亩。

（二）防治病虫害

小喇叭口至大喇叭口期之间，有效防控褐斑病和玉米螟等，普遍用药一次，可采用飞机喷雾或者高地隙喷雾器混喷醚甲环唑水分散颗粒剂 1 000 倍液和 200 g/L 氯虫苯甲酰胺悬浮剂 3 000 倍液，防治玉米中后期小斑病、弯孢叶斑病、南方锈病、褐斑病等叶斑病和玉米螟、桃蛀螟、棉铃虫等虫害。

七、花粒期管理

玉米开花授粉期间如遇连续阴雨或极端高温，应采取人工辅助授粉等补救措施，提高玉米结实率；喷施玉米生长调节剂，防倒、防衰；适时收获，避免后期多雨造成籽粒霉烂。灌浆期遇旱要及时灌溉，以增加粒重。遇涝及时排水。

八、适时收获

玉米成熟期即籽粒乳线基本消失、基部黑层出现时收获，收获后及时晾晒。

九、秸秆还田

玉米收获后，严禁焚烧秸秆，应及时秸秆还田，以培肥地力。适于青贮的品种可以适时收获,秸秆青贮用作饲料。

十、其他灾害应变措施

(一)涝灾

玉米前期怕涝,淹水时间不应超过 0.5 d。生长后期对涝渍敏感性降低,淹水不得超过 1 d。

(二)雹灾

苗期遭遇雹灾,应加强肥水管理,可喷施叶面肥,促其恢复,降低产量损失。拔节后遭遇严重,应及时组织科技人员进行田间诊断,视灾害程度酌情采取相应措施。

(三)风灾

小口期前遭遇大风,出现倒伏,可不采取措施,基本不影响产量。小口期后遭遇大风而出现的倒伏,应及时扶正,并浅培土,以促迎根下扎,增强抗倒伏能力,降低产量损失。

第四节　夏玉米生产全程机械化栽培技术

玉米全程机械化栽培技术是一种作业工序简单、省时省力、节本、降耗、增效的高产栽培技术。

一、选用适宜机收品种,满足机收要求

适于全程机械化生产的品种要求:

(1)早熟脱水快:夏播出苗后 110 d 籽粒水分降到 25% 左右。

(2)坚杆硬轴:田间倒伏倒折率之和不超过 3% ,田间收获籽粒穗轴破碎少。

(3)抗病广适:抗茎基腐、小斑病等主要病害,抗逆性强,适应性广。

(4)易脱粒:田间机械脱粒后籽粒破损率 5% 以下。

(5)站杆力强,脱落率低:玉米生理成熟后 15 d,茎秆田间站立不倒,玉米果穗脱落率小于 3% 。

选用近几年表现较好的宇玉 30、京农科 728、迪卡 517、登海 518、桥玉 8 号、联创 808、圣瑞 999、怀玉 5288、先玉 335、华农 138、滑玉 168 等。

二、高质量播种技术

玉米是稀植中耕作物,个体自身调节能力很小,缺苗易造成穗数不足而减产。小麦收获后及时灭茬保墒,实现早播、一播全苗,达到苗齐、苗匀、苗壮,对高产至关重要。

(一)抢时播种,争取实现一播全苗

秋季作物播种有"春争日""夏争时""夏播无早,越早越好"的说法。播种时间要尽可能早,早播种利于早成熟,早播种利于高产。一般要求播种时间不晚于 6 月 15 日。

土壤墒情不足或不匀,是造成缺苗断垄或出苗早晚不齐的重要原因。土壤干旱严重,土壤中的水分已不能出全苗,必须造墒播种。如墒情不足,播种后 3 d 内,立即浇蒙头水,利于早出苗、出齐苗;切忌半墒造成的出苗不全。

（二）精选种子及种子处理

对所买种子进行分级挑选，去除烂粒、病粒、瘪粒、过小粒，目的是使种子大小一致、新鲜饱满，提高发芽势和发芽率，减少种传病虫害，保证播种后发芽出苗快速整齐、幼苗健壮均一。最好直接购买种衣剂包衣种子，如未包衣，须进行药剂拌种，以控制苗期灰飞虱、蚜虫、粗缩病等发生。

（三）一体化机械精密播种

播种是保证苗全、苗齐、苗壮的重要环节，是增产增收的基础。机械化精密播种可以精确控制播种量、株距和播种深度。精密播种机一次完成化肥深施、播种、覆土、镇压等作业。

前茬为冬小麦的地块，小麦收获后用秸秆还田机粉碎麦茬或收获同时启用收割机粉碎刀片把秸秆切成 2～3 cm 后均匀抛撒于地面。

种肥同播时要将种肥一起施入土壤内，种子与种肥之间要有 5 cm 以上的土壤间隔层。机械播种要深浅一致、覆土均匀，实现苗全、齐、匀、壮；选取发芽率高的种子，单粒播种，单粒率≥85%，空穴率<5%，碎种率≤1.5%，避免漏播和重播现象。播种机匀速慢速行进，行走速度不超过 4 km/h，力争每个播种穴都出苗。

随播种将肥料施在种侧 5 cm 左右、深 5～8 cm 处，并尽可能分层施肥。分层施肥能提高化肥的利用率，上层肥施在播种层下方 3～5 cm，占肥量的 1/3；下层肥在播种层下方 12～15 cm，占肥量的 2/3。

（四）密度适当，株行距合理

一般株距 20～25 cm，每亩密度 4 200～4 800 株。桥玉 8 号、先玉 335、郑单 958 等竖叶型品种每亩种植密度一般为 4 500～5 000 株，对于亩产 400～500 kg 的中高产田宜适当稀植，密度可控制在 4 000～4 500 株/亩；对于亩产在 600 kg 以上的超高产田可以适当密植，密度可以控制在 5 000～5 500 株/亩，但要防止每亩 6 000 株以上的过密现象，因为过度密植会使植株生长细弱，而容易出现倒伏或者结实性差。

种植行距要适当，按照收获要求对行收获，对行收获才能不掉穗，一般要求 60 cm 等行距种植，也可以 40 cm 与 80 cm 相间的宽窄行种植。

三、合理肥料运筹技术

（一）施肥量

要实现每亩 600 kg 的产量指标，总需肥量为 N：18～20 kg，P_2O_5：7.5 kg，K_2O：7.5 kg。根据中等土壤的肥力状况，施肥量定为：尿素 35 kg，磷酸二铵 15 kg，硫酸钾 15 kg。

（二）施肥技术

1. 基肥

将 N、P_2O_5、K_2O 各含 15% 的三元复合肥 40 kg 左右在播种时穴播或条播。为减少用工，种粮大户和有条件的地区，生产中采用 48% 缓释复合肥（26－12－10）或 45%（30－8－7等类型）高氮三元复合肥 40～50 kg，微肥可选用硫酸锌 1～2 kg/亩、硼肥 0.5～1 kg/亩。可随播种作业一次性施足。

2. 追肥

播种后 35 d 左右,将尿素 25～30 kg 施入。时间早有利于机械追施。施肥时,开沟不能距植株太近,以免伤根,施肥部位以离植株 12～15 cm 为宜。

(三)合理灌排

玉米生育期相对较短、生长量大,又处于夏季高温季节,需水量相应较多。保证水分的供应,是获得玉米高产的重要措施。夏玉米重点浇好"三水":播种水(又叫底墒水),抽雄水(抽雄前 10 d 至抽雄后 20 d)、灌浆水(抽雄-灌浆成熟),遇旱及时浇水,遇涝及时排涝。

四、玉米化控技术

为了防止玉米倒伏,在玉米拔节前,可以适当喷洒控制株高、控制旺长的药剂。根据田间玉米长势决定是否喷药,旺长田块和杆高易倒伏的品种田块用 50% 矮壮素水剂 15～30 g,或亩用玉米健壮素 30 mL,兑水 20～30 kg,在玉米 8～9 片叶展开时(6月下旬)均匀喷于玉米上部叶片上。

五、综防病虫草害技术

(一)化学除草

播种以后出苗以前墒情较好时,在玉米田喷洒播后芽前每亩宜选 96% 金都尔 100～120 mL + 38% 阿特拉津 200～267 mL 或 33% 二甲戊乐灵(施田补)乳油 100 mL 加 72% 都尔乳油 80～100 mL,或亩用 40% 乙阿合剂乳油 200 mL 或 50% 丁阿合剂乳油 300 mL 兑水 50 kg 于玉米播种后喷雾于地表,封闭除草。

苗前缺墒而没有喷洒除草剂的玉米,出苗后 3～5 叶期喷施苗后除草剂,喷施时要注意不要漏喷。每亩可用 4% 玉农乐(烟嘧磺隆)100 mL,兑水 40 kg 在行间定向喷雾。使用烟嘧磺隆除草剂的地块,避免使用有机磷农药,以免发生药害。在玉米播后覆土至玉米二叶期也可选用爱玉优除草剂,在玉米播后覆土至玉米二叶期均可施药,每亩用药 30 mL,兑水 40～50 kg 均匀喷雾。爱玉优在玉米三叶期后严禁施药。

(二)苗期病虫害防治

对于没有进行拌种或包衣的地块,出苗以后要注意苗期虫害发生,主要是地老虎、蓟马、蚜虫、黏虫。

1. 地老虎防治

在地老虎为害玉米苗的初期,可在地面撒施毒土、毒饵,喷施药粉和药液。同时可兼治玉米二点委夜蛾害虫。早发现、早防治是控制地老虎危害的关键。清除田间地头杂草,消灭虫卵和幼虫;发现危害症状,选用 50% 辛硫磷乳油、40% 甲基异柳磷乳油,每种药剂 0.5 kg 加少量水,喷拌细土 125～175 kg;或用 0.5 kg 90% 敌百虫热水化开,加清水 5 kg,喷在炒香的油渣上拌匀,在傍晚撒施在根附近,每亩用毒饵 4～5 kg。当玉米幼苗心叶被害率达 5% 时进行防治,可以在田中喷施 40% 毒死蜱乳油 1 500 倍液或 2.5% 敌杀死乳油 3 000 倍液等,每亩喷药液 50 kg,喷洒须均匀,不仅喷到玉米上,而且也要喷到杂草上。

2. 蓟马防治

3%啶虫脒乳油2 000倍液、40%毒死蜱乳油1 500倍液、10%吡虫啉可湿性粉剂1 500倍液、4.5%高效氯氰菊酯1 000倍液。

3. 黏虫和蚜虫防治

在三龄前防治效果好,可亩选用45%毒死蜱乳油15~20 mL,或25%灭幼脲3号悬浮剂30~40 mL,或2.5%氯氟氰菊酯乳油15 mL等喷雾,亩喷药液30 kg,喷药时间以上午9点以前、下午5点以后最佳。

4. 玉米粗缩病防治

加强灰飞虱的防治工作,力争把传毒昆虫消灭在迁飞传毒之前。麦蚜、灰飞虱兼治可亩用10%吡虫啉10 g喷雾,也可在麦蚜防治药剂中加入25%捕虱灵20 g兼治灰飞虱,同时注意田边、沟边喷药防治。

(三)生育中期玉米螟防治

在大喇叭口期(播种后40~45 d)采用喇叭口期前后,用辛硫磷颗粒剂掺细砂,混匀后撒入心叶,每株1.5~2 g,或每亩用Bt乳剂200 mL制成颗粒剂丢心,防治玉米螟等钻蛀性害虫。穗期防治玉米螟用50%~80%敌敌畏乳油500~800倍液滴灌花丝或用90%敌百虫800~1 000倍液喷果穗。

(四)生育后期病虫害防治

用600倍"可杀得"液防治玉米青枯病,用"20%粉锈宁"1 200倍液喷洒防治锈病。

六、完熟期机械收获

(一)收获时期

在玉米生理成熟后,当玉米叶片枯黄、果穗苞叶枯松变黄、籽粒含水量降至28%以下时,即可进行籽粒收获,最晚收获时期以不影响后茬小麦正常生长发育为原则。

(二)收获植株状况

收获时要求植株倒伏率不超过5%,穗位高度整齐一致,穗位高度不应低于50 cm。

(三)机械选择

选用能够直接收获玉米籽粒的收获机械且配备玉米专用割台进行玉米收获,割台行距55~65 cm,其他收获机性能应符合GB/T 21961—2008中的规定。

(四)作业质量

机械收获的田间落粒与落穗损失率不超过5%,收获籽粒的破碎率不高于5%,杂质率不高于3%。收获作业质量的其他指标应符合NY/T 1355的规定。

(五)秸秆粉碎还田

玉米秸秆可采用联合收获机自带粉碎装置粉碎,或收获后采用秸秆粉碎还田机粉碎还田。

收获籽粒后,应及立即送烘干厂进行烘干或进行自然晾晒。烘干时的技术要求应按GB/T 21017—2007中的规定进行,烘干产品质量应达到GB/T 21017—2007中干燥后成品质量的规定。

第五节　夏玉米"一增四改"高产栽培技术

夏玉米"一增四改"高产栽培技术是针对夏玉米生产中存在的种植密度稀、施肥不合理、收获偏早、人工作业费时费力等主要问题,有目标性地进行改进改善,提高玉米种植科学化水平,增加玉米产量。

技术要点如下:

(1)合理增加种植密度。一般大田生产由传统每亩不足 4 000 株增加到 4 500 株,高产田要增加到 5 000 株,高产攻关田可增加到 6 000 株以上。适当减少种子的间距,使实际播种籽粒(株)数比要求的种植密度高出 10% ~ 15%,以防发生因种子质量、虫咬等因素导致的出苗不全问题。

(2)改种耐密型品种。选用耐密植、抗倒伏、适应性强、熟期适宜、高产潜力大的品种。

(3)改粗放用肥为配方施肥。在前茬冬小麦施足有机肥(2 500 kg/亩以上)的前提下,夏玉米以施用化肥为主。根据产量指标和地力基础确定施肥量,一般按每生产 100 kg 籽粒施用氮(N)3 kg、磷(P_2O_5)1 kg、钾(K_2O)2 kg 计算需肥量。缺锌地块每亩增施硫酸锌 1 kg。一般将氮肥的 30% ~ 40%、磷、钾、微肥在机播时和种子隔开同时施入,其余 60% ~ 70% 的氮肥,在大喇叭口期追施。高产田在肥料运筹上,轻施苗肥、重施穗肥、补追花粒肥。苗肥施入氮肥总量的 30% 左右加全部磷、钾、硫、锌肥,以促根壮苗;穗肥在玉米大喇叭口期(叶龄指数 55% ~ 60%,第 11 ~ 12 片叶展开)追施总氮量的 50% 左右,以促穗大粒多;花粒肥在籽粒灌浆期追施总氮量的 15% ~ 20%,以提高叶片光合能力,增加粒重。

(4)改人工种植为精量播种。改传统人工种植、条播为单粒精播。墒情不好时播种后造墒,保证出苗整齐度。机械化操作,减少玉米用种量和用工时数,提高经济效益。

(5)改传统早收为适期晚收。改变 9 月中旬收获玉米的传统习惯,待夏玉米籽粒乳线基本消失、基部黑层出现时收获,一般在 9 月底至 10 月上旬。

第六节　甜、糯玉米增产技术

一、甜玉米栽培技术

种植超甜玉米主要用于鲜果穗或果穗加工后进入市场,对果穗商品件要求极高,所以要实行规范化栽培。规范化的目标,要使每一株玉米生产出一个商品果穗。总的原则是保证植株生长的一路青,重在前期管理,80% 以上的施肥在攻穗肥时完成。具体要求如下。

(一)运用良种

1. 郑超甜 3 号

该品种是河南省农业科学院食粮作物研究所利用自选系 TGQ026 为母本,自选系郑超甜 TBQ018 为父本杂交组配的黄色超甜型胚乳玉米单交种。

特征特性:芽鞘和幼苗为绿色。株高 215 cm 左右,穗位高 83 cm,茎粗 2.1 cm,茎叶夹角较小,株型半紧凑,叶片数 19 片,叶缘和叶片绿色。花丝浅绿色,苞叶较长,果穗长筒形,穗长 21.5 cm,穗粗 4.5 cm,秃尖长 0 cm,穗行数 14 行,行粒数 40 籽,籽粒马齿型,超甜型胚乳,籽粒成熟晒干后呈皱缩状,千粒重 266.4 g。穗轴白色。雄穗纺锤形,分枝中等,张开角度中,花药绿色,护颖绿色,花粉量大,花期长,花期协调。抗病、抗倒性好,品质优良。种子浅黄色,马齿型,千粒重 160 g。在河南春播生育期 101 d,夏播 92 d,属中熟品种,出苗—鲜穗采收 78.7 d。适宜种植密度 3 300～3 700 株。一般亩产 720 kg 以上。主要优点是:浅黄色超甜性胚乳,风味独特、甜味浓,适口性好,具有甜、脆、香的突出特点,特别是青年、儿童喜爱的副食佳品。郑超甜 3 号属于水果、蔬菜型玉米,可以将鲜穗蒸、煮熟后直接食用,又可制成各种风味的罐头、加工食品和冷冻食品,超甜玉米精加工成鲜速食果穗、鲜超甜玉米籽粒罐头等。

2. 郑甜 66

河南省农业科学院粮食作物研究所育种。品种来源:66T195×66T205。

特征特性:出苗至采收期 78 d,比对照中农大甜 413 晚 3 d。幼苗叶鞘绿色。株型半紧凑,株高 253.7 cm,穗位高 91.4 cm。花丝绿色,果穗筒形,穗长 21.2 cm,穗粗 4.7 cm,穗行数 14～16 行,穗轴白色,籽粒黄色、硬粒型,百粒重(鲜籽粒)38.1 g。接种鉴定:中抗茎腐病和小斑病,感瘤黑粉病,高感矮花叶病。品尝鉴定 84.2 分;品质检测:皮渣率 10.11%,还原糖含量 7.46%,水溶性糖含量 23.57%。平均亩产鲜穗 881.6 kg。亩种植密度 3 500 株。注意防治矮花叶病和瘤黑粉病。

3. 京科甜 533

审定编号:国审玉 2016025。育种者:北京市农林科学院玉米研究中心。品种来源:T68×T520。

特征特性:黄淮海夏玉米区出苗至鲜穗采摘 72 d,比中农大甜 413 早 3 d。幼苗叶鞘绿色,叶片浅绿色,叶缘绿色,花药粉色,颖壳浅绿色。株型平展,株高 182 cm,穗位高 53.6 cm,成株叶片数 18 片。花丝绿色,果穗筒型,穗长 17.3 cm,穗行数 14～16 行,穗轴白色,籽粒黄色、甜质型,百粒重(鲜籽粒)37.5 g。接种鉴定,中抗矮花叶病,中感小斑病。还原糖含量 7.48%,水溶性糖含量 23.09%。亩种植密度 3 500 株。注意及时防治小斑病。

4. ND488

审定编号:国审玉 2016016。育种者:中国农业大学。品种来源:S3268×NV19。

特征特性:黄淮海夏玉米区出苗至鲜穗采收期 71 d,比中农大甜 413 早 5 d。幼苗叶鞘绿色。株型松散,株高 197.5 cm,穗位高 68.8 cm。花丝绿色,果穗筒形,穗长 19.3 cm,穗粗 4.9 cm,穗行数 14～16 行,穗轴白色,籽粒黄色、硬粒型,百粒重(鲜籽粒)41.8 g。接种鉴定:中抗小斑病,感茎腐病和瘤黑粉病,高感矮花叶病。品尝鉴定 86.7 分;品质检测:皮渣率 8.31%,还原糖含量 7.65%,水溶性糖含量 24.08%。亩种植密度 3 500 株。注意防治茎腐病、矮花叶病和瘤黑粉病。

（二）隔离种植

为了确保超甜玉米甜度，要与其他玉米隔离种植，生产上可采用超甜玉米连片种植，与其他玉米隔离 500 m 以上，或花期相隔 10 d 以上。

（三）种子处理

甜玉米种子由于有体轻、芽势弱的特点，在种子播种前首先要进行翻晒，选晴天晒 2 h，以利出苗，然后对种子进行适当的挑选。由于我国目前的制种水平和种子后处理技术还不高，种子质量还无法达到国外水平，甜玉米在种子发芽率、发芽势上，个体之间较大差异，因此用人工适当地挑选，以利于出苗的整齐一致。有条件的单位还可进行种衣剂处理，以达到壮苗抗病的目的。

（四）精细育苗

超甜玉米种子皱瘪，发芽、出苗比其他玉米种子困难，所以要精细育苗，要选择土质好，整地精细，土壤水分湿度适宜的苗床地。杭州春播一般在 3 月下旬，即气温稳定在 12 ℃以上，春播最大的问题是低温，最好采用地膜覆盖加尼龙小拱棚育苗，确保发芽所需要的温度。移栽前 7 d 要揭去尼龙小拱棚，进行炼苗，使春播苗健壮，有利于移栽后成活。由于甜玉米芽顶土力较差，应适当浅播，播后盖少量的细土。秋播一般在 7 月中旬，秋播最大的问题是播种后遇大雨，土壤板结，容易造成超甜玉米种子烂种，最好的办法，采用苗床播种后，用尼龙小拱棚，再上面盖上遮阳网，这样既能防雨（尼龙），又有防止拱棚内温度过高（遮阳网）或苗床播种后直接盖草篱，既可防雨又可保持土壤适宜温度，有利发芽出苗；不管用何种方法，待种子发芽，苗刚顶出土，大约播后 5 d，一定要全部去掉覆盖物，使其完全露地生长，保证苗生长健壮。发芽率 85% 左右的超甜玉米种子，1 kg 种子育苗移栽可种植一亩。如果用营养钵育效果更好。

（五）小苗带土移栽

选择土壤疏松，肥力好，排灌方便的田块种植。移栽前每亩施 15 kg 复合肥（N：P：K）＝15：15：15，采用二叶一心小苗带上移栽，移苗时要对苗进行挑选，选择大小基本一致、粗壮、长势旺、根系发达的秧苗，进行移栽。这样有利于大田植株生长发育的一致性，甜玉米种植田块中若苗期生长不一致，后期很难弥补上。这样不仅会影响产量，还会影响果穗的商品率。移栽后立即（当天）浇一次清水粪，如第二天天晴，温度高，还要浇一次清水粪，防止小苗脱水，以利成活，促早发。秋季栽培的甜玉米，最好在傍晚移栽。

（六）合理密植

为了达到每一株玉米都生长出一个好商品果穗，不宜过密，以每亩 3 500 株为宜。春播鲜果穗平均单重达到 250 g，秋播鲜果穗平均单重达到 220 g。

（七）早施重施追肥

施足基肥的基础上，及早追肥，早施重施攻穗肥，确保超甜玉米生长一致，这是种好超甜玉米成败的关键。重施基肥，亩施基肥 12 kg 纯氮。可以用饼肥、栏肥、过磷酸钙、碳铵等。早施苗肥，选在 5 叶期，每亩施 10 kg 尿素作苗肥，秋季若天干旱可加水浇施，待长到喇叭口，有 9～10 张可见叶时，早施、重施攻穗肥，每亩施 8 kg 尿素加 16 kg 复合肥混合后作攻穗肥施，边施边结合清沟培土，既能保肥，又能压草、防涝，达到超甜玉米生长一路青，产量高，品质好。

（八）防治虫害

春播主要防治蚜虫和玉米螟，秋播主要防治蚜虫、玉米螟、菜青虫等，秋播玉米虫害比春播玉米重。应选用高效低毒农药防治害虫，如锐劲特等，待玉米吐丝结束后停止用化学农药，确保鲜食玉米的绝对安全。

二、糯玉米栽培技术

（一）运用良种

糯玉米品种较多，品种类型的选择要注意市场习惯要求。并注意早、中、晚熟品种搭配，以延长供给时间，满足市场和加工厂的需要。

1. 粮源糯 1 号

审定编号：国审玉 20170042。河南省粮源农业发展有限公司用 CM07 - 300 × FW20 - 2 选育而成的玉米品种。夏播出苗至鲜穗采收平均 76 d，株型半紧凑，第一叶片尖端为软圆形；幼苗叶鞘紫色，叶片深绿色，花药浅紫色。株高 243 cm，穗位高 117 cm，空株率 2.5%，倒伏率 12.1%，倒折率 0.7%，花丝浅紫色，果穗苞叶适中，穗长 19.1 cm，穗粗 4.6 cm，秃尖 1.1 ~ 1.0 cm，穗行数 14 ~ 16 行，穗轴白色，籽粒白色。专家品尝鉴定 86.5 分。据河南农业大学品质检测，粗淀粉含量 61.2%，支链淀粉占粗淀粉的 98.4%，皮渣率 7.9%。河北农科院植保所接种抗性鉴定结果：感小斑病、中抗茎腐病、高感矮花叶病、中抗瘤黑粉。中等肥力以上地块栽培，亩种植密度 3 800 株左右。注意防治小斑病和矮花叶病。

2. 洛白糯 2 号

审定编号：国审玉 20170041。洛阳农林科学院、洛阳市中垦种业科技有限公司用 LBN2586 × LBN0866 选育。夏播鲜穗播种至采收期平均 75.7 d，株型半紧凑，苗期叶鞘紫色，第一叶片尖端为卵圆形；平均株高 255.3 cm，穗位 101.5 cm，空株率 2.1%，倒伏率 0.1%，倒折率 1.6%，全株叶片数 19 ~ 20 片，花丝粉红色，花药黄色。果穗柱形，平均鲜穗穗长 19.8 cm，秃尖 0 ~ 3.0 cm，穗粗 5.0 cm，穗行数 16.2 行，商品果穗率 80.5%，穗轴白色，籽粒白色，糯质。专家品尝鉴定平均 86.9 分。据河南农业大学品质检测：平均粗淀粉含量 56.4%，支链淀粉占粗淀粉 97.8%，皮渣率 7.4%。河北农科院植保所接种抗性鉴定结果：中抗小斑病抗、茎腐病（14.5%），高感矮花叶病、感瘤黑粉病。亩种植密度 3 000 ~ 3 500 株。注意防治矮花叶病和瘤黑粉病。

3. 甜糯 182 号

审定编号：国审玉 2016004。育种者：山西省农业科学院高粱研究所。品种来源：京 140 × 1h36。

特征特性：出苗至鲜穗采收期 76 d，比苏玉糯 2 号晚 2 d。幼苗叶鞘浅紫色。株型半紧凑，株高 251.6 cm，穗位 104.7 cm。花丝浅紫色，穗长 20.3 cm，穗行数 14 ~ 16 行，穗轴白色，籽粒白色，百粒重（鲜籽粒）39.3 g，平均倒伏（折）率 6.1%。接种鉴定：高感小斑病，感茎腐病、矮花叶病和瘤黑粉病。品尝鉴定 87.6 分；支链淀粉占粗淀粉 98.2%，皮渣率 6.8%。亩种植密度 3 500 株。注意防治小斑病、茎腐病、矮花叶病和瘤黑粉病。

（二）隔离种植

糯质玉米基因属于胚乳性状的隐性突变体。当糯玉米和普通玉米或其他类型玉米混交时，会因串粉而产生花粉直感现象，致使当代所结种子失去糯性，变成普通玉米。因此，种糯玉米时，必须隔离种植。空间隔离要求糯玉米田块周围 200 m 不种植同期播种的其他类型玉米。也可利用花期隔离法，将糯玉米与其他玉米分期播种，使开花期相隔 15 d 以上。

（三）分期播种

为了满足市场需要，作加工原料的，可进行春播、夏播和秋播；作鲜果穗煮食的、应该尽量赶在水果淡季或较早地供给市场，这样可获得较高的经济效益。因此，糯玉米种植应根据市场需求，遵循分期播种、前伸后延、均衡上市的原则安排播期。

（四）合理密植

糯玉米的密度安排不仅要考虑高产要求，更要考虑其商品价值。种植密度与品种和用途有关。高秆、大穗品种宜稀，适于采收嫩玉米。如果是低秆小穗紧凑品种，种植宜密，这样可确保果穗大小均匀一致，增加商品性，提高鲜果穗产量。

（五）肥水管理

糯玉米的施肥应坚持增施有机肥，均衡施用氮、磷、钾肥，早施前期肥的原则。有机肥作基肥施用，追肥应以速效肥为主，追肥数量应根据不同品种和土壤肥力而定。一般每公顷施纯氮 300 ~ 375 kg、五氧化二磷 150 kg、氧化钾 225 ~ 300 kg。基肥、苗肥的比例应为 70%，穗肥为 30%。糯玉米的需水特性与普通玉米相似。

（六）病虫害防治

糯玉米的茎秆和果穗养分含量均高于普通玉米，故容易遭各种病虫害，而果穗的商品率是决定糯玉米经济效益的关键因素，因此必须注意及时防治病虫害。糯玉米作为直接食用品，必须严格控制化学农药的施用，要采用生物防治及综合防治措施。

三、甜、糯玉米收获储藏与包装技术

（一）甜玉米的收获

鲜食超甜玉米最适采收期为授粉后 20 ~ 23 d，一般不超过 25 d。采收时适当带几张苞叶，剪去花丝，并采收当天及时供应市场鲜销或进行加工，保证新鲜度和品质，新鲜的超甜玉米，生吃或蒸煮食用香甜脆，风味佳。

（二）甜玉米的产品形式

1. 鲜果穗

就是甜玉米雌穗授粉后 20 ~ 25 d 采摘的青玉米。受适宜采收期的限制，鲜果穗市场供应期短而集中，适于农户小规模分散经营，尤其适合于城郊和集镇周边地区栽培。

2. 冷冻甜玉米

在适宜采收期采摘的鲜果穗按选果穗—去苞叶—清洗—漂烫—预冷—沥水—包装—冷藏的工艺制成产品。超甜玉米和加甜玉米，采收期为授粉后 23 ~ 28 d。采收时间最好在早晨开始，因为夜间温度低，甜玉米品质好。采收下来的鲜果穗必须在当天处理，不可过夜。冷冻甜玉米可在生产淡季以果穗形式在市场出售。冷藏时间最好不要超过 5 个月。

3. 甜玉米罐头

用于加工甜玉米罐头的原料可以是鲜果穗,也可以是冷冻甜玉米。如甜玉米笋罐头,玉米笋即未受精的幼嫩玉米雌穗,形如竹笋尖,笋上未受精的子房如串串珍珠,外形美观,因此又称珍珠笋。其加工罐头的工艺为:采摘—剥笋、精选(去除苞叶、清除花丝和果柄、淘汰病虫穗)—漂洗—预煮(1～5 min)—冷却(用冷水)—配料、装罐(配料以淡盐水为宜,汤汁浸没玉米笋,温度85 ℃)—排气(12～15 min)—封罐—高压灭菌—成品。甜玉米饮料,把冷冻甜玉米籽粒制成乳状饮料,或将乳汁加进冰棍、雪糕中。

(三)糯玉米的收获

不同的品种最适采收期有差别,主要由"食味"来决定,最佳食味期为最适采收期。一般春播灌浆期气温在30 ℃左古,采收期以授粉后25～28 d为宜;秋播灌浆期气温20 ℃左右,采收期以授粉后35 d左右为宜。用于磨面的籽粒要待完全成熟后收获;利用鲜果穗的,要在乳熟末或蜡熟初期采收。过早采收糯性不够,过迟收缺乏鲜香甜味,只有在最适采收期采收的才表现出籽粒嫩、皮薄、渣少、味香甜、口感好。

第七节 青贮饲用玉米栽培技术

一、青贮饲用玉米生长发育特点

玉米是禾本科一年生高产作物,青贮玉米与普通籽实玉米的主要特点是:

(1)青贮玉米茎叶茂盛,植株高大,在2.5～3.5 m,最高可达4 m,以生产鲜秸秆、鲜叶片、鲜果穗为主,生物产量可达4 000～7 000 kg/亩,较普通玉米高1 000～3 000 kg/亩。而籽实玉米则要求植株不宜过高,以产玉米籽实为主。

(2)生长迅速:与普通的玉米相比,具有较强的生长势。

(3)收获期不同,青贮玉米的最佳收获期为籽粒的乳熟末期至蜡熟前期,此时产量最高,营养价值最好;而籽实玉米的收获期必须在完熟期以后。

二、青贮饲用玉米增产技术

(一)耕作制度

青饲青贮玉米对前茬要求不严格,因为青饲青贮玉米的生育期此以收获籽粒目的的玉米短,在气候条件允许的地区可抢时复种。

(二)品种选择

生产上应选用具有强大杂种优势的青饲青贮玉米品种。种用玉米要选择品种纯正、成熟度好、粒大饱满、发芽率高、生命力强的种子,以保证出苗整齐、健壮。

1. 豫青贮23

河南省大京九种业有限公司自主培育的青贮玉米品种。审定编号:国审玉2008022。品种来源:母本9383,来源于丹340×U8112;父本115,来源于78599。

特征特性:出苗至青贮收获期117 d。幼苗叶鞘紫色,叶片浓绿色,叶缘紫色,花药黄色,颖壳紫色。株型半紧凑,株高330 cm,成株叶片数18～19片。经中国农业科学院作物科学研究所两年接种鉴定,高抗矮花叶病,中抗大斑病和纹枯病,感丝黑穗病,高感小斑病。经北京农学院植物科学技术系两年品质测定,中性洗涤纤维含量46.72%～48.08%,酸性洗涤纤维含量19.63%～22.37%,粗蛋白含量9.30%。中等肥力以上地块栽培,每亩适宜密度4 500株左右。注意防治丝黑穗病和小斑病。

2. 郑青贮1号

选育单位:河南省农业科学院粮食作物研究所。审定编号:国审玉2006055。品种来源:母本郑饲01,来源于(P138×P136)×豫8701;父本五黄桂,来源于(5003×黄早4)×桂综2号。

出苗至青贮收获期比对照农大108晚4.5 d左右。幼苗叶鞘紫红色,叶片绿色,叶缘绿色,花药浅紫红色,颖壳绿色。株型半紧凑,株高267 cm,穗位高118 cm,成株叶片数19片。花丝粉红色,果穗筒形,穗长18.5 cm,穗行数16行,穗轴红色,籽粒黄色、半马齿型。区域试验中平均倒伏(折)率8.4%。经中国农业科学院作物科学研究所两年接种鉴定,抗大斑病和小斑病,中抗丝黑穗病、矮花叶病和纹枯病。经北京农学院测定,全株中性洗涤纤维含量平均44.82%,酸性洗涤纤维含量平均22.00%,粗蛋白含量平均7.65%。每亩适宜密度4 000～4 500株。

3. 京科青贮301

选育单位:北京市农林科学院玉米研究中心。审定编号:国审玉2006053。品种来源:母本CH3,来源于地方种质长3×郑单958;父本1145。

特征特性:出苗至青贮收获110 d左右,比对照农大108晚2 d。幼苗叶鞘紫色,叶片深绿色,叶缘紫色,花药浅紫色,颖壳浅紫色。株型半紧凑,株高287 cm,穗位高131 cm,成株叶片数19～21片;夏播种株高250 cm,穗位100 cm。花丝淡紫色,果穗筒形,穗轴白色,籽粒黄色、半硬粒形。经中国农业科学院作物科学研究所两年接种鉴定,抗小斑病,中抗丝黑穗病、矮花叶病和纹枯病,感大斑病。经北京农学院测定,该品种全植株(以干物质计)中性洗涤纤维含量平均41.28%,酸性洗涤纤维含量平均20.31%,粗蛋白含量平均7.94%。每亩适宜密度4 000～4 500株。注意防治大斑病。

（三）种子处理

播种前用种衣剂或拌种剂处理种子。选择高效低毒无公害、符合GB 15671标准的玉米种衣剂,如用5.4%吡·戊玉米种衣剂包衣,以控制苗期灰飞虱、蚜虫、粗缩病、丝黑穗病和纹枯病等;也可采用20.3%毒·戊·福、60%高巧(吡虫啉)悬浮种衣剂拌种,控制苗期灰飞虱,防止粗缩病的传播危害。药剂拌种,可用戊唑醇、福美双、粉锈宁等药剂防治玉米丝黑穗病;用辛硫磷、毒死蜱等药剂拌种,防治地老虎、金针虫、蝼蛄、蛴螬等地下害虫。

（四）合理密植

为了获得最高的饲料产量,青贮玉米的种植密度要高于普道玉米。广泛采用的高产栽培密度为:早熟平展型矮秆杂交种4 000～4 500株/亩;中早熟紧凑型杂交种5 000～6 000株/亩;中晚熟平展型中秆杂交种3 500～4 000株/亩;中晚熟紧凑型杂交种4 000～5 000株/亩。各地区应根据当地的地力、气候、品种等情况具体掌握。

（五）合理施肥

青饲青贮玉米的施肥方法是：全部磷钾肥和氮肥总量的 30% 用作基肥，播前一次均匀底施；在 3～4 片叶时追施 10% 的氮肥，做到施小苗不施大苗，促平衡生长；在拔节后 5～10 d 开穴追施 45%～50% 氮肥，促进中上部茎叶生长，主攻大穗；在吐丝期追施 10%～15% 氮肥防早衰，使后期植株仍保持青绿。

三、青贮饲用玉米收获技术

青贮玉米的适期收获，一般遵循产量和质量均达到最佳的原则。同时考虑品种、气候条件等差异对收割期的影响。处于不同生育时期的玉米营养有所不同，一般玉米绿色体的鲜重以籽粒乳熟期为最重，干物质以蜡熟期为最高，单位面积所产出的饲料单位，以蜡熟期为最高。含水率为 61%～68% 时为最佳收获期。如果收割期提前到抽雄后，不仅鲜重产量不高，而且过分鲜嫩的植株由于含水率高，不能满足乳酸菌发酵所需的条件，不利于青贮发酵，过迟收割，玉米植株由于黄叶比例增加，含水率降低，也不利于青贮发酵。

第八节　玉米病虫草害防治技术

一、主要病害识别与防治

下面介绍一下近年来发生较重的病虫害。

（一）玉米大斑病

1. 症状

主要危害玉米的叶片、叶鞘和苞叶。下部叶片先发病，在叶片上先出现水渍状青灰色斑点，然后沿叶脉向两端扩展，形成边缘暗褐色、中央淡褐色或青灰色的大斑，后期病斑常纵裂。严重时病斑融合，叶片变黄枯死。潮湿时病斑上有大量灰黑色霉层。

2. 防治方法

（1）农业防治：选用抗病品种；适期早播避开病害发生高峰。

（2）药剂防治：在心叶末期到抽雄期或发病初期喷洒 50% 多菌灵可湿性粉剂 500 倍液或 50% 甲基硫菌灵可湿性粉剂 600 倍液、75% 百菌清可湿性粉剂 800 倍液、65% 代森锌可湿性粉剂 400～500 倍液，隔 10 d 防 1 次，连防 2～3 次，可收到一定防治效果。

（二）玉米小斑病

1. 症状

玉米整个生育期均可发病，以抽雄、灌浆期发生较多。主要危害叶片，有时也可危害叶鞘、苞叶和果穗。苗期染病初在叶面上产生小病斑，周围或两端具褐色水浸状区域，病斑多时融合在一起，叶片迅速死亡。在感病品种上，病斑为椭圆形或纺锤形，较大，不受叶脉限制，灰色至黄褐色，病斑边缘褐色或边缘不明显，后期略有轮纹。在抗病品种上，出现黄褐色坏死小斑点，有黄色晕圈，表面霉层很少。在一般品种上，多在叶脉间产生椭圆形或近长方形斑，黄褐色，边缘有紫色或红色晕纹圈。有时病斑上有 2～3 个同心轮纹。多数病斑连片，病叶变黄枯死。叶鞘和苞叶染病，病斑较大，纺锤形，黄褐色，边缘紫色不明显,病部长有灰黑色霉层。

2. 防治方法

(1)农业防治:选用抗病品种,清洁田园,深翻土地,控制菌源,降低田间湿度,适期早播,合理密植,避免脱肥。

(2)药剂防治:发病初期喷洒 75%百菌清可湿性粉剂 800 倍液、25%苯菌灵乳油 800 倍液、50%多菌灵可湿性粉剂 600 倍液、65%代森锰锌可湿性粉剂 500 倍液。从心叶末期到抽雄期,每 7 d 喷 1 次,连续喷 2~3 次。

(三)玉米锈病

1. 症状

主要侵害玉米叶片,偶尔危害玉米苞叶和叶鞘。发病初期在叶片基部和上部主脉及两侧,散生或聚生淡黄色斑点,后突起形成红褐色疱斑,即病原夏孢子堆。后期病斑形成黑色疱斑,即病原冬孢子堆。发生严重时,叶片上布满孢子堆,造成大量叶片干枯,植株早衰,籽粒不饱满,导致减产。更重时,造成叶片从受害部位折断,全株干枯,减产严重。

2. 防治方法

(1)农业防治:种植抗病品种。适当早播,合理密植,中耕松土,浇适量水,合理施肥。

(2)药剂防治:在玉米锈病的发病初期用药防治。用 25%三唑酮可湿性粉剂 800~1 500倍液、12.5%烯唑醇可湿性粉剂 2 000 倍液、50%多菌灵可湿性粉剂 500~1 000 倍液。隔 10 d 左右喷 1 次,连防 2~3 次。

(四)玉米青枯病

1. 症状

在玉米灌浆期开始发病,乳熟末期至蜡熟期进入显症高峰。从始见病叶至全株显症。常见有两种类型。青枯型:即典型症状或称急性型。叶片自下而上突然萎蔫,迅速枯死,叶片灰绿色、水烫状。黄枯型:又称慢性型。包括从上向下枯死和自下而上枯死两种,叶片逐渐变黄而死。该型多见于抗病品种,发病时期与青枯型相近。

2. 防治方法

(1)农业防治药剂防治:选育和使用抗病品种。增施底肥、农家肥及钾肥、硅肥。平整土地,合理密植,及时防治黏虫、玉米螟和地下害虫。

(2)药剂防治:在发病初期喷根茎,可用 50%速克灵可湿性粉剂 1 500 倍液、65%代森锌可湿性粉剂 1 000 倍液、50%多菌灵可湿性粉剂 500 倍液,每隔 7~10 d 喷 1 次,连治 2~3 次。

(五)玉米瘤黑粉病

1. 症状

玉米整个生长期均可发生,只感染幼嫩组织。苗期发病,常在幼苗茎基部生瘤,病苗茎叶扭曲畸形,明显矮化,可造成植株死亡。成株期发病,叶和叶鞘上的病瘤常为黄、红、紫、灰杂色疮痂病斑,成串密生或呈粗糙的皱折状,在叶基近中脉两侧最多,一般形成冬孢子前就干枯。茎上病瘤大型,常生于各节的基部,多为腋芽受侵后病菌扩展、组织增生、突出叶鞘而成。成熟前白色肉质而富有水分,后变淡灰色或粉红色,最后变成黑褐色。成熟后外膜破裂散出大量黑粉。雄穗抽出后,部分小穗感染常长出长囊状或角状的小瘤,多几个聚集成堆,一个雄穗可长出几个至十几个病瘤。雌穗受害多在上半部或个别籽粒生瘤,病瘤一般较大,常突破苞叶外露。

2. 防治措施

(1)农业防治:种植抗病品种。施用充分腐熟有机肥。抽雄前适时灌溉,勿受旱。清除田间病残体,在病瘤未变之前割除深埋。

(2)药剂防治:在玉米出苗前地表喷施 50%克菌丹可湿性粉剂 200 倍,或 15%三唑酮可湿性粉剂 750～1 000 倍液;在玉米抽雄前喷 50%多菌灵可湿性粉剂 500～1 000 倍液、15%三唑酮可湿性粉剂 750～1 000 倍液、12.5%烯唑醇可湿性粉剂 750～1 000 倍液,防治 1～2 次,可有效减轻病害。

(六)玉米丝黑穗病

1. 症状

玉米丝黑穗病系苗期侵入的系统侵染性病害。一般在穗期表现出典型症状,主要危害果穗和雄穗。

(1)雌穗受害:多数病株果实较短,基部粗顶端尖,近似球形,不吐花丝,除苞叶外,整个果穗变成一个大的黑粉包。初期苞叶一般不破裂,散出黑粉。黑粉一般黏结成块,不易飞散,内部夹杂有丝状寄主维管束组织,丝黑穗,因此而得名。有些品种幼苗心叶牛鞭状,有些病株前期异常,节短株矮,茎基膨大,如笋,叶丛生,稍硬上举。也有少数病株,受害果穗失去原有形状,果穗的颖片因受病菌刺激而过度生长成管状长刺,长刺的基部略粗,顶端稍细,中央空松,长短不一,自穗基部向上丛生,整个果穗畸形,成刺头状。长刺状物基部有的产生少量黑粉,多数则无,没有明显的黑丝。

(2)雄穗受害:①多数情况是病穗仍保持原来的穗形,仅个别小穗受害变成黑粉包。花器变形,不能形成雄蕊,颖片因受病菌刺激变为畸形,呈多叶状。雄花基部膨大,内有黑粉。②也有个别整穗受害变成一个大黑粉包的,症状特征是以主梗为基础膨大成黑粉包,外面包被白膜,白膜破裂后散出黑粉。黑粉常黏结成块,不易分散。③管状。

2. 防治方法

(1)农业防治:种植抗病杂交种,适当迟播。及时拔除病株。

(2)药剂防治:①采用"乌米净"种衣剂包衣,这是目前最有效的方法。②玉米播前按药种 1:40 进行种子包衣或用 10%烯唑醇乳油 20 g 湿拌玉米种 100 kg,堆闷 24 h,或用种子重量 0.3%～0.4%的 15%三唑酮乳油拌种或 50%多菌灵可湿性粉剂按种子重量 0.7%拌种或 12.5%烯唑醇可湿性粉剂用种子重量的 0.2%拌种,采用此法需先喷清水把种子湿润,然后与药粉拌匀后晾干即可播种。

(七)玉米纹枯病

1. 症状

主要危害叶鞘,也可危害茎秆,严重时引起果穗受害。发病初期多在基部 1～2 茎节叶鞘上产生暗绿色水渍状病斑,后扩展融合成不规则形或云纹状大病斑。病斑中部灰褐色,边缘深褐色,由下向上蔓延扩展。穗苞叶染病也产生同样的云纹状斑。严重时根茎基部组织变为灰白色,次生根黄褐色或腐烂。多雨、高湿持续时间长时,病部长出稠密的白色菌丝体,菌丝进一步聚集成多个菌丝团,形成小菌核。

2. 防治方法

(1)农业防治:种植抗病品种。秋季深翻土地,合理密植,避免偏施氮肥。

(2)药剂防治:发病初期用 1% 井冈霉素 0.5 kg/亩兑水 200 kg 或 50% 甲基硫菌灵可湿性粉剂 500 倍液、50% 多菌灵可湿性粉剂 600 倍液、50% 三唑酮乳油 1 000 倍液,重点喷玉米基部。

(八)玉米弯孢霉菌叶斑病(又称黄斑病)

1. 症状

主要危害叶片,偶尔危害叶鞘。叶部病斑初为水浸状褪绿半透明小点,后扩大为圆形、椭圆形、梭形或长条形病斑,病斑 2 ~ 7 mm,病斑中心灰白色,边缘黄褐或红褐色,外围有淡黄色晕圈,并具有黄褐相间的断续环纹。潮湿条件下,病斑正反两面均可产生灰黑色图纸状物,即病原菌的分生孢子和分生孢子。感病品种叶片密布病斑,病斑结合后叶片枯死。

2. 防治方法

(1)农业防治:选择抗病组合。田间发病较轻的品种材料有农大 108、郑单 14 等。清洁田园,玉米收获后及时清理病株和落叶,集中处理或深耕深埋,减少初浸染来源。

(2)药剂防治:调查发病率在 5% ~7% ,气候条件适宜,有大流行趋势时,应立即喷施杀菌剂进行防治,用 50% 退菌特、80% 炭疽福美 800 ~ 1 000 倍液,75% 百菌清 600 倍液,50% 多菌灵 500 倍液喷雾防治。

(九)玉米粗缩病

1. 症状

玉米粗缩病病株严重矮化,仅为健株高的 1/2 ~1/3,叶色深绿,宽短质硬,呈对生状,叶背面侧脉上现蜡白色突起物,粗糙明显。有时叶鞘、果穗苞叶上具蜡白色条斑。病株分蘖多,根系不发达,易拔出。轻者虽抽雄,但半包被在喇叭口里,雌穗败育或发育不良,花丝不发达,结实少,重病株多提早枯死和无收。

2. 防治方法

(1)农业防治:在病害重发地区,应调整播期,使玉米对病害最为敏感的生育时期避开灰飞虱成虫盛发期,降低发病率。春播玉米应当提前到 4 月中旬以前播种;夏播玉米则应集中在 5 月底至 6 月上旬为宜。玉米播种前或出苗前大面积清除田间、地边杂草,减少毒源,提倡化学除草。合理施肥、灌水,加强田间管理,缩短玉米苗期时间。

(2)药剂防治:玉米播种前后和苗期对玉米田及四周杂草喷 40% 氧化乐果乳油 1 500 倍液。玉米苗期喷洒 5% 菌毒清可湿性粉剂 500 倍液或 15% 病毒必克可湿性粉剂 500 ~ 700 倍液。也可在灰飞虱传毒为害期,尤其是玉米 7 叶期前喷洒 2.5% 扑虱蚜乳油 1 000 倍液或 40% 氧化乐果 1 500 倍液喷雾防治,隔 6 ~7 d 1 次,连喷 2 ~3 次。

(十)玉米褐斑病

1. 症状

主要危害叶片、叶鞘和茎秆,叶片与叶鞘相连处易染病。叶片、叶鞘染病后病斑圆形至椭圆形,褐色或红褐色,病斑易密集成行,小病斑融合成大病斑,病斑四周的叶肉常呈粉红色,后期病斑表皮易破裂,散出褐色粉末,即病原菌的休眠孢子。

2. 防治方法

（1）农业防治：收获后彻底清除病残体，及时深翻。选用抗病品种。适时追肥、中耕锄草，促进植株健壮生长，提高抗病力。栽植密度适当，提高田间通透性。

（2）药剂防治：用34%卫福1 kg拌玉米种133 kg，有较高防效。必要时在玉米10～13叶期喷洒20%三唑酮乳油3 000倍液，或50%苯菌灵可湿性粉剂1 500倍液。

（十一）玉米矮花叶病毒病（即叶条纹病）

1. 症状

黄绿条纹相间，出苗7叶易感病，发病早、重病株枯死，损失90%～100%，全生育期均能感病，苗期发病危害最重，出穗后轻，病菌最初侵染心叶基部，细脉间出现椭圆行退绿小斑点，断续排列，呈典型的条点花叶状，渐至全叶，形成明显黄绿相间退绿条纹，叶脉呈绿色。该病以蚜虫传毒为主，越冬寄主是多年生禾本科杂草。

2. 防治方法

（1）农业防治：因地制宜，合理选用抗病品种，在田间尽早识别并拔除病株。适期播种和及时中耕锄草，可减少传毒寄主，减轻发病。

（2）药剂防治：在传毒蚜虫迁入玉米田的始期和盛期，及时喷洒50%氧化乐果乳油800倍液加50%抗蚜威可湿性粉剂3 000倍液、10%吡虫啉可湿性粉剂2 000倍液。

（十二）空气污染毒害

主要有臭氧、二氧化硫、氟化物、氯气等。其中氟化物毒害症状是沿叶缘到叶尖出现褪绿斑点，叶脉间出现小的不规则的褪绿斑并连续成褪绿条带。

二、主要虫害识别与防治

（一）玉米螟

1. 形态特征

成虫体长10～13 mm，黄褐色蛾子。卵扁椭圆形，鱼鳞状排列成卵块，初产乳白色，半透明，后转黄色，表具网纹，有光泽。幼虫头和前胸背板深褐色，体背为淡灰褐色、淡红色或黄色等。蛹黄褐至红褐色，臀棘显著，黑褐色。

2. 防治方法

（1）玉米螟的防治要做到四个相结合，即越冬防治与田间防治相结合，心叶期防治和穗期防治相结合，化学防治和生物防治相结合，防治玉米与防治其他寄主作物相结合。

（2）施药方法有撒施颗粒、药液灌心和药液喷雾等3种。在心叶末期被玉米螟蛀食的花叶率达10%，或夏秋玉米的吐丝期，虫穗率达5%时，应进行防治。第一代幼虫集中在心叶内为害，常用的颗粒有3%辛硫磷颗粒，每株施用1 g，3%克百威颗粒剂1 kg加细土8 kg，混匀后每株用1～2 g，防效良好。

（3）药液灌心可用80%敌敌畏乳油，稀释成2 500～3 000倍液、40%毒死蜱乳油1 000～2 000倍、50%辛硫磷乳油1 000～2 000倍、20%氰戊菊酯乳油1 500～2 000倍，灌在玉米心叶内，每株10～15 mL。亦可用上述灌心药剂，浓度可稍高一些，喷在玉米上，以心叶为重点。

（4）穗期防治：用50%敌敌畏乳剂0.5 kg，加水500～600 L，在雌穗苞顶开一小口，注入少量药液,1 kg 药液一般可灌雌穗 360 个。

(5)生物防治:赤眼蜂在消灭玉米螟方面有很显著的作用,并且成本低。在玉米螟产卵的始期、盛期、末期分别放蜂,每亩放蜂 1 万～3 万只,设 2～4 个放蜂点。用玉米叶把卵卡卷起来,卵卡高度距地面 1 m 为宜。另外,利用微生物农药杀螟杆菌、7 216、白僵菌等。施用方式有两种:地种是灌心叶,用每克含孢子 100 亿以上的菌粉 1 kg 加水 1 000～2 000 kg,灌注心叶。另一种方式是配制成菌土或颗粒剂,菌土一般用 1 kg 杀螟杆菌加细土或炉灰 100～300 kg。颗粒剂一般配成 20 倍左右(白僵菌粉 1 kg 与 20 kg 炉渣颗粒混拌即成),每株施 2 克左右。

(二)玉米蚜虫

1. 分布与危害

玉米蚜虫,又叫玉米蜜虫、腻虫等。以成、若蚜群集于叶片、嫩茎、花蕾、顶芽等部位刺吸汁液,使叶片皱缩、卷曲、畸形。在危害的同时分泌"蜜露",在叶面形成一层黑色霉状物,影响作物的光合作用,导致减产。此外,尚能传播玉米矮花叶病毒病。

2. 防治方法

(1)农业防治:及时清除田间地头杂草。

(2)心叶期兼治:在玉米心叶期,结合防治玉米螟,每亩用 3% 辛硫磷颗粒剂 1.5～2 kg 撒于心叶,既可防治玉米螟,也可兼治玉米蚜虫。玉米拔节期,发现中心蚜株也可喷洒每亩用 10% 吡虫啉可湿性粉剂 25 g,或 2.5% 高效氯氟氰菊酯乳油 25 mL,或 3% 啶虫脒乳油 30 mL,或 48% 毒死蜱乳油 25 mL,或 50% 抗蚜威可湿性粉剂 20 g,上述药剂任选一种,兑水 40 kg,对玉米中上部均匀喷雾,重发危害田块,可间隔 7～10 d 再喷 1 次。

(3)抽雄期喷雾防治。这是防治玉米蚜虫的关键时期,在玉米抽雄初期,用 3% 啶虫脒或 10% 吡虫啉,每亩 15～20 g,兑水 50 kg 喷雾。还可使用毒沙土防治,每亩用 40% 乐果乳油 50 mL,兑水 500 L 稀释后,伴 15 kg 细沙土,然后把伴匀的毒沙土均匀地撒在植株心叶上,每株 1 g,可兼防兼治玉米螟为害。

(三)玉米蓟马

1. 分布与危害

玉米蓟马是河南省玉米苗期的主要害虫。它以成、若虫群集在玉米新叶内锉吸叶片汁液或表皮,叶片受害后,出现断续的银白色斑点,并伴有小污点,严重时植株生长心叶扭曲,叶片不能展开,使叶片成"牛尾巴"状畸形叶,甚至造成烂心,对玉米的正常生长造成很大影响。防治指标:有虫株率 5% 或百株虫量 30 头。

2. 防治方法

(1)农业防治:结合田间定苗,拔除虫苗,带出田外,减少其传播蔓延。清除田间地头杂草,防治杂草上的蓟马向玉米幼苗上转移。增施苗肥,适时浇水,促进玉米早发,营造不利于蓟马发生的环境,以减轻其危害。

(2)化学防治:防治玉米蓟马可选用 10% 吡虫啉可湿性粉剂每亩 15～20 g 加 4.5% 高效氯氰菊酯乳油每亩 20～30 mL,兑水 30 kg 进行常规喷雾,对卷成"牛尾巴"状畸形苗,从顶部掐掉一部分,促进心叶展出。喷药时,注意喷施在玉米心叶内和田间、地头杂草上,还可兼治灰飞虱。施药时间选择上午 10 时前或下午 3 时后,避开高温,以免造成药害。

注意：玉米苗期喷施烟嘧磺隆除草剂的田块，7 d 内不要喷施含有机磷农药成分的杀虫剂，以免产生药害。

（四）二点委夜蛾

1. 分布与危害

二点委夜蛾的主要危害在于幼虫咬食玉米茎基部和根系，造成植株萎蔫枯死，导致缺苗断垄甚至毁种。

成虫形态特征：体长 10～12 mm，灰褐色，前翅黑灰色，上有白点、黑点各 1 个。后翅银灰色，有光泽。

幼虫形态及危害特征：老熟幼虫体长 14～18 mm，最长达 20 mm，黄黑色到黑褐色；头部褐色，额深褐色，额侧片黄色，额侧缝黄褐色；腹部背面有两条褐色背侧线，到胸节消失，各体节背面前缘具有一个倒三角形的深褐色斑纹；气门黑色，气门上线黑褐色，气门下线白色；体表光滑。有假死性，受惊后蜷缩成 C 字形。幼虫主要从玉米幼苗茎基部钻蛀到茎心后向上取食，形成圆形或椭圆形孔洞，钻蛀较深切断生长点时，心叶失水萎蔫，形成枯心苗；严重时直接蛀断，整株死亡；或取食玉米气生根系，造成玉米苗倾斜或侧倒。地老虎大龄幼虫直接咬断幼苗基部，而二点委夜蛾很少有此现象，多形成孔洞。体色与黄地老虎相近，但身体短于黄地老虎，黄地老虎体节背面前缘无倒三角形的深褐色斑纹。

发生规律及现状：成虫具有较强趋光性。6 月中旬达发生盛期。幼虫在 6 月中旬开始危害夏玉米。一般顺垄为害，有转株为害习性；有群居性，多头幼虫常聚集在一株下危害，可达 8～10 头；白天喜欢躲在玉米幼苗周围的碎麦秸下或在 2 cm 左右的土缝内为害玉米苗；麦秆较厚的玉米田发生较重。危害寄主除玉米外，也危害大豆、花生，还取食麦秸和麦糠下萌发的小麦籽粒和自生苗。

2. 防治方法

（1）清洁田园。收获小麦后将麦秸集中处理；有条件的旋耕灭茬，使田间无覆盖物，二点委夜蛾没有了藏身之处自然就不到玉米田危害了；玉米播种后出苗前，将覆盖物扒离播种行 15 cm，也可明显降低危害率。

（2）喷杀成虫：预防二点委夜蛾产卵可有效减少幼虫发生数量。在 6 月上旬至中旬，可于下午到地里用工具触动田间麦秸等覆盖物，如惊飞起较大量的蛾，说明这块地中隐藏着二点委夜蛾，应立即喷药杀灭。可用 2.5% 高效氯氟氰菊酯乳油 2 500 倍液或 4.5% 高效氯氰菊酯 1 000～2 000 倍液或 48% 毒死蜱乳油 800～1 000 倍液或 30% 乙酰甲胺磷乳油 600 倍液全田均匀喷雾防治。为提高杀虫效果，可以混加 10% 抑太保乳油 2 000 倍液。喷杀成虫可结合喷施封闭型除草剂一起进行。

（3）喷杀幼虫：2 龄幼虫喷雾防治。幼虫期害虫处于玉米垄间的覆盖物下，玉米受害不甚明显，玉米苗旁没有幼虫相围。6 月下旬进入幼虫 2 龄期，这个阶段可采用喷雾的方法防治。可用 15% 茚虫威悬浮剂 1 500 倍液，或 50% 辛硫磷乳油 1 000 倍液，或 20% 氯虫苯甲酰胺悬浮剂 4 500 倍液或 80% 敌敌畏乳油 1 000 倍液，或 2.5% 高效氯氟氰菊酯 2 000 倍液，或 48% 毒死蜱乳油 1 200 倍液，或 30% 毒·辛微囊悬浮剂 1 200 倍液全田均匀喷雾防治。

（4）诱杀幼虫:3 龄幼虫已经向玉米苗根围集中,开始咬根、钻洞,田间玉米或心叶萎蔫或东倒西歪。3 龄幼虫进入暴食初期,抗药性大增,应采取撒施毒饵、毒土诱杀的方法保苗。

毒饵配方:一是用 48% 毒死蜱乳油 100 mL 加 80% 敌敌畏 200 mL 加 1.5 kg 碎青菜叶或杂草加 5 kg 炒香的麦麸,兑水搅拌至可握成团,拌成毒饵,于傍晚撒小堆施于距离玉米苗茎基部约 5 cm 处,麦秸覆盖较厚处要多撒施些。二是用 30% 毒·辛微囊悬浮剂 500 mL 拌 12.5 kg 炒香的麦麸,然后堆闷 2 h,这些毒饵用于 3 亩地,也是于傍晚撒小堆施于距离玉米苗茎基部约 5 cm 处。一般第二天危害率就明显降低。

毒土配方:每亩用 80% 敌敌畏乳油 300~500 mL 或 48% 毒死蜱乳油 500 mL、30% 毒·辛微囊悬浮剂 500 mL,加适量水均匀拌入 25 kg 细土中,于早晨顺垄环撒在玉米苗旁边。

（5）灌药防治:4 龄幼虫体长 1.4 cm 以上,幼虫将转棵危害,一只幼虫可连续危害 7~8 棵玉米苗,并且白天也啃食玉米苗。对暴食期的大龄幼虫,可亩用 100 kg 药液喷淋在玉米苗根围。药剂可选用 48% 毒死蜱乳油 1 500 倍液、30% 乙酰甲胺磷乳油 1 000 倍液,将喷雾器旋水片拧下或用直喷头顺垄喷于玉米苗茎基部。也可每亩用 48% 毒死蜱乳油 800 mL,或 50% 辛硫磷乳油 500 mL 加 48% 毒死蜱乳油 300 mL,稀释成 200 倍液随浇水冲施于玉米行间的垄背上。为防止幼虫爬到上浮的麦秸上部,应边浇水边用铁锹将浮在水面的麦秸压入水中。

（五）黏虫

1. 分布与危害

玉米黏虫以幼虫暴食玉米叶片,严重发生时,短期内吃光叶片,造成减产甚至绝收。为害症状主要以幼虫咬食叶片。1~2 龄幼虫取食叶片造成孔洞,3 龄以上幼虫危害叶片后呈现不规则的缺刻,暴食时,可吃光叶片。大发生时将玉米叶片吃光,只剩叶脉,造成严重减产,甚至绝收。当一块田玉米被吃光,幼虫常成群列纵队迁到另一块田为害,故又名"行军虫"。一般地势低、玉米植株高矮不齐、杂草丛生的田块受害重。

玉米黏虫(Mythimnaseparata walker)是玉米作物虫害中常见的主要害虫之一,属鳞翅目,夜蛾科。幼虫:幼虫头顶有八字形黑纹,头部褐色、黄褐色至红褐色,2~3 龄幼虫黄褐至灰褐色,或带暗红色,4 龄以上的幼虫多是黑色或灰黑色。身上有五条背线,所以又叫五色虫。腹足外侧有黑褐纹,气门上有明显的白线。蛹红褐色。

成虫:体长 17~20 mm,淡灰褐色或黄褐色,雄蛾色较深。前翅有两个土黄色圆斑,外侧圆斑的下方有一小白点,白点两侧各有一小黑点,翅顶角有 1 条深褐色斜纹。

卵:馒头形,稍带光泽,初产时白色,颜色逐渐加深,将近孵化时黑色。

发生特点:降水过程较多,土壤及空气湿度大等气象条件非常利于黏虫的发生危害。发生规律乱、虫无滞育现象,只要条件适宜,可连续繁育。世代数和发生期因地区、气候而异。玉米黏虫为杂食性暴食害虫,危害最严重。

2. 防治技术

（1）农业防治:①清除田间玉米秸秆,用作燃料或堆沤作堆肥,以杀死潜伏在秆内的虫蛹。合理轮作,不宜连作,浅耕灭茬,减少成虫基数。②采、诱卵。在黏虫产卵期间,根据成虫的产卵特点,在田间连续诱卵或摘除卵块,可明显减少卵量、幼虫数量。③人工捕杀及中耕除草消灭幼虫。在黏虫幼虫发生期,可利用中耕除草将杂草及幼虫翻于土下,杀死幼虫,同时也降低了田间湿度,增加了幼虫死亡率。

(2)生物防治:①投放赤眼蜂,采用天敌防治;②应用生物农药白僵菌防治,可显著减轻为害。

(3)物理防治:①诱杀成虫。利用成虫的趋化性用黑光灯诱杀;糖醋液诱杀成虫,诱液中酒、水、糖、醋按1∶2∶3∶4的比例,再加入少量敌百虫,将诱液放入盆内,每天傍晚置于田间距地面1 m处,次日早晨取回诱盆并加盖,以防诱液蒸发。2~3 d加一次诱液,5 d换一次诱液。②草把诱卵。把稻草松散地捆成2市尺长、直径3市寸的小把,插于玉米田间,高于植株。5~7 d换一次,换下的草把要烧掉,把糖醋液喷在草把上效果更好。凡是诱蛾、诱卵的糖醋盆、草把附近,每隔7 d喷一次药,把产出的卵所孵化出的幼虫杀死。

(4)化学防治:注意防治务必掌握在幼虫3龄期以前,施药以上午为宜,重点喷洒植株上部。20%氯虫苯甲酰胺悬浮剂(康宽)10~15 mL/亩,或2.5%高效氯氟氰菊酯40~80 mL/亩,5%高效氯氟氰菊酯12~18 g/亩,或20%灭幼脲3号悬浮剂25~30 g/亩,或48%毒死蜱(乐斯本)乳油30~40 mL/亩,或2.14%甲维盐油悬浮剂60~80 mL/亩,或40%氯虫·噻虫嗪水分散粒剂8~12 g/亩,或5%茚虫威悬浮剂20~40 mL/亩兑水40~50 kg均匀喷雾。

(六)其他害虫

主要有地下害虫蝼蛄、蛴螬、金针虫、地老虎,还有红蜘蛛、麦秆蝇等。

防治方法:①玉米出苗后,注意蛴螬、金针虫、蝼蛄、地老虎的危害,采取毒饵法防治。方法是:用10 kg炒熟的麦麸加入90%的敌百虫晶体100 g,或50%的辛硫磷乳油50 mL制成毒饵,傍晚时把毒饵撒入玉米行间,每亩用量2 kg,防效很好。②苗期蓟马和麦秆蝇的防治:播后出苗前,防治杂草时同时混合喷施4.5%高效氯氰菊酯或40%毒死蜱30 mL,杀死还田麦秸残留的地老虎和蓟马等虫害;玉米出苗后喷药宜早不宜晚,掌握播种后七八天第一个叶片展开时喷药,4.5%高效氯氰菊酯或40%毒死蜱30 mL,混配以下任一种药剂,10%吡虫啉30 g,或5%啶虫脒25 g,或50%吡蚜酮15 g,或者10%烯啶虫胺10 g。亩用水量30~50 kg均匀喷雾,防治玉米苗期灰飞虱、蓟马、麦秆蝇等害虫。

三、玉米田杂草及其防治

(一)杂草的种类及危害

玉米田杂草有50多种,分属20个科,其中优势杂草有牛筋草、狗尾草、马唐、稗草、画眉草、反枝苋、刺苋、马齿苋、田旋花、铁苋菜、苍耳、野苘麻等10多种。这些杂草的发生高峰期一般在6月中下旬,生长旺盛期在7月。此时夏玉米正处在幼苗期,根系小、长势弱,而杂草密度大、长势旺,往往会压住玉米幼苗,造成草荒。

(二)化学除草技术

化学除草是一项先进技术,只要使用得当,一般效果都很理想。但多数化学除草剂的选择性很强,如使用不当反而有害。

1. 选择最佳施药时期

在播种后出苗前用土壤封闭性除草剂防除杂草是一个有利时期,或杂草在4叶以前进行苗期除草。因为杂草在4叶以前,抗药性很差,防除效果表现优越;杂草在5叶以后,对除草剂抗性增强,防除效果降低。使用茎叶处理除草剂要趁杂草刚出齐,还在幼龄阶段(2~3叶期)时用药。同时破坏灰飞虱的繁衍地,兼治玉米粗缩病。

2. 严格掌握用药量

农民在使用除草剂时往往不能取得预想的效果,盲目加大用量,容易发生药害。有机质含量高的黏壤土,由于土质颗粒细,对除草剂的吸附量大,药剂易被降解,施药量要用除草剂推荐用量的上限;沙壤土,因为土质颗粒粗,对药剂的吸附量小,药剂活性强,可用除草剂推荐用量的下限。一般茎叶处理剂每亩用水量为40~50 kg,土壤处理剂每亩用水量为50~60 kg。

3. 注意施药时的温度和湿度

高温、高湿条件下,播后苗前对土壤施药封闭,易形成严密的药土封杀层(药膜),且杂草种子出土快,除草效果好;苗后进行茎叶处理,杂草生长旺盛,利于杂草对除草剂的吸收和体内运转,药效发挥快,除草效果好。高温干旱、空气相对温度较低条件下,播后苗前对土壤进行施药封闭,药土封杀层(药膜)分布不匀,也不利于杂草的萌发,除草效果差;苗后进行茎叶处理,空气湿度相对较低,雾滴挥发快,杂草植株体内水势增高,气孔闭合,不利于对除草剂的吸收,除草效果差。因此,喷施除草剂前浇水或雨后用药,避免高温和强光照天气,下午4时以后施药,增加喷水量以提高除草效果。

4. 使用增效剂

在喷施除草剂时加入适量洗衣粉,可以增加除草剂雾滴的表面强力,使其在杂草上吸附更加牢固。除草剂中加入适量柴油,可以加速杂草对药剂的吸收,而且抗雨水冲刷,提高除草效果。

(三)除草剂的主要类型及使用方法

1. 主要类型

玉米田除草剂种类很多,但目前生产上常用的除草剂按使用机制主要分为两种,即土壤处理除草剂和苗后茎叶处理除草剂。土壤处理除草剂如乙草胺、乙莠、都尔等是在玉米播后苗前也就是杂草发芽出土之前封闭地表的除草剂。苗后茎叶处理剂又可分为苗后选择性茎叶处理剂和灭生性除草剂两种。苗后选择性茎叶除草剂如玉农乐、莠去津等是在玉米和杂草均出土以后使用,把已出土后的杂草杀死,对玉米也比较安全;防除莎草科杂草(香附子)如二甲四氯,在使用时应避免高温天气,不能喷在玉米心叶中。灭生性除草剂如百草枯(克无踪)、草甘膦不能喷施在玉米叶片上,在使用时应加喷罩,在玉米行田定向喷雾,切勿喷洒在玉米叶片上。

2. 主要除草剂品名及使用方法介绍

(1)40%乙莠水悬浮乳剂。该除草剂不仅除草谱广(能有效地防除玉米田中一年生单、双子叶杂草),而且杀草活性高,使用期长,对玉米及后茬农作物等都很安全。在玉米播后苗前或玉米苗后杂草3叶期之前,每亩可用40%乙莠水悬浮剂150~200 mL加水60 kg喷洒除杂草。

(2)50%乙草胺乳油(禾耐斯)。选择性芽前除草剂,用量100~150 mL/亩。可有效防除狗尾草、马唐等禾本科杂草及部分阔叶杂草,对反枝苋、藜、马齿苋、龙葵等也有一定防效。

(3)26%噻酮·异噁唑草酮悬浮剂(爱玉优)。该药品是目前唯一能够通过土壤封闭、苗后早期茎叶处理以及遇水激活的三重除草机制提供稳定除草效果的除草剂,控草时间长达45 d以上。施药窗口期:苗期封闭至苗后早期玉米3叶前,用药量25~30 mL/亩,用水量:25~30升/亩(机械施药)、30~45/亩(背负式喷雾器施药)。注意该药品玉米4叶后禁止使用。爱玉优与莠去津桶混使用,可有效防除各种常见一年生禾本科草、阔叶草及莎草。对自生小麦、野黎、香附子、问荆刺儿菜、苣荬菜、铁苋菜、鸭趾草、田旋花、打碗花等难治杂草也有良好的控制效果。

(4)72%都尔乳油(异丙甲草胺)。该药为选择性芽前土壤处理剂。在玉米播后苗前,每亩用150~200 mL药液加水50~60 kg,均匀喷雾。沙质土用药量较低,黏质土用药量较高。

(5)4%烟嘧磺隆悬浮剂(玉农乐)。在玉米出苗后3~5叶期和杂草2~3叶期每亩用80~100 mL,可有效防除多种禾本科和阔叶杂草(苣荬菜、刺儿菜、大蓟、问荆),对后茬无影响。

(6)20%氯氟吡氧乙酸乳油(使它隆)。在阔叶杂草(如猪殃殃、泽漆等)发生严重的玉米田,可在玉米4~6叶期使用,每亩用量60~100 mL。

(7)56% 2甲4氯钠盐水溶性粉剂。可用于玉米3~6叶期防除玉米田莎草。玉米6~8叶期使用时不要喷在玉米心上,采用定向喷雾的方式施药,即使在玉米8~10叶期,对玉米也比较安全。每亩使用56% 2甲4氯钠盐水溶性粉剂100 g,加水50 kg均匀喷雾。在应用2甲4氯防除莎草时,为减轻对玉米的药害和提高对莎草的防除效果,在喷药时加入中性洗衣粉或中中牌农药助剂,可提高防效5%~10%,莎草可提早1~2 d变黄枯死。

(8)15%硝磺草酮悬浮剂+38%莠去津悬浮剂(苞好-先达农化)。该产品为玉米田苗后茎叶处理除草剂,杀草速度快,药效稳定;天旱、墒情不好时药效依然稳定;既杀又封,既杀灭已经出土的杂草,又能封闭部分未出土的杂草;对作物安全性高,对玉米的安全性高于烟嘧磺隆;对下茬作物较安全,灵活选择下茬作物。使用方法:夏玉米苞好套装(100 g硝磺草酮+70 mL莠去津+20 mL稳定剂)一亩地一套。玉米苗后2~7叶期,杂草2~4叶期使用效果最佳。用于防除玉米田阔叶杂草及部分禾本科杂草,如反枝苋、马齿苋、藜、蓼、鸭跖草、铁苋菜、龙葵、青葙、小蓟、苍耳、马唐、稗草、狗尾草等。

(9)38%莠去津悬浮剂(阿特拉津)。在玉米播后苗前或在玉米出苗后3~5叶期和杂草2~3叶期使用。每亩用38%莠去津悬浮剂200~250 mL药液加水50~60 kg,均匀喷雾。

第三章 谷 子

第一节 谷子栽培的生物学基础

一、谷子的生育期、生育阶段及生育时期

(一) 谷子的生育期

谷子由种子萌发至成熟称全生育期。从出苗到成熟所经历的天数称生育期。谷子生育期长短,不同品种、不同地区差异很大,同一品种不同地区种植或同一品种由于播种不同生育期长短也有很大变比。春谷类型品种生育期为 80~140 d。生产上常把生育期少于 110 d 的品种定为早熟品种,111~125 d 的品种定为中熟品种,125 d 以上的品种定为晚熟品种。夏谷生育期 70~80 d 的品种为早熟品种,80~90 d 的品种为中熟品种,90 d 以上的品种为晚熟品种。

(二) 谷子的生育阶段

谷子包括三个生长阶段,即营养生长阶段(又叫生育前期)、营养生长阶段与生殖生长并进阶段(又叫生育中期)和生殖生长阶段(又叫生育后期)。营养生长阶段指从种子萌发开始到拔节期为止,是谷子根、茎、叶等营养器官分化形成阶段,春谷为 45~55 d,夏谷为 22~30 d;营养生长与生殖生长并进阶段指从拔节到抽穗期为止,是谷子根、茎、叶大量生长和穗生长锥的伸长、分化与生长阶段,春谷为 25~28 d,夏谷为 18~20 d;生殖生长阶段指抽穗期到籽粒成熟期,是谷子穗粒重的决定期,春谷为 40~60 d,夏谷为 42~50 d。生育前期为幼苗质量决定期,中期是穗花数决定期,后期是穗重决定期。

(三) 谷子的生育时期

全生育期又可分为五个小阶段。

1. 幼苗期

从种子萌发出苗到分蘖,这阶段春播条件经历 25~30 d,夏播需 12~15 d。

2. 分蘖拔节期

从分蘖到拔节。春谷为 20~25 d,夏谷为 10~15 d,此阶段是谷子根系生长的第一个高峰时期,又是谷子一生中最抗旱的时期。

3. 孕穗期

从拔节到抽穗。春谷需 25~28 d,夏谷经历 18~20 d,是谷子根茎叶生长最旺盛时期,是根系生长的第二个高峰期,同时又是幼穗分化发育形成时期。

4. 抽穗开花期

自抽穗经过开花受精到籽粒开始灌浆。春谷经历 15~20 d,夏谷经历 12~15 d,是开花结实的决定期,是谷子一生对水分、养分吸收的高峰时期,要求温度最高,怕阴雨、怕干

旱。

5.灌浆成熟期

自籽粒灌浆开始到籽粒完全成熟。春谷经历 35～40 d,夏谷经历 30～35 d,是籽粒质量决定时期。

二、谷子的生长发育

(一)种子萌发与出苗

谷子发芽的适宜温度 15～25 ℃、最低温度 6 ℃、最高温度 30 ℃。谷子种子发芽需水较少,吸水约占种子重量的 25%。适宜的发芽含水量为 30%～35%,种子发芽最适宜的土壤含水量为 50%左右。成熟的种子在适宜的水分、温度和空气条件下,便能萌动发芽,种子萌发经过吸水膨胀、物质转化和幼胚生长三个过程。在适宜的温度、水分和通气条件下,胚根鞘伸长,突破种皮,随即胚芽鞘也胀破种皮而出,胚芽鞘不断地向地面伸长,露出地面,形成一片鞘叶不再生长,由胚芽鞘中长出一片广卵圆形苗叶,即第一片真叶,称猫耳叶。通常把第一叶露出地面 1 cm 称为出苗。

(二)根的生长

谷子为须根系,由初生根与次生根和支持根三种根群组成。

1.初生

种子萌发时,首先长出一条种子根(胚根)即初生根,初生根再生侧根。初生根入土较浅,一般为 20～30 cm,深的可达 40 cm 以上,向四周扩展,吸收水分和养分供给幼苗生长,种子根伸长 5～10 d 即发生极细的支根,从土壤中吸收水分和养分,供幼苗生长。至 17～18 d 就能形成相当范围的根群。到播后 45 d 左右,种子根入土达最大深度,且停止生长。种子根抗旱能力较强,对抗旱保苗具有重要作用。它的寿命一般维持两个月左右。

2.次生根

幼苗 4 叶时,主茎地下 6～7 节处发生次生根,入土深度可达 100 cm 以上,水平分布达 40～50 cm,主要分布在 30 cm 耕层内。次生根是由幼茎节的分生组织表层分化形成的,着生在近地表的茎节上。

3.支持根(气生根)

抽穗前,在靠近地面的几个茎节上长出 2～3 轮气生根,有吸收水分、养分和支持茎秆防止倒伏的作用。

谷子根群主要分布在 50 cm 以内的土层中,在 30 cm 的表土内分布最多。根系发育好坏,直接影响植株地上部的生长发育。根量与籽粒产量呈高度正相关。

(三)分蘖

幼苗 4～5 片叶时,地下 2～4 个茎节上开始发生分蘖。分蘖多少与品种和栽培条件有关。分蘖性强的品种分蘖可达 10 个以上。普通栽培品种分蘖力弱或不分蘖。同一分蘖品种在苗期干旱、肥地稀植、营养条件较好的情况下分蘖较多,相反情况下分蘖较少。分蘖大都和主茎一样,能正常抽穗结实。所以在生产条件不良、耕作条件较差、病虫灾害较重地区,分蘖弥补缺苗,保证种植密度,可获得较稳定的产量。

(四)叶的生长

谷子叶为长披针形。叶是生长点初生突起形成的叶原基逐渐发育而成的。叶由叶片、叶舌、叶枕及叶鞘组成,无叶耳。一般主茎叶为 15~25 片,个别早熟品种只有 10 片。基部叶片较小,中部叶片较长,长 20~60 cm,宽 2~4 cm,上部叶片逐步变小。不同品种和不同栽培条件下,单叶数目及叶面积亦有变化。由于生育阶段的不同,各节位叶形成的时间不同,在器官建成上的作用不同。故将全株茎叶划分为几个叶组。由下向上 1~12 片叶,称根叶组,是决定谷苗质量和根系生长好坏的功能叶组;12~19 片叶称穗叶组,是拔节和抽穗期间,对幼穗分化发育起主要作用的功能叶组;19~24 片叶,称粒叶组,是抽穗后对籽粒形成起主要作用的功能叶组。

(五)茎的生长

谷子茎直立,圆柱形。茎高 60~150 cm。茎节数 15~25 节,少数早熟品种有 10 节。基部 4~8 节密集,组成分蘖节。地上 6~17 节节间较长。节间伸长顺序由下而上逐个进行。下部节间开始伸长称拔节。初期茎秆生长较慢,随着生育进程生长加快,孕穗期生长最快,1 d 可达 5~7 cm,以后逐步减缓,开花期茎秆停止生长。

(六)幼穗分化形成

1.穗的结构

穗为顶生穗状圆锥花序,由穗轴、分枝、小穗、小花和刚毛组成。主轴粗壮,主轴上着生 1~3 级分枝。小穗着生在第 3 级分枝上,小穗基部有刚毛 3~5 根。每个小穗内有 2 个颖片,内有两朵小花,上位花为完全花,下位花退化。一个谷穗有 60~150 谷码。每个谷穗有小穗 3 000~10 000 个。由于穗轴一级分枝长短不同,以及穗轴顶端分叉的有无,构成了不同穗型。常见的穗型有纺锤形、圆筒形、棍棒形、鞭形、鸭嘴形和龙爪形等。

2.穗分化过程

(1)生长锥未伸长期。生长锥未伸长,仍保持营养生长时期的特点。基部是最初的叶原基,顶部为光滑无色的半球形突起,长宽比<1∶1。

(2)生长锥伸长期。当谷苗长出 12~13 个叶片时(春谷,中晚熟品种),茎顶端生长点开始伸长,长度大于原来半球形突起时的宽度。生长锥伸长时间约 12 d。

(3)枝梗分化期。植株长出 15~16 片叶时,在伸长的生长锥上出现 6 排乳头状的突起,而后逐渐发育成为 1 级分枝。1 级分枝原始体膨大呈三角形的扁平圆锥体,在扁平圆锥体上出现互生两行排列的 2 级分枝原始体突起。在 2 级分枝原始体上,以垂直方向分化出第 3 级分枝原始突起。枝梗分化约需 13 d,枝梗分化期是决定谷子穗码大小、小穗与小花多少的关键时期。

(4)小穗分化期。当植株长出 16~17 片叶时,在 3 级分枝顶端长出乳头状的小穗原基。这些小穗原始体在分化中发生变化,一种是小穗原始体继续膨大,分化成为小穗;另一种是小穗原始体不再继续膨大,而是延长,发育成刚毛。此时期如遇干旱,小穗原始体的膨大就要受到影响。

(5)小花分化期。植株长出 17~18 片叶时进入小花分化期。每个膨大的小穗原始体分化出两个小花原始体,最先分化的一朵小花(下位花),只形成外稃与内稃,为不完全花,只有靠上方的第二朵小花(上位花),继续分化。出现 1 个外稃、1 个内稃、3 个花药和羽毛状分枝柱头及子房,为完全花。小穗和小花分化大约需10 d。花药分化成花粉母细胞,经四分体发育成花粉粒。此期对外界条件反应敏感,干旱、低温都会引起雌雄蕊发育不完全,增加不孕花。

（七）抽穗开花与籽粒形成

谷子从抽穗开始到全穗抽出,需要3~8 d。一般主穗开花期为15 d左右,分蘖穗开花7~15 d。开花第3~6 d进入盛花期,适宜温度为18~22 ℃,相对湿度为70%~90%。每日开花为两个高峰,以6~8时和21~22时开花数量最多,中午和下午开花很少或根本不开花。每朵小花开放时间需70~140 min。

开花授粉后,子房开始膨大,胚乳和胚同时发育,进入籽粒灌浆期。籽粒灌浆分为三个时期:①缓慢增长期,开花后的一周之内,灌浆速度缓慢,干物质积累量占全穗总重量的20%左右;②灌浆高峰期,开花后7~25 d,干物质积累量占全穗总重量的65%~70%。③灌浆速度下降期,开花25 d后,灌浆速度锐减,籽粒进入脱水过程,干物质积累量仅占全穗总重量的10%~15%。

三、谷子对环境条件的要求

（一）对温度的要求

谷子是喜温作物,对热量要求较高。完成生长发育要求积温为1 600~3 000 ℃,生育期短的品种要求低一点,生育期长的品种要求高一些。幼苗生长(从出苗至分蘖)适宜的温度为20 ℃。拔节至抽穗是营养生长与生殖生长并进阶段,要求较高的温度,适宜温度为22~25 ℃,温度低于13 ℃不能抽穗。谷子开花授粉期间,适宜温度为18~21 ℃,气温过高,影响花粉生活力和授粉,温度低于17 ℃,则花药不开裂,花器易受障碍型冷害。谷子灌浆时适宜温度是20~22 ℃,温度过高过低对灌浆均不利。灌浆期阳光充足、昼夜温差大,有利于干物质积累,促使籽粒饱满,利于蛋白质合成。

（二）谷子需水规律

谷子比较耐旱。蒸腾系数为142~271,平均为257,低于高粱(322)、玉米(368)和小麦(513)。谷子不同阶段生长中心不同,对水分要求有很大差异。

1.种子发芽阶段

对水分要求很少,吸水量达种子重量的26%就可发芽。耕层土壤含水量达9%~15%就能满足发芽对水分的要求。春季土壤水分过多,导致土壤温度降低,对发芽不利。

2.谷子出苗至拔节

生长发育以根系建成为中心,苗小叶少需水最少,耗水量约占全生育期的6.1%。苗期耐旱性很强,能忍受暂时的严重干旱,抗旱性很强。即使土壤含水量下降到10%以下,仍可暂时维持生长。下降到5%,仍不致旱死,一旦得到水分又可迅速恢复生长。苗期适当干旱,有利蹲苗,促根下扎,茎节增粗,对培育壮苗和后期防旱防倒有积极作用。农谚有"小苗旱个死,老来一肚籽""有钱难买五月旱",说明苗期干旱的好处。

3.谷子拔节到抽穗

拔节至抽穗是谷子需水量最多的时期,不耐旱,耗水量占全生育期的65%(50%~70%)。特别是小花原基分化到花粉母细胞四分体时期对干旱反应特别敏感,是谷子需水的临界期。在幼穗分化初期遇到干旱即"胎里旱",会影响3级枝梗和小穗小花分化,减少小穗小花数目;穗分化后期,花粉母细胞减数分裂的四分体时期遇到干旱,叫"卡脖旱"则会使花粉发育不良或抽不出穗,造成严重干码,产生大量空壳、砒谷。这时干旱严重影响小花分化及花粉粒形成,造成结实率显著降低而减产,即使以后水分条件得到改善,所受到的影响也不能挽回。所以群众说"谷怕胎里旱",要"拖泥秀谷穗"。

4.从受精到成熟

该期需水量占全生育期总需水量的30%~40%,是决定穗重和粒重的关键时期。谷子进入灌浆期对干旱反应也比较敏感,如水分不足,使灌浆受阻,砒谷增加,穗粒重减轻,造成减产。灌浆期干旱称"夹秋旱",农谚有"前期旱不算旱,后期旱产量减一半",说明灌浆期不能干旱。为保证茎叶制造的营养物质向籽粒输送,仍需充足水分,要求土壤含水量不低于17%,此期耗水占全生育期的19.3%。灌浆后期直到成熟,对水分要求渐少,耗水量约占全生育期的9.6%。此时土壤水分过多,易造成贪青晚熟、霜害、倒伏,而形成大量砒谷。谷子一生的需水规律可概括为"前期耐旱,中期喜水(宜湿),后期怕涝"。

(三)谷子的光周期反应及对光的要求

1.光周期反应

谷子是短日照作物,在生长发育过程中,需要较长的黑暗与较短的光照交替条件,才能抽穗开花。日照缩短促进发育,提早抽穗;日照延长延缓发育,抽穗期推迟。谷子一般在出苗后5~7 d进入光照阶段。在8~10 h的短日照条件下,经过10 d即可完成光照阶段。不同品种对日照反应不同,一般春播品种较夏播品种反应敏感,红绿苗品种较黄绿苗品种反应敏感。在引种时必须考虑到品种的日照特性。低纬度地区品种引到高纬度地区或低海拔地区的品种引到高海拔地区种植,由于日照延长,气温降低,抽穗期延迟;相反引种,生长发育加快,生育期缩短,成熟提早。

2.对光强的要求

谷子是喜光作物,在光照充足的条件下,光合效率很高,但在光照减弱的情况下,光补偿点高,光合生产率低。谷子具有不耐阴特性,尽量避免与高秆作物间作。在幼苗期,光照充足,有利于形成壮苗。在穗分化前缩短光照,能加快幼穗分化速度,但使穗长、枝梗数和小穗数减少;延长光照,穗能延长分化时间,增加枝梗和小穗数。在穗分化后期,即花粉母细胞的四分体分化时,对光照强弱反应敏感。此时光弱,就会影响花粉的分化,降低花粉的受精能力,空壳增多。在灌浆成熟期,也需要充足的光照条件,光照不足,籽粒成熟不好,砒籽增加,农谚"淋出砒来,晒出米来",就是指这个时期。谷子是C_4作物,净光合强度(CO_2)较高,一般为25~26 mg/(dm^2·h),超过小麦,二氧化碳补偿点和光呼吸都比较低。

3.引种原则

谷子引种互换必须遵循严格的引种原则,通常必须经过一年的引种观察试验,在对引种品种特征特性观察鉴定的基础上,确定了其适宜的种植区域后才能推广种植。谷子是短日照作物,对光照和温度的反应比较敏感,品种的适应种植范围一般较窄,不能盲目引种推广,但在相似生态条件地区,谷子品种可以互换引种。夏谷区的山东、河南、河北条件类似地区谷子品种也可以引种交换;春谷区的山西长治、陕西延安、甘肃陇东、辽阳等地区生态条件类似,谷子品种可以引种交换。

(四)对养分的要求

据测定,每生产籽粒 100 kg,一般需要从土壤中吸收氮素 2.5~3.0 kg、磷素 1.2~1.4 kg、钾素 2.0~3.8 kg,氮、磷、钾比例大致为 1∶0.5∶0.8。不同生育阶段,对氮、磷、钾三要素的要求不同。出苗至拔节需氮较少,占全生育期需氮量的 4%~6%;拔节至抽穗需氮最多,占全生育期需氮量的 45%~50%;籽粒灌浆期需氮量减少,占全生育期需氮量的 30% 以上。

(五)对土壤的要求

谷子对土壤要求不甚严格。黏土、砂土都可种植。但以土层深厚、结构良好、有机质含量较丰富的沙质壤土或黏质壤土最为适宜。谷子喜干燥、怕涝,尤其在生育后期,土壤水分过多,容易发生烂根,造成早枯死熟,应及时排水。谷子适宜在微酸和中性土壤上生长。谷子抗碱性较弱,在土壤含盐量达到 0.21%~0.41%时,生长受到抑制,达到 0.41%~0.52%时,植株受到严重的抑制或死亡。

第二节　谷子栽培技术

一、轮作

谷子不宜重茬,我国古代就有"谷田必须岁易"的经验。"重茬谷,坐着哭""倒茬如上粪",生动地说明连作的缺点和轮作的重要意义。轮作是调节土壤肥力、防除病虫害、实现农作物优质高产稳产的重要保证。轮作也叫倒茬或换茬,其作用主要有以下 4 个方面:①合理利用土壤养分。做到土地用、养结合不同的作物对土壤养分的要求不同,吸收特点和能力亦不同,如大豆是深根性作物,可以利用土壤深层中的养分;谷子、小麦等作物是浅根性、须根性作物,主要利用土壤浅层中的养分。谷子种在大豆茬上可以获得较高的产量。②消除或减轻病虫害。大多数的病菌和害虫都有一定的寄主和寿命。谷子白发病、黑穗病,除了种子带菌传染外,土壤传染也是个重要原因,实行合理轮作,隔数年种植,就可以大大减轻病菌的感染。③可以抑制或消灭杂草。不同作物对杂草的竞争能力不同。一般来说,密植作物和速生作物具有抑制杂草的能力,而稀植作物和前期生长缓慢的作物则差。如麦类作物茎叶繁茂荫蔽度较大,可以抑制杂草的生长,而谷子幼苗生长缓慢,对杂草的抑制能力较差。④利用肥茬创造高产。利用肥茬播种谷子,是夺取谷子高产的重要途径。谷子对茬口的反应较敏感,其适宜前作依次是豆茬、马铃薯、红薯、小麦、玉米、高粱等。棉花、油菜、烟草等茬口也是谷子较为适宜的前茬。

谷子对前茬作物无严格要求,但实践证明,豆类作物是谷子的最好前作。农谚说:"豆茬谷,享大福"。马铃薯、红薯、麦类、玉米是谷子较好的前茬。它们共同的特点是土壤耕层比较疏松,养分、水分较充足,杂草少,不易荒地。而高粱、荞麦等茬口较差,要获得较高产量,必须施更多的肥料和采用良好的栽培技术。

我国谷子主产区都把谷子安排在好的茬口上,为谷子高产创造了条件。如华北平原二年三熟的小麦—夏大豆—春谷—小麦—玉米;一年两熟的小麦—夏玉米—小麦—夏谷—小麦—夏休闲等。

二、土壤耕作

(一)秋冬深耕

"秋耕深一寸,顶上一车粪""秋天谷田划破皮,赛过春天犁出泥",生动地说明秋深耕的作用。秋冬深耕改变了土壤物理性状,增强了土壤蓄水保墒能力;活跃了土壤微生物,促进有效养分的释放,提高土壤肥力;减少杂草、病虫危害,从而促进整个生长发育,有显著增产作用,秋冬深耕,结合秋施肥效果更好。秋冬深耕要尽早进行,使土壤有充分的时间风化、熟化,接纳雨雪,积蓄水分。农谚"八月(阴历)深耕一碗油,九月深耕半碗油,十月深耕白打牛",说明秋冬深耕越早越好。据各地试验,秋冬深耕一般以 25~30 cm 为宜。深耕一般可维持 3~4 年的后效,每 4~5 年深翻一次即可。秋深耕后除盐碱地外,一般都要耙耱,既碎土块,又利于保墒。有灌溉条件的也可不耙耱进行晒垡。

(二)春季耕作

我国谷子主要分布在干旱、半干旱丘陵山区,播种季节又干旱多风,降雨量少,蒸发量大。谷子籽粒小,不宜深播,表土极易干燥。因此,做好春季耕作整地保墒工作,对谷子全苗至关重要,是谷子栽培成败的关键。春季气温回升,土壤化冻,进入返浆期。随着气温不断升高,土壤水分沿着毛细管不断蒸发丧失。农谚说"早春不耙地,好比蒸馍跑了气"。因此,当地表刚化冻时就要顶凌耙地,切断土层土壤毛细管,耙碎坷垃,弥合地表裂缝,防止土壤水分蒸发。每次雨后也要及时耙耱,既碎土块又保墒。农谚"不怕谷子小,就怕坷垃咬",谷子籽粒小,特别要求土壤细碎,坷垃多时,除多耙耱外。要尽早用石磙(或镇压器)镇压,碎坷垃,填补裂缝,缩小蒸发面,利于保墒和解冻后的耕作。解冻后在严重春旱的情况下,若谷田疏松,水分以气体扩散形态大量散失就必须镇压,减少大空隙,削弱气态水的扩散损耗,又缩小蒸发面,收到保墒效果。播种前土壤干土层厚度超过 8 cm 或土壤表层含水量在 12% 以下时,必须通过镇压,使表土紧实,减少土壤中水气的扩散,促使它的热凝结,增加土壤毛细管作用,使下层水上升到播种层,利于发芽出苗,同时促幼苗生长。

(三)夏季耕作

谷子属小粒作物,种子顶土力弱,整地质量直接影响到能否保证苗全苗壮,在整地的同时还要根据夏播谷子生长的需要施足肥料,保证其生长发育一生的营养供给。夏谷耕作质量与翻动时土壤水分多少有关。一般在含水量 15%~20% 范围内作业,质量最好。如果太干、太湿均不宜进行。播前串地(旋耕)具有活土、除草的作用,对提高播种质量、促进幼苗生长具有重要意义。但特别干旱时可以采取多次耙地代替串地,减少土壤水分散失。耕后耙地、耱地,可有效地破碎大量坷垃,减少蒸发,保墒的效果较好。串地或旋耕后的土地,土壤疏松,水分容易大量散失,如果天气干燥,必须进行镇压保墒,确保 5~10 cm 土层的含水量,破除坷垃,有利于种子的发芽和出苗。结合整地每亩撒施复合肥(20-10-15 或相近配方)30~40 kg 做基肥。夏播谷子为争时早播,多不进行深耕,一般采取灭茬后播种,或收麦后铁茬直播,以争取时间。

三、增施基肥

俗话说："要想庄稼好,需在肥上找"。施足基肥是谷子高产的物质基础。基肥不仅源源不断地供给谷子生长发育所需的各种养分,而且增强土壤蓄水保墒能力,并结合土壤耕作制造深厚、松软、肥沃的土壤耕层,为谷子生长发育创造良好的条件。

(一)基肥种类

基肥应以有机肥为主。谷田基肥种类很多,如人粪尿、家畜粪尿、厩肥、堆肥、绿肥、泥土肥、杂肥、化肥等。"谷地施羊粪,雨雨见后劲",羊粪是热性肥料,肥力持久,是谷田最好的基肥。

(二)基肥施用量

要根据品种本身需要、产量指标、土壤速效养分含量、肥料中有效元素含量及当地当年利用率和化肥拥有量估算。综合各地经验,中产谷田一般亩施有机肥 1 500~4 000 kg,高产谷田 5 000~7 500 kg。

(三)施用时期

基肥秋施比春施效果好。据山西农科院谷子研究所试验,秋施比春施增产 10.7%。一是结合秋深耕施入基肥,能增强土壤的蓄水保墒能力,充分接纳秋冬雨雪;二是变春施肥为秋施肥,解决了施肥与跑墒、肥料吸水与谷子需水的矛盾;三是秋施肥料经过冬春风吹日晒,好气性微生物活动,加速分解,肥土相溶,进一步熟化土壤,提高土壤肥力,效果更好。如有条件一定要变春施为秋施肥。若春施基肥须结合早春浅犁施入,以提高肥效。而播前施用效果最差。

(四)基肥施用方法

施肥时如果肥多,可均匀撒施,少时采用"施肥一大片,不如一条线"的集中施用法。施用基肥要因地制宜,阴坡地等冷性土壤,施用骡马粪、羊粪等热性肥料;阳坡地等热性地要施用猪粪、牛粪等冷性肥料,沙性土壤要多施优质土粪、猪羊粪等。据试验,谷子对磷敏感,后期需磷是前期积累磷的再利用,所以磷肥一定要做基肥施用。谷地使用磷肥有显著的增产效果,据山西农科院高寒所试验,每亩施过磷酸钙 15 kg,比对照增产 22.4%。磷肥施用时,要与有机肥混合沤制施用效果更好,与氮素化肥配合施用能进一步发挥磷肥作用。一些氮素不稳定的化肥容易挥发损失,作基肥施用以提高肥效,干旱年份,旱地氮肥作基肥效果较好。

(五)夏谷机械精播种肥同播

规模化种植的大户,推荐选用防缠绕免耕精量播种机播种,可一次完成秸秆铡切、灭茬、开沟、碎土、播种、施肥、覆土、镇压等多道工序,小麦收获后抢时播种,减少生产用工。肥料选择 20-10-15、20-10-10 或配方相近的配方肥料,亩用量 30~40 kg,种肥同播。

四、品种选择与种子处理

(一)品种选择

1.豫谷 11

特征特性:幼苗叶、鞘绿色,分蘖性弱,主茎长 104 cm,穗长 18.4 cm,穗纺锤形,刺毛短绿色,花药白色,株穗重 14.1 g,株粒重 10.9 g,千粒重 3.04 g,黄谷黄米。籽粒粗蛋白含量 12.47%,粗脂肪 4.00%。夏播生育期 88 d,属中熟品种。

2.豫谷 17 号

该品种 2011 年通过河南省品种审定委员会审定。幼苗叶、鞘绿色,株高 90 cm 左右,春播生育期 125 d,夏播 89 d 左右,对光温反应不敏感,纺锤形穗,穗长 17.38 cm,单穗重 13.31 g,千粒重 2.68 g。抗倒性 1 级,高抗谷锈病,中抗纹枯病、褐条病,综合性状表现良好,适应在华北夏谷区种植。注意夏播增施磷肥,足墒早种。各级试验平均产量 350.8 kg/亩,适合河南、河北、山东等地夏播及同类生态区推广种植。

3.豫谷 18

原名安 07-4585,育种者为安阳市农业科学院。品种来源:豫谷 1 号×保 282。

特征特性:幼苗绿色,华北生育期 88 d,西北、东北 122 d,株高 120 cm,穗重 20 g,穗粒重 17 g,千粒重 2.7 g,出谷率 80%,黄谷黄米。抗倒、抗旱、耐涝性均为 1 级,高抗谷子各种病害。豫谷 18 出米率高,比对照出米率高 2.35%,增加小米加工企业效益。抗穗发芽,适合机械化收割,便于规模化种植。小米品质:豫谷 18 小米橘黄、黏香、适口性好,蒸煮时间短,商品、食用品质兼优。在 2009 年第八届全国优质食用粟评选中,来自全国各地的专家通过对参试的春夏谷品种的小米商品品质(色泽、一致性)和食用品质(小米稀饭、干饭、香味、感观品质、适口性)综合评价,以总分第一的成绩被评为国家一级优质米。适宜在河北、山东、河南夏季种植。注意防治谷子谷瘟病、纹枯病、线虫病。

4.豫谷 22

生育期 95 d,株高 101 cm。幼苗绿色,在亩留苗 4.0 万株的情况下,成穗率 91.5%;纺锤穗,松紧适中,穗长 18.0 cm,穗粗 2.6 cm,单穗重 20.6 g,单穗粒重 17.4 g,千粒重 2.83 g,出谷率 84.4%,黄谷黄米。株型紧凑,穗层整齐,灌浆结实好,熟相好。抗性鉴定:经河南省夏谷区域试验,2011～2012 年两年自然鉴定:1 级抗倒伏,对谷锈、谷瘟病抗性均为 1 级,对纹枯病抗性为 2 级。品质分析:取 2014 年区试混合样品碾米,农业部农产品质量监督检验测试中心分析(郑州):蛋白质 9.45 %,粗脂肪 2.84%,粗纤维 0.10%,锌 28 mg/kg,铁 28.8 mg/kg,硒 0.033 0 mg/kg,维生素 B2 4.37×103 mg/100 g。

5.豫谷 23 号

该品种幼苗绿色,生育期 91.7 d,与对照品种生育期 92.4 d 相当。株高 102.3 cm,在留苗 60.0 万株/hm² 的情况下,平均成穗 58.95 万穗,成穗率 98.25%,纺锤形穗,码松紧度适中;穗长 17.13 cm,穗粗 2.4 cm,单穗重 14.34 g,穗粒重 11.45 g,千粒重 2.58 g,出谷率 79.86%,出米率 79.55%,浅黄谷浅黄米。熟相一般。该品种抗倒性、抗旱性均为 1 级,对谷锈病、谷瘟病、纹枯病抗性分别为 1 级、1 级、2 级,高抗白发病,红叶病和线虫病发病率分别为 4% 和 1%,蛀茎率 7%。经农业部农产品质量监督检验测试中心(郑州)检测,蛋白质 10.88%,粗脂肪 2.84%,粗纤维 0.26%,含锌 28 mg/ kg,铁 21.2 mg/kg,硒 0.014 1 mg/kg,维生素 B2 4.41×10⁻³ mg/kg。

6.冀谷 19

该品种为河北省农林科学院谷子研究所以"矮 88"为母本、"青丰谷"为父本,采用杂交方法育成的谷子品种。

该品种幼苗叶鞘绿色,夏播生育期 89 d,平均株高 113.7 cm,纺锤形穗,松紧适中,平均穗长 18.1 cm,单穗重 15.2 g,穗粒重 12.4 g,出谷率 81.6%,出米率 76.1%,褐谷,黄米,千粒重为 2.74 g。高抗倒伏、抗旱、耐涝,抗谷锈病、谷瘟病、纹枯病、中抗线虫病、白发病。米色鲜黄,煮粥黏香,口感略带甘甜,商品性、适口性均好。经农业部谷物品质监督检测中心检测,小米含粗蛋白质 11.3%,粗脂肪 4.24%,直链淀粉 15.84%,胶稠度 120 mm,碱消指数 2.3,VB$_1$ 6.3 mg/kg。2003 年在"全国第五届优质食用粟品质鉴评会"上,冀谷 19 以总分第一名被评为"一级优质米"。在多种环境条件下,直链淀粉、糊化温度、碱消指数等主要品质指标稳定,煮粥省火,仅需 13~15 min,并克服了金谷米、四大贡米产量低且必须在特定区域种植才表现优质的缺陷。适宜冀、鲁、豫三省夏播,也可在山西中部及陕西大部分地区春播种植。

7. 冀谷 31(懒谷 3 号)

育种者为河北省农林科学院谷子研究所。品种来源:冀谷 19×冀谷 25。

该品种抗拿扑净除草剂,生育期 89 d,绿苗,株高 120.69 cm。纺锤形穗,松紧适中;穗长 21.43 cm,单穗重 13.38 g,穗粒重 10.93 g,千粒重 2.63 g;出谷率 82.41%,出米率 71.77%,褐谷黄米。经 2008~2009 年国家谷子品种区域试验自然鉴定,抗倒性、抗旱性、耐涝性均为 1 级,对谷锈病抗性 3 级,谷瘟病抗性 2 级,纹枯病抗性 3 级,白发病、红叶病、线虫病发病率分别为 1.91%、0.48%、0.05%。适宜在河北、山东、河南夏谷区种植。

8. 豫谷 19

安阳市农业科学院以国家优质米豫谷 1 号作母本,用同为国家一级优质米,综合抗逆性较好的冀谷 19 作父本,于 2005 年进行有性杂交而成。

该品种幼苗鞘浅紫色,夏播生育期 90 d,株高 126.39 cm。在留苗 4 万株/亩的情况下,成穗率 94.75%,穗子呈纺锤形、棒子形 2 种,松紧适中;穗长 19.01 cm,单穗重 18.67 g,穗粒重 15.32 g,千粒重 2.77 g;出谷率 82.06%,出米率 77.40%;褐谷黄米。该品种结实性好,后期不早衰,成熟时青枝绿叶,丰产性状优良。该品种抗倒性 2 级,对纹枯病抗性为 3 级,红叶病、线虫病、白发病发病率分别为 1.21%、0.33%、0.61%,蛀茎率 1.24%。该品种小米鲜黄,黏香绵软,完整精米率高,适口性好,蒸煮米粥时间短,商品品质、食用品质兼优。小米蛋白质 9.78%,淀粉含量 70.8%,粗脂肪(干基)1.70%,糊化温度 74.82,硒 0.021 mg/kg。

9. 晋谷 34 号

晋谷 34 号(原名晋遗 85-2)系山西农科院作物遗传所以优质谷子 77-322 作母本,高产品种 4072 作父本,经有性杂交选育而成。2002 年 4 月分别经全国农作物品种审定委员会和山西省农作物品种审定委员会审定通过。该品种幼苗绿色,无分蘖,苗期生长整齐,长势强,茎秆粗壮坚韧,主茎高 150 cm,穗长 30 cm,穗型呈纺锤形,穗码松紧度适中,短刚毛,黄谷黄米,穗重 19.1 g,穗粒重 16.1 g,出谷率 83.8%,千粒重 3.2 g。耐旱、抗倒、抗红叶病,高抗谷瘟病,后期不早衰,成熟时为绿叶黄谷穗。该品种品质优良,其小米营养丰富,米粒鲜黄,香味浓郁,经农业部谷物品质监测中心测定,小米蛋白质含量为 11.91%,脂肪含量 5.30%,维生素 B1 0.63 mg/100 g,直链淀粉 15.62%,胶稠度 132 mm,糊化温度 5.30,品质与对照晋谷 21 号相当,2001 年 3 月在全国第四次优质米品质鉴评上荣获国家一级优质米称号。

(二) 播前种子处理

"好种出好苗",确定适宜当地种植的优良品种后,播前进行精选种子和种子处理是重要的增产环节。

1.精选种子

方法有两种:一种是风选,即用风车或簸箕,清除秕籽,选用饱满种子。二是水选,用清水、石灰水、泥水除去秕籽、病籽,洗去附着在种皮表面的病菌孢子。石灰水选还可杀菌。

2.种子处理

为了保证苗齐、苗全、苗壮,在选种的基础上进行种子处理。

(1)晒种。播种前半月左右,选择晴天将谷种薄薄摊开 2~3 cm 厚,暴晒 2~3 d,以提高发芽率和发芽势。据河南农科院试验,可提高发芽率 5%~20%。

(2)药剂拌种。为了预防黑穗病、白发病,临播前用种子量 0.3%的拌种双或瑞毒霉拌种,效果良好。也可用种子量 0.1%~0.2%的 25%辛硫磷微胶囊剂;或用种子量 0.1%~0.2%的 50%辛硫磷乳剂闷种 3~4 h,以防地下害虫。其方法是:5 kg 种子,用药 50~100 g,兑水 2.5~4 kg,用喷雾器喷到种子上,随喷随拌,拌匀后堆起来用麻袋覆盖闷种。

(3)种子大粒化处理。为适应机械化播种的需要,做到精量播种。解决谷子间苗费工,集中施肥问题,陕西、黑龙江等省对种子进行大粒化处理,取得良好的效果。据黑龙江省桦川等地试验,大粒化比对照增产 10%~15%。大粒化的方法:500 g 精选的谷种。用过磷酸钙和硫酸铵各 500 g,筛过的细肥土 3 kg,先将肥土混合均匀,另将 2 mL 毒死蜱加水 500 g 稀释备用。制作时将种子放在悬挂的木盘或垫一层油毡的筛子中,用喷雾器将药液略为喷湿种子,然后将配好的肥土均匀撒在谷种上,一面摇动木盘,一面喷药水。撒肥料,使肥料包在种子上成高粱大小的颗粒。摊开阴干播种。大粒化种子宜在春雨充沛、底墒较好的情况下使用。墒情不好的地上采用由于发芽需水多易造成缺苗。另外,播种时不宜覆土过浅,以免水分不足影响发芽。

(4)种子包衣。包衣剂不仅含农药而且含微肥。据多点试验,谷子使用旱粮作物种衣剂出苗率高。保苗效果好;防治病虫害,特别对苗期病虫防治效果好,对中期谷瘟病、白发病,亦有一定效果;促进作物生长,具有增产作用,比对照增产 26.2%,省种省工,应大力推广。种子包衣方法有圆底大锅包衣法、大瓶或铁桶包衣法、塑料袋包衣法。

(5)播期。古农书中说"春谷宜晚,夏谷宜早""早种一把糠,晚种一把米",都强调了谷子不宜早播,早播虽然墒情较好,容易保苗,但地温较低,生长缓慢,种子幼芽在土壤中时间长增加了病菌侵入的机会,病多;钻心虫一代蛾子产卵时谷苗嫩,往往虫害严重,如河南新乡农科所试验,谷雨下种的比立夏下种的病害率增加 2.49%,虫害率增加 31.5%;同时也因早播,谷子生育期间所需的外界环境条件与当时的客观实际情况不相符合。河南省谷子主要分布在丘陵地区,谷子生育中所需水分主要靠自然降雨来满足。过早播种,谷子各生育阶段相应提前,往往在雨季尚未来临时就已拔节,穗分化也随之开始,由于自然降雨不能满足需要,易发生"胎里旱",穗小粒少。抽穗期需水量多,也常因雨季高峰未来,形成"卡脖旱",谷子进入开花灌浆期,常处于雨季高峰,光照不足,影响授粉、灌浆,形成籽粒不饱满,产生大量砒籽,降低产量。过晚播种,易发生烧尖灌耳、地面板结等问题,生育后期易发生贪青晚熟,因积温不够影响籽粒饱满度,甚至不能成熟。"早播晚播碰年头,适期播种年年收"。适期播种,使谷子需水规律和当地自然降雨规律相吻合,充分利用自然降雨,是旱地谷子高产稳产的一项重要措施,适期播种赶雨季,使谷子苗期处于干旱少雨季节,有利于蹲苗,使谷苗长得壮实。拔节期赶在7月初雨季来临的初期,孕穗期赶在7月下旬雨季来临的中峰期,防止"胎里旱"。谷要拖泥秀,把抽穗期赶在7月底至8月上旬的雨季高峰期,防止"卡脖旱",达到穗大花多。经过多年生产实践和播期试验,一般在立夏至小满前后播种。春播以土温而言,播种层的土温稳定在10 ℃以上时,播种较为适宜,一般在5月中旬开始抢墒播种。夏直播谷子要麦收后抢墒播种,最迟不要晚于6月底。

五、播种技术

(一)播种方法

各地因耕作制度、播种工具不同,播种方法也不同。黄河中下游以耧播及沟播较为普遍,东北地区大部采用垄作。随着农业机械化程度的提高,我国机播面积逐渐扩大。河南省主要采用耧播,耧播下籽均匀,覆土深浅一致,开沟不翻土,跑墒少,在墒情较差时利于保全苗。省工方便。耧播行距各地宽窄不一,大致可分为三腿耧和两腿耧,前者行距23~26 cm,后者26~40 cm,经试验以40 cm为宜。也有采用宽窄行播种方式,即宽行40~47 cm,窄行16~23 cm,这种方式有利于高培土,防倒伏;后期通风透光比较好,可减轻病害和避免腾伤。也有三条腿的"梅花耧",耧宽13~16 cm(4~5寸),行距6.6~8.3 cm(2~2.5寸),中间一腿在前,左右两腿在后,将13~16 cm的播幅分为三行,幅距40~46 cm(1.2~1.44尺)。间苗时三行错开留苗成梅花形,做到"密中有稀,稀中有密"。通风透光,利于生长。

近年来,河南省大面积推广播种机精量播种,机播下籽均匀,播量少,深浅一致,工效高,质量好。有条件的地方可推广机播。

采用谷子精量播种机精量播种,播种行距一般为50 cm,播种深度2~3 cm。墒情适宜、土壤平整地块,精量播种每亩0.3~0.4 kg即可。墒情较差时,播量可加大至0.5 kg。夏播谷子播量加大,根据土壤质地和墒情的不同,每亩播量0.5~0.6 kg。精量播种机可一次完成施肥、播种、镇压多道工序,并且出苗均匀一致、密度适宜,免去后期人工间定苗。

(二)抗旱播种技术

河南省种谷子地区多为干旱、半干旱地区,年降水量少,分布又不均匀,冬春两季干旱少雨,有时春天整季无雨,蒸发又强烈,干土层很厚,谷田常因墒情不好,影响播种,造成严重的缺苗断垄,有的地块甚至不得不补种或毁种。因此,抓好抗旱播种,保证全苗就成为这些地区谷子生产的关键。我国劳动人民在长期的生产实践中,积累了丰富的抗旱播种经验,主要介绍如下:

(1)套耧播种。冬季未蓄墒,春季无雨,干土层较厚,又无灌水条件时采用。具体方法:先用空耧开播种沟,推开干土,然后用带籽耧播种、这样深播种,浅覆土,使种子播到湿土层上就易出苗。

（2）镇压提墒。播种当表土干到 10 cm 左右，底墒较好时采用。据试验，镇压后可使播种层土壤含水量增加 3% 左右，出苗早而齐，增产 16.77%～33.2%。

（3）深种揭土法。表土干底土有墒时采用。先深播种，把谷子播入较湿的土中，过几天待种子萌发时，将表层干土推开，以利谷苗出土。

（4）趁墒早播。土壤墒较好，为了抢墒，可提前 10 d 播种。

此外还有冲沟等雨播种、雨后抢种等方法，各地应根据具体情况灵活应用。

（三）播种量和播种深度

谷子播种量要适当，过少易造成缺苗断垄，过多时，幼苗密集，生长不良，间苗费工，稍不注意易荒苗而减产。一般每亩 0.75～1 kg 为宜。如种子发芽率高、种子质量好、土壤墒情好、地下害虫少、整地质量高，播种量可少些；相反可适当多些。

播种深度对幼苗生长影响很大。谷籽粒小，胚乳中储藏的营养物质少，如播种太深，出苗晚，在出苗过程中消耗了大量营养物质，谷苗生长细弱，甚至出不了土，降低出苗率。同时增加病菌侵入机会，容易感染病害。播种过浅常因表土干旱缺苗。播种深度适宜，幼苗出土早，消耗养分少，有利形成壮苗。适宜的播种深度为 3.3～5 cm（1～1.5 寸）。山地壤土也可播 6.7 cm（2 寸），土壤墒情好的可适当浅些，墒情差的可适当深些。早播可深些，迟播的可浅些。

（四）播后镇压

谷籽粒小，播种浅，春季又干旱多风，播种层常感水分不足。如整地不好，土中有坷垃、空隙，谷粒不能与土壤紧密接触，种子难以吸水发芽或发芽后发生"卷死""悬死"现象。为促进谷粒发芽、扎根，出苗整齐，播后要镇压。播后镇压是谷子栽培的一项重要措施。"谷子不发芽，猛使砘子砸""播后砘三砘，无雨垄也青"，镇压既可提墒，又可保墒，又使种子与土壤紧密接触，有利吸水，防止悬死。在旱地一般镇压 2～3 次。干旱时，谷子要在播种时随楼镇压的基础上，出苗后第一片叶展开时，用石磙进行第一次碾压；第二片叶展开时，进行第二次镇压。这样控制了地上部生长，起到了蹲苗壮秆作用。但要注意，土壤湿度大时不要镇压，以免造成地表板结，妨碍谷苗出土生长。

六、合理密植

谷子产量高低，决定于每亩穗数、每穗粒数和粒重三个因素的乘积，一切栽培措施都是争取这个乘积的最大值，每亩穗数主要反映群体的密植幅变，每亩粒数和粒重的乘积反映群体内个体生长发育状况。一般稀植条件下，单株营养面积大，植株得到充分发育，穗大、粒多、粒重，单株产量高。但是由于单位面积个体太少，没有充分利用光能、养分和水分，群体产量仍然不高，每亩穗数不足成为影响产量的主要矛盾。据各地研究，在不同密度、不同栽培条件下，粒重变异较小，穗粒数变异大（见表 3-1），因此在合理密植的基础上，单位面积成粒数是决定产量高低的主导因素。合理密植，就是根据土、肥，既要使每亩有最大限度的株数，又要使单株能充分利用光、温、水、养等外界条件，使个体发育好，单位面积穗数与穗粒数、粒重的矛盾得到统一，保证穗粒数而增产。

表 3-1

密度(万株/亩)	穗数(万穗/亩)	穗重(g)	穗粒数	千粒重(g)
3.33	3.44	7.46	2 050	3.68
4.66	4.54	5.81	1 690	3.43
6.00	5.34	5.86	1 680	3.58
7.33	7.33	4.08	1 170	3.49
8.66	8.07	3.68	1 080	3.54

叶面积指数是衡量群体结构是否合理的指标,综合各地试验,在中上等地力条件下,亩产 400 kg 的谷田,不同生育时期最适的叶面积指数大致为:苗期 0.3~0.5,拔节期 1.5~2.5,抽穗期 5.5~6.0,以后最好有 10~15 d 的时间保持在一个稳定的状态再缓慢下降,到乳熟期,叶面积指数最好保持在 2.5 以上。衡量谷田是否合理密植,即群体结构是否合理,主要看群体内光照强度。若群体下部绿色叶片的光照强度等于谷子光补偿点(1 200~4 500 m烛光),说明谷田群体结构合理。如果小于光补偿点,说明群体密度过大,叶片互相遮阴,影响光合作用。若大于光补偿点,说明密度过小,漏光严重,不能充分利用光能。

谷子合理密植与品种特性、气候条件、土壤肥力、播种早晚和留苗方式等因素有关。一般晚熟品种生育期长,茎叶茂盛,需要较大的营养面积,留苗密度适当稀些,早熟品种,生育期短,植株较矮,个体需要营养面积小,留苗密度应密些。分蘖强的品种留苗密度小些;分蘖弱的应大些。春谷品种留苗应稀些,夏谷品种应稠些。在土壤肥力较高、水肥充足的条件下,留苗密度应加大;干旱瘠薄地留苗密度应减少。在一般栽培条件下,中等旱地和水浇地,春谷以每亩 2.5 万~3 万株为宜,肥力较高的以 3 万~3.5 万株为宜,夏谷 4 万~5 万株为宜。肥力较差的旱地以 1.5 万~2 万株为宜。坡地以 1 万株为宜。行距经各地试验以 40 cm 为好。

七、田间管理

(一)苗期管理

苗期管理的中心任务是在保证全苗的基础上促进根系发育,培育壮苗。壮苗的标准是根系发育好、幼苗短粗苗壮、苗色浓绿、全田一致。苗期管理的主要措施如下。

1.保全苗

"见苗一半收",所以要采取各种措施保全苗。主要措施如下:

(1)秋冬深耕蓄墒,冬春耙耱保墒,播前镇压提墒(三墒整地),搞好秋雨春用,满足谷子发芽出苗对水分的要求,以保全苗。

(2)秋冬末蓄墒,春季干旱无雨,出苗困难,采取抗旱播种技术,争取全苗。

(3)防"卷死""悬死""烧尖""灌耳"。出苗前土壤干旱镇压,可增加耕层土壤含水量,有利于种子萌发和出土。播后遇雨,出苗前镇压,可破除土壤板结,防止"卷死"。出苗后镇压,可以破碎坷垃,使土壤紧实,防止"悬苗"。由于镇压提高表层土壤含水量,使土温上升慢,可以防"烧尖"。低洼地防止小苗"灌耳""游心"。做好排水准备,灌后要及时镇压,也可减轻为害。

(4)查苗补苗。出苗后发现缺苗断垄时,可用催过芽的种子进行补种。来不及补种或补种后仍有缺苗时,可结合间苗进行移栽补苗。移栽谷苗以发出白色新根易于成活。为促使谷苗发出新根,可将间下的谷苗捆束,将根在水中浸一夜发出新根,移栽成活率很高。移栽时在需补苗的地方开浅沟,浇满水,将谷苗浅插湿泥中。再撒上一层细土,以防板结。据试验,移栽谷苗以五叶期最易成活。此外,还可通过中耕用土稳苗防止风害伤苗;早疏苗、晚定苗,播前防治地下害虫,及时防治苗期虫害,减少幼苗损伤来保全苗。

2.间苗、定苗

谷籽粒小,出苗数为留苗数的几倍以至十几倍。谷子又多系条播,出苗后谷苗密集在一条线上,相当拥挤,互相争光、争水、争肥,尤其是争光的矛盾尤为严重。如不及时疏间,往往引起苗荒、草荒,影响根系发育形成弱苗,后期容易倒伏又不抗旱。因此,要及早间苗。农谚有"谷间寸,顶上粪",说明早间苗效果好,对培育壮苗十分重要。早间苗能改善幼苗生态环境,特别是光照条件;能促进植株新陈代谢,生理活动旺盛,有机物质积累多,因而根系发达,幼苗健壮,为后期壮株大穗打下基础,是谷子增产的重要措施。综合各地试验,间苗越晚,减产幅度越大。早间苗一般可增产 10%~30%。据试验,谷子以 4~5 片叶间苗、6~7 片叶定苗为宜。间苗时,要留大不留小、留强不留弱、留壮不留病、留谷不留莠。

3.蹲苗

蹲苗就是通过一系列的促控技术促进根系生长,控制地上部生长,使幼苗粗壮敦实。蹲苗应在早间苗、早中耕、施种肥、防治病虫害的基础上,采取下列措施。

(1)压青砘。谷苗 2~3 片叶时午后进行。幼苗经过砘压之后,有效地控制地上部生长,使谷苗茎基部变粗,促使早扎根、快扎根,提高根量和吸水能力,且能防止后期倒伏。据河北农作物研究所 1973 年试验,压青后 1~3 节间比对照显著变短,茎高比对照矮 4.7~9.1 cm。

(2)适当推迟第一次水肥管理时间。谷子出苗后,土壤干旱、谷苗根系伸长缓慢,只要底墒好,就能不断把根系引向深处,有利于形成粗壮而强大的根系。因此,应在土壤上层缺墒,而有底墒的情况下蹲苗。控上促下,培育壮苗。谷子出苗后,适当控制地表水分,即使有灌溉条件,苗期也不灌溉。一般情况下,第一次水肥管理可以在穗分化开始时进行,如果土壤水肥好,幼苗生长正常,可推迟到幼穗一级枝梗开始分化时进行。在此期间,如果中午叶片变灰绿色,发生卷曲,在下午 4 时前又可恢复正常的,控水可继续下去。如果上午叶片卷曲,到下午 4 时前还不能恢复正常的,应及时浇水。

(3)深中耕。谷子苗期如果土壤湿度大、温度高,则应进行深中耕。苗期深中耕可以促进根系的发育,减缓地上部生长,并使茎秆粗壮,利于培育壮苗。

(4)喷施磷酸二氢钾、矮壮素。拔节喷施磷酸二氢钾,幼苗健壮,叶色黑绿,根量增多,有明显的壮秆壮穗效果。喷施矮壮素,也可缩短茎基部节间,延缓地上生长,使谷苗健壮。

4.中耕锄草

谷子幼苗生长缓慢,易受杂草为害,应及时中耕除草。谷子第一次中耕,一般结合间苗或在定苗后进行。这次中耕兼有松土、除草双重作用,而且还能增温保墒,促进谷子根系生长并深扎。中耕应掌握浅锄、细锄,破碎土块,围正幼苗技术,做到除草务净、深浅一致,防止伤苗压苗。

谷子苗期杂草多时,可用化学药剂除草,既提高工效,又能节省劳力,增产效果显著。据黑龙江省药剂除草经验,以 2,4-D 丁酯除草应用较为普遍,除草效果好。用药量和喷药时间得当,防除宽叶杂草效果可达 90% 以上。防治时间宜在 4~5 叶期,药量每亩用72%2,4-D 丁酯 34~52 g。用背负式喷雾器每亩兑水 30~50 kg,机引喷雾器每亩兑水 25 kg 左右喷洒。

谷莠草是谷子的伴生性杂草,苗期与谷子形态相似,不易识别,很难拔除。近几年在东北地区试验,用选择性杀草剂扑灭津杀除效果很好。50% 可湿性粉剂的扑灭津每亩 0.2~0.4 kg,在播种后出苗前喷雾处理土壤,杀灭效果可达 80% 以上。此外良种种植几年后谷莠子苗色与谷苗一样,更换不同苗色的另一良种,间苗时可根据苗色将谷莠子全部拔除。

(二)拔节抽穗期管理

谷子拔节到抽穗是生长和发育最旺盛时期,要加强田间管理。田间管理的主攻方向是攻壮株、促大穗。拔节期壮株长相是秆扁圆、叶宽挺、色黑绿、生长整齐。抽穗时呈秆圆粗敦实、顶叶宽厚、色黑绿、抽穗整齐。管理主要措施如下。

1.清垄

拔节后谷子生长发育加快,为了减少养分、水分不必要的消耗,为谷子生长发育创造一个良好的环境,要认真进行一次清垄,彻底拔除杂草、残、弱、病、虫株等,使谷田生长整齐,苗脚清爽,通风透光,有利谷苗生长。

2.追肥

谷子拔节以前需肥较少,拔节以后,植株进入旺盛生长期,幼穗开始分化,拔节到抽穗阶段需肥最多,然而这时土壤养分的供给能力最低。据黑龙江嫩江地区农科所试验,土壤养分从谷子生育的初期开始逐渐减少,拔节以后的孕穗期到抽穗阶段最低,远不能满足谷子要求。施入农家肥经分解后才能供应吸收,这时即使转化一部分,也赶不上需要。因此,必须及时补充一定数量的营养元素,对谷子生长及产量形成具有极其重要的意义。

磷肥一般作底肥,不作追肥。钾肥就目前生产水平,土壤一般能满足需要,无须再行补充。追施氮素化肥能显著增产。河北承德地区农科所在旱地上试验,每亩施纯氮 3 kg,以尿素作追肥效果最好,11 个点平均增产 58.9%;其次是硝酸铵、氯化铵,增产效果在43.8%~48.1%;再次是氨水、硫酸铵、碳酸氢铵,增产 34.1%~37.5%;石灰氮效果最差,不适于作追肥。速效农家肥如坑土、腐熟的人粪尿素含氮较多的完全肥料,都可作追肥施用。

谷子追肥量要适当。过少增产作用小,但过多,不但不能充分发挥肥效,经济效果也不好,而且导致倒伏,病虫害蔓延,贪青晚熟,以致减产。从各地试验结果看,一次追肥每亩用量以纯氮 5 kg 左右为宜。据河北承德地区农科所试验,以硫酸铵作追肥,在中等肥力的土地上,每亩施用 20~30 kg 产量最高。如果是硝酸铵每亩不宜超过 20 kg。为做到科学追肥,应根据产量指标、土壤中速效养分含量、底施有机肥中有效元素含量及肥料当地当年利用率估算,不足部分追肥补足。据试验,穗分化前期追肥,主要是供应枝梗分化时对养分的要求,使分枝增多、小穗增多。穗分化后期追肥,促进小花发育,减少枇籽、空壳,增加饱满粒数。所以拔节后穗分化开始到抽穗前孕穗期都是追肥适期。从各地试验看,若氮素肥料较少,一次追肥,增产作用最大时期是抽穗前 15~20 d 的孕穗期。同样肥料,孕穗追效果好于拔节期追。但在瘠薄地或高寒地区要提前些。若氮素肥料较多,最好两次追肥。第一次于拔节始期,称为"坐胎肥",第二次在孕穗期,叫"攻籽肥",但最迟必须在抽穗前 10 d 施入,以免贪青晚熟。各地试验分期追比一次追效果更好。据试验,同样数量氮肥,分期追比集中在拔节始期一次追的增产 5.9%~22.6%,也比孕穗期一次追的增产 11.3%。分期追肥时,在肥地或豆茬地上,第一次少追、第二次多追效果好,但后一次也不宜过量,如广灵南房基点在高肥地试验,拔节始期 5 kg,孕穗期追 10 kg,比各追 7.5 kg 增产 12.9%。在旱薄地或苗情较差的地块或无霜期短的地区或早熟品种则初次要多追,以不使苗狂长为度,后期少追,促进前期生长,实现穗大穗齐。山西应县在低肥地上试验,第一次多追、第二次少追,比第一次少追、第二次多追的增产 16.7%。

追肥宜用楼顺垄施入,既防止烧苗,又提高工效。为了发挥氮素的最大增产作用,追肥时要看天、看地、看谷苗。看天:因肥料溶于水才能吸收,在旱地上,应摸清当地降雨规律,或根据天气预报,力争雨前甚至冒雨施。一般应适时早追,以便使谷子能够比较及时地充分利用肥料,宁让肥等水,不要水等肥。涝年土壤水分多,肥地易徒长,要适当控制施肥量。一般风天不要撒施,以免施得不匀或烧苗。看地:即看土质土性。黏土、背阴、下湿等秋发地,不发小苗应早追施,促苗早发;相反,沙性土、向阳的春发地,发小不发老,可略晚追肥。薄地多追,肥地少追。看苗:谷苗缺氮时要及时早追肥,弱苗要早追、多追,生长过旺要迟追或少追甚至不追。一般追肥后结合中耕埋入土中或追后浇水,以提高肥效。易挥发性的肥料,一定要深施。

3.浇水

旱地谷通过适期播种赶雨季,满足谷子对水分的要求,水地谷除利用自然降雨外,根据谷子需水规律,对土壤水分进行适当调节,以利谷子生长。谷子拔节后,进入营养生长和生殖生长阶段,生长旺盛,对水分要求迅速增加,需水量多,如缺水,造成"胎里旱",所以拔节期浇一次大水,既促进茎叶生长,又促进幼穗分化,植株强壮,穗大粒多。孕穗抽穗阶段,出叶速度快,节间伸长迅速,幼穗发育正处于小穗原基分化到花粉母细胞四分体形成时期,对水分要求极为迫切,为谷子需水临界期,如遇干旱造成"卡脖旱",穗抽不出来,出现大量空壳、枇籽,对产量影响极大。因此,抽穗前即使不干旱也要及时浇水。据试验,抽穗前浇水可增产 69.3%。据报道,谷子一生灌三水,即拔节、孕穗、抽穗期各灌一水效果最好。比不灌的增产 89.5%,比灌两次和一次的分别增产 67.3% 和 20.2%。如果灌水一次,以抽穗期灌水效果最好,比不灌的增产 26.4%,其次是孕穗期灌水,增产 12.3%,拔节期灌增产 12%。如灌两水,以孕穗、抽穗期各灌一次效果最好。比不灌水的增产 74.3%,而拔节和抽穗期各灌一水的增产 60.3%。旱地谷没有灌溉条件,抽穗前进行根外喷水,用水量少,增产显著。

4.中耕除草

谷子拔节后,气温升高,雨水增多,杂草滋生,谷子也进入生长旺盛期,此时在清垄的基础上,结合追肥和浇水进行深中耕,深度 7~8 cm。深中耕可松土通气,促进土壤微生物活动,加速土壤有机质分解,充分接纳雨水,消灭杂草,有利于根系生长,而且可以拉断部分老根,促进新根生长,从而起到促控作用,既控制地上部茎基部茎节伸长,又促进根系发育。陕西渭南地区农民称这次中耕是"挖瘦根,长肥根""断浮根,扎深根",有利吸水吸肥、增强后期抗倒抗旱能力。据河南省南乐县前平邑大队试验,深锄 6.7 cm 的比 3.7 cm 的增产 10.9%。谷子在孕穗期结合追肥浇水进行第三次中耕,这次中耕不宜过深,以免伤根过多,影响生长发育,一般 5 cm 左右为宜。除松土除草外,同时进行高培土,促进气生根生长,增加须根,增强吸收水肥能力,防止后期倒伏,提高粒重,减少秕粒,又便于排灌。

(三)抽穗成熟期管理

田间管理的主攻方向是攻籽粒,重点是防止叶片早衰,延长叶片功能期,促进光合产物向穗部籽粒运转积累,减少秕籽,提高粒重,及时成熟。具体措施如下。

1.浇攻籽水

高温干旱谷子开花授粉不良,影响受精作用,容易形成空壳,降低结实率。灌浆成熟期干旱造成"夹秋旱",抑制光合作用正常进行,阻碍体内物质运转,易形成秕粒,影响产量。因此,有灌溉条件的应进行轻浇或隔行浇,有利于开花授粉,受精,促进灌浆,提高粒重。灌浆期干旱又无灌溉条件可在谷穗上喷水,也可增产。如孟县 1972 年在谷穗上喷水三次,增产 20%~30%。灌水时注意低温不浇、风天不浇,避免降低地温和倒伏。

2.根外追肥

谷子后期根系生活力减弱,如果缺肥,进行根外喷施。谷子后期叶面积喷施磷肥、氮肥和微肥,可促进谷子开花、结实和籽粒灌浆,能提高产量。河北张家口地区农科所于抽穗开花期喷施磷酸二氢钾稀溶液,增产 36.5%(包括天旱喷水因素在内)。山西农科院谷子所多点试验,喷施磷酸二氢钾增产 6.59%~10.64%。其方法有:每 500 g 磷酸二氢钾加水 400~1 000 kg,每亩喷 75 kg 左右。2%尿素+0.2%磷酸二氢钾+0.2%硼酸溶液,每亩 40~50 kg。400 倍液磷酸二氢钾溶液每亩 100~150 kg。200~300 倍过磷酸钙溶液,每亩 150~200 kg,于开花灌浆期叶面喷施。山西农科院作物遗传所于抽穗灌浆期喷微量元素硼,15 个点平均增产 110.7%。其方法是:每亩 30 g 硼酸溶于 100 kg 水中,抽穗始期与灌浆前各喷一次。

3.浅中耕

谷子生育后期,若草多,浇水或雨后土壤板结,必须浅中耕。

4.防涝、防"腾伤"、防倒

谷子开花后,根系生活力逐渐减弱,最怕雨涝积水,通气不良,影响吸收。因此,雨后要及时排除积水,浅中耕松土,改善土壤通气条件,有利根部呼吸。谷子灌浆期,土壤水分多,田间温度高、湿度大,通风透光不良,易发生"腾伤",即茎叶骤然萎蔫逐渐呈灰白色干枯状,灌浆停止,有时还感染病害,造成谷子严重减产。为防止"腾伤",适当放宽行距或采用宽窄行种植,改善田间通风透光条件。高培土以利行间通风和排涝。后期浇水在下午或晚上进行。在可能发生"腾伤"时,及时浅锄散墒,促进根系呼吸等。谷子进入灌浆期穗部逐渐加重,如根系发育不良,雨后土壤疏松,刮风即易根部倒伏。谷子倒伏后,茎叶互相堆压和遮阴,直接影响光合作用的正常进行,而呼吸作用则加强,干物质积累少,消耗多,不利于灌浆,秕籽率增高,严重影响产量。所以农谚有"谷子倒了一把糠"的说法。为防止倒伏,要采取一系列措施防止倒伏,如选用高产抗倒抗病虫品种,播后要三砘,及时间定苗,蹲好苗,合理密植、施肥、科学用水、深中耕、高培土等。

八、收获和储藏

谷子成熟时可用谷子专用联合收割机或调整筛网的约翰迪尔-70(或80)或常发CF-450小麦联合收割机收获。一次性完成收割、脱粒、灭茬等流程。

收获要根据谷子籽粒的成熟度来决定,收获过早籽粒不饱满、青粒多,籽粒含水量高,籽实干燥后皱缩,千粒重低,产量不高,而且过早收获后,谷穗及茎秆含水量高,在堆放过程中易捂放热发霉,影响品质;收获过迟,茎秆干枯易折,穗码脆弱易断,谷壳口松易落粒。一般谷子以蜡熟末期或完熟初期收获最好。

谷子的储藏方法有两种,一是干燥储藏,在干燥、通风、低温的情况下,谷子可以长期保存不变质;二是密闭储藏,将储藏用具及谷子进行干燥,使干燥的谷粒处于与外界环境条件相隔绝的情况下进行保存。

第三节　麦茬直播谷子高产栽培技术

一、产地环境

选择地势平坦、无涝洼、无污染、有灌溉条件的地块。

二、播前准备

(1)小麦秸秆粉碎还田。用秸秆还田机切碎前茬秸秆,麦茬高度应控制15 cm以内,秸秆切碎长度不超过15 cm,并做到麦秸抛撒覆盖均匀。

(2)造墒。播种前如墒情不足,应于小麦收获后浇地造墒。

(3)选择免耕播种机。选用可一次性完成破茬清垄、精量播种、施肥、覆土镇压等多项作业的免耕播种机。

(4)品种选择

选择适合当地条件的抗旱、抗倒伏、高产优质、适宜机械化收获的谷子品种。可选用豫谷18、豫谷19、冀谷19等。

(5)种子处理。

①晒种。播种前10 d内晒种1~2 d,但防止暴晒,以免降低发芽率。

②精选种子。播种前对种子进行精选,用10%盐水对种子进行精选,清除草籽、秕粒、杂物等,清水洗净,晾干。

三、播种

(1)播期与播量。小麦收获后及时播种,适宜亩播种量为0.4~0.6 kg。根据土壤墒情、种子发芽率控制用种量,以不缺苗不间苗为宜。

(2)播种。播种行距一般为 50 cm,播种深度 2~3 cm。播种要匀速,保证破茬清垄效果,播种、施肥、镇压均匀。

四、施肥

(1)基肥。中等地力条件下,亩施氮磷钾复合肥(15-15-15)30 kg 做底肥。

(2)追肥。分拔节肥和花粒肥 2 次施用。拔节肥:拔节期结合灌水亩追施尿素 10~15 kg;花粒肥:灌浆初期叶面喷施 0.2%磷酸二氢钾水溶液 2 次。

五、田间管理

(1)杂草防治。播种后出苗前可采用 44%单嘧磺隆(谷友)100~120 g/亩封地处理。抗除草剂品种采用配套除草剂化学除草。

(2)病虫害防治。

谷瘟病:发病初期用 40%克瘟散乳油 500~800 倍液喷雾,或 6%春雷霉素可湿性粉剂 500~600 倍液喷雾,每亩用药液 40 kg。

白发病:用 25%的甲霜灵(瑞毒霉)可湿性粉剂按种子重量的 0.3%拌种。

黏虫:高效、低毒、低残留的菊酯类农药,兑水常规喷雾。

玉米螟:播种后 1 个月左右(孕穗初期)用高效、低毒、低残留的菊酯类农药,兑水常规喷雾。

地下害虫防治:用 50%辛硫磷乳油 30 mL,加水 200 mL 拌种 10 kg,防治蝼蛄、金针虫、蛴螬等地下害虫及谷子线虫病。

六、机械收获

一般在蜡熟末期或完熟初期,此期种子含水量 20%左右,95%谷粒硬化。采用联合收割机收获,可大幅度提高生产效率。

第四节 无公害高产高效谷子栽培技术

一、轮作倒茬和选地整地

谷子必须合理轮作倒茬,最好相隔 2~3 年。前茬以豆类最好。选择 pH 值在 7 左右的壤土,谷籽粒小,要求精细整地,"不怕谷粒小,就怕坷垃咬",说明精细整地的重要性。

(1)春播。前茬作物收获后,及时进行秋翻,秋翻深度一般在 20~25 cm,要求深浅一致、平整严实、不漏耕。底肥可随秋翻施入。早春耙耱,使土壤疏松,达到上平下碎。

(2)夏播。前茬作物收获后,有条件的可以进行浅耕或浅松,抢茬的可以贴茬播种。

二、播种

选用豫谷 18 等优质、高产、多抗新品种,也可引种山东、河北南部推广品种。购买谷种时不盲信广告和传言。

种子质量：种子发芽率不低于 85%，纯度不低于 97%，净度不低于 98%，含水率不高于 13%。

种子处理：播前 10 d 内，晒种 1~2 d，提高种子发芽率和发芽势。用 10% 盐水进行种子精选，去除秕粒和杂质。清水洗净后，晾干。

精量播种：

（1）播期。春播：10 cm 地温稳定在 10 ℃以上就可以播种。但也不宜过早，避免谷子病害发病严重。一般在 5 月上旬开始播种。夏播：前茬收获后应抢时播种，越早越好。争取 6 月底前完成播种。

（2）播量。建议使用精播机播种，亩用种量 0.4~0.6 kg。墒情好的春白地 0.4 kg 左右，贴茬播种 0.5~0.6 kg。播种做到深浅一致，覆土均匀，覆土 2~3 cm，适墒镇压。

（3）种植方式。行距 40~50 cm，株距 3~4 cm，每亩留苗 4 万~5 万株。

三、田间管理

（一）间苗、定苗

俗话说"谷间寸、顶上粪"，说明早间苗的重要，4~5 叶间苗、6~7 叶定苗，提倡单株留苗或小撮留苗（3~5 株），撮间距 15~20 cm。中耕后进行一次"清垄"，拔去谷莠子、病株、杂株等。

（二）化学除草

每亩用 44% 谷友可湿性粉剂 80~120 g，兑水 50 kg，播后苗前土壤喷雾，防除阔叶和禾本科杂草。

（三）中耕管理

幼苗期结合间定苗中耕除草。拔节后，细清垄，进行第二次深中耕，将杂草、病苗、弱苗清除，并高培土。孕穗中期进行第三次浅锄，做到"头遍浅，二遍深，三遍不伤根"。

（四）水管理

全生育期谷子对水分需求量在 130~300 m³/亩，平均为 200 多 m³/亩。拔节期、抽穗期如发生干旱应及时灌水，灌浆期如发生干旱应隔垄轻灌。

（五）肥管理

（1）施肥量。亩施腐熟的优质有机肥 1 500 kg 以上，施磷酸二铵 10 kg 左右、尿素 10~15 kg、硫酸钾 3~5 kg。

（2）施肥方法。磷酸二铵和硫酸钾全部用做底肥，尿素 1/2 做种肥，1/2 做追肥，追肥时间为孕穗期中期。

（六）病虫害防治

谷瘟病：发病初期用 40% 克瘟散乳油 500~800 倍液喷雾，每亩用量 75~100 kg；或用春雷霉素 80 万单位喷雾，每亩 75~100 kg。

白发病：用 35% 的甲霜灵（瑞毒霉）可湿性粉剂按种子重量的 0.3% 拌种。

黏虫：用高效、低毒、低残留的菊酯类农药，兑水常规喷雾。

玉米螟:播种后1个月左右(孕穗初期)用高效、低毒、低残留的菊酯类农药,兑水常规喷雾。

地下害虫防治:50%辛硫磷乳油按种子量0.2%用量拌种或浸种,或用50%辛硫磷乳油按1 L加75 kg麦麸(或煮半熟的玉米面)的比例,拌匀后闷5 h,晾晒干,播种时施入播种沟内。

四、谷子收获

谷子以蜡熟末期或完熟初期收获最好,收获割下的谷穗要及时进行摊晒防止发芽、霉变。大片地块推荐施用谷子联合收割机收获。

第五节 谷子主要病虫害及防治方法

一、谷子主要病害

(一)谷子白发病

1.症状

谷子白发病是一种土传病害。谷子种子自萌芽到成熟,各生长期表现不同症状。幼芽被侵,弯曲变褐腐烂,称为烂芽;幼苗期,叶片产生与叶脉平行的苍白色或黄白色条纹,并在叶片背面生长有密生的粉状白色霉菌,称为灰背;孕穗期,病株上部叶片变黄白色,心叶不展开,直立于田间,形成白尖或枪杆;抽穗期,病株的黄白色心叶逐渐变红褐色,叶片纵裂成细丝,仅残留黄白色的植株维管束,卷曲如发状,称为白发;病菌侵染穗部,使穗上全部或一部分颖片伸长,呈刺猬状,又称看谷老。病菌以卵孢子在土壤、肥料和附着种子上越冬。病菌可在土壤中存活2~3年,谷子发芽时从芽鞘和幼根表皮直接侵入,随生长点扩展。在幼苗叶部形成灰背,产生大量孢子囊随风雨传播,从幼苗心叶侵入,亦能产生系统症状。因此,苗期多雨时,发病较严重;连作田菌源数量大或肥料中带菌数量多,病害发生严重;土壤墒情差,出苗慢,播种深或土壤温度低时,病害发生亦严重。

2.防治方法

播前可用35%甲霜灵可湿性粉剂按种子重量的0.2%拌种,并及时拔除灰背、白尖等病株,带出田外烧毁或深埋。

(二)谷子锈病

1.症状

锈病是谷子比较严重的病害,夏谷尤其突出。谷子抽穗后的灌浆期,在叶片两面,特别是背面散生大量红褐色、圆形或椭圆形的斑点,可散出黄褐色粉状孢子,像铁锈一样,是锈病的典型症状,发生严重时可使叶片枯死。

谷锈病病菌夏孢子,也就是一般锈病病原,随谷草、肥料在干燥场所,或随病残体在田间越冬,在7月下旬,夏孢子遇雨水上溅落到叶片,萌发后通过气孔侵入,在表皮下或细胞间隙中生长,约10 d后产生夏孢子堆,也就是发病,新形成的孢子通过空气广泛传播,落在叶片上,若湿度合适形成再侵染,夏孢子堆可连续产生夏孢子,引起该病的暴发流行。流行过程一般可分为发病中心形成期:发病始期病叶率在逐渐增加,严重度没有发展;普遍率扩展期:发病中心消失转为全田发病,病株率、病叶率急剧增加,为田间流行提供了充足菌源;严重度增长期。所以,在种植感病品种时,锈病发生轻重与越冬菌源量、7~9月雨量和田间小气候的湿度紧密相关。

2.防治办法

最主要的是选用抗病品种,是最经济有效的措施。清除田间病残体、降低田间湿度等均有一定防效。当病叶率达1%~5%时,可用15%的粉锈宁可湿性粉剂600倍液或12.5%烯唑醇可湿性粉剂1 500~2 000倍液进行第一次喷药,隔7~10 d后酌情进行第二次喷药。

(三)谷子纹枯病

1.症状

谷子纹枯病自拔节期开始发病,先在叶鞘上产生暗绿色、形状不规则的病斑,之后病斑迅速扩大,形成长椭圆形云纹状的大块斑,病斑中央呈苍白色,边缘呈灰褐色或深褐色,病斑连片可使叶鞘及叶片干枯。病菌侵染茎秆,可使灌浆期的病株倒折。环境潮湿时,在叶鞘表面,特别是在叶鞘与茎秆的间隙生长大量菌丝,并生成大量黑褐色菌核。

田间病株残体上或散落在土壤内的菌核,在适宜的条件下萌发,从茎基部侵入,逐步向上扩展,菌丝生长形成菌核,菌核随风、雨水或浇水落在健株上,传播发病。纹枯病菌在土壤内能够继续生长,并形成菌核。气温较常年高发病早,气温下降,病害停止扩展。湿度对纹枯病影响最大。在气候潮湿地区,病菌侵入植株后,病斑会沿叶鞘连续向上扩展。空气干燥时停止扩展,若再次遇到适宜湿度,病害又会开始扩展侵染。

2.防治方法

病株率达到5%时,采用12.5%禾果利可湿性粉剂400~500倍液,或用15%的粉锈宁可湿性粉剂600倍液,每亩用药液40 kg,在谷子茎基部喷雾防治一次,7~10 d后酌情补防一次。播种前可用2.5%适乐时悬浮剂按种子量的0.1%拌种。

(四)谷瘟病

1.症状

谷穗的"死码子"只是谷瘟病在谷穗上的表现,其实从苗期到成株期都可能发生谷瘟病,发生在叶片上叫叶瘟,发生在穗上的叫穗瘟。叶瘟一般从7月上旬开始发生,叶片上先出现椭圆形、暗褐色水浸状的小斑点,后逐渐扩大成纺锤形,灰褐色,中央灰白色病斑,病斑和健康部分的界限明显。天气潮湿时病斑表面生有灰色霉状物。有的病斑可汇合成不规则的长梭形斑,致使叶片局部或全叶枯死。穗期一般在主穗抽出后就开始发病,最后完全环绕穗轴及茎节处变褐枯死,阻碍小穗灌浆造成早枯变白。当谷子刚进入乳熟期,便在绿色谷穗上出现数量不等的枯白小穗,俗称"死码子"。发病严重时,常引起全穗或半穗枯死。病穗呈青灰色或灰白色,干枯、稀松、直立或下垂,通常不结籽或籽粒变成瘪糠。连阴雨、多雾露、日照不足时易发生谷瘟病。

2.防治方法

在田间初见叶瘟病斑时,用20%三环唑可湿性粉剂1 000倍液,或40%克瘟散乳油

500~800 倍液,或 6%春雷霉素可湿性粉剂 80 万单位(ppm)喷雾,每亩用药液 40 kg。如果病情发展较快,抽穗前可再喷一次。

(五)谷子线虫病

1.症状

谷子线虫病主要为害穗部,开花前一般不表现症状,所以到灌浆中后期才被发现。感病植株的花不能开花,即使开花也不能结实,颖多张开,其中包藏表面光滑有光泽、尖形的秕粒,病穗瘦小直立不下垂,发病晚的或发病轻的植株症状多不明显。不同品种症状明显不一样,红秆或紫秆品种的病穗向阳面的护颖变红色或紫色,尤以灌浆至乳熟期最明显,以后褪成黄褐色。而青秆品种没有这种症状,直到成熟时护颖仍为苍绿色。

2.防治方法

可用 0.5%阿维菌素颗粒剂沟施,轻发生地块每亩用 3~5 kg、严重地块每亩用 5~7 kg。播种前可用种子重量 0.1%~0.2%的 1.8%阿维菌素乳油拌种。

(六)谷子黑穗病

1.症状

谷子黑穗病除病穗外其他部分不表现明显症状,因此抽穗前不易识别,这一点和线虫病很相似。病穗一般不畸形,抽穗稍迟,较正常穗轻。病粒、病穗刚开始为灰绿色,以后变为灰白色,通常全穗发病或者和正常籽粒混生。病粒比正常籽粒稍大,内部充满黑褐色粉末。谷子黑穗病属系统性侵染病害,苗期侵染,抽穗后发病。

2.防治方法

用 25%三唑酮可湿性粉剂,或 15%三唑醇干拌种剂,或 50%福美双可湿性粉剂等,皆以种子重量 0.2%~0.3%的药量拌种。用 2%戊唑醇湿拌种剂 10~15 g,对水调匀成糊状,拌谷子种子 10 kg。用 20%萎锈灵乳油 800~1 250 mL(含有效成分 160~250 g),拌谷种 100 kg。

谷子主要病害及防治方法见表 3-2。

二、谷子虫害

近年来谷子的病虫害以前面所述的几种病害相对发生较重,而虫害较轻,这同年度间的气候条件变化等因素关系很大。谷子的虫害主要蝼蛄、金针虫、钻心虫(粟灰螟、玉米螟)、粟茎跳甲、黏虫、粟芒蝇等几种。不同年份间这些虫害的发生程度不同,不同虫害的防治措施的具体细节也不同,但比较普遍的防治措施是:

(1)结合秋耕、春耕,清除杂草,以减少初侵染源。

(2)合理轮作倒茬。

(3)选用抗、耐病品种,适期播种。

(4)合理施肥,加强管理,增强植株抗病力。

(5)适时适量喷洒农药。

具体防治方法详见表 3-3。

表 3-2　谷子主要病害及防治方法

防治对象	危害症状	防治方法
锈病	发病初期在叶片两面,背面产生红褐色夏孢子堆,严重时夏孢子堆布满叶片,造成叶片枯死,茎秆柔软,籽粒秕瘦,易倒伏,甚至造成绝产	选用抗病品种;合理密植,降低田间湿度。增施磷、钾肥。发病初期用 20% 三唑酮乳油 1 000~1 500 倍液,间隔 7~10 d 再喷一次
谷子白发病	主要表现为"白发、刺猬头、芽死、灰背、白尖、枪杆"等症状	选用抗病品种,轮作倒茬;适期晚播、及时拔除病株。播种前用 35% 甲霜灵拌种剂按种子量的 0.2% 拌种
谷瘟病	病斑中央灰白色,边缘紫褐色并有黄色晕环,湿度大时病斑背面密生灰色霉层	选用抗病品种,清洁田园,减少越冬菌源,保证通风透光,实行轮作。在发病初期喷药防治,可选用 40% 克瘟散乳油 500~800 倍液喷雾,间隔 5~7 d 喷 1 次,连喷 2 次
谷子纹枯病	叶鞘边缘暗绿色、性状不规则的云纹状病斑,随后病斑迅速扩大,形成长椭圆形云纹状的大块斑。病斑中央部分逐渐枯死并呈现灰白色,病斑边缘呈现灰褐色或深褐色	选种抗病品种;合理密植,清除田间病残体,适期晚播。当病株率达到 5.0%,可选用 12.5% 的烯唑醇可湿性粉剂 800~1 000 倍液,对茎基部喷雾防治,间隔 7~10 d 酌情补喷一次。纹枯病重发区用 2.5% 咯菌腈悬浮剂按照种子量的 0.1% 拌种
谷子黑穗病	被害植株全穗或部分籽粒变为黑粉,减产严重	选用抗病品种,实行轮作倒茬,连根拔除病株,带出大田处理。播前进行种子处理,用 2% 的戊唑醇按种子量的 0.2%~0.3% 拌种

表 3-3　谷子主要虫害及防治方法

防治对象	危害症状	防治方法
粟灰螟	幼虫危害谷子的茎秆、心叶及幼茎髓部,受害后造成谷子枯心苗;穗期茎秆被蛀,遇到风雨容易倒折,没有倒折的则形成白穗和秕粒	选种抗虫品种;适时晚播。在田间发现枯心株要及时拔除。重点防治二、三代幼虫,在成虫产卵及幼虫孵化盛期,可选用 2.5% 溴氰菊酯乳油或 50% 杀螟松乳油 1 000~1 500 倍液在幼虫钻蛀前针对谷子茎基部喷雾防治。卵盛期时可释放赤眼蜂进行防治
黏虫	主要以幼虫取食危害谷子叶片,咬食成不规则缺刻,危害严重时可将叶肉吃光,只剩主脉造成减产,甚至绝收	利用黏虫成虫的趋光性和趋化性,应用杀虫灯和性诱捕器等诱杀成虫。还可在田间设置糖醋液诱杀成虫。在幼虫三龄盛期以前可用 20% 氯虫苯甲酰胺悬浮剂 3 000 倍液或 48% 毒死蜱乳油 1 000 倍液喷雾防治

续表 3-3

防治对象	危害症状	防治方法
粟叶甲	主要以幼虫危害,多藏在谷子心叶内,取食叶肉组织,造成宽白条状食痕,严重时造成枯心、烂叶甚至整株枯死	合理轮作,做好田园清洁,清除田间、地头农作物残株落叶和杂草,减少越冬虫源。种子处理:在播种前用70%吡虫啉可湿性粉剂按种子量的0.3%拌种。在成虫产卵及幼虫孵化盛期,可选用4.5%高效氯氟氰菊酯乳油,或2.5%溴氰菊酯乳油1 500~2 000倍液喷雾防治,田间地头的杂草也要喷雾防治
地下害虫	主要指蝼蛄、金针虫、蛴螬等	播种前用50%辛硫磷乳油40~50 mL,兑水适量,加麦麸或炒半熟的玉米面5~6 kg,拌匀后闷5 h,晾干,播种时撒入播种沟内

第六节　谷子简化栽培技术

谷子简化栽培技术已于2006年获得国家发明专利,由河北省农林科学院谷子研究所发明,能够实现化学间苗、化学除草,可大大减轻谷子生产劳动强度,已在河北省中南部、山东、河南等地大面积示范成功,为谷子规模化生产奠定了技术基础。

该方法的核心技术是,利用从加拿大引进的抗除草剂青狗尾草突变材料,通过有性杂交,将其抗除草剂基因导入谷子品种中,同时,改变国内外普遍采用的单纯培育抗除草剂品种的育种方法,而是通过杂交、回交等育种手段,培育出抗除草剂、不抗除草剂或抗不同除草剂的同型姊妹系或近等基因系,把2~3个同型姐妹系或近等基因系按一定的比例混合播种,通过喷施特定除草剂达到同时实现化学间苗、化学除草的目的。

一、简化栽培谷子品种

目前适合黄淮海地区夏播和周边区域春播的简化栽培谷子品种有冀谷25、冀谷29和K492,均是河北省农林科学院谷子研究所培育的。冀谷25、冀谷29分别于2006年和2008年通过全国谷子品种鉴定委员会鉴定,K492是最近育成的优质新品种,在2008年的国家谷子品种区域试验中产量居15个参试品种的第二位。三个品种特点如下:①生育期和适应区域:三个品种均可在冀中南、山东、河南、陕西南部夏播种植,产量也区别不大,但在其他春播区域适应范围略有不同,冀谷25熟期最早、光温反应最不敏感、适应性最广。冀谷29、K492生育期较冀谷25长3~5 d,光温反应比较敏感,不能在辽宁朝阳、陕西延安春播种植。此外,冀谷29秸秆较高,抗旱性较好,在干旱瘠薄地区比冀谷25和K492适应性更好些。K492抗倒伏能力优于冀谷25和冀谷29。②品质:K492品质最好,达到全国一级优质米标准,冀谷29品质也较好,冀谷25品质中等。三个品种小米均为黄色,但谷粒颜色不同,冀谷25和冀谷29均为黄色,K492为褐红色。

简化栽培谷子要用 2 个同型姊妹系混合播种,其原因有三个:①谷子籽粒小,播种量过小不容易均匀播种。②谷子幼苗纤弱,顶土能力差,需要大播量发挥群体顶土作用才能保证全苗,加入不抗除草剂的姊妹系就是为了发挥群体顶土作用。③谷子多种植在旱薄地上,往往因为墒情、整地质量等导致出苗不均匀,这样就要根据出苗多少决定是否需要间苗,在出苗少的地块可以不喷施间苗剂,留下不抗除草剂的姊妹系,而在出苗较多的地块喷施间苗剂,整块谷田仍长相一致。

二、技术关键环节

应用谷子简化栽培技术关键要掌握好以下四个环节:

(一)播前准备

平整土地,每亩底施农家肥 2 000 kg 左右或氮磷钾复合肥 15~20 kg,浇地后或雨后播种,保证墒情适宜。

(二)播种量与播种方式

谷子简化栽培关键环节之一是要按说明书掌握好播种量,一般情况下,在黄淮海地区平原春白地或贴麦茬播种地块播种量 0.9~1.0 kg/亩;麦收后耕地后播种的地块,特别是联合收割机收获小麦的地块,由于麦茬较多,影响谷子播种质量,播种量以 1.0~1.2 kg/亩最佳;山区丘陵旱薄春播地块播种量以 0.8~0.9 kg/亩最佳。最佳的播种方式是采用小型播种机播种,播种量容易控制,播种均匀程度也较高,其次是采用耧播,效果最差的是采用人工播种的方式,播种均匀程度差,播种量也不容易掌握。播种量过大或过少,喷施间苗剂后留苗都不能达到理想的密度。

(三)除草剂喷施时期与剂量

本项技术配套的药剂有 2 种,即"谷友"和"壮谷灵"。"谷友"为苗前除草剂,对单、双子叶杂草均有效,尤其对双子叶杂草效果好,于谷子播种后、出苗前均匀喷施于地表,每亩最佳剂量是 100 g/亩,最高 120 g/亩,每亩兑水 50 kg;"壮谷灵"是间苗剂,同时也是除草剂,对单子叶杂草(尖叶杂草)具有非常好的除草效果,但对双子叶杂草(阔叶杂草)无效,最佳使用时期为杂草 2~3 叶期、谷苗 4~5 叶期喷施,剂量为 80~100 mL/亩,兑水 30~40 kg/亩。若谷子播种量过大或杂草出土较早,可以分两次使用"壮谷灵",第一次在谷苗 2~3 叶期使用,剂量为 50 mL/亩;第二次在谷苗 6~8 叶期使用,剂量为 70~80 mL/亩。值得注意的是,如果因墒情等原因导致出苗不均匀,苗少的部分则不喷"壮谷灵"。注意要在晴朗无风、12 h 内无雨的条件下喷施,确保不使药剂飘散到其他谷田或其他作物。"壮谷灵"兼有除草作用,垄内和垄背都要均匀喷施,不漏喷。喷药后 7 d 左右,不抗除草剂的谷苗逐渐萎蔫死亡,若喷药后遇到阴雨天较多,谷苗萎蔫死亡时间稍长。10 d 左右查看谷苗,若个别地方谷苗仍然较多,可以再人工间掉少量的谷苗。

(四)中耕培土

谷子封垄前(大喇叭口期),需要深中耕培土,这有三方面的作用:一是可以防治新生的少量杂草;二是可以结合追肥,追肥后耱地培土可以防止肥料流失;三是培土后可以刺激气生根生长,防止倒伏,并有增产作用。

第七节 杂交谷子栽培技术

一、杂交谷子品种

目前已育成"张杂谷 1、2、3、5、6、8、9 号"7 个品种,形成了适应水、旱地,春、夏播,早、中、晚熟配套的品种格局,基本覆盖了我国谷子适播区的所有生态类型。

张杂谷 3 号表现抗逆性较强,高抗白发病、线虫病。抗旱、抗倒、适应性强、适应面广、高产稳产、米质优、适口性好,2005 年在全国第六次小米鉴评会上评为优质米。适宜推广范围:河北、山西、陕西、甘肃、内蒙古等省(区)北部≥10 ℃积温 2 600 ℃以上的地区均可种植。张杂谷 5 号高抗白发病、线虫病。米质特优,适口性好,产量潜力大,适合肥水条件的地块种植。尤其在具备水浇条件的低产玉米田种植,产量、效益更好。张杂谷 6 号品种生育期短,适宜无霜期相对较短的地区种植。张杂谷 8 号为春夏播兼用的杂交种。该品种根系发达,茎秆粗壮,叶片宽厚,生长势强。适宜推广范围:河北、山西、陕西、甘肃、内蒙古等省(区)北部≥10 ℃积温 2 900 ℃以上肥水条件好的地区春播种植。河北、山西、陕西、河南等省二季作区夏播种植。

二、杂交谷子优势表现

作物杂种优势利用是提高产量的有效途径,杂交玉米、杂交水稻已成功地应用于生产。张家口市农业科学院在各级农业科技部门的长期支持下,历经了两代人 39 年杂交谷子研究,育成了系列品种并在生产中成功应用,是作物杂种优势利用的又一重大突破,是谷子生产史上的重要里程碑。

杂交谷子的优势首先是产量高,经济效益显著,谷子杂交种比当地常规种普遍增产幅度达 30%以上,亩增产 100 kg 以上,亩增收超过 260 元。2007 年,"张杂谷 5 号"在河北省张家口市下花园区武家庄村最高亩产达到了 810 kg,创造了谷子产量的世界纪录,被媒体广泛报道;320 亩的平均亩产达到 650 kg,谷子不再是低产作物。旱地多年多点平均产量达到 400 多千克;其次,抗逆性、稳产性、适应性好,杂交谷子高抗白发病、黑穗病,适应范围广,产量年度间、地区间变化小,稳产性好,经推广证实是经得起检验的优良种子;再次,品质好,消费者认可,杂交谷子解决了高产与优质的矛盾。小米色泽黄亮,米型整齐一致,口感好,香味浓。"张杂谷 1、2、3、5 号"被粟类作物协会评为优质米,是消费者非常认可的杂交谷子;最后,抗除草剂,省工省力,杂交种除草、间苗可以通过喷施特定除草剂完成,节省用工,易于简化规模栽培,种植谷子同种植玉米一样省事。

三、杂交谷子栽培特点

杂交谷子也是谷子,其栽培措施除留苗密度和施肥与常规谷子不同外,其余栽培措施按照常规谷子操作即可。

(1)留苗密度:杂交谷子个体优势明显,为提高杂交谷子的产量,就要充分发挥个体优势,应该稀植栽培。经过近年的摸索和试验,杂交谷子春播品种的最佳密度在 0.8 万~

1.2万株/亩,夏播品种的最佳密度在2万~3万株/亩。稀植栽培的好处有两点:一是留苗少了,可以直接用锄子间苗,节省了用工;二是用常规谷子2~3株的营养和水分供应1株杂交谷子所需,可以充分发挥个体生产潜力,也表现出了更好的抗旱性和抗倒性。

(2)施肥:作物产量是靠肥、水、光、热等换来的,对于种植在旱地的谷子,为提高产量,只能增加肥料的投入。杂交谷子具备了比常规谷子更高产量的潜力,相应的肥料投入也要比常规谷子多一些。提倡在定苗时结合中耕施肥5 kg,拔节期结合中耕施肥10 kg,孕穗期追肥10 kg。

第四章　大　豆

第一节　大豆栽培的生物学基础

大豆按其播种季节的不同,可分为春大豆、夏大豆、秋大豆和冬大豆四类,我国东北地区以栽培春大豆为主;黄淮流域,包括河南和长江流域的部分省以栽培夏大豆为主。

一、大豆的特征特性

(一)种子及萌发

大豆种子由子房内受精的胚珠发育而来,由种皮和胚构成。种子萌发,是指胚开始萌动到幼苗形成的过程。影响种子萌发的因素包括它本身的生活力和萌发的外界条件两大方面。18~25 ℃,发芽适宜,播后第 4 天即能出苗,第 6 天即可齐苗。超过 25 ℃,发芽速度加快。大豆种子吸水能力极强,只有当土壤中的水分得到满足时,才能正常发芽。因此,播种时,应注意土壤保墒和足墒下种。通气性影响出苗速度,土壤疏松利于出苗,黏重板结影响出苗。播种时如遇雨水过多,应注意开沟排涝。

(二)根与根瘤

大豆的根系为直根系,由主根、侧根和根毛组成。大豆根系在地下分布形如钟罩。据测定,在 60 cm 行距条件下,根系80%分布在 5~20 cm 土层内,主根在地表下 16 cm 以内比较粗壮,愈下愈细,入土深度可达 60~80 cm。大豆根系上着生许多根瘤,主要分布在20 cm 以上的土层中。根瘤丛生或单生,呈球状。大豆植株与根瘤菌之间是共生关系。植株供给根瘤菌糖类,根瘤菌通过固氮供给大豆氨基酸。固氮菌是好气性细菌,土壤疏松、通透性能好,有利根瘤菌的生长发育。然而,单靠根瘤菌固氮远远满足不了植株对氮素的需求,适当补充氮肥才能满足高产大豆对氮素的需要。

(三)茎与分枝

大豆茎包括主茎和分枝。一般品种主茎多在 50~100 cm,矮者只有 30 cm,高者可达150 cm。主茎一般有 12~20 节,晚熟品种有 25 节,早熟品种仅有 8~9 节。茎有绿色和紫色两种,绿茎开白花,紫茎开紫花。按主茎形态,大豆可分为蔓生型、半直立型、直立型。栽培品种多属直立型。按分枝的多少、强弱,可将大豆株型分为主茎型、中间型和分枝型。按荚在植株上的分布,可将大豆分为有限结荚习性、亚有限结荚习性和无限结荚习性。

(四)叶与叶面积指数

大豆属于双子叶植物。叶片有子叶、单叶、复叶和先出叶之分。子叶(豆瓣)出土时展开,可进行光合作用。3 d 后,第二节上先出现 2 片单叶,第三节及以后各节出现复叶(多数品种三出复叶)。叶形可分为椭圆形、卵圆形、披针形和心脏形。大豆一生中,单株叶的总面积随着生育进程而不断增加,约到盛花期至结荚期达到高峰,而后叶面积下降。

叶面积指数是指单位土地面积上,总叶面积与土地面积的比值。一般在大豆鼓粒期前,叶面积指数呈直线增加,叶面积指数最高可达到 6.5 左右。到鼓粒期及以后,茎叶内养分大量流向种子,叶面积指数逐渐回落。研究表明,最大叶面积指数出现在结荚末期和鼓粒初期时,最容易获得高产。

(五) 花与荚

大豆花序着生在叶腋间或茎顶端,为总状花序。花序上的花朵通常是簇生,俗称花簇,分长轴、中轴、短轴三种类型,一般花轴长,每节结荚多。花冠颜色分白色、紫色两种。花有雄蕊 10 枚,9 枚相连(成管状),1 枚分离。雌蕊包括柱头、花柱和子房三部分。子房内含胚珠 1~4 个,个别有 5 个,以 2~3 个居多。大豆是自花授粉作物,花朵开放前即已完成授粉,天然杂交率不到 1%。开花期需要适宜的温度、光照和足够的水分、养分等条件,如遇过低温度或光照不足(如花期阴雨连绵),或养分和水分供应不足(如花期干旱),将严重影响开花结实,降低产量。大豆果实为荚果,大小因品种而异。每荚粒数,各品种有一定稳定性。荚粒数多数品种多含 2~3 粒种子。荚粒数与叶形有一定相关性。披针形叶大豆品种四粒荚比例大,卵圆形叶品种以二、三粒荚居多。成熟的豆荚中常有发育不全的籽粒,称为秕粒,发生原因主要是受精后未得到足够营养。

大豆的结荚习性一般划分为无限、有限、亚有限三种。无限结荚习性品种主茎中下部的腋芽首先分化开花,然后向上依次分化开花;有限结荚习性品种在茎的中上部开始开花,然后向上、向下逐步开花,花期集中;亚有限结荚习性品种介于上述两种习性之间而偏于无限习性,开花顺序由下而上。

二、生育期与熟性

大豆生育期是指由播种出苗到种子成熟所需的天数。为便于研究和管理,将大豆一生划分为六个生育时期:萌发期、幼苗期、花芽分化期、开花期、结荚鼓粒期、成熟期。按发育进程分为三个生育阶段(时期):①营养生长阶段,包括种子萌发期、幼苗期、花芽分化期。②营养生长与生殖生长并进阶段,主要指开花期。③生殖生长阶段,包括结荚期、鼓粒期、成熟期。在一个特定的生态区域(积温带),品种按生育期长短可大体分为早熟品种、中熟品种、晚熟品种。黄淮流域,通常把生育期 100 d 以下归为早熟品种,100~120 d 归为中熟品种,120 d 以上归为晚熟品种。

第二节　优质大豆品种介绍

(一) 郑 196

选育单位:河南省农业科学院经济作物研究所。审定编号:国审豆 2008008。品种来源:郑 100×郑 93048。

特征特性:该品种平均生育期 105 d,株高 74.7 cm,卵圆叶,紫花,灰毛,有限结荚习性,株型收敛,主茎 15.3 节,有效分枝 2.8 个。单株有效荚数 47.3 个,单株粒数 87.5 粒,单株粒重 15.0 g,百粒重 17.4 g,籽粒圆形、黄色、微光,浅褐色脐。接种鉴定:抗花叶病毒病 SC3 株系,中感 SC7 株系;中感大豆孢囊线虫病 1 号生理小种。粗蛋白质含量 40.69%,粗脂肪含量19.47%。

(二)郑9805

选育单位:河南省农业科学院棉花油料作物研究所。审定编号:豫审豆2006001。豫豆19×ZP965102。

特征特性:属中熟品种,全生育期104 d。有限结荚习性;株型紧凑,平均株高81.3 cm;叶片椭圆形,叶色深色;有效分枝数3.6个,主茎节数16.5个;紫花,荚褐色;单株有效荚数70.1个,单株粒数129.3粒;籽粒偏小,较圆,百粒重18.7 g;种皮黄色,脐色深褐,有光泽;整齐度好,成熟落叶性好;抗倒性1.6级,症青株率0.66%。抗花叶病(0.09级),抗紫斑病(紫斑率6.80%),抗褐斑病(褐斑率1.20%)。

(三)洛豆1号

选育单位:洛阳农林科学院。审定编号:豫审豆2017001。品种来源:徐豆9号/周豆11号。

特征特性:有限结荚品种,生育期109~116.5 d。株型紧凑,株高51.5~70.3 cm;叶片卵圆形;有效分枝2.6~2.8个,主茎节数12.1~14.7个;紫花,棕毛,荚黄褐;单株有效荚数42.0~45.3个,单株粒数77.5~93.5粒,百粒重23.6~24.9 g,籽粒圆形,种皮黄色,脐浅褐色;成熟落叶性好,倒伏0.4级。对大豆花叶病毒病SC3表现中抗,SC7表现抗病。蛋白质含量41.89%/41.83%,脂肪19.58%/20.1%。

(四)中黄301

选育单位:中国农业科学院作物科学研究所。审定编号:豫审豆2017002。品种来源:郑9525/商豆16。

特征特性:有限结荚品种,生育期105.3~109.5 d。株型紧凑,株高66.1~83.8 cm,叶片椭圆形,有效分枝2.2~2.4个,主茎节数14.6~17.2个;紫花,灰毛,荚灰褐;单株有效荚数47.2~54.2个,单株粒数96.4~115.7粒,百粒重18.6~19.5 g,籽粒圆形,种皮黄色,脐色浅褐;成熟落叶性好,倒伏0.5级。对大豆花叶病毒病SC3表现抗病,SC7表现抗病。蛋白质含量42.63%/43.40%,脂肪20.30%/20.5%。

(五)商豆1201

选育单位:商丘市农林科学院。审定编号:豫审豆2016001。品种来源:开豆4号/郑91107。

特征特性:属有限结荚中晚熟品种,生育期108.5~114.2 d。株型紧凑,株高74.4~85.9 cm;有效分枝数2.7~3.5个,主茎节数14.1~16.0个;叶片卵圆形,白花,灰毛,荚褐色,单株有效荚数53.6~56.6个,单株粒数100.9~125.5粒,百粒重16.0~18.2 g;籽粒椭圆形,种皮黄色,脐褐色,成熟落叶性好;抗倒性0.5级。对花叶病毒病SC3表现中感/中抗,SC7表现感病/中感。蛋白质含量43.32%/41.32%/39.14%,脂肪20.54%/20.71%/22.39%。

(六)安豆5156

选育单位:安阳市农业科学院。审定编号:豫审豆2016002。品种来源:周9521-3-4/获黄三选-3。

特征特性:属有限结荚中熟品种,生育期107.0~112.2 d。株型紧凑,株高62.6~78.9 cm,有效分枝数1.9~3.1个,主茎节数14.7~16.4个;叶片卵圆形,白花,灰毛,荚灰褐色,单株有效荚数 43.2~49.3 个,单株粒数 85~102.7 个,百粒重 23.8 g;籽粒椭圆,种皮黄色,脐褐色,成熟落叶性好;倒伏性 0.5 级。对大豆花叶病毒株系 SC3 表现中感/中抗,SC7 表现中感/中感。品质分析:2013 年、2014 年、2015 年农业部农产品质量监督检验测试中心(郑州)品质分析,蛋白质(干基)含量 44.62%/42.71%/42.13%,粗脂肪含量 19.31%/19.50%/19.77%。

(七)濮豆 1788

选育单位:濮阳市农业科学院。审定编号:豫审豆 2016003。品种来源:濮豆 6018/郑 196。

特征特性:属有限结荚中熟品种,生育期 111.0~117.2 d。株型紧凑,株高 74.6~88.8 cm;有效分枝 2.7~3.0 个,主茎节数 15.5~17.6 个;叶片卵圆形,白花,灰毛,荚褐色,单株有效荚数 47.3~59.6 个,单株粒数 89.1~117.1 粒,百粒重 20.6~23.1 g;籽粒圆形,种皮黄色,脐黄色,成熟落叶性好;抗倒性 1.0 级。2013 年、2015 年南京农业大学国家大豆改良中心抗病性鉴定:大豆花叶病毒株系 SC3 表现中抗/中感,SC7 表现感病/中感。2013 年、2014 年、2015 年三年农业部农产品质量监督检验测试中心(郑州)检测:蛋白质含量 42.92%/41.38%/39.56%,脂肪含量 19.22%/19.73%/19.85%。

(八)平安豆一号

选育单位:河南平安种业有限公司。审定编号:豫审豆 2015001。品种来源:Will/中黄 13。

特征特性:属有限结荚早熟品种,生育期 104.3~107 d。株高 56.6~79.9 cm;叶绿色,叶片椭圆形;主茎节数 13.7~16.2 节,有效分枝 1.6~2.2 个;紫花,灰毛,荚灰褐。单株有效荚数 41.1~50.8 个,单株粒数 95.2~106.5 粒,百粒重 16.6~20.2 g。籽粒圆形,种皮黄色,脐褐色;成熟时不裂荚,落叶性好。抗倒性 0.2~0.5 级。2012 年国家大豆改良中心抗病性鉴定:对花叶病毒 SC3 表现中抗,对 SC7 表现感病。2014 年鉴定,对花叶病毒 SC3 表现抗病,对 SC7 表现中感。蛋白质含量 40.80%,粗脂肪含量 21.73%;2014 年检测,蛋白质含量 40.01%,粗脂肪含量 22.45%。

(九)驻豆 19

选育单位:驻马店市农业科学院。审定编号:豫审豆 2015002。品种来源:郑 88013/驻 9702。

特征特性:属有限结荚中熟品种,生育期 109.5~118 d。株型紧凑,株高 65.4~80.4 cm;叶绿色,叶片卵圆形;主茎节数 15.6~16.8 节,有效分枝数 2.6~3.0;紫花,灰毛,荚灰褐。单株有效荚数 47.1~54.4 个,单株粒数 93.4~100.9 粒,百粒重 20.5~22.4 g。籽粒椭圆形,种皮黄色,脐褐色;成熟时不裂荚,落叶性好。抗倒性 0.7~0.8 级。

抗性鉴定:2012 年国家大豆改良中心抗病性鉴定,对花叶病毒病 SC3 表现抗病,对 SC7 表现中抗;2014 年鉴定,对花叶病毒病 SC3 表现中抗,对 SC7 表现中感。品质分析:2012 年农业部农产品质量监督检验测试中心(郑州)检测,蛋白质含量 46.40%,粗脂肪含量 17.44%;2014 年检测,蛋白质含量 45.37%,粗脂肪含量 17.48%。

(十)科豆 2 号

选育单位:中国科学院遗传与发育生物学研究所。审定编号:豫审豆 2015003。品种

来源:郑 9805/S07-1。

特征特性:属有限结荚中熟品种,生育期 107.7~114 d。株型紧凑,株高 66.8~88.0 cm;叶绿色,叶片椭圆形;主茎节数 16.4~18.5 节,有效分枝数 2.5~2.8 个;紫花,灰毛,荚深褐色。单株有效荚数 48.8~56.2 个,单株粒数 94.5~103.5 粒,百粒重 18.7~20.7 g。籽粒椭圆形,种皮黄色有微光,脐褐色;成熟时不裂荚,落叶性好。抗倒性 0.9~1.8 级。抗性鉴定:2012 年国家大豆改良中心抗病性鉴定:对花叶病毒病 SC3 和 SC7 均表现中抗;2014 年鉴定,对花叶病毒病 SC3 表现中抗,对 SC7 表现抗病。品质分析:2012 年农业部农产品质量监督检验测试中心(郑州)检测,蛋白质含量为 43.77%,粗脂肪含量为 20.13%;2014 年检测,蛋白质含量为 42.88%,粗脂肪含量为 20.83%。

(十一)郑豆 0689

选育单位:河南省农业科学院芝麻研究中心。审定编号:豫审豆 2015004。品种来源:QT L069/豫豆 29。

特征特性:属有限结荚中熟品种,生育期 108.4~115 d。株高 72.8~85.6 cm;叶绿色,叶片卵圆形;主茎节数 16.4~18.4 个,有效分枝数 2.3~3.0 个;紫花,灰毛,荚褐色。单株有效荚数 48.7~57.1 个,单株粒数 99.1~108.3 粒,百粒重 18.9~21.7 g。籽粒圆形,种皮黄色,脐褐色;成熟时不裂荚,落叶性好。抗倒性 0.5~1.4 级。抗性鉴定:2012 年国家大豆改良中心抗病性鉴定,对花叶病毒病 SC3 表现中抗,对 SC7 表现抗病。2014 年鉴定,对花叶病毒病 SC3 表现抗病,对 SC7 表现中抗。品质分析:2012 年农业部农产品质量监督检验测试中心(郑州)检测,蛋白质含量 41.97%,粗脂肪含量 19.74%;2014 年检测,蛋白质含量 42.35%,粗脂肪含量 20.41%。

(十二)周豆 23 号

选育单位:周口市农业科学院。审定编号:豫审豆 2015005。品种来源:濮豆 6018/科丰 36。

特征特性:属有限结荚中晚熟品种,生育期 107.4~115 d。株高 70.4~79.9 cm;叶绿色,叶片卵圆形;主茎节数 15.8~17.7 节,有效分枝数 2.2~2.5 个;白花,灰毛,荚褐色。单株有效荚数 52.5~70.5 个,单株粒数 91.3~123.8 粒,百粒重 16.6~18.3 g。籽粒圆形,种皮黄色,脐褐色;成熟时不裂荚,落叶性好。抗倒性 0.8 级。抗性鉴定:2012 年国家大豆改良中心抗病性鉴定,对花叶病毒病 SC3 表现抗病,对 SC7 表现中感;2014 年鉴定,对花叶病毒病 SC3 和 SC7 均表现中感。品质分析:2013 年农业部农产品质量监督检验测试中心(郑州)检测,蛋白质含量 42.54%;粗脂肪含量 21.19%,2014 年检测,蛋白质含量 40.98%,粗脂肪含量 21.66%。

(十三)驻豆 12

选育单位:驻马店市农业科学院。审定编号:豫审豆 2014001。品种来源:驻 5021/豫豆 8 号。

特征特性:属有限结荚中熟品种,生育期 106.5~109.1 d。株高 55.9~80.3 cm,株型紧凑,叶片卵圆形;叶色浅绿,主茎节数 17.8 个,有效分枝 1.6~3 个;白花,灰毛,荚黄褐;单株有效荚数 48.4~62.3 个,单株粒数 74.6~108.7 粒。百粒重 20.2~23.4 g,籽粒椭圆形,种皮黄色,脐褐色,成熟落叶性好。抗倒性 0.5 级,症青株率 0.3%。抗性鉴定:2012 年经国家大豆改良中心抗病性鉴定,对花叶病毒病 SC3 表现中感,对 SC7 表现感病;2013 年鉴定,对花叶病毒病 SC3 表现中感,对 SC7 表现中感。品质分析:2012 年经农业部农产品质量监督检验测试中心(郑州)检测,蛋白质含量 46.06%,粗脂肪含量 18.73%;2013 年检测,蛋白质含量 46.41%,粗脂肪含量 18.82%。

(十四)濮豆 1802

选育单位:濮阳市农业科学院。审定编号:豫审豆 2014002。品种来源:郑 97196×汾豆 53 号。

特征特性:属有限结荚中熟品种,生育期 108.1~119.2 d。株高 76.8~83.7 cm,株型紧凑,叶片卵圆形,叶色浓绿,主茎节数 15.9 个,有效分枝数 2.1~2.7 个;紫花,灰毛,荚褐色,单株有效荚数 43.9~64.6 个,单株粒数 81.1~115.2 粒。百粒重 19.6~22.5 g,籽粒圆形,种皮黄色、有微光,脐黄色,成熟时不裂荚,落叶性好。抗倒性 0.6 级,症青株率 0.4%。抗性鉴定:2012 年经国家大豆改良中心抗病性鉴定,对花叶病毒病 SC3 表现中感,对 SC7 表现高感;2013 年鉴定,对花叶病毒病 SC3 表现中感,对 SC7 表现感。品质分析:2012 年经农业部农产品质量监督检验测试中心(郑州)检测,蛋白质含量 44.76%,粗脂肪含量 18.40%;2013 年检测,蛋白质含量 46.01%,粗脂肪含量 18.79%。

(十五)辛豆 12

申请者:赵紫鹏。审定编号:豫审豆 2014003。品种来源:平豆 1 号×豫豆 22 号。

特征特性:有限结荚中熟品种,生育期 107.3~112.1 d。株高 73.6~82.0 cm,株型紧凑,紫花,灰毛,浅褐色荚,叶卵圆形,叶色浓绿;主茎节数 16.6 个,有效分枝 2.1~2.6 个,单株有效荚数 43.9~56.4 个,单株粒数 81.1~94.7 粒。百粒重 20.4 g,籽粒圆形,种皮色浅黄,微光,成熟落叶性好。抗倒性 0.6 级,症青株率 0.4%。抗性鉴定:2012 年经国家大豆改良中心抗病性鉴定,对花叶病毒病 SC3 表现中感,对 SC7 表现高感;2013 年鉴定,对花叶病毒病 SC3 表现中抗,对 SC7 表现感病。品质分析:2012 年经农业部农产品质量监督检验测试中心(郑州)检测,蛋白质含量 42.29%,粗脂肪含量 19.27%;2013 年检测,蛋白质含量 44.67%,粗脂肪含量 19.71%。

(十六)驻豆 11 号

选育单位:驻马店市农业科学院。审定编号:豫审豆 2013001。品种来源:郑 94059／驻 9702。

特征特性:属有限结荚中熟品种,生育期 105~110 d。株型紧凑,株高 85 cm;叶片卵圆形;有效分枝 3.1 个,主茎节数 16.9 个;紫花,棕毛,荚深褐;单株有效荚数 57.9 个,单株粒数 108.6 粒,百粒重 21.4 g;籽粒圆形,种皮黄色,脐褐色;成熟落叶性好;抗倒性 1.2 级,症青株率 0.2%。抗性鉴定:2010 年南京农业大学国家大豆改良中心抗病性鉴定,对花叶病毒病 SC3 表现中抗,SC7 表现抗病。品质分析:2011 年、2012 年两年农业部农产品质量监督检验测试中心(郑州)检测,蛋白质含量 42.31%/42.07%,脂肪 19.50%/21.48%。

(十七)濮豆 857

选育单位:濮阳市农业科学院。审定编号:豫审豆 2013002。品种来源:濮豆 6018/汾豆 53 号。

特征特性:属有限结荚中熟品种,全生育期 107.7~112.3 d。株型紧凑,株高 90.5 cm;

叶片卵圆形,叶色浓绿;有效分枝数 2.7 个,主茎节数 15.8 个;白花,灰毛,荚褐色;单株有效荚数 49.1 个,单株粒数 98.0 粒,百粒重 21.4 g;籽粒圆形,种皮黄色,脐褐色;整齐度好,成熟落叶性好;抗倒性 1.55 级,症青株率 0.5%。抗性鉴定:经南京农业大学国家大豆改良中心抗病性鉴定,2010 年对大豆花叶病毒病 SC3 表现中抗、SC7 表现抗病;2011 年、2012 年对大豆花叶病毒病 SC3、SC7 均表现抗病。品质分析:2011 年、2102 年两年农业部农产品质量监督检验测试中心(郑州)检测,蛋白质含量 42.06%/42.28%、脂肪含量 20.57%/21.16%。

(十八)濮豆 955

选育单位:濮阳市农业科学院。审定编号:豫审豆 2013003。品种来源:濮豆 6014/豫豆 19。

特征特性:属有限结荚中熟品种,全生育期 108.2～113.2 d。株型紧凑,株高 82.9 cm,叶片卵圆形,叶色深绿色;有效分枝数 3.2 个,主茎节数 16.0 个;紫花,灰毛,荚褐色;单株有效荚数 57.7 个,单株粒数 106.4 粒,百粒重 21.1 g;籽粒圆形,种皮黄色,脐色浅褐;整齐度好,成熟时落叶性好;抗倒性 1.4 级,症青株率 1.1%。抗性鉴定:经南京农业大学国家大豆改良中心抗病性鉴定,2010 年对大豆花叶病毒病 SC3 表现抗病,SC7 表现中抗;2011 年对大豆花叶病毒病 SC3 表现中感,SC7 表现中抗;2012 年对大豆花叶病毒病 SC3 表现抗病,SC7 表现抗病。品质分析:2011、2012 两年经农业部农产品质量监督检验测试中心(郑州)检测,蛋白质含量 41.23%/41.33%,脂肪含量 19.50%/19.90%。

(十九)郑豆 04024

选育单位:河南省农业科学院经济作物研究所。审定编号:豫审豆 2013004。品种来源:豫豆 25 号/V-94-3793。

特征特性:属有限结荚中熟品种,全生育期 112.7 d。株高 88.3 cm,叶卵圆形,叶色绿色;有效分枝数 2.8 个,主茎节数 15.8 个;紫花,灰毛,荚褐色;单株有效荚数 50.6 个,单株粒数 96.5 粒,百粒重 21.3 g;籽粒圆形,种皮黄色,脐黄色;成熟落叶性好;抗倒性 1.1 级,症青株率 0.5%。抗性鉴定:经南京农业大学国家大豆改良中心抗病性鉴定,2010 年对大豆花叶病毒病 SC3 表现中感,SC7 表现中感。2012 年对大豆花叶病毒病 SC3 表现中感,SC7 表现中抗。品质分析:2010 年、2011 年两年经农业部农产品质量监督检验测试中心(郑州)品质分析,蛋白质含量 37.59%/41.48%,脂肪含量 18.85%/19.85%。

(二十)周豆 20 号

选育单位:周口市农业科学院。审定编号:豫审豆 2013005。品种来源:96(21)-15-2/豫豆 11 号//赣榆平顶黄/周 9521///周豆 13/冀豆 13。

特征特性:属有限结荚中熟品种,全生育期 107.7 d。株型紧凑,株高 93.4 cm;叶椭圆形,叶色深绿;有效分枝 2.5 个,主茎节数 16～17 个;紫花,灰毛,荚黄褐色;单株有效荚数 56.6 个,单株粒数 118.8 粒,百粒重 19.0 g;籽粒椭圆形,种皮黄色,脐褐色,有微光;整齐度好,成熟落叶性好;抗倒伏性 1.7 级,症青株率 0.8%。抗性鉴定:经南京农业大学国家大豆改良中心抗病性鉴定,2011 年对大豆花叶病毒病 SC3 表现中感,SC7 表现中感;2012 年对大豆花叶病毒病 SC3 表现中感,SC7 表现感病。品质分析:2011 年、2012 年两年经农业部农产品质量监督检验测试中心(郑州)检测,蛋白质含量 44.07%/42.47%,脂肪含量

19.60%/21.08%。

(二十一)周豆 21 号

选育单位:周口市农业科学院。审定编号:豫审豆 2013006。品种来源:周豆 13/郑94059。

特征特性:属有限结荚中熟品种,全生育期 109.5 d。株型紧凑,株高 88.2 cm;叶片椭圆形,叶色深绿;有效分枝 2.0 个,主茎节数 15~17 个;白花,棕毛,荚棕褐色;单株有效荚数 52.8 个,单株粒数 110.9 粒,百粒重 18.7 g;籽粒椭圆形,种皮黄色,脐深褐色;整齐度好,成熟落叶性好;抗倒伏性 1.6 级,症青株率 0.6%。抗性鉴定:经南京农业大学国家大豆改良中心抗病性鉴定,2011 年对大豆花叶病毒病 SC3 表现中抗,SC7 表现中感;2012 年对大豆花叶病毒病 SC3 表现中感,SC7 表现感病。品质分析:2011 年、2012 年两年经农业部农产品质量监督检验测试中心(郑州)检测,蛋白质含量 43.94%/43.07%,脂肪含量 19.40%/21.45%。

(二十二)周豆 19 号

选育单位:周口市农业科学院。审定编号:豫审豆 2010001。品种来源:周豆 13 号×周豆 12 号。

特征特性:有限结荚习性,平均生育期 107 d。幼苗根茎为紫色,茎秆绿色,灰色茸毛,叶卵圆形;株高 92.0 cm,有效分枝 2.8 个,主茎节数 16.2 个,单株有效荚数 44.9 个,单株粒数 87.9 粒,百粒重 22.5 g,籽粒椭圆形、黄色、微光,脐深褐色。紫斑率 0.6%,褐斑率0.7% 抗性鉴定:2009 年据南京农业大学国家大豆改良中心抗性鉴定,大豆花叶病毒病SC3 抗病;大豆花叶病毒病 SC7 抗病。品质分析:2008 年、2009 年经农业部农产品质量监督检验测试中心(郑州)分析,蛋白质含量 42.3%/43.4%,脂肪含量 21.0%/20.9%。

(二十三)驻豆 7 号

选育单位:驻马店市农业科学研究所。审定编号:豫审豆 2010002。品种来源:驻9220×豫豆 16 号。

特征特性:有限结荚习性,平均生育期 108 d。叶卵圆形,浅绿色;株高 81.7 cm,有效分枝 2.5 个;紫花,灰毛,黄褐色荚;主茎节数 17.2 个,单株有效荚数 56.7 个,单株粒数117.4 粒,百粒重 20.0 g;籽粒椭圆,黄色,脐色浅,紫斑率 0.7%,褐斑率 0.7%。抗性鉴定:2009 年南京农业大学大豆改良中心接种鉴定,大豆花叶病毒病 SC3 中抗;大豆花叶病毒病 SC7 中抗。品质分析:2007 年、2009 年经农业部农产品质量监督检验测试中心(郑州)分析,蛋白质含量 42.5%/42.8%,脂肪含量 20.5%/19.8%。

(二十四)许豆 8 号

选育单位:许昌市农业科学研究所。审定编号:豫审豆 2011001。品种来源:许 98662×许 96115。

特征特性:有限结荚习性,生育期 110 d。叶卵圆形,绿色,株高 81.2 cm,有效分枝 3.2个;紫花,灰毛,褐色荚,单株有效荚数 40.7 个,单株粒数 75.4 粒,百粒重 22.3 g;籽粒圆形,种皮黄色,褐色脐,紫斑率 0.4%,褐斑率 1.3%。抗性鉴定:2010 年经南京农业大学国家大豆改良中心接种鉴定,花叶病毒病 SC-3 抗,SC-7 抗。品质分析:2010 年经农业部农产品质量监督检验测试中心(郑州)品质分析,蛋白质(干基)38.32%,脂肪(干基)

19.74%。

（二十五）安豆 4 号

选育单位：安阳市农业科学院。审定编号：豫审豆 2011002。品种来源：商 1099 离子束辐射。

特征特性：有限结荚习性，生育期 109 d。叶卵圆形，深绿色，株高 88.5 cm，有效分枝 2.3 个；紫花，棕色茸毛，深褐色荚，单株有效荚数 56.2 个，单株粒数 123.3 粒，百粒重 16.8 g；籽粒椭圆形，种皮黄色，深褐色脐，紫斑率 0.4%，褐斑率 0.5%。抗性鉴定：2010 年经南京农业大学国家大豆改良中心接种鉴定，花叶病毒病 SC-3 中抗，SC-7 中抗。品质分析：2010 年经农业部农产品质量监督检验测试中心（郑州）品质分析，蛋白质（干基）41.67%，脂肪（干基）18.88%。

（二十六）濮豆 206

选育单位：河南省濮阳农业科学研究所。审定编号：豫审豆 2011003。品种来源：豫豆 21×郑 96012。

特征特性：有限结荚习性，生育期 106 d。叶卵圆形，深绿色，株高 82.2 cm，有效分枝 2.6 个；紫花，灰毛，灰褐色荚，单株有效荚数 36.7 个，单株粒数 171.9 粒，百粒重 20.4 g；籽粒椭圆形，种皮黄色，褐色脐，紫斑率 0.5%，褐斑率 0.8%。抗性鉴定：2010 年南京农业大学国家大豆改良中心接种鉴定，花叶病 SC-3 抗，SC-7 抗。品质分析：2010 年经农业部农产品质量监督检验测试中心（郑州）品质分析，蛋白质（干基）39.52%，脂肪（干基）19.44%。

（二十七）商豆 14 号

选育单位：商丘市农林科学院。审定编号：豫审豆 2011004。品种来源：开豆 4 号×商 8653-1-1-1-3-2。

特征特性：有限结荚习性，生育期 109 d。叶卵圆形，绿色，株高 95.5 cm，有效分枝 2.9 个；紫花，棕毛，深褐色荚，单株有效荚数 49.5 个，单株粒数 80.7 粒，百粒重 19.1 g，籽粒椭圆形，种皮黄色，褐色脐，紫斑率 0.5%，褐斑率 0.8%。抗性鉴定：2010 年经南京农业大学国家大豆改良中心接种鉴定，花叶病毒病 SC-3 中抗，SC-7 中感。品质分析：2010 年经农业部农产品质量监督检验测试中心（郑州）品质分析，蛋白质（干基）37.79%，脂肪（干基）20.26%。

（二十八）驻豆 6 号

选育单位：驻马店市农业科学研究所。审定编号：豫审豆 2008001。品种来源：驻 90006×豫豆 21 号。

特征特性：属中熟品种，有限结荚习性，生育期 107 d。株高 82.3 cm，主茎节数 17.2 个，有效分枝数 2.7 个，叶卵圆形，中等大小，色绿，紫花，荚灰褐色，灰毛，单株有效荚数 61 个，单株粒数 118.1；籽粒椭圆，黄色，百粒重 18.4 g；紫斑率 3.1%，褐斑率 0.2%。抗病鉴定：2006 年经南京农业大学抗病性鉴定，大豆花叶病毒病 SC3 株系病情指数 25%，属中抗；大豆花叶病毒病 SC7 株系病情指数 25%，属中抗。品质分析：2006 年、2007 年经农业部农产品质量监督检验测试中心（郑州）品质分析，蛋白质（干基）38.60/40.64%，脂肪（干基）19.94/19.47%。

（二十九）泛豆 5 号

选育单位：河南黄泛区地神种业农科所。审定编号：豫审豆 2008002。品种来源：泛 91673×泛 90121。

特征特性：属中熟品种，有限结荚习性，生育期 107 d。株高 82.9 cm，株型紧凑，主茎节数 15.1 个，有效分枝数 2.1 个，叶卵圆形，色深绿，棕毛，紫花，荚淡褐色；单株有效荚数 61 个，单株粒数 120.1 粒，圆粒，籽粒偏小，种皮黄色，微光，脐色深，百粒重 16.5 g；紫斑率 0.6%，褐斑率 0.1%。抗病鉴定：2006 年经南京农业大学抗病性鉴定，大豆花叶病毒病 SC3 株系病情指数 25%，属中抗；大豆花叶病毒病 SC7 株系病情指数 25%，属中抗。品质分析：2007 年经农业部农产品质量监督检验测试中心（郑州）品质分析，蛋白质（干基）38.78%，脂肪（干基）20.29%。

（三十）周豆 17 号

选育单位：周口市农业科学院。审定编号：豫审豆 2008003。品种来源：周 94（23）-111-5×豫豆 22 号。

特征特性：属中熟类型品种，有限结荚习性，生育期 106 d。根系发达，株型紧凑，株高 70~80 cm，主茎节数 13~15 个，分枝 2~3 个；茎秆绿色，着生灰色茸毛，开紫花，叶椭圆形，叶色深绿，中等大小。成熟时落叶性好，荚熟黄褐色；单株有效荚数 67.3 个，单株粒数 121.2 粒，圆粒，种皮黄色，微光，脐色浅，百粒重 20.3 g；紫斑率 1.7%，褐斑率 0.2%。抗病鉴定：2006 年经南京农业大学抗病性鉴定，大豆花叶病毒病 SC3 株系病情指数 25%，属中抗；大豆花叶病毒病 SC7 株系病情指数 63%，属感病。品质分析：2007 年经农业部农产品质量监督检验测试中心（郑州）品质分析，蛋白质（干基）37.01%，脂肪（干基）21.27%。

（三十一）齐黄 34

山东省农业科学院作物研究所以诱处四号做母本，86573-16 做父本，经有性杂交，系谱选育而成。

特征特性：有限结荚习性，生育期 105 d，株高 75 cm，半收敛，椭圆形叶片，白色花，棕色茸毛，主茎节数 14.7 个，单株有效荚数 30.8 个，单株粒数 71.4 个，单株粒重 19.9 g，黄色种皮，椭圆形籽粒，黑色种脐，百粒重 29.8 g。蛋白质含量 42.99%~44.75%，脂肪含量 20.19%~22.56%。高抗大豆花叶病毒病和霜霉病。耐涝性强。中度耐盐碱。本品种抗倒伏、落叶性好、成熟时不裂荚、底荚高度较高，适合机械化收获。

（三十二）齐黄 35

山东省农业科学院作物研究所以潍 8640-112 做母本，Tia 做父本，经有性杂交，系谱选育而成。审定编号：国审豆 2015005。

特征特性：有限结荚习性，生育期 104 d，株高 78 cm，株型收敛，卵圆形叶片，白色花，棕色茸毛，主茎节数 15 个，单株有效荚数 38.6 个，单株粒数 80.3 个，单株粒重 16.9 g，黄色种皮，圆形籽粒，黄色种脐，百粒重 21.4 g。蛋白质含量 37.52%，脂肪含量 21.98%，符合国家高油大豆品种标准。高抗大豆花叶病毒 SC3、SC7 株系群。中度耐盐碱。

（三十三）齐黄 36

山东省农业科学院作物研究所以章 95-30-2 做母本，86503-5 做父本，经有性杂交，系谱选育而成。

特征特性:有限结荚习性,株高 70.8 cm,株型收敛,主茎节数 14.3 个,结荚高度 15.0 cm,有效分枝 1.1 个,单株有效荚数 49.2 个,单株粒数 103.8 个,单株粒重 19.5 g,叶片卵圆形,白色花,棕色茸毛,籽粒圆形,种皮黄色,有光泽,种脐淡褐色,百粒重 18.0 g。抗倒伏,不裂荚,落叶性好。蛋白质含量 39.82%,脂肪含量 22.14%,符合国家高油大豆品种标准。高抗大豆花叶病毒病 SC3、SC7 株系群。

(三十四)菏豆 19 号

菏泽市农业科学院以郑交 9001 做母本,日本黑豆做父本,经有性杂交,系谱法选育而成。

特征特性:生育期 105 d,株型收敛,有限结荚习性。株高 66.9 cm,主茎 14.0 节,有效分枝 1.4 个。单株有效荚数 32.3 个,单株粒数 74.7 粒,单株粒重 17.1 g,百粒重 23.1 g。卵圆叶,紫花,灰毛。籽粒椭圆形,种皮黄色、无光,种脐深褐色。粗蛋白质含量 41.88%,粗脂肪含量 19.65%。

(三十五)菏豆 20 号

菏泽市农业科学院以豆交 69 做母本,豫豆 8 号做父本,经有性杂交,系谱法选育而成。

特征特性:有限结荚习性,生育期 103 d,株型收敛,株高 75 cm,有效分枝 1.9 个,主茎 14.8 节,单株粒数 106 个,圆叶、紫花、棕毛,落叶,不裂荚,籽粒椭圆形,种皮黄色,脐褐色,百粒重 25.1 g。蛋白质含量 38.7%,脂肪 17.8%。

(三十六)菏豆 21 号

菏泽市农业科学院以中作 975 做母本,徐 8906 做父本,经有性杂交,系谱法选育而成。

特征特性:有限结荚习性,生育期 103.8 d,叶片椭圆形,白花、灰白茸毛,株高 76.7 cm,主茎 15 节左右,结荚高度 14.1 cm,分枝 1.6 个,单株结荚 37.5 个,单株粒数 76.8 个。籽粒椭圆形,种皮黄色,种脐淡褐色,百粒重 22.9 g。粗蛋白质含量 43.5%,粗脂肪含量 19.0%。对大豆花叶病毒 SC3 株系群感病,对 SC7 株系群高感。

(三十七)中黄 42

中国农科院作物所选育的大豆新品种选育而成。审定编号:国审豆 2007002,豫引豆 2011002。品种来源:诱处 4 号×锦豆 33。

特征特性:有限结荚习性,株高 55.2~73.1 cm,株型紧凑。叶片绿色,卵圆形,茸毛灰色,紫花,灰毛。有效分枝数 1.8~3.1 个,单株结荚 26.5~44.8 个,单株粒重 23.4~37.6 g。籽粒椭圆形、黄色、有光泽,种脐褐色,百粒重 21.0~25.0 g。籽粒含粗蛋白 47.13%,脂肪 17.38%。生育期 116 d。接种鉴定:抗 SMVSC3、SC11 和 SC13 株系,中感 SC8 株系,中感 SCN1 号生理小种。经田间调查高抗黑斑病。

(三十八)中黄 57

选育单位:中国农业科学院作物科学研究所。审定编号:国审豆 2010005。品种来源:Hartwig/晋 1265。适宜在山东中部、河南中北部和陕西关中地区夏播种植。

特征特性:生育期 106 d,株型半收敛,有限结荚习性。株高 54.1 cm,主茎 12.7 节,有效分枝 3.3 个。单株有效荚数 43.3 个,单株粒数 97.3 粒,单株粒重 17.6 g,百粒重 18.3 g。

椭圆叶,紫花,灰毛。籽粒椭圆形,种皮黄色、微光,种脐深褐色。接种鉴定:抗花叶病毒病3 号株系和 7 号株系,高抗大豆胞囊线虫病。粗蛋白质含量 39.67%,粗脂肪含量 21.18%。

(三十九)五星 1 号

从河北省农林科学院粮油作物研究所引进到河南省种植的五星 1 号(原名:冀黄105)。审定编号:国审豆 2003021,为无腥味大豆,2008 年在河南省襄城县表现突出,平均亩产 200 kg 左右,高者达 250 kg/亩。品种来源:冀豆 9 号×Century。

特征特性:该品种紫花,棕毛,卵圆形叶,亚有限结荚习性。两年区试平均生育期 105 d,株高 84.7 cm,主茎节数 17.1 节,底荚高度 11.8 cm,单株有效分枝 1.7 个,单株有效荚数 36.7 个,单株粒数 77.6 个,百粒重 20.4 g。种皮黄色,粒形椭圆,褐脐。抗倒伏、抗病性较好。品质优,脂肪氧化酶 Ⅱ、Ⅲ 缺失,无豆腥味。平均粗蛋白质含量 42.39%,平均粗脂肪含量 20.27%。

(四十)濮豆 5110

选育单位:濮阳市农业科学院。品种来源:濮豆 6018/汾豆 79。

特征特性:夏播生育期 110.0 d,有限结荚,株型收敛,椭圆叶,白花,灰毛,荚皮深褐色;平均株高 91.5 cm,主茎节数 16.7 节,单株有效荚数 48.1 个,百粒重 21.7 g,圆粒,种皮黄色,无光泽,浅棕色脐,落叶性好,不裂荚。经南京农业大学国家大豆改良中心接种鉴定,2016 年对大豆花叶病毒株系 SC3 表现中抗,对 SC7 表现中感。2017 年对 SC3 表现抗病,对 SC7 表现中抗。经农业部农产品质量监督检验测试中心(郑州)检测,2016 年蛋白质(干基)含量 41.75%,粗脂肪(干基)含量 19.10%;2017 年蛋白质(干基)含量 43.6%,粗脂肪(干基)含量 19.5%。

(四十一)安豆 5246

选育单位:安阳市农业科学院。品种来源:安豆 09-5067/荷豆 99-6。

特征特性:夏播生育期 101.9 d,有限结荚,株型收敛,卵圆叶,紫花,灰毛;平均株高 56.4 cm,主茎节数 15.4 节,单株有效荚数 54.2 个,百粒重 18.3 g,椭圆粒,种皮黄色,微光,褐色脐,落叶性好,不裂荚。经南京农业大学国家大豆改良中心接种鉴定,2015 年对大豆花叶病毒株系 SC3 表现抗病,对 SC7 表现抗病。2016 年对大豆花叶病毒株系 SC3 表现抗病,对 SC7 表现中感。经农业部农产品质量监督检验测试中心(郑州)检测,2015 年蛋白质(干基)含量 41.71%,粗脂肪(干基)含量 18.51%;2016 年蛋白质(干基)含量 44.49%,粗脂肪(干基)含量 18.10%;2017 年蛋白质(干基)含量 43.6%,粗脂肪(干基)含量 18.6%。

(四十二)濮豆 820

选育单位:濮阳市农业科学院。品种来源:濮豆 6018/邯 332。

特征特性:夏播生育期 106.7 d,有限结荚,株型收敛,卵圆叶,白花,灰毛,荚皮褐色;平均株高 87.1 cm,主茎节数 17.0 节,单株有效荚数 41.9 个,百粒重 23.7 g,扁圆粒,种皮黄色,有光泽,浅黄脐,落叶性好,不裂荚。经南京农业大学国家大豆改良中心接种鉴定,2015 年对大豆花叶病毒株系 SC3 表现抗病,对 SC7 表现中感。2016 年对大豆花叶病毒株系 SC3 表现抗病,对 SC7 表现中感。经农业部农产品质量监督检验测试中心(郑州)检测,2015 年蛋白质(干基)含量 43.65%,粗脂肪(干基)含量 19.50%。2016 年蛋白质(干基)含量 46.11%,粗脂肪(干基)含量 19.80%。2017 年蛋白质(干基)含量 46.2%,粗脂肪(干基)含量 19.8%。

(四十三)周豆 25

选育单位:周口市农业科学院。品种来源:濮豆 6018/邯 332。

特征特性:夏播生育期 106.2 d,有限结荚,株型收敛,卵圆叶,白花,灰毛,荚皮褐色;平均株高 71.2 cm,主茎节数 16.2 节,单株有效荚数 53.9 个,百粒重 19.0 g,圆粒,种皮黄色,有光泽,浅黄脐,落叶性好,不裂荚。经南京农业大学国家大豆改良中心接种鉴定,2015 年对大豆花叶病毒株系 SC3 表现抗病,对 SC7 表现抗病。2016 年对大豆花叶病毒株系 SC3 表现中抗,对 SC7 表现抗病。经农业部农产品质量监督检验测试中心(郑州)检测,2015 年蛋白质(干基)含量 44.49%,粗脂肪(干基)含量 18.56%。2016 年蛋白质(干基)含量 45.70%,粗脂肪(干基)含量 19.30%。2017 年蛋白质(干基)含量 44.7%,粗脂肪(干基)含量 19.7%。

(四十四)豫黄 0311

选育单位:洛阳市嘉创农业开发有限公司。品种来源:豫豆 22/03G11。

特征特性:夏播生育期 113.0 d,有限结荚,株型收敛,卵圆叶,白花,灰毛,荚皮褐色;平均株高 94.4 cm,主茎节数 16.9 节,单株有效荚数 49.9 个,百粒重 20.4 g,圆粒,种皮黄色,有光泽,浅黄脐,落叶性好,不裂荚。经南京农业大学国家大豆改良中心接种鉴定:2016 年对大豆花叶病毒株系 SC3 表现抗病,对 SC7 表现中抗。2017 年对大豆花叶病毒株系 SC3 表现抗病,对 SC7 表现抗病。经农业部农产品质量监督检验测试中心(郑州)检测,2016 年蛋白质(干基)含量 44.0%,粗脂肪(干基)含量 20.0%。2017 年蛋白质(干基)含量 42.9 %,粗脂肪(干基)含量 19.6%。

(四十五)开豆 46

选育单位:开封市农林科学研究院。品种来源:新大豆一号系选。

特征特性:夏播生育期 105.1 d,有限结荚,株型收敛,椭圆叶,紫花,灰毛,荚皮褐色;平均株高 69.4 cm,主茎节数 16.5 节,单株有效荚数 57.0 个,百粒重 17.7 g,圆粒,种皮黄色,有光泽,落叶性好,不裂荚。经南京农业大学国家大豆改良中心接种鉴定,2015 年对大豆花叶病毒株系 SC3 表现抗病,对 SC7 表现抗病;2016 年对 SC3 表现中抗,对 SC7 表现中抗。经农业部农产品质量监督检验测试中心(郑州)检测,2015 年蛋白质(干基)含量 41.14%,粗脂肪(干基)含量 20.09%,2016 年蛋白质(干基)含量 42.91%,粗脂肪(干基)含量 20.10%。2017 年蛋白质(干基)含量 42.8 %,粗脂肪(干基)含量 20.4%。

(四十六)长义豆 3 号

选育单位:河南省长义农业科技有限公司。品种来源:黑农 48/扁茎豆。

特征特性:夏播生育期 108.8 d,有限结荚,株型收敛,卵圆叶,紫花,灰毛,荚皮灰色;平均株高 97.5 cm,主茎节数 18.5 节,单株有效荚数 59.4 个,百粒重 18.7 g,圆粒,种皮黄色,棕色脐,落叶性好,不裂荚。经南京农业大学国家大豆改良中心接种鉴定,2016 年对大豆花叶病毒株系 SC3 表现抗病、对 SC7 表现中感;2017 年对 SC3 表现中感,对 SC7 表现感病。经农业部农产品质量监督检验测试中心(郑州)检测,2016 年蛋白质(干基)含量 43.54%,粗脂肪(干基)含量 21.30%;2017 年蛋白质(干基)含量 43.9%,粗脂肪(干基)含量 21.1%。

(四十七) 科豆 17

选育单位:中国科学院遗传与发育生物研究所。品种来源:科豆 1 号×01-14-1-8。

特征特性:夏播生育期 107.0 d,有限结荚,株型收敛,卵圆叶,紫花,棕毛,荚皮灰色;平均株高 87.0 cm,主茎节数 17.1 节,单株有效荚数 49.8 个,百粒重 20.9 g,圆粒,种皮黄色,落叶性好,不裂荚。经南京农业大学国家大豆改良中心接种鉴定,2015 年对大豆花叶病毒株系 SC3 表现抗病,对 SC7 表现中感;2016 年对 SC3 表现中抗,对 SC7 表现中感。经农业部农产品质量监督检验测试中心(郑州)检测,2015 年蛋白质(干基)含量 42.04%,粗脂肪(干基)含量 20.53%;2016 年蛋白质(干基)含量 43.43%,粗脂肪(干基)含量 21.00%;2017 年蛋白质(干基)含量 43.3%,粗脂肪(干基)含量 21.2%。

(四十八) 兆丰 3 号

选育单位:河南许农种业有限公司。品种来源:秋乐 1103×11341。

特征特性:平均生育期 112.6 d,有限结荚,株型收敛,卵圆叶,紫花,灰毛,荚皮褐色;平均株高 99.2 cm,主茎节数 19.6 节,单株有效荚数 48.9 个,百粒重 24.3 g,圆粒,种皮黄色,落叶性好,不裂荚。经南京农业大学国家大豆改良中心接种鉴定,2016 年对大豆花叶病毒株系 SC3 表现抗病,对 SC7 表现中抗;2017 年对 SC3 表现抗病,对 SC7 表现中抗。经农业部农产品质量监督检验测试中心(郑州)检测,2016 年蛋白质(干基)含量 44.20%,粗脂肪(干基)含量 19.80%;2017 年蛋白质(干基)含量 44.5%,粗脂肪(干基)含量 19.8%。

第三节　夏大豆高产高效栽培技术

一、合理轮作

轮作倒茬是大豆增产措施之一。豆科作物不耐连作,连续多年迎茬种植会导致产量不断下降,在黄淮地区只要连续 2 年以上夏季种植大豆就会造成减产。减产原因在于:土壤养分的非均衡消耗,土壤中水解氮和速效钾明显减少,锌、硼成倍降低,土壤酶活性下降等;一些病虫害加重,如根腐病、胞囊线虫病、霜霉病、地老虎、蛴螬等;并且大豆根系分泌的毒素会积累,土壤的理化性质会恶化等。因此,大豆种植尽可能实现轮作倒茬,避免夏季大豆连作或连续多年迎茬种植。

二、播前整地

夏大豆可酌情犁耙。在土壤墒情好的情况下,播前整地犁耙比不犁耙好得多。播前犁耙可疏松土壤,利于土壤微生物活动和有机质分解,减轻病虫草害。同时可结合整地增施底肥,增加土壤肥力。但是,如果在播种前遇到气温高、墒情差、蒸发量大的情况,为抢墒保全苗,可以不整地,而采取铁茬播种;或者先浇地造墒,而后播种。播前是否整地犁耙,可根据播种时的土壤墒情和气候条件酌情而定,采取以下几种方法:①铁茬直播。麦收后直接播种,不进行任何田间作业。优点:有利于实现早播,减少田间作业成本;缺点:土壤密度大(硬),麦茬多,播种难度大;杂草大而多,除草困难;受麦茬影响,苗期生长较弱。②灭茬播种。麦收后用灭茬机灭茬,随后播种。优点:麦秸粉碎,利于播种,有利于苗期生长。③灭茬旋耕播种。麦收后用旋耕机旋耕后擦耙播种。优点:整地质量好,出苗质量好。④若麦收后遇雨可及时采取机械灭茬,清除田间杂草,有条件的地方最好采用旋耕机结合施底肥旋耕后再播种。播种时施磷酸二铵或磷酸一铵 20~30 kg/亩。

三、施足底肥,配方施肥

营养元素是大豆生长发育和产量形成的物质基础。合理施肥是实现高产高效的主要措施之一。要做到合理施肥,必须了解大豆的营养特点、各种肥料元素的性质和作用,掌握科学的施用技术。

(一)大豆的营养特点

据测算,大豆对各种营养元素的需要量如下:150 kg 大豆需氮素 10 kg,五氧化二磷 2 kg,氧化钾 4 kg。大豆需肥量比禾谷类作物多,尤其是需氮量较多,大约是玉米的 2 倍,是水稻、小麦的 1.5~2 倍。

此外,大豆还要吸收少量钙、镁、铁、硫、锰、锌、铜、硼、钼等常量元素和微量元素。大豆对这些元素吸收量虽然不多,但不可缺少,不能替代。

大豆植株对营养的吸收和积累也不同于禾谷类作物。禾谷类作物到开花期,对氮、磷的吸收已近结束;而大豆到开花期吸收氮、磷、钾的量只占总量的 1/4~1/3。禾谷类作物在营养生长期间植株体内氮的浓度最高,进入生殖生长期则急剧降低。大豆进入现蕾开花后的生殖生长期,叶片和茎秆中氮素浓度不但不下降反而上升。大豆开花结荚期养分的积累速度最快,干物质积累量占全量的 2/3~3/4。

(二)施肥技术

(1)增施有机肥。有条件的地方,播前每亩施有机肥 2 000~3 000 kg,可有效提高产量。

(2)重视底肥,平衡施用氮、磷、钾化肥。播种时可结合测土配方施肥,适当增施磷、钾肥,少施氮肥。一般播种时每亩深施大豆施 45% 的复合肥或磷酸二铵 15~20 kg,尽量使用种、肥一体机,做到播种、施肥一次完成,同时注意肥、种分开。

(3)钼肥是大豆所必需的一种微量元素。它能增强根瘤菌的固氮能力,加速对磷的吸收,促进大豆提早开花,增荚增粒,提高种子饱满度。使用钼肥,一般能提高产量 8% 左右。目前使用的钼肥,一般是钼酸铵,其使用的方法如下:

①拌种:用钼酸铵 20~30 g,先加少量温水溶解,再加水 2~3 kg,制成 1% 或 2% 的溶液,用喷雾器喷在 50 kg 大豆种子上,一边喷雾一边拌种,种子晾干后即可播种。否则易失效。

②作种肥:每亩用钼酸铵 10 g 加过磷酸钙 2.5~5 kg(或钙镁磷肥 15 kg),再加草木灰50 kg,充分拌匀作种肥用。

③喷洒:在大豆开花期结合根外追肥,每 50 kg 水加钼酸铵 25 g,制成溶液,每亩喷溶液 25~30 kg。

硼肥主要有硼酸(含硼 17.5%)、硼砂(含硼 0.3%)和硼矿渣。它也是大豆所必需的一种微量元素。大豆缺硼时,生长缓慢,叶面凸凹不平,根系发育不良,茎尖分生组织死亡,花蕾在发育初期死去,影响开花结荚、花粉形成及受精。因此,施硼可以提高大豆产量。根据大豆不同时期需硼量的特点,将硼肥分两次施用,效果最好。一次作种肥,一次作根外追肥。种肥每亩用硼矿渣 15 kg 或硼酸 35~50 g,与钙镁磷肥混合后,底施于大豆播种沟内或穴内。

四、选用良种

夏大豆高产栽培宜选用高产、稳产、优质、抗逆性强,适应性广、增产潜力大的品种,主推大豆品种有郑 196、郑 9805、洛豆 1 号、中黄 57、中黄 301、商豆 1201、安豆 5156、许豆 8 号、周豆 23 号、荷豆 19、齐黄 34 等。种豆大豆应根据轻简化栽培需要,选用高产、高蛋白、适合加工豆制品、抗病性好、秆强抗倒、成熟时不裂荚且适合机械化收获的大豆品种,如驻豆 19、驻豆 11、中黄 57、齐黄 34、菏豆 19、周豆 23 号等。

五、规范播种

(一)种子处理

1.播前晒种

精选处理后备播种子,播种前晒种 4~8 h,可提高种子发芽率。为达到豆苗齐、匀、壮的目的,在选用优良品种的基础上,需要对种子进行精选。去除豆种中的杂籽、病籽、烂籽、秕籽和杂质,选留饱满、籽粒大小整齐、无病虫、无杂质的种子。搞好种子精选,可以减少种子播种量,提高播种质量,对增产有很大作用,特别是采用大豆精量播种机播种时,必须进行种子精选,实现种一粒种子,出一棵苗。

2.大豆接种根瘤菌

方法较简单。播种时将预先制好的菌剂用水调成浆糊状,再倒入种子中拌匀,每 15~20 kg 大豆种子,菌剂用量为 300 g,随拌随播种,播种后立即盖土。接种后的种子,如不能及时播种,应放在阴凉的地方,避免阳光直晒。另外,大豆接种根瘤菌,最好用菌剂 300 g 和钙镁磷肥 3~4 kg 混合成浆糊状,再倒入大豆种子中拌匀播种。经试验,用菌剂和钙镁磷肥混合接种比单用菌剂接种的增产效果更明显。

3.种子消毒

为防止大豆根腐病,可用 50%多菌灵拌种,用药量为种子重量的 0.3%,或用多福合剂拌种(多菌灵与福美双 1∶1),可显著降低大豆根腐病的发生。也可用灭枯灵乳油进行种子消毒。常用种子量 0.1%~0.15%辛硫磷或 0.7%灵丹粉,防治蛴螬、地老虎、根蛆等苗期虫害。

4.种子包衣

种衣剂是由杀虫剂、杀菌剂、微肥、激素等制成的膜状物质,在土壤中可持续药效 45~60 d。种子包衣可有效防止大豆苗期病害(第一代大豆胞囊线虫、根腐病、根潜蝇、蚜虫、二条叶甲等);促进大豆幼苗生长(特别在重迎茬种植,土壤微量元素不足造成幼苗生长缓慢的地块);增产效果显著。药、肥拌种方法:每亩种子(按 4~5 kg 计),用钼酸 10~15 g、硼砂 7~10 g 兑热水(50~60 ℃)0.5 kg 使其溶化,晾凉后,加 30%~35%多福合剂,可防治根尖线虫病;加福美双或 50%克菌丹可湿性粉剂,以种量的 4%进行药剂拌种,可防治根腐病、灰斑病等病害。

可以直接买包衣好的种子,也可到当地种子经销商那里,用他们的简易包衣机进行包衣,一般 20 kg 大豆种子用 300~350 mL 种衣剂。也可用化肥袋子装入 20 kg 大豆,倒入 300~350 mL 种衣剂,扎紧口袋,迅速滚动,使每粒种子都包上一层种衣剂。

(二)适期播种

5 月下旬至 6 月中旬都是夏大豆的适播期。早中熟品种一般在 6 月 10~20 日播种,中熟及中熟偏晚品种一般在 5 月 25 日至 6 月 15 日播种为宜。夏播大豆,适期早播,越早越好。早播的好处:一是增产。6 月 10 日播种比 6 月 25 日播种增产 10.52%,6 月 15 日播种比晚播增产 8.36%。二是早播增质。夏播 6 月 15 日前播种,脂肪含量增加 1%,且蛋白质含量较高。夏大豆的播期受降雨及土壤墒情影响很大,麦收后土壤墒情好可及时早播。麦收后干旱,墒情差,又无条件浇水的地区,大豆无法播种。早播可以及时覆盖地面,减少水分蒸发,延长大豆营养生长期,多分枝,多结荚,有利于物质积累,又便于雨季来临之前清除杂草。一般麦收后及时抢墒播种。

(三)足墒播种

土壤含水量为田间持水量的 70%~80% 时播种,确保一播全苗,苗齐苗壮。

(四)精量匀播

采用机械免耕播种,精量匀播,开沟、施肥、播种、覆土一次完成,有利提高播种质量,出苗整齐均匀一致。播量大粒品种一般 5~6 kg。中小粒品种一般 4 kg 左右。大豆是出苗比较困难的作物,一般播种深度 3~5 cm,播种平整覆土保墒。播种过深,则出苗困难,即使出苗也形成弱苗;播种过浅,表层土壤墒情变差,大豆发芽后易回芽,造成不出苗,即使出苗,也不耐旱,对大豆产量形成不利的影响。

六、合理密植

掌握适宜的播种量和播种深度,一般密度 1.5 万~1.8 万株/亩。晚播或土壤瘠薄地块可增至 2 万株以上。合理密植的原则是:主茎型品种适宜密植,高大分枝型品种适宜稀植;中下等肥力地块适宜密植,高肥力地块适宜稀植。种植行距一般 30~40 cm,株距 10~15 cm。

不同种植方式:宽窄行种植,20/60 cm 大小行种植可获得最高产量。大豆宽窄行种植又称为二垄靠高产栽培方式,它是通过调整大豆种植的行间距,提高大豆田间的通风、透光率,充分利用边行优势,从而提高大豆产量,有利于创高产。同时,表明在水分条件相对较高的条件下,适当增大行距有利于提高产量。宽窄行种植,一般宽行行距 50 cm,窄行行距 20~30 cm。

七、化学除草

在大豆播后苗前施用除草剂时,最好在播种的 2 d 之内施药,一般每亩用 50% 乙草胺乳油 150~200 mL 加 24% 乙氧氟草醚乳油 10~15 mL 或 72% 都尔乳油 150 mL 加 3~5 g 20% 氯嘧磺隆(豆磺隆)可湿性粉剂,兑水 50 kg 喷雾,进行土壤封闭。

田间秸秆量大的地块,仅采用封闭除草,往往不能达到很好的防除效果,可进行出苗后除草,根据土壤墒情、杂草种类、草龄大小选择除草剂,防除单子叶杂草每亩用5%精喹禾灵乳油50~100 g或10.8%高效盖草能(高效氟吡甲禾灵)乳油30~35 mL或15%精吡氟禾草灵乳油(精稳杀得)50~67 mL,兑水30~50 kg茎叶喷雾处理;防除双子叶杂草每亩用24%克阔乐乳油30 mL或25%氟磺胺草醚水剂50 mL兑水40~50 kg喷雾等。除草时机在大豆1~3片复叶期内,每亩用24%乳氟禾草灵(克阔乐)30 mL+10.8%高效盖草能乳油30~35 mL,或用10.8%高效盖草能30 mL加25%氟磺胺草醚40 mL加48%苯达松100 mL,兑水40~50 kg喷雾,可同时防除单子叶和双子叶杂草。

使用除草剂应严格按照说明书进行,避免产生药害。大豆幼苗期,遇低温、高湿、田间长期积水或药量过多,易受药害。乙氧氟草醚为芽前触杀性除草剂,除草效果较好,但施药必须均匀,否则,部分杂草死亡不彻底而影响除草效果。乙氧氟草醚对大豆易产生药害,生产上要严格掌握施药剂量。氯嘧磺隆可以有效防治多种一年生禾本科杂草和阔叶杂草,但对大豆安全性较差,施药量过大容易对大豆发生药害。

八、适时化控

如有旺长趋势,初花期可亩用15%多效唑50 g兑水50 kg进行叶面喷洒,或用25%助壮素水剂15~20 mL兑水50 kg喷施。如盛花期仍有旺长,用药量可以增加20%~30%进行第二次控旺。

九、适时浇水,及时排涝

在底墒足的情况下,一般苗期不浇水,苗期适当干旱能增产;开花结荚期(播种后30~70 d)大豆需水量较大,约占总耗水量的45%,是大豆需水的关键时期,蒸腾作用达到高峰,干物质积累也直线上升。因此,这一时期缺水则会造成严重落花落荚,单株荚数和单株粒数大幅度下降。如果出现干旱(连续10 d以上无有效降雨或土壤水分含量低于30%)应立即浇水,减少落花、落荚,增加单株荚数和单株粒数。

鼓粒-成熟期(播种后70~105 d)大豆需水量约占总耗水量的20%,也是籽粒形成的关键时期。这一时期缺水,则秕荚、秕粒增多,百粒重下降。如果出现干旱(连续10 d以上无有效降雨或土壤水分含量低于25%)应立即浇水,减少落荚,确保鼓粒,增加单株有效荚数、单株粒数和百粒重。如果遇到强降雨,田间发生积水,要及时排涝。

十、中后期用肥

追花荚肥,从开花到鼓粒,是需肥高峰期,一般大豆开花前每亩追施磷酸二铵15~20 kg,可达到明显的增产效果。

鼓粒期,荚内豆粒开始鼓粒到最大的体积与重量,叫鼓粒期。这个时期的外界环境条件对大豆的结荚数、每荚粒数和粒重以及产量都有很大关系。大豆在鼓粒期同样需要大量的水分和养分,同时需要充足的阳光。如果这些条件得不到满足就会落荚,秕荚和秕粒也会增多,产量降低。这时加强田间管理,有利于产量的增加。

在花荚期、鼓粒期每亩用尿素1 kg、磷酸二氢钾150~200 g、钼酸铵25 g、硼砂75~100 g加水50 kg混合叶面喷洒2~3次,保叶防早衰,提高粒重。

十一、及时防治病虫害

（一）地下害虫

用50%辛硫磷、30%毒死蜱微胶囊悬浮剂等药剂拌种或苗前毒饵捕杀，可防治蛴螬、地老虎等地下害虫。地老虎、蝼蛄、蛴螬、金针虫等，常危害大豆根茎，造成缺苗断垄。防治方法：用炒熟炒香的谷子或发酵豆饼与50%辛硫磷乳油混合制成毒饵，傍晚均匀撒入田间，每亩10 kg。或亩用50%辛硫磷乳油0.1 kg，拌细砂或细土25~30 kg制成毒土，撒在根旁预开沟内，随即覆土。

（二）食叶性害虫

开花期及结荚初期注意防治刺吸式害虫，如椿象类、烟粉虱、蚜虫等，防止大豆症青。蚜虫、菜青虫、棉铃虫、红蜘蛛等。蚜虫、红蜘蛛吸食大豆叶片汁液，蚜虫传播病毒病，食叶害虫危害大豆心叶叶片，影响大豆正常生长。防治方法：防治蚜虫、烟粉虱用5%吡虫啉乳油2 000~3 000倍液或3%啶虫脒乳油稀释1 000~1 600倍，或用20%氰戊菊酯乳油每亩20~40 mL兑水50 kg喷雾。

防治菜青虫、棉铃虫、斜纹夜蛾、甜菜夜蛾、大豆造桥虫等害虫，可在幼虫3龄前，用10%除尽油剂、20%米满悬浮剂和52.25%农地乐油剂上述三种药剂之一，按每亩40 mL于幼虫1~2龄高峰期施药。也可用5%甲维盐水分散粒剂10~15 g，或2%甲维盐微乳剂20~30 mL，或5.7%氟氯氰菊酯乳油20 mL+2%甲维盐微乳剂10 mL或50%辛硫磷乳油和5%氯氰菊酯乳油按1：0.5混配后1 000倍液40~50 kg/亩，傍晚喷雾。

防治大豆卷叶螟，从发现初孵卵幼虫时即开始喷药，可选用90%晶体敌百虫1 500倍液，或25%快杀灵、50%辛氰乳油、25%扑虫净等1 500倍液喷雾防治，或4.5%高效氯氰菊酯乳油2 000倍药液。每10 d左右喷施一次。

防治红蜘蛛，在红蜘蛛点片发生时立即用药防治，可用40%氧化乐果乳油1 500倍液，1.8%阿维菌素2 000倍液，20%灭扫利乳油2 000倍液，73%灭螨净3 000倍液，25%克螨特乳油3 000倍液或20%扫螨净、螨克乳油2 000倍液等喷雾，连喷2~3次。

（三）食荚粒害虫

食荚性害虫有大豆食心虫、豆荚螟等。田间危害：吃食籽粒。受其危害不但造成减产，还可造成品质下降，商品价值较低。

防治大豆食心虫方法：在成虫盛发期封垄比较好的情况下，用80%的敌敌畏乳油制成毒棍，每隔4垄插一行，每5 m插一根熏蒸进行防治。成虫产卵盛期，每亩喷施10%联苯菊酯可湿性粉剂2.5 kg，不仅能毒杀成虫，而且能杀死一部分卵和初孵幼虫；幼虫入荚盛期之前，每亩施25%灭幼脲悬浮剂1 500倍液，或48%毒死蜱乳油1 500倍液喷雾。也可用2.5%溴氰菊酯乳油，每亩商品量30 mL兑水喷防。施药时间以上午为宜，重点喷洒植株上部。

防治豆荚螟，在防治上应抓一个"早"字。施药的最佳时期：在豆荚螟卵孵始盛期（大豆进入结荚始盛期到豆荚变黄绿色时止），最迟到2龄幼虫期高峰期及时喷药。可选药剂：5%抑太保乳油1 500倍液、1.5%甲维盐水分散粒2 000倍液、5%锐劲特1 000倍液、20%绿得福1 500倍液、0.36%苦参碱1 000倍液、48%乐斯本1 500倍液等。喷药时一定要均匀喷到植株的花蕾、花荚、叶背、叶面和茎秆上,喷药量以湿有滴液为度。

防治豆秆黑潜蝇,关键时期是苗期防治。如果不能对田间进行虫情检测,则可在豆苗出土立即施药预防,发生严重时隔 5~7 d 喷药 1 次,连喷 3~4 次。豆秆黑潜蝇的防治还应特别重视对成虫的防治,兼治幼虫。第 1 次用药应在豆秆黑潜蝇成虫初次出现(8 月上、中旬)后的 5~7 d,以后每隔 7~10 d 防治 1 次,连续防治 3~4 次。选用高效对口药剂,如亩用 2.5%三氟氯氰菊酯(功夫)2 000 倍液、23%灭·杀双水溶性液剂 1 200~2 000倍液、0.2%阿维虫清 2 000 倍液或 75%灭蝇胺可湿性粉剂(潜克)5 000 倍液加 10% 氯氰菊酯 2 000 倍液进行叶面喷雾;可用 90%敌百虫晶体 800~1 000 倍液或 50%辛硫磷 1 000倍液对植株根茎部进行喷雾或灌根,防治效果可达 85%以上。在成虫盛发期使用菊酯类农药加 50%辛硫磷亩用量 50~70 mL 进行防治。由于豆秆黑潜蝇成虫具有迁飞性,喷雾防治应从四周向中间进行,同时对 5~10 m 内的相邻作物也要进行防治。

(四)病害

对于各种病害,贯彻以防为主的方针,田间发现初始病斑,即选用对路农药防治。

防治孢囊线虫,亩用 3%克线磷颗粒剂或 3%氯唑磷颗粒剂 3~5 kg 拌土后穴施,或在播种前用种子量 2%~2.5%的 25%多·福·克悬浮种衣剂进行种子包衣。虫量较大地块用 3%克百威颗粒剂 2~4 kg,或 10%噻唑膦颗粒剂 1~2 kg,与细沙混后覆土。

防治大豆根腐病,选用包衣的种子,如未包衣,则用拌种剂或浸种剂灭菌,可有效提高健苗率。播种前分别用种子量 0.5%的 50%多福合剂或种子量 0.3%的 50%多菌灵、50%施保功进行拌种处理。瑞毒霉进行种子处理可控制早期发病,但对后期无效。利用瑞毒霉进行土壤处理防治效果好。

大豆灰斑病,俗名褐斑病、斑点病,又称蛙眼病。一般结荚与籽粒期为最易感病期,应及时喷药控制病害。常用的药剂有 40%多菌灵、70%甲基硫菌灵、50%退菌特、70%甲基托布津等,田间施药的关键时期是始荚期至盛荚期。

防治大豆霜霉病,用瑞毒霉、克霉灵、福美双、多菌灵、敌克松为拌种剂,按种子重量的0.3%拌种,效果很好。精选种子,挑除病粒后再用药剂拌种。喷洒药剂:发病始期可用85%乙霜灵 100 g 加水 50 kg 喷洒,每隔 15 d 喷药一次,连续喷 2~3 次。

防治大豆病毒病,可结合苗期蚜虫的防治施药。药剂可选用 0.5%氨基寡糖素水剂500 倍液,或 5%菌毒清 400 倍液,或 8%宁南霉素水剂 800~1 000 倍,或 0.5%几丁聚糖水剂、0.5%菇类蛋白多糖水剂、6%烯·羟·硫酸铜可湿性粉剂 200~400 倍液喷雾,连续使用 2~3 次,隔 7~10 d 1 次。

(五)菟丝子

防治菟丝子方法:①精选种子。播种前可用筛子清除混在种子里的菟丝子种子。②轮作与深翻。大豆和禾谷类作物轮作 2~3 年,可使发病减轻或避免危害,因菟丝子种子在土表 7 cm 以下不易发芽出土,进行深翻可以有效的防止菟丝子的发生。③人工防除。定期到田间检查。对感染菟丝子植株进行人工摘除,感染严重的植株应拔除并集中毁掉,防止蔓延。禁止用感染菟丝子的病株喂牲畜,切断粪肥传播途径。④药剂防治。每亩用 48%拉索乳油 200 mL,兑水 30 kg,在大豆出苗,菟丝子缠绕初期均匀喷雾。每亩用86%乙草胺乳油 100~170 mL 兑水 50 kg 均匀喷雾于土壤。在大豆始花期,用 48%地乐胺

100~200 倍液喷雾,对菟丝子及一些杂草有较好的防除效果。

十二、适期收获

在大豆黄熟末期至完熟期,当叶片基本脱落,茎、荚全部变黄,籽粒变硬,荚中籽粒与荚皮脱离,摇动时豆株有响声时,及时收获。机收时,收割机应配备大豆收获专用割台,或降低小麦等收割机的割台高度,一般割台高度不超过 17 cm,减轻拨禾轮对植株的击打力度,减少落荚、落粒损失。正确选择、调整脱粒滚筒转速和间隙,降低大豆籽粒破损率。如果收获时田间杂草较多,收获前可人工拔除大草。机收时要避开露水,防止籽粒黏附泥土影响外观品质。收获脱粒后及时晾晒,不能暴晒,以免种皮皱裂,影响品质,待籽粒含水量降到 12% 时即可入库储藏。

第四节　玉米大豆带状复合种植技术

玉米大豆带状复合种植集竖叶型玉米、耐阴大豆、窄行密植、间作增效等技术于一体,可以较大限度挖掘竖叶型玉米耐密植的增产潜力;玉米通风条件改善,抗倒伏能力增强,密而不弱;玉米大豆根系深浅、植株高矮、需肥种类不同,优势互补;耐阴大豆在间作劣势时减产幅度不大。

一、品种选择

玉米选用紧凑型品种淄玉 2 号或开玉 15 及鑫丰 6 号;大豆选用耐阴多荚大豆品种开豆 41 号、开豆 16 号等。

二、间作方式

(1)宽窄行 2∶2 种植方式,玉米窄行 40 cm,宽行 160 cm,在宽行内种 2 行大豆,行距 40 cm,大豆行距玉米行距离 60 cm。玉米穴距 14 cm,穴留苗 1 株,设计密度 4 764 株,有效株数应达到 4 500 株,目标产量 750 kg;大豆穴距 12 cm,穴留苗 2 株,设计密度 10 000 株,有效株数不低于 7 500 株。

(2)宽窄行 4∶4 种植方式,玉米窄行 40 cm,宽行 200 cm,在宽行内种 4 行大豆,行距为 20 cm、40 cm、20 cm,大豆行距玉米行距离 60 cm。玉米穴距 18~20 cm,穴留苗 1 株,设计密度 4 600 株,有效株数应达到 4 150 株,目标产量 750 kg;大豆穴距 15~18 cm,设计密度 5 500 株,有效株数不低于 4 600 株。

三、及时足墒播种

6 月 15 日前完成播种,播种时采用玉米大豆专用间作播种机同机免耕播种,播前要足墒下种,保证玉米大豆一播全苗。

四、及时补苗和间苗

对缺苗断垄的要在 2~3 片叶时及时补种,对过密的疙瘩苗要及时间苗和定苗。

五、巧施肥

底肥玉米专用肥55%(N28-P15-K12)按每亩25 kg,和种子一起播入土内,播时要和玉米种子隔开一定距离,防止烧苗。大豆不需施用种肥,玉米在追肥期按每亩25~30 kg必须实行条施,施肥点离玉米20 cm为佳。大豆在花期视植株长势看苗追肥,亦可不施肥。

六、化学除草

播后苗前除草,每亩用50%乙草胺200 mL兑水20 L均匀喷雾,苗后除草阔叶类可用苯达松防治,如确需对大豆使用不同除草剂除草,一定要使用加防护罩的喷头进行分别防治。

七、化控

对生长较旺的玉米如控旺,每亩用40%健壮素水剂25~30 g,兑水15~20 kg,均匀喷于玉米上部叶片。对生长较旺的大豆,可在分枝期用5%烯效唑24~48 g,兑水40~50 kg喷施茎叶。

八、病虫防治

对蚜虫、红蜘蛛防治每亩20%吡虫啉兑水30 kg喷雾防治。对玉米螟可在喇叭口期在心叶投放辛硫磷。对大豆食心虫的防治可用敌杀死20~30 mL兑水30 kg喷雾防治,亦可以1%阿维菌素乳油2 500倍液进行防治。

第五节　大豆病虫草害防治技术

一、主要病害识别与防治

(一)大豆花叶病毒病

1.症状

发病初期叶片外形基本正常,仅叶脉颜色较深,受病6~14 d后出现明脉现象,以后逐渐发展成浓绿、淡绿相间的斑驳花叶,叶缘自下呈波纹状卷曲,叶片皱缩,向下卷,或沿叶脉两侧呈泡状突起,有的叶片变窄狭呈柳叶状。接近成熟时叶变成革质,粗糙而脆。严重时,植株显著矮化,花荚数减少,结实率降低,有的病株出现恋青现象。病株根系发育差,产生的根瘤少而小,并常常形成无绒毛的豆荚。感染病毒病的植株种子有时种皮着色,其色泽常与脐色有关。脐色为黑色的,则出现黑斑;脐色为黄白色的,则出现浅褐色斑;种皮为黑色而脐为白色的,则呈现白色斑。花叶症状与温度的高低有关,气温在18.5 ℃左右,症状明显,29.5 ℃时症状逐渐隐蔽。

分布与危害:大豆产区,大豆花叶病毒病的侵染区在70~95%以上,全国各地均有发生。常年产量损失5%~7%,重病年损失10%~20%,个别年份或少数地区产量损失可达

50%。

2.病原与侵染循环

(1)病原:大豆花叶病的病原为大豆花叶病毒(SMV),属马铃薯 Y 病毒组,是大豆主要的种传病毒。大豆花叶病毒在种子内越冬,种子所带病毒为初次侵染来源,播种带毒种子,幼苗即可发病,尔后发展成系统性侵染,称为第一次侵染。

(2)侵染循环:从前一生长季节开始发病,到下一生长季节再度发病的过程,称作侵染循环。大豆的褐斑粒与病毒一般呈正相关,即病毒高的褐斑粒率也高,但也有病毒高而褐斑粒率不高的,或褐斑粒率高的,而病毒并不高的现象存在。在田间,病毒扩大再侵染,亦称第二次侵染,主要由传播介体蚜虫带毒传染。蚜虫在病株上取食 30 min 后,移置到健株上 30 min 就可传毒。但已带毒的蚜虫经取食其他作物后病毒就会消失。当其在不加害作物的情况下,病毒在虫体内可保存 8.5 h。在这段时间内,经 1 次加害大豆或非这一病毒能侵染的马铃薯等植株,病毒即已消失。

3.发病条件

大豆花叶病毒(SMV)的寄主范围相对较窄,除侵染大豆外,某些株系可侵染蚕豆、豌豆、扁豆等部分豆科植物。大豆生产上种植的品种如果是高感当地流行株系,则 SMV 流行的风险会加大。我国最新育成的大豆品种中,对花叶病毒抗性较好、一般、较差的品种各占1/3。由此看来,进一步加强抗病育种提高品种的抗性十分必要。

4.防治方法

(1)降低 SMV 的初侵染来源。避免从疫区调入种子以及在良种繁育田和生产田中拔除带毒种子长出的病苗都可以在一定程度上降低 SMV 的初侵染来源。剔除斑驳种子并不可靠。

(2)建立无毒种子田是防治病毒病的重要的有效方法,无毒种植田要求种子田 100 m 以内无该病毒的寄主作物(包括大豆)。种子田在生育期间发现病株应及时拔除,收获种子要求带毒率低于1%。病株率高的种子,不能作为翌年种植种子用。

(3)防蚜治蚜,减少 SMV 的再侵染。注意几种杀蚜药剂交替使用,防止多次使用一种药剂使蚜虫产生抗药性。采取避蚜或驱蚜(有翅蚜不着落于大豆田)措施比防蚜措施效果好。目前最有效的方法是苗期用银膜覆盖土层,或银膜条间隔插在田间,有驱蚜避蚜作用,可在种子田使用。

(4)培育和推广抗病品种。

(5)加强种子检疫。在各地调种或交换品种资源,都会引入非本地病毒或非本地病毒的株系,因此引进种子必须隔离种植,要留无病毒株种子,再作繁殖用;检疫及研究单位要加强检疫病毒病的措施及采取有效的防治措施。

(二)大豆胞囊线虫病

1.症状

大豆胞囊线虫病,俗称"火龙秧子"。在大豆整个生育期间均可危害,主要危害根部。大豆受害后,植株表现生长不良,明显矮化,叶片褪绿变黄、瘦弱,似缺水,豆荚和种子萎缩瘪小,甚至不结荚,田间常见成片植株变黄萎缩。病株根系不发达,并形成大量须根,须根上附有大量白色小颗粒(线虫的胞囊)。这是鉴别孢囊线虫病的重要特征。一般减产

10%~20%。重者可达30%~50%，甚至颗粒无收。大豆孢囊线虫是一种土传的定居性内寄生线虫，繁殖力很强，形成的孢囊有极强的生活力和广泛的适应性。土壤一经感染，则很难防治。

2.病原及侵染循环

病原是大豆胞囊线虫（Heterodera glycines），是异皮线虫属的一个种。主要以胞囊在土中越冬，带有胞囊的土块也可混杂在种子间成为初侵染来源。线虫在田间传播主要通过田间作业时农机具和人、畜携带含有线虫或胞囊的土壤，其次为排灌水和未经充分腐熟的肥料。

3.发病条件

此病的发生和流行主要取决于土壤条件、耕作制度、气候条件和作物种类等。通气良好的沙土和沙壤土、碱性土壤更适于线虫的生活（pH值<5线虫几乎不能繁殖，pH高的土壤中的胞囊数量远高于pH低的土壤），连作地发病重，轮作地发病轻。作物种类对土壤中线虫的增减有明显影响，土温影响线虫发育速度。在发育最适温度15~27℃范围内发育速度与温度成正相关。温度越高，发育越快，发生虫量越多。最适合的土壤湿度为40%~60%，过湿、氧气不足，易使线虫死亡。

4.防治方法

（1）加强检疫。严禁将病原带入非感染区。

（2）合理轮作。采用与非寄生作物2~3年的短期轮作，结合种植对线虫的抗性或耐病的品种，增施肥料等方法是减少损失的有效措施。水旱轮作也是一种较好的防治措施。

（3）种植抗病品种。培育和推广抗病品种是目前最经济有效的控制措施，并不断更换新品种，抵抗病原线虫的生理小种，能有效减轻发病。

（4）化学防治。目前常用的有8%甲多种衣剂，药种比例为1∶75进行种子包衣处理，防效达77.2%，种衣剂26-1，防效68.7%，另外，还有5%甲基异硫磷等都能有效地防治大豆孢囊线虫病。缺点是用药量大，对环境有危害。

（5）生物防治。中国农业科学院生物防治研究所研制的最新成果大豆保根菌剂，利用寄生在线虫雌虫体内的致病真菌达到杀灭线虫的目的，同时兼防大豆根腐病，防效很好，分别达76%和83%。

（三）大豆灰斑病

1.症状

大豆灰斑病俗名褐斑病、斑点病，又称蛙眼病，是一种世界性真菌性病害，病害不仅影响产量，籽粒上的斑点还影响外观。大豆灰斑病对大豆叶、茎、荚、籽实均能造成危害，以叶片和籽实最重。幼株受害，子叶上病斑呈圆形、半圆形或椭圆形，深褐色，略凹陷。成株受害，叶片上病斑多为圆形、椭圆形或不规则形，病斑中央灰白色，周围红褐色，与健壮部分界限清晰，这是区分灰斑病与其他叶部病害的主要特征。茎、枝、叶柄、豆荚受害，会产生椭圆形或纺锤形病斑，中央褐色，边缘红褐色，后期中央灰色，边缘黑褐色，其上布满微小黑点。种粒上病斑呈圆形或不规则形，中央灰色，边缘红褐色，形成蛙眼。

大豆灰斑病是世界性病害，也是我国大豆主产区的重要病害，近年来由于大豆重迎茬面积增加，使灰斑病愈来愈重。病害流行年份，造成大豆产量、品质严重损失，一般可减产

5%~10%,严重时可减产30%~50%,百粒重下降2~3 g,蛋白质和油分含量均不同程度降低。

2.病原及侵染循环

大豆灰斑病病原属于半知菌亚门尾孢属大豆尾孢菌,有16个生理小种,在中国流行小种有1、7、10等。此病以菌丝体在种子或病残体上越冬。种子带菌对病害流行关系不大,而病残体为主要初侵染来源。表土层的病残体越冬后遇适宜环境可产生分生孢子进行初侵染。由初侵染产生的病斑上产生大量分生孢子,借气流传播,成为田间再侵染源。在适宜条件下,再侵染频繁,造成病害大流行。

3.发病条件

大豆灰斑病与温湿度密切相关。灰斑病菌孢子萌发温度是基础,湿度是关键。孢子萌发最低温度为12 ℃,以21~26 ℃为最适,超过35 ℃萌发率明显降低。气温15 ℃潜育期16 d,20 ℃13 d,25 ℃8 d,28~30 ℃7 d。萌发的最低湿度为65%~75%,湿度越大萌发率越高。有水滴或露水时,适于病菌侵入。

4.防治方法

(1)选育和利用抗(耐)病品种。

(2)加强农业防治措施。因病菌随病残体在土壤越冬,因此合理轮作,避免重茬,清除病残体,收获后及时翻耕,减少越冬菌量。

(3)药剂防治。一般结荚与籽粒期为最易感病期,及时喷药控制病害。常用的药剂有40%多菌灵、70%甲基硫菌灵、50%退菌特、70%甲基托布津等。田间施药的关键时期是始荚期至盛荚期。

(四)大豆根腐病

1.症状

大豆根腐病是重要的检疫性病害,是大豆的几大严重病害之一,感病品种几乎绝产。我国许多地方发生此病,必须加强预防和防治。出苗前种子腐烂;幼苗发病,初期茎基部或胚根表皮出现淡红褐色不规则的小斑,后变红褐色凹陷坏死斑,绕根茎扩展致根皮枯死,茎基部腐烂,根变褐;真叶期发病,茎上出现水浸状病斑,叶黄化萎蔫,主根变为深褐色侧根腐烂;成株期发病,叶片褪绿,植株萎蔫,病茎的皮层及维管束组织均变褐。受害株根系不发达,根瘤少,地上部矮小瘦弱,叶色淡绿,分枝、结荚明显减少。

2.病原

大豆根腐病的病原有尖孢镰刀菌、茄镰孢、禾谷镰孢、燕麦镰孢、大豆疫病菌、立枯丝核菌、终极腐霉菌。

3.发病条件

连作地,土壤中菌源数量积累到一定程度后,即可发病;土质黏重利于发病;高温高湿环境,或连阴雨后或大雨过后骤然放晴,或时晴时雨、高温闷热天气利于发病。

4.防治方法

(1)农业防治。上茬收获后,及时清除田中的茎叶及周边的杂草,减少虫源;深翻土壤,加速病残体的腐烂分解;雨后及时排除田间积水、降低土壤湿度,可减轻病害;生长期间及时去除病枝、病叶、病株,并带出田外烧毁,病穴施药或生石灰;适当增施磷钾肥;提倡轮作,实行与禾本科作物3年以上轮作,尽量避免重迎茬。合理密植,宽窄行种植,及时中耕增加植株通风透光是防治病害发生的关键措施。

(2)利用抗、耐病品种。

(3)选用包衣的种子,如未包衣,则用拌种剂或浸种剂灭菌,可有效提高健苗率。播种前分别用种子重量0.2%的50%多菌灵、50%甲基托布津、50%施保功进行拌种处理。瑞毒霉进行种子处理可控制早期发病,但对后期无效。利用瑞毒霉进行土壤处理防治效果好。

(五)大豆霜霉病

1.症状

幼苗、成株叶片、荚及豆粒均可被害,但主要危害叶片。从基部开始出现褪绿斑块,呈灰白色至淡黄色小斑点,以后扩展成圆形或受叶脉限制的大小不一的不规则病斑,灰褐色至暗褐色,并沿主脉及支脉蔓延,直至全叶褪绿。花期前后气候潮湿时,病斑背面密生灰色霉层,最后病叶变黄转褐而枯死。叶片受再侵染时,形成褪绿小斑点,以后变成褐色小点,背面产生霉层。豆荚被害,外部无明显症状,但荚内有很厚的黄色霉层,被害籽粒色白而无光泽,表面附有一层黄白色粉末状卵孢子。

2.病原及侵染循环

病原物为东北霜霉(Peronospora man-schurica(Naum.)Syd.)属卵菌,霜霉目。卵孢子球状、黄褐色、厚壁,表面光滑或有突起物。孢囊梗二叉状分枝,末端尖锐,顶生一个孢子囊,无色,椭圆形或卵形。

3.发病条件

最适发病温度为20~22 ℃,10 ℃以下或30 ℃以上不能形成孢子囊,15~20 ℃为卵孢子形成的最适温度。湿度也是重要的发病条件,7~8月多雨高湿易引发病害,干旱、低湿、少露则不利病害发生。

4.防治方法

(1)选用抗病品种:大豆品种间对霜霉病的抗性有明显差异,在相同的栽培条件下,不同品种发病程度不同。

(2)轮作:病株残体是霜霉病重要的初次侵染来源之一,秋收后彻底清除田间病株残体并翻地,也可减少第二年病害的初次侵染来源。

(3)种子处理:用瑞毒霉、克霉灵、福美双、多菌灵、敌克松为拌种剂,按种子重量的0.3%拌种,效果很好。精选种子,挑除病粒后再用药剂拌种。

(4)喷洒药剂:病害流行条件出现时,及早用百菌清、多菌灵、瑞毒霉、退菌特等喷施防治。发病始期每隔15 d喷药一次,连续喷2~3次。

二、主要虫害识别与防治

大豆主要虫害有食叶性害虫:卷叶螟、斜纹叶蛾、大造桥虫、豆天蛾等,食根性害虫地老虎、蛴螬等,食籽性害虫食心虫。

（一）斜纹夜蛾

1.分布和危害

斜纹夜蛾是一种杂食性、暴食性害虫,属鳞翅目,夜蛾科。分布较广,在国内各地都有发生。可危害多科作物,一般造成损失15%,严重的达到25~30%。

2.形态特征

成虫:体长14~20 mm,翅展35~46 mm,体暗褐色,胸部背面有白色丛毛,前翅灰褐色,花纹多,内横线和外横线白色,呈波浪状,中间有明显的白色斜阔带纹,所以称斜纹夜蛾。卵:扁平的半球状,初产黄白色,后变为暗灰色,块状黏合在一起,上覆黄褐色绒毛。幼虫:体长33~50 mm,头部黑褐色,胸部多变,从土黄色到黑绿色都有,体表散生小白点,冬节有近似三角形的半月黑斑一对。蛹:长15~20 mm,圆筒形,红褐色,尾部有一对短刺。

3.危害特点

主要以幼虫危害全株,小龄时群集叶背啃食叶肉,残留上表皮及叶脉,呈白纱状,易于识别。二龄以后分散危害叶片、嫩茎,三龄以后,进入暴食期,老龄幼虫可蛀食果实。一年发生5~6代。其食性既杂又危害各器官,是一种危害性很大的害虫。

4.生活习性

一年发生5~6代,幼虫发育适温为29~30 ℃,卵的孵化适温是24 ℃左右,幼虫在气温25 ℃时,历经14~20 d,化蛹的适合土壤湿度是土壤含水量在20%左右,蛹期为11~18 d。成虫昼伏夜出。白天潜伏在叶背或土缝等阴暗处,夜间出来活动。每只雌蛾能产卵3~5块,每块约有卵位100~200个。卵多产于高大、茂密、浓绿的边际作物上,在叶背的叶脉分叉处,经5~6 d就能孵出幼虫,初孵时聚集叶背,4龄以后和成虫一样,白天躲在叶下土表处或土缝里,傍晚后爬到植株上取食叶片。成虫飞翔能力很强,有强烈的趋光性,特别对黑光灯有强烈的趋向。另外对糖、醋、酒味很敏感。以蛹在土下3~5 cm处越冬。

5.防治方法

（1）农业防治:及时翻犁空闲田,清除田间杂草,减少虫源;人工采摘卵块,捕杀初卵幼虫,带出田外集中处理;在幼虫入土化蛹高峰期,中耕灭蛹;种植诱集作物,集中诱杀。生物防治:大力推广白僵菌,阿维菌素等生物药剂防治。

（2）化学防治:首先要适期用药,即掌握在卵块孵化后到3龄幼虫前。此前,幼虫正群集叶背面为害,尚未分散,且抗药性低,药剂防效高。其次,要选用对路药剂,目前,防治效果较好的有10%除尽油剂、20%米满悬浮剂和52.25%农地乐油剂。上述三种药剂,按每亩40 mL于幼虫1~2龄高峰期施药。

（二）大豆卷叶螟

1.分布和危害

大豆卷叶螟又名大豆卷叶虫,各地都有发生。危害叶片时将叶片卷成筒状,故得名。

2.形态特征

成虫体长约12 mm,翅展22~24 mm。全体黄白色。前翅上有暗灰色花纹,外横线、中横线、内横线都呈波状,中横线和内横线间有2个较深斑纹,后翅色泽与前翅相同,也有2条波状横线。卵乳白色,扁平,椭圆形,长约1 mm。幼虫5龄,老熟时体长约18 mm,绿色,刚毛细长,白色,背血管呈暗绿色,较明显。蛹体长约 13 mm,褐色,6~8 节向外弯曲,有突起,尾端有 3 个端部弯曲的臀棘。

3.危害特点

尤以大豆开花结荚盛期为害严重。以幼虫蛀食大豆叶、花、蕾和豆荚。幼虫为害叶片时,常吐丝把两叶粘在一起,躲在其中咬食叶肉,残留叶脉。幼龄幼虫不卷叶,3 龄开始卷叶,在卷叶内取食。4 龄卷成筒状。叶柄或嫩茎常被咬伤而萎焉至凋萎。

4.生活习性

1 年发生 2~3 代,成虫有趋光性,越冬代成虫(约 7 月上旬)多产卵于下部大豆叶背面。初孵幼虫取食叶肉,3 龄后把叶片卷起,在卷叶内取食。幼虫活泼,有转移为害习性,受惊后迅速倒退逃逸。化蛹前常做成一新的虫苞,在内化蛹。多雨湿润的气候有利于大豆卷叶螟的发生;生长茂密的豆田、晚熟品种、叶毛少的品种,施氮肥过多或晚播田被害较重。

5.防治方法

(1)农业防治:种植早熟或叶毛较多的抗虫品种;及时清理残枝落叶;利用黑光灯诱集成虫,可减少发生数量;幼虫发生初期摘除田间卷叶,用手捏杀幼虫。

(2)化学防治:从发现初孵卵幼虫时即开始喷药,可选用90%晶体敌百虫 1 500 倍液,或 25%快杀灵、26%灭灵皇、50%辛氰乳油、25%扑虫净等 1 500 倍液喷雾防治,或 4.5%高效氯氰菊酯乳油 2 000 倍药液。每 10 d 左右喷施一次。

(三)大豆造桥虫

1.分布和危害

大豆造桥虫也叫步曲虫、打弓虫,属鳞翅目夜蛾科,是棉大造桥虫、黑点银纹夜蛾、大豆小夜蛾和云纹夜蛾等多种造桥虫的总称。分布于我国各大豆主要产区,其中以黄淮、长江流域受害较重。

2.形态特征

大豆造桥虫种类较多,包括夜蛾科中部分步曲夜蛾幼虫及尺蠖蛾科幼虫两类。前者幼虫有腹足 2 对(不包括臀足),后者幼虫仅有腹足 1 对,爬行时都是虫体伸曲前进,因此通称造桥虫。黑点银纹夜蛾成虫体长 15~20 mm,褐色。前翅肾形纹外侧有 3 个小黑点,中室下方有 1 个"U"形和 1 个卵形小银斑,"U"形银斑上有一黑点。老熟幼虫体长 35 mm,淡绿色,胸足淡黄绿色,2 对,背线、亚背线白色。

3.危害特点

常以幼虫咬食大豆叶肉,造成孔洞、缺口,严重时可吃光叶片,造成落花、落荚,对大豆产量影响较大,一般减产 10%~15%。

4.生活习性

每年发生 2~3 代,在豆田内混合发生。成虫多昼伏夜出,趋光性较强,成虫多趋向于植株茂密的豆田内产卵,卵多产在豆株中上部叶背面。初龄幼虫多隐蔽在叶背面剥食叶肉,3 龄后主要危害上部叶片。幼虫多在夜间为害,白天不大活动。幼虫 5~6 龄,3 龄前食量很小,仅占一生总食量的 6%~11%;4 龄幼虫食量突增,占总食量的 14%~21%;5 龄进入暴食阶段,占总食量的 70%左右。防治的关键时期应在 2~3 龄幼虫期施药。

5.防治方法

实施综合防治:①人工捕杀;②生物防治:对初龄幼虫用青虫菌7216等生物农药1 000~1 500倍液喷雾。③化学防治:在幼虫3龄以前,百株有幼虫50只时,及时化防。4.5%的高效氯氰菊酯乳油30~50 mL或5%氟虫腈悬浮剂30~40 mL/亩,亩施药液40~50 kg,均匀喷雾

(四)豆天蛾

1.分布和危害

豆天蛾俗称豆虫,属鳞翅目天蛾科。主要分布于我国黄淮流域和长江流域及华南地区,主要寄主植物有大豆、绿豆、豇豆和刺槐等。

2.形态特征

幼虫绿色,蛹深褐色。成虫体长40~45 mm,展翅宽105~120 mm。主要特征是胸部背侧中央有1条黑褐色纵线;上翅为较单纯的褐色,翅膀末端有1个小型的三角形黑褐色斑。雌雄差异不明显。近似种为葡萄天蛾及锯线天蛾。

3.危害特点

以幼虫危害大豆及其他豆科植物,其1~2代低龄幼虫食量小,主要危害嫩叶,3~4代食量渐大,5龄幼虫食量最大。幼虫有背光性,常躲在叶背部,夜间出来取食。轻者造成叶片缺刻或空洞,重者可吃光叶片,形成空秆。

4.生活习性

豆天蛾每年发生1~2代,一般黄淮流域发生一代。以末龄(老熟)幼虫在土中9~12 cm深处越冬。来年化蛹、羽化、产卵。卵多散产于豆叶背面,少数产在叶正面和茎秆上。初孵幼虫有背光性,白天潜伏于叶背,1~2龄幼虫一般不转株为害,3~4龄因食量增大则有转株为害习性。幼虫虫体较大,适宜人工捕捉幼虫。成虫昼伏夜出,白天栖息于生长茂盛的作物茎秆中部,傍晚开始活动。飞翔力强,可作远距离高飞。有喜食花蜜的习性,对黑光灯有较强的趋性,所以适宜采取黑光灯诱杀成虫。豆天蛾在化蛹和羽化期间,如果雨水适中、分布均匀,发生就重。雨水过多,则发生期推迟,天气干旱不利于豆天蛾的发生。大豆品种不同受害程度也有异,以早熟、秆叶柔软、含蛋白质和脂肪量多的品种受害较重。豆天蛾的天敌有赤眼蜂、寄生蝇、草蛉、瓢虫等,对豆天蛾的发生有一定控制作用。

5.防治方法

(1)农业防治:选用抗虫品种,选用成熟晚、秆硬、皮厚、抗涝性强的品种,可以减轻豆天蛾的危害。及时秋耕、冬灌,降低越冬基数。合理轮作或水旱轮作,尽量避免连作豆科植物,可以减轻危害。

(2)物理防治:利用成虫较强的趋光性,设置黑光灯诱杀成虫,可以减少豆田的落卵量。

(3)生物防治:用杀螟杆菌或青虫菌(每克含孢子量80亿~100亿)稀释500~700倍液,每亩用菌液50 kg。

(4)药剂防治:每亩用4.5%高效氯氰菊酯1 500~2 000倍液,或50%辛硫磷乳油1 500倍喷雾,每亩喷药液50 kg。由于幼虫有昼伏夜出习惯,喷药时间应选在下午5时以后。

(五)小地老虎

1.分布和危害

别名:土蚕、黑地蚕、切根虫等。属鳞翅目夜蛾科。分布广,种群数量大。该虫能危害百余种植物,是对农、林木幼苗危害很大的地下害虫。

2.形态特征

成虫:体长 17~23 mm、翅展 40~54 mm。头、胸部背面暗褐色,足褐色,前足胫、跗节外缘灰褐色,中后足各节末端有灰褐色环纹。前翅褐色,前缘区黑褐色,外缘以内多暗褐色;后翅灰白色,纵脉及缘线褐色,腹部背面灰色。卵:馒头形,直径约 0.5 mm、高约 0.3 mm,具纵横隆线。幼虫:圆筒形,老熟幼虫体长 37~50 mm、宽 5~6 mm。头部褐色,具黑褐色不规则网纹;体灰褐至暗褐色,前胸背板暗褐色,黄褐色臀板上具两条明显的深褐色纵带;胸足与腹足黄褐色。蛹:体长 18~24 mm、宽 6~7.5 mm,赤褐有光。口器与翅芽末端相齐,均伸达第 4 腹节后缘。腹部第 4~7 节背面前缘中央深褐色,第 5~7 节腹面前缘也有细小刻点;腹末端具短臀棘 1 对。

3.危害特点

1~2 龄幼虫昼夜均可危害,常群集在幼苗心叶或叶背上取食叶肉,留下一层表皮;3 龄后分散危害,白天潜伏表土下或阴暗处,夜出咬嫩茎,将嫩头拖入土穴内取食,或咬食未出土的种子,幼苗主茎硬化后改食嫩叶和叶片及生长点,食物不足或寻找越冬场所时,有迁移现象。行动敏捷,有假死习性,对光线极为敏感,受到惊扰即卷缩成团。以老熟幼虫或蛹越冬。

4.生活习性

1 年发生 4~5 代,每代共有 6 龄。成虫多在下午 3 时至晚上 10 时羽化,白天潜伏于杂物及缝隙等处,黄昏后开始飞翔、觅食,3~4 d 后交配、产卵。卵散产于低矮叶密的杂草和幼苗上、少数产于枯叶、土缝中,近地面处落卵最多,每雌产卵 800~1 000 粒,多达 2 000 粒;卵期约 5 d 左右,幼虫 6 龄、个别 7~8 龄,第 1 代为 30~40 d。幼虫老熟后在深约 5 cm 土中化蛹,蛹期 9~19 d。成虫具有远距离南北迁飞习性,春季由低纬度向高纬度、由低海拔向高海拔迁飞,秋季则沿着相反方向飞回南方;对黑光灯极为敏感,有强烈的趋化性,特别喜欢酸、甜、酒味和泡桐叶。成虫的产卵量和卵期与温度高低有关:高温对小地老虎的发育与繁殖不利,因而夏季发生数量较少,适宜生存温度为 15~25 ℃。土壤湿度:凡地势低湿、雨量充沛的地方,发生较多;头年秋雨多、土壤湿度大、杂草丛生有利于成虫产卵和幼虫取食活动,是第二年大发生的预兆;沙壤土,适于小地老虎繁殖,而重黏土和沙土则发生较轻;管理粗放,杂草丛生,是引诱地老虎产卵、先期取食的最好寄主,杂草越多,幼虫成活率越高,其危害越严重。天敌有知更鸟、鸦雀、蟾蜍、鼬鼠、步行虫、寄生蝇、寄生蜂及细菌、真菌等。

5.防治方法

(1)农业防治:作物收获后及时翻耕、冻垡,不利于幼虫在土壤中越冬;清除作为小地老虎产卵场所的田间残枝落叶及杂草;在作物苗期结合中耕锄草,消灭卵和幼虫。

(2)诱杀:作物出苗前,在田间每隔 3~4 m 堆放一些新鲜菜叶,诱集幼虫,每日清晨翻菜叶捕杀幼虫,除草灭虫。用泡桐叶诱捕幼虫,于每日清晨到田间捕捉;对高龄幼虫也可在清晨到田间检查,如果发现有断苗,拨开附近的土块,进行捕杀。在成虫盛发期用糖醋液(3 份红糖、4 份醋、1 份酒、10 份水,混合后加入 0.1%的敌敌畏乳剂)诱杀,将糖醋液倒入事先备好的诱捕器内,并用三角架支撑在离地面 1 m 高处,一般每公顷放 1 个诱捕器;或用稻草或麦秆扎成草把,插于田间引诱成虫产卵,每隔 5 d 换 1 次,将草把集中烧毁,消灭虫卵。也可用甘薯、胡萝卜等发酵液诱杀成虫。

(3)化学防治:毒土:在播种前每亩用 50%辛硫磷 0.5 kg,加水适量,喷拌细土 30 kg 撒施于幼苗根际附近。毒饵:用 90%敌百虫晶体 100~150 g,加适量水配药液,再拌入炒香的米糠或麦麸 6 kg 制成毒饵,每亩用 3 kg,傍晚撒施于作物畦面上,引诱毒杀。喷雾:1~2 龄幼虫可选用 2.5%敌杀死乳油 2 000 倍液,或 48%乐斯本乳油 1 000 倍液,或 10%除尽悬浮剂 2 000 倍液,或 5%卡死克乳油 2 000 倍液,或 25%快杀灵乳油 1 000 倍液,或 20%氰戊菊酯 3 000 倍液,或 2.5%溴氰菊酯 3 000 倍液喷药防治。灌根:3 龄后幼虫用 90%敌百虫晶体 1 000 倍液或 50%辛硫磷 1 500 倍液,每株用 250 mL 进行灌根防治。

(六)蛴螬

1.分布和危害

蛴螬别名白土蚕、核桃虫、老母虫、粪虫等。成虫通称为金龟甲或金龟子。属鞘翅目金龟总科,有 40 余种。按其食性可分为植食性、粪食性、腐食性三类。其中植食性蛴螬食性广泛,危害多种农作物,喜食刚播种的种子、根、块茎以及幼苗,是世界性的地下害虫,危害很大。

2.形态特征

蛴螬体肥大,体型弯曲呈 C 形,多为白色,少数为黄白色。头部褐色,上颚显著,腹部肿胀。体壁较柔软多皱,体表疏生细毛。头大而圆,多为黄褐色,生有左右对称的刚毛,刚毛数量的多少常为分种的特征。一般后足较长。腹部 10 节,第 10 节称为臀节,臀节上生有刺毛,其数目的多少和排列方式也是分种的重要特征。

3.危害特点

以幼虫危害为主,幼虫取食地下部分,包括根部、茎的地下部分以及萌动的种子,可以咬断茎根,吃光种子,造成幼苗死亡或种子不能萌发,以致形成缺苗、断垄。成虫可取食叶片,重时也可以将叶片吃光。蛴螬主要咬食豆类幼苗嫩茎。

4.生活习性

一般一年发生一代,少数一年发生 2 代。幼虫和成虫在土中越冬,成虫即金龟子,白天藏在土中,晚上 8~9 时进行取食等活动。蛴螬有假死和负趋光性,并对未腐熟的粪肥有趋性。成虫常把卵产在松软湿润的土壤内,每头雌虫可产卵 100 粒左右。当 10 cm 土温达 5 ℃时开始上升土表,13~18 ℃时活动最盛,23 ℃以上则往深土中移动,至秋季土温下降到其活动适宜范围时,再移向土壤上层。

5.防治方法

(1)农业防治:耕翻灭虫,随犁拾虫;分期定苗,躲避危害;适时浇水,控制蛴螬,因为蛴螬抗水能力较差,浇水后部分蛴螬会因窒息而死亡,另有部分蛴螬被迫下移至土壤深 15~20 cm 处,暂时不取食为害;施用腐熟粪;合理轮作。

(2)化学防治:种子处理:使用的药剂主要有辛硫磷等。土壤处理:在犁地前将药剂均匀撒在地表,然后犁入土中,使用的药剂有2%甲基异硫磷粉剂2~3 kg/亩,或14%的乐斯本颗粒剂1.5 kg/亩加细土25~30 kg。使用颗粒剂:施用颗粒剂虽比种子处理和土壤处理花费大,但持续效果长,除在播种期施用外,生长期也可使用。采用的颗粒剂有3%甲基异硫磷颗粒剂,每亩5~10 kg,与种子一起沟施;2%二秦农(地亚农)颗粒剂,每亩1.5 kg穴施。喷药防治成虫:在成虫发生盛期,用50%辛硫磷乳油1 000~2 000倍或2.5%的溴氰菊酯乳油2 000倍液喷施在大豆及四周蛴螬喜食的作物上。

(七)大豆蚜虫

1.分布和危害

大豆蚜虫,俗称"腻虫"或蜜虫等,属半翅目蚜总科。目前世界已知约4 700余种,中国分布约1 100种。大豆蚜虫以大豆苗期、花期一直到结荚期均能造成危害。严重时,造成减产20%~30%。

2.形态特征

蚜虫分有翅、无翅两种类型。体色多为黑色,前翅4~5斜脉,触角次生感觉圈圆形,腹管通常管状。眼大,多小眼面,常有突出的3小眼面眼瘤。喙末节短钝至长尖。前胸与腹部各节常有缘瘤。表皮光滑、有网纹或皱纹或由微刺或颗粒组成的斑纹。体毛尖锐或顶端膨大为头状或扇状。有翅蚜触角通常6节,第3或3及4或3~5节有次生感觉圈。后翅通常有肘脉2支。翅脉有时镶黑边。

3.危害特点

以成蚜或若蚜群集于植物叶背面、嫩茎、生长点和花上,用针状刺吸口器吸食植株的汁液,使细胞受到破坏,心叶生长受阻,严重时布满茎叶。蚜虫为害时排出大量水分和蜜露,滴落在下部叶片上,使叶片生理机能受到障碍。该虫还能传播大豆花叶病毒病。

4.生活习性

寄生植物广泛,几乎包括被子植物和裸子植物的松柏纲所有的科。蚜虫的繁殖力很强,1年能繁殖10~30个世代,世代重叠现象突出。有翅性母卵胎生出雌性蚜,雌蚜与有翅雄蚜交配产卵越冬。多数种类为同寄主全周期,一般不发生寄主间的转移,只在同类寄主植物间转移。大豆蚜具有趋嫩性。

5.防治方法

(1)农业防治:及时铲除田边、沟边杂草,铲除虫源。

(2)种子处理:用大豆种衣剂拌种。

(3)生物防治:大豆蚜的天敌种类较多,有瓢虫类、食蚜蝇、草蛉、蚜茧蜂、瘿蚊、蜘蛛等。尽量保护天敌。

(4)药剂防治:蚜虫发生大量时,在蚜虫盛发前应用药剂进行防治。目前常用药剂有:10%吡虫啉可湿性粉剂1 000~2 000倍液、40%克蚜星乳油800倍液、30%卵虫净乳油500~1 000倍药液、50%抗蚜威可湿性粉剂1 500倍液、5%增效抗蚜威液剂2 000倍液、2.5%天王星乳油3 000倍液。

(八)大豆红蜘蛛

1.分布和危害

大豆红蜘蛛俗名火龙、火蜘蛛。属蛛形纲、蜱螨目、叶螨科。我国的种类以朱砂叶螨为主。分布广泛,食性杂,可危害多种农作物。全国各大豆产区均有发生,但干旱少雨地区或季节发生危害较重,一般可使大豆减产5%～20%,严重者减产20%～60%,甚至绝收。

2.形态特征

成虫体长0.3～0.5 mm,红褐色,有4对足。雌螨体长0.5 mm,卵圆形或梨形,前端稍宽隆起,尾部稍尖,体背刚毛细长,体背两侧各有1块黑色长斑;越冬雌虫朱红色有光泽。雄虫体长0.3 mm,紫红至浅黄色,纺锤形或梨形。卵直径0.13 mm,圆球形,初产时无色透明,逐渐变为黄带红色。幼螨足3对,体圆形,黄白色,取食后卵圆形浅绿色,体背两侧出现深绿长斑。若螨足4对,淡绿至浅橙黄色,体背出现刚毛。

3.危害特点

在大豆整个生育期均可发生。初为点片发生,以刺吸式口器危害大豆,在叶片背面吐丝结网并吸食叶汁,受害叶片正面最初出现黄白色斑点。一般先危害下部叶片,以后逐渐向上转移。受危害大豆苗生长迟缓,矮小,叶片脱落,结荚数减少,结实率降低,百粒重下降。严重时造成落叶甚至光秆,或整株死亡。

4.生活习性

大豆红蜘蛛以受精的雌成虫在土缝、杂草根部、大豆植株残体上越冬。次年4月中下旬开始活动,先在小蓟、小旋花、蒲公英、车前等杂草上繁殖为害,6～7月转到大豆上为害,7月中下旬至8月初随着气温增高繁殖加快,迅速蔓延;8月中旬后逐渐减少,到9月随着气温下降,开始转移到越冬场所,10月开始越冬。1年发生多代。食物缺乏时,有迁移的习性,7～8月为危害高峰。

5.防治方法

(1)农业防治:施足底肥,增加磷钾肥,后期不脱肥,及时除净杂草,干旱及时灌水。有条件的进行水旱轮作,能减轻发病。

(2)保护天敌(食螨瓢虫、异色瓢虫、七星瓢虫、大小草蛉等),在天敌活动高峰时,不使用农药。

(3)化学防治:在红蜘蛛点片发生时立即用药防治,可用40%氧化乐果乳油1 500倍液,20%三氯杀螨醇乳油500～600倍液,20%灭扫利乳油2 000倍液,73%灭螨净3 000倍液,40%二氯杀螨醇1 000倍液,25%克螨特乳油3 000倍液,或20%扫螨净、螨克乳油2 000倍液等喷雾,连喷2～3次。

(4)生物药剂防治:有机大豆可选用1.8%阿维茵乳油、0.3%印楝素乳油1 500～2 000倍液,或10%浏阳霉素乳油1 000～1 500倍液、2.5%华光霉素400～600倍液、仿生农药1.8%农克螨乳油2 000倍液喷雾,干旱条件下加喷液量1%植物型喷雾助剂药笑宝、信得宝等。

(九)烟粉虱

1.分布和危害

属同翅目,飞虱科。分布在全国各地,尤以长江中下游和华北发生严重。

2.形态特征

分长翅型和短翅型两种。长翅型雌虫体长3.3～3.8 mm,短翅型体长2.4～2.6 mm,灰褐色,头顶稍突出,长度略大于或等于两复眼之间的距离,额区具黑色纵沟2条,额侧脊呈弧形。前胸背板、触角浅黄色。小盾片中间黄白色至黄褐色,两侧各具半月形褐色条斑纹,中胸背板黑褐色,前翅透明,中间生 1 褐翅斑。卵初产时乳白色略透明,后期变浅黄色,香蕉形,双行排成块。若虫共 5 龄,老熟若虫体长 2.7 mm,前翅芽较后翅芽长。

3.危害特点

一般在叶背取食,吸食叶片汁液,致使植物叶片变黄,甚至叶片萎蔫、枯死,直接影响植株的正常生长发育。繁殖能力极强,一年可发生 10 代以上,常年均可繁殖,目前,温室、大棚是其越冬场所。趋黄光。食性杂,靠田间多点多片发生后逐渐扩散为害。

4.生活习性

该虫一般年生 4~5 代,5~9 月几乎每月 1 代,龄期多为 5 龄,少数也有 6 龄。主要以 3~4 龄若虫在麦田、田边地埂的禾本科杂草上越冬,翌年春当旬均温度高于 10 ℃时则越冬若虫开始羽化。生长发育的最适温度为 15~28 ℃,6 月上旬为危害大豆幼苗的高峰期。7 月下旬至 8 月上旬大豆植株上的虫口密度最大。11 月上旬若虫潜伏越冬。冬暖夏凉的年份易发生。天敌有食虫春象、草青蛉、瓢虫、螨类等。

5.防治方法

(1)农业防治:合理布局,轮换种植避免混栽,防止相互传播。

(2)物理防治:设置黄色板诱杀成虫,每公顷放置 10 cm×20 cm 的黄色板 120~150 块。

(3)化学防治:灌根:幼苗定植前可用25%阿克泰水分散粒剂 6 000~8 000 倍液,每株 30 mL 灌根,具有良好的预防和控制作用。喷雾:可选用 25%噻嗪酮可湿性粉剂 1 000~1 500 倍液,10%吡虫啉可湿性粉剂 2 000 倍液、1.8%阿维菌素 2 000 倍液、2.5%好年冬乳油 1 000 倍液等。

(十) 豆秆黑潜蝇

1.分布和危害

豆秆黑潜蝇又名豆秆蝇,属双翅目,潜蝇科。分布广泛,我国各地均有发生。主要危害大豆、赤豆、绿豆、四季豆、豇豆等豆科作物。

2.形态特征

成虫:体长 2.5 mm 左右,体色黑亮,腹部有蓝绿色光泽,复眼暗红色;触角 3 节,第 3 节钝圆,其背中央生有角芒 1 根,长度为触角的 3 倍,仅具毵毛。前翅膜质透明,具淡紫色光泽,腋瓣和缘缨白色。无小盾前鬃,平衡棍全黑色。卵:长 0.31~0.35mm,长椭圆形,乳白色,稍透明。幼虫:3 龄幼虫体长约 3.3 mm。额突起或仅稍隆起;口钩每颚具 1 端齿,端齿尖锐,具侧骨,下口骨后方中部骨化较浅;前气门短小,指形,具 8~9 个开孔,排成 2 行;后气门棕黑色,烛台形,具 6~8 个开孔,沿边缘排列,中部有几个黑色骨化尖突,体乳白色。蛹:长筒形,长 2.5~2.8 mm,黄棕色。前、后气门明显突出,前气门短,向两侧伸出;后气门烛台状,中部有几个黑色尖突。

3.危害特点

幼虫一般在叶背取食,吸食叶片汁液,致使植物叶片变黄,甚至萎蔫、枯死,或钻蛀茎秆危害,造成茎秆中空,植株因水分和养分输送受阻而逐渐枯死,直接影响植株的正常生长发育。后期受害,造成花、荚、叶过早脱落,千粒重降低而减产。

4.生活习性

繁殖能力极强,一年可发生10代以上,常年均可繁殖,趋黄光。食性杂,靠田间多点多片发生后逐渐扩散为害。黄淮流域大豆产区,越冬蛹6月上旬末羽化,6月中旬羽化盛期;7月各代幼虫进入盛发期,9月上中旬重叠发生。成虫飞翔力、趋化性均较弱,在25~30℃适温下,多集中在豆株上部叶面活动,常以腹末端刺破豆叶表皮,吸食汁液,致使叶面呈白色斑点的小伤孔。卵单粒散产于叶背近基部主脉附近表皮下,以中部叶片着卵多。一般1头雌虫可产卵7~9粒,最多达400粒。幼虫孵化后即在叶内蛀食,形成一条极小而弯曲稍透明的隧道,沿主脉再经小叶柄、叶柄和分枝直达主茎,蛀食髓部和木质部。不同品种受害程度不同。凡有限结荚习性、分枝少、节间较短、主茎较粗的品种受害轻;夏播大豆品种中凡生长快,发苗早的受害轻。

5.防治方法

(1)农业防治:一是选择优良品种,尽量选用茎秆较硬、粗壮、抗虫能力强的品种;二是提倡与禾本科作物轮作;三是在大豆生长期发现被害植株应及时拔除,带出田外集中销毁,并用适量生石灰撒于穴内及周围,对收获后的豆秆进行集中浸沤或烧毁;四是适当提早播种期,及时中耕除草和清除残株败叶,摘除带虫、卵的枝叶,减少虫口数量,使植株健壮生长;五是及时处理田间根茬,消灭越冬虫源。

(2)生物防治:保护天敌。也可释放茧蜂、姬蜂寄生豆秆黑潜蝇卵和幼虫,释放金小蜂寄生蛹。

(3)化学防治:防治的关键时期是苗期防治。如果不能对田间进行虫情检测,则可在豆苗出土立即施药预防,发生严重时隔5~7 d喷药1次,连喷3~4次。豆秆黑潜蝇的防治还应特别重视对成虫的防治,兼治幼虫。第1次用药应在豆秆黑潜蝇成虫初次出现(8月上、中旬)后的5~7 d,以后每隔7~10 d防治1次,连续防治3~4次。选用高效对口药剂,如亩用2.5%三氟氯氰菊酯(功夫)2 000倍液,23%灭·杀双水溶性液剂1 200~2 000倍液,0.2%阿维虫清2 000倍液,或75%灭蝇胺可湿性粉剂(潜克)5 000倍液加10%氯氰菊酯2 000倍液进行叶面喷雾;可用90%敌百虫晶体800~1 000倍液,或50%辛硫磷1 000倍液对植株根茎部进行喷雾或灌根,防治效果可达85%以上。在成虫盛发期使用菊酯类农药加50%辛硫磷亩用量50~70 mL进行防治。由于豆秆黑潜蝇成虫具有迁飞性,喷雾防治应从四周向中间进行,同时对5~10 m内的相邻作物也要进行防治。

(十一)豆荚螟

1.分布和危害

豆荚螟别名豆蛀虫、豆荚蛀虫、红虫、红瓣虫等。属鳞翅目,螟蛾科。为世界性分布的豆类害虫。我国各地均有该虫分布,以华东、华中、华南等地区受害最重。豆荚螟为寡食性,寄主为单一的豆科植物,是豆类的主要害虫。多毛大豆受害重。

2.形态特征

成虫:全身灰褐色,体长10~12 mm,翅展22~24 mm,下唇须很长,前翅狭长,色灰紫,前缘有一条明显的白色纵带,近翅基处有金色隆起的横带、外侧镶有淡黄褐色宽边,后翅灰白色。卵:椭圆形,长约0.8 mm,表面有密网纹,初产乳白色,后变为红色,孵化前略显黄色,有光泽。幼虫:体长14~18 mm,背部紫红色,腹部绿色,背板上有"人"字形黑斑,全身腺体明显,气门黑色。蛹:黄褐色,长9~10 mm,腹部钝圆,有臀刺6根,茧长椭圆形,丝网外粘有土粒。

3.危害特点

早春、迟秋大豆成荚期是危害高峰,一般6~10月为幼虫危害期,主要以幼虫钻蛀大豆的花蕾、豆荚,也能蛀入豆株茎内危害。被害豆粒形成虫孔、破瓣,甚至大部分豆粒被吃光,荚内虫粪堆积,严重影响食用和商品价值。防治不及时的田块,常常造成"十荚七蛀",虫荚率高达60%~90%,一般年份虫荚率亦达15%~20%。一般减产可达30%~50%,严重的减产70%以上。

4.生活习性

全国自北向南一年发生2~6代,以老熟幼虫在寄主植物附近的土表下1~5 cm深处结茧越冬。翌年5月下旬越冬幼虫化蛹,并于5月底6月初羽化成虫。成虫昼伏夜出,趋光性不强,飞翔力弱,成虫羽化当日傍晚就开始寻偶、交尾,隔日开始产卵。每雌蛾平均产卵80粒左右,产卵时分泌黏液,将卵斜插在荚毛之间,喜欢将卵单产于多毛大豆品种,多数散产在豆荚上,卵多在白天孵化,初孵化的幼虫先在荚面爬行寻找适当的蛀入部位,然后在蛀入点荚面吐丝做约1 mm长的白色小囊,藏身囊内,仅伸出头部逐渐咬蛀入荚,虫体蛀入荚后随分泌胶液封闭孔口。3龄以上幼虫可转荚危害,幼虫还可蛀入豆株茎内危害,一般1条幼虫可转荚危害1~3次,可食害豆3~5粒。老熟后在荚上咬孔洞爬出,落至地面,潜入植株附近的土下3 cm左右,深处吐丝作茧化蛹。据观察,1~5代的全代历期29~35 d,其中卵历期3~4 d,幼虫历期10~11 d,蛹历期9~10 d,成虫历期7~10 d。除第1代较整齐外,以后各代有不同程度的世代重叠。

5.防治方法

(1)农业防治:一是在豆荚螟危害严重地区,合理规划茬口布局,应避免豆类作物多茬口混种,避免与豆科绿肥作物连作或邻作,最好采用大豆与小麦轮作或与玉米间作。二是选用抗虫品种,种植早熟丰产,结荚期短,荚上无毛或少毛的品种,以减轻危害。

(2)物理防治:在大豆、豇豆、扁豆等豆类面积较大的地方,于5~10月架设黑光灯、频振式杀虫灯等,诱杀成虫。

(3)化学防治:施药的最佳时期在豆荚螟卵孵始盛期(大豆进入结荚始盛期到豆荚变黄绿色时止),最迟到2龄幼虫期高峰期及时喷药。可选药剂:5%锐劲特1 000倍液、20%绿得福1 500倍液、0.36%苦参碱1 000倍液、48%乐斯本1 500倍液等。

(十二)大豆食心虫

1.分布和危害

大豆食心虫别名蛀荚蛾、蛀荚虫、小红虫等。属鳞翅目,小卷蛾科。食性较单一,主要危害大豆,也可寄生在野大豆和苦参上。我国华北、东北、西北、华东等地均有发生。

2.形态特征

成虫体长5~6 mm,翅展12~14 mm,黄褐色至暗褐色。前翅外缘与前缘略成直角,翅顶后方稍凹,前翅前缘有10条左右黑紫色短斜纹,外缘内侧中央银灰色,有3个纵列紫斑点。雄蛾前翅色较淡,有翅缰1根,腹部末端较钝。雌蛾前翅色较深,翅缰3根,腹部末端较尖。卵扁椭圆形,长0.5 mm,初产乳白色,后变成橘黄色。幼虫5龄,初孵乳黄色,老熟时橙红色,体长 8~10 mm。头及前胸背板褐色。腹足趾钩 14~30 个,单序全环。蛹体长约 6 mm,红褐色。腹末有 8~10 根锯齿状尾刺。茧长椭圆形,白色丝质,外附有土粒。

3.危害特点

以幼虫蛀食危害,幼虫蛀入豆荚内啃食豆粒,使豆粒残缺不全,荚内堆满虫粪,同时造成破瓣嘴,降低大豆的质量和商品价值。受害大豆田轻者减产 10%~20%,重者减产 40%~80%。

4.生活习性

1 年发生 1 代,以老熟幼虫在土中越冬。在华北地区,越冬幼虫于 7 月下旬至 8 月上旬咬破茧壳,上升到土表重新结茧化蛹,8 月上中旬为化蛹盛期,8 月中下旬成虫羽化出土,产卵盛期在 8 月下旬,8 月末至 9 月初为卵孵化高峰期,初孵幼虫当天便蛀入豆荚内取食豆荚和豆粒。一般一只幼虫可咬食 2 粒豆粒,不同品种受害程度差异很大。幼虫阶段约有 1 个月时间在豆荚中为害,约 10 个月在土壤中度过。土壤条件对虫口密度影响很大。幼虫生存的低温极限为-20 ℃左右,土壤温湿度影响幼虫在土壤中的垂直分布和位移。越冬以后,幼虫生活力降低,土壤湿度、天敌、中耕等因素可造成幼虫死亡 50%~80%。

5.防治方法

(1)农业措施:一是选用抗虫、耐虫优良品种;二是轮作,大豆食心虫为单食性害虫,幼虫只在豆茬地越冬,成虫飞行范围小,因此有条件的地方,可施行远距离轮作,以减轻危害;三是化蛹期在豆茬地增加中耕次数,豆茬麦地收割后立即深翻细耙,杀死幼虫和蛹。

(2)生物防治:利用赤眼蜂、白僵菌防治。

(3)药剂防治:在成虫盛发期封垄比较好的情况下,用 80%的敌敌畏乳油制成毒棍,每隔 4 垄插一行,每 5 m 插一熏蒸进行防治;成虫产卵盛期,每亩喷施 10%联苯菊酯可湿性粉剂 2.5 kg,不仅能毒杀成虫,而且能杀死一部分卵和初孵幼虫;幼虫入荚盛期之前,每亩施 2%杀螟松粉剂 2.5 kg,杀螟松粉剂有一定的内吸渗透作用,还能杀死大部分入荚的幼虫。也可用 2.5%溴氰菊酯乳油,每亩商品量 30 mL 兑水喷防。

三、主要草害及其防治

(一)大豆田优势杂草分布及其防治

1.种类与分布

黄淮区多为一年二熟或二年三熟,前茬多为小麦,田间杂草种类多,危害较重。据有关调查统计,该流域夏大豆田杂草共有 21 科 73 种。其中分布广、发生密度大、危害严重、较难防除的恶性杂草主要是光头稗、青葙、野艾蒿、狗牙根、莎草、苍耳、画眉草、千金子、地锦、马唐、牛筋草、藜、狗尾草、反枝苋、鳢肠、铁苋菜等。由于各地的地理位置、生态环境及耕作、栽培、气候等条件不同,杂草的优势种群也不完全一致。这些杂草与大豆争夺空间、水分、养料和光照,传播病虫害,影响大豆生长发育,造成产量降低,品质变劣。杂草的优势种群大体分为两类,一类是禾本科杂草,另一类是阔叶性杂草,约占总种群的 90%以上。

2.发生特点

夏大豆田杂草在 6~8 月相对集中为一个出草高峰。以夏秋季杂草为主。一般在播种 5~25 d 后出草数量达 90%左右。整个出草期持续 40 d 左右。常见禾本科杂草有马唐（升马唐）、牛筋草（蟋蟀草）、狗尾草、旱稗、画眉草等。阔叶杂草有马齿苋、反枝苋、藜、铁苋菜、田旋花、苘麻、刺儿菜、苍耳、苣荬菜等。

3.防治方法

大豆播种后出苗前,用乙草胺、扑草净·乙草胺、精异丙甲草胺、广灭灵、二甲戊草灵等封闭除草。大豆出苗后,3 叶期前后,用高效氟吡甲禾灵乳油、精喹禾灵乳油、精吡氟禾草灵乳油等大豆苗期专用除草剂除草。防除阔叶杂草选用灭草松水剂、氟磺胺草醚水剂或乳氟禾草灵乳油除草。

在大豆播种后拱土前进行封闭处理:①亩用 50%乙草胺 150~200 mL 或 90%乙草胺每亩 90~110 mL 混 20%氯嘧磺隆 5 g,兑水 15~20 L 均匀喷雾。此配方优点是除草效果好,用一次药基本能控制绝大多数一年生禾本科杂草和阔叶杂草,而且用药成本较低。缺点是氯嘧磺隆残效期太长,影响轮作调茬,后作不能种植对氯嘧磺隆敏感的作物。另外,在低洼积水地块 50%乙草胺和氯嘧磺隆易发生药害。复配剂有豆乙合剂。②亩用 50%乙草胺 150~200 mL 或 90%乙草胺 90~110 mL 混 72%的 2,4-D 丁酯 50~65 mL,兑水 15~20 L 均匀喷雾。此配方要严格掌握用药时期,播种后及时喷施,在大豆拱土期施药会产生严重药害。③亩用 72%普乐宝 140~190 mL 或 50%乐丰宝、50%异丙草胺 190~250 mL 加 72% 2,4-D 丁酯 50~65 mL 兑水 15~20 L 均匀喷雾。此配方对大豆的安全性好于乙草胺混 2,4-D 丁酯。④亩用 50%乙草胺 150~200 mL 或 90%乙草胺 90~110 mL 混 70%嗪草酮 20~33 g,兑水 15~20 L 均匀喷雾,根据土壤有机质含量和土壤类型调整用量,有机质含量高且黏重土壤用上限,反之用下限。优点是嗪草酮杀草谱广,且对阔叶杂草效果好,持效期长。缺点是成本略高,在土壤有机质含量 2%以下的沙质土壤、土壤 pH 值高于 7 的碱性土壤、低洼易涝地块及春季低温多湿多雨年份易造成药害。⑤亩用 50%乙草胺 150~200 mL 或 90%乙草胺 90~110 mL 混 48%异恶草酮 50~65 mL,兑水 15~20 L 均匀喷雾。优点是能提高对苋、铁苋菜、苍耳、鸭跖草、鼬瓣花的防除效果,并对多年生小蓟、大蓟、苣荬菜、问荆等难防除杂草有较强的抑制作用。

大豆出苗后化学除草:①12.5%拿捕净 85~100 mL 加 48%苯达松(排草丹、灭草松) 130~200 mL。②12.5%拿捕净 85~100 mL 加 25%氟磺胺草醚 40~50 mL 加 24%克阔乐 15 mL。③5%精禾草克 50~65 mL 加 48%苯达松 170~200 mL。④5%精禾草克 40 mL 加 48%苯达松 100 mL 加 25%氟磺胺草醚 40~50 mL。⑤10.8%高效盖草能 30~35 mL 或 15%精稳杀得 50~70 mL 加 25%氟磺胺草醚 65~100 mL。⑥10.8%高效盖草能 30~35 mL 或 15%精稳杀得 40 mL 加 48%广灭灵 40~50 mL 加 48%苯达松 100 mL。⑦10.8%高效盖草能 30~35 mL 或 15%精稳杀得 50~70 mL 加 25% 氟磺胺草醚 40~50 mL 加 48%苯达松 100 mL。⑧10.8%高效盖草能 30 mL 加 48%广灭灵 40~50 mL 加 25%氟磺胺草醚 40 mL。

使用除草剂的注意事项:①药剂喷洒要均匀。坚持标准作业,喷洒均匀,不重,不漏。②整地质量要好,土壤要平细。③把安全性放在首位,选择安全性好的除草剂及混配配方。

（二）大豆菟丝子分布及防治

1.分布和危害

大豆菟丝子又称黄金狗丝草、无根草,是一种恶性寄生杂草。在我国各产区都有分布。造成大豆生长不良,降低产量和品质。

2.危害特征

大豆菟丝子藤茎丝线状,黄色,接触到大豆等寄主就缠绕在寄主茎上,生长吸根伸入寄主皮内,吸取大豆体内养料和水分,使大豆生长不良或枯死。菟丝子果实球形,内有种子2~4粒;一株菟丝子一季能为害300余株大豆,结种144万余粒。

3.传播途径

菟丝子主要靠种子传播,菟丝子种子成熟期很不一致,边成熟边脱落,落入土壤中或在收获时混在大豆种子内越冬,成为翌年大豆菟丝子的初侵染源。

4.防治方法

（1）精选种子:播种前可用筛子清除混在种子里的菟丝子种子。

（2）轮作与深翻:大豆和禾谷类作物轮作2~3年,可使发病减轻或避免危害,因菟丝子种子在土表7 cm以下不易发芽出土,进行深翻可以有效地防止菟丝子的发生。

（3）人工防除:定期到田间检查。对感染菟丝子植株进行人工摘除,感染严重的植株应拔除并集中毁掉,防止蔓延。禁止用感染菟丝子的病株喂牲畜,切断粪肥传播途径。

（4）药剂防治:每亩用48%拉索乳油200 mL,兑水30 kg,在大豆出苗,菟丝子缠绕初期均匀喷雾。每亩用86%乙草胺乳油100~170 mL兑水50 kg均匀喷雾于土壤。在大豆始花期,用48%地乐胺100~200倍液喷雾,对菟丝子及一些杂草有较好的防除效果。

第五章　绿　豆

第一节　绿豆的生物学特性

一、绿豆的生长发育周期

绿豆的生长发育可分为 4 个阶段,即幼苗生长期、花芽分化期、开花结荚期和鼓粒灌浆期。

(一)幼苗生长期

绿豆从出苗到分枝出现称幼苗期。其生长过程是绿豆出苗后两片子叶展开,幼茎继续伸长,长出第一对真叶、第一复叶节和两个节间。这时地上部生长速度较慢,地下部根系生长较快。一般地下部分比地上部分生长快 5~7 倍,这一阶段需 15~20 d,占整个生育期的 1/5 左右。农业措施应创造有利于根系发育的条件。疏松的土壤、充足的肥料、适宜的湿度和较高的温度,会促进根系和幼苗的生长发育。

(二)花芽分化期

绿豆植株形成第一分枝到第一朵花出现为分枝期。绿豆的花芽分化开始于分枝初期,一般在开花前 15~25 d,需要经历 30~40 d。早熟的无限结荚习性品种分化较早,晚熟的有限结荚习性品种分化较晚。花芽分化过程可分为 5 个时期。

1.生长锥形成期

在花梗形成初期,生长锥宽大于长,随着生长锥伸长,逐渐变为长大于宽,其顶端分化瘤状小突起形成节瘤。

2.花萼分化期

随着花梗生长锥和节瘤伸长,小花原始体基部分化出花柄,并形成花萼筒,完成花萼分化。

3.花瓣分化期

在最先分化形成的小花中,花瓣原基首先形成,逐渐分化形成旗瓣、翼瓣、龙骨瓣。此时第五片复叶展开,第六片叶初露,有的腋芽形成明显的分枝,有的花梗随着复叶同时裸露出来。

4.雌雄蕊分化期

在花器原基的中央,几乎同时分化出乳头形的雌蕊原始体,并在其周围有两圈共 10 个突起环抱,即雄蕊原始体。雄蕊原始体经过分化形成花丝,并迅速分化花药。雌蕊原始体经过纵向分化,发育成花柱。

5.药隔分化期

雄蕊原基体积进一步增大,花药与花丝已能明显区分,形成二体雄蕊,9 个为一体,1

个单独生长,进而分化为 4 个花粉囊,花粉母细胞进一步分裂,形成花粉粒。以后雌蕊原基继续生长,形成半球状柱头,向下弯曲和雄蕊等长。雌雄配子形成,花蕾各部器官在形态上已分化完成,即行开花。

(三)开花结荚期

全田绿豆 1/3 的植株出现两朵以上的花开时,称为开花始期。绿豆从出苗到初花的天数,早熟品种为 35 d 左右,中熟品种为 40 d 左右,晚熟品种在 50 d 左右。从花蕾膨大到花朵开放需 2~4 d,每朵花开放时间需 3~4 h(午后花能持续 1 夜)。花朵开放前,花粉已大量落在柱头上。花粉在柱头上发芽产生花粉管,穿入珠孔,花粉中的精子与胚珠内的卵细胞和极核细胞进行双受精。一般绿豆授粉后 24~36 h 即完成受精,受精后子房迅速发育形成豆荚。子叶细胞充满胚腔,干物质开始积累,形成种子。子房从膨大到达到荚长、荚宽和荚厚的最大值,一般需 10~15 d。绿豆开花与结荚无明显界限,所以统称花荚期。此期有限结荚习性的株高达最高限度的 80% 左右,无限结荚习性的株高达最高值的 40%~50%。

(四)鼓粒灌浆期

绿豆荚内籽粒开始鼓起,到最大的体积与最大重量时期,称为鼓粒灌浆期。这是决定绿豆产量高低的主要发育阶段。外界环境条件对绿豆的结荚数、每荚粒数和粒重以及产量有很大影响。如果条件得不到满足,就会出现大量的落花、落荚、败育、空荚及秕粒等现象。因此,应加强田间管理,及时灌水防旱,保持根系的吸水吸肥能力,提高和延长叶片的光合效率,以促进灌浆增加干物质产量。绿豆灌浆后期,籽粒含水量迅速下降,干物质达到最大值,籽粒呈现该品种固有色泽和体积,种皮不易被指甲掐破,摇荚有“哗哗”响声,即为成熟期。

第二节　优质绿豆品种介绍

(一)潍 8901-32

山东潍坊市农业科学院杂交选育而成的特早熟、矮秆高产绿豆品种。夏播株高 35 cm 左右,株型直立紧凑,分枝少,主茎 8~9 节,幼茎紫色。有限结荚,每荚 11.3 粒。籽粒绿、无光泽,品质好,百粒重 6.1 g 左右。籽粒蛋白质含量 25.4%,淀粉含量 52.77%。结荚特别多而集中,成熟一致,适于一次性收获,分批收获产量更高。本品种生育期,夏播 58 d 左右。抗叶斑病和花叶病毒病。抗逆性强,抗倒伏,耐肥水。适于在中肥水条件下种植,一般亩产可达 170 kg 左右。适于春、夏直播、间、套、混种和一年两季种植。亩播种量 2 kg 左右,亩留苗 2.2 万株左右。

(二)潍 9005-371

山东潍坊市农业科学院杂交育成的高产、稳产、早熟、抗病的绿豆新品种。夏播株高 50 cm 左右,株型直立紧凑。分枝少,主茎 8~9 节,幼茎紫色,有限结荚,每荚 12 粒左右。籽粒绿色,有光泽,品质好,百粒重 5~5.5 g,蛋白质含量 23.13%,淀粉含量 54.97%。结荚集中,成熟一致。生育期夏播 63 d 左右。抗叶斑病和花叶病毒病。抗逆性强。适于在中肥水条件下种植,平均亩产可达 210 kg 以上。在山东省适于春、夏直播、间、套、混种和一年两季种植。亩留苗 1.7 万株左右。

(三) 中绿 1 号

中国农业科学院品种资源研究所从亚洲蔬菜所与发展中心引入。株高 45~60 cm,植株直立粗壮,株型紧凑,叶浓绿,主茎生有 3~5 个分枝。花黄色,主茎有 12~14 节,每节结荚 4~7 个,结荚集中,每荚有种子 12~15 粒,成熟一致,为炸荚。粒大而碧绿,白脐,百粒重 7.7 g,含粗蛋白 24.49%,淀粉 55.4%。本品种生育期春播 90 多天,夏播 65 d,抗叶斑病,早熟不早衰,丰产性好,一般亩产可达 120 kg 左右。适期播种,夏种力争早播,春种适期晚播。密度依地力而定。

(四) 中绿 2 号

中国农业科学院品种资源所从国外引入。株高 50 cm,抗倒伏,主茎分枝 2~3 个,单株结荚 25 个左右。结集荚中,成熟一致,不炸荚。籽粒碧绿有光泽,品质好,百粒重 6 g 左右。本品种早熟,夏播 70 d 左右成熟。丰产稳产性好,产量高于中绿 1 号。抗逆性强,耐湿、耐阴、耐干旱性均优于中绿 1 号。较抗叶斑病。适应性广,均适合麦收夏播和与其他作物间作套种。

(五) 豫绿 5 号

河南省农业科学院育成。生育期 57 d 左右,特早熟。植株直立,株高 70 cm 左右,主茎分枝 1.5 个,枝叶色青绿,叶肥大,结荚集中,成熟一致。不炸荚。籽粒碧绿,百粒重 6.5 g 左右,含蛋白质 26.31% 以上,脂肪 1.06%,淀粉 50.69%。高抗根结线虫,中抗叶斑病,抗白粉病,抗倒伏,不抗枯萎病,同时表现出较强的抗旱性、耐涝耐瘠性,夏播一般每亩 150 kg 以上。

(六) 大粒明 492

中国农业科学院品种资源研究所从黑龙江农家品种中选育而成。株高 50~100 cm,植株直立或半蔓生,不抗倒伏,幼茎紫色,主茎分枝 1~3 个。成熟荚黑色,籽粒绿色有光泽,百粒重 6.5~7.0 g,含蛋白质 23% 左右,脂肪 0.8%,淀粉 52.8%。适合做粉丝、粉皮。中早熟,生育期夏播 75~80 d。适应性强,丰产性好,有一定增产潜力,夏播每亩产量可达 100 kg 以上。适于在中等以上肥水条件的壤土或轻壤土地种植,花荚期不宜缺水。

(七) 晋绿豆 1 号

山西省农业科学院引进选育而成。株高 50~60 cm。植株直立,株型略松散,幼茎、叶柄均呈紫色,主茎分枝 2~3 个,花黄色。单株结荚 20~30 个,单荚 10~12 粒,成熟荚黑色。籽粒有光泽、圆柱形。百粒重 6.6 g,含蛋白质 24.87%,脂肪 1.01%,淀粉 55.58%。生育期 80~85 d。生长势强,为无限结荚习性,成熟不炸荚。耐肥水,增产潜力大,抗立枯病、枯萎病和红蜘蛛。每亩产量可达 90 kg 左右。适于春播和夏播,每亩留苗 1 万株。

(八) 晋引 2 号

山西农业科学院品种资源研究所引入。株高 70 cm,株型直立紧凑。结荚集中,荚上举不炸荚。分枝多,单株结荚 30~50 个,每荚 9~12 粒。籽粒大而碧绿,百粒重 7 g 左右。生育期 90 d 左右。耐肥水、抗倒伏、耐涝、抗旱,抗叶斑、枯萎病和病毒病,后期不早衰。属食用、饲料兼用种。一般每亩产量达 160~220 kg。要求春播应在地温稳定在 16 ℃ 以上,夏播要抢时早播,足墒浅种,合理密植,每亩留苗 7 000~8 000 株。适宜在中等偏上的肥沃地种植。

（九）高肥绿豆

河北省农家品种。株高 63 cm 左右。千粒重 30 g，淀粉含量 16.32%左右。生育期 70~80 d，夏播应抢茬早播。苗期前及时浇水，熟后要及时收获，以防炸荚。

（十）明（绿）系 1 号

株型直立粗壮，主茎分枝 6~10 个，每荚 10~14 粒，千粒重 67.6 g，蛋白质含量 23.5%，淀粉含量 51.75%。籽粒深绿有光泽。生育期 81~87 d。生育期间要求较高温度，适于与其他作物间作、套种。亩产一般为 80~100 kg。

（十一）安阳黑绿豆 2 号

河南省安阳市农科所选育的优质、抗病、抗倒绿豆品种。该品种生育期 60 d，属早熟品种。植株直立，幼茎绿色，株高 60 cm 左右，主茎分枝 2.5~3 个，单株结荚 23~26 个，荚长 11 cm，单荚粒数 10~13 粒，百粒重 6.5 g，荚黑色、弓形，籽粒长圆柱形，种皮黑色无光泽（毛粒），茎秆、叶柄、荚果不着生茸毛，既适于麦棉套种区种植，也可作为旱涝年份的补救品种。

（十二）冀绿 7 号

该品种为早熟品种，夏播生育期 63~67 d，春播生育期 75 d 左右；株型紧凑，直立生长，夏播株高 55 cm 左右，春播 50 cm 左右；主茎分枝数 3~4 个，主茎节数 8~9 节；单株结荚 20~50 个，成熟荚黑色、圆筒形、长 9~12 cm，单荚粒数 10~12 粒；籽粒长圆柱形，种皮绿色有光泽，百粒重 6.8 g 左右，籽粒较大。籽粒粗蛋白含量 20.8%，粗淀粉含量 45.49%。结荚集中，成熟一致，不炸荚，适于一次性收获。抗病毒病、根腐病和锈病，适宜在北京、天津、河北、山东、河南、辽宁、吉林、黑龙江、内蒙古等夏播区和春播区种植。

（十三）绿豆 522

为早熟品种，生育期 88 d 左右。属于半蔓型、无限结荚习性，幼茎紫色，成熟茎绿色，株高 50.3 cm，主茎分枝 5.7 个，主茎节数 9.6 节，单株荚数 30.4 个，叶为卵圆形，花黄带紫色，成熟荚黑褐色，荚呈扁圆形，荚长 11.2 cm。单株粒数 100~200 粒，单荚粒数 12.6 粒，粒形短圆柱，粒为绿色、鲜艳有光泽，种脐白色，百粒重 6.7 g，单株产量 712 g。粗脂肪 1.58%，粗蛋白 23.77%，粗淀粉 52.03%，可溶性糖 3.32%。

（十四）白绿 9 号

该品种从播种至成熟全生育日期 98 d 左右，需有效积温约 2 120 ℃。属于半直立型的生长习性；无限结荚习性；幼茎为绿紫色；花蕾绿紫色；抗叶斑病、较抗根腐病。株高 64.3 cm；分枝 3.0 个；单株荚数 29.0 个；单荚粒数 12.3 个；荚长 11.9 cm；百粒重 6.9 g；粒形长圆柱；粒色黄绿。粗蛋白质含量 25.9%。该品种抗病性强，粒大饱满、整齐、色泽鲜艳，商品性好，适合于生豆芽用。适宜吉林省西部地区、黑龙江省西部和内蒙古兴安盟等邻近省区种植。

第三节　绿豆高产栽培技术

一、轮作选茬

绿豆忌连作，农谚说得好"豆地年年调，豆子年年好"。绿豆连作后根系分泌的酸性物质增加,不利于根系生长,抑制根瘤的活动和发育,植株生长发育不良,产量、品质下降。绿豆种植要选择适宜的茬口,如果前茬是大白菜地块,也会出现和连作一样的症状,同时病虫危害严重。因此,种植绿豆要安排好地块,最好是与禾谷类作物轮作,一般以相隔2~3年轮作为宜。

二、整地施肥

绿豆的氮素营养特点和需肥规律,结合绿豆种植区的土壤肥力、气候条件、耕作制度等情况,在施肥技术上应掌握如下原则:以有机肥料为主,有机肥与无机肥结合;增施农家肥料,合理施用化肥;在化肥的使用上掌握以磷为主,磷氮配合,重施磷肥,控制氮肥,以磷增氮,以氮增产;在施肥方式上应掌握基肥为主,追肥为辅,有条件的进行叶面喷肥。此外,肥地应重施磷钾肥,薄地应重施氮磷肥。具体施肥技术如下。

(一)基肥

绿豆的基肥以农家肥料为主。农家肥料包括厩肥、堆肥、饼肥、人粪尿、草木灰等,基肥的施用方法有四种:一是利用前茬肥;二是底肥,犁地以前撒施掩底;三是口肥,犁后耙前撒施耙入地表10 cm土层内;四是种肥,播种时开沟条施。

(二)追肥

绿豆追肥的时间和方法应根据绿豆的营养特性、土壤肥力、基肥和种肥施用的情况以及气候条件来确定,绿豆追肥一般在苗期和花期进行。

1.苗肥

在地力较差、不施基肥和种肥的山岗薄地,应在绿豆苗期抓紧追施磷肥和氮肥。时间掌握在绿豆展开第二片真叶时,结合中耕,开沟浅施,亩施尿素10 kg或复合肥10~15 kg。

2.花肥

绿豆花荚期需肥最多,此时追肥有明显的增产效果。氮肥施用量每亩5~8 kg尿素为适宜。肥料可在培土前撒施行间,随施随串沟培土覆盖,或开沟浅施。

(三)叶面喷肥

在绿豆开花结荚期叶面喷肥,具有成本低、增产显著等优点,是一项经济有效的增产措施。方法是:在绿豆开花盛期,喷洒专用肥,第一批熟荚采摘后,每亩再喷1 kg 2%的尿素加0.3%的磷酸二氢钾溶液,可以防止植株早衰,延长花荚期,结荚多,籽粒饱满,可增产10%~15%。在花荚期叶面喷洒0.05%的钼酸铵,硫酸锌等微量元素,一般可增产7%~14%。

三、选用良种

因地制宜地选用高产、优质、抗病、抗逆性能强、丰产性状好的品种。根据地方特点选用地方优良品种。要确保种子质量,一般要求种子纯度不低于96%,发芽率不低于85%,净度不低于98%,水分不高于13%。

四、种子处理

(一)晒种、选种

在播种前选择晴天,将种子薄薄摊在席子上,晒1~2 d,要勤翻动,使之晒匀,切勿直接放在水泥地上暴晒。选种,可利用风选、水选、机械或人工挑选,清除秕粒、小粒、杂粒、病虫粒和杂物,选留饱满大粒。

(二)处理硬实种子

一般绿豆中有 10% 的硬实种子,有的高达 20%～30%。这种种籽粒小,吸水力差,不易发芽。播前对这类种子处理方法有 3 种:一是采用机械摩擦处理,将种皮磨破;二是低温处理,低温冷冻可使种皮发生裂痕;三是用密度 1.84 g/cm^3 浓硫酸处理种子,种皮被腐蚀后易于吸水萌发,注意处理后立即用清水冲洗至无酸性反应。以上 3 种处理法,都能提高种子发芽率到 90% 左右。

(三)拌种

在播种前用钼酸铵等拌种或用根瘤菌接种。一般每亩用 30～100 g 根瘤菌接种,或用 3 g(钼酸铵)拌种,或用种量 3% 的增产菌拌种,或用 1% 的磷酸二氢钾拌种,都可增产 10% 左右。

五、播种技术

(一)播种方法

绿豆的播种方法有条播、穴播和撒播,以条播为多,条播时要防止覆土过深,下种要均匀,撒播时要做到撒种均匀一致,以利于田间管理。

(二)播种时期

绿豆生育期短,播种适期长,但要防止过早或过晚播种,以免影响绿豆的生长发育和产量。一般 5 cm 处地温稳定通过 14 ℃ 即可播种。春播在 4 月下旬、5 月上旬,夏播在 6 月至 7 月之间。北方适播期短,春播区从 5 月初至 5 月底;夏播区在 6 月上、中旬,前茬收后应尽量早播。个别地区最晚可延至 8 月初播种。

(三)播量、播深

播量要根据品种特性、气候条件和土壤肥力,因地制宜。一般下种量要保证在留苗数的 2 倍以上。如土质好而平整,墒足,小粒型品种,播量要少些;反之可适当增加播量,在黏重土壤上要适当加大播量。适宜的播种量应掌握:条播每亩 1.5～2 kg,撒播每亩 4 kg。间套作绿豆应根据绿豆株行数而宜。播种深度以 3～4 cm 为宜。墒情差的地块,播深至 4～5 cm;气温高浅播些;春天土壤水分蒸发快,气温较低,可稍深些,若墒情差,应轻轻镇压。

六、合理密植

适宜的种植密度是由品种特性、生长类型、土壤肥力和耕作制度来决定的。

(一)合理密植的原则

一般掌握早熟型密、晚熟型稀,直立型密、半蔓生和蔓生型稀,肥地稀、薄地密,早种稀、晚种密的原则。

(二)留苗密度

各种类型的适宜密度为:直立型品种,每亩留苗以 0.8 万～1.5 万株为宜;半蔓生型品种,每亩以 0.7 万～1.2 万株为宜;蔓生型品种,每亩留苗以 0.6 万～1 万株为宜。一般高肥水地块每亩留苗 0.7 万～0.9 万株,中肥水地块留苗 0.9 万～1.3 万株,瘠薄地块留苗 1.3 万～1.5 万株。间、套作地块根据各地种植形式调整密度。

七、田间管理

(一)播后镇压

对播种时墒情较差、坷垃较多和沙性土壤地块,播后应及时镇压。做到随种随压,减少土壤空隙和水分蒸发。

(二)间苗定苗

在查苗补苗的基础上及时间苗定苗。一般在第一片复叶展开后间苗,第二片复叶展开后定苗。去弱、病、小苗,留大苗壮苗,实行留单株苗,以利植株根系生长。

(三)中耕培土

播种后遇雨地面板结,应及时中耕除草,在开花封垄前中耕 3 次。结合间苗进行一次浅锄;结合定苗进行二次中耕;到分枝期进行第三次深中耕,并结合培土,培土不宜过高,以 10 cm 左右为宜。

(四)适量追肥

绿豆幼苗从土壤中获取养分能力差,应追施适量苗肥,一般每亩追尿素 2~3 kg,追肥应结合浇水或降雨时进行。在绿豆生长后期可以进行叶面喷肥,延长叶片功能期,提高绿豆产量。根据绿豆的生长情况,全生育期可以喷肥 2~3 次,一般第一次喷肥在现蕾期,第二次喷肥在第一批果荚采摘后,第三次在第二批荚果采摘后进行,一般喷肥根据植株生长情况,喷施磷酸二氢钾和尿素。

(五)适时灌水

绿豆苗期耐旱,三叶期以后需水量增加,现蕾期为需水临界期,花荚期达需水高峰。绿豆生长期间,如遇干旱应适时灌水。有水浇条件的地块可在开花前浇 1 次,以增加结荚数和单荚粒数;结荚期再浇 1 次,以增加粒重。缺水地块应集中在盛花期浇水 1 次。另外,绿豆不耐涝,怕水淹,应注意防水排涝。

(六)人工打顶

绿豆打顶摘心是利用破坏顶端优势的生长规律,把光合产物由主要用于营养生长转变为主要用于生殖生长,增加经济产量。据试验,绿豆在高肥水条件下进行人工打顶,可控制植株徒长,降低植株高度,增加分枝数和有效结荚数。但在旱薄地上不宜推广打顶措施。

八、适期收获

绿豆有分期开花、结实、成熟的特性,有的品种易炸荚,因此要适时收摘。过早或过晚,都会降低品质和产量。应掌握在绿豆植株上有 60%~70%的荚成熟后,开始采摘,以后每隔 7 d 左右摘收 1 次。采摘时间应在早晨或傍晚时进行,以防豆荚炸裂。采摘时要避免损伤绿豆茎叶、分枝、幼蕾和花荚。采收下的绿豆应及时运到场院晾晒、脱粒。

九、储藏

绿豆在储藏期间一定要严格把握种子湿度,入库的种子水分要控制在 13%以下,否则有可能因湿度太大引起霉烂变质,失去发芽能力。储藏的方法很多,有袋装法、囤存法、散装法,不论采用哪种方法,都应做好细致的保管工作,经常检查种子温度、湿度和虫害情况。如果种子湿度太高,就应搬出晾晒,降低水分。如果发现有绿豆象为害,可采用如下方法防治:

(1)在储藏的绿豆表面覆盖 15~20 cm 草木灰,可防止脱粒后的绿豆象成虫在储豆表面产卵,处理 40 d,防效可达 100%。

(2)绿豆存量较小的储户可采用沸水法杀虫。将绿豆放入沸水中停 20 s,捞出晒干,杀死率 100%,且不影响发芽。

(3)用磷化铝熏蒸。每 250 kg 绿豆用磷化铝片 3.3 g,装入小纱布袋内,塑料薄膜密封保存,埋入储豆中,防效率达 100%。

(4)马拉硫磷防治将马拉硫磷原液用细土制成 1%药粉,每 50 kg 绿豆拌 0.5 kg 药粉,然后密封保存,效果达 100%。

(5)敌敌畏熏蒸法每 50 kg 绿豆用 80%敌敌畏乳油 5 mL,盛入小瓶中,纱布扎口,放于储豆表层,外部密封保存,杀虫效果在 95%以上。

第四节　无公害食品绿豆生产技术规程

1　范围

本标准规定了无公害食品绿豆生产的产地环境、生产技术、病虫害防治、采收和生产档案。本标准适用于无公害食品绿豆生产。

2　规范性引用文件

下列文件中的条款通过本标准的引用而成为本标准的条款。凡是注日期的引用文件,其随后所有的修改单(不包括勘误的内容)或修订版均不适用于本标准,然而,鼓励根据本标准达成协议的各方研究是否可使用这些文件的最新版本。凡是不注日期的引用文件,其最新版本适用于本标准。

GB 4285　农药安全使用标准

GB 4404.3　粮食作物种子　赤豆、绿豆

GB/T 8321　(所有部分)农药合理适用准则

NY/T 496　肥料适用准则　通则

3　产地环境

3.1　环境条件

环境良好,远离污染源,符合无公害食品产地环境要求,可参照 NY 5116 的规定执行。

3.2　土壤条件

以土质疏松、透气性好的中性或弱碱性土壤为宜。最适 pH 值为 6.5~7.0。

4　生产技术

4.1　品种选择

选择适宜本区域适应性广、优质丰产、抗逆性强、商品性好的品种,种子质量符合GB 4404.3的有关规定。

4.2　整地施肥

结合当地栽培习惯,进行播前整地,切忌重茬,结合整地施足基肥。

4.3　播种

4.3.1　时间

结合当地的气候条件、耕作栽培制度和品种的特性具体确定,适时播种。

4.3.2　方法

一般单作条播,间作、套种、零星种植点播,荒沙地撒播等播种。

4.3.3　种植密度

一般单作每亩留苗1万株左右,每亩用种量1.5~2.0 kg。间作、套种视绿豆实际种植面积而定。

4.4　田间管理

4.4.1　中耕除草

及时中耕除草,可在第一片复叶展开后结合间苗进行第一次浅锄;第二片复叶展开后,结合定苗第二次中耕;分枝期结合培土进行第三次深中耕。

4.4.2　灌水排涝

有条件的地区在开花前灌水一次,结荚期再灌水一次。如水源紧张,应集中在盛花期灌水一次。对没有灌溉条件的地区,可适当调整播期使绿豆花荚期赶在雨季。若雨水过多应及时排涝。

4.4.3　施肥

4.4.3.1　原则

使用肥料应符合NY/T 496的规定。禁止使用未经国家或省级农业部门登记的化肥和生物肥料,以及重金属含量超标的有机肥和矿质肥料。不使用未达到无公害指标的工业废弃物和城市垃圾及有机肥料。

4.4.3.2　方法

一般磷肥全部作基肥,钾肥50%作基肥、50%作追肥,氮肥作基肥和追肥分次使用。

5　病虫害防治

5.1　绿豆主要病虫害

绿豆主要病虫害有根腐病、病毒病、叶斑病、白粉病等,主要害虫有地老虎、蚜虫、豆叶螟等。

5.2　防治原则

预防为主,综合防治。优先采用农业防治、物理防治、生物防治,科学合理地使用化学防治。使用药剂防治时,应按GB 4285和GB 8321(所有部分)的规定执行。

5.3 防治方法

5.3.1 农业防治

（1）因地制宜选用抗（耐）病、虫品种。

（2）合理布局，与禾本科作物轮作或间作套种，深耕土地清洁田园，清除病虫植株残体。

5.3.2 物理防治

5.3.2.1 地老虎

用糖醋液或黑光灯诱杀成虫；将新鲜泡桐树叶用水浸湿后，于傍晚撒在田间，每亩撒放 700~800 片叶子，第二天早晨捕杀幼虫。

5.3.2.2 螟虫类

用汞灯诱杀豆荚螟、豆野螟成虫。

5.3.2.3 蚜虫

在田间挂设银灰色塑膜条驱避。

5.3.3 生物防治

保护田间捕食螨、寄生蜂等自然天敌。

5.3.4 药物防治

5.3.4.1 药剂使用原则

使用药剂时，应首选低毒、低残留、广谱、高效农药，注意交替使用农药。严格按照 GB 4285 和 GB/T 8321（所有部分）及国家其他有关农药使用的规定执行。

5.3.4.2 禁止使用农药

禁止使用农药：甲胺磷、甲基对硫磷、对硫磷、久效磷、磷胺、甲拌磷、甲基异柳磷、特丁硫磷、甲基硫环磷、治螟磷、内吸磷、克百威、涕灭威、灭线磷、硫环磷、蝇毒磷、地虫硫磷、氯唑磷、苯线磷。

5.3.5 病害防治

5.3.5.1 根腐病

播种前用 75%百菌清、50%的多菌灵可湿性粉剂，按种子 0.3%的比例拌种。

5.3.5.2 病毒病

及时防治蚜虫。

5.3.5.3 叶斑病

绿豆现蕾和盛花，或发病初期选用 50%的多菌灵可湿性粉剂 800 倍液，或 75%百菌清 500~600 倍液喷雾防治。7~10 d 喷一次，连续防治 2~3 次。

5.3.5.4 白粉病

发病初期选用 25%三唑酮可湿性粉剂 1 500 倍液喷雾。

5.3.6 虫害防治

5.3.6.1 地下害虫

在播种前用新鲜菜叶在 90%敌百虫晶体 400 倍液中浸泡 10 min，傍晚放入田间诱杀幼虫；出苗后于傍晚在靠近地面的幼苗嫩茎处用浸泡药液的菜叶诱杀。

5.3.6.2　蚜虫

用 2.5% 氰戊菊酯乳油 2 000~3 000 倍液,或 50% 马拉硫磷 1 000 倍液喷雾。

5.3.6.3　蟓虫类

在现蕾分枝期和盛花期,选用菊酯类杀虫剂(如 2.5% 氰戊菊酯、2.5% 氯氰菊酯、2.5% 溴氰菊酯乳油)2 000~3 000 倍液喷雾。

6　采收

6.1　分次收获

植株上 70% 左右的豆荚成熟后,开始采摘,以后每隔 6~8 d 收摘 1 次。

6.2　一次性收获

植株上 80% 以上的荚成熟后收割。

7　生产档案

(1)建立无公害食品绿豆生产档案。

(2)应详细记录产地环境、生产技术、病虫害防治和采收等各环节所采取的具体措施。

第五节　绿豆主要病虫害防治

一、绿豆病害

(一)绿豆白粉病

1.危害症状

白粉病是绿豆生长后期常发生的真菌性病害,主要危害叶片。发病初期下部叶片出现小白点,以后扩大向上部叶片发展。严重时,整个叶子布满白粉、变黄、干枯脱落。发病后期粉层加厚,叶子呈灰白色。

2.发病规律

绿豆白粉病是由于囊菌亚门单丝壳菌属真菌引起的病害。病菌在植株残体上越冬。翌年春随风和气流传播侵染。在田间扩展蔓延。白粉病在温度 22~26 ℃、相对湿度 90%~88% 时最易发病。在阴蔽、昼暖夜凉和多湿环境中发病最盛。

3.防治方法

选用抗病优良品种;收获后将病残体埋入深土层。发病初期喷洒 12.5% 烯唑醇可湿性粉剂 2 000~2 500 倍液,或 25% 丙环唑乳油 4 000 倍液,或 30% 碱式硫酸铜悬浮剂 300~400 倍液,或 25% 粉锈宁 2 000 倍液,或 75% 百菌清 500~600 倍液,对控制病害发生和蔓延有明显效果。

(二)绿豆锈病

1.危害症状

主要危害叶片,严重时发展到茎、豆荚等部位。发病初期在叶片上产生黄白色突起小斑点,以后扩大并变成暗红褐色圆形疱斑。到绿豆生长后期,在茎、叶、叶柄、豆荚上长出黑褐色粉末。发病严重时,茎叶提早枯死,造成减产。

2.发病规律

由担子菌亚门单孢锈菌属真菌侵染引起的病害。冬孢子病在土壤的植物病残体上越冬,翌年侵入危害,在7~8月间病害流行。夏孢子侵入危害的适温为15~24 ℃,遇高温多湿发病较重,低洼地和密度大的地块则发病重。

3.防治方法

实行轮作,合理密植,增施有机肥,加强田间管理。发病初期用25%丙环唑乳油2 000倍液,或25%的粉锈宁2 000倍液,40%氟硅唑乳油8 000倍液,50%百菌清500倍液进行喷洒。

(三)绿豆炭疽病

1.症状

在整个生育期均可发病,危害叶、茎、荚和粒。幼苗子叶产生红褐色或黑色圆斑,凹陷成溃疡状,重时枯死。成株叶片产生多角形小条斑,初为红褐色,后变为黑色,重时病斑裂开或穿孔,叶畸形萎缩而枯死。柄和茎产生褐锈色条斑,凹陷,龟裂。荚产生黑褐色圆形或长圆形斑,稍凹陷,边缘有深红色晕环,湿度大时,溢出粉红色黏稠物。种子上病斑为黄褐色或黑褐色不定形凹陷斑。

2.病原

绿豆炭疽病菌为 Colletotrichum lindemuthianum,属半知菌亚门,黑盘孢目,豆刺盘孢属真菌。分生孢子盘黑色,初生寄主表皮下,后期破表皮露出,圆形或近圆形。盘上密生分生孢子梗、分生孢子和散生黑褐色刚毛,针状。分生孢子梗无色,单胞,短杆状。孢子无色,单胞,圆形或卵圆形,两端较圆或一端稍狭,孢子内含1~2个透明的油滴。病菌生育温度6~30 ℃。寄主有菜豆(芸豆)、豇豆、绿豆、豌豆、扁豆、蚕豆等。

3.发病规律

病菌主要以休眠菌丝在病残体、潜伏在种子内和附在种子上越冬。病种子可直接危害子叶和幼茎。分生孢子借风雨、流水、昆虫传播。病菌从寄主表皮直接侵入或伤口侵入,潜育期4~7 d。发病最适温度为17 ℃,相对湿度100%,温度高于27 ℃,湿度低于92%,很少发病。低于13 ℃病害停止发生。此外,地势低洼、土壤黏重、连作、种植过密和多雨、多雾、多露等冷凉多湿天气发病重。

4.防治方法

(1)实行3年以上轮作。

(2)从无病田或无病株上留种并进行粒选。

(3)种子处理。用50%多菌灵或50%福美双可湿性粉剂按种子重的0.4%拌种。

(4)加强栽培管理。适期播种,以10 cm地温在10 ℃以上播种为宜。播深不超过5 cm。密度不要过大。

(5)生物防治。发病初期喷洒2%农抗120水剂200倍液,或1%农抗武夷菌素水剂200倍液,每隔5~7 d喷1次,连续喷洒2~3次。

(6)化学防治。用75%百菌清或70%甲基硫菌灵或50%多菌灵可湿性粉剂1.5 kg/hm²。

每隔5~7 d喷1次,连续喷洒2~3次。

绿豆虫害

(一)蛴螬

1.危害症状

蛴螬是金龟子的幼虫,俗称"白地蚕"。主要有东北大黑金龟子和华北大黑鳃金龟子,危害最重。蛴螬为杂食性害虫,幼虫能咬断绿豆的根、茎,使幼苗枯萎死亡,造成缺苗断垄。成虫可取食叶片。

2.发病规律

蛴螬的发生和危害与温度、湿度等环境条件有关,最适宜的温度是10~18 ℃。温度过高或过低则停止活动,春秋两季危害最重;连阴雨天气,土壤湿度较大,发生严重。

3.防治方法

(1)药剂拌种:用50%辛硫磷,按药、水、种子量1∶40∶500比例拌种,拌种后堆闷3~4 h,待种子吸干药液再播种。

(2)药剂防治:蛴螬1龄期,每亩用呋喃丹颗粒剂2.5 kg,撒在绿豆根部,结合除草培土埋入根部;或用50%辛硫磷乳油0.25 kg加水2 000 kg,灌绿豆根;或向地里撒配制好的毒谷或毒土。每亩用干谷0.5~0.75 kg煮至半熟,捞出晾干后拌入2.5%的敌百虫粉0.3~0.45 kg,沟施或穴施,可于播种前撒在播种沟内。

(二)小地老虎

1.危害症状

小地老虎俗称切根虫、地蚕,食性杂。幼龄幼虫常群集在幼苗的心叶或叶背上取食,常把叶片吃成网孔状,3龄以后的幼虫则将幼苗从近地面嫩茎咬断,拖入洞中,上部叶片露在穴外,造成缺苗断垄。

2.发生规律

小地老虎3龄前,群集危害绿豆幼苗的生长点和嫩叶,4龄以后幼虫分散危害,昼伏夜出咬食幼茎。成虫活动最适温度为11~22 ℃,而幼虫喜湿。前茬作物绿肥或菜地发生较多,低洼地、地下水位高的地块危害较重。

3.防治方法

(1)农业措施:耕翻土地,清除杂草,诱杀成虫和幼虫。

(2)药剂防治:①喷药。在幼虫3龄前用90%敌百虫1 000倍液,或2.5%溴氰菊酯300倍液,或20%的蔬果磷3 000倍液喷洒。②毒饵:用90%敌百虫晶体150 g,加适量水配成药液,再拌入炒麦麸5 kg制成毒饵,傍晚撒入田间幼茎处,每亩撒毒饵2~3 g。③灌根:用90%敌百虫晶体1 000倍液,或50%辛硫磷乳剂1 500倍液,顺行浇灌,每株不超过250 mL药液。

(三)蚜虫

1.危害症状

危害绿豆的蚜虫主要有豆蚜、豌豆蚜、棉长管蚜等,其中以豆蚜危害最重。豆蚜又名花生蚜、苜蓿蚜。蚜虫危害绿豆时,成、若蚜群聚在绿豆的嫩茎、幼芽、顶端心叶在嫩叶背面、花器及嫩荚处吸取汁液。绿豆受害后,叶片卷缩,植株矮小,影响开花结实。一般可减产 20%~30%,重者达 50%~60%。

2.发生规律

蚜虫 1 年发生 20 多代,在向阳地堰、杂草中越冬,少量以卵越冬。蚜虫繁殖与豆苗和温湿度密切相关,一般苗期重,中后期较轻。温度高于 25 ℃、相对湿度 60%~80%时发生严重。

3.防治方法

(1)撒毒土:用 2.5%敌百虫粉或 1.5%乐果粉 0.5 kg,兑细砂 10~20 kg 调制成毒土,每亩撒 50 kg。在早上或傍晚时将药撒入绿豆植株基部。

(2)喷药:用 1.5%乐果粉,或 2.5%敌百虫粉等,于早上或傍晚每亩喷药 2 kg。也可用 40%乐果乳剂 1 000~500 倍液,或 50%马拉硫磷 100 倍液,或 50%磷胺乳油 2 000 倍液等进行喷洒。

(3)天敌:绿豆生长后期,天敌数量较大,瓢虫、食蚜蝇、草蛉、蚜茧蜂,天敌、豆蚜比为 1∶(79~131)能有效控制豆蚜。

(四)红蜘蛛

1.危害症状

在绿豆上常发生的红蜘蛛是朱砂叶螨,又名棉红蜘蛛,俗称大蜘蛛。红蜘蛛以成虫和若虫在叶片背面吸食植物汁液。一般先从下部叶片发生,逐渐向上蔓延。受害叶片生表面呈现黄白色斑点,严重时叶片变黄干枯,田间呈火烧状,植株提早落叶,影响籽粒形成,导致减产。

2.发生规律

红蜘蛛 1 年发生 10~20 代,北方是雌成虫集聚在土缝或田边杂草根部越冬,翌春开始活动并取食繁殖,4~5 月间危害绿豆。红蜘蛛发生的最适温度为 29~31 ℃,相对湿度 35%~55%。一般在 5 月底到 7 月底发生,高温低湿危害严重,干旱年份危害严重。

3.防治方法

主要采用药物防治。1.8%阿维菌素乳油每亩 20~30 mL 喷雾,48%毒死蜱乳油每亩 100 mL 喷雾防治;或 73%克螨特每亩 40~70 mL。田间喷药最好选择晴天下午 16:00 以后进行,重点喷施绿豆叶片的背面。喷药时要做到均匀周到,叶片正、背面均应喷到,才能收到良好的防治效果。

三、菟丝子

菟丝子可危害多种植物。造成不同程度减产。

(一)症状

菟丝子是一种全寄生性种子植物,不生根和叶片退化,仅有黄色纤细的茎,缠绕在豆茎上,以吸盘伸入茎内吸收营养和水分,使豆株生长不良,表现黄化、瘦弱,叶被缠绕不能展开,茎被缠绕使分枝间接近,不能向外伸展。从而影响植株正常结实以至于不能结实。

(二)病原

我国主要有中国菟丝子(Cuscuta chinensis)和欧洲菟丝子(Cuscuta anstralis)。东北

地区主要是中国菟丝子。菟丝子为一年生寄生性种子植物,属旋花科菟丝子亚科菟丝子属植物。

(三)发生规律

在土深 1 cm 以内越冬后的菟丝子种子,春季遇到适宜的土壤温、湿度条件,即可陆续发芽。幼苗浅黄线状,尖端旋转寻找寄主。缠上寄主后,在接触部位产生吸器穿入寄主组织,然后菟丝子基部枯断,开始营全寄生生活。菟丝子出苗后 10 d 未遇到寄主就自行死亡。每株菟丝子可缠绕多个豆株。每株菟丝子在秋季可结几千粒以上种子。

(四)防治方法

(1)严格实行检疫。

(2)清选种子,汰除菟丝子种球和种子。

(3)实行轮作与深翻。

(4)早期拔出病株。

(5)药剂防治。用 48%地乐胺乳油 3.0 L/hm² ,兑水喷雾。使用方法为播前土壤施药,随喷随混土,混土 5~7 cm,或播后苗前土壤施药,然后要浅混土 2~3 cm。如果点片发生,可用 48%地乐胺乳油 150~200 倍液,人工喷雾于被寄生的豆株上,或地面喷药 452.5 L/hm² 。

第六章　甘　薯

第一节　甘薯栽培的生物学基础

一、甘薯的特征特性

甘薯属于旋花科,甘薯属,甘薯种,蔓生草本植物。又名红薯、白薯、山薯、地瓜、红苕、番薯等。甘薯喜暖怕冷,当地温降到15℃时,块根就停止生长,当地温降至10℃时,就面临冻害的危险。甘薯喜光,属不耐阴作物,其一生需水量较大,对土壤的适应性强,耐酸碱性好,能够适应土壤pH值在4.5~8.0的范围。

(一)甘薯的根

甘薯的根共分三种:纤维根、柴根和块根。纤维根又称细根,呈纤维状,细而长,上有很多分枝和根毛,具有吸收水分和养分的功能。柴根又叫粗根、梗根、牛蒡根,长0.3~1 m,粗0.2~2 m,是由于受到不良气候、土壤等条件影响,中途停止加粗而形成的,它徒耗养分,无利用价值,应防止其发生。块根是我们栽培和收获的主要产品器官,也叫储藏根,是根的一种变态,就是供人们食用、加工的薯块,是由蔓节上比较粗大的不定根在土壤通气好,肥、水、温等条件适宜的情况下长成的。甘薯是块根作物,块根既是储藏养分的器官,又是重要的繁殖器官。多生长在5~25 cm深的土层内。单株结薯数、薯块大小与品种特性及栽培条件有关。块根通常有纺锤形、圆形、圆筒形、块状等几种形状。皮色有白、黄、红、紫等几种基本颜色,由周皮中的色素决定。薯肉基本色是白、黄、红或带有紫晕。薯肉里胡萝卜素的含量影响肉色的浓淡。

(二)甘薯的茎

甘薯的茎通常叫做蔓或藤。蔓的长短因品种不同差异很大,最短的仅0.7 m,最长的可达7 m以上。土壤肥力、栽插期和密度对茎长也有很大影响。短蔓品种分枝多,先丛生而后半直立或匍匐生长;长蔓品种分枝少,生长期间多为匍匐生长,且茎着土生根较多。甘薯茎的茎节上有芽和根原基,能长枝发根,因此甘薯茎可作繁殖器官用。茎的皮层部分分布有乳管,能分泌白色乳汁。采苗时如果乳汁多,表明薯苗营养较丰富,生活力较强,可作为诊断薯苗质量的指标之一。

(三)甘薯的叶

叶是甘薯的光合作用器官。甘薯属双子叶植物。实生苗最先露出2片子叶,接着在其上发生真叶。茎上每节着生一叶,以22/5叶序在茎上呈螺旋状交互排列。叶有叶柄和叶片而无托叶。叶片形状很多,大致分为心脏形、肾形、三角形和掌状等,叶缘又可分为全缘和深浅不同的缺刻。甘薯叶片、顶叶、叶脉(叶片背部叶脉)和叶柄基部颜色可概分为绿、绿带紫、紫等数种,为品种的特征之一,是鉴别品种的依据。

二、甘薯的阶段发育

(一)三个过程

从生产角度出发,甘薯一生历育苗、大田生长、收获储藏 3 个过程。

(1)育苗:就是栽插到大田以前,修建各种形式的苗床(圃),把薯块放在床内催芽繁殖育成薯苗。通过育苗可以提高繁殖系数,增加苗量,延长甘薯的全生长期,获得高产。育苗需要有一定的设备和育苗管理技术,才能培育出足够的茁壮秧苗,供生产上应用。

(2)大田生长:从栽插成活到收获,时间的长短取决于各地气候条件和作物布局。再根据甘薯不同生长阶段运用科学管理技术,为甘薯创造一个能发挥其增产潜力的条件,达到全苗壮株,使地上部和地下部协调生长,最终达到增产的目的。

(3)收获储藏:甘薯原产于热带,喜暖怕冷,当气温降到 15 ℃,就停止生长,低于 9 ℃时,薯块将逐渐受冷害而腐烂;地上部茎叶经霜冻时很快丧失生活力而死掉。

(二)四个阶段

经过长期经验积累与研究,一般把甘薯生长分为以下 4 个阶段。

(1)发根缓苗阶段:指薯苗栽插后,入土各节发根成活。地上苗开始长出新叶,幼苗能够独立生长,大部分秧苗从叶腋处长出腋芽的阶段。一般春薯在栽后 5 ~ 15 d 开始,到本阶段期终,根系基本形成,约在栽后 30 d。夏薯因当时气温较高,生长比春薯快,根系基本形成,需 15 ~ 20 d。

(2)分枝结薯阶段:这个阶段根系继续发展,腋芽和主蔓延长,叶数明显增多。主蔓生长最快,其延伸生长称"拖秧",也叫爬蔓、甩蔓,茎叶开始覆盖地面封垄。此时,地下部的不定根已分化形成小薯块,在本阶段后期成薯数已基本稳定,不再增多。本阶段春薯需要 30 ~ 75 d,夏薯需要 20 ~ 30 d。在本阶段初期根系已生长出总根量的 70% 以上;为促进茎叶新生生长打好了基础。至于薯块的形成,结薯早的品种在发根后 10 d 左右,肉眼虽难看出,实际上已开始形成,到 20 ~ 30 d 时已看到少数略具雏形的块根。在茎叶生长中,一些分枝少、蔓薯细长的品种没有圆(团)棵现象就直接伸长主蔓。从植株开始分枝到基本覆盖地面;茎叶的重量可达到甘薯一年中最高茎叶重量的 1/3 以上。

(3)茎叶盛长阶段:指茎叶覆盖地面开始到生长最高峰,这一时期茎叶迅速生长,生长量占整个生长期重量的 60% ~ 70% 。地下薯块随茎叶的增长,光合产物不断地输送到块根而明显肥大增重。其总重量的 30% ~ 50% 是在这个阶段形成的,有的地方把这个阶段称为蔓薯同长阶段。茎叶增长加快,使叶面积的增加达到了最高峰;同时新老叶片交替更新,新长出来的叶数与黄化落叶数到本阶段末期达到基本平衡。这阶段所需要的时间,春薯在栽插后 60 ~ 100 d,夏薯 40 ~ 70 d。

(4)茎叶衰退薯块迅速肥大阶段:指茎叶生长由盛转衰直至收获期,以薯块肥大为中心。茎叶开始停长,叶色由浓转淡,下部叶片枯黄脱落。地上部同化物质加快向薯块输送,薯块肥大增重速度加快,增重量相当于总薯重的 40% ~ 50% ,高的可达 70% ,薯块里干物质的积蓄量明显增多,品质显著提高。

由于植株的地上部与地下部是处于不同部位的统一体,上部茎叶的生长繁茂程度,取决于根系吸收养料的供应。地下部薯块产量的高低,又依赖于地上部茎叶光合产物的输送和积累程度。总之,各阶段相互交替,很难截然分开。每个阶段时间长短各薯区不尽相同,故上述 4 个阶段的划分不是绝对的。

第二节　自然环境与甘薯生长

一、光照

甘薯是喜光作物,整个生长过程都需要充足的光照。光照充足时,甘薯的叶片深绿,叶龄长,制造的光合产物多,有利于块根膨大;反之,光照不足时,则叶黄、节长,叶龄短,同化产物少,产量低。在甘薯与高秆作物间、套作时,应特别注意选用较早熟的低秆品种,并注意间种方式,尽可能减少对甘薯的遮阴。

除光照强度外,每天受光时间的长短对甘薯生长也有影响。甘薯属短日照作物,每天受光时间较长时(13 h 左右),对茎叶生长有利,也能促进块根膨大;若日照较短(每天日照 8 ~ 10 h),则能促进现蕾开花,抑制块根膨大。

二、温度

甘薯原产热带,是喜温怕冷作物。5 ~ 10 cm 深的土温在 10 ℃ 以下时,栽苗后,不发根,15 ℃ 时才缓慢发根,在 15 ~ 30 ℃ 范围内,温度愈高发根愈快。气温在 18 ℃ 以上时,茎叶才能正常生长,当气温降到 15 ℃ 时,茎叶生长基本停止。最适宜茎叶生长的温度为 25 ~ 28 ℃。试验证明,22 ~ 24 ℃ 的地温条件最有利于块根形成,20 ~ 25 ℃ 的地温最适于块根膨大,地温低于 20 ℃ 或高于 30 ℃,块根膨大变慢,低于 18 ℃ 膨大基本停止。

昼夜温差对块根膨大也有影响,温差大时,利于养分积累,可促使块根膨大。据试验,温差在 12 ~ 14 ℃ 时,块根膨大最快。生产上采用起垄栽培增产的原因之一,就是扩大了昼夜温差。温度条件不仅影响块根重量,而且影响块根的品质。在适宜的温度范围内,一般温度愈高,块根含糖量愈高。

三、水分

甘薯有较发达的根系,吸水力强;茎叶富含果胶质,持水与耐脱水能力较强;另外薯块储存一定的水分,干旱时可暂时维持植株的水分平衡。因此,甘薯是比较耐旱的作物。甘薯的蒸腾系数(251 ~ 284)明显低于小麦(513)和玉米(368),与耐旱性较强的谷子(270)相当。北方薯区降水分布不均,多集中在 7 ~ 8 月,往往出现"两头旱,中间涝"的情况。因此,为了夺取甘薯高产,既需灌水,又需排水,土壤湿度以保持田间最大持水量的 65% ~ 70% 为宜。低于 50% 时,会影响光合作用和养分运输,导致减产;如高于 80%,会影响块根的正常呼吸,使薯块膨大变慢。干率降低,产量减少。长期受淹时,还会引起薯块变质,发生硬心、腐烂等。

以亩产鲜薯 2 500 kg 计算,甘薯一生约需耗水 230 m³。不同生育期的需水量,其有所不同,总的趋势是从栽植至收获,耗水量由少到多,再由多到少。甘薯生长的三个重要时期需水状况如下。

（一）生长前期（发根分枝结薯期）

甘薯栽插后的一段时间，植株较小，耗水量少，进而根系快速发育。地表裸露面积大，表土水分变化大，薯苗易失水，引起发根延迟和薯苗萎蔫。这一时期土壤水分应保持最大持水量的 60%~70% 为宜。春薯栽插时气温、地温不高，土壤水分保持不低于 65% 即可满足。夏薯栽时，气温较高，根系和地上部生长较快，土壤水分保持在最大持水量的 70% 为宜。如果此期土壤水分不足，影响薯块的形成和地上部的分枝封垄。甘薯生长前期耗水量约占全生育期总耗水量的 20%~30%，每亩每日耗水量 1.3~2.1 m^3。

（二）生长中期（薯蔓并长期）

甘薯封垄后，叶面积迅速扩大，薯块加速膨大，此期气温高，蒸腾旺盛，甘薯耗水大，占全生育期总耗水量的 40%~45%。一般每亩每日耗水量达 5~5.5 m^3，若供水不足，影响光合产物的制造和积累。但如果土壤水分过多，加之肥多，易引起茎叶徒长。此期土壤水分应保持最大持水量的 70%~80%。

（三）生长后期（薯块盛长期）

甘薯地上部生长缓慢，薯块快速膨大，每亩每日耗水量 2 m^3 左右，土壤水分应保持最大持水量的 60%~70%。该期耗水量占全生育期总耗水量的 30%~40%。

四、土壤

甘薯适应性强，对土壤要求不严格，但以疏松、土层深厚、含有机质多、通气性好、排水良好的沙质壤土最好。黏结紧密的土壤，保水保肥力虽好，但通气性差，易受涝害，块根皮薄色淡，含水量高，出干率低，食味差，不耐储藏；疏松的沙壤土，通气性好，供氧充足，能促进根系的呼吸作用，有利于根部形成层活动，促进块根膨大，而且块根皮色鲜艳，食味好，出干率高，耐储性好。甘薯耐酸碱性也好，在 pH 值为 4.2~8.3 的土壤中均能生长，但最适宜的酸碱度为 pH 值在 5~7，土壤含盐量不超过 0.2%。

五、养分

甘薯在生长过程中，对营养三要素的要求以钾最多，氮次之，磷最少。在中低产情况下，甘薯吸收氮、磷、钾三要素的比例约为 2:1:3。据分析，在亩产 2 500 kg 鲜薯生产水平下，约需施氮 20 kg、磷 15 kg、钾 35 kg。这三种肥料要素均以茎叶生长前期吸收较少，随后由于植株生长，吸收量增加较多，到生长末期，随植株衰老，吸收量便降低。具体讲，钾素在封垄时吸收较少，茎叶生长盛期与落黄期吸收较多；氮素在茎叶生长盛期吸收较多，落黄期较少；磷在整个生长过程中以落黄期吸收较多。

（一）钾

钾能延长叶片功能期，提高叶片光合作用强度，促进叶片光合作用形成的碳水化合物向块根运输，提高块根淀粉与糖分的含量；加强块根形成层活动的能力，加速块根膨大；还能增强细胞的保水能力，提高抗旱性。当叶片含钾占干物质重量的 4% 以下时，光合强度随之下降。

缺钾症状表现为：处于生长前期的节间和叶柄变短，叶片变小，接近生长点的叶片退色，叶的边缘呈暗绿色；生长后期的老叶，在叶脉间严重失绿，叶片背面有斑点，不久发黄脱落。缺钾时,老叶内的钾能转移给新叶利用,所以缺钾症状往往先从老叶表现出来。

(二)氮

氮能有效地促进茎叶生长,增加绿叶面积,并使叶色鲜绿,提高光合能力。但在施氮过多时,叶片中含氮量也随之提高,光合作用制造的碳水化合物被叶片形成大量的蛋白质所消耗掉,碳水化合物向块根运输很少,茎叶发生徒长现象,块根膨大变慢,产量下降。甘薯叶片含氮占干物质重量的4%以上时,同化作用所产生的养料向地上部转移;少于2.5%,就会降低光合强度;少于1.5%时,出现缺氮症状。

缺氮时,生长缓慢,节间短,茎蔓细,分枝少,叶形小,叶片少,叶片边缘及主脉均呈紫色,老叶变黄脱落。

(三)磷

磷能促进根系的生长,使块根变长,增加块根甜度,改善品质,提高耐储性。磷在苗期含量最高,各部都超过干物质重量的1%,栽秧后则迅速下降,大部分生长期间含磷量为0.3%~0.7%,生长末期为0.2%~0.3%。当叶片含磷量低于0.1%时,出现缺磷症状,表现为幼芽、幼根生长慢,茎蔓变短变细,叶片变小,叶色暗绿少光泽,老叶出现大片黄斑,以后变为紫色,不久叶片脱落。

甘薯所需的营养元素除氮、磷、钾等大量元素外,还需要某些微量元素,如硫、锰、锌、硼、铁、铜等。在常规甘薯生产中大量元素的补充主要以无机肥为主,微量元素的补充多以有机肥为主。在绿色食品甘薯生产中各种营养元素的补充则是以有机肥为主。

第三节　优质甘薯品种介绍

一、淀粉专用型品种

(一)徐薯23

特征特性:短蔓型,食味特别优良。茎绿色,叶尖心－戟形,顶叶深紫色,成熟叶淡绿色,叶脉淡紫色,叶柄绿色。薯形直筒－中膨,薯皮及薯肉均为橘黄色。单株分枝数10个左右,单株结薯数4~5个,大中薯率75%~80%。薯块萌芽性好,出苗多。抗黑斑病,中抗茎线虫病,不抗根腐病。夏薯干物率28.0%,食味优。栽插密度以每亩3 500~3 800株为宜。

(二)郑红22

特征特性:淀粉型品种,萌芽性较好,中蔓,分枝数8个左右,茎蔓中等;叶片尖心形,顶叶和成年叶均为绿色,叶脉紫色,茎蔓绿色带紫;薯形短纺锤形,紫红皮橘黄肉,结薯集中薯块较整齐,单株结薯3.8个左右,大中薯率一般;薯干平整,食味较好,较耐储藏;高抗茎线虫病,抗根腐病,中抗黑斑病,特别适应在茎线虫病地块生产绿色食品及有机食品应用及加工淀粉、全薯粉、薯干等优质加工原料,综合评价抗病性较好。春薯亩植3 000~3 200株,夏秋薯亩植3 200~3 500株。不宜在重根腐病、黑斑病地种植。

(三)豫薯8号

特征特性:该品种叶心形,茎蔓绿带紫,薯皮红色,薯肉白色,个别薯块少带紫晕。薯形纺锤形。耐旱耐瘠,较耐湿,耐储藏。高抗根腐病,中抗茎线虫病,感黑斑病,出干率、出粉率均高,熟食面甜,适口性好。栽植密度每亩 3 500 ~ 4 000 株。

(四)豫薯 7 号

特征特性:顶叶色紫,叶形浅缺,茎色绿带紫,薯皮紫红色,薯肉淡黄;熟食味面甜;萌芽性强,耐储性好;生长势强,抗旱。中抗茎线虫病和黑斑病,不抗根腐病。栽插密度每亩 3 500 ~ 4 000 株。

(五)梅营 7 号

特征特性:顶叶绿色,叶脉绿,叶形浅裂,茎色绿,分枝多。薯皮紫红色,薯肉白色,熟食味面甜。耐肥,淀粉率高。中抗根腐病,不抗茎线虫病、黑斑病。栽插密度每亩 4 000 ~ 4 500 株。

(六)徐薯 25

特征特性:茎叶淡绿色,薯蔓短,茎偏细,叶片小,心形无齿,分枝多,通风透光好。结薯早,整齐而集中,单株结薯数中等,大中薯率高(95% 以上),薯块长纺锤形,红皮白肉,少有紫晕。春薯烘干率(28.15%)和出粉率(16.17%)与徐薯 18 相当,薯形美观。薯块萌芽性好,略好于徐薯 22,苗多、苗匀、苗壮。该新品种耐寒、耐涝,高抗甘薯根腐病,中抗甘薯茎线虫病和黑斑病,适于黄淮薯区和北方薯区作春、夏薯栽培。但其生长后期长期受温光条件影响明显,光照条件不足时干物率稍低,湿度较大时薯块上半部有萌芽现象。密度以 3 300 ~ 3 500 株/亩为宜。注意排涝降渍,确保丰产丰收。

二、食用兼淀粉用型品种

(一)秦薯五号(原"秦秀"2000)

特征特性:萌芽性较好,中短蔓,分枝数 12.5 个,茎较细,叶片心形,顶叶绿色,叶色深绿,主脉紫色,茎色绿带紫,田间有自然开花现象;薯形长纺锤形,紫红皮淡黄肉,结薯较集中,单株结薯 2.9 个,大中薯率较高,食味中等;抗茎线虫病和黑斑病,感根腐病。春薯切干率高达 35% 左右,干率 33.08%,淀粉含量 69.14%(干基),鲜薯含粗蛋白 1.11%,可溶性糖 5.03%。熟食干甜香,适口性好,适宜熟薯干加工和蒸烤食用。适于在我国北方黄淮流域无根腐病区种植。后期防早衰。密度每亩 3 500 株左右。很适宜与粮、果、菜、马铃薯等作物间作套种。

(二)徐薯 18

特征特性:顶叶和叶色均为绿色,叶片心脏形至浅裂复缺刻,叶脉、脉基和柄基均为紫色,茎为绿带紫色,茎顶端绒毛多,基部分枝较多。薯块长纺锤形至圆管形,薯皮紫色,薯肉白色。耐旱,耐湿性较强,高抗根腐病,抗茎线虫病较弱,感黑斑病,薯块烘干率 28.1%,薯干淀粉含量 66.65%。该品种属兼用型,可作淀粉加工,也可作饲用。栽插密度春薯每亩 3 000 ~ 3 500 株,夏薯每亩 4 000 株。

(三)商薯 19

特征特性:中短蔓型,叶色微紫,心形,成叶心形带齿,叶脉、茎均为绿色。薯形长纺锤形,薯皮紫红色,薯肉白色。萌芽性、储藏性好。熟食味中等。高抗根腐病,抗茎线虫病,高感黑斑病,耐涝性较好。栽插密度每亩 3 000 ~ 3 500 株。

（四）豫薯 12

特征特性：中长蔓型，顶叶绿色，叶脉紫色，叶柄色、茎色绿带紫，叶色绿，株型匍匐茎粗中等。薯块纺锤形，红皮白肉，结薯集中、整齐。熟食细腻甜香，少纤维，味较好。抗根腐病，中抗茎线虫病，不抗黑斑病，抗旱耐瘠性强，耐湿性强。栽插密度春薯每亩 3 000 株左右，夏薯 3 500～4 000 株。

（五）豫薯 13

特征特性：顶叶深绿色，叶脉绿带紫色，叶脉基部紫色，叶柄绿色，茎绿色。薯块纺锤形，薯皮紫红色，薯肉洁白色，薯块有明显浅条沟，薯块较大。结薯集中、整齐。熟食味好。栽插密度春薯每亩 3 000～3 500 株，夏薯 3 500～4 000 株。

三、优质食用型品种

（一）徐薯 34

特征特性：顶叶，叶片均为绿色，顶叶稍有皱缩，叶片较大，茎绿色；烘烤、制薯脯品质好，鲜薯含可溶性糖 3.09%、维生素 C 19.39 mg/100 g、胡萝卜素 3.93 mL/100 g，春薯干率 29.0% 左右，夏薯，27.0% 左右，薯块纺锤形，光滑，外观好，薯皮赭红色，薯肉橘红色，食味上等，食味香面甜，纤维少；抗茎线虫病，不抗根腐病、黑斑病，易感染病毒病。徐薯 34 结薯早，比一般的甘薯种早收获 20～30 d，能早上市，经济效益较高。春薯每亩栽植 3 500 株，夏薯尽可能早栽插，每亩栽植 4 000 株；注意防治黑斑病。

（二）浙薯 132

特征特性：该品种为优质食用型品种，顶叶色绿边紫，叶形心齿形，成叶绿色，叶脉紫色，茎色绿，蔓长 250.3 cm，中蔓型，薯块短纺形，红皮橘红肉，结薯集中、整齐，单株结薯 4～6 个，薯块个头较小，大中薯率以块数计为 46.06%，以重量计为 76.59%，薯块萌芽性中等，生育期 110 d 左右。可溶性总糖 7.06%。夏（春）薯块干物率 29.14%，食味优。适宜在排水良好的田块或丘陵山地栽培，亩植 4 000 株，适时收获，全生育期 90～120 d。不宜在薯瘟区种植。

（三）济薯 22 号

特征特性：食用型品种，萌芽性一般，中长蔓型，平均分枝数 7.7 个，茎绿色，叶形深裂复缺刻，顶叶绿色，成叶绿色，叶脉淡紫色，叶柄绿色，脉基部紫色；薯形纺锤形，黄皮橘黄肉，结薯较集中，单株结薯 3.3 个，薯块大小较整齐，食味较好，较耐储，大中薯率高。食味黏、香，甜味中等，纤维量少，食味优。亩植 3 500 株，夏薯亩植 4 000 株。抗根腐病、抗茎线虫病，感黑斑病。

（四）北京 553

品种特性：该品种推广种植年限较长，生产上普遍退化严重，必须用脱毒种更换。顶叶紫色，叶形浅裂复缺刻，叶片大小中等，叶脉淡紫，脉基和柄基紫色，茎为紫红色；薯块长纺锤形至下膨纺锤形，薯皮黄褐色，薯肉杏黄色；萌芽性好，鲜薯产量较高，耐肥、耐湿性较强，耐旱、耐瘠；较抗茎线虫病，不抗根腐病、黑斑病，储性较差，易感软腐病。薯块水分较大，生食脆甜多汁，烘烤食味软甜爽口。蒸烤均可，是加工薯脯的主要品种。一般春薯每亩产量 3 000 kg，夏薯每亩产量 2 000 kg。经脱毒后，鲜薯产量可大幅度提高。北京 553

作为烘烤食用型品种,数十年长盛不衰,今后仍有较好的开发前景。在食用型品种中,该品种是当前国内栽培面积较大的鲜食品种。栽培技术要点:施足基肥,起垄栽插,栽插密度春薯每亩 3 000 ~ 3 500 株,夏薯每亩 4 000 株。

(五)金玉(浙 1257)

该品种属迷你型优质食用甘薯新品种。特征特性:皮色粉红,肉色纯黄,薯形短圆形,表皮光滑,薯形美观,商品性非常好。口感粉、甜、糯,质地细腻,没有粗纤维,风味香浓,可溶性总糖高达 10.76%;烘干率 34.2%;粗纤维 0.94%,淀粉糊化温度较低,是浙江品牌甘薯"红宝宝"迷你薯的依托品种。烘干率 30% ~ 32%。早熟性好,110 d 左右可以收获。产量表现:早收产量高,1996 年在省区试 105 d 早期收获试验组中,"金玉"鲜薯每亩1 313.9 kg,比对照徐薯 18 增产 9.87%。栽培技术要点:种植密度增加到 4 000 株/亩;水平栽,入土 3 ~ 4 节,达到结薯分散,薯块均匀美观。施用配制 50% 有机肥 + 50% 无机复合甘薯专用肥,可防止甘薯徒长,提高商品性和品质。为了有效控制薯块大小,一般收获期控制在 110 d 左右,收获前取样测定商品率,当商品薯 70% 时可以开始收获。

(六)遗字 138

特征特性:顶叶、叶片、叶脉与柄基为黄绿色,脉基带紫色,浅复缺刻叶,黄绿色,分枝数中等,属匍匐型。薯块为下膨纺锤形,无条沟,红褐皮,橘红心。蔓中长,较细,种薯萌芽性良好,生长势中等,属春、夏薯型。耐肥、耐渍性较好,适应城市郊区。结薯早,薯数多,薯块中等。晒干率 27% 左右。食味较好,适于鲜食和食品加工。耐储性中等。春薯密度每亩 3 000 株左右,夏薯密度每亩 3 500 ~ 4 000 株。为提高鲜食及烘烤品质,氮肥不宜多施。

(七)心香

特征特性:萌芽性一般,中短蔓,平均分枝数 7.6 个,茎粗 0.66 cm,叶片心形,顶叶和成年叶绿色、叶脉绿色,茎绿色;薯形长纺锤形,紫红皮黄肉,结薯集中,薯干洁白平整,品质好,食味好,面甜,耐储藏。抗蔓割病,中感茎线虫病,感黑斑病。薯块大小较均匀,商品率高。综合评价食用品质好。密度每亩 4 000 ~ 5 000 株。90 ~ 120 d 收获。注意防治黑斑病、茎线虫病,不宜在根腐病、黑斑病区种植。

(八)岩薯 5 号

特征特性:株型半直立,茎叶生长势强;顶叶紫色,叶脉绿色,叶形浅复缺刻,短蔓,主蔓长 98 ~ 100 cm;薯形纺锤形,薯皮光滑紫红色,肉橘红色,结薯集中,薯块大小较均匀,薯块较耐储藏;种薯发芽早、长苗快,缺点:出芽量低;干率 26% 左右,较徐薯 18 低 2 ~ 3个百分点,出粉率 11.7%;熟食品质较好。每 100 g 鲜薯中含可溶性糖 5.79 g,胡萝卜素7.7 mg,维生素 C25.9 mg;薯干含粗淀粉 51.6%,粗蛋白 4.38%,粗脂肪 1.7%,磷0.084%,钾 1.32%;耐旱,较耐水肥,适应性强,高抗蔓割病,较抗茎线虫病,不抗薯瘟病。适时早插,一般每亩栽植 3 500 ~ 4 000 株。该品种适宜南方夏秋薯区非薯瘟病地种植。

(九)普薯 23 号

特征特性:株型半直立,顶叶紫色,叶为尖心形,叶片中等大小,叶脉绿色茎带紫色,茎较细,短蔓多分枝,蔓长 95 ~ 120 cm;薯块下膨,薯皮土黄色,薯肉黄色,食味甜,维生素 C含量 22.17 mg/100 g,薯形美观、光滑,商品薯率高,耐储性与萌芽性好;早熟,一般 25 ~ 30

d 结薯;烘干率 29.25%,淀粉率 18.07%,大田抗薯瘟病,室内接种鉴定为 I 群高感,Ⅱ群中感,中感蔓割病。每亩栽插 4 000 株左右;结薯裂缝后及时培土,预防高温晒伤薯块及鼠害;栽植后 1 个月重施氮磷钾复合肥。

四、高产、早上市鲜食型品种

(一)西农 431

由陕西省农科院培育的鲜食、烤薯型红薯新品种,结薯早而集中,薯块纺锤形,表皮光滑、美观。皮橙黄色,肉色橘红,食味较甜,口感较好,叶心脏形突起。叶色、叶脉、茎色均为绿色。中蔓,一般蔓长 1.5 m 短,基部分枝多,熟后皮肉易分离,很适合烤薯和薯脯加工,抗涝、耐储运。春薯一般亩产 4 000 kg,夏薯 3 000 kg 左右。其高产、早熟、品质较好。

(二)龙薯 9 号

特征特性:顶叶绿,叶脉、脉基及柄基均为淡紫色,叶色淡绿。短蔓,茎粗中等,分枝性强,株型半直立,茎叶生长势较旺盛。单株结薯数 5 条左右,大中薯率高,结薯集中,薯块大小较均匀整齐,短纺锤形,红皮,橘红肉,整齐光滑,大块率高,口味甜糯,是一个食用烘烤的上等品种,适用性强。种薯萌芽性中等,长苗较快。薯块耐储藏性中等。耐旱、耐涝、耐瘠薄,耐寒性较强,适应性广。高抗蔓割病,高抗甘薯瘟病 I 群。薯块晒干率 22%左右,出粉率 10%左右,食味软、较甜。扦插密度以 3 500 ~ 4 000 株/亩为宜。注意防治病虫害。由于品种茎叶生长量偏小,中后期注意防治斜纹夜蛾等食叶害虫。

(三)宁选 1 号(红香蕉)

优点:特早熟、高产、品质与产量优于苏薯 8 号,早春覆膜栽培,七八月份上市价格高,效益好。生长 100 d,亩产高达 2 500 kg 以上,春薯、夏薯高产田,分别可达 4 000 kg 和 3 000 kg 以上。叶小,茎蔓细弱,薯皮橙红、肉橘红色,食味较甜、细腻。

(四)郑红 2A - 1

优点:高产、早熟,红皮红肉,抗多病。国家区试鲜薯平均产量 2 619.2 kg/亩,较对照增产 30.7%,达极显著水平,居第一位。薯干较对照增产 9.3%,平均烘干率 24.0%。该品种萌芽性一般,中短蔓,分枝多,茎较细,叶片心形带齿,顶叶淡绿,叶色、叶脉色、茎色均为绿色;薯形纺锤形,紫红皮,橘红肉,结薯集中,大中薯率高,食味中等;高抗根腐病,抗茎线虫病和黑斑病。

(五)郑薯 20(安平 1 号黄皮苏 8)

特征:除薯皮色为黄,其他同苏薯 8 号。优点:高产、早熟,鲜薯产量稍高于苏薯 8 号,较徐薯 18 增产 35%以上,平均干率 23.3%。春薯生长 100 d,可达到 2 500 kg/亩以上,早上市,效益高。缺点:不抗根腐病、食味一般。

(六)苏薯 8 号

特征特性:短蔓半直立型,分枝较多,叶片呈复缺刻形,顶叶绿色,叶脉紫色,结薯早而集中,大薯率和商品薯率高,薯皮红色,薯肉橘红,食味一般,适宜食用及食品加工;抗旱性强;高抗茎线虫病和黑斑病,不抗根腐病。产量表现:省区试鲜薯产量较徐薯 18 增产达 30%以上,春、夏薯高产田每亩分别可达 4 000 kg、3 000 kg 以上。平均干率 21.8%。栽培技术要点:起垄单行栽插,施包心肥;密度每亩 3 500 ~ 4 000 株。该品种适宜在江苏、河南、河北、安徽、北方无根腐病薯区作春、夏薯种植。

（七）郑薯 20

特征特性：中短蔓，分枝较多，茎较粗，顶叶色绿带紫边，叶色绿，叶脉色紫，茎绿色。薯形长纺锤形，薯皮黄，薯肉橘红，结薯集中性一般。食味中等。中抗黑斑病，茎线虫病，感根腐病。栽插密度每亩 4 000 株左右。

五、薯脯、薯干、冷冻食品加工型品种

（一）红东

顶叶绿、叶片尖心形，叶绿色，叶脉紫，茎绿带紫；品种皮色紫红，肉色黄，颜色均匀，干物率高，一般超过 30%，熟食面、甜、细赋、味佳，薯块呈桶状。顶叶色绿，茎叶生长势较强，蔓较长，出苗旺盛。产量在 1 500 kg/亩左右，容易感染病毒。

（二）徐 55 - 2

该品系表现淡紫红色茎尖，叶片绿色，心形，薯蔓生长势较强。薯皮为紫红色，黄色薯肉，纺锤形薯块，薯皮光滑，薯形美观，大中薯率高，干物率略高于徐薯 18，夏薯鲜产一般为 2 200 ~ 2 500 kg/亩。该品系熟食口感好，味正，纤维素少，耐储性好，是比较突出的优质食用种，可用来进行高档商品薯开发。徐 55 - 2 出苗量中等，苗壮，较耐肥水，抗病性差，适合在无病、土质疏松的田块种植。

六、茎尖菜用型品种

（一）福薯 7 - 6

特征特性：2000 年和 2001 年在莆田、晋江、同安等三个点平畦栽培，在 100 d 的生长期内，嫩叶（含茎尖）亩产 2 517 ~ 2 889 kg。该品种属叶菜用甘薯品种，株型短蔓半直立，茎基部分枝多，叶形心脏形，顶叶、成叶和叶脉为绿色，叶脉基部淡紫色，茎尖绒毛少。薯叶营养经福建省农科院土肥所检验：鲜叶维生素 C 含量 14.87 mg/100 g，粗蛋白质含量为 30.79%，粗纤维含量 14.33%，水溶性总糖含量 0.056%。嫩叶煮熟后颜色翠绿，食口性好，无苦涩味。不抗蔓割病，田间观察没有发生疮痂病。叶菜用平畦种植株行距 20 cm × 20 cm，亩植 2 万株左右，垄畦留种用种植亩植 4 000 株；平畦种植按一般育苗圃管理，整畦时施用 1 500 ~ 2 500 kg 土杂肥做基肥，薯苗扦插成活后打顶"促进分枝"，春、夏季种植要注意及时采摘和浇水保湿，秋、冬季种植后期要盖膜保温。垄畦种植要施好夹边肥并及时收成，生育期 120 ~ 130 d 为宜；种植后 30 d 左右用手直接采摘，采摘长度以嫩茎蔓长 15 cm 以内为宜，每条分枝采摘时应留有 1 ~ 2 个节，平畦种植凡达到长度的嫩茎叶均可采。

七、食用兼饲用型品种

（一）苏薯 9 号

由江苏省农科院粮食作物研究所，利用苏薯 2 号/济薯 10 号研发而成的一个甘薯品种，已于 2000 年通过江苏省农作物品种审定委员会审定，适宜北方春夏薯区种植。

（二）苏薯 9 号

特征特性：顶叶、叶脉绿色，叶片心脏形，叶和茎绿色，中长蔓，茎粗 0.67 cm 左右，分枝 5~7 个，薯形下膨纺锤形，薯皮红色，薯肉白色，单株结薯数 3~4 个，结薯整齐，结薯早，商品薯率高。高抗根腐病，抗茎线虫病，中抗黑斑病，耐干旱性强。属粮、饲、工业原料兼用型甘薯品种。烘干率 26.31%，淀粉率 16.55%。薯块粗蛋白质 6.88%，茎叶粗蛋白质含量 14.1%。

春薯亩栽插密度 3 300~3 500 株，夏薯 3 500~3 800 株。

（三）南薯 99

特征特性：中熟中蔓型，顶叶绿带褐色，尖心脏形，中等大小；叶脉、脉基紫；蔓色绿，蔓尖茸毛中；蔓长中等，粗细中等，基部分枝 3~5 个，株型匍匐，无自然开花习性。薯块纺锤形，皮色紫红，肉淡黄色，烘干率 28% 以上，淀粉率 13% 以上，可溶性糖 4.6%，100 g 鲜薯含 VC 34.3 mg，熟食品质中等；干藤叶粗蛋白含量为 20.9%；萌芽性好，大中薯率 90% 以上。单株结薯 3~5 个且较集中；中抗黑斑病，耐旱、耐瘠、储藏性好。亩植密度 4 000 株左右。

八、紫薯食用型品种

（一）郑群紫 1 号

特征特性：顶叶色、叶色均绿带褐，叶掌形，叶脉色、茎色均紫，薯皮黑紫色，薯肉紫色。味较甜、细。抗根腐病和茎线虫病，感黑斑病，中抗蔓割病。栽插密度每亩 3 500~4 000 株。

（二）宁紫薯 1 号

特征特性：顶叶绿色，叶脉绿色，茎绿色，叶片心脏形。中长蔓型，薯形为长纺锤形，单株结薯数 4~5 个，干物率 28% 左右，薯皮紫红色，薯肉紫色，薯形外观光滑，结薯整齐，商品性好，薯块的花青素含量为 22.41 mg/100 g，可溶性糖 5.6%，硒含量为 0.016 6 mg/kg，抗茎线虫病和根腐病。春薯栽插密度为 3 300~3 500 株/亩，夏薯栽插密度为 3 000 株/亩左右。

九、色素提取加工型品种

（一）徐紫薯 3 号（徐薯 13-4）

特征特性：高花青素高淀型品种，萌芽性好，中短蔓，分枝数 7~8 个，茎蔓中等偏细；叶片中裂，顶叶紫色，成年叶深绿色，叶脉紫色，茎蔓绿色带紫；薯形长纺锤形，紫皮紫肉，结薯集中薯块整齐，单株结薯 4 个左右，大中薯率一般；烘干率高，干基粗蛋白质含量较高，食味中等；耐储；两年区试薯块平均烘干率 34.99%，较常规对照烘干率高 7.58 个百分点；两年平均花青素含量 34.33 mg/100 g 鲜薯；抗茎线虫病和黑斑病，中抗根腐病和蔓割病。密度每亩 3 000~3 500 株，旱灌涝排，及时中耕除草，防治地下害虫。不宜在根腐病和蔓割病重发地块种植。

（二）浙薯 81

浙薯 81 是一个高胡萝卜素甘薯新品种，该品种萌芽性中等，中长蔓，分枝数 6~7 个，茎蔓较粗,叶片心形带齿,顶叶和成年叶均为绿色,叶脉淡紫色,茎蔓绿色带紫。薯形长纺,紫红皮橘红肉,鲜薯胡萝卜素含量高,结薯较集中,薯块较整齐,单株结薯4.4个左右,大薯率一般;干基可溶性糖分含量高,烘干率较低,食味中等,较耐储藏;抗茎线虫病和黑斑病,中抗根腐病。浙薯81烘干率23.88%,干基可溶性总糖含量10.7%,甜度较好,粗纤维少,黏度、香味一般,食味中等。亩栽3 000~3 500株,保证有足够薯数,促使薯块大小均匀,单薯重150~250 g,提高商品薯率。要及时防治旋花天蛾、斜纹夜蛾等食叶虫害。

第四节　育苗技术

甘薯育苗是甘薯生产中的首要环节。只有适时育足苗壮苗,才能实现适时早栽、一茬栽齐、苗全、苗匀、苗壮的目标要求,打下良好的高产基础。

壮苗标准是:叶色青绿,舒展叶7~8片,叶大、肥厚,顶部三叶齐平;茎节粗短,根原基大,茎韧不易拆断(折断有较多的白浆流出),苗高25 cm左右;苗龄30~35 d,茎粗约5 mm;苗茎上没有气生根,没有病斑;苗株挺拔、结实,乳汁多;百苗鲜重,春薯苗500 g以上,夏薯苗1 500 g以上;薯苗不带病虫害。

一、甘薯的萌芽习性及薯苗生长需要的条件

(一)甘薯的萌芽习性与发芽的关系

薯块具有很强的发芽特性,只要具备萌芽所需要的条件,就能够萌芽生长。薯块的不定芽是从不定芽原基萌发而来的,在薯块膨大过程中就已经分化形成,成为潜伏状态,因此叫潜伏芽。薯块不定芽原基的数量及其萌芽习性差异很大。

1. 品种因素

不同品种的薯块,不定芽原基的数量多少、幼芽分化的快慢、营养物质的转化状况均有所不同,萌芽快慢与萌芽数量有很大差别。如徐薯18、豫薯7号等出苗快而多;宁薯1号、济薯10号出苗慢而少。

2. 薯块不同部位

薯块顶部具有顶端生长条优势的特性,萌芽时,薯块内部的养分多向顶部运转,所以薯块顶部发芽多而快,占发芽总数的65%左右;中部较慢而少,占26%左右;尾部最慢最少,占9%左右。薯块的阳面(向上的一面)发芽出苗的比阴面(向下的一面)多,因阳面接近地面,空气和温度等条件比阴面好,不定芽分化发育较多而好。

3. 薯块大小

同一品种,薯块大的薯苗生长粗壮,薯块小的薯苗生长细弱。同重量的薯块,大薯出苗数少,小薯出苗数多。过大的薯块育苗会造成浪费,过小的薯块薯苗会比较细弱。因此,在生产上以用中等薯块育苗较好。

4. 栽插季节及储藏条件

与春薯相比,夏薯生长期短,生活力强,耐储藏,感病轻,出苗早而多。采用高温愈伤处理储藏的种薯或在育苗前采用高温催芽的种薯,除有防病效果外,还能促进薯块不定芽原基的分化,因此出苗快而多。储藏期温度低,不仅会延缓薯块发芽时间,降低发芽能力,

还会因冷害导致种薯腐烂。储藏期遭水浸泡或受湿害的薯块,发芽晚而少,甚至不发根不萌芽,种薯很快腐烂。

(二)薯块发芽和薯苗生长需要的条件

1.温度

苗床温度在 20～35 ℃,温度越高,萌芽越快、越多,提高苗床温度可解除薯块的休眠状态,促进幼芽萌发,发芽最适宜的温度是 29～32 ℃。超过 35 ℃对幼苗生长有抑制作用。薯苗生长的适宜温度为 25～28 ℃。

2.水分

床土的水分多少与薯块发根、萌芽、长苗的关系密切。在温、湿度正常情况下,薯块先发根后萌芽;如温度适宜,水分不足,则萌芽后发根或不发根;如床土过于干燥,则薯块既不发根也不萌芽。出苗后,床木水分不足,根系难以伸展,幼苗生长慢,叶片小,茎细硬,形成老小苗;水分过多,幼苗生长快,形成弱苗。苗床湿度过大会影响床土通气性,尤其是在高温、高湿条件下,不仅影响出苗,而且会导致种薯腐烂。在薯块萌芽期以保持床土相对湿度应在 80%左右,使薯皮始终保持湿润为宜。在幼薯生长期间以保持床土相对湿度 70%～80%为宜。

3.空气

苗床氧气不足,薯块呼吸作用受到阻碍,严重缺氧,被迫进行缺氧呼吸而产生酒精,进而因酒精积累中毒,导致薯块腐烂。因此,在育苗过程中,苗床应始终保持氧气供应充足的状态,确保薯苗的正常萌芽和生长。

4.光照

在薯块萌芽阶段,充足的光照能提高苗床温度,促进发根、萌芽。在长苗阶段,光照充足有利于培育壮苗。若光照不足,光合作用减弱,薯苗叶色黄绿,组织嫩弱,发生徒长,不易栽插成活。

5.养分

养分是薯块萌芽和薯苗生长的物质基础。育苗前期所需的养分,主要由薯块本身供给,随着幼苗生长,逐渐转为靠根系吸收床土中养分生长。头茬苗采完后,薯块里的养分逐渐减少,薯苗生长缓慢,叶片小,叶色淡黄,植株矮小瘦弱,根系发育不良。因此,在育苗时应采用肥沃的床土并施足有机肥,育苗中、后期适量追施以氮肥为主的速效性肥料。

二、育苗准备

为了保证甘薯适时、育足、育壮苗,要制订好育苗计划并提前做好准备工作。育苗基地应根据甘薯种植面积、需苗数量、供苗时间等进行安排。制订育苗计划还要考虑品种出苗的特性、育苗手段等。要使排薯的数量与计划种植面积或计划供苗量相符合,育苗所用种薯数量与苗床面积相符合,育苗所用的物资与苗床面积相符合。

(一)物资准备

育苗前要准备好育苗需要的塑料农膜、草苫、酿热物或燃料、沙土、拱棚支架、砖坯、作物秸秆、温度计及种薯等物资。如塑料农膜按每 10 m² 苗床需 1.5 kg 左右计算。

(二)育苗场所准备

育苗场所要选择地势高、阳光充足、靠近水源、有利排水、土壤疏松和3年以上没有种植过甘薯的肥沃地块,在冬季或早春结合施足基肥,深翻、耙碎整平,做成宽畦。

育苗地面积按每平方米实地排种薯18~20 kg计算,除去走道和大棚间距等,排种用地实占苗床总面积的比例为75%左右,每亩育苗地排种薯仅占地500 m²,实排种薯约9 000 kg。

(三)种薯准备

育种量根据供苗时间、供苗量、栽插期、栽插次数、育苗方法以及品种出苗的特性、种薯质量来确定。一般每亩春薯大田需种薯量50~60 kg。专业育苗户还应根据供苗合同及预测供苗量确定下种量。种植大户育苗需根据种植面积和育苗方法来确定育苗的种薯量。

三、育苗方式

育苗方式有很多,主要有大棚、火炕、阳畦、太阳能温床、双膜育苗、电热温床、地上加温式塑料大棚等育苗方法。北方寒冷地区选用加温式火炕塑料大棚(或土温室)、温室大棚、土温室、改良火炕等,中部地区和南方地区育苗可用冷床育苗。

(一)火炕塑料大棚育苗

每座大棚一般长10 m、宽6 m,可育种薯1 500 kg左右,外观与蔬菜大棚温室相似,只是棚的长度为普通温棚的1/5,地面以下设8条回龙火道与火灶连接。这种育苗方法,将甘薯育苗所需的光、水、气、热统一起来,能充分利用时间,可提早育苗,出苗快、出苗多,并能进行多级育苗,扩大繁苗系数。适宜北方薯区繁殖优良品种薯苗和春薯区专业户甘薯育苗。

(二)日光温室育苗

日光温室的建造地址应选择交通便利、水源近、光照充足的地方。温棚坐北朝南,东西延长,南北净跨度6 m,东西长50~60 m,顶高2.8 m,前屋面呈拱形,拱杆间距1.2 m,拱架与地面切线角60°,平均屋面角23°~25°。拱杆下端由水泥墩固定,上端直接插入后墙里。拱杆间由3道钢筋焊接,使之成为一体。后墙高1.8~2 m,土墙厚度1 m,或0.5 m空心砖墙。棚膜用厚度为0.08~0.12 mm的无滴长寿膜撑紧,四周固定牢固,拱杆间膜上用压膜带压紧,膜上备置一层草苫。

(三)回龙火炕育苗

火炕育苗是春薯区的主要育苗方式,常见的形式从火炕上分,有一火一炕、一火多炕。炕长4.5~6 m、宽1.5~2 m,一般长为宽的3倍。下挖10 cm,将土建成炕墙,墙厚30 cm。顺炕的方向中间挖一条宽25 cm的主火道。通灶口处深为60 cm,炕尾深30 cm,主火道到头分支向两侧折回,拐角处深为25 cm,折回后深20 cm,主火道溜底棚25 cm见方的火道,回火道溜低棚20 cm高的火道。于炕首外侧挖烧火炕并建炉灶,在墙外先挖一个1.3 m见方、1.6 m深的火炕,距炕边50 cm处砌一个炉灶。炉顶部略低于火道底部。每炕用煤约100 kg。灶顶要低于火道底部,使其与火道有较大的坡度。主火道挖好后,即可在火道沟上密铺秸秆用麦秸泥糊严,在主火道100 cm内应铺3层秸秆抹3层泥,100~

160 cm 可减为各 2 层,以后为各 1 层。主火道盖好后再挖回火道,并在墙外回烟道修好烟囱。然后松土,填床土整平即可,再生火升温,排薯。出苗后,火炕上再拱塑料薄膜。

(四)电热温床育苗

电热温床育苗是利用电热线加温的一种育苗方法,具有温度均匀、升温可靠、降低成本和便于管理等优点。

选择北方向阳、地势稍高而又平坦、靠近水源和电源的地方建造苗床。一般苗床长 6.3 m,宽 1.5 m,深 23 cm。床墙高 40 cm,厚 23 ~ 26 cm。床底填 13 cm 厚的碎草,草上铺一层牛马粪,或把碎草和牛马粪等酿热材料加水掺匀填放在苗床底层,在酿热层上铺 7 cm 厚筛细的床土,踩实整平。用两块长度等于苗床宽度的小木条板,按中间稍稀、两边稍密的线距钉上钉子,放在苗床两头固定好,然后用 20# 铅丝电热线,在 7.95 m² (5.3 m × 1.5 m)的温床上布电热线,可布线 30 圈,线距为 5 ~ 10 cm。若用 DV21012 型 1 000 W 地热线,布线距离可扩大到 6.6 ~ 9 cm,可满足 10 m² 育苗面积。要求布线平直,松紧一致,通电检查合格后覆 3 cm 厚的床土压住电热线,再把木板翻转取出,随即浇水、覆盖塑料薄膜和草苫,通电加温达到要求的温度后进行排种。电热线的长度是根据电热线的型号、功率确定的,不得随意截短。如北京生产的 20# 铅丝电热线,电压为 220 V,电流为 5 A,功率为 1 100 W,线长 160 m。如截短则电流加大,会引起烧线。至于布线距离,则根据需要而定,如要求升温快,则线距缩小;反之,线距可放大。大床可布两根电热线,进行并联(电压 220 V),或用三根电热线进行星形联结(电压 380 V)。

使用电热线应该注意:①电热线不能直接布在马粪上,亦不能整盘做通电试验,以免烧线;②在进行测温或管理薯炕时,应先停电;③苗床排种前,要做通电试验,若指示灯不亮或电线不热,须查清原因,及时补救;④电热线外皮有破损之处,要包上塑料绝缘胶布,以防烧焦;⑤育苗结束收线时,要先清除炕土,再把电热线绕在板上,禁止用铁锨挖炕土,亦不可硬拉线,取出线后,应洗净、包好,以防老化。

(五)地上加温式塑料大棚育苗

为了省工、方便,简化火炕大棚加温设施,育苗基地可将地下加温式火炕塑料大棚改为地上加温式育苗大棚,大棚外观同上述火炕大棚。

大棚地面中间建类似平卧烟囱式的火道。可用 3 cm 厚的特制薄土坯或机瓦砌成 40 cm 见方的简易火道,也可用直径 15 ~ 20 cm 陶瓷管架设。火道可设在大棚中线位置,也可沿大棚前后墙和两山墙架设。建火道时应注意火道侧不触墙,下不触地。火道下边用立砖支起,保持有 1% ~ 2% 的坡度。火道首端棚外砌火灶,火灶数量根据火道的长度可建一个或数个。火膛与火道相接处坡度为 45°,棚内火道首端温度很高,可建一个假火灶置予大锅,热水既能增加棚内湿度与温度,又能供应苗床补浇温水。在火道末端墙外建 170 ~ 200 cm 高的烟囱。烟囱最好设在后墙或两山墙处,以防遮光。排薯前现预热苗床 30 ℃,排薯后烧大火,白天充分利用阳光加温,晚上充分利用火道加温,当床土温度上升到 33 ℃时封火,床温升到 35 ~ 37 ℃,保持 3 ~ 4 d,床温下降到 30 ~ 32 ℃,保持到出苗。当苗高 6 cm 时,温度下降到 25 ~ 28 ℃。剪苗前温度下降到 20 ℃左右。

(六)塑料大棚(大型拱棚结构)育苗

有竹木骨架结构和钢筋结构两种类型,一般每个大棚面积为 300 ~ 334 m²,可育种薯

4 000 kg 左右。这种育苗方法适应春薯区大规模商品苗育苗。在北方寒旱春利用温室大棚育苗时,为提高温度,可在棚内苗床上面搭小拱棚,在拱棚内苗床表面上盖一层地膜,也可在种薯下面适当铺放些酿热物,出苗效果也很好。若在棚上加覆尼龙防虫网,可进行脱毒甘薯繁苗、育苗。

(七)小拱棚冷床双膜育苗

春夏薯区、烟薯套或两薯套或麦薯套种区可用冷床双膜育苗法。所谓"双膜"育苗,是指出苗前除了在苗床上边搭小拱棚所需用的一层塑料薄膜外,苗床上再盖一屋地膜或常用膜,用以增加床温的一种育苗方法。苗床选用水肥地,施足基肥,整好地。建畦宽 1 m,长不限,在出齐苗时揭去床苗地膜,其他不变,用这种方法一般提早出苗 3 ~ 5 d,增加 20% ~30% 的出苗量。为了提早育苗,这种方法也适用于在塑料大棚内应用。应用时应注意两点:一是在苗床上撒些作物秸秆再盖地膜,四周不宜压实,以免缺氧烂种影响出苗;二是在齐苗时及时揭去地膜,以防"烧芽",并且要注意适时两端通风,棚内气温不超过 35 ℃。

在上述育苗方法中,无论采用哪种方式,关键是如何保证苗床有一个较高的温度环境,并注意平摆、稀摆薯,低温炼苗,早出壮苗。

(八)地膜覆盖夏薯采苗圃

为夺取夏薯高产,及早栽上秧头苗,于夏薯栽前 45 d 左右,从苗床上剪取壮苗,栽好采苗圃,注意选择水肥地,施足肥料,整好地。

1. 畦栽

畦面宽 1 m、长 10 m,先浇透水,后覆膜,再按一畦 6 行,株距 17 ~ 20 cm,每亩 1.6 万 ~2 万株栽插。注意栽苗时做到根土密接,薄膜四周压实。

2. 垄栽

按宽 50 cm、高 10 cm 起成垄,先按一垄双行,株距 15 cm 栽苗,后覆膜,四周压紧,然后放水浇透垄土。苗床管理上应注意适时打顶,勤浇水,分枝长到 25 cm 长可以采苗,采苗后,如需继续采苗,可待叶片无露水及时施肥(每 10 m^2 施尿素 0.3 kg)浇水。

四、选种和排薯

(一)种薯精选与处理

"好种出好苗",种薯的标准是具有本品种的皮色、肉色、形状等特征,无病、无伤,没有受冷害和湿害。薯块大小均匀,块重 150 ~ 250 g 为宜。排薯前为防止薯块带菌,排薯前应进行处理,用 51 ~54 ℃ 温水浸种 10 min,或用 70% 甲基托布津(或 50% 多菌灵)500 倍液浸种 5 ~ 10 min。

(二)排种浇水覆土

采用大棚加温或用火炕或温床育苗,应在当地薯栽插适期前 30 ~ 35 d 排种;采用大棚加地膜或冷床双膜育苗于栽前 40 ~ 45 d 排薯。排种前,在苗床上铺一层无病细沙土。排种时要注意分清头尾,切忌倒排,大小分开,平放稀排,保持种薯上齐下不齐(以利覆土厚薄均匀)。一般种薯间留空隙 1 ~ 2 cm,能使薯苗生长苗壮,要达到适时用一、二茬苗栽完大田,每亩用种量为 50 ~ 75 kg。排种密度不能过大,每亩 15 ~ 20 kg 为好。种薯的大小以 0.15 ~ 0.2 kg 比较合适。排种后浇足水,覆 3 ~ 5 cm 厚的沙壤土,再在上面盖一层地膜或农膜(注意地膜与床面不能贴的过紧,以防缺氧造成烂种)。

五、苗床管理

苗床管理的基本原则是"以催为主,以炼为辅,先催后炼,催炼结合"。

(一)温度

1. 前期高温催芽(1~10 d)

种薯排放前,加温预热苗床至 30 ℃左右,排薯后使床温上升到 35~37 ℃,保持 3~4 d,然后降到 32~33 ℃。

2. 中期平温长苗

待齐苗后,注意逐渐通风降温,床温降至 25~28 ℃棚温短时不超过 40 ℃,棚温前一阶段的温度不低于 30 ℃,一周以后逐渐降低到 25 ℃左右。

3. 后期低温炼苗

当苗高长到 20 cm 左右时,栽苗前 5~7 d,逐渐揭炼苗,使苗床温度接近大气温度,以利栽插成活。

4. 正确测量温度

市售温度计有的误差较大,应校正后再用。测温点应分别设在苗床当中、两边和两头。火炕的高温点是进火口和回烟口,找出全床的高温点和低温点,便于安全管理。温度计插在苗床上不宜过深或过浅,以温度计下端与种薯底面相平为宜。盖薄膜的苗床,注意测量膜内苗茎尖层的温度,防止温度过高烧伤薯苗。

(二)浇水

排种后盖土以前要浇透水,浇水量约为薯重的 1.5 倍。采过一茬苗后立即浇水。掌握高温期水不缺,低温炼苗时水不多,酿热温床浇水量要少,次数多些。

(三)通风、晾晒

通风、晾晒是培育壮苗的重要条件。在幼苗全部出齐,开始展新叶后,选晴暖天气的上午 10 时到下午 3 时适当打开薄膜通风降温,剪苗前 3~4 d,采取白天晾晒、晚上盖,达到通风、透光炼苗的目的。

(四)追肥

每剪采 1 茬苗,结合浇水追 1 次肥。选择苗叶上没有露水的时候,追施尿素,每 10 m² 一般不超过 0.25 kg。追肥后立即浇水,迅速发挥肥效。

(五)采苗

薯苗长到 25 cm 高度时,及时采苗,否则薯苗拥挤,下面的小苗易形成弱苗,并会减少下一茬出苗数。采苗用剪苗的方法,可减少病害感染传播,还能促进剪苗后的基部生出再生芽,增加苗量,以利下茬苗快发。

第五节　甘薯地膜覆盖高产栽培技术

甘薯地膜覆盖是一项突破性的增产技术,甘薯盖膜后能增温保墒,改善土壤物理结构,加速土壤养分分解,抑制杂草,加快茎叶生长和薯块膨大,延长生育期,增加光合产物的积累,一般增产 15% ~40% 。

一、地膜覆盖方法

采用垄栽覆盖,一垄单行或一垄双行,单行垄宽 0.8 m,双行垄宽 1 m,覆膜 0.8 m 宽。覆膜方法有人工覆膜和机械覆膜栽苗,20 世纪 80 ~90 年代多采用人工覆膜,效率低,效果相对较差,进入 21 世纪以来,随着覆膜机械的发展,使覆膜效率大为提高,从而使甘薯地膜覆盖技术得到了大面积的应用。

二、栽种方法

人工覆膜的可先栽苗后覆膜,然后按每株位置开孔,掏出薯苗,再抓土盖压膜孔。机械覆膜一般采用先盖膜后栽种,可提前趁墒盖膜,栽时在膜上打孔栽苗,用直径 0.5 cm、长约 25 cm 的铁钎由膜面斜插入土,拔出后形成深 7 cm、水平长 10 cm 的洞,然后对准洞将薯苗插入,待水下渗后,再用手轻轻按一下薯苗插入部位的垄面,使薯苗根部与土紧密结合,再用土将膜口封严。为防除田间杂草,覆膜前可垄面均匀喷洒适宜的化学除草剂,喷后立即覆膜。

盖膜后地温提高,因此春薯栽期应适当提前。中原地带,在 4 月上中旬,地温稳定在 16°时即可栽种。由于地膜覆盖甘薯生长旺盛,单株发育相对较好,因此栽种密度应比露地栽培密度小 10% ~20% 。

三、田间管理

栽苗后要经常进行田间检查,如发现地膜有破损,应立即用土压膜,如发现有死苗,应及时补栽。

地膜覆盖栽培田间不能进行除草,如发现膜内滋生杂草不能被高温灼死时,可在杂草较大的地膜上盖土,不让草见光生长,逐渐闷死。如果杂草较大,已经破膜而出,可把有草处的薄膜揭开,将其拔出,然后将膜盖好。地膜覆盖栽培施足底肥,一般不追肥。如果生长前期肥力不足,茎叶发黄,植株生长不良,可在封垄前在薯垄上扎眼施肥,如硫酸铵、尿素等肥料用水溶解后用细塑料管或水壶浇入,然后用土将膜孔盖严。如果后期养分不足,有早衰趋势时,可喷施 0.5% 的尿素溶液或 0.2% ~0.3% 的磷酸二氢钾溶液。其他管理同甘薯大田管理。

第六节　科学施肥技术

合理施肥也是对养分资源高效利用,其目标一是要保持持续增产、增收;二是农田生产力提高;三是要减少施肥对农田和环境的不良影响。

一、常用肥料的种类、性质和肥效

(一)有机肥

有机肥是由含有大量生物物质、动植物残体、排泄物、生物废物等积制而成的。它能够使土壤疏松、肥沃,促进植物的旺盛生长和健壮,抗旱、抗寒、抗倒伏和抗病虫害等抗逆能力增加,达到优质和高产。能减轻土壤污染。土壤有机质能与重金属元素产生中和或螯合作用,吸附有机污染物,从而减轻对植物食品的危害。有机肥中的有机氮、磷、氨基酸、核酸能明显增加甘薯的蛋白质、糖、维生素以及芳香物质的含量,增加甘薯的干物质比重,从而使甘薯的品质、风味、耐储藏性提高,薯肉色泽及外观质量明显改善。这种特殊作用是化肥所不能替代的。主要包括堆肥、沤肥、厩肥、沼气肥、绿肥、作物秸秆肥、泥肥、饼肥等。

(二)无机肥料

主要以无机盐形式制成的肥料,称为无机肥,也叫矿质肥料,绝大部分化学肥料是无机肥料。例如硫酸铵、硝酸铵、普通过磷酸钙、氯化钾、磷酸铵、草木灰、钙镁磷肥、微量元素肥料等,也包括液氨、氨水,常见的还有氮肥、磷肥、钾肥、钙肥、复混肥和复合肥等。无机肥料的特点是成分较单纯、养分含量高、大多易溶于水、发生肥效快、施用和运输方便,故又称"速效性肥料"。

1. 氮肥

常见的氮素肥料主要有尿素、碳酸氢铵、氯化铵、硝酸铵、硫酸铵、氨水等。

氮素是生长植株各器官的主要元素,大面积旱薄地缺氮少磷,造成茎细弱,分枝少。封垄晚,最高叶面积系数不足3,产量低。当叶片含氮量(占干基重)1.5%以下时,表现严重缺氮,叶片变小、变黄、变薄,顶叶叶片边缘、叶脉、叶柄均呈淡褐色或淡紫色。水肥地如果施氮素肥料过多,使氮钾比例失调,茎叶徒长,光合产物运转受阻,结果产量也不高。

2. 磷肥

常见的磷肥主要有普通过磷酸钙、钙镁磷肥等。

磷能促进细胞分裂和块根的形成、促使根系发达、提高同化物质的合成与运转能力、增加薯块淀粉和糖的含量、改善品质、增强耐储性。当叶片磷量(占干重)低于0.1%时,表现缺磷、叶片变小、叶色暗绿或无光泽、老叶片出现大片黄色斑点,后变紫色,不久脱落。甘薯的吸磷能力非常强,在不施磷肥的前提下,甘薯从土壤中吸取的磷量,相当于马铃薯的3倍,相当于番茄的9倍。尽管如此,对甘薯施用磷肥仍能获得明显的增产效果。甘薯对磷的需要量虽然比氮和钾少,但磷的供给状况对甘薯的正常生长和产量高低却有重要的影响。特别是在氮钾供应充足的前提下,施用磷肥的效果更为明显。由于甘薯利用土壤有效磷的能力特别强,施用磷肥的效果与土壤含磷量的丰缺也具有直接关系。甘薯适宜于栽培在沙性土上,而沙性土又常属于贫磷土壤,施用磷肥更为重要。

3. 钾肥

常见的钾肥有硫酸钾、氯化钾等。

钾是对甘薯产量和品质影响最为显著的元素。它能延长叶片功能期,使茎叶和叶柄保持幼嫩。钾能促进薯块形成层活动,促使薯块膨大,还能增强抗旱、抗病性,能提高光合效率,有利同化物质的运转和积累,并能提高甘薯的抗病性能和储藏性能。据研究,如果甘薯叶片中氧化钾含量低于0.5%~0.55%,即出现缺钾症状。如果甘薯叶片中氧化钾含量保持在2%左右时,就能使薯块获得丰产。钾素对茎叶的生长有一定的抑制作用,因此在高肥地增施钾肥或在中、后期喷施0.2%的磷酸二氢钾溶液,对控制旺长、改善植株氮钾比、提高产量有一定作用。从试验中发现,施钾素过多,产量反而不及适量者高,而且薯块烘干率降低。甘薯缺钾时表现为叶小、节间和叶柄变短,叶色暗绿,叶缘更为异常。靠近生长点的白叶片略呈灰白色,叶片凹凸不平。后期老叶和叶脉严重缺绿,叶背面有坏死褐色斑点,叶片正面出现缺绿斑。在这些小斑点的表皮下的细胞会破裂。在田间如出现叶片暗绿和叶背面出现褐色斑点,则可认为是甘薯的缺钾依据。适宜栽培甘薯的沙性土壤最易缺钾。

4. 镁

当叶片含镁量小于 0.05% 时,叶片向上翻卷,叶脉呈绿色,叶肉呈网状黄化很明显。

5. 钙

叶片中钙量小于 0.2% 时,从幼芽生长先枯死,叶变小,叶呈淡绿色,以后叶尖向下呈钩状,并逐渐枯死,大叶有褪色斑点。

6. 硫

叶片含硫量小于 0.08% 时,幼叶先发黄,叶脉缺绿,呈窄条纹,最后整株叶片发黄。

7. 锌

土壤中含有效锌量低于 0.5 mg/kg 时为明显的缺锌,表现叶小、簇生,叶肉有黄色斑点,因此又称"小叶病"或"斑叶病"。

8. 铁

缺铁元素表现为开始幼叶褪色,叶脉保持绿色,叶肉黄化,严重时叶片发白,但无褐色坏死斑。

9. 硼

缺硼时,蔓顶生长受阻逐渐枯死,叶片呈暗绿色或紫色,叶变小、变厚、皱缩,节间变短,叶柄卷缩,薯块柔嫩而长,薯肉上出现褐色斑点;土壤中含硼量过高时引起硼害,其适宜含量为 0.67~2.5 mg/kg。

10. 锰

缺锰时,叶肉缺绿发生黄斑,但叶脉变绿,随后出现枯死斑点,使叶片残缺不全。

(三)其他商品肥料

1. 腐殖酸类肥料

以含有腐殖酸类物质的泥炭(草炭)、褐煤、风化煤等经过加工制成含有植物营养成分的肥料,包括微生物肥料、有机复合肥、无机复合肥、叶面肥等。

2. 微生物肥料

以特定微生物菌种培养生产的含活的微生物制剂。根据微生物肥料对改善植物营养元素的不同可分成五类:根瘤菌肥料、固氮菌肥料、磷细菌肥料、硅酸盐细菌肥料、复合微生物肥料。

3. 有机复合肥

经无害化处理后的畜禽粪便及其他生物废物加入适量的微量营养元素制成的肥料。

4. 叶面肥料

喷施于植物叶片并能被其吸收利用的肥料,叶面肥料中不得含有化学合成的生长调节剂。包括含微量元素的叶面肥和含植物生长辅助物质的叶面肥料等。

5. 有机无机肥(半有机肥)

有机肥料与无机肥料通过机械混合或化学反应而成的肥料。

6. 掺合肥

在有机肥、微生物肥、无机(矿质)肥、腐殖酸肥中按一定比例掺入化肥(硝态氮肥除外),并通过机械混合而成的肥料。

7. 其他肥料

指不含有毒物质的食品、纺织工业的有机副产品,以及骨粉、骨胶废渣、氨基酸残渣、家禽家畜加工废料、糖厂废料等有机物料制成的肥料。

二、甘薯田合理施肥的方法

合理施肥也是对养分资源高效利用,其目标一是要保持持续增产、增收;二是农田生产力提高;三是要减少施肥对农田和环境的不良影响。甘薯田施肥要根据产量目标、土壤养分状况、肥料种类等进行科学施肥。施肥方法要求重视基肥、早追肥,春薯有机肥提倡冬前施入田内,封假垄,春季在垄沟内施入化肥,破垄封沟,把垄沟变垄心、垄心变垄沟。为便于追肥操作,提倡追肥在封垄前进行追施。甘薯生长后期提倡施用叶面肥。

(一)基肥

一般基肥占总用肥量的 70% ~ 80% 。基肥应以充分腐熟的农家肥为主,一般情况下每亩施用 3 000 ~ 4 000 kg,可以撒施后结合耕地翻入土中。同时每亩配合施入碳铵 30 ~ 40 kg、过磷酸钙 20 ~ 30 kg、硫酸钾 15 ~ 20 kg,或三元复合肥 40 ~ 50 kg,在起垄时集中施在垄底。做到深浅结合,有效地满足甘薯前、中、后期养分的需要,促进甘薯正常生长。

(二)追肥

要根据底肥施用量的多少和甘薯的长相来确定是否追肥或追肥量的大小。

1. 提苗肥

在肥力低或基肥不足的地块,可以适当施提苗肥,一般在团棵期前,每亩施用尿素 3 ~ 5 kg 或高氮复合肥 5 ~ 8 kg,在苗侧下方 7 ~ 10 cm 处穴施,注意小株多施,大株少施,干旱条件下追肥后随即浇水,达到培壮幼苗的作用。

2. 壮株结薯肥

分枝结薯期,地下根网形成,薯块开始膨大,吸肥力增强,需要及早追肥,以达到壮株催薯、稳长快长的目的。干旱条件下或南方夏薯区可以提前施用。施用量视苗情而定,长势差的地块每亩追施尿素 3 ~ 5 kg 或高氮复合肥 5 ~ 8 kg;长势较好的用量可减少一半,华北春夏薯区丰产田应在此基础上适当增加磷、钾肥的用量,减少氮肥的用量,或选用含氮量稍低的复合肥。基肥用量多的高产田可以不追肥,或单追钾肥。

3. 催薯肥

催薯肥以钾肥为主,一是增加叶片含钾量,延长叶龄,加粗茎和叶柄,使之保持幼嫩状态;二是提高光合效率,促进光合产物向薯块的运转;三是提高茎叶和薯块中的钾、氮比值,能促进薯块膨大。施肥时期一般在薯块膨大始期,每亩施用硫酸钾 5 ~ 10 kg。施肥方法以破垄施肥较好,即在垄的一侧,用犁破开 1/3,随即施肥。施肥时加水,可尽快发挥其肥效。

4. 裂缝肥

容易发生早衰的地块、茎叶盛长阶段长势差的地块和前几次追肥不足的地块,在土壤裂开成缝时,追施少量速效氮肥,有一定的增产效果。一般每亩顺裂缝灌施 1% 尿素 200～300 kg。

5. 根外追肥

在薯块膨大阶段,可以在午后 3 点以后,每亩喷施 0.3% 的磷酸二氢钾溶液 75～100 kg。每 10～15 d 喷一次,共喷 2～3 次,不但能增产 10% 以上,还能改进薯块质量。

在收获前 30～50 d 也可用 2% 的过磷酸钙液或 4% 的磷酸二氢钾溶液或 5%～10% 的草木灰浸泡澄清液 75～100 kg,每隔 10～15 d 喷 1 次,共喷 2～3 次,对茎叶长势差的可喷 1% 的尿素溶液。喷施时间以晴天下午 4～5 时为宜。

三、不同品种甘薯施肥方法

(一)普通甘薯生产施肥

浅施速效肥,深施迟效肥。浅施速效肥有利于前期早发棵,深施迟效肥有利于甘薯中后期的吸收,可防止后期早衰,甘薯根系多分布在 25～35 cm 深的土层内,把基肥施于这一土层内有利于根系的伸展吸收。

肥料不足时应集中施肥,该撒施为垄心沟内条施。还要注意氮、磷、钾配合,以满足甘薯对养分的需要。施肥要做到深开沟集中施,除基肥可多铺施一部分外,其余的肥料(包括氮、磷、钾),都要开沟 6.7～10 cm 深,集中包馅施用。

(二)无公害甘薯生产施肥

以基肥为主,有机肥为主,以化肥为辅,少施氮素化肥,增施钾肥、磷肥。氮肥总用量的 70% 以上和大部分磷钾肥作基施,有机肥和化肥混合施用,提倡多施腐熟、无病源农家肥,结合耕翻整地施用。栽植时,穴施磷酸二氢钾 2 kg/亩,作种肥。生物有机复合专用肥及化肥,在作垄时,包入垄心。不施工业废物、城市垃圾和污泥,不施未经发酵、未经无公害化处理、未达到无公害指标、重金属超标的人粪尿等农家肥。

(三)A 级绿色食品甘薯施肥

(1)必须是 A 级绿色食品生产允许的肥料种类。如该肥料种类不够满足生产需要,允许使用氮、磷、钾化学肥料,但禁止使用硝态氮肥。

(2)化肥必须与有机肥配合施用,有机氮与无机氮之比不超过 1:1,例如,施优质厩肥 1 000 mg,加尿素 10 kg(厩肥作基肥、尿素可作基肥和追肥用)。对菜用甘薯最后一次追肥必须在收获前 30 d 进行。

(3)化肥也可与有机肥、复合微生物肥配合施用。厩肥 1 000 kg,加尿素 5～10 kg 或磷酸二铵 20 kg,复合微生物肥料 60 kg(厩肥作基肥,尿素,磷酸二铵和微生物肥料作基肥和追肥用)。最后一次追肥必须在收获前 30 d 进行。

(4)秸秆还田时允许用少量氮素化肥调节碳氮化。

(四)AA 级绿色食品甘薯施肥

因地制宜采用秸秆还田、过腹还田、直接翻压还田、覆盖还田等形式,利用覆盖、翻压、堆沤等方式合理利用绿肥,绿肥应在盛花期翻压,翻埋深度为 15 cm 左右,盖土要严,翻后耙匀,压青后 15~20 d 才能进行栽植,可利用腐熟的沼气液、残渣及人畜粪尿可用作追肥,禁止使用任何化学合成肥料;禁止使用城市垃圾和污泥、医院的粪便垃圾和含有害物质(如毒气、病原微生物,重金属等)的工业垃圾。严禁施用未腐熟的人粪尿;禁止施用未腐熟的饼肥;叶面肥料质量应符合 GB/T 17419 或 GB/T 17420 等相关技术要求,按使用说明稀释,在作物生长期内,喷施二次或三次;微生物肥料可用于栽植时薯苗根蘸泥、稀释液灌穴,也可作基肥和追肥使用,使用时应严格按照使用说明书的要求操作,微生物肥料中有效活菌的数量应符合微生物肥料的技术指标。

第七节　栽插及田间管理技术

一、栽插技术

(一)壮苗适时栽种

采苗前 5~7 d 逐渐揭膜炼苗,在常温条件下炼苗。壮苗标准:春薯苗长 20 cm 左右,展开叶片 7~8 片,叶色浓绿,顶三叶齐平,茎粗节短无病斑。根原基多,百棵苗鲜重0.5~0.75 kg。壮苗扎根快、成活率高、结薯早、耐旱能力强,据各地试验,壮苗比弱苗增产 10%~15%。

大田在 5 cm 地温稳定在 16 ℃以上时即可栽种,趁墒适时栽种是旱地成功的保苗经验。但若栽期长期缺墒,需抗旱栽种,栽时加大浇水量。夏薯抢时早栽是充分利用高温期的热量和光能资源、夺取高产的重要措施。据试验资料分析,夏甘薯每早栽一天,可增加有效积温 10 ℃以上,1 ℃有效温度每亩可增加鲜薯 3 kg 左右。

采苗后将薯苗捆成捆,薯苗基部 6 cm 左右放入蘸上稀泥,栽前暂放阴凉处,护根防脱水,以利栽插成活。据观察,拉泥条的薯苗扎根快、返苗快、成活率高。茎线虫病区栽时将30% 辛硫磷微胶囊剂等按 1:5 的比例配好后,再将薯苗基部 10~15 cm 完全浸入药液中,使药液充分附着在薯苗表面,蘸根 5 min,可有效防治甘薯茎线虫病。

栽种方法采用留三叶埋四栽植法,封土时地上部分只留苗上部三片展开叶,下部四节带叶子在封土时埋入土内,以利于扎根缓苗。在墒情好时,采用水平栽浅插,可提高结薯数量和薯块产量。在严重干旱时,采用直栽法可提高薯苗成活率。

(二)合理密植

一般情况下栽插期早的密度小些,栽插期晚的密度大些;甘薯品种为大叶型的密度小些,甘薯品种为小叶型的密度大些;品种株型紧凑的密度大些,品种株型松散的密度小些;土壤肥力水平高的密度小些,土壤肥力水平低的密度大些;大田浇灌条件好的密度小些,大田浇灌条件差的密度大些;南方等光照强的区域密度小些,北方等光照弱的区域密度大些;鲜食用甘薯密度大些,工业淀粉用甘薯密度小些。一般北方单行垄作春薯密度为3 000~3 300 株/亩、夏薯为 3 300~3 500 株/亩,南方秋薯和冬薯密度相对大些,大面积为 4 000~6 000 株/亩。

二、田间管理

(一)前期管理

从栽植至有效薯数基本形成为生长前期(发根分枝结薯期),春薯为栽后至 60~70 d,夏薯为栽后 20 d 左右。本期末茎叶进入封垄期,茎叶覆盖地面,叶面积系数一般达 1.5 左右,高产地块达 2.5。主攻目标是根系、茎叶生长,管理的核心是保证苗全、苗匀、苗壮。

1. 查苗补栽,消灭小苗、缺株

栽后一周左右及时查苗补苗,补苗选用壮苗在下午或傍晚时补栽。最好在田头与大田同时栽一些预备苗以便补缺时用,补苗时将预备苗浇水后连根带湿土挖出,放入缺苗处穴内,浇水封土即可。

2. 及早中耕除草

(1)人工中耕除草。应从栽插成活后至封垄前,中耕 1~2 遍,中耕最好在草芽萌发后进行,先深后浅,免留"围根草""卡脖泥",确保甘薯茎叶封垄前田间无杂草。此外,雨后地表发白时中耕有松土保墒的作用。

(2)化学除草。使用除草剂能大幅度降低劳动成本,提高除草效率,节约大量的劳动力,减少除草作业对薯垄的破坏。薯苗在沾染少量除草剂后会使叶片出现枯斑甚至整片叶枯萎,顶端生长缓慢,施用时尽量不要喷到薯苗上。

(3)秸草地面覆盖。甘薯栽后每亩覆盖 300~400 kg 的麦糠麦秸等秸秆,有利于保墒、减少杂草,并能增加土壤有机质、改善透气性。

(二)中期管理

从结薯数基本稳定至茎叶生长达高峰为生长中期(蔓薯并长期),春薯在栽后 60~100 d,夏薯在栽后 35~70 d。本期末叶面积系数达到高峰值 4.0~4.5,本期主攻目标是地上、地下部均衡生长。管理的核心是茎叶稳长,群体结构合理,根据茎叶生长特征看苗管理。

1. 防旱排涝

当叶片中午凋萎,日落不能恢复,持续 5~7 d 的,有水利条件的可浇半沟水。2013 年,河南省汝阳县春薯在长期干旱的情况下,每浇一次水,每亩可增产鲜薯 500 kg 左右。遇到多雨季节,使垄沟、腰沟、排水沟"三沟"相通,保证田间无积水。

2. 提蔓不翻蔓

长期阴雨天造成土表潮湿,接触土壤薯蔓的节间处容易产生细根,有些可以膨大成块根,造成养分分流,为减少这种损失,传统上通过翻蔓切断这种根系,让叶片朝下,架空茎部,不使其接触地面。多处试验结果表明翻蔓会造成不同程度的减产,翻秧两三次,减产两三成。原因是:翻蔓打乱了均衡的茎叶分布,藤蔓反转后需要大约一周时间,光合作用效能降低;甘薯生长中后期藤蔓相互交织在一起,有些往往跨过几垄,逐个分离很困难,翻蔓时容易折断薯蔓、扯掉薯叶,导致产量降低;再者目前甘薯育种单位均不采用翻蔓措施,新品种是在不翻蔓条件下选出的,适合自然生长状态,不需要费力费时进行翻蔓。甘薯藤蔓正确的管理方法是在前期结合除草适当提蔓,减少藤蔓扎根,使得后期能够接触地面的藤蔓所占比例不高,大部分悬空生长,一般扎根现象并不严重。

3.控制旺长

在薯蔓并长期,如果氮肥过量、雨水过多,土壤湿度大、通气性差,再加阴雨天气多,易引起茎叶旺长。凡茎尖突出、茎叶繁茂、叶色浓绿、叶柄长为叶宽的2.5倍以上、叶面积系数超过5的,可认定为旺长田。对旺长田管理的措施是提蔓、不翻秧、不摘叶;喷洒1~2次0.2%~0.4%磷酸二氢钾液;每亩用15%的多效唑100~150 g,兑水60 kg,叶面喷打化控1~2次。水肥地应适当早控。

4.防止早衰

脱肥田叶片黄化过早,叶面积系数不足3.5,可喷施1%的尿素与0.2%~0.4%的磷酸二氢钾混合液1~2次。

5.防治红蜘蛛

甘薯叶片上有红蜘蛛危害时,用5%尼索朗(噻螨酮)1 000倍液,或用20%甲氰菊酯(灭扫利)2 000~3 000倍液(还兼治斜纹夜蛾),或20%速螨酮可湿性粉剂2 000~4 000倍液,或15%速螨酮乳油2 000~3 000倍液防治,以上药交替使用,每隔7 d喷药一次,一次50 kg/亩连续喷药3次。

(三)后期管理

从茎叶生长高峰期至收获为生长后期(薯块盛长期),春薯在栽后100 d以后,夏薯在70~130 d。本期主攻目标是护叶、保根、增薯重。本期末叶色褪淡即正常"落黄",叶面积系数在2.0左右。

1.防早衰

若9月叶面积系数下降过快,落黄较早,喷洒1%尿素与0.3%磷酸二氢钾液,促进光合产物的合成。

2.控制旺长

若后期叶色依然浓绿,叶面积系数不见下降,可以提蔓不翻秧,喷洒2遍0.4%磷酸二氢钾液促进薯块膨大。

3.防旱排涝

遇连续干旱应浇水,遇连阴雨时及时排除田间积水。

4.防治食叶性虫害

发现有甘薯麦蛾等食叶性害虫危害时,每亩用90%敌百虫1 000倍液,或50%辛硫磷1 000倍液,或用2.5%溴氰菊酯(敌杀死)2 000倍液,或10%氯氰菊酯(灭百可)2 000倍液等喷雾,以上药可交替使用。

5.适时收获、安全储藏

甘薯是块根作物,一般在霜降来临前,日平均气温15 ℃左右开始收获为宜,先收春薯后收夏薯,先收种薯后收食用薯,至12 ℃时收获基本结束。如果收获期过晚,甘薯在田间容易受冻,为安全储藏带来困难;收获过早,储藏前期高温愈合,库温难以降下来,容易腐烂。收获时要做到轻刨、轻装、轻运、轻卸等,尽量减少薯块破损。甘薯在储藏期间要求环境温度在9~13 ℃,湿度控制在85%左右,还要有充足的氧气。

三、甘薯生长期田间诊断技术

甘薯生长期田间诊断技术如表6-1～表6-3所示。

表6-1 甘薯发根分枝结薯阶段（前期）田间诊断技术

诊断部位	表现症状	发生原因
苗	1. 栽插后，落叶多或泥心萎蔫 2. 苗地下白色部位发黑，逐渐蔓延达茎基部，叶变黄脱落 3. 苗内维管束部位被细菌破坏，叶片萎蔫青枯 4. 根尖发黑，向上扩展。苗矮小，节短，叶黄变脆，自下而上脱落，严重的干枯死亡 5. 苗叶皱缩呈波状，叶面间或有黄白条斑 6. 苗叶由向下而上变黄，茎基部膨大纵裂，小株枯萎 7. 苗色黄，茎叶被蛀食 8. 薯苗靠地面处被咬断，或茎基部及根系被咬	1. 弱苗，栽插粗放 2. 黑斑病 3. 甘薯瘟病 4. 根腐病（烂根病） 5. 病毒病 6. 枯萎病（蔓割病） 7. 小象鼻虫为害 8. 小地老虎（切根虫）、蝼蛄、金针虫为害
茎叶	1. 顶叶及叶色浓，顶端叶平，不冒尖，茎叶粗壮 2. 叶带紫色，或幼芽僵老不长，分枝丛生 3. 顶叶及叶片色淡，叶小，顶芽停滞不长，分枝也少 4. 叶片小，叶柄短，苗生长慢，叶褪色 5. 栽后20～40 d，顶芽向前伸长，而腋芽不萌发成分枝 6. 顶梢冒尖或苗顶端叶片焦黄枯萎	1. 壮苗，肥水适宜 2. 低温 3. 缺氮、低温、弱苗 4. 缺钾 5. 缺氮，结薯延迟 6. 前者是肥、水过头，开始徒长。后者是施肥浓度过大
根	1. 栽后20～35 d，纤维根变粗大肥润的条数多 2. 细根过多 3. 结薯期柴根多	1. 适温，通气，肥水足，苗壮 2. 氮、水过多，通气不良 3. 干旱、低温

表 6-2 甘薯茎叶盛长薯块相应膨大阶段（中期）田间诊断技术

诊断部位	表现症状	发生原因
茎叶	1. 叶黄而小,叶柄短,节短,茎细,手触植株有脆硬感 2. 叶片小,老叶出现大片黄斑,后变紫色,不久脱落 3. 叶背面有斑点,凹凸不平 4. 腋芽大量萌发,枝叶繁茂,相互荫蔽,叶大色浓,叶柄及节间过长 5. 常年不开花的品种开花,植株又矮小 6. 茎节扎根多或茎上结小薯 7. 叶卷曲,呈网状 8. 叶片虫孔多,沿叶缘被咬成缺刻	1. 缺氮、缺水 2. 缺磷 3. 缺钾 4. 氮肥、水分过多,光照不足,已徒长 5. 干旱或感染烂根病 6. 水分多 7. 卷叶虫(甘薯小蛾)为害 8. 甘薯天蛾、斜纹夜蛾为害

表 6-3 甘薯茎叶衰退薯块迅速膨大阶段（后期）田间诊断技术

诊断部位	表现症状	发生原因
茎叶	1. 叶色逐渐落黄,顶端停止生长,略下缩 2. 叶片黄化过早(9月)叶面积系数下降过快 3. 叶色依然浓绿,叶面积系数不见下降 4. 叶面生圆形或不规则形灰褐斑点,病斑边缘隆起,其上散生黑色小点 5. 前期病害继续存在时,茎叶早枯萎 6. 前期虫害继续为害 7. 后期,叶脉严重缺绿,出现褐黄斑点,落叶多	1. 生长正常 2. 早衰,后期缺肥 3. 水肥过多,贪青徒长,氮多 4. 秋雨多,酸性土,发生斑点病害 5. 前期遗留病害 6. 以食叶害虫为主 7. 缺钾
薯块及根系	1. 薯数少 2. 大薯少 3. 柴根多 4. 毛根多 5. 薯块不整齐 6. 薯块圆而短 7. 薯块长 8. 薯裂口 9. 薯梗长 10. 外皮有黑痣表病斑,不凹陷 11. 薯表有紫褐色网状菌丝 12. 薯拐、薯梗或薯皮上有黑斑 13. 薯块上有虫蛀孔 14. 切口不流乳汁,有酒精味 15. 切口不流乳汁,呈水浸状 16. 切口呈糠心	1. 低温、早栽 2. 苗差,品种特性 3. 前期土壤水分少,栽苗木质化 4. 氮多、水多 5. 大小株现象所致,栽种深度不一 6. 高温,栽层浅,前期干旱 7. 低温,高湿,耕层深 8. 过干过湿,膨大过快,品种特性,生理裂口 9. 栽得过早,干旱 10. 黑痣病,高温多雨,土壤黏重 11. 紫纹羽病 12. 黑斑病 13. 蛴螬、金针虫、小象鼻虫为害 14. 水浸湿害 15. 软腐病即将发生冷害 16. 茎线虫病危害

第八节　夏甘薯高产高效栽培技术

一、科学选用优良品种

（1）选用甘薯品种时应注意三点：一是适应性，应选择适宜本地气象、土壤、肥水条件的品种；二是专用性，根据用途和市场的需求选用品种，如高淀粉品种选用徐薯18、豫薯7号、豫薯8号、豫薯12号、豫薯13号、梅营7号、商薯19等，食用品种可选用豫薯5号、豫薯4号、北京553、郑薯20等；三是抗性，应根据当地病情、自然灾害，选用适宜的抗病、抗灾品种，如茎线虫病发生地块可选用抗病的济薯10号等，积极选用脱毒甘薯。

（2）脱毒甘薯指的是利用甘薯茎尖不带病毒的特性，通过组培技术得到无病毒植株，并经过严格的病毒检测，确认不带有某些病毒的甘薯及其在无蚜虫条件和无病源土壤上繁育的后代。目前防治甘薯病毒病尚无有效药剂，也缺少抗病和免疫的品种，推广脱毒甘薯是防治甘薯病毒病的最有效途径，脱毒薯苗具有栽后成活快、长势旺、结薯早、产量高、薯块大等优点。经过脱毒的甘薯一般可增产20%～40%，并且其外观、商品性还有所改善。选用脱毒甘薯应注意两点：一是脱毒甘薯市场较乱，应到正规育苗基地购买脱毒薯苗；二是脱毒良种大田种植两年后增产效果即不明显，须每两年更换一次。

二、甘薯育苗技术

甘薯育苗是甘薯生产中的重要环节。只有适时育足壮苗，才能不误时机地保证做到适时早栽、一茬栽齐、苗全株壮的要求。

（一）选择适宜的育苗方式

育苗专业户可选择火炕塑料大棚育苗、地上加温式塑料大棚育苗、塑料温室大棚育苗等。农户可选择冷床阳畦育苗，它是指育苗阳畦或在塑料大棚内设置育苗畦，利用日光加温进行育苗的一种方式。

（二）选种和排薯

1. 种薯精选和处理

种薯的标准是具有本品种的皮色、肉色、形状等特征；无病、无伤，没有受冷害和湿害。凡薯块发软，薯皮凹陷，有病斑，不鲜艳，断面无汁液或有黑筋或发糠（茎线虫病）的均不能作种。薯块大小均匀，块重150～250 g为宜。为防止薯块带菌，排薯前应进行灭菌处理，可用51～54 ℃温水浸种10 min或用70%甲基托布津或50%多菌灵可湿性粉剂500倍液浸种5～10 min。

2. 排种时间和密度

采用大棚加温或用火炕或温床育苗，应在甘薯栽插适期前30～35 d排种。排种时要注意分清头尾，切忌倒排。种薯应大小分开，平放稀排，保持上齐、下不齐，排种后用新鲜的壤土填充空隙。要达到适时用一、二茬苗栽完大田，每亩用种量不少于75 kg。排种密度不能过大，每平方米15～20 kg为好。

3. 苗床管理

（1）保持不同时期的适宜温度。①前期高温催芽（1~10 d）。种薯排放前，加温育苗，床温应提高到 30 ℃左右，排种后使床温上升到 35 ℃，保持 3~4 d，然后降到 32~35 ℃范围内。②中期平温长苗，待齐苗后，注意逐渐通风降温，床温降至 25~28 ℃，棚温前阶段的温度不低于 30 ℃，一周以后逐渐降低到 25 ℃左右。③后期低温炼苗，当苗高长到 20 cm 左右时，栽苗前 5~7 d，逐渐揭开薄膜晒苗，使床温接近大气温度。

（2）浇水。排种后盖土以前要浇透水，浇水量约为薯重的 1.5 倍。采过一茬苗后立即浇水，掌握高温期水不缺，低温炼苗时水不多，酿热温床浇水量少次数多。

（3）通风，晾晒。在幼苗全部出齐，新叶开始展开以后，选晴暖天气的上午 10 时到下午 3 时适当打开薄膜通风，剪苗前 3~4 d，采取白天晾晒晚上盖，达到通风、透光炼苗的目的。

（4）追肥。每剪采 1 次苗结合浇水追 1 次肥，选择苗叶上没有露水的时候，追施尿素，每 10 m² 一般不超过 0.25 kg。追肥后立即浇水，迅速发挥肥效。

三、深耕起垄，科学施肥

甘薯是块根类作物，薯块膨大需要疏松的土壤条件，耕层深度和疏松度直接影响着红薯的膨大和产量、品质的形成，要提高产量，须对甘薯田进行深耕细作，起垄栽植。垄栽可以扩大地表受光受热面积，合理蓄、排自然降雨，对红薯增产作用十分明显。耕作深度以 26~33 cm 为宜。垄作质量要求：垄距均匀，垄直，垄面平，垄土松，土壤散碎，垄心无漏耕。春薯在湿润地应随栽随起垄，易干旱地应趁墒及早做垄。夏薯随施肥、随耕作、随起垄。

根据土壤肥力水平，计划产量指标，确定相应施肥量和施肥方法。掌握以基肥为主，有机肥为主，少施氮素化肥，增施钾肥、磷肥的原则，推广配方施肥技术。栽植时，穴施磷酸二氢钾 2 kg/亩作种肥，有机复合专用肥及化肥在做垄时包入垄心。一般以每生产 1 000 kg 的鲜薯，需施入氮（N）5 kg、磷（P_2O_5）5 kg、钾（K_2O）10~12 kg。

四、田间栽植

甘薯套种适宜期在 4 月底到 5 月中旬，夏薯要抢时早栽。栽植密度的确定，应根据品种植株的形态、土壤肥力、栽期的早晚来定。掌握肥地宜稀、旱薄地宜密，春薯宜稀、夏薯宜密，长薯品种宜稀、短薯品种宜密的原则。一般旱薄地 3 500~4 000 株/亩，肥地 3 000~3 500 株。在土壤墒情好和雨水足的情况下，以水平浅栽、垄作有利提高产量。水平浅栽的具体方法是：选择具有展开叶 6~7 片的壮苗，顶部露出地面 3 片展开叶，其余节位连叶片全部以水平位置埋入土中，栽深约 5 cm，入土部分全部盖严封平。

五、加强田间管理

（一）前期管理

从栽植至有效薯数基本形成为生长前期，主攻目标是根系、茎叶生长，管理目标是保证全苗。主要措施如下。

1. 查苗补缺

一般在栽后 2 ~ 3 d,应该进行查苗,对缺苗的进行补栽。补苗过晚苗株生长不一致,大苗欺小苗,起不到保苗作用。补苗应当选用一级壮苗,补一棵,活一棵。补苗时要避开烈日照晒,选择下午或傍晚进行。最好在地头栽一些备用苗。补苗时,连根带土一起挖,栽后要浇水,以利成活。同时要查清缺苗原因,如果是因为地下虫害造成缺苗,要用毒饵诱杀防治虫害,因土壤水分不足造成的缺苗,应结合补苗浇水保证成活。

2. 中耕、化学除草

中耕一般在生长前期进行,宜早不宜迟,第一次中耕时要结合培土,使栽插时下塌的垄土复原。中耕一二遍后,每亩用 12.5% 拿捕净 60 ~ 90 mL,兑水 40 ~ 50 kg,禾本科杂草一叶期至三叶期在早晚喷施,注意中午或高温时不宜施药,喷药时防止飘移到禾本科作物上。

3. 早追肥,防弱苗

肥地不追,弱苗偏追,穴施尿素 5 ~ 10 kg/亩。如基肥不足,距棵 15 cm 左右条施适量复合肥和硫酸钾各 20 ~ 30 kg/亩。

4. 覆盖麦草

甘薯田覆盖麦草有以下好处:一是节省投工,凡是盖麦草薯田,一般中耕 1 次,节省 2 次中耕。二是防旱保墒,盖麦草可减少水分蒸发,并利于深层水分上移增强甘薯抗旱性,这是节水的有效措施。三是抑制杂草,甘薯生长正处于高温多湿季节,田间杂草丛生,覆盖麦草能抑制杂草生长,同时还能抑制甘薯茎节根下扎。四是防止土壤板结,盖麦草可避免雨水直接冲刷地面,从而减轻表土板结和水土流失。五是覆盖的麦草经过夏季高温和潮湿充分得到腐熟,甘薯收后耕翻土中,增加土壤有机质含量,有利小麦增产。具体操作方法是:薯田中耕和追肥结束后,将麦秸和麦糠均匀地撒进薯田,不能盖住薯苗,每亩盖麦草 400 kg 左右,厚度 2 ~ 2.5 cm 为宜。过薄起不到防旱保墒、抑制杂草、肥田等作用,过厚土壤透气性差,不利于薯块膨大。

5. 适时打顶

主蔓长 50 ~ 60 cm 时,打去未展开嫩芽,待分枝长 50 cm 时,打群顶。

(二)中期管理

从结薯数基本稳定至茎叶生长达高峰为生长中期。主攻目标是地上、地下部均衡生长,管理的核心是茎叶稳长,群体结构合理。主要措施如下。

1. 防旱排涝

当叶片中午凋萎,日落不能恢复,连续 5 ~ 7 d,可浇水,垄作以浇半沟水为宜。遇到多雨季节,使垄沟、腰沟、排水沟三沟相通,保证田间无积水。

2. 控制旺长

可提蔓,不翻秧,不摘叶,提蔓技术是将蔓自地面轻轻提起,拉断蔓上不定根,然后将茎蔓放回原处,使其仍保持原来的生长姿态。高水肥地块,在封垄后,每亩可用 15% 多效唑 75 g,加水 50 ~ 60 kg 喷洒一次,隔 10 ~ 15 d 再喷洒一次,控制茎叶后期疯长。

3. 叶面喷肥

出现脱肥现象的薯田,可喷施 1% 的尿素与 0.2% 的磷酸二氢钾混合液 1 ~ 2 次,此外,可用甘薯膨大素对所有薯田进行叶面喷洒,它是一种植物生长调节剂的复配剂,无毒、无副作用,喷施后,茎、叶光合作用增强,加速薯块膨大。每亩可用 10 g 膨大素,兑水 20 kg 进行叶面喷洒,每隔 7 ~ 10 d 喷 1 次,连续 2 ~ 3 次。

（三）后期管理

从茎叶生长高峰期至收获为生长后期。主攻目标是护叶、保根、增薯重,主要管理措施如下:

（1）防早衰:脱肥田落黄较早,喷洒 1% 尿素与 0.2% 磷酸二氢钾混合液。

（2）控制旺长:可以提蔓不翻秧,喷洒 0.2% 磷酸二氢钾液两遍。

（3）及时防旱排涝。

（4）及时防治食叶性虫害。

六、适时收获

甘薯在地温 15 ℃ 以下块根停止膨大,10 ℃ 以上茎叶开始枯死,薯块在 9 ℃ 以下时间长了,易受冷害,在地温降至 15 ℃ 以下时应适时收获。一般在 10 月中下旬（地温 12 ~ 15 ℃）开始收获,储藏鲜薯与种薯于"霜降"前收完。务必防止收获过晚,发生冷害腐烂造成损失。当地温降至 18 ℃ 以下,淀粉就停止积累,因此淀粉加工用薯在地温降至 10 ~ 18 ℃ 时,即可收获加工。

第九节 高产高效间作套种栽培技术

间作套种是充分利用土地、光、热、气、肥、空间和时间的综合农业措施,可提高单位面积土地的总产量和总效益。在生产上采用最多的甘薯和其他作物间作套种的模式主要有以下几种。

一、麦垄套栽

甘薯麦垄套栽是夏薯区栽培制度上的一项改革,是将晚栽变成早栽而夺取甘薯高产的有效措施。河南省安阳、封丘、长葛、杞县等地曾有较大面积的推广,有的县麦垄套种最大面积占甘薯面积的 90% 以上。

甘薯麦垄套栽与夏薯栽培比较有以下几个优点:一是栽种时间早,生育期延长,增产效果显著。由于套栽实现了夏薯早栽(一般可提早 1 个月左右),促使甘薯早发、早结薯,延长了生育期光合时间,增加了光合产物的积累。据生产示范调查,麦垄套种甘薯比麦收后栽插的一般增产 30% 左右,干率和淀粉率分别比对照高 2 个百分点左右。二是甘薯的成活率和抗旱能力增强。套栽甘薯因有小麦的遮阴挡风,薯苗不直接受日晒和风吹,薯苗水分蒸腾少,成活率高,在伏旱来临之前,套栽甘薯进入甩蔓期,根系已形成,可避免伏旱对甘薯造成的不良影响。三是栽种期长,有利于旱地遇雨后趁墒栽种。四是可以调剂农活,利用麦收前农闲时间套栽甘薯,有利错开三夏大忙季节,缓解三夏季节劳力紧张的矛盾。五是套栽甘薯可早栽早收,一般可提前 20 d 收获,使甘薯早上市,经济效益高,同时还腾茬早,减轻甘薯茬口晚对下茬作物播期的影响。六是方法简便易行,不需投资,群众易于接受。

（一）因地制宜选用短蔓优质高产良新品种

淀粉加工区可选用徐食 5、商薯 19、豫薯 12 号、豫薯 13 号，徐薯 27、商 011 - 3、平薯 3 号等高产多抗品种；食用及商品用薯可选用徐 34、商 019 - 3、北京 553 等优质红肉薯品种；早上市、高产、红心品种可选龙薯 9 号、苏薯 8 号、郑红 2A - 1、郑薯 20、宁选 1 号等品种。

（二）培育壮苗

一般育苗时间比春薯时间晚 7 ~ 10 d，一般在 3 月中下旬，采用双膜阳畦育苗，平排稀放，培育壮苗。

（三）打好套种基础

麦田小麦播种前要施足有机肥，深耕细作，播种时留好预留行（背垄），每楼麦中间留 27 ~ 30 cm 宽背垄，利于套栽甘薯时操作。

（四）掌握适宜的套种时间

根据小麦群体大小选择最佳套栽时间，掌握稠麦宜晚、稀麦宜早，旱、薄地宜早，水浇地宜晚的套栽原则，每亩产 300 ~ 400 kg 麦田宜在 5 月中旬套种，每亩产 200 kg 以下麦田套种时趁墒不等时，5 月上旬开始有墒时即可提前套种。

（五）套种方法

用竹竿制成"A"字形三角形分行器（用两根长 2.5 m 左右竹竿或木棍，一端固定一起成尖形，另一端分开，宽 50 cm）将麦行分开，用带尖铁棍在行间倾斜插穴（洞），将壮苗插入穴（洞）中踏实即可。一般套种时间应在 5 月 15 日前完成，过晚则增产不显著。

（六）套种密度

套种比夏栽密度应大些，每亩可增加 500 株左右，一般每隔 3 行小麦套种 1 行，行距 70 ~ 80 cm，株距 20 ~ 25 cm，密度为 3 500 ~ 4 000 株。

（七）田间管理

麦收后要及时深中耕、灭茬，麦茬就地覆盖，根据苗情、地力进行追肥。一般小麦每亩产 250 kg 以上的田块不宜过多施用氮肥，每亩施甘薯专用肥 20 ~ 30 kg 即可；每亩产 250 kg 以下的地块应每亩施碳铵 30 kg 或尿素 10 kg、磷肥 20 kg；高肥地应以施用磷钾肥为主，每亩施磷肥和硫酸钾各 20 ~ 30 kg，或每亩穴施磷酸二氢钾 1.5 ~ 2 kg，兑水在薯块膨大期灌根。还应保持田间无杂草，结合中耕追肥及时进行防旱排涝。

二、果薯套种

进入 21 世纪以来，各类果树发展迅猛，面积很大。在幼果园套种甘薯能够充分提高土地、光照、土壤水分利用效率。不仅增加果园土地上的收入，并能通过甘薯农事操作抑制果园杂草，改善土壤环境，改变果园的田间小气候，减轻病虫害的发生，减少果园的用药量，促进了果树的发育。同时还可提高果品的品质。新疆生产建设兵团在香梨果园套种甘薯，甘薯每亩产量达 1.5 t，除去成本每亩净增 1 300 元的纯收入，同时甘薯施肥也为果树增加营养提供保障。

各地实践证明，核桃、梨、杏、沙梨、苹果等果树在 1 ~ 5 年幼果园期内，均可套栽甘薯。

主要技术:每亩 3 ~ 4 m³ 优质有机肥,氮磷钾复合肥 50 kg,起垄栽培,垄宽 70 ~ 80 cm。根据不同果树定植行距的宽窄,确定甘薯栽种行数和密度。一般可在果树行间套 3 ~ 4 行甘薯。3 月上旬育苗,4 月下旬株栽种,每亩栽种密度为 3 000 株左右。注意起垄时,不要离果树行距太近,以免在机械起垄和机械收获时对果树造成损伤。甘薯在封垄期和薯蔓并长期,土壤墒情好,且有旺长趋势时,用多效唑化控 2 ~ 3 次。中后期田间管理结合使用提秧不翻秧、防治食叶性害虫、拔出田间大草、防旱排涝等措施,确保甘薯的正常生长。

三、瓜薯套种

西瓜与甘薯间作套种,共生期短,甘薯可利用瓜成熟后 2 ~ 3 个月的单独生长季节进行生长,使甘薯获得高产。主要种植模式:甘薯采用高垄单行种植,按 2 垄甘薯 1 行西瓜排列。甘薯垄距 85 cm,垄高 30 ~ 35 cm,株距 20 ~ 25 cm,每亩种 4 000 株。西瓜畦宽 85 cm,株距 35 cm,每亩种 800 株。主要栽培技术如下。

(一)土壤选择

选择土层深厚、排灌方便的沙壤土,以 3 ~ 5 年内未种过瓜类作物的地块为宜。

(二)施足底肥

早春或冬前整地,起垄前耙细整平,在种西瓜的畦内挖宽 50 cm、深 40 cm 的沟,每亩施有机肥 5 000 kg、过磷酸钙或磷酸二铵 20 ~ 25 kg、钾肥 8 ~ 10 kg,一次性施入沟内,填好土,并灌足底水。

(三)起埂、铺膜

在播种、移栽前在埂心开沟集中施入氮磷钾复合肥和饼肥,然后起埂,埂宽 80 ~ 90 cm,覆膜保墒增温,墒情不足时起埂前一周灌水造墒。

(四)合理选用良种、适时播种

甘薯选用早熟、高产优质、抗病耐瘠、生长势强的品种,西瓜选用早熟性好、抗枯萎病等的品种。甘薯在 3 月下旬采用太阳能温床育苗或双膜育苗。西瓜露地直播播种时间在 4 月 20 日左右,温室育苗 3 月中下旬播种。苗龄 30 ~ 40 d,苗高 12 cm,茎粗 0.5 cm,真叶 3 ~ 4 片,叶片肥厚,并带有两片健壮子叶,无病虫害,根系发达的苗为壮苗。定植前一周不浇水,促进根系生长,提高抗寒、抗旱及抗病能力,在移栽前一天喷 800 倍甲基托布津或多菌灵,可预防移入苗出现叶枯病和疫病。

(五)合理密植

沟植西瓜株距 0.4 ~ 0.45 m,每亩留苗 800 ~ 900 株。西瓜移栽播种,按水位线打孔,瓜苗移栽时,先顺窝浇水,封完土后,灌足缓苗水。地膜直播西瓜在铺膜后 3 d 播种。在西瓜园棵期,即可定植甘薯。过早,甘薯枝叶繁茂,影响通风透光,前茬西瓜产量降低;过晚,后作甘薯生育期缩短,产量下降。

(六)西瓜采收前的田间管理

1. 西瓜整枝压蔓、防病治虫

采用双蔓整枝、对头爬蔓的方式,使瓜蔓均匀分布,提高光合效率。压蔓主要起防风固蔓、调节营养生长和生殖生长的作用,早熟西瓜在伸蔓开花期适当控水,防止疯秧。果

实膨大期,加强水肥管理,促进果实膨大,以主蔓第 2 朵雌花结果为主,结合灌水亩施磷酸二铵 15 ~ 20 kg、尿素 15 kg,以保证果品的产量和品质。西瓜用 100 ~ 150 倍农抗 120 液灌根防治西瓜枯萎病;用植病灵喷雾预防病毒病;用吡虫啉防治蚜虫;用阿维菌素防治红蜘蛛。

2. 甘薯打顶、提蔓

甘薯前期一般生长较缓慢,对肥水充足、甘薯茎叶生长旺盛的田块,在茎叶生长到 40 cm 左右时采取摘心、提蔓、翻秧等措施以调节养分的运转,控制地上部茎叶伸展,改善田间光照条件,以利于养分向地下部块根输送。西瓜采收前 10 d 不浇水,但可以叶面喷施 0.2% 磷酸二氢钾或叶面宝等溶液,以起到浇水保叶的作用。

(七)西瓜采收后的田间管理

1. 西瓜采收上市

早熟西瓜花后 28 ~ 30 d 可成熟上市,育苗西瓜在 6 月 20 日前后上市,地膜直播西瓜在 7 月上旬上市。收获后及时清除瓜秧,保证薯秧正常生长。

2. 薯蔓并长期的管理

清除瓜蔓后,甘薯开始进入茎叶旺盛生长期,每亩施磷、钾复合肥 10 ~ 15 kg,加强水肥管理,灌水应掌握少量多次的原则,保持地表湿润,但不能积水。薯秧旺长要勤提秧,防止茎节生根,促进薯块膨大。

3. 薯块盛长期的管理

甘薯裂缝时,顺裂缝灌入 200 倍的辛硫磷溶液和 400 倍的磷酸二氢钾溶液,防治甘薯茎线虫病,促进甘薯膨大。遇旱沿甘薯垄沟灌水,每亩追施尿素 5 kg、硫酸钾 8 kg,以促进甘薯健壮生长。

4. 甘薯收获

在气温降至 18 ℃时,即可采收上市,也可提前在 9 月中下旬提前收获上市,入窖甘薯应在下霜前入窖结束。

五、甘薯套种鲜食玉米种植模式

据河南省商丘市农林科学院研究,该种植模式,在河南省商丘地区的一些春薯区已形成了规模种植,年种植面积在 3 万亩左右,一般亩产鲜薯 3 500 kg 左右,亩产鲜玉米穗 1 000 个左右,扣除投资(种苗、肥料、农药、人工等),每亩纯收入均在 3 000 元以上。主要栽培技术要点如下。

(一)优良品种的选择

甘薯品种选用短蔓高产抗病的品种,玉米品种选用高产矮秆抗病的品种。

(二)整地施肥

冬季深耕改土,耕作深度 26 ~ 33 cm,进行风化。甘薯起垄栽培,起垄前可每亩撒施优质农家肥(沤肥、堆肥)1 500 ~ 3 000 kg。起垄时每亩用 15 kg 磷酸二铵、25 kg 硫酸钾,3 ~ 4 kg 3% 辛硫磷颗粒剂或 50 ~ 100 g 70% 吡虫啉粉,混合均匀后作包心肥施于垄内。垄距 65 ~ 70 cm,垄高 25 cm。要求垄距均匀,垄直、垄面平,垄土松,土壤散碎,垄心无漏耕。土壤墒情不足先浇水,随起垄随栽苗。

（三）适时栽种、播种

河南省在 4 月下旬，土壤 10 cm 地温升至 16 ℃以上栽插甘薯，株距 33 cm，亩密度为 3 000 株左右。甘薯栽后即可在垄沟内播种玉米。每隔 8 行甘薯垄沟内套种 1 行玉米，株距 33 cm，每穴点种 3~4 粒，留 2 株壮苗，亩密度为 1 000 株左右。

（四）田间管理

1. 查苗补栽（种）

栽后 5~7 d 检查薯苗成活情况，发现缺苗及时补栽。玉米出苗后 4~5 片叶进行间苗，同时把多余的幼苗补栽到缺株处。

2. 中耕、除草

杂草出来后 3~4 叶期，每公顷用 10.8% 高效盖草能 375~450 mL 除草，注意不要喷到玉米心叶上。甘薯封垄期，进行中耕除草培垄。玉米在抽雄期进行培土。旱浇涝排，合理促控。

3. 玉米防虫追肥

在玉米生长进入大喇叭口期，用 1.5% 辛硫磷颗粒剂按 1:15 拌煤渣，每株 1 g 撒入心叶防治玉米螟。同时进行玉米追肥，每穴施尿素 20 g。

4. 适时收获

7 月中旬玉米灌浆进入后期，可陆续收获鲜玉米上市销售，下旬收获结束。8 月中下旬，准备早上市的甘薯可开始收获，后期以加工淀粉和储藏为主的甘薯，应在下霜前后收获结束。

第十节　甘薯主要病虫害防治

一、主要病害识别与防治

（一）甘薯黑斑病

1. 症状

该病主要危害薯苗和薯块。薯苗受害，一般在幼苗茎基部，尤其在地下白嫩部分产生长椭圆形稍凹陷的黑褐色病斑；严重时，幼茎和种薯都变黑腐烂，造成烂床死苗。病苗扦插到大田后，叶片往往发黄脱落，严重时也死亡，造成缺株。初生薯块能感病，以储藏期感病较多，病斑通常出现在薯块裂口或害虫咬伤处，呈黑褐色，近圆形，分界明显，中央稍凹陷。切开病薯，可见病斑附近的薯肉变青褐色，有苦味和臭气。病薯入窖储藏，能继续蔓延危害，造成烂窖。潮湿时，薯块和苗的病斑上都能长出黑色刺毛状病菌子囊壳。

2. 防治措施

（1）农业防治措施：①培育无病壮苗。用无病床土育苗；用 52~54 ℃温水恒温浸种薯 10 min；在苗床上 35~37 ℃高温催芽 3 d；苗床上采苗用高剪苗。②建立无病留种田。③轮作换茬。④采用高温大屋窖储藏甘薯。⑤严格检疫，防止病害扩展蔓延。

（2）药剂防治措施：薯种储藏及育苗时分别用 50% 多菌灵 500 倍液或 70% 甲基托布津 500~700 倍液浸种或栽植时浸苗基部 10 min。

（二）甘薯茎线虫病

1. 症状

由肉眼看不见的细小线虫侵入薯块和地上茎蔓引起的。造成烂种、死苗、烂床、烂窖，危害大田一般可减产 10% ~ 50% ，严重的可造成绝收。薯茎被害后，在主蔓基部外面发生黄褐色龟裂的斑块，内部也呈褐色糠心。被害较早的薯块在田间由于细胞分裂不协调，常出现龟裂。主要传播途径是靠种薯、种苗、粪肥、土壤、流水等。

2. 防治措施

（1）农业防治措施：主要有清除田间病源、选用抗病品种、实行轮作倒茬、繁殖无病种薯、培育无病种苗、不施有病粪肥、严格检疫制度，用 51 ~ 54 ℃恒温水浸种 10 min，可杀死薯块皮层内的茎线虫。

（2）药剂防治措施：病区育苗时，用 50% 辛硫磷 300 ~ 500 倍液泼浇苗床；病区大田栽植时，每亩用 50% 辛硫磷 500 g，兑入 1 000 kg 浇苗水中，均匀浇入窝中，随后封严。

（三）甘薯根腐病

1. 症状

甘薯根腐病是一种毁灭性病害，在河南发生较普遍，危害严重。根系是病菌主要侵染部位，开始从吸收根、根尖或中部形成黑褐色病斑，而后大部分根变黑腐烂。地下茎被感染后，形成黑斑，病部多数表皮纵裂，皮下组织发黑疏松。重病根系全部腐烂；病轻者地下茎近土表处仍能生出新根，薯块少而小。薯块被感染后形成大肠形、葫芦形等畸形薯块，表面生有大小不一的褐色至黑褐色病斑，多呈圆形，稍凹陷，中后期龟裂，皮下组织变黑疏松，底部与健康组织交界处可形成一层新表皮。植株感染后，茎蔓生长慢，叶色发黄，叶片皱缩，增厚反卷。节间缩短，秋季现蕾开花。根腐病传播的主要途径主要是土壤、土杂肥、病残体、流水、种薯和种苗等。

2. 防治措施

根腐病防治至今尚无有效药剂，只能采取下列农业防治措施：①选用抗病良种。②培育壮苗，适时早栽。③深翻改土，增施净肥。④轮作换茬。⑤清洁田园，清除病薯残体。⑥建立无病留种田。

（四）甘薯软腐病

1. 症状

甘薯软腐病是育苗期和储藏期发生较普遍的病害之一。病菌多从薯块两端和伤口侵入。得病后薯块变软，呈水渍状发黏，以后在薯块表面长出许多丝状物和黑色孢子。被害部位薯皮很容易破裂，从伤口处流出黄色汁液，带有芳香酒气，以后变酸霉味，如薯皮不破，薯内水分逐渐消失成干缩的硬块。

2. 防治措施

甘薯软腐病防治至今尚无有效药剂，农业防治措施如下：①适时收获，当天收当天入窖，使不遭受冷、冻害；②收运储过程尽量减少薯块破伤；③储藏窖、育苗床要消毒，保持清洁。

二、主要虫害识别与防治

（一）地下害虫

防治措施：用50%辛硫磷乳油1 000倍液灌根，或亩用50%辛硫磷1 000 mL拌细土100 kg，犁地时均匀撒入犁沟防治。防治地老虎、蝼蛄也可用毒饵诱杀，用80%敌百虫可湿性粉剂60～100 g，先以少量清水化开后，和炒过的棉籽饼或菜籽饼5～7 kg拌均匀。也可用毒草诱杀，取鲜草25～40 kg，铡成1.7 cm长，与90%敌百虫50 g，清水适量拌均匀后，于傍晚撒在薯苗根附近地面上诱杀。

（二）红蜘蛛

1.危害症状

成虫、幼虫、若虫均在叶片上咬伤组织，吸食汁液，被害处出现小白斑，后变红，干枯脱落。

2.防治措施

（1）农业防治措施：①铲除田埂、路边和田间杂草，对薯区进行冬耕冬灌消灭虫源。②轮作倒茬，注意薯田灌溉，避免甘薯与棉红蜘蛛的嗜好寄主间作套种。③可利用肉食草蛉、肉食蓟马、小花蝽、大眼蝉长蝽、瓢虫等天敌进行防治。

（2）药剂防治：用1.8%阿维菌素乳油2 000～3 000倍液，15%哒螨灵乳油1 000～2 000倍液，73%克螨特乳油2 000～3 000倍液，或用20%甲氰菊酯（灭扫利）2 000～3 000倍液在叶背面喷雾。以上药交替使用，每隔7 d喷药一次，连续喷药3次。

（三）甘薯麦蛾

1.危害症状

幼虫在薯叶背面吐丝卷叶，取食部分叶肉后，又爬往它处重新危害。

2.防治措施

（1）农业防治措施：①收获后清洁田园，以消灭越冬蛹。②在幼虫盛发期，及时人工捏杀新卷叶幼虫，或摘除虫害卷叶，集中杀死。

（2）药剂防治措施：可用24%美满悬浮剂2 000～2 500倍液，或15%安打悬浮剂3 000～3 500倍液，或10%除尽悬浮剂2 000～2 500倍液，90%敌百虫1 000倍液或48%乐斯本乳油1 000倍液或50%辛硫磷1 000倍液交替喷药防治。

（四）甘薯天蛾、斜纹夜蛾、甘薯潜叶蛾

1.危害症状

甘薯天蛾和斜纹夜蛾均是以幼虫咬食叶片、叶柄、嫩茎。甘薯潜叶蛾是幼虫钻入叶肉内潜食叶肉，边食边进蛀成一条弯曲形的隧道。

2.防治措施

（1）农业防治措施：对甘薯天蛾结合冬耕拾除杀蛹，利用物理方法诱杀成虫。对斜纹夜蛾在发蛾盛期摘除寄主卵块，用物理方法诱杀成虫。对甘薯潜叶蛾及时清沟排水，降低湿度，减轻虫害发生。

（2）药剂防治措施：每亩用10%虫螨腈悬浮剂1 500倍液、1%氨基阿维菌素苯甲酸盐乳油1 000倍液、20%氯虫苯甲酰胺悬浮剂2 500倍液、1.8%阿维菌素乳油1 000倍

液、2.5%高效氯氟氰菊酯乳油 1 000 倍液、5%氟铃脲乳油 1 200 倍液、40%毒死蜱乳油 1 000 倍液喷雾,以上药交替使用。

三、主要草害的发生与防治

甘薯田杂草,一般发生数量占 80% 左右。薯秧覆盖满地面后,杂草一般不萌发出土,即使萌发出土,由于见不到阳光,生长非常瘦弱,形不成危害。栽插初期由于温度高,降雨量大,地面孔隙度大,阳光充足,给杂草萌发造成了有利的出土条件,受杂草危害严重。夏薯栽播后期即 6 ~ 7 月,以一年生禾本科杂草牛筋草、马唐、稗草及狗尾草等为主。草害严重时,甘薯地上部分生长缓慢,地下的薯块小而少。在甘薯生产中,每年因杂草引起减产 5% ~ 15% ,严重的地块,减产 50% 以上,给甘薯生产带来极大损失。

杂草发生高峰的早晚、峰值的大小、峰面宽窄与温度、降雨、地势等环境条件有关。春季发生型杂草受土壤温度影响为主,夏季发生型杂草受土壤湿度及高温、高湿的环境因素影响较大。

杂草发生的种类与温度、湿度、光照等环境条件有关,在 5 ~ 6 月,阔叶杂草反枝苋、马齿苋、鳢肠、藜等发生量较一年生禾本科杂草严重,7 ~ 9 月,一年生禾本科杂草根蘖发达,无论从发生量及生物量上都远远超过阔叶杂草。甘薯田的杂草在正常生长的情况下 8 月上中旬到 9 月上中旬开花结实,种子成熟后落在田间,翌年又萌发出土,危害甘薯。

四、甘薯田杂草的防治

甘薯田杂草竞争性危害更多集中在甘薯栽插初期,能安全、高效地防除甘薯田阔叶杂草的化学除草剂品种还很缺乏,因此目前甘薯生产中的杂草控制主要采取农业措施和化学除草相结合的方法综合防治。

(一)农业措施

农业措施防除甘薯田间杂草措施,主要有耕作措施、覆盖作物、甘薯品种选择等。

1. 耕作措施

耕作措施仍然是甘薯田杂草控制的重要手段,但因为每次耕作都会增加甘薯的生产成本,所以通过耕作措施控制甘薯田杂草危害需要强调适时、有效。一般在甘薯栽插后及时人工除草,可有效地防治甘薯田杂草。夏栽甘薯田抓紧中耕除草,串沟培垄,避免雨季形成草荒。春薯田已经封垄,可以及时拔出杂草。

2. 覆盖作物

通过前茬作物或者豆科、禾本科绿肥作物的残茬覆盖土壤表面,不仅可以抑制杂草,而且可以增加土壤肥力。

3. 甘薯品种选择

一些甘薯品种具有抑制杂草生长的能力。研究表明,某些甘薯品种能显著抑制莎草科杂草,且这种抑制与光、水和营养竞争无关。室内试验表明,甘薯周皮提取物抑制包括铁荸荠在内的 9 种杂草生长,但品系不同,其抑制能力有差异,最高相差 50 倍。

(二)化学除草

化学除草是现代化除草方法,是消灭农田杂草,保证农作物增产的重要科学手段,具有除草效率高、效果好、增产效果显著,并且有利于病虫害的综合防治等特点。由于化学除草剂在甘薯上的应用起步较晚,应用面积远不及水稻、小麦、棉花、玉米等作物。一年生禾本科杂草很容易通过化学除草剂加以控制,但阔叶杂草很难控制。国家甘薯产业技术体系自启动以来,国内科研院所及大学加强了对甘薯田除草剂的筛选和探索。

1. 甘薯田杂草防除的基本原则

(1)防治不同杂草群落应有的放矢。结合本地杂草发生种类及群落构成,制定相应的化学除草技术。平原及耕作条件好的生境条件下,杂草群落构成简单,一年生禾本科杂草危害严重;而山区丘陵地带阔叶杂草有生长优势,生产中可根据杂草发生不同类型进行防治。

(2)合理轮换用药或混用除草剂。除草剂杀草谱的局限决定了其对一些杂草的选择性,长期单一应用一种除草剂或杀草谱相同的除草剂,难以防除的杂草会形成主要杂草,使得甘薯田杂草群落发生演变,次要杂草上升为主要杂草,变为优势种。因此,合理的轮换用药或混合用药尤为重要。

(3)选择对甘薯安全、对杂草防效高的除草剂。甘薯栽插初期对除草剂相对敏感,不合理的应用除草剂很容易造成药害,因此要根据除草剂的特点、土壤类型选择适宜的除草剂。

2. 甘薯田常用除草剂及其使用技术

(1)甘薯苗床。苗前可通过敌草胺来控制一年生禾本科杂草和马齿苋等小粒种阔叶杂草的萌发。烯草酮、吡氟禾草灵和烯草啶等苗后茎叶处理剂能很好地控制一年生和多年生禾本科杂草。

(2)甘薯移栽田。甘薯生产中基本上都是育苗移栽,可于移栽前2~3 d喷施上封闭性除草剂,一次施药保证整个生长季节没有杂草为害。除草剂品种和施药方法如下:50%乙草胺乳油150~200 mL/亩、33%二甲戊乐灵乳油150~200 mL/亩、72%异丙甲草胺乳油175~250 mL/亩、20%萘丙酰草胺乳油200~300 mL/亩、兑水40 kg均匀喷施,可以安全、高效地防治禾本科杂草、阔叶杂草和部分莎草科杂草。生产中应均匀施药,不宜随便改动配比,否则易产生要害。

(3)甘薯生长期。研究表明,甘薯种植后2~6周除草才不会影响块根产量,因此最佳除草剂施用期为杂草2~3叶期,选用茎叶处理除草剂。

甘薯生长季节杂草防除,发根缓苗期可以采用5%精喹禾灵乳油50~75 mL/亩 + 50%乙草胺乳油100~200 mL/亩、5%精喹禾灵乳油50~75 mL/亩 +33%二甲戊乐灵乳油150~200 mL/亩、12.5%烯禾啶乳油50~75 mL/亩 +72%异丙草胺乳油150~200 mL/亩、24%烯草酮乳油20~40 mL/亩 +50%异丙草胺乳油150~200 mL/亩,兑水40 kg均匀喷施。

异恶草松、噻吩磺隆、唑草酮在阔叶杂草3~4叶期使用,对杂草的控制效果达80%~90%,异恶草松、噻吩磺隆、唑草酮与乙草胺等土壤处理剂结合使用可有效控制甘薯生长前期禾本科杂草和阔叶杂草等的危害。

甘薯生长发育中后期田间除草可以采用5%精喹禾灵乳油40~50 mL/亩、10.8%高效吡氟氯禾乳油20~30 mL/亩、24%烯草酮乳油20~30 mL/亩、12.5%烯禾啶机油乳剂

40~50 mL/亩、10%精恶唑禾草灵乳油75~100 mL/亩,兑水45~60 kg开沟均匀喷施。

施用除草剂应在无风天气9时前或17时后进行。用药量要视草情、墒情确定,在气温较高、雨量较多的地区,杂草生长较小、较少时,可适当减少用药量;但杂草较大、杂草密度较高、墒情较差时适当加大用药量和喷液量。一旦发现甘薯苗发生除草剂药害,应及时有针对性地喷施植物生长调节剂(赤霉素、天丰素、芸薹素等)进行逆向调节,并及时追肥浇水,加速受药害作物恢复生长,同时还可施用锌、铁、钼等微肥及叶面肥促进作物生长,以减轻药害。

总之,安全有效的甘薯田除草,尤其是阔叶杂草控制技术已成为甘薯田综合治理技术的核心内容,针对缺乏防除阔叶杂草除草剂品种的现状,应加大阔叶杂草除草剂品种的应用技术研究,提高化学除草剂使用的环境相容性和对作物的安全性,重点探索以化学除草剂与品种选择相结合的甘薯田杂草治理策略。

第七章 马铃薯

第一节 马铃薯栽培的生物学基础

一、马铃薯的形态特征

马铃薯是茄科,茄属草本植物。生产应用的品种都属于茄属结块茎的种。染色体数 $2n=2x=48$。马铃薯植株按形态结构可分为根、茎、叶、花、果实和种子等几部分。

(一)根

马铃薯由块茎繁殖发生的根系为须根系。根据其发生的时期、部位、分布状况可分为两类。一类是在初生芽的基部3~4节上发生的不定根,称为芽眼根或节根,这是发芽早期发生的根系,分枝能力强,分布宽度30 cm左右,深度可达150~200 cm,是马铃薯的主体根系;一类是在地下茎的上部各节上陆续发生的不定根,称为匍匐根,一般每节上发生3~6条,分枝能力较弱,长度10~20 cm,分布在表土层。马铃薯由种子繁殖的实生苗根系,属于直根系。

(二)茎

马铃薯的茎包括地上茎、地下茎、匍匐茎和块茎,都是同源器官,但形态和功能各不相同。

1. 地上茎

块茎芽眼萌发的幼芽发育形成的地上枝条称地上茎,简称茎。栽培种大多直立,有些品种在生育后期略带蔓性或倾斜生长。茎的横切面在节处为圆形,节间部分为三棱、四棱或多棱。在茎上由于组织增生而形成突起的翼(或翅),沿棱作直线着生的,称为直翼,沿棱作波状起伏着生的,称为波状翼。茎翼的形态是品种的重要特征之一。茎多汁,成年植株的茎,节部坚实而节间中空,但有些品种和实生苗的茎部节间为髓所充满,而只有下部多为中空的。茎呈绿色,也有紫色或其他颜色的品种。

茎具有分枝的特性,分枝形成的早晚、多少、部位和形态因品种而异。一般早熟品种茎秆较矮,分枝发生得晚;中晚熟品种茎秆粗壮,分枝发生早而多,并以基部分枝为主。茎的再生能力很强,在适宜的条件下,每一茎节都可发生不定根,每节的腋芽都能形成一棵新的植株。在生产和科研实践中,利用茎再生能力强这一特点,采用单节切段、剪枝扦插、压蔓等措施来增加繁殖系数。多数品种茎高为30~100 cm。茎节长度一般早熟品种较中晚熟品种为短,但在密度过大,肥水过多时,茎长得高而细弱,节间显著伸长。

2. 地下茎

马铃薯的地下茎,即主茎的地下结薯部位。其表皮为木栓化的周皮所代替,皮孔大而稀,无色素层。由地表向下至母薯,由粗逐渐变细,长度因品种、播种深度和生育期培土高度而异,一般 10 cm 左右。节数多为 8 节,个别品种也有 6 节或 9 节的。每节的叶腋间,通常发生匍匐茎 1 ~ 3 个。在发生匍匐茎前,每个节上已长出放射状匍匐根 3 ~ 6 条。

3. 匍匐茎

匍匐茎是由地下茎节上的腋芽发育而成的,顶端膨大形成块茎,一般为白色,因品种不同也有呈紫红色的。匍匐茎发生后,略呈水平方向生长,其顶端呈钥匙形的弯曲状,茎尖在弯曲的内侧,在匍匐茎伸长时,起保护作用。匍匐茎停止生长后顶端膨大形成块茎。匍匐茎数目的多少因品种而异。一般每个地下茎节上发生 4 ~ 8 条,每株(穴)可形成20 ~ 30 条,多者可达 50 条以上。在正常情况下有 50% ~ 70% 的匍匐茎形成块茎。不形成块茎的匍匐茎,到生育后期便自行死亡。匍匐茎具有向地性和背光性,入土不深,大部集中在地表 0 ~ 10 cm 土层内;匍匐茎长度一般为 3 ~ 10 cm,野生种可长达 1 ~ 3 m。

匍匐茎比地上茎细弱得多,但具有地上茎的一切特性,担负着输送营养和水分的功能;在其节上能形成纤细的不定根和 2 ~ 3 级匍匐茎。在生育过程中,如遇高温多湿和氮肥过量,特别是气温超过 29 ℃时,常造成茎叶徒长和大量匍匐茎穿出地面而形成地上茎。

4. 块茎

马铃薯块茎是一缩短而肥大的变态茎,既是经济产品器官,又是繁殖器官。匍匐茎顶端停止极性生长后,由于皮层、髓部及韧皮部的薄壁细胞的分生和扩大,并积累大量淀粉,从而使匍匐茎顶端膨大形成块茎。

块茎的大小依品种和生长条件而异。一般每块重 50 ~ 250 g,大块可达 1 500 g 以上。块茎的形状也因品种而异。但栽培环境和气候条件使块茎形状产生一定变异。一般呈圆形、长筒形、椭圆形。块茎皮色有白、黄、红、紫、淡红、深红、淡蓝等色。块茎肉色有白、黄、红、紫、蓝及色素分布不均匀等,食用品种以黄肉和白肉者为多。

块茎表皮光滑、粗糙或有网纹,其上分布有皮孔(皮目)。在湿度过大的情况下,由于细胞增生,使皮孔张开,表面形成突起的小疙瘩,既影响商品价值,又易引起病菌侵入,这种块茎不耐储藏。马铃薯块茎的解剖结构自外向里包括周皮、皮层、维管束环、外髓和内髓。

(三)叶

马铃薯无论用种子或块茎繁殖,最初发生的几片叶均为单叶,以后逐渐长出奇数羽状复叶。每个复叶由顶生小叶和 3 ~ 7 对侧生小叶、侧生小叶之间的小裂叶、侧生小叶叶柄上的小细叶和复叶叶柄基部的托叶构成。顶生小叶较侧生小叶略大,其形状和侧生小叶的对数是品种的特征。复叶互生,呈螺旋型排列,叶序为 2/5、3/8 或 5/13。

(四)花

马铃薯为自花授粉作物。花序为聚伞花序。花柄细长,着生在叶腋或叶枝上。每个花序有 2 ~ 5 个分枝,每个分枝上有 4 ~ 8 朵花。花柄的中上部有一突起的离层环,称为花柄节。花冠合瓣,基部合生成管状,顶端五裂,并有星形色轮,花冠有白、浅红、紫红及蓝色等,雄蕊 5 枚,抱合中央的雌蕊。花药有淡绿、褐、灰黄及橙黄等色。其中淡绿和灰黄的花药常不育。雌蕊一枚,子房上位,由两个连生心皮构成,中轴胎座,胚珠多枚。

(五)果实与种子

马铃薯的果实为浆果,圆形或椭圆形。果皮为绿色、褐色或紫绿色。果实内含种子

100~250 粒。种子很小,千粒重 0.5~0.6 g,呈扁平卵圆形,淡黄或暗灰色。刚收获的种子,一般有 6 个月左右的休眠期。当年采收的种子,发芽率一般为 50%~60%,储藏一年的种子发芽率较高,一般可达 85%~90% 以上。通常在干燥低温下储藏 7~8 年,仍具有发芽能力。

二、马铃薯的生长发育

马铃薯从播种到成熟收获分为 5 个生长发育阶段,早熟品种各个生长发育阶段需要时间短些,而中晚熟品种则长些。

(一)发芽期

从种薯播种到幼苗出土为发芽期。未催芽的种薯播种后,温度、湿度条件合适,30 d 左右幼苗出土,温度低需 40 d 才能出苗。催大芽播种加盖地膜出苗最快,需 20 d 左右。这一时期生长的中心是发根、芽的伸长和匍匐茎的分化,同时伴随着叶、侧枝和花原基等器官的分化。这一时期是马铃薯建立根系、出苗,为壮株和结薯的准备阶段,是马铃薯产量形成的基础,其生长发育过程的快慢与好坏关系到马铃薯的全苗、壮苗和高产。这一时期所需的营养主要来源于母薯块,通过催芽处理,使种薯达到最佳的生理年龄;在土壤方面,应有足够的墒情、充足的氧气和适宜的温度,为种薯的发芽创造最佳的条件,使种薯中的养分、水分、内源激素等得到充分的发挥,加强茎轴、根系和叶原基等的分化与生长。

(二)幼苗期

从幼苗出土后 15~20 d,第 6 片叶子展开,复叶逐渐完善,幼苗出现分枝,匍匐茎伸出,有的匍匐茎顶端开始膨大,团棵孕蕾,幼苗期结束。这一时期植株的总生长量不大,但却关系到以后的发棵、结薯和产量的形成。只有强壮发达的根系,才能从土壤中吸收更多的无机养分和水分,供给地上部的生长,建立强大的绿色体,制造更多的光合产物,促进块茎的发育和干物质的积累,提高产量。这一时期的田间管理重点是及早中耕,协调土壤中的水分和氧气,促进根系发育,培育壮苗,为高产建立良好的物质基础。

(三)发棵期

复叶完善,叶片加大,主茎现蕾,分枝形成,植株进入开花初期,经过 20 d 左右生长发棵期结束。发棵期仍以建立强大的同化系统为中心,并逐步转向块茎生长为特点。此期各项农业措施都应围绕这一生长特点进行。马铃薯从发棵期的以茎叶迅速生长为主,转到以块茎膨大为主的结薯期。该期是决定单株结薯多少的关键时期。田间管理重点是对温、光、水、肥进行合理调控,前期以肥水促进茎叶生长,形成强大的同化系统;后期中耕结合培土,控秧促薯,使植株的生长中心由茎叶生长为主转向以地下块茎膨大为主。如控制不好,会引起茎叶徒长,影响结薯,特别是中原二季作区的马铃薯。但在中原二季作区的秋马铃薯生产以及南方二季作区的秋冬或冬春马铃薯,由于正处于短日照生长条件,不利于发棵,不会引起茎叶徒长。

(四)结薯期

开花后结薯延续约 45 d,植株生长旺盛达到顶峰,块茎膨大迅速达到盛期。开花后茎叶光合作用制造的养分大量转入块茎。这个时期的新生块茎是光合产物分配中心向地下部转移,是产量形成的关键时期。块茎的体积和重量保持迅速增长趋势,直至收获。但植株叶片开始从基部向上逐渐枯黄,甚至脱落,叶面积迅速下降。结薯期长短受品种、气候条件、栽培季节、病虫害和农艺措施等影响,80%的产量是在此时形成的。结薯期应采取一切农艺措施,加强田间管理和病虫害防治,防止茎叶早衰,尽量延长茎叶的功能期,增加光合作用的时间和强度,使块茎积累更多光合产物。

(五)淀粉积累期

结薯后期地上部茎叶变黄,茎叶中的养分输送到块茎(积累淀粉),直到茎叶枯死成熟。这段时间约 20 d。此时块茎极易从匍匐茎端脱落。在许多地区,一般可看到早熟品种的茎叶转黄,大部分晚熟品种由于当地有效生长期和初霜期的限制,往往未等到茎叶枯黄即需要收获。

不同品种生长发育的各个阶段出现的早晚及时间长短差别极大,如早熟品种各个生长发育阶段早且时间短,而中晚熟品种发育阶段则比较缓慢且时间长。

三、马铃薯块茎的休眠

新收获的块茎,即使给以发芽的适宜条件,也不能很快发芽,必须经过一段时期才能发芽,这种现象叫做休眠。休眠分自然(生理)休眠和被迫休眠两种。前者是由内在生理原因支配的,后者则是由于外界条件不适宜块茎萌发造成的。块茎休眠特性是马铃薯在系统发育过程中形成的一种对于不良环境条件的适应性。

块茎的休眠关系到生产和消费。因为休眠期的长短,影响块茎耐储性及播种后能否及时出苗、出苗的整齐度以及产量的高低。这在微型薯作种或二季作地区尤为突出。

休眠期的长短因品种和储藏条件而不同。高温、高湿条件下能缩短休眠期,低温干燥则延长休眠期。如有些品种在 1 ~ 4 ℃储藏条件下,休眠期可达 5 个月以上,而在 20 ℃左右条件下 2 个月就可发芽。块茎休眠及其解除,除受外界环境条件影响外,主要受内在生理原因所支配。块茎内存在着 β 抑制剂(脱落酸类物质)等植物激素,同时还存在着赤霉素类物质,这两类物质比例的大小,就决定着块茎的休眠或解除;刚收获的块茎抑制剂类物质含量最高,赤霉素类含量极微,因而块茎处于休眠状态。在休眠过程中,赤霉素类物质逐渐增加,当其含量超过抑制剂类物质时,块茎便解除休眠,进入萌芽。

休眠期的长短是识别马铃薯的重要特性。根据二季栽培技术特点的要求,结合河南省的情况,休眠期可分为 5 类。

马铃薯休眠期如表 7-1 所示。

表 7-1　马铃薯休眠期

休眠期	休眠时间	品种
极短	40 d 以内	丰收白、郑薯 3 号、维拉等
短	41 ~ 50 d	豫马铃薯 1、2 号、中薯 3 号
较短	51 ~ 60 d	东农 303、克新 4 号、费乌瑞它等
中	61 ~ 70 d	内薯 3 号、克新 2 号等
长	71 d 以上	疫不加、克新 1 号等

生产上人为打破休眠最常用的方法是 0.5～1 mg/kg GA₃溶液浸泡 10～15 min 或 0.1%高锰酸钾浸泡 10 min 等。脱毒种薯生产中,用 0.33 mL/kg 的兰地特气体熏蒸 3 h 脱毒小薯,可打破休眠,提高发芽率和发芽势。

四、马铃薯的熟性

马铃薯的熟性是由播种或出苗至地上部茎叶枯黄、块茎膨大停止(成熟)的生长天数来确定的。成熟期长的品种称晚熟品种,成熟期短的品种称早熟品种。不同地区因无霜期长短及高温的影响对品种熟性要求各异。一季作区适宜生长期长的中晚熟品种,二季作区适宜选用生长期短的早熟品种。根据河南省的气候条件、栽培要求、品种特性,可将马铃薯的熟性分为以下 5 种类型。

马铃薯熟性如表7-2 所示。

表 7-2 马铃薯熟性

熟性	出苗至成熟	播种至成熟
极早熟	不超过 60 d	不超过 95 d
早熟	61～70 d	96～105 d
中早熟	71～80 d	106～115 d
中熟	81～90 d	116～125 d
晚熟	91 d 以上	126 d 以上

二季作栽培地区,由于春、秋适宜马铃薯生长季节短,一般多采用极早熟、早熟、中早熟品种,如豫马铃薯 1 号、豫马铃薯 2 号、鲁引 1 号(费乌瑞它)、中薯 3 号、东农 303、克新 4 号等。一季作区,适合马铃薯生长的季节长,选择范围广泛,搞早熟栽培,提早上市,可采用早熟品种,如东农 303、克新 4 号、早大白等;一般生产多采用中晚熟品种,产量高,干物质含量高,品质好,适合鲜食、加工等多种需要,如克新 1 号、布尔班克、大西洋等。

五、马铃薯生长发育与环境条件的关系

(一)温度

马铃薯性喜冷凉,不耐高温,生育期间以平均气温 17～21 ℃为适宜。全生育期需有效积温1 000～2 500 ℃(以 10 cm 土层 5 ℃以上温度计算)。多数品种为 1 500～2 000 ℃。块茎萌发的最低温度为 4～5 ℃,芽条生长的最适温度为 13～18 ℃,温度超过 36 ℃,块茎不萌芽并造成大量烂种。新收获的块茎,芽条生长则要求 25～27 ℃的高温,但芽条细弱,根数少。茎叶生长的最低温度为 7 ℃,最适温度为 15～21 ℃,土温在 29 ℃以上时,茎叶即停止生长。对花器官的影响主要是夜温,12 ℃形成花芽,但不开花,18 ℃时大量开花。

块茎形成的最适温度是 20 ℃,低温块茎形成较早,如在 15 ℃出苗后 7 d 形成,25 ℃出苗后 21 d 形成。27～32 ℃高温则引起块茎发生次生生长,形成畸形小薯。块茎增长的最适温度 15～18 ℃,20 ℃时块茎增长速度减缓,25 ℃时块茎生长趋于停止,30 ℃左右

时,块茎完全停止生长。昼夜温差大,有利于块茎膨大,特别是较低的夜温,有利于茎叶同化产物向块茎运转。块茎储藏最适宜的温度为 1~4 ℃,超过 5 ℃块茎发芽。马铃薯抵抗低温能力较差,当气温降到 -1~-2 ℃时,地上部茎叶将受冻害,-4 ℃时植株死亡,块茎亦受冻害。

(二)光照

马铃薯光饱和点为 3 万~4 万 lx。光照强度大,叶片光合强度高,块茎产量和淀粉含量均高。

马铃薯属于长日照作物。光周期对马铃薯植株生育和块茎形成及增长都有很大影响。每天日照时数超过 15 h,茎叶生长繁茂,匍匐茎大量发生,但块茎延迟形成,产量下降;每天日照 10 h 以下,块茎形成早,但茎叶生长不良,产量降低。一般日照时数为 11~13 h 时,植株发育正常,块茎形成早,同化产物向块茎运转快,块茎产量高。早熟品种对日照反应不敏感,晚熟品种则必须在短日照条件下才能形成块茎。

日长、光强和温度三者有互作效应。高温促进茎伸长,不利于叶片和块茎的发育,在弱光下更显著,但高温的不利影响,短日照可以抵消,能使茎矮壮,叶片肥大,块茎形成早。因此,高温、短日照下块茎的产量往往比高温、长日照下高。高温、弱光和长日照,则使茎叶徒长,块茎几乎不能形成,匍匐茎形成枝条。开花则需要强光、长日照和适当高温。

(三)水分

马铃薯的蒸腾系数为 400~600。马铃薯块茎虽本身含有大量的水分,播种后能萌动出芽,但是如果土壤过于干旱,则幼苗也不能出土,会使薯块干缩,雨后腐烂,造成缺苗。幼苗出土后,茎叶较小,需水较少,土壤含水量短期间稍偏低,能促进根系下扎,但时间过长或过于干旱,反而影响根系生长。从现蕾到开花是马铃薯一生中需水量最多的阶段,水分不足、土壤干旱,植株萎蔫停止生长。叶片发黄,光合作用停止,块茎表皮细胞木栓化,薯皮老化,块茎停止膨大。这种现象称为停歇现象。当降雨或浇水后,土壤温度和水分适宜时,植株恢复光合作用,重新生长。这种现象称为倒青现象。由于块茎表皮细胞木栓化,薯皮老化,不能继续膨大,只能从芽眼处的分生组织形成新的幼芽,窜出地面形成新的植株,温度适宜在芽眼处形成新的块茎,有的形成串珠薯、子薯或奇形怪状的块茎。生长后期,需水量逐渐减少,水分过大,土壤板结,透气性差,块茎含水量增加,气孔细胞膨大裸露,引起病原菌侵染,易造成田间块茎腐烂,块茎收获后不耐储藏。由于水分供应不均匀引起薯块发育不良形成畸形薯。

总之,马铃薯生长期需要适宜的水分。认为马铃薯生长只需要半旱墒是错误的。马铃薯需水量的多少与品种、土壤种类、气候条件及生育阶段等有关。一般在马铃薯生育期有 300~400 mm 均匀的降水量,就可以完全满足其对水分的要求。河南省 3~6 月中旬往往少雨干旱,需要浇水来满足马铃薯生长发育对水分的要求。土壤含水量达到土壤最大持水量的 60%~80%,植株生长发育正常。生育后期应注意雨后田间排水,以防田间积水造成烂薯。

(四)土壤

马铃薯对土壤要求不十分严格,但以表土深厚、结构疏松和富含有机质的土壤为最适宜。冷凉地方沙土和沙质壤土最好,温暖地方沙质壤土或壤土最好。在这样的土壤上栽培马铃薯,出苗快、块茎形成早、薯块整齐、薯皮光滑、产量和淀粉含量均高。马铃薯要求微酸性土壤,以 pH 5.5~6.5 为最适宜。但在 pH5~8 的范围内均能良好生长。土壤含盐量达到 0.01% 时,植株表现敏感,块茎产量随土壤中氯离子含量的增高而降低。

(五)营养

马铃薯是高产喜肥作物,对肥料反应非常敏感。根据内蒙古农业大学(1992)的试验结果,生产 500 kg 块茎需吸收纯氮 3.33 kg、纯磷 3.23 kg、纯钾 4.15 kg。对肥料三要素的需要以钾最多,氮次之,磷最少。各时期对氮、磷、钾的吸收数量和吸收速度不同。一般幼苗期植株小,需肥较少。块茎形成至块茎增长期吸收养分速度快、数量多,是马铃薯一生需要养分的关键时期。淀粉积累期吸收养分速度减慢,吸收数量也减少。

氮肥充足,茎叶繁茂,叶色浓绿,光合作用旺盛,有机物积累多,对提高块茎产量和蛋白质含量起到很大的作用;氮肥过多,茎叶徒长,延迟成熟,块茎产量低,品质差;氮肥不足,植株矮化,细弱,叶片小,呈淡绿色,植株下部叶片早枯,光合作用减弱,产量下降。

磷肥虽然需要量较少,但磷对马铃薯的生长发育与增产作用却很显著。磷肥充足时,早期可以促进根系发育,后期有利于淀粉合成和积累,对块茎的膨大起着重要作用。马铃薯对磷肥的吸收比较均衡。早期磷肥影响根系的发育和幼苗生长,开花期缺磷叶片皱缩呈深绿色,严重时基部呈淡紫色,叶柄上竖、叶片变小。结薯期缺磷影响块茎养分积累及膨大,块茎易发生空心,薯肉有锈斑,硬化煮不熟,影响食用品质。

钾肥充足植株生长健壮,茎坚实,叶片增厚,植株抗病能力增强,对促进茎叶的光合作用和块茎膨大有重要作用。钾肥不足,叶片缩小,呈暗绿色,后期呈古铜色,并有褐色枯死的叶缘,块茎多为长形或纺锤形,蒸熟后薯肉呈灰黑色。

马铃薯生长发育还需要一些微量元素,但土壤中含有这些元素,一般情况下并不缺乏。如果缺乏这些元素,则表现不同的症状。缺锰茎梢和叶脉间组织呈淡绿色或黄色,并发生许多褐色小斑块,中上部叶片尤为明显。缺硼顶部幼嫩叶片色泽较淡,叶基部特别明显,顶梢死亡或呈弯曲状生长。节间短,植株丛生状。叶片组织变厚,叶柄脆,叶尖及叶缘死亡,下部小叶明显。块茎变小,皮层出现裂缝。茎秆基部有褐色斑点出现,根尖顶端萎缩,支根增多。缺锌下部叶片呈缺绿状,并有灰棕色或古铜色的不规则斑点,最后斑点下陷、组织死亡。严重时影响全株,节间变短,叶片小而厚,叶柄和茎上也出现斑点。顶部的叶略呈垂直形,叶缘向上卷。缺铁最初嫩叶发生轻度的缺绿现象,叶脉仍保持绿色,叶尖及叶缘保持绿色较久,叶组织逐渐变成灰黄色,严重时变成白色,但坏死点不明显。

(六)空气

马铃薯与其他作物一样,叶子是进行光合作用制造碳水化合物的绿色工厂。光合作用是以空气中的二氧化碳为原料进行的。糖、淀粉等是光合作用的产物。田间二氧化碳的含量,与马铃薯光合作用制造营养物质及产量有着极大的关系。施用有机肥料,如厩肥、草粪、饼肥等,在土壤被微生物分解后,放出二氧化碳。在施用有机肥料的土壤中,一般每天每亩能释放出二氧化碳 8 kg 左右。施碳酸氢铵、尿素、硝酸铵等化肥,经过分解,也能放出二氧化碳。田间空气中二氧化碳含量达到 0.1%,对马铃薯生长非常有利。每亩马铃薯每昼夜约需要吸收二氧化碳 20 kg。马铃薯块茎在土壤中生长发育,需要足够的空气。空气不足,块茎呼吸作用受到影响,会造成块茎腐烂。保证土壤良好的透气性,是马铃薯丰产的重要条件。

六、马铃薯生长发育规律

马铃薯因品种、季节、栽培制度等原因,其生长发育规律有所差别。以河南省早熟品种为例,马铃薯块茎播种后,经30 d左右幼苗出土。出土后7 d左右匍匐茎开始伸出。出苗后24 d左右植株长出7~8片叶并开始现蕾,叶面积迅速增大,茎叶进入生长盛期,匍匐茎顶端开始膨大,块茎进入膨大期。出苗后35 d左右,植株长出16片叶左右,并进入开花期,叶面积逐渐增大到最大限度,光合作用旺盛,制造的养分主要向块茎输送积累,块茎进入膨大盛期。开花后15 d左右块茎膨大速度最快,块茎膨大可延续到茎叶枯黄。出苗后65 d左右茎叶枯黄,马铃薯成熟收获。

马铃薯苗期主要是地上部茎叶生长,地下部匍匐茎伸出。现蕾到开花是茎叶生长旺盛期,同时块茎进入膨大期,茎叶生长与块茎膨大同时进行,但茎叶生长速度大于块茎膨大速度。开花后,茎叶生长迅速达到最大限度,地上部茎叶重量达到顶峰并维持一段平衡时间,此时光合作用最旺盛,制造的养分也最多,块茎膨大、养分积累速度最快,此阶段以块茎膨大为主。而后茎叶开始枯黄,块茎膨大,养分积累直至茎叶干枯后才停止,收获后块茎进入休眠。而中晚熟品种较早熟品种生长发育、块茎膨大较晚、较长些。

马铃薯的栽培管理,要结合马铃薯的生长发育规律来进行,满足水、肥需求,前期应促早出苗、早发棵,尽早形成强大的枝叶,使马铃薯尽早进入膨大期。后期应控制早衰及徒长,维持叶片的旺盛光合作用,制造大量的养分。这样块茎才能积累更多的养分,膨大得更快更大,取得高产。

第二节　马铃薯栽培技术

一、轮作换茬

马铃薯应实行三年以上轮作。应与谷类作物轮作,忌与茄科作物(如西红柿、茄子、辣椒、烟草等)及块根、块茎类作物轮作。

二、整地与施肥

马铃薯喜沙壤或壤土,实行秋深翻、晒垡(一是指耕地,二是指耕起来的土块,这里指犁耕地时形成的一条条土块)、耙糖保墒或起垄等作业。南方雨水多,整地时做成高畦,畦面宽2~3 m,两畦间沟距和沟深为25~30 cm。华北平原常遇春旱,播前需浇水造墒,再浅耕耙平。

结合整地施足基肥,基肥应以腐熟堆肥为主,每公顷施用量按纯厩肥计为15~30 t。基肥量少时,集中施入播种沟内。

播种时沟施化肥作种肥,每公顷用尿素75~150 kg、过磷酸钙450~600 kg、草木灰375~750 kg或硫酸钾375~450 kg。施用基肥时应拌施防治地下害虫的农药,可每公顷施入2%毒死蜱粉22.5~37.5 kg。

三、选用优良品种和脱毒种薯

中原春秋二季作区位于北方春作区南界以南,大巴山、苗岭以东,南岭、武夷山以北各省。包括辽宁、河北、山西、陕西四省的南部,湖北、湖南二省的东部,以及北京、天津、山东、河南、江苏、浙江、上海、安徽、江西诸省。受气候条件、栽培制度等影响,马铃薯栽培面积分散,马铃薯播种面积约占全国农作物播种面积的10%。

该区一年种植春秋两季马铃薯,两季栽培方式已有近百年的历史,是中国马铃薯栽培的特点之一。马铃薯二季作栽培方式,就是春季利用保护措施(冷床、大棚等)早种早收的种薯(可躲避蚜虫、粉虱传播病毒),作为当年秋季栽培用种;利用秋季生产的种薯用于翌年春季马铃薯生产。该地区的春秋两季马铃薯的生育期都只有80~90 d,因此需要高产、抗病毒病、休眠期较短、薯形好的早熟或块茎膨大速度快的中早熟品种。春作马铃薯结薯期多处于较高的气温条件下,传毒媒介蚜虫发生频繁,种薯易感染病毒退化,除河南省郑州市蔬菜研究所创造性通过早种早收、避蚜躲高温、马铃薯脱毒等综合技术措施,防止马铃薯病毒性退化,实现就地留种,生产出健康种薯,达到种薯自给外,大部分省(区)仍然靠从高纬度、高海拔地区调入种薯,进行马铃薯生产。

该地区马铃薯除单作外,多与棉、粮、菜、果等间作套种,大大提高了土地和光能利用率,增加了单位面积产量和效益。目前,黄淮海平原地区适于和马铃薯间作套种的粮棉菜等作物面积约为50万 hm^2。由于薯棉、薯粮等间作套种面积有逐渐扩大的趋势,故马铃薯的栽培面积也会相应地增加。

近年来,随着马铃薯市场的不断扩大,中原地区春马铃薯收获正处于市场淡季,销路广、效益好。马铃薯收获期一般在5月到6月中旬,此时南方冬种的马铃薯(2~3月收获)已全部销售,北方的马铃薯尚未收获,因此中原地区生产的马铃薯既可销往全国各地,也可出口东南亚。为了提早上市,获取更大效益,郑州郊区利用阳畦、小拱棚等种植马铃薯,在4月底即可收获上市;拱棚保护栽培成为中原春作马铃薯的一种新型栽培模式,为马铃薯提早上市起到重要的作用。为提高秋薯产量,秋延后保护栽培,即酷霜前,覆盖棚膜,可使马铃薯生长期延长30 d,较一般露地栽培的秋马铃薯增产50%以上,经济效益显著。

(一)豫马铃薯1号

豫马铃薯1号(郑薯5号)原系谱号"8424混20",由郑州市蔬菜研究所以高原七号为母本、郑762-93作父本杂交育成。1993年河南省农作物品种审定委员会审定命名,1995年获河南省科技进步二等奖。

早熟高产,生育日数65 d左右,春季一般每亩产2 250 kg,秋季1 500 kg左右。高产可达4 000 kg以上,增产潜力大。株型直立粗壮,株高60 cm左右,分枝1~2个,生长势较强,花白色,能天然结果。单株结薯4块左右,块茎椭圆形,脐部稍小,黄皮黄肉,芽眼浅而稀,薯块大而整齐,商品薯率极高,适宜外贸出口。休眠期短,为45 d左右,耐储性较好,退化轻,轻感卷叶病毒,较抗霜、茶黄螨及疮痂病。蒸食品质优,干物质含量19.18%,淀粉13.42%,还原糖0.089%,粗蛋白质1.98%,维生素C13.89 mg/100 g鲜重。适应性强,适宜二季栽培及山区一季栽培。

（二）豫马铃薯2号

豫马铃薯2号（郑薯6号）原系谱号"8424混4"，由郑州市蔬菜研究所以高原七号为母本、郑762-93作父本杂交育成。1995年河南省农作物品种审定委员会审定命名。

生育期65 d左右，株型直立，茎粗壮，株高55 cm左右，分枝2~3个，生长势较强，花白色，单株结薯3~4块。块茎椭圆形，黄皮黄肉，薯皮光滑，芽眼浅而稀，薯块大而整齐，商品薯率极高，适宜外贸出口。休眠期短（45 d左右），耐储性中等。退化轻，轻感卷叶病毒病，较抗霜、茶黄螨及疮痂病。蒸食品质优，干物质含量20.35%，淀粉含量14.66%，还原糖0.177%，粗蛋白质2.25%，维生素C含量13.62 mg/100 g鲜重。适宜平原二季栽培及山区一季栽培，春季每亩产2 000~2 250 kg，秋季每亩产1 500 kg左右，高产可达4 000 kg。

该品种适应性强，适宜二季栽培及山区一季栽培。

（三）郑薯7号

郑薯7号原系谱号95111-24，由郑州市蔬菜研究所以费乌瑞它为母本，郑薯5号作父本杂交育成。2005年通过河南省农作物品种审定委员会审定，审定编号：豫审马铃薯2005001。

早熟品种，生育期65 d左右，休眠期短，为45 d左右；株型直立，株高55 cm左右，分枝2~3个；薯块椭圆形，黄皮黄肉，芽眼浅而稀，表皮光滑，薯块大而整齐；抗病毒病、早疫病、晚疫病；每100 g鲜薯含维生素C 15.8 mg、粗蛋白质2.48 g、淀粉12.2 g、还原糖0.81 g。

（四）郑薯8号

郑薯8号由郑州市蔬菜研究所以Mermavr为母本、豫马铃薯1号为父本杂交选育而成。2009年通过河南省农作物品种审定委员会审定。审定编号：豫审马铃薯2009002。

早熟品种，生育期58 d左右，植株长势旺，株高约38.28 cm，主茎数1.2个左右，匍匐茎短。茎绿色，叶绿色，少花，有结实。薯块圆形，浅黄皮白肉，薯皮光滑，芽眼浅。薯块整齐，单株薯块数2.8个。抗卷叶病毒病、花叶病毒病，抗环腐病，抗晚疫病。品质分析：维生素C含量为26.8 mg/100 g，淀粉含量为12.9%，还原糖含量为0.26%，蛋白质含量为2.12%。平均每亩产1 124.3 kg，比对照郑薯5号增产11.2%。

（五）郑薯9号

郑薯9号由郑州市蔬菜研究所以早大白为母本、豫马铃薯1号为父本杂交育成。2009年通过河南省农作物品种审定委员会审定。审定编号：豫审马铃薯2009003。

早熟品种，生育期56 d左右。生长势强，株高44 cm左右，单株主茎数1.2个左右，匍匐茎短，茎绿色，叶浅绿，花白色，少花，有结实。薯块椭圆形，黄皮白肉，薯皮光滑，芽眼浅。薯块整齐，单株薯块数2.2个左右。抗卷叶病毒病、花叶病毒病，抗环腐病，抗晚疫病。品质分析：维生素C 25.2 mg/100 g，淀粉含量为11.8%，还原糖含量为0.32%，蛋白质含量为2.52%。

（六）费乌瑞它

荷兰用"ZPC50-35"作母本、"ZPC55-37"作父本杂交育成，1980年中央农业部种子局由荷兰引入，又名鲁引1号、津引8号、荷兰15、荷兰薯等，为鲜食和出口品种。经江苏省南京市蔬菜研究所、山东省农科院等单位鉴定推广。

株型直立，分枝少，株高60 cm左右，茎紫色，生长势强；叶绿色，茸毛中等多，复叶大、下垂,叶缘有轻微波状,侧小叶 3~5 对,排列较稀;花序总梗绿色,花柄节有色,花冠蓝紫色,瓣尖无色,花冠大,雄蕊橙黄色,柱头 2 裂,花柱中等长,子房断面无色;花粉量较多,天然结实性强;浆果深绿色、大、有种子,块茎长椭圆形,顶部圆形,皮淡黄色,肉鲜黄色,表皮光滑,块大而整齐,芽眼数少而浅,结薯集中,块茎膨大速度较快;半光生幼芽基部圆形、蓝紫色,顶部钝形、蓝紫色,茸毛较多;块茎休眠期短,较耐储藏。早熟,生育日数 60 d 左右;蒸食品质较好。加工品质:干物质 17.7%,淀粉 12.4%~14%,还原糖 0.03%,粗蛋白质 1.55%,维生素 C 13.6 mg/100 g 鲜重。适宜炸片加工。植株易感晚疫病,块茎中感病,轻感环腐病和青枯病,抗 YN 和卷叶病毒;一般亩产 1 700 kg 左右,高产可达 3 000 kg。

(七)中薯 3 号

中薯 3 号是中国农业科学院蔬菜花卉研究所育成的品种。1994 年通过北京市农作物品种审定委员会审定。2005 年通过国家农作物品种审定委员会审定,审定编号:国审薯 2005005。

株高 55~60 cm,株型直立,茎绿色,分枝较少。复叶较大,小叶绿色,茸毛少,4 对侧小叶。花冠白色,花药橙黄色,雌蕊柱头 3 裂,能天然结实。块茎扁圆或扁椭圆形,芽眼浅,表皮光滑。薯块大而均匀,皮肉均为黄色。匍匐茎短,结薯集中,单株结薯 4~5 个。一般每亩种植 4 133~4 533 株,可产鲜薯 1 667 kg,高产的可达 2 333 kg。块茎休眠期较短,春薯收获后 55~65 d 即可通过休眠,比较耐储藏。食用品质好,块茎干物质含量为 19.6%,淀粉 13.5%,粗蛋白质 1.82%,维生素 C 22.8 mg/100 g 鲜薯,还原糖 0.35%,适合食品加工利用。该品种植株抗卷叶病毒和 Y 病毒病,较抗 X 病毒,不抗晚疫病。中薯 3 号适应性较强,较抗瘠薄和干旱,分布范围广。适合一、二季作地区的早熟栽培。

(八)中薯 4 号

中薯 4 号由中国农科院蔬菜花卉研究所从东农 3012/85T-13-8 选育而成。1998 年北京市农作物品种审定委员会审定,2004 年通过国家农作物品种审定委员会审定。审定编号:国审薯 2004001。属早熟鲜食品种,块茎性状优良,休眠期中等,商品薯符合鲜薯出口要求。

早熟品种,出苗后生育日数 67 d 左右,常温条件下块茎休眠期 60 d 左右。株型直立,株高 50 cm 左右,叶绿色,复叶挺拔、大小中等,叶缘平展,茎绿色,基部紫褐色,分枝少,枝叶繁茂性中等,生长势中等;花冠紫红色,能天然结实;结薯集中,块茎长圆形,大而整齐,淡黄皮、淡黄肉,表皮光滑,芽眼少而浅,商品薯率 71.3%。农业部蔬菜品质监督检验测试中心(北京)抗病性鉴定和品质分析化验,抗轻花叶病毒病 PVX,中抗重花叶病毒病 PVY,感卷叶病毒病 PLRV;鲜薯含干物质 18.34%、淀粉 11.64%、还原糖 0.39%、粗蛋白质 1.81%、维生素 C 24.8 mg/100 g;蒸食品质优。

(九)中薯 5 号

中薯 5 号由中国农科院蔬菜花卉研究所从中薯 3 号天然结实后代中选育而成。2001 年北京市农作物品种审定委员会审定。2004 年通过国家农作物品种审定委员会审定。审定编号:国审薯 2004002。早熟鲜食品种。

早熟品种,出苗后生育日数 67 d 左右,常温条件下块茎休眠期 50 d 左右。株型直立,株高 50 cm 左右,叶深绿色,叶缘平展,复叶大小中等,生长势较强,茎绿色,分枝数少,生长势较强;花冠白色,天然结实性中等,有种子;块茎略扁长圆形、圆形,大而整齐,淡黄皮、淡黄肉,表皮光滑,商品薯率70%左右,芽眼极浅,结薯集中。农业部蔬菜品质监督检验测试中心(北京)苗期接种鉴定和品质分析,抗重花叶病毒病 PVY,中抗轻花叶病毒病PVX、卷叶病毒病 PLRV;鲜薯含干物质 16.84%、淀粉 10.44%、还原糖 0.31%、粗蛋白质1.84%、维生素 C 20.3 mg/100 g;炒食品质优,炸片色泽浅。适宜北京、山东、河南等中原二季作区春秋两季种植。

(十)中薯 6 号

中薯 6 号原系谱号为 B9204 – 5,由中国农业科学院蔬菜花卉所以"85T – 13 – 8"为母本、以"NS79 – 12 – 1"为父本的杂交后代中选育而成。2001 年通过北京市农作物品种审定委员会审定。

特征特性:株型直立,株高 50 cm 左右,生长势强,分枝数少,茎紫色;复叶大小中等,叶缘平展,叶色深绿,开花繁茂,花冠白色,天然结实性强,有种子;块茎椭圆形,粉红皮,薯肉淡黄肉或紫红色,储藏后紫红色加深、增多。表皮光滑,大而整齐,芽眼浅,结薯集中;早熟,出苗后 65 d 可收获。商品薯率区试平均 79%。植株田间较抗晚疫病、高抗 PVX 和PVY 病毒病。室内接种鉴定高抗 PVX 和 PVY。薯块干物质含量 23.3%,还原糖含量0.11%,粗蛋白质含量 2.36%,维生素 C 18.0 mg/100 g 鲜薯,炒食口感和风味好,加工炸片颜色浅且有紫色相间。该品种早熟,生长势较强但分枝少,宜密植增收,既适合于平播又可以间套种;结薯早,膨大快,大中薯率较高;高抗病毒病,退化慢;薯块性状和品质独特,适合鲜薯食用和炸片加工。

(十一)中薯 7 号

中薯 7 号由中国农业科学院蔬菜花卉研究所以中薯 2 号为母本、以冀张薯 4 号为父本杂交系统选育而成。2006 年通过国家农作物品种审定委员会审定。审定编号:国审薯2006001。早熟鲜食品种。

早熟品种,出苗后生育期 64 d 左右。株型半直立,生长势强,株高 50 cm,叶深绿色,茎紫色,花冠紫红色,块茎圆形,淡黄皮、乳白肉,薯皮光滑,芽眼浅,匍匐茎短,结薯集中,商品薯率 61.7%。接种鉴定:中抗轻花叶病毒病,高抗重花叶病毒病,轻度至中度感晚疫病。块茎品质:维生素 C 32.8 mg/100 g 鲜薯,淀粉含量 13.2%,干物质含量 18.8%,还原糖含量 0.20%,粗蛋白质含量 2.02%。

(十二)中薯 8 号

中薯 8 号由中国农业科学院蔬菜花卉研究所以 W953 为母本、以 FL475 为父本杂交系统选育而成。2006 年通过国家农作物品种审定委员会审定。审定编号:国审薯2006002。早熟鲜食品种。

早熟品种,出苗后生育期 63 d。植株直立,生长势强,株高 52 cm,分枝少,枝叶繁茂,茎与叶均绿色,复叶大,叶缘微波浪状,花冠白色,块茎长圆形,淡黄皮、淡黄肉,薯皮光滑,芽眼浅,匍匐茎短,结薯集中,块茎大而整齐,商品薯率 77.7%。接种鉴定:高抗轻花叶病毒病,抗重花叶病毒病,轻度至中度感晚疫病。块茎品质:维生素 C 19.0 mg/100 g 鲜薯,淀粉含量 12.2%,干物质含量 18.3%,还原糖含量 0.41%,粗蛋白质含量 2.02%;蒸食品质优。

（十三）东农 303

东农 303 由东北农学院农学系于 1967 年用白头翁（Anemone）作母本、"卡它丁"（Katahdin）作父本杂交，1978 年育成。极早熟。1986 年通过国家农作物品种审定委员会审定为国家级品种。

株型直立，分枝数中等，株高 45 cm 左右，茎绿色，生长势强。叶浅绿色，茸毛少，复叶较大，叶缘平展，侧小叶 4 对；花序总梗绿色，花柄节无色，花冠白色，无重瓣，大小中等；雄蕊淡黄绿色，柱头无裂，不眠期短，耐储藏。极早熟，生育日数 160 d 以内；蒸食品质优。加工品质：干物质 20.5%，淀粉 13.1%～14%，还原糖 0.003%，维生素 C 14.2 mg/100 g 鲜薯，粗蛋白质 2.52%，淀粉质量好，适于食品加工；植株中感晚疫病，块茎抗病，抗环腐病，高抗花叶轻感卷叶病毒病，耐束顶病，耐涝性强；一般亩产 1 500～2 000 kg。

四、播种

（一）播前种薯准备

1. 种薯出窖与挑选

种薯出窖的时间，应根据当时种薯储藏情况、预定的种薯处理方法以及播种期等三方面结合考虑。种薯出窖后，必须精选种薯。选择具有品种特征，表皮光滑、柔嫩，皮色鲜艳，无病虫、无冻伤的块茎作种。凡薯皮龟裂、畸形、尖头、皮色暗淡、芽眼凸出、有病斑、受冻、老化等块茎，均应淘汰。出窖时块茎已萌芽的，则应选择芽粗而短壮的块茎，淘汰幼芽纤细或丛生纤细幼芽的块茎。

2. 催芽

催芽可促进种薯解除休眠，缩短出苗时间，促进生育进程，汰除病薯。催芽的常用方法为：①出窖时种薯已萌芽至 1 cm 左右时，将种薯取出窖外，平铺于光亮室内，使之均匀见光，当白芽变成绿芽，即可切块播种。②种薯与湿沙或湿锯屑等物互相层积于温床、火炕或木箱中。先铺沙 3～6 cm，上放一层种薯，再盖沙没过种薯，如此 3～4 层后，表面盖 5 cm 左右的沙，并适当浇水至湿润状况。以后保持 10～15 ℃和一定的湿度，促使幼芽萌发。也可以选室外向阳背风地方挖坑做床，进行催芽。当芽长 1～3 cm，并出现根系，即可切块播种。③将种薯置于明亮室内或室外背风向阳处，平铺 2～3 层，并经常翻动，使之均匀见光，经过 40～45 d，幼芽长达 1～1.5 cm 时，即可切块播种。

3. 种薯切块

切块种植能节约种薯并有打破休眠、促进发芽出苗的作用。但采用不当，极易造成病害蔓延。切块大小以 20～30 g 为宜。切块时应采取自薯顶至脐部纵切法，使每一切块都尽可能带有顶部芽眼。若种薯过大，切块时应从脐部开始，按芽眼排列顺序螺旋形向顶部斜切，最后再把顶部一分为二。切到病薯时应用 75% 酒精反复擦洗切刀或用沸水加少许盐浸泡切刀 8～10 min 进行消毒。切好的薯块应用草木灰拌种。若种薯小，可采用整薯播种，避免切刀传病，减轻青枯病、疮痂病、环腐病等发病率，能最大限度地利用种薯的顶端优势和保存种薯中的养分、水分，抗旱能力强，出苗整齐、健壮，生长旺盛，增产幅度可达17%～30%。此外，还可节省切块用工和便于机械播种。整薯的大小，一般以 20～50 g 健壮小整薯为宜。

（二）播种期

春播时，在 10 cm 土层地温稳定在 6~7 ℃时即可播种。北方一作区，一般在 4 月下旬至 5 月上旬。中原二作区，春薯一般在 2 月中旬至 3 月下旬。秋薯的播种适期较为严格，通常以当地日平均气温下降至 25 ℃以下为播种适期。南方二作区，秋薯于 9 月下旬至 10 月下旬播种，冬薯于 12 月下旬至 1 月中旬播种。

（三）播种方法

马铃薯适于垄作形式。在高寒阴湿、土壤黏重、地势低洼、生育期间降水较多的地区，大多采用垄作。如我国东北、宁夏南部、新疆的天山以北各地均采用垄作。在东北和内蒙古东部地区多采用双行播种机播种、施肥、覆土、起垄同时进行。行距 65 cm。垄作一般覆土 7~8 cm 厚，若春旱严重，可酌情增加厚度并结合镇压。在我国华北、西北大部地区，生育期间气温较高、雨量少、蒸发量大，又缺乏灌溉条件，多采用平作形式。在秋耕耙耱的基础上，播种时，先开 10~15 cm 深的播种沟，点种施肥后覆土。一般行距 50 cm 左右，播后耱平保墒。

五、合理密植

马铃薯的产量是由单位面积上的株数与单株结薯重量构成的。具体可用下式表示：

$$每公顷产量 = 每公顷株数 × 单株结薯重$$

其中，单株结薯重 = 单株结薯数 × 平均薯块重；单株结薯数 = 单株主茎数 × 平均每主茎结薯数。

密度是构成产量的基本因素。增加种植密度，可使单位面积上的株数和茎数增加，结薯数增加，因而在密度偏低的情况下，增加密度可有效地提高产量，但在密度过大时，单株性状过度被削弱，产量和商品薯率反而会降低。合理密植在于既能发挥个体植株的生产潜力，又能形成合理的田间群体结构，从而获得单位面积上的最高产量。

合理密植应依品种、气候、土壤及栽培方式等条件而定。晚熟或单株结薯数多的品种、整薯或切大块作种，土壤肥沃或施肥水平高、高温高湿地区等，种植密度宜稍稀；反之，就适当加大密度，靠群体来提高产量。在目前生产水平下，北方一作区以 3 800~4 600 株/亩为宜；二季作地区，4 300~5 000 株/亩为宜。在相同种植密度下，采用宽窄行、大垄双行和放宽行距、适当增加每穴种薯数的方式较好，有利于田间通风透光，提高光合强度，使群体和个体协调发展，从而获得较高产量。

六、田间管理

（一）苗前管理

北方一作区，马铃薯从播种到幼苗出土约 30 d。这期间气温逐渐上升，春风大，土壤水分蒸发快，并容易板结，田间杂草大量滋生，应针对具体情况，采取相应的管理措施。

垄作地区，由于播种时覆土厚，土温升高较慢，在幼苗尚未出土时，进行苗前耢地（锄地），以减薄覆土，提高地温，减少水分蒸发，促使出苗迅速整齐，兼有除草作用。

（二）查苗补苗

田间缺苗对马铃薯产量影响甚大。因此，当幼苗基本出齐后，即应进行查苗补苗。检查缺苗时，应找出缺苗原因，采取相应对策补苗，保证补苗成活。如薯块已经腐烂，应把烂块连同周围的土壤全部挖除，以免感染新补栽的苗子。

补苗的方法是在缺苗附近的垄上找出一穴多茎的植株，将其中 1 个茎苗带土挖出移栽。干旱时可浇水移栽。

（三）中耕除草和培土

中耕松土，使结薯层土壤疏松通气，利于根系生长、匍匐茎伸长和块茎膨大。齐苗后及早进行第一次中耕，深度 8 ~ 10 cm，并结合除草。10 ~ 15 d 后进行第二次中耕，宜稍浅。现蕾开花初，进行第三次中耕，宜较第二次更浅。后两次中耕结合培土进行。第一次培土宜浅，第二次稍厚，并培成"宽肩垄"，总厚度不超过 15 cm，以增厚结薯层，避免薯块外露而降低品质。目前东北及内蒙古东部等垄作地区多采用 65 cm 行距的中耕培土器进行中耕培土。

（四）追肥

一般在旱区，只要施足底肥，生长期间可以不追肥。如需追肥时，应于块茎形成期结合培土追施一次结薯肥。氮、磷配合施用，追肥量视植株长势长相而定。开花以后一般不再追肥。若后期表现脱肥早衰现象，可用磷、钾或结合微量元素进行叶面喷施，亦有增产效果。

（五）灌溉和排水

马铃薯苗期耗水不多，但若干旱时仍需灌水。块茎形成至块茎增长期，需水量最多，如土层干燥，应及时灌溉。生育后期，需水量逐渐减少，但若过度干旱，也需适当轻灌。收获前 10 ~ 15 d 应停止灌水，促使薯皮老化，有利于收获和储藏。各生育阶段，如雨水过多，都要清沟排水，防止涝害。

（六）防治病虫害

马铃薯的病害较多，常见的有病毒病、晚疫病、青枯病、环腐病、疮痂病等。晚疫病多在雨水较多时节和植株开花期大量发生，喷洒瑞毒霉锰锌、甲霜灵锰锌、代森锰锌等，可收到较好的效果。青枯病除选用抗病品种外，可采用合理轮作、小整薯作种或从无病地区调种等措施，减轻危害。环腐病主要通过切刀消毒或小整薯作种等措施来减轻发病。疮痂病可用 0.1% 升汞水浸种 1.5 h 或用 0.2% 福尔马林浸种 1 ~ 2 h 进行防治。也可通过施用酸性肥料，保持土壤湿润来减轻该病发生。

马铃薯常见的虫害有蛴螬、蝼蛄、地老虎、金针虫、二十八星瓢虫、蚜虫等，一般采用药剂防治。

七、收获与储藏

（一）收获

当植株大部分茎叶枯黄，块茎易与匍匐茎分离，周皮变厚，块茎干物质含量达到最大值，为食用和加工用块茎的最适收获期。种用块茎应提前 5 ~ 7 d 收获，以避免低温霜冻危害，保持种性。

收获应选晴朗干燥天气进行。收前 1~2 d 割掉茎叶和清除田间残留的枝叶,以免病菌侵染块茎。收获过程中,要尽量减少机械损伤,并要避免块茎在烈日下长时间暴晒而降低种用和食用品质。

(二)储藏

收获的块茎,应根据用途不同,采用相应方法进行储藏管理,以防止块茎腐烂、发芽、受冻和病害蔓延,尽量降低储藏期间的自然损耗,保证马铃薯的食用、加工用和种用品质。

1. 块茎在储藏期间的生理生化变化

刚收获的块茎,呼吸作用旺盛,在 5~15 ℃下所产生的热量可达 30~50 kJ/(t·h)。如果温度增高或块茎受伤感病等情况发生,呼吸强度更高。在储藏期间由于块茎水分散失,块茎损失重量 6.5%~11%。新收获的块茎,糖分含量很低,休眠结束时显著增高,萌发时由于自身消耗,糖分含量又下降。块茎内淀粉含量在 10~15 ℃下较稳定,10 ℃以下淀粉含量开始下降,糖分含量逐渐增加,如在 0 ℃下长期储藏,会引起糖分大量积累,使块茎变甜,降低食用和加工用品质。

2. 储藏的基本条件和方法

储藏地点和储藏窖要具有通风、防水湿、防冻和防病虫传播的条件。储藏前将块茎分级摊晾 7~15 d,进行"预储",使伤口愈合。伤口愈合的适宜温度为 15~20 ℃,相对湿度为 90% 左右。预储后,剔除愈合不良的伤薯、病薯、畸形薯等,再行储藏。

储藏的适宜温度因用途而不同。种薯储藏以 2~4 ℃为宜;食用薯以 1~4 ℃为宜;加工用商品薯短期储藏以 10 ℃左右为宜,长期储藏时,先储藏在 7~8 ℃下,加工前 2~3 周转入 16~20 ℃温度下进行回暖处理,并配合施行化学药剂抑芽。储藏的相对湿度以 85%~95% 为宜。不能见光,以免积累龙葵素。

储藏方法有两种:①冬储法:一季作地区,进行冬季储藏,一般采用窖藏,有井窖、棚窖、窑洞窖、土沟窖等。储藏量不超过窖体的 2/3。当温度降到 0 ℃时,应在薯堆上加覆盖物或熏烟增温。②夏储法:二季作地区,春薯收后于夏季储藏,一般在阴凉通风地点用架藏方法,即搭成多层棚架,每层架上摆 3~4 层薯块。这种储藏方法块茎失水较多,应在中、后期适当进行覆盖。

第三节　马铃薯地膜覆盖与间作套种栽培技术要点

一、地膜覆盖栽培技术

(一)马铃薯地膜覆盖的应用效果

马铃薯地膜覆盖栽培是 20 世纪 90 年代推广的新技术。运用该技术一般可增产 20%~50%,大中薯率提高 10%~20%,并可提早上市,调节淡季蔬菜供应市场,提高经济效益。

地膜覆盖增产的原因,主要是提高了土壤温度、减少了土壤水分蒸发,提高了土壤速效养分含量,改善了土壤理化性状,保证了马铃薯苗全、苗壮、苗早,促进了植株生育,提早形成健壮的同化器官,为块茎膨大生长打下良好基础。原内蒙古农牧学院(1989 年)试验,覆膜栽培在马铃薯发芽出苗期间(4 月 25 日至 5 月 25 日)0 ~ 20 cm 土层内温度提高 3.3 ~ 4.0 ℃,土壤水分增加 6.2% ~ 24%,速效氮增加 40% ~ 46%,速效磷增加 1.3%,提早出苗 10 ~ 15 d。

(二)栽培技术要点

1. 选地和整地

选择地势平坦、土层深厚、土质疏松、土壤肥力较高的地块,实行 3 年轮作。在施足基肥基础上进行耕翻碎土耙糖平整,早春顶凌耙糖保墒。

2. 施足基肥

地膜覆盖后生育期间不易追肥,故应在整地时把有机肥和化肥一次性施入土中。每公顷施入 30 ~ 45 t 充分腐熟的有机肥和 300 kg 磷酸二铵。

3. 选用脱毒种薯

带病种薯在覆膜栽培条件下,极易造成种薯腐烂,影响出苗,故要选用优良脱毒种薯。播前 20 d 左右催芽晒种。

4. 覆膜方法

播前 10 d 左右,在整地作业完成后应立即盖膜,防止水分蒸发。覆膜方式有平作覆膜和垄作覆膜。平作覆膜多采用宽窄行种植,宽行距 65 ~ 70 cm,窄行距 30 ~ 35 cm,地膜顺行覆在窄行上。垄作覆膜须先起好垄,垄高 10 ~ 15 cm,垄底宽 50 ~ 75 cm,垄背呈龟背状,垄上种两行,一膜盖双行。无论采取哪种覆盖方式,都应将膜拉紧、铺平、紧贴地面,膜边入土 10 cm 左右,用土压实。膜上每隔 1.5 ~ 2 m 压一条土带,防止大风吹起地膜。覆膜 7 ~ 10 d,待地温升高后,便可播种。

5. 播种

播期以出苗时不受霜冻为宜。一般比当地露地栽培提前 10 d 左右。在每条膜上播两行。交错打孔点籽,孔深 10 ~ 12 cm,然后回填湿土,并将膜裂口用土封严。如果土壤墒情不足,播种时应在播种孔内浇水 0.5 kg 左右。

6. 田间管理

播后要经常到田间检查,发现地膜破损要立即用土压严,防止大风揭膜。出苗前后检查出苗情况,若因苗子弯曲生长而顶到地膜上,应及时将苗放出,以免烧苗。生育中期要及时破膜,在宽行间中耕除草培土,有灌水条件的可在宽行间开沟灌水。

二、马铃薯间作套种技术

马铃薯性喜冷凉,生育期较短,播种和收获期伸缩性较大;植株矮小,根系分布较浅,适于多种形式的薯粮、薯棉、薯豆、薯菜等间作套种。

(一)薯粮间作套种

薯粮间套应用最普遍的是马铃薯和玉米间套作,一般比二者单作增产 30% ~ 50%。间套形式按行比有 1:1、1:2、2:2、2:4 等。各地粮区多采用 2:2 的形式。在 170 cm 带宽内按行株距 65 cm × 20 cm 播种 2 行马铃薯,每公顷种 58 500 株。玉米按行株距 40 cm × 24 cm 条播 2 行,每公顷种 48 000 株。马铃薯应选择早熟、株矮、直立的品种,适时早播,力争早出苗、早收获。玉米选用中晚熟高产品种。马铃薯收获后,就地开沟将茎叶埋入土中,给玉米压青培肥。

(二)薯棉间作套种

马铃薯与棉花间作套种模式按行比有 1:1、1:2、2:2、2:4 等。目前多采用 2:2 的模式。在 180 cm 宽的带内,马铃薯按行株距 65 cm×20 cm 播 2 行,每公顷 55 500 株。棉花于终霜时按行株距 40 cm×18 cm 播 2 行,每公顷 61 500 株。马铃薯应覆膜早播,棉花适当晚播 5~7 d,以减少共生期。

(三)薯豆间作套种

近几年,在甘肃、宁夏、青海等地半干旱和阴湿易旱地区,采用马铃薯和蚕豆、马铃薯和豌豆间套作,取得了明显增产效果。马铃薯与蚕豆间套作时,马铃薯用宽窄行种植,宽行行距 60 cm,窄行行距 20 cm,株距 35 cm,每公顷种 61 500 株。在马铃薯宽行内间作一行株距为 10 cm 的蚕豆,每公顷 10 万~12 万株。马铃薯和豌豆间套作,其带间为 50 cm,各种 2 行。豌豆播量 150~180 kg/hm²,保苗 78 万~90 万株/hm²,马铃薯株距 35 cm,保苗 61 500 株/hm²。

(四)薯菜间作套种

薯菜间套模式主要分布于菜区。由于蔬菜种类多,生长期及栽培技术不同,所以薯菜间套方式也多种多样。在二季作地区,有马铃薯与耐寒速生蔬菜如小白菜、小萝卜、菠菜等间套作和马铃薯与耐寒而生长期长的蔬菜如甘蓝或菜花间套作等。在北方高寒地区,采用早熟马铃薯复种油豆角、白菜萝卜等,马铃薯采用催大芽覆膜栽培,6 月下旬收获,下茬复种(移栽)油豆角、白菜、萝卜等。

第四节　马铃薯病毒病害及防治措施

马铃薯由于病毒侵染引起的病害称为病毒病害。病毒侵染马铃薯植株后,逐渐向块茎中转移,并在块茎中潜伏和积累,通过无性繁殖,世代传递,导致产量逐年降低,品质变劣,并表现出各种畸形症状,如植株矮化、束顶、花叶、卷叶、皱缩、块茎变小或出现尖头、龟裂等,最终失去种用价值。病毒病害一般减产 20%~30%,重者减产 50% 以上。高纬度、高海拔地区比低纬度、低海拔地区发病轻。

一、病毒病害的种类及发病条件

目前已知侵染马铃薯的病毒有 18 种,有 9 种是专门寄生于马铃薯上的(也可侵染其他某些植物)。其中国内已发现的有 7 种,即马铃薯 x 病毒(PVx)、马铃薯 Y 病毒(PVY)、马铃薯 S 病毒(FVS)、马铃薯 M 病毒(FVM)、马铃薯奥古巴花叶病毒(PAWV)、马铃薯 A 病毒(FVA)、马铃薯卷叶病毒(PLRV)。这些病毒通过机械摩擦、蚜虫、叶蝉和土壤线虫等媒介传播侵染,分别引起马铃薯普通花叶病、条斑花叶病、潜隐花叶病、副皱缩花叶病、黄斑花叶病、轻花叶病和卷叶病。马铃薯纺锤块茎类病毒(PSTV)侵染引起马铃薯束顶病。以其他作物为主要寄主侵染马铃薯的 9 种病毒中,国内发现的有三种,即烟草脆裂病毒(TRV)、烟草坏死病毒(TNV)、苜蓿花叶病毒(AMV)。它们分别引起马铃薯茎斑驳病、马铃薯皮斑驳病、马铃薯杂斑病。

病毒侵染马铃薯后是否发病和发病的程度与温度、品种的抗病性有关。高温有利于传毒媒(蚜虫等)的繁殖、迁飞和取食活动,有利于病毒迅速侵染和复制,高温使马铃薯自身的抗病性减弱,因而加重了病毒病害的发病程度。在相同条件下,品种的抗耐病能力不同,也有感病轻重之别。此外,栽培和储藏条件,也影响植株生长和病毒侵染危害程度。

二、防治马铃薯病毒病害的途径

(一)选育抗病毒的优良品种

选育抗病毒的优良品种是防治病毒病害最经济有效的途径。由于马铃薯可被多种病毒侵染,给育种工作造成很大困难。各地应根据当地主要病毒病害种类,有针对性地选育抗该种病毒病的品种。

(二)对已感病的优良品种进行茎尖脱毒,生产脱毒种薯

所有的马铃薯病毒都能通过薯块传播,种薯是生产中大多数马铃薯病毒病害的最初侵染来源,因此采用脱毒种薯是目前防治病毒病害最为有效的途径。为了迅速获得大量优质脱毒种薯,应从以下两个方面入手。

1. 建立健全马铃薯脱毒种薯繁育体系

马铃薯种薯生产采用块茎繁殖,其繁殖系数低,生产速度较慢,而且在繁殖过程中很容易受到病毒病和其他真菌、细菌病的再侵染。因此,目前我国东北、西北、内蒙古、西南等高海拔、高纬度地区,以县为单位普遍建立了四级脱毒种薯繁育体系,即网室生产原种—原种场生产原种—种薯生产基地生产一级种薯和二级种薯。马铃薯脱毒种薯是指经过一系列物理、化学、生物或其他技术措施清除薯块体内的病毒后,获得的经检测无病毒或极少有病毒侵染的种薯。它是马铃薯脱毒快繁及种薯生产体系中各级别种薯的通称,它包括脱毒原种(含试管苗、试管薯、原种小薯)、一级脱毒原种、二级脱毒原种、一级脱毒种薯、二级脱毒种薯。

2. 加强脱毒种薯生产田的栽培管理,防治病毒再侵染

(1)选地隔离。选择气候冷凉、地势开阔、有水源、交通方便的地方作种薯生产田,周围至少500～600 m内不能有马铃薯一般生产田或其他马铃薯病毒的寄主,如苜蓿、烟草等。

(2)种薯催芽与播种。催芽可提前出苗,苗壮、苗齐,增加每株主茎数,促进早结薯和成龄抗性的形成。催芽方法同一般大田。春播播期尽量提前,二季作地区秋播播期适当推后,尽可能避开夏季高温的不利影响及蚜虫发生期和传毒高峰期。整薯播种。切块播种时,必须严格进行切刀消毒。为了获得更多小薯,种植密度一般为每公顷10万～15万株。采用大行距小株距的播种方式,便于培土和增加结薯数。播种时结合施肥施放防蚜颗粒剂。

(3)合理施肥。应以充分腐熟的有机肥为主,适当增施磷、钾肥。避免过量施氮,以防茎叶徒长,而延迟结薯和植株成龄抗性的形成。

(4)喷药防蚜。与拔除病株从蚜虫出现开始,每隔7～10 d喷施一次灭蚜药,每次以不同种类的农药交替喷施。拔除病株是种薯生产过程中消灭病毒侵染源,防止扩大蔓延的一项重要措施。在苗高10～20 cm、现蕾期、开花期各进行一次。逐垄检查,发现病株连同新生块茎、母薯彻底拔除,小心装袋,带出田外30 m深埋。

（5）提前收获和刈蔓。提前收获可获得更多幼嫩小薯，并可避免病毒传到块茎。较早毁灭茎叶在一定程度上阻止晚疫病菌和已感染的病毒传到块茎。毁茎的方法有拔秧、割秧、化学药剂杀秧等。刈蔓在蚜虫迁飞高峰后 10 d 进行，再经 10 d 左右收获。这项措施在一季作区只适用于早熟和中早熟品种，对晚熟品种应加强药剂防治。

凡进入种薯生产田的人员或使用的工具，事前都要进行消毒，用肥皂水反复洗手，用稀碱水消毒工具和鞋底。

（三）其他途径

在中原二季作和南方二季作地区采用秋、冬季留种，西南混作区采用高山留种等措施，对减轻马铃薯病毒病害也有一定效果。

第五节　秋季马铃薯高产栽培技术

河南省马铃薯生产为春、秋二季作区，以前马铃薯生产以春季为主，秋季主要是生产种薯。近几年随着河南省马铃薯生产的发展，秋季商品薯生产面积也逐渐增大。但是，由于各种原因，多数种植户反映秋季马铃薯生产产量不高，严重制约了马铃薯的生产。笔者根据多年的经验，总结出秋季马铃薯生产要想获得高产，需严把五关。

一、选种关

选种包括品种选择和种薯选择。

（1）品种选择：选择优质、高产、早熟（播种至成熟 90～100 d）、休眠期短或较短（40～50 d），适宜二季作种植的品种，如郑薯五号、郑薯六号、中薯三号、费乌瑞它、东农 303、克新四号、早大白等。

（2）种薯选择：选择种性好，不退化，健康无病虫危害的 50 g 左右的小种薯。如果是购买种薯，要到具有脱毒条件、繁育种能力、信誉好的单位购种。如果是自留种，要在生长中后期选择地上部生长强健、叶片平展、不退化的植株留种，不要在收获后再挑选小土豆留种。因为退化株上结的土豆一般较小，如果收获后挑小土豆留种，退化的可能性较大，种植后造成减产。

二、催芽关

由于河南省马铃薯春季收获至秋季播种时间较短，有的种薯休眠期尚未通过，所以秋季马铃薯栽培一定要浸种催芽。浸种催芽的目的，一是打破休眠，有利于出芽；二是出苗整齐一致。催芽时，一是掌握好催芽时间；二是掌握好浸种浓度和浸种时间。一般休眠期较短的品种如郑薯五号、郑薯六号、中薯三号，在播种前一周左右用 5 mg/L 赤霉素（又称九二〇）浸种 5 min 开始催芽，其他休眠期较长的品种如费乌瑞它、东农 303、克新四号、早大白等，要适当提高浸种浓度和延长催芽时间和浸种时间。浸种方法如下：①先用少量酒精将赤霉素溶解，然后加水稀释到浸种所需浓度。②将种薯装入篓或网袋中放入浸种药液中浸种至品种所需时间。③将捞出的种薯放入沙床，沙床宽 100 cm，铺沙厚 5 cm 左右，摊放薯块厚 20 cm 左右，然后上面及四周覆盖湿润沙土 5 cm 左右。④芽长 2 cm 左右时扒出,放到阴凉有散射光的地方进行绿化,2~3 d后即可播种,这样出来的苗壮抗病。浸种催芽时应特别注意几点:①要严格配制赤霉素浓度。浓度低时没有作用,浓度高时容易出现弱细苗和簇苗,造成减产甚至绝收。②赤霉素溶液要随配随用,忌隔夜再用。③用过的赤霉素溶液不要泼撒在沙床上。④种薯堆积不要过厚,否则易造成烂薯。

三、播种关

(1)由于秋季播种时间正值高温多雨季节,容易烂种,所以要整薯播种,选择健康无病50 g左右小土豆作种。

(2)商品薯生产可适当早播。秋季马铃薯生产产量低的一个主要原因就是适宜马铃薯生长的时间较短,所以商品薯生产要适当提前播种,尽量延长其生长时间。播种时间在8月初为宜。

(3)播种方式以东西向背阳坡为宜,这样有利于降低地温,益于出苗。

(4)8月正是高温多雨季节,田间积水易引起烂薯,影响出苗及植株生长,所以雨后要及时排除积水。

(5)浇水或雨后,沟底要及时中耕,用菜耙耧埂面,消除板结,以利出苗。

四、田间管理关

由于秋季适宜马铃薯生长的时间较短,所以生长期间的所有管理都要突出一个“早”字。一要及时中耕除草。播种出苗期间正是高温多雨季节,杂草较多,要及时清除杂草,否则会形成草欺苗现象,影响出苗,不利于幼苗生长。二是及时追肥浇水。秋季马铃薯生产前期温度高,适宜茎叶生长,后期温度低,昼夜温差大,利于薯块膨大。整个生长期间一般不会出现徒长现象。所以,秋季马铃薯生产肥水管理要一促到底,早追肥早管理。在基肥充足的情况下,生长期间要追肥两次。第一次追肥在出苗70%~80%时,亩追碳铵50 kg,第二次追肥在苗高20 cm左右时视地上部生长情况亩追尿素15~30 kg。平时视雨水情况及时进行浇水,保持地表湿润为宜。三要及时培土。秋季培土应采取每次浅培,多次培土的办法。第一次培土在苗高20 cm左右时进行,第二次培土在开花初期进行,第三次培土在10月下旬霜降前,此次培土要厚些,有利保护块茎,防止霜冻。四要及时浇灌防霜水。霜降前浇一次大水,进行防霜,可适当延长茎叶生长时间,争取后期产量。有条件的10月中下旬可增加小拱棚等覆盖,更有利于高产。

五、病虫防治关

秋季阴雨天较多,病虫害较重,疏于防治,往往引起病虫害的蔓延,造成严重减产。秋季最常发生的病害是晚疫病,虫害是茶黄螨,危害时间多在9月中下旬至10月上旬。一般晚疫病用瑞毒霉、可杀得、杀毒矾、乙磷铝、波尔多液等防治,茶黄螨用三氯杀螨醇、克螨特、灭螨猛、环丙杀螨醇等防治。9月中下旬喷药一次,以后每一周喷药一次,喷3次药即可控制晚疫病和茶黄螨的发生。

第六节　河南省马铃薯高产高效生产技术要点

一、品种与种薯

河南省属于春秋二季栽培区,适合马铃薯生长的时间比较短,春秋两季间隔时间短,因此对品种选择比较严格。必须选用早熟、抗病、休眠期短、优质、丰产、抗逆性强的品种才能适应当地生产。适合河南省栽培条件、商品性好的品种有郑薯五号、六号(豫马铃薯一号、二号)和费乌瑞它、中薯三号等品种。最好选用符合《马铃薯脱毒种薯》(GB 18133)和《种薯》(GB 4406)标准的"郑研"牌马铃薯种薯,为高产高效打好基础。每亩用种量120 kg。

二、种薯处理(催芽、切块)

春季播种前20~30 d将种薯置于15~20 ℃进行催芽。切块沙埋或整薯直接催。阳畦留种、小拱棚早熟栽培,需用赤霉素(920)浸种催芽。整薯浸种:郑薯五号、六号和中薯三号用5 mg/L浸泡5 min;切块浸种用0.5 mg/L浸种5 min,春季浸种后捞出放在15~20 ℃沙埋催芽;费乌瑞它整薯浸种用10 mg/L浸泡5 min,切块浸种用1 mg/L浸种5 min。秋季种植郑薯五号、六号和中薯三号在播种前5 d,用5 mg/L赤霉素(920)浸种5 min,捞出控后水在冷凉的地方进行沙埋催芽,费乌瑞它整薯浸种用10 mg/L浸泡5 min。

春季切块种植。进行商品薯生产,每千克种薯切40~50块;进行种薯生产,每千克种薯切70~80块。切块大小均匀,每个切块带1~2个芽眼。根据薯块大小确定切块方法:25 g以下的薯块,仅切去脐部即可,刺激发芽;50 g以下的薯块,纵切2块,利用顶芽,生长势强;80 g左右的薯块,可上下纵切成4块;较大的薯块,先从脐部切,切到中上部,再十字上下纵切;大薯块也可以先上下纵切两半,然后分别从脐部芽眼依次切块。切刀应尽量靠近芽眼。切刀要求快、薄、净,切刀每使用10 min后或在切到病、烂薯时,用5%的高锰酸钾溶液或75%酒精浸泡1~2 min,或擦洗消毒,或高温消毒。切块后,进行摊晾,使伤口愈合,勿堆积过厚,以防烂种。秋季采用50 g左右健康小整薯,浸种催芽后播种。

三、整地、施肥

选择地势平坦,灌排方便,沙质壤土为宜。深耕,耕作深度20~30 cm。整地,使土壤颗粒大小合适。尽量避免与茄科作物连作。

根据土壤肥力,确定相应施肥量和施肥方法。农家肥和化肥混合施用,提倡多施农家肥。要求亩施农家肥4 000~5 000 kg。农家肥结合耕翻整地施用,与耕层充分混匀,化肥做种肥或追肥,播种时开沟施。每生产1 000 kg薯块的马铃薯需肥量:氮肥(N)5~6 kg,磷肥(P_2O_5)1~3 kg,钾肥(K_2O)12~13 kg。

四、播种(时间、深度、密度、方法)

根据气象条件、品种特性和市场需求选择适宜的播期。一般土壤深约10 cm处地温为7～22℃时适宜播种。郑州地区春露地3月上中旬,地膜覆盖2月底,阳畦、小拱棚1月底播种。秋季马铃薯播种期:生产商品薯的8月5～10日;生产种薯的8月中旬;进行切块种植的8月20～25日。

地温低而含水量高的土壤宜浅播,播种深度约5 cm;地温高而干燥的土壤宜深播,播种深度约10 cm。地膜覆盖不培土,播种宜深些,郑薯五号、六号和中薯三号6～9 cm,费乌瑞它9～11 cm。

不同的栽培方式要求不同的播种密度。一般生产田春季每亩种植5 000～6 000株,留种田每亩7 000～8 000株。秋季每亩5 000株左右。露地种植,行距60 cm、株距20～25 cm;地膜覆盖1 m1垄,1垄双行,株距20 cm;留种田密度大,切块小。

进行早熟栽培,宜采用地膜覆盖、小拱棚、大棚。春季单垄种植宜采用朝阳坡播种,播在垄东或垄南面。秋季采用背阳坡播种。

五、田间管理(中耕、追肥、培土、灌水)

春季马铃薯从出苗到收获仅60 d左右(从播种到收获90～105 d)。在这短短的约2个月的时间内,既要形成强大茂盛的地上部茎叶,又要积累大量的养分形成块茎。因此,加强肥水等管理就显得十分重要。春季气温由低到高,前段时间温度适宜块茎膨大,后期温度较高,适宜茎叶生长,气候与马铃薯生长发育所需要的温度有很大矛盾。因此,在管理上掌握前促后控的原则。技术管理要及时,抓早、抓细、早中耕、早追肥、早浇水。促根、促棵、促匍匐茎、促幼苗早发,苗壮生长。开花后根据天气、墒情、枝叶生长情况,酌情追肥、小水勤浇,促棵攻薯,以薯控棵,使薯、棵生长上下协调,既要防止后期茎叶早衰,又要控制后期茎叶徒长。

齐苗后及时中耕除草,封垄前进行最后一次中耕除草。视苗情追肥,追肥宜早不宜晚。追肥方法可沟施、点施或叶面喷施,施后及时灌水或喷水。一般追两次肥,出苗70%～80%时,每亩追碳铵50 kg。封垄时追尿素10～15 kg。

一般结合中耕除草培土2～3次。出齐苗后进行第一次浅培土,现蕾期高培土,封垄前最后一次培土,培成宽而高的大垄。地膜覆盖种植浅的可揭膜进行培土,种植深的可不培土。

在整个生长期土壤含水量保持在60%～80%。出苗前不宜灌溉,过于干旱,可浇小水,不要漫垄。块茎形成期及时适量浇水,块茎膨大期不能缺水。浇水时忌大水漫灌。在雨水较多的地区或季节,及时排水,田间不能有积水。收获前视气象情况7～10 d停止灌水。

六、及时采收

根据生长情况、块茎用途与市场需求及时采收。块茎避免暴晒、雨淋、霜冻和长时间暴露在阳光下而变绿。春季阳畦留种、双膜覆盖早熟栽培马铃薯4月底至5月初收获;地膜覆盖早熟栽培、种子田5月中下旬收获;地膜覆盖、露地商品薯6月上中旬收获。收刨以上午10时以前、下午3时以后进行为宜。随刨随运输,严防块茎在田间阳光下暴晒,以免灼伤块茎,造成储藏期烂薯。秋季应在下霜以后收刨,郑州地区一般在11月10日左右收获。注意防冻。

第七节　马铃薯病虫害防治技术

按照"预防为主,综合防治"的植保方针,坚持以农业防治、物理防治、生物防治、化学防治相结合的综合治理原则。

在河南省,马铃薯主要病害为病毒病、晚疫病、疮痂病等,主要虫害为蚜虫、地老虎、蛴螬、茶黄螨、潜叶蝇等。

一、病害

（一）病毒病

生产上常见的病毒病有 PVX（普通花叶病毒）、PVS（潜隐花叶病毒）、PVA（粗皱缩花叶病毒）、PVY（重花叶病毒）、PLRV（卷叶病毒）。

防治方法:①推广利用脱毒薯。建立脱毒薯繁育基地,通过检测淘汰病薯,生产上通过二季栽培留种。②选用抗病品种。在条斑花叶、普通花叶和卷叶发生严重的二季作区选用郑薯五号、郑薯六号、费乌瑞它、中薯三号等。③精选种薯。在田间严格选留无病毒症状的植株留种,建立种子田。④调整播种期、收获期。春季早播、早收,秋季适当晚播。避开蚜虫迁飞高峰,减轻蚜虫为害传播,躲过高温影响。⑤防治蚜虫。种子田从出苗开始应定期喷药防蚜。发现感病植株应立即拔除。⑥整薯播种。种薯田应采用整薯播种,杜绝部分病毒及其他病害借切刀传播。⑦药剂防治。发病初期喷洒抗毒丰（0.5% 菇类蛋白多糖水剂）300 倍液,或 5% 菌毒清水剂 500 倍液,或 1.5% 植病灵Ⅱ号乳剂 1 000 倍液,或 20% 病毒 A 可湿性粉剂 500 倍液。

（二）晚疫病

马铃薯晚疫病（Potato Late Blight）由致病疫霉引起,是一种可导致马铃薯茎叶死亡和块茎腐烂的毁灭性卵菌病害,也是我国普遍发生的一种严重的寄主性真菌病害。在阴雨连绵、温度较低、湿度较大的条件下容易发生。

1. 发病症状

晚疫病主要危害马铃薯叶、茎和薯块。叶片感病,先在叶尖或叶缘呈水浸状绿褐色斑点,病斑周围有浅绿色晕圈,湿度大时病斑迅速扩大,呈褐色,在叶背面产生白霉,即孢子梗和孢子囊。干燥时病斑变褐干枯,质脆易裂,不见白霉,且扩展速度减慢。叶柄、茎部感病,呈褐色条斑。发病严重时叶片萎垂、卷缩,全株黑腐,全田一片枯焦,散发出腐败气味。块茎感病,呈褐色或紫褐色大块病斑,稍凹陷,病部皮下薯肉呈褐色,逐步向四周扩大或烂掉。

2. 发病条件及传播途径

病菌以菌丝体在薯块中越冬。播种带菌薯块,不发芽或发芽出土后死亡,有的出苗后在温度、湿度适合时,成为中心病株。病斑上的孢子借气流传播在侵染周围植株,形成发病中心,并迅速向外侵染蔓延,全田植株感病而枯死。病菌孢子落入土壤中侵染薯块。带病的种薯是马铃薯晚疫病来年发生的主要病源。

马铃薯生长处于开花阶段,只要白天处于 22 ℃左右,相对湿度高于 95%,夜间 10 ~

13 ℃,叶面上有水滴的高湿条件下,晚疫病即可发生。发病后 10~14 d 病害蔓延全田或引起大流行。因此,河南省在 9 月下旬至 10 月上中旬,如遇阴雨连绵,空气潮湿,或温暖多雾,即有发生流行的可能。

3.防治方法

（1）选用抗病品种。早熟品种抗晚疫病性能较差,而中晚熟品种抗晚疫病性能较强。适宜二季栽培的中晚熟品种必须为结薯偏早的,较抗晚疫病的有高原 7 号、克新 2 号等。

（2）精选种薯,淘汰病薯。种薯入窖储藏、出窖,春化处理、切块、催芽等每个环节都要精选薯块,淘汰病薯,以切断病源。

（3）加厚培土。防止病菌孢子囊落入土壤后侵染薯块。地上茎叶发病枯死后,要及时将秧子割去,暴晒 2~3 d 后收获。

（4）药剂防治。田间发现发病中心病株或发病中心后,应立即割去发病马铃薯秧子,轻轻地拿出田间进行深埋,并要对中心发病株或发病中心的周围进行喷药封锁,重点消灭,全面防治。只要连续喷药 2~3 次,就可控制晚疫病的危害。田间可喷洒 85% 瑞毒霉可湿性粉剂加水 800~1 000 倍液,或 40% 乙磷铝可湿性粉剂 200 倍液,或 64% 杀毒矾可湿性粉剂 500 倍液,或 69% 安克锰锌可湿性粉剂 800 倍液,或 72.2% 普力克水剂 500 倍液,或 53% 金雷多米尔可湿性粉剂 800 倍液,或 58% 瑞毒霉锰锌 500~600 倍液,或 80% 大生可湿性粉剂 400~800 倍液,或 72% 的克露可湿性粉剂 600~800 倍液喷雾,10 d 左右喷一次,连续防治 2~3 次。可用其中一种药物,但最好几种药交替施用,效果更好。

（三）疮痂病

疮痂病是一种放线菌病害,在二季作区秋季发生比较普遍。秋季播种早、土壤碱性、施不腐熟的有机肥料、结薯初期土壤干旱高温等,发病较重。

1.发病症状

该病主要危害马铃薯块茎,块茎感病后,薯块表面先产生褐色小点,扩大后形成圆形或不规则的较大褐色病斑,边缘隆起。病斑扩大合并,形成大病斑,病斑上往往出现有白色、灰色或其他颜色的粉末,特别是刚收获的块茎最明显。感病块茎表皮粗糙木质化,呈干腐状。病斑一般较浅,仅限在块茎表皮,也有深达薯肉的,引起局部薯肉硬化。匍匐茎也可受害,多呈近圆形或圆形的病斑。马铃薯受害后,产量降低,品质差,不耐储藏,影响块茎的商品质量,严重的失去商品价值。

2.发病条件及传播途径

病菌在土壤中腐生,也能在储藏的病薯上越冬。主要靠病薯和土壤传播。块茎生长的早期,表皮木栓化之前,病菌从皮孔或伤口侵入后感病,当块茎表皮木栓化后,侵入则较困难。放线菌能在土壤 pH 值 5.2~8.6 的范围内生存。病菌发育的最适宜温度为 25~30 ℃,土壤温度 21~24 ℃病害最重。二季作区秋季发病与疮痂病孢子的最佳发芽温度有关。因为秋季马铃薯结薯初期正遇气温和地温偏高的时期,所以发病比春季重。低温、土壤湿度和酸性土壤对疮痂病有抑制作用。疮痂病发生最适宜的 pH 值为 5.3,土壤 pH 值为 5.2 以下可抑制病菌发展,减轻危害程度。

块茎发病后,表皮发生病斑,不仅影响了外貌,而且有损品质,商品价值降低。但疮痂病的薯块只要不腐烂、能发芽,春季播种后,因气候条件关系,一般在块茎上很少出现疮痂病的病斑。留种的块茎就是有疮痂病,在春季播种对产量影响也不大。

3. 防治方法

(1)轮作调茬。避免连作,不要在碱性地块种植马铃薯,使用有机肥料,要充分腐熟。

(2)调整播期。秋季适当晚播,使马铃薯结薯初期避过高温。

(3)加强田间管理。秋季马铃薯块茎膨大初期,小水勤浇,保持土壤湿润,降低地温。

(4)药剂防治。秋季用 1.5 ~ 2 kg 硫黄粉撒施后犁地进行土壤消毒,播种开沟时每亩再用 1.5 kg 硫黄粉沟施消毒。用对苯二酚(化学纯)100 g 加水 100 kg,配成 0.1% 水溶液,播种前浸种 30 min,捞出晾干后播种。

(四)环腐病

一种常见的马铃薯毁灭性细菌病害。北方一季作区发生较严重,二季作区发生较轻。春秋生产季节发病造成死棵烂薯,储藏期造成大量烂薯。

1. 发病症状

带病薯块播种后,重者在土壤中烂掉,轻的比健薯晚出苗 4 ~ 5 d。出苗后生长缓慢,瘦弱矮小,叶片发黄变小,下部叶片边缘或尖端先出现褐色斑点,以后干枯向上卷或早期死亡,但叶片不脱落。有些中上部叶片前期保持绿色,以后变成灰绿色萎蔫。在生长期,部分病株分枝正常,植株稍矮,个别枝条(半边)萎蔫或全萎蔫。顶部叶片变小,叶片组织部分褪色,由浅绿色变成黄绿色,叶缘出现褐色斑点。上部叶片向上卷曲,叶片萎蔫下垂。下部叶片多数枯黄,茎保持绿色。有些叶片先由尖端变褐后全部变褐,病株叶片向上卷曲变枯,仅留顶部几片灰绿色小叶。切开病株茎基部维管束不变色或变成浅褐色,用手挤压可溢出乳黄色或乳白色黏液。

2. 传播途径

块茎带病是病源的主要来源。在收藏中带病的薯块和健康薯共同在一起堆积时,很容易通过伤口接触传播,而最广泛的传染途径是通过切刀传播。带病薯块播种后,随着种薯的发芽出苗生长,一方面病菌可沿维管束组织逐步蔓延到地上部茎枝维管束,影响水分向上输送,植株发生萎蔫;另一方面病菌从维管束蔓延到新生块茎,块茎由脐部维管束向上,维管束变色,严重时维管束腐烂,呈棕红色,用手压挤,薯肉与原皮层分离。

环腐病传播途径主要是切块时借切刀传播。病菌黏液附着在条筐等运输工具上也可把病菌传给健薯。干燥后的黏液,病菌仍可存活数个月。但环腐病不能在土壤中越冬。

3. 发病条件

环腐病菌最适宜生长的温度是 20 ~ 23 ℃,在田间发病最适宜的温度是 18 ~ 24 ℃,最高温度 31 ~ 33 ℃,最低温度 1 ~ 2 ℃,致死温度在干燥情况下 50 ℃经 10 min。最适宜 pH值为 6.8 ~ 8.4。

4. 防治方法

(1)加强植物检验。调运带病种薯是环腐病远距离传播的主要途径。严禁从病区调运、引进种薯。

(2)整薯播种。避免环腐病借切刀传播。

(3)建立无病种薯田。选用两年未种过马铃薯的地块。种薯应是株选的无病健薯,并进行整薯播种,通过培育无病种薯才能彻底消灭环腐病。

（4）切刀消毒、削腔（脐部）把关。切块前首先给把关人准备好 3～4 把刀。把关人用刀在种薯的尾部（脐部）削切一刀，发现维管束变色立即淘汰，并对切刀消毒，然后再换一把经过消毒的刀。经过削切脐部把关，把无病的健康种薯放在一起，由其他人进行切块。这样既防止了环腐病借切刀传播，又减少了其他人切刀消毒的麻烦，效果很好。切刀消毒的方法是：将切刀在火炉上烧烤 20 s 左右，取出后放入凉水中浸放一会儿，切刀凉后即可使用。也可在开水中煮 2～3 min，晾凉后即可使用。

二、虫害

（一）蚜虫

1. 危害症状

蚜虫也称腻虫，常群集在嫩叶的背面吸取汁液，严重时叶片卷曲皱缩变形，甚至干枯，严重影响顶部幼芽正常生长。花蕾和花也是蚜虫密集的部位。桃蚜还可以传播病毒。

2. 特征特性

马铃薯蚜虫，杂食性，寄主多，越冬寄主多为蔷薇科木本植物（如桃、李、梅、杏、樱桃等）；夏寄主多为草本植物（除包括豆科、茄科、葫芦科、十字花科等蔬菜外，还包括许多一、二年生草本观赏植物，特别是温室花卉）。蚜虫是孤雌生殖，繁殖速度快，从越冬寄主转移（迁飞）到第二寄主马铃薯等植株后，每年可发生 10～20 代。蚜虫靠有翅蚜迁飞扩散。有翅蚜一般在 4～5 月向马铃薯迁飞或扩散。温度 25 ℃左右时生育繁殖最快，高 30 ℃或低于 6 ℃时，蚜虫数量减少。暴雨大风和多雨季节不利于蚜虫繁殖和迁飞。桃蚜在秋末时飞回第一寄主桃树上产卵越冬。越冬卵到春季孵化后以有翅蚜迁飞到第二寄主危害。有时蚜虫的成虫或若虫在菜窖、温室、阳畦内越冬。桃蚜对黄色、橙色有强烈的趋性，而对银灰色有负趋性。

3. 防治方法

（1）药剂防治。可用吡虫啉（蚜虱一遍净）可湿性粉剂加水 2 000 倍，或 50%抗蚜威加水 2 000 倍或 4.5%高效氯氰菊酯乳油 1 000 倍液，或 20%速灭杀丁加水 2 000 倍，或 52.5%农地乐 1 000～1 500 倍液，或 2.5%扑虱蚜 2 500 倍液，或 25%劈蚜雾 1 000～1 500 倍液喷雾防治。灭蚜药剂较多，可根据情况选择轮换使用，以免蚜虫产生抗性，影响防治效果。由于蚜虫繁殖快，蔓延迅速，必须及时防治。蚜虫多在心叶、叶背处危害，药剂难以全面喷到，所以在喷药时要周到细致。

（2）农业防治。生产种薯，为了防止蚜虫传毒，在二季作区，春季应在蚜虫迁飞前收获，避开蚜虫危害。另外，出苗后，要求每周应喷药 1 次。

（二）蛴螬

1. 危害症状

金龟子的幼虫，在地下部活动，危害咬食幼嫩的根、茎和块茎，有时会将块茎吃去一半，获食成株状。当 10 cm 地温 13～18 ℃时活动最盛，危害也最重。土壤湿度大，或小雨连绵的天气危害严重。对未腐熟的厩肥有强烈的趋性。

2. 特征特性

金龟子 2 年完成 1 代，成虫、幼虫均在土中越冬，5～7 月成虫大量出现，黄昏活动，咬食叶片,交配产卵,每头雌金龟子可产卵 100 粒左右,卵产于疏松湿润的土壤中。卵经 15~22 d 孵化成幼虫。幼虫期 340~400 d,冬季在土壤 55~150 cm 越冬。蛹期约 20 d。

3. 防治方法

(1)处理有机肥。有机肥使用前,要经过高温充分发酵,杀死幼虫及虫卵,减轻危害。施用未腐熟的农家肥,易发生蛴螬,使用前应拌敌百虫或辛硫磷乳油。

(2)合理使用化肥。碳酸氢铵、腐殖酸铵、氨水、氨化过磷酸钙等化肥,散出的氨气对蛴螬等地下虫有一定的驱避作用。

(3)药剂防治。可选用 50% 辛硫磷乳油加水 1 000 倍,或 30% 敌百虫乳油加水 500 倍,或 80% 敌百虫可湿性粉剂加水 1 000 倍喷洒或灌杀。

(4)土壤处理。播种前用 3% 米乐尔颗粒剂,每亩 2~6 kg 加细土 50 kg,混拌均匀,撒在地表,深耕 20 cm。也可在播种时撒入播种沟内,锄后再播种。米乐尔在土壤中有效期为 2~3 个月,还可以有效地兼治金针虫、地老虎、跳甲幼虫、地蛆、根结线虫等地下害虫。

(三)茶黄螨

1. 危害症状

危害黄瓜、茄子、番茄青椒、豆类、马铃薯等多种蔬菜。由于螨体极小,肉眼难以观察识别,常误认为是生理病害或病毒病害。对马铃薯嫩的茎叶危害较重。特别是在二季作地区秋季发生比较严重,个别田块严重时马铃薯植株油褐色枯死,造成严重减产。河南省发生危害时间在秋季 9 月下旬至 10 月上旬。成螨和幼螨集中在幼嫩的茎与叶背刺吸汁液,造成植株叶片畸形。受害叶片背面呈黄褐色,有油质状光泽或呈油浸状,叶片边缘向叶背卷曲。嫩叶受害叶片变小变窄。嫩茎变成黄褐色,扭曲畸形。严重者植株枯死。

2. 特征特性

成虫活泼,尤其是雌虫,当取食部位变老时,立即向新的幼嫩部位转移,并且有搬运雌螨、若螨至植株幼嫩部位的习性。卵和幼螨对湿度要求较高,只有在相对湿度 80% 以上时才能发育。因此,温暖多湿的环境有利于茶黄螨的发生。

3. 防治方法

(1)农业防治。许多杂草是茶黄螨的寄主,应及时清除田间、地边、地头杂草,消灭寄主植物,杜绝虫源。马铃薯种植地块,不要与菜豆、茄子、青椒等蔬菜临近,以免传播。

(2)药剂防治。可用 75% 克螨特乳油加水 1 500~2 000 倍,或 20% 复方浏阳霉素加水 1 000 倍,或 40% 环丙螨醇可湿性粉剂加水 1 500~2 000 倍,或 25% 灭螨猛可湿性粉剂加水 1 000~1 500 倍,或 40% 乐果乳油加水 1 000 倍等进行喷洒。茶黄螨生活周期较短,繁殖力特强,应特别注意早期防治。

(四)地老虎(土蚕)

1. 危害症状

地老虎种类较多,危害马铃薯的主要是小地老虎、黄地老虎和大地老虎等,以幼虫在夜间活动危害。3 龄前幼虫食量小,危害叶片,严重时叶片的叶肉被食光,只剩下小叶柄和叶的主脉。3 龄后钻入 3 cm 左右的表土中,危害根、茎。3~6 龄食量剧增,咬食(断)叶柄、枝条和主茎,造成缺株断垄。结薯期危害块茎,将块茎咬食成大小、深浅不等的虫孔,有时幼虫钻入块茎内危害,将块茎食空,造成严重减产和块茎失去商品价值。

2. 特征特性

地老虎种类很多,分布广,危害严重,每年发生 3 ~ 4 代,成虫雌蛾产卵 300 ~ 1 000 粒,卵经 7 ~ 10 d 孵化为幼虫。幼虫灰褐色,取食嫩叶后体色转变为灰绿色,3 龄后钻入土中变成灰色。幼虫体长 50 mm 左右,以 3 ~ 6 龄幼虫越冬,4 月中旬至 5 月上旬是幼虫危害盛期。

3. 防治方法

(1)农业防治。清除田间及周围杂草,减少地老虎雌蛾产卵的场所,减轻幼虫为害。

(2)物理防治。灯光诱杀。利用成虫趋光性,在田间安装黑光灯诱杀。糖醋液诱杀。红糖 6 份,白酒 1 份,醋 3 份,水 10 份,90% 敌百虫 1 份,调配均匀,做成诱液装入盆内,放在田间三脚架上,夜间诱杀成虫,白天将盆取回。每隔 2 ~ 3 d 补加 1 次诱杀液。

(3)药剂防治。毒饵诱杀:将炒黄的麦麸(或秕谷、豆饼、玉米碎粒等)5 kg 加 5 kg 敌百虫水溶液(敌百虫 100 g 加水 5 kg 溶解开)充分搅拌均匀,傍晚撒入田间,防治效果好,并可兼治蝼蛄。每亩需麦麸 3 kg。拌毒饵也可用 50% 辛硫磷或 48% 毒死蜱乳油 50 ~ 80 mL 加适量水稀释,再将药液喷拌在 5 kg 炒香的麦麸、谷子、米糠、玉米糁、豆饼糁或棉籽饼糁中混匀而成。嫩草、菜叶诱杀:灰灰菜或青叶菜切碎,每 5 kg 水加敌百虫 100 g(用温水溶解开),拌均匀,傍晚撒入田间。3 龄前幼虫未入土,可用 20% 杀铃脲悬浮剂或 5% 氯氟氰菊酯乳油 4 000 ~ 5 000 倍液喷洒。幼虫 3 龄后入土,每亩可用 750 g 敌百虫,先用温水溶解开配成母液,浇水时顺水冲入土壤内,进行防治。

(五)潜叶蝇

1. 危害症状

潜叶蝇可危害许多作物。潜叶蝇体形很小,危害马铃薯的主要是幼虫,以幼虫潜入叶片表皮下,曲折穿行,取食绿色组织,造成不规则的灰白色线状隧道。危害严重时,叶片组织几乎全部受害,叶片上布满蛀道,尤以植株基部叶片受害为最重,甚至枯萎死亡。成虫还可吸食植物汁液使被吸处成小白点。

2. 特征特性

中国常见的有潜叶蝇科的豌豆潜叶蝇、紫云英潜叶蝇,水蝇科的稻小潜叶蝇,花蝇科的甜菜潜叶蝇等,均属双翅目。目前发现还有美洲斑潜蝇。豌豆潜叶蝇为多发性害虫,1 年发生代数随地区而不同。宁夏每年发生 3 ~ 4 代;河北、东北 1 年发生 5 代;而福建福州 1 年可发生 13 ~ 15 代;广东可发生 18 代。在北方地区,以蛹在油菜、豌豆及苦荬菜等叶组织中越冬;长江以南、南岭以北则以蛹态越冬为主,还有少数幼虫和成虫过冬;在我国华南温暖地区,冬季可继续繁殖,无固定虫态越冬。豌豆潜叶蝇有较强的耐寒力,不耐高温,夏季气温 35 ℃ 以上就不能存活或以蛹越夏。

3. 防治方法

(1)加强植物检疫。美洲斑潜蝇为检疫性害虫,要加强植物检疫,防止随马铃薯调运传入或传出。

对已发生危害的地区,应采取果断防治措施予以肃清或控制为害。

(2)农业防治。保护天敌,可大大减少潜叶蝇的危害。特别是过度使用杀虫剂,使潜叶蝇的天敌遭到毁灭的地区,潜叶蝇是一种严重的马铃薯害虫。由于潜叶蝇成虫对黄色具有趋性,因此可采用黏性的黄色诱捕纸板等物诱杀,在开花期进行。作物收获后要深耕翻土,清洁用园,清除残株败叶和田边杂物,以压低虫源基数,减少下一代发生数量,要施用充分腐熟的粪肥,避免使用未经发酵腐熟的粪肥,特别是厩肥。

(3)药剂防治。应加强测报,掌握在卵孵化高峰期施药。在药剂上可选用阿维素类农药,如1%海正灭虫灵乳油2 000~2 500倍液,或1.8%虫螨克乳油3 000~5 000倍液,或48%乐斯本乳油1 000倍液,或20%氰戊菊酯乳油3 000倍液。市场上出售的斑潜净是一种很有效的药剂,喷施浓度为450~900 hm^2,稀释1 000~2 000倍液,在清晨或傍晚喷施。施药间隔5~7 d,根据虫害严重程度,可连续用药3~5次,以消灭潜叶蝇的危害。喷药时力求均匀、周到,并注意轮换、交替用药,以延缓害虫抗药性的产生。

(六)马铃薯二十八星瓢虫

1.危害症状

成虫、幼虫都可危害马铃薯、茄子、青椒、豆类、瓜类等蔬菜。秋季(9月)危害马铃薯较重。成虫和幼虫均可危害马铃薯,但幼虫危害更严重。幼虫专食叶肉,被食后的叶片只留有网状叶脉,叶子很快枯黄,造成严重减产。

2.特征特性

二十八星瓢虫每年可繁殖2~3代,成虫为红褐色带28个黑点的半圆形甲虫。成虫取食或产卵均在白天,上午10时至下午2时活动危害最盛。产卵积聚成块,每块卵有20~30粒,每个雌虫可产卵300~400粒,多产在叶的背面。初孵化的幼虫群集于叶的背面危害,2龄后分散到其他叶片危害。幼虫为黄色或黄褐色,身上有黑色刺毛,躯体扁椭圆形,行动迅速。

3.防治方法

(1)物理防治。人工捕捉成虫。利用成虫的假死习性,在成虫盛发期,每天早晚用脸盆承接着,然后轻敲植株,成虫便落入盆内,收集杀死。人工摘除卵块。成虫产卵集中,颜色鲜艳,极易发现摘除。

(2)药剂防治。20%氯虫苯甲酰胺悬浮剂6 000倍,或1.8%阿维菌素乳油1 000倍,或50%辛硫磷乳剂加水1 000倍,或80%敌敌畏加水800~1 000倍,或2.5%溴氰菊酯乳油加水2 500倍,或25%灭幼脲500倍,或2.5%功夫乳油加水3 000倍,或4.5%高效氯氰菊酯乳油1 500倍进行喷洒。发现成虫活动时即可喷药,每10 d左右喷药1次,一般喷3次即可完全控制危害。卵和刚孵化的幼虫都在植株下部叶片的背面,喷药时一定要喷到叶背面,以把隐蔽的幼虫及卵全部杀死。

(七)温室白粉虱

1.危害症状

成虫和若虫吸食植物汁液,被害叶片褪绿、变黄、萎蔫,甚至全株枯死。此外,由于其繁殖力强,繁殖速度快,种群数量庞大,群聚危害,并分泌大量蜜液,严重污染叶片和果实,往往引起煤污病的大发生,使蔬菜失去商品价值。除严重危害番茄、青椒、茄子、马铃薯等茄科作物外,也是严重危害黄瓜、菜豆的害虫。

2.特征特性

成虫有趋嫩性,在寄主植物打顶以前,成虫总是随着植株的生长不断追逐顶部嫩叶产卵,因此白粉虱在作物上自上而下的分布为:新产的绿卵、变黑的卵、初龄若虫、老龄若虫、伪蛹、新羽化成虫。成虫体长 1～1.5 mm,淡黄色。翅面覆盖白蜡粉,停息时双翅在体上合成屋脊状如蛾类,翅端半圆状遮住整个腹部,翅脉简单,沿翅外缘有一排小颗粒。卵长约 0.2 mm,侧面观呈长椭圆形,基部有卵柄,柄长 0.02 mm,从叶背的气孔插入植物组织中。初产淡绿色,覆有蜡粉,而后渐变褐色,孵化前呈黑色。1 龄若虫体长约 0.29 mm,长椭圆形,2 龄约 0.37 mm,3 龄约 0.51 mm,淡绿色或黄绿色,足和触角退化,紧贴在叶片上营固着生活;4 龄若虫又称伪蛹,体长 0.7～0.8 mm,椭圆形,初期体扁平,逐渐加厚呈蛋糕状(侧面观),中央略高,黄褐色,体背有长短不齐的蜡丝,体侧有刺。

3. 防治方法

对白粉虱的防治,应以农业防治为主,加强蔬菜作物的栽培管理,培育"无虫苗",辅以合理使用化学农药,积极开展生物防治和物理防治。

(1)农业防治。提倡温室第一茬种植白粉虱不喜食的芹菜、蒜黄等较耐低温的作物,而减少黄瓜、番茄的种植面积;培育"无虫苗",把苗房和生产温室分开,育苗前彻底熏杀残余虫口,清理杂草和残株,以及在通风口密封尼龙纱,控制外来虫源;避免黄瓜、番茄、菜豆混栽;温室、大棚附近避免栽植黄瓜、番茄、茄子、菜豆等粉虱发生严重的蔬菜;提倡种植白粉虱不喜食的十字花科蔬菜,以减少虫源。

(2)药剂防治。由于粉虱世代重叠,在同一时间同一作物上存在各虫态,而当前药剂没有对所有虫态皆有效的种类,所以采用化学防治法,必须连续几次用药。可选用的药剂和浓度如下:10% 扑虱灵乳油(噻嗪酮)1 000 倍液,对粉虱特效;25% 灭螨猛乳油 1 000 倍液,对粉虱成虫、卵和若虫皆有效;20% 康福多浓可溶剂 4 000 倍液或 10% 大功臣可湿性粉剂亩用有效成分 2 g,持效期 30 d;天王星 2.5% 乳油 3 000 倍液,可杀成虫、若虫、假蛹,对卵的效果不明显;功夫 2.5% 乳油 3 000 倍液;灭扫利 20% 乳油 2 000 倍液,连续施用,均有较好效果。

(3)生物防治。可人工繁殖释放丽蚜小蜂(又名粉虱匀鞭蚜小蜂 Encarsia formosa),在温室第二茬番茄上,当粉虱成虫在 0.5 头/株以下时,每隔两周放 1 次,共 3 次释放丽蚜小蜂成蜂 15 头/株,寄生蜂可在温室内建立种群并能有效地控制白粉虱为害。

(4)物理防治。白粉虱对黄色敏感,有强烈趋性,可在温室内设置黄板诱杀成虫。方法是利用废旧的纤维板或硬纸板,裁成 1 m×0.2 m 长条,用油漆涂为橙皮黄色,再涂上一层黏油(可使用 10 号机油加少许黄油调匀),每亩设置 32～34 块,置于行间可与植株高度相同。当粉虱粘满板面时,需及时重涂黏油,一般可 7～10 d 重涂 1 次。要防止油滴在作物上造成烧伤。黄板诱杀与释放丽蚜小蜂可协调运用,并配合生产"无虫苗",作为综合治理的几项主要内容。此外,由于粉虱繁殖迅速,易于传播,在一个地区范围内的生产单位应注意联防联治,以提高总体防治效果。

第八节　马铃薯化学除草技术

马铃薯田间杂草可以分为禾本科杂草和阔叶类杂草。禾本科杂草以稗草、狗尾草、野黍和马唐为主;阔叶类杂草有藜、反枝苋、苍耳、铁苋菜、苘麻、卷茎蓼、小蓟、蒿等。这些杂草可与马铃薯争夺水、肥、阳光、空间等,对马铃薯的产量影响很大,同时杂草还是许多害虫的寄主,这些害虫可向马铃薯传播病虫害。防除马铃薯田间杂草要坚持早、小、净三个原则,同时由于马铃薯对除草剂有一定的敏感性,苗前使用除草剂时要注意除草剂的残留有效期。马铃薯田除草方法如下。

一、农业防除杂草

(1)轮作。通过轮作降低伴生性杂草的密度,改变田间优势杂草群落,降低田间杂草种群数量。

(2)耕翻。土壤通过多次耕翻后,苦荬菜等多年生杂草被翻埋在地下,使杂草逐渐减少或长势衰退,从而使其生长受到抑制,达到除草目的。

(3)中耕培土。这项措施不仅除草,还有深松、储水保墒等作用。如对露地马铃薯中耕一般在苗高10 cm左右进行第一次,第二次在封垄前完成,能有效地防除小蓟、牛繁缕、稗草、反枝苋等杂草。

(4)人工除草。适于小面积或大草拔除。

(5)物理方法除草。如利用有色地膜如黑色膜、绿色膜等覆盖,具有一定的抑草作用。

二、化学药剂防除杂草

以禾本科杂草为主的马铃薯田的土壤处理:

氟乐灵为选择性内吸传导型土壤处理剂。播后苗前或移栽前用药,每亩用48%氟乐继乳油100~125 mL,兑水40~50 kg,均匀喷雾土表。对一年生禾本科杂草如马唐、牛筋草、狗尾草、旱稗、千金子、早熟禾、硬草等防除效果优异,对马齿苋、藜、反枝苋、婆婆纳等小粒种子的阔叶杂草也有较好的防效。

第九节　中原地区春季马铃薯无公害高产高效栽培技术

马铃薯是一种粮菜兼用,适宜做食品原料的经济作物,其营养丰富,适应性广,增产潜力大。中原地区春季马铃薯上市时,正值全国鲜薯市场紧缺之际,销售价格一直居高不下,商品薯销售前景非常看好。中原地区春季马铃薯,采用无公害高产高效栽培技术进行生产,亩产可达2 500 kg左右,高者可达3 500 kg,种植效益极其显著。但生产中也存在许多问题,如种薯质量差、品种退化严重、管理水平低等,致使产量不高、效益低下。针对生产中存在的问题,现将中原地区春季马铃薯无公害高产高效栽培技术做一总结,介绍如下。

一、品种选择

马铃薯是喜凉作物,当地温超过25 ℃时块茎膨大缓慢,超过30 ℃时停止膨大。中原地区,春季适合马铃薯生长的时间较短(2月下旬至6月中旬),因此必须选用结薯早、薯块膨大快、休眠期短、抗逆性强、抗病抗退化、高产优质的早熟品种。适宜中原地区种植的早熟高产品种有郑薯五号、六号(豫马铃薯一号、二号)和费乌瑞它(脱毒一号)等。每亩用种量 120 kg 左右。

二、种薯处理

（一）暖种切块

春季马铃薯生产，需切块种植。切块前，应先将种薯放到温度 12～15 ℃的室内或阳畦中进行暖种处理 5～7 d，促使种薯迅速解除休眠和芽眼萌动。在播种前 25 d 左右，根据薯块大小进行切块。方法是：25 g 以下的薯块，仅切去脐尾部即可刺激发芽；25～50 g 的薯块，纵切 2 块，利用顶芽，生长势强；80～100 g 的薯块，可上下纵切成 4 块；较大的薯块，先从尾部开始切，切到中上部，再十字纵切；大薯块也可以先上下纵切两半，然后分别从脐尾部芽眼依次切块。要求：每千克种薯切 45 块左右，要求切块大小均匀一致；每块最少保持一个芽，切口应尽量靠近芽眼；切刀要求快、薄、净。当切到病、烂薯时，用 5% 的高锰酸钾溶液或 75% 酒精浸泡 1～2 min 或擦洗消毒。切块后将种块摊在背风向阳处，晾干切口明水，促使伤口愈合。

（二）催芽处理

伤口愈合后进行催芽：

（1）室内催芽：将晾好的种块放入篓中，用潮湿的麻袋覆盖，保持 15～18 ℃。

（2）室外催芽：选择背风向阳处建阳畦催芽，畦宽 1 m，长度视种子量而定，畦内铺 5 cm 厚的湿沙，摆放一层种块后，撒上一层湿沙，放一层种薯，再撒一层湿沙，如此可放种薯 2 层，切勿堆积过厚，以防烂种。夜间在薄膜上覆盖草苫，早上 8 时揭开，下午 5 时盖上，确保有充足的光照，畦内温度应保持在 15～18 ℃。

三、地块选择与施肥整地

选择地势平坦、排灌方便、土层深厚、土质肥沃的壤土进行马铃薯生产，避免与茄科作物连作。马铃薯是喜肥高产作物，必须采用"以有机肥为主，氮、磷、钾、微肥结合"的平衡施肥法。如亩产 2 500～3 000 kg 的田块，施肥标准为：亩施优质圈肥 5～6 m³，马铃薯专用复合肥 50～75 kg 或磷酸二铵、尿素、硫酸钾各 25～30 kg，硫酸锌 1 kg、硼砂 0.5 kg。农家肥结合耕翻整地施用，与耕作层充分混匀，化肥做种肥或追肥，播种时沟施。如采用地膜栽培，应将所用肥料作底肥一次施入；露地栽培应留复合肥 25 kg、尿素 15 kg 或碳铵 40～50 kg，在苗出土 80% 左右时作追肥施用，其余肥料用作底肥一次性施入后进行深耕，耕作深度 20～30 cm。耕后整地，使土壤颗粒大小适中。

四、播种

（一）适期尽早播种

中原地区春季适宜马铃薯生长的有效生长期只有 60～70 d，必须选择早熟品种尽早播种才能优质高产高效。一般要求：土壤深 10 cm 处地温为 7～15 ℃时开始播种。中原地区阳畦和小拱棚栽培 1 月底 2 月初播种，地膜覆盖早熟栽培 2 月底前播种；春露地栽培 3 月上旬播种。

(二)足墒深播

如底墒不足,最好先浇水后整地再播种,确保一播全苗。早春地温低,空气干燥,若采用设施栽培不易培土,故应深播,郑薯五号、六号播种深度为 10 cm,费乌瑞它为 12 ~ 15 cm。

(三)栽培模式与种植密度

春季马铃薯早熟栽培,宜采用地膜覆盖栽培、小拱棚或大棚覆盖栽培。中原地区马铃薯生产采用起垄栽培,宜采用朝阳坡播种,播在垄坡西面或南面。以每亩种植 5 000 ~ 6 000 株,单行种植垄高 15 ~ 20 cm,行株距 60 cm × (20 ~ 25) cm;双行种植垄距 1 m,垄宽 60 cm,垄高 15 ~ 20 cm,大行距 60 ~ 70 cm,小行距 40 ~ 30 cm,株距 27 ~ 30 cm。马铃薯可套种玉米、棉花、西瓜等。

(四)播种方法

应选择寒流过后、温度升高时进行,采取东西行朝阳坡种植;播种前沿播种沟条施化肥,并浅锄一遍使肥料与土壤混匀,确保种薯不与化肥直接接触,以防烧苗;播种时将长短芽分开播种,以防止出苗后大苗欺小苗;播种深度因品种而宜,播后适当镇压,消除大坷垃,整平耙细埂面后覆盖地膜。

五、田间管理

春季马铃薯从出苗到收获仅 65 d 左右,既要形成强大茂盛的茎叶,又要积累大量的养分形成块茎,加强田间管理十分重要。应掌握前促后控的原则,技术管理要及时,抓早、抓细,早中耕、早追肥、早浇水。促进幼苗早发棵,苗壮生长。开花后根据天气、墒情、枝叶生长情况,酌情追肥,小水勤浇,促棵攻薯,以薯控棵,使薯棵生长上下协调,防止后期茎叶早衰或徒长。

(一)幼苗期

马铃薯播种后 30 d 左右才能齐苗,出苗前不宜灌溉,过于干旱,可浇小水,不能大水漫灌。待苗出土 80% 左右时,进行第一次中耕除草和追肥培土,本次追肥宜早不宜晚。每亩追施碳铵 40 ~ 50 kg,撒入沟内,进行深中耕培土,追肥后及时浇水;只要播种时墒足,苗期尽量少浇水,以提高地温,促根、促苗、促尽早发棵;此时要注意及时防治蚜虫;封垄前结合长势,每亩可追施硫酸钾型复合肥 10 ~ 15 kg,同时进行最后一次中耕除草高培土,培成宽而高的大垄。地膜覆盖种植的可揭膜进行培土,种植深的可不培土。

(二)结薯期

4 月下旬至 5 月初,出苗后 25 d,进入现蕾期(7 ~ 8 片叶时又称团棵期),薯块开始膨大,此时进行培土、浇水、防治蚜虫、预防晚疫病等。5 月中旬开花初期(16 片叶左右)马铃薯进入迅速膨大期,此时要注意及时喷药防治晚疫病。以后根据墒情及时适量浇水,绝不能缺墒,小水勤灌,确保土壤湿润,地皮见干见湿为宜,忌大水漫灌。马铃薯生长期要严禁使用多效唑。在整个生长期土壤含水量保持在 60% ~ 80%。收获前雨水较多时要及时排水,田间不能有积水。收获前 7 ~ 10 d 应停止浇水,防止田间烂薯,利于储藏。

六、病虫害防治

按照"预防为主,综合防治"的方针,坚持以"农业防治、物理防治、生物防治、化学防治相结合"的综合防治原则进行防治。春季马铃薯病害有病毒病、晚疫病、疮痂病等,虫害有蚜虫、地老虎、蛴螬、茶黄螨、潜叶蝇等。

(一)病毒病

病毒病是造成马铃薯种性退化、产量降低的主要原因,应重点防治。

(1)选用抗病品种和脱毒种薯:脱毒郑薯五号、脱毒郑薯六号、脱毒一号(脱毒费乌瑞它)等。

(2)调整播种期、收获期:春季早播早收,避开蚜虫迁飞高峰,减轻蚜虫为害和传播,躲过高温影响。

(3)防治传病毒昆虫,如蚜虫、白粉虱、茶黄螨等。

(4)发现感病植株应立即拔除,并用药剂在其周围进行封闭。

(5)药剂防治:发病初期喷洒糖 + 醋 + 酒 + 羊奶混合液,或 1.5% 植病灵 Ⅱ 号乳剂 1 000 倍液,或天丰素 + 硫酸锌 + 人用病毒唑 + 羊奶混合液进行防治。

(二)晚疫病

晚疫病在温度较低、湿度较大的条件下容易发生。在开花前后要采用喷药预防,重点喷叶子背面。防治方法如下:

(1)选用抗病品种:早熟品种抗晚疫病性能较差,郑薯五号、六号比费乌瑞它抗病性强;

(2)精选种薯淘汰病薯:种薯储藏、出库、暖种、切块、催芽等每个环节都要认真精选薯块,淘汰病薯,以切断病源;

(3)药剂防治:在开花前后,用 70% 代森锰锌可湿性粉剂 600 倍液,或 25% 瑞毒霉可湿性粉剂 500 ~ 800 倍稀释液,或 58% 瑞毒锰锌可湿性粉剂 800 倍稀释液,预防喷施,每 7 d 左右喷 1 次,连续 3 次。交替使用。

(三)疮痂病

疮痂病是一种放线菌病害,土壤碱性、施不腐熟的有机肥料、结薯初期土壤高温高湿、与茄科作物连作发病严重。防治方法如下:

(1)轮作倒茬:不要在碱性地块种植马铃薯,施用有机肥料,要充分腐熟。

(2)适当早播:提前收获,使马铃薯结薯期避过高温。

(3)马铃薯块茎膨大期:小水勤浇,降低地温,保持土壤湿润,但不能积水。

(4)药剂防治:用 1.5 ~ 2 kg 硫黄粉撒施后犁地进行土壤消毒,播种开沟时每亩再用 1.5 kg 硫磺粉沟施消毒。用对苯二酚(化学纯)配成 0.1% 水溶液,播种前浸种薯 30 min,捞出晾干后播种。

(四)蚜虫和菜青虫

可用 5% 抗蚜威可湿性粉剂 1 000 ~ 2 000 倍液,或用 10% 吡虫啉可湿性粉剂 2 000 ~ 4 000 倍液,或用 20% 的氰戊菊酯乳油 3 300 ~ 5 000 倍液,或用 10% 氯氰菊酯乳油 2 000 ~ 4 000 倍液等药剂交替喷雾。

(五)地老虎、蛴螬等地下害虫

犁地前,每亩用辛硫磷 0.5 kg 或敌百虫 0.75 ~ 1 kg,和 5 ~ 6 kg 麸皮拌药后,均匀地撒施。也可在种植时,亩用麸皮 2 ~ 3 kg,拌药敌百虫 0.2 ~ 0.3 kg 撒在种植沟内使用,或在出苗后现蕾前傍晚时,每次用 2 ~ 3 kg 药麸在田间撒时,2 ~ 3 次即可。或施用 0.38% 苦参碱乳油 500 倍液,或 50% 辛硫磷乳油 1 000 倍液,或 80% 的敌百虫可湿性粉剂,用少量水溶化后和炒熟的棉籽饼或菜籽饼拌匀,于傍晚撒在幼苗根的附近地面上诱杀。

(六)茶黄螨

用 73% 炔螨特乳油 2 000 ~ 3 000 倍稀释液,或 0.9% 阿维菌素乳油 4 000 ~ 6 000 倍稀释液,或施用其他杀螨剂,5 ~ 10 d 喷药 1 次,连喷 3 ~ 5 次。喷药重点在植株幼嫩的叶背和茎的顶尖。

七、马铃薯的收获和储藏技术

(一)收获

根据市场需求及时采收,块茎避免暴晒和长时间暴露在阳光下而变绿。春季阳畦栽培、双膜覆盖栽培马铃薯 4 月底至 5 月初收获;地膜覆盖栽培 5 月中下旬收获;露地商品薯 6 月上中旬收获。收刨应在上午 10 点以前、下午 4 点以后进行为宜。做到随刨随运输,中午运输不完,用薯秧盖严压实,严防块茎因田间阳光下暴晒而灼伤块茎。

(二)储藏

储藏期保持窖内干燥、凉爽、通风,薯块堆放在干净的干沙上,以不超过 30 cm 厚为宜。10 d 左右翻捡一次,发现腐烂薯块随时捡出,以免传播其他薯块。商品薯应暗光储藏,防止薯块变绿,失去食用价值。凡存放过农药、化肥、机油、柴油等油类的室内不能储藏马铃薯,以免造成大量烂薯。

第十节　中原地区马铃薯双层覆膜早熟栽培技术

马铃薯由于种植技术容易掌握,增产增收潜力大,因此而成为农村种植结构调整中的优选作物,尤其随着脱毒马铃薯的研究和推广,使马铃薯的产量和质量得到大幅度提高,种植面积逐年扩大,已经成为重要的经济作物。脱毒马铃薯双层覆膜栽培可以使马铃薯提早上市近一个月,供应蔬菜淡季以及"五一"节日市场,价格要高出露地马铃薯近 2 倍,经济效益十分可观。

一、品种选择

二季栽培地区即春秋二季作区,适合早熟马铃薯生长,双层覆膜栽培更需要选择早熟抗病、结薯集中、薯块整齐、商品性好的品种,如郑薯五号、郑薯六号、费乌瑞它等,同时应选择这些品种的优质脱毒种薯,因为种薯是否脱毒,产量和质量的差别非常大。

二、切块催大芽

切块催芽是早熟栽培非常重要的环节,只有催好芽,才能保证早出苗、出齐苗。切块时,要求 1 kg 切 50 块左右,每一块上都要有芽眼。切块催芽要针对不同的种源、不同品种采用不同的方法。从北方调来的种薯,由于北方收获早,种薯已过休眠期,种植前只需直接切块便可播种;当地繁殖的种薯,收获晚,种薯虽然度过休眠期,但未达到最佳发芽期,种植前要提前30 d左右切块催大芽。对于当地繁殖的费乌瑞它这个品种,休眠期较长,种植前20 d用5～10 mg/L的赤霉素浸种10 min出芽后,再切块催芽。这个品种极易烂种,因此催芽时,湿度不能太大,温度也不能太高。

催芽时间的长短与催芽环境的温度有直接的关系,温度高催芽时间短;反之,温度低催芽时间长。一般催芽的最适温度为15 ℃左右。

三、整地扣棚

马铃薯生育期虽短,却具有高产的潜力,这就需要充足的底肥作基础。因此,整地前每亩要施入3 000 kg腐熟的有机肥、50 kg磷酸二铵、20 kg硫酸钾,深耕。深耕可使土壤疏松,透气好,并能提高土壤的蓄水、保肥和抗旱能力,为马铃薯的根系充分生长和块茎的膨大提供优良环境。整地完成以后,在播种前3～4 d扣棚,这样可以提高地温,利于播后出苗。棚的大小可根据当地的条件,因地制宜,选用经济实用的材料搭建,跨度4～8 m都可以。

四、适时播种

当棚内温度达到20～25 ℃,地温达到7～8 ℃,便可播种。中原地区一般在1月底到2月初开始播种。为了便于盖地膜,采用一垄双行模式,要求垄距80～100 cm,小行距15 cm,株距20～25 cm。播种时,要注意两点:一是墒情,如果墒情不好,一定要先浇地后播种。二是播种深度,因为地膜覆盖后,不容易培土,所以播种较深,一般在10～15 cm,尤其是费乌瑞它品种,结薯较浅,极易出现露头青现象,更应深播。播种后,将垄面楼平盖地膜。

五、田间管理

一般播后20～25 d出苗,出苗期间,要及时破膜露苗,以免幼苗在膜下烫死。待80%出苗后,追齐苗肥,每亩追50 kg碳铵。

苗现蕾期间,地下块茎开始膨大,对肥水需求增大,这时要及时追肥浇水。一般每亩追15 cm尿素,根据土地墒情及时浇水,以充分满足块茎生长需要。

随着气温的回升,注意棚内温度,当棚内温度超过30 ℃时,开风口放风。放风时间一般在上午10时以后,下午3时以后合上风口。

及时去棚膜是后期管理的重要环节。过早去膜,气温不稳定,太低的气温不利于植株生长和块茎膨大。过晚去膜,棚内温度太高,容易造成植株徒长,同时,过高的温度不利于地下块茎的膨大。一般在清明后气温较稳定时撤去棚膜。去棚膜前4～5 d昼夜开大风口放风,以使植株适应外界温度。同时,去膜前,一定要进行一次追肥浇水,因为一方面这个时期正是地下块茎膨大最快的时候,整个植株对肥水的需求量最大;另一方面,这样有利于提高去膜后植株对外界气温的适应能力。

六、病虫害防治

早熟栽培播种早,气温较低,病虫害不严重,主要注意防治地下害虫、蚜虫和晚疫病。

（一）地下害虫

危害马铃薯的主要地下害虫有地老虎、蝼蛄、蛴螬等。

1. 地老虎（土蚕）

地老虎种类很多，危害马铃薯的主要是小地老虎、黄地老虎、大地老虎等，幼虫危害叶片，成虫危害根和块茎，造成严重减产，块茎失去商品价值。主要的防治方法有：①清除田间杂草，减少地老虎产卵场所，减轻幼虫危害。②药剂防治。每亩用 750 g 敌百虫先用温水溶解配成母液，浇水时顺水冲入土壤，进行防治。③糖醋诱杀。红糖 6 份、白酒 1 份、醋 3 份、水 10 份，90% 敌百虫 1 份，调配均匀，做成诱液装入盆中，放在田间，夜间诱杀成虫，白天取回，2～3 d 添一次诱杀液。④毒饵诱杀。将炒黄的麦麸或嫩草、菜叶 5 kg 加敌百虫 100 g，拌均匀，傍晚洒入田间进行诱杀。

2. 蝼蛄

蝼蛄在 3～4 月开始行动，潜伏地表，昼伏夜出，咬食马铃薯的根和嫩茎，造成植株枯死。防治方法可参考地老虎的防治。

3. 蛴螬

蛴螬是金龟子的幼虫，在地下活动，危害马铃薯的根、茎和块茎。防治方法如下：①有机肥施用前，要经过高温充分发酵，杀死幼虫及虫卵，减轻为害。使用未腐熟的农家肥，易发生蛴螬，使用前应拌敌百虫或锌硫磷乳油。②合理使用化肥。碳酸氢铵、腐殖酸铵、氨水、铵化过磷酸钙等化肥，散出的氨气对蛴螬等地下虫有一定驱避作用。③药剂防治。可选用 30% 敌百虫乳油加水 500 倍或 80% 敌百虫可湿性粉剂加水 1 000 倍喷洒或灌杀。

（二）蚜虫

蚜虫也称腻虫，常群集在嫩叶的背面吸取汁液，严重时叶片卷曲皱缩变形，甚至干枯。严重影响顶部幼芽正常生长。

中原地区春季蚜虫迁飞期一般在 4～5 月，正是早熟栽培需要揭膜的时候，因此在揭膜前要进行一次防蚜。防治方法是喷施 2 000 倍的吡虫啉（蚜虱一遍净）或铁沙掌等。揭膜后，一周喷施一次进行防治，以免造成危害。

（三）晚疫病

中原地区春季很少发生晚疫病，但近几年春季晚疫病也时有发生，尤其是早熟栽培，棚内湿度大，温度不是很高，正符合晚疫病发生条件，因此要注意防止晚疫病的发生。主要防治方法是田间喷施 800～1 000 倍瑞毒霉可湿性粉剂，或 500 倍杀毒矾可湿性粉剂等，连续防治 2～3 次。

七、及时收获

根据植株生长状况以及市场售价及时收获上市。一般收获时间在 4 月 25 日至 5 月 20 日之间。收获前一周停止浇水以利于储存。

第八章 花 生

第一节 花生栽培的生物学基础

花生是豆科落花生属的一年生草本植物,花生属。目前可分成 30～50 个不同的种,已正式发表定名的有 21 个种,其中只有一个栽培种。花生有它自己固有的生育规律,同时与环境条件有着密切关系。因此,了解花生的植物学特征特性和生物学特性,以及环境条件对其生长发育的影响,进而运用栽培管理措施来促进或控制花生的生长发育,对于提高产量和改进品质具有重要意义。

一、花生器官的特征特性

(一)种子

1. 种子的形态结构

花生种子通称为花生仁。成熟的花生种子,据其形状可分为三角形、桃形、圆锥形和椭圆形 4 种。花生种子由种皮、子叶、胚三部分组成。花生种皮很薄,易吸水,主要起保护种子作用,防止外界病菌侵染。种皮颜色大体可分为紫、褐、红、粉红、黄、花皮等 7 种,色泽不受栽培条件的影响,因此可作为区分品种的特征之一。子叶两片,特别肥厚,富含储藏态营养物质,其重量占种子重量的 90% 以上。胚着生于两片子叶之间下端,由胚根、胚芽、胚轴三部分组成。胚芽由一主芽和两个子叶节侧芽组成。主芽发育成主茎,侧芽发育成第一对侧枝;胚芽下端为胚轴。

2. 种子的休眠性

花生种子成熟后,有时即使给予最适宜的发芽条件,也不能正常发芽,必须经过一段时间的"后熟"才能发芽,这种特性称为休眠性。种子完成休眠所需要的时间称为休眠期。花生种子休眠性因品种类型不同而有很大差异。有的品种可长达 5 个月,有的在收获失时情况下,在植株上就可发芽。休眠期长的可利用乙烯利、激素等处理,或在生产上应用晒种、浸种、催芽等,都能在一定程度上解除休眠。在植株上容易发芽的品种,在饱果成熟期注意灌溉,保持土壤和荚果湿润可少发芽,减少损失。

(二)根

1. 根的形态构造和功能

花生的根为圆锥根系,由主根和次生根组成。根系起吸收和输导养分以及支持和固定植株体的作用。根系从土壤中吸收水分和矿物质营养元素,通过导管输送到地上部分各个器官,而由叶制造的光合产物则主要通过韧皮部的筛管往下运输到根的各个部位,供应根生长。

2. 根的生长

花生种子萌发后,胚根迅速生长,深入土中成为主根,主根上很快长出四列呈十字状排列的一级侧根。主根垂直延伸,侧根初为水平状态生长,1 个月后渐向下生长。花生主根深度可达 2 m 左右,主要根系分布在 30 cm 左右土层中。侧根在苗期有数十条,开花时可达数百条。开花后根的长度增加较少,但干重迅速增加。

3. 环境条件对根生长的影响

花生根系生命力很强,对土壤干旱有较强的适应性。一定程度的短期干旱能促使根系深扎;长期干旱,根系生长缓慢。当土壤水分满足后,2 ~ 3 d 内即重新形成大量新根。但土壤水分过多又影响根系发育,使根系弱、分布浅,并影响根的吸收能力,使地上部分叶片变黄。

深厚、疏松、肥沃、通气性良好、湿度适中的土壤,对根系生长伸展有利;黏重、结构紧密、瘠薄、通气性差的土壤不利于根系发育。沙质土壤虽然通气性好,但保水保肥性能差,也不能使根系很好生长。因而,通过耕作、加厚土层、增施有机肥料等方法改良土壤,促进根系发育。

4. 根瘤和根瘤菌

花生和其他豆科植物一样,根部生有许多根瘤,其内含有能够固定空气中游离氮素的根瘤菌。花生根瘤多数生长在主根上部和接近主根的侧根上。

花生根瘤菌在土壤中时带鞭毛,能游动,以分解有机物生活,不能固氮。花生出苗后,可逐步形成根瘤,但不能固氮,反而吸收植株中的氮素和碳水化合物来维持本身生长繁殖,随着植株生长,到开花后,根瘤菌与花生形成共生关系。开花盛期和结荚期,根瘤菌的固氮能力最强,供应花生大量氮素。

根瘤菌为好气性细菌,其繁殖和活动需要氧气,因此栽培上要选择排水良好、结构疏松的土壤。播前深翻整地,生长期间中耕除草等,可有效地促进根瘤菌发育。

(三)茎和分枝

1. 主茎的形态构造和功能

花生的主茎直立,主茎绿色或部分粉红色,一般具有 15 ~ 25 个节,上部和下部的节间短,中间的节间较长。主茎高度通常 15 ~ 75 cm;主茎高与品种和栽培条件有关。一般认为,丛生型品种主茎高以 40 ~ 50 cm 为宜,最高不宜超过 60 cm,如发现有超高趋势,应及时采取措施抑制生长。

花生主茎一般不直接着生荚果或很少着生。茎部主要起输导和支持作用,根部吸收的水分、矿质元素和叶片制成的有机物质都要通过茎部向上和向下运输。叶片靠茎的支持才能适当地分布空间,接受日光进行光合作用。同时,花生的茎部在一定程度上起着一个养分临时储藏器官的作用,到生长后期,茎部积累的氮、磷和其他营养物质逐步转到荚果中去。

2. 分枝的发生规律

花生的分枝有第一次分枝、第二次分枝、第三次分枝等。由主茎生出的分枝称为第一次分枝(或称一级分枝);在第一次分枝上生出的分枝称第二次分枝;第二次分枝上生出的分枝称第三次分枝,以此类推。普通型、龙生型的品种分枝可多至四次、五次。珍珠豆型、多粒型品种一般只有两次分枝，很少发生三次分枝。

（四）叶

1. 叶的形态

花生的叶可分为不完全叶（变态叶）和完全叶（真叶）两类。子叶、鳞叶、苞叶为不完全变态叶。每一个枝条上的第一节或第一、二甚至第三节着生的叶都是不完全叶，称"鳞叶"；两片子叶亦可视为主茎基部的两片"鳞叶"。花序上每一节着生一片桃形苞叶（一般所谓花的外苞叶），每一朵花的最基部有一片二叉状苞叶（即花的内苞叶）。花生的真叶由叶片、叶柄和托叶组成。叶片互生，为4小叶羽状复叶，但有时也可见到多于或少于4片小叶的畸形叶。小叶片为卵圆形或椭圆形，具体可分为椭圆、长椭圆、倒卵、宽倒卵圆形四种，是鉴别品种的性状之一。

2. 叶的作用

叶有光合作用、蒸腾作用及感夜（睡眠）运动。叶片是花生植株进行光合作用的主要部位。

花生属碳三（C_3）植物，但光合潜能相当高。光照强度的大小对光合作用影响很大，光照很弱时，光合作用强度很小，光照减弱到某一水平，光合强度与呼吸强度相抵消，净光合强度等于零。花生叶片光合作用适宜温度20~25 ℃，温度增到30~35 ℃时，光合强度急剧下降。从清晨日出起光合强度迅速提高，到中午前后达到高峰，以后又逐渐下降。这种情况显然与一天的光照强度和温度变化相吻合。土壤水分对花生叶片光合强度有明显影响。土壤干旱，光合强度降低，水分恢复正常，光合作用迅速恢复，有时甚至超过原来的水平，这也说明花生对干旱有很强的适应能力。

田间群体大小及结构影响光合作用。在一定范围内提高单位叶面积，可以充分利用阳光，增加产量；但叶片过多，造成荫蔽，光合强度下降，产量下降。

花生的叶片对液态物质有一定吸收能力，花生每一真叶相对的4片小叶，每到日落后或阴天就会闭合，叶柄下垂，第二天早晨或天气转晴又重新开放。这种现象称为感夜运动。其原因是，光线强度的变化，刺激了叶枕上下半部薄壁细胞产生相应变化。在高温或干旱情况下，小叶也能自动闭合，以调节温度或增强耐旱能力。

（五）花和花序

1. 花序和花器构造

（1）花序。花序是一个着生花的变态枝，花序轴上只有苞叶而不生真叶。花生的花序属总状花序，花序轴每一节上的苞叶叶腋中着生一朵花，有的花序轴很短，只着1~2朵或3朵花，近似簇生，为短花序，有的花序轴明显伸长，着生4~7朵花，有时也着生10朵花以上，为长花序，有的品种在花序上部又出现羽状复叶，不再着生花朵，使花序转变为营养枝，称为生殖营养枝或混合花序。有些品种在侧枝基部可见到几个短花序着生在一起，形似丛生或"复总状"花序。

（2）花的形态结构。整个花器由苞叶、花萼、花冠、雄蕊和雌蕊组成。

2. 花芽分化

花生花芽分化早，早熟品种在成熟种子或出苗前，晚熟品种在出苗时即形成花芽原基。花芽分化所需时间因品种和环境条件的不同而有所差异，气温高、水分充足加快花芽分化。团棵期形成的花芽所开的花,大多是能够结成饱果的有效花,开始开花以后再分化的花芽多是无效花。

3. 开花和受精

花生播种后,一般经 30 ~ 40 d,主茎展开叶 7 ~ 9 片时即可开花。花生在开花前,幼蕾膨大,从叶腋及苞叶中长出,一般在开花前一天傍晚,花瓣开始膨大,撑破萼片,微露花瓣,至夜间,花萼管迅速伸长,花柱亦同时相应伸长,次日清晨开放,大多在 5 ~ 7 时之间,6 月大部是在 05:30 左右,7 ~ 8 月大部在 6 时左右,阴雨天开花时间延迟。开花受精后,当天下午花瓣萎蔫,花萼管也逐渐干枯。

从授粉到受精完成需要 10 ~ 18 d。气温过高或过低均不利于花粉发芽和花粉管伸长,低于 18 ℃或高于 35 ℃都不能受精。

4. 开花动态

花生植株各分枝、各节以及各花序上的花,大体按由内向外、由下向上的顺序依次开放(或整个群体)。开花期延续时间,在一般栽培条件下,珍珠豆型品种从始花到终花需50 ~ 70 d,普通型品种需 60 ~ 120 d。如果气候适宜,有的品种在收获时还能见到零星花开放。栽培密度加大对单株前期花量影响不大,对中后期花量影响较大,常使盛花期提前。初花期遇短期干旱、低温或长日照处理使盛花期推迟。

5. 花量及其影响因素

花生单株开花量变异幅度很大。单株开花数一般为 40 ~ 200 朵。交替开花型品种多于连续开花型品种,晚熟品种多于早熟品种。低温可使花芽分化过程延迟,开花数量减少,气温 23 ~ 28 ℃时开花最多,气温高于 30 ℃,开花数量也会减少。土壤干旱花芽分化延迟,土壤水分过多,开花数量也会减少,光照强度、日照时间都会影响花生的开花。营养元素不足会阻碍花芽分化,影响开花,反之也会影响开花。

(六)果针

1. 果针的形态及其伸长

花生开花受精后,子房基部的分生细胞迅速分裂,在开花后 3 ~ 6 d,即形成肉眼可见的子房柄。子房柄连同位于其先端的子房合称果针。

果针入土深度,珍珠豆型入土浅,一般为 3 ~ 5 cm,普通型品种 4 ~ 7 cm,龙生型品种可达 7 ~ 10 cm。沙土入土深,黏土入土浅。果针入土达一定深度后,子房柄停止伸长,子房横卧发育成荚果。

2. 影响果针形成和入土的因素

花生所开的花有相当大部分未能形成果针,其数量占总花量的 30% ~ 60%。不同时期所开的花成针的百分率差异很大。影响果针形成的因素:一是由于花器发育不良;二是开花时气温过高或过低,花粉粒不能发芽或花粉管伸长迟缓,以致不能受精;三是开花时空气湿度过低。此外,密度、施肥、日照长短对成针率亦有相当影响。

果针能否入土,主要取决于果针穿透能力、土壤阻力以及果针着生位置高低。果针离地越高,果针愈长、愈软,入土能力愈弱。土壤的阻力与土壤干湿和紧密度有很大关系,所以,保持土壤湿润疏松,有利于果针入土。

（七）荚果

1. 荚果的类型

花生果实为荚果，果壳坚硬，成熟后不开裂，各室间无横隔，有或深或浅的缩缢。果型因品种而异，大体可分为以下类型：①普通型；②斧头形；③葫芦型；④茧形；⑤曲棍形；⑥串珠形。

同一品种的荚果，由于年度间的气候不同、密度不同、栽培条件不同、形成先后不同、着生部位不同，其成熟度及果重变化很大。普通型大果花生 0.5 kg 果数一般为 350 ~ 380 个，成熟度良好的仅 220 个，成熟度稍差的 370 ~ 380 个。珍珠豆型品种较稳定，一般变动在 350 ~ 480 个。

同一栽培条件下，果壳厚薄因品种而异，珍珠豆型品种荚壳较薄，占果重的 25% ~ 30%；普通型品种果壳较厚，占果重的 30% 以上。

荚果的种子数普通型和珍珠豆型品种一般为 2 粒，多粒型和龙生型品种一般为 3 粒或 3 粒以上。

2. 荚果的发育过程

从子房开始膨大到荚果形成，整个过程可粗略分为两个阶段，即荚果膨大阶段和充实阶段。前一阶段主要表现为荚果体积急剧增大，果针入土 7 ~ 10 d 即成鸡头状幼果，10 ~ 20 d 体积增长最快，20 ~ 30 d 长到最大限度。后一阶段主要是荚果干重（主要是种子干重）迅速增长，糖分减少，含油量显著提高，在入土后 50 ~ 60 d，干重基本停止。此阶段果壳也逐渐变薄变硬，网纹清晰，种皮变薄，呈现品种本色。

3. 影响荚果发育的因素

花生是地上开花地下结果的作物，其荚果发育要求的条件如下：

（1）黑暗。黑暗是子房膨大的基本条件。果针不入土，子房始终不能膨大。入土果针即使果针端的子房已膨大，若露出土面见光，也会停止发育。

（2）水分。荚果发育需要适宜的水分。结果区干燥时，即使花生根系能吸收充足的水分，荚果也不能正常发育。如珍珠豆型品种在结荚饱果期干旱，叶片容易出现萎蔫，但籽粒产量影响较小，普通型品种虽然叶片萎蔫程度轻，但籽仁产量所受影响常较严重。

（3）氧气。在花生荚果发育时期，在遇雨排水不良的土壤中，由于氧气不足，荚果发育缓慢，空果、秕果多，结荚少，荚果小，而且易烂果。

（4）结果层矿物营养。氮、磷等大量元素在结荚期虽然可以由根或茎运向荚果，但结果区缺氮、磷对荚果发育仍有很大影响。缺钙对花生发育有严重影响，在结荚期结果层缺钙不但秕果多，而且会产生空果。若其他元素缺乏，均只增加秕果而不产生空果，即使根系层不缺钙，也不能弥补结果层缺钙造成的影响。此外，缺钙或钾多时，果壳组织中果胶钙类物不足，致使果壳疏松，易受微生物侵染，增加烂果。

（5）机械刺激。试验指出，如使花生果针伸入一暗室中，并定时喷洒水和营养液，使果针处在黑暗、湿润、有空气和矿物营养的条件下，子房虽能膨大，但发育不正常；如果针伸入一盛有蛭石的小管中，荚果便能正常发育，说明机械刺激是正常发育的条件之一。

（6）温度。荚果发育所需时间的长短以及荚果发育好坏与温度有密切关系。一般荚果发育要求大于 15 ℃的有效积温为 450 ℃，从果针入土到荚果成熟需 50 ~ 60 d，需 15 ℃

以上有效积温(气温)为 450 ~ 550 ℃。

(7)有机营养的供应情况。荚果发育好坏归根到底取决于营养物质的供应情况。因此,应建立良好的群体结构,提高叶片的光合效能,以增加光合产物,协调营养生长与生殖生长的关系,适当提高前期花所占的比重,是提高果重、增加产量的基本途径。

二、花生的生育期及各时期的特点

花生具有无限开花结实的习性,开花结实期很长,开花以后在很长一段时间里,开花、下针和结果在连续不断地交错进行。一般将花生一生分为种子发芽出苗期、幼苗期、开花下针期、结荚期、饱果成熟期等五个时期。

(一)种子发芽出苗期

从播种到50%的幼苗出土并展开第一片真叶为种子发芽出苗期。

1.种子发芽出土

完成了休眠并具有发芽能力的种子,在适宜的外界条件下即可发芽。随着种子生理活性提高,胚的各部分开始生长,先是胚根和胚轴开始生长,当胚根突破种皮,露出白尖即为发芽。

萌芽后胚根迅速向下生长,到出土时主根长度可达 20 ~ 30 cm,并能长出 30 多条侧根。在胚根生长的同时,胚轴部分变得粗壮多汁,向上伸长,将子叶及胚芽推向土表。当子叶顶破土面,见光后胚轴即停止伸长而胚芽则迅速生长。当第一片真叶展开时即为出苗。

花生的子叶一般并不完全出土,但在黑暗中发芽出苗,或在出苗时适逢阴天及在沙土地上,并且播种较浅的情况下,也可能出土或部分出土。从花生的下胚轴能够向上伸长这一特点来看,与其他豆科植物既有类似又有不同,但花生见光后下胚轴即停止伸长,子叶不完全出土,所以有人称花生为半子叶出土作物。

2.种子萌发出苗需要的条件

(1)水分。花生种子至少需要吸收相当于种子风干重40% ~ 60%的水分才能开始萌动,从发芽到出苗时需要吸收种子重量4倍的水分。

若土壤水分过低,种子萌发慢,发芽后又容易出现种子落干现象;水分充足,发芽则快;水分过多,影响种子呼吸,发芽率反而降低。

(2)温度。花生发芽的最低温度,珍珠豆型、多粒型是 12 ℃,普通型、龙生型是 15 ℃。在 25 ~ 37 ℃时发芽最为迅速,发芽率也高,是发芽的最适温度。

(3)氧气。花生种子萌芽出苗期间呼吸旺盛,需氧较多。氧气不足,影响种子呼吸作用的正常进行,生长慢、幼芽弱。

(二)幼苗期(苗期)

从50%的种子出苗到50%的植株第一朵花开放为苗期。当主茎第三片叶展开时,子叶节分枝开始出现,主茎第五、六叶展开时,第三、四侧枝相继发生,此时主茎上已出现4条侧枝,这一时期为"团棵"。苗期根系生长很快,到始花时主根可入土 50 ~ 70 cm,并可形成 50 ~ 100 条侧根和二次支根。

花生苗期的长短,因品种与环境条件不同而有差异。连续开花型品种苗期短,交替开花型品种苗期长;一般年份春播花生的苗期为 25~35 d,夏播花生为 20~25 d。

气温高低对苗期长短和苗期生长有很大影响。此外,土壤水分、营养状况也有一定影响。在一定范围内,苗期气温越高,出苗至开花的时间就越短。

(三)开花下针期

从 50% 的植株开始开花到 50% 的植株出现鸡头状的幼果,为开花下针期。此时为营养、生殖并进期,花生植株大量开花、下针,营养体迅速生长,春播品种 25~35 d,夏播品种 15~20 d。

开花下针期的开花数可占总花量的 50%~60%,形成的果针数达总数的 30%~50%,并有相当的果针入土。这时需水量增多,土壤干旱会严重影响根系和地上部分生长,也会影响开花。干旱板结常使达到地面的果针不能入土。水分过多又会造成茎叶徒长,开花减少。日照弱时主茎增长快,分枝少而盛花期延迟;良好的光照可促进节间紧凑,分枝多而较健壮,花芽分化良好。在日平均气温为 23~28 ℃这一范围内,温度愈高,开花数愈多,低于 21 ℃,开花数明显减少,超过 30 ℃时,开花数减少,受精过程将受到严重影响,成针率显著降低。需要营养元素明显增加,氮、磷、钾三要素的吸收占全生育期吸收量的 23%~33%。这时根瘤大量形成,根瘤菌固氮力加强,能为花生提供越来越多的氮素。

(四)结荚期

从 50% 植株出现鸡头状幼果到 50% 植株出现饱果为结荚期。这一时期大批果针入土发育成荚果,营养生长达到最盛期。所形成的果数,一般可占最后总果数的 60%~70%,有的可达 90% 以上,果重明显增长,增长量可达最后重的 30%~40% 以上,有时可达 50% 以上。

结荚期是花生整个一生中生长的最盛期,茎迅速生长,叶面积的增长量在结荚初期达到高峰,所吸收的养料亦达最高峰,所吸收的氮、磷占一生吸收总量的 50%。结荚期气温偏高或偏低,土壤水分过少或过多,田间光照不足,对荚果的发育都有重大影响。

(五)饱果成熟期

从 50% 的植株出现饱果到荚果饱满成熟收获,称饱果成熟期(饱果期)。这一时期营养生长逐渐衰退、停止,生殖器官大量增重,是花生生殖生长为主的一个时期。

这时株高和新叶增长接近停止,绿叶面积减少,叶色逐渐变黄,根的吸收能力显著降低,根瘤停止固氮,茎叶中所含的氮磷等营养物质向荚果运转。荚果迅速增重,果针数、总果数基本不再增加,饱果数和果重大量增加。这一期间所增加的果重一般为总果重的 50%~70%,是荚果产量形成的主要时期。

第二节 优质花生品种介绍

当前在河南花生主产区推广的主要花生品种如下。

(一)豫花 9326

豫花 9326 是河南省农科院经济作物研究所选育的大果、高油、高抗、高产花生新品种。2005 年通过国家鉴定,2007 年通过河南省农作物品种审定委员会审定。2006 年被列入国家科技成果转化资金项目。

据农业部农产品质量监督检验测试中心(郑州)测试,豫花9326子仁蛋白质含量22.65%,含油量56.67%。经河南省农业科学院植物保护研究所鉴定,豫花9326抗叶斑病和网斑病,高抗病毒病。

豫花9326属直立疏枝型,连续开花,一般主茎高39.6 cm,侧枝长42.9 cm,总分枝8~9条,结果枝7~8条;叶片浓绿色、椭圆形、较大;荚果普通形,果嘴锐,网纹粗深,百果重213.1 g;子仁椭圆形、粉红色,百仁重88 g,出仁率70%左右;春播生育期130 d左右。

(二)豫花9719

豫花9719是河南省农科院经济作物研究所选育的出口型高产大果花生新品种,于2009年通过河南省农作物品种审定委员会审定,2011年通过国家鉴定。该品种油酸/亚油酸比值高,耐储藏,符合出口的需求;丰产性好,抗逆性、适应性强,2011年被列入河南省科技成果转化计划。

据农业部农产品质量监督检验测试中心(郑州)测试,豫花9719子仁蛋白质含量25.81%,脂肪含量51.51%,油酸含量49.4%,亚油酸含量28.4%,油酸亚油酸比值(O/L)1.74。经河南省农业科学院植物保护研究所鉴定,豫花9719抗网斑病、叶斑病、病毒病、根腐病,高抗锈病。

豫花9719属直立疏枝型,连续开花,一般主茎高46.7 cm,总分枝7.4条,结果枝6.1条,单株饱果数8.8个;叶片浓绿色、长椭圆形、大;荚果为普通型,果嘴钝,网纹粗、深,缩缢浅,百果重261.2 g;子仁为椭圆形、粉红色,有光泽,百仁重103.5 g,出仁率68%;在黄河流域麦套生育期120 d左右。该品种适宜于北方区的河南、安徽、山东、河北等省花生区种植。

(三)豫花9502

豫花9502是河南省农科院经济作物研究所选育的大果、早熟、高产、出口型花生新品种。2007年通过河南省农作物品种审定委员会审定。

经农业部农产品质量监督检验测试中心(郑州)测定,豫花9502子仁蛋白质含量21.87%,脂肪含量53.48%。经河南省农业科学院植物保护研究所鉴定,豫花9502中抗网斑病、叶斑病和病毒病。种子休眠性强。

豫花9502株型直立,疏枝,连续开花。一般主茎高45.4 cm,总分枝6~10条,结果枝5~7条。单株结果数12个左右,饱果率62.7%。叶片椭圆形、浓绿色、大。荚果普通形,果嘴微锐,网纹较粗、略深,缩缢不明显,百果重180.6 g,500 g果数372个。子仁椭圆形,种皮粉红色,百仁重74.4 g,500 g仁数851个,出仁率68%。

(四)豫花9620

豫花9620是河南省农业科学院经济作物研究所选育的高产大果花生新品种,2008年通过河南省农作物品种审定委员会审定。

据农业部农产品质量监督检验测试中心(郑州)测试,豫花9620子仁蛋白质含量26.62%,含油量51.57%,油酸含量48.4%,亚油酸含量30.6%,油酸亚油酸比值(O/L)1.58。经河南省农业科学院植物保护研究所鉴定,豫花9620抗网斑病、叶斑病,高抗病毒病。

豫花9620属直立疏枝型,连续开花;一般主茎高46.9 cm,侧枝长51.6 cm,总分枝8

条,结果枝 6 条,单株饱果数 10 个左右;叶片椭圆形、浓绿色、较大;荚果为普通形,果嘴微锐,网纹粗、浅,缩缢浅,百果重 232.6 g,饱果率 76%,500 g 果数 302 个;子仁椭圆形、粉红色,百仁重 99.9 g,500 g 仁数 752 个,出仁率 68%。豫花 9620 株型较好,长势强,不早衰,果形好,麦套生育期 125 d 左右。

(五)豫花 16 号

豫花 16 号是濮阳市农科所经有性杂交选育而成。2000 年 9 月通过河南省审定。

特征特性:豫花 16 号为普通型早熟大粒花生,麦垄套种生育期 110~120 d。植株为直立疏枝型,株高 44.9 cm,侧枝长 55.0 cm,总分枝数 10.7 条,结果枝数 6.9 条;连续开花习性,花期早,花量大。荚果为普通型大果,果嘴钝,网纹粗浅,百果重 217 g,壳薄整齐,双仁果多,商品性好;籽仁长椭圆形、粉红色,种皮鲜艳,有光泽,无裂纹,百仁重 91 g,出米率 71.4%。籽仁蛋白质含量 24.09%,脂肪含量 53.72%。对叶斑病、病毒病、锈病、枯萎病抗性较好。抗蛴螬等地下害虫。抗旱、耐涝、抗倒、耐盐碱。

豫花 16 号高产稳产性好,抗逆性强,适应性广,适宜在河南省及周边各省份推广种植。

(六)豫花 9331

豫花 9331 是河南省农科院经济作物研究所选育的大果、高产、食用及出口型花生新品种。2004 年通过河南省农作物品种审定委员会审定。2007 年通过国家鉴定。

据农业部农产品质量监督检验测试中心(郑州)测试,豫花 9331 子仁脂肪含量 52.81%,蛋白质含量 25.31%。经河南省农业科学院植物保护研究所鉴定,豫花 9331 抗花生网斑病、叶斑病、病毒病,高抗花生锈病。

豫花 9331 属直立疏枝型,连续开花,一般主茎高 30~45 cm,侧枝长 32~50 cm,总分枝 6~10 条,结果枝 5~8 条;叶片椭圆形、浓绿色、中大;荚果普通形,果嘴锐,网纹明显,果皮较硬,百果重 230 g 左右;子仁椭圆形、粉红色,百仁重 86 g 左右,出米率 68.5%;麦套生育期 120 d 左右。

(七)开农 61

开农 61 是开封市农林科学院选育的高油酸花生新品种,2012 年通过河南省农作物品种审定委员会审定。

据农业部农产品质量监督检验测试中心(郑州)测试,2009/2010 年两年开农 61 子仁蛋白质含量 24.37%/24.8%,粗脂肪含量 55.86%/54.76%,油酸含量 77.72%/74.3%,亚油酸含量 5.7%/10.2%,油亚比(O/L)13.64/7.28。经河南省农业科学院植物保护研究所鉴定,开农 61 中抗叶斑病、锈病和病毒病。

开农 61 直立疏枝,株型较松散,一般主茎高 39.1 cm,侧枝长 46.6 cm;总分枝 9.6 个,结果枝 7 个,单株饱果数 13.4 个;叶片淡绿色、长椭圆形、中等大小;荚果普通形,果嘴钝、不明显,网纹细、稍浅,缩缢浅,百果重 206.9 g,饱果率 83.9%;子仁椭圆形,种皮粉红色,百仁重 83.2 g,出仁率 69.8%。麦套生育期 126 d。

(八)豫花 37 号

申请者:河南省农业科学院经济作物研究所。育种者:张新友、汤丰收、董文召、韩锁义、秦利、高伟、刘华、齐飞艳、杜培、石磊。品种来源:海花 1 号×开选 01-6。

特征特性:高油酸花生品种,珍珠豆型。食用、油用、油食兼用。生育期 116 d 左右。疏枝直立,叶片黄绿色、椭圆形,主茎高 47 cm 左右,侧枝长 52 cm 左右,总分枝 8 个左右,结果枝 7 个左右,单株饱果数 12 个左右。荚果茧形、表面质地中,果嘴明显程度极弱,缩缢程度弱,百果重 177 g 左右,饱果率 82% 左右;籽仁桃形,种皮浅红色,内种皮深黄色,有油斑,果皮薄,百仁重 70 g 左右,出仁率 72% 左右。籽仁含油量 55.96%,蛋白质含量 19.4%,油酸含量 77.0%,籽仁亚油酸含量 6.94%。中抗青枯病、叶斑病、病毒病,感锈病,高抗网斑病。适宜在河南春播、麦套、夏直播珍珠豆型花生产区种植。

(九)豫花 15 号

豫花 15 号是河南省农科院棉花油料作物研究所选育的优质早熟高产抗病花生新品种。2000 年和 2001 年分别通过河南、安徽和国家农作物品种审定委员会审定。2001 年列入国家跨越计划。

该品种属中间型品种,植株直立疏枝,一般株高 48.9 cm,侧枝长 53.0 cm,总分枝 8 条,结果枝 7 条。叶片宽椭圆形,深绿色,较大。荚果普通型,果嘴锐,网纹细深。百果重平均 225.8 g。籽仁粉红色、椭圆形,百果重 90.1 g,出米率 70.3%,籽仁平均蛋白质含量 25.93%,脂肪含量 55.46%。该品种生育期 115 d 左右,适宜于河南及北方花生产区各条件下种植。高抗网斑病(发病为 0 级)、枯萎病,抗叶斑病、锈病(发病均在 2 级以下),耐病毒病。抗旱耐涝性强。

(十)商研 9658

商研 9658 是商丘市农林科学院选育的大果花生新品种,2008 年通过河南省农作物品种审定委员会审定。

据农业部农产品质量监督检验测试中心(郑州)测试,2006/2007 年两年商研 9658 子仁粗蛋白质含量(干基)23.6%/25.7%,粗脂肪含量(干基)53.3%/50.4%,油酸含量 48.1%/49.2%,亚油酸含量 31.0%/28.0%。经河南省农科院植保所鉴定,商研 9658 中抗网斑病、叶斑病、病毒病,抗根腐病。

商研 9658 直立疏枝,主茎高 48.5 cm,侧枝长 54.1 cm,总分枝数 9.2 个,结果枝 6.3 个,单株饱果数 8 个;叶形椭圆形,叶色淡绿,叶中等大小;荚果普通型,果嘴微锐,缩缢稍深,百果重 207.8 g,出仁率 69.7%;子仁形状椭圆形,种皮颜色粉红,种皮表面光滑,百仁重 84.7 g。麦套生育期 125 d。

(十一)豫花 9327

豫花 9327 是河南省农科院经济作物研究所选育的中果、高油、特早熟、高抗、高产花生新品种。2003 年通过河南省农作物品种审定委员会审定,2006 年通过国家鉴定。

据农业部油料及制品质量监督检验测试中心(武汉)检验,豫花 9327 子仁蛋白质含量 26.19%,含油量 55.26%。经河南省农业科学院植物保护研究所鉴定,豫花 9327 高抗网斑病,抗花生叶斑病、锈病、病毒病。

豫花 9327 为中果型品种,直立疏枝,连续开花,一般主茎高 33~40 cm,侧枝长 37~43 cm,总分枝 7~10 条,结果枝 6~8 条;叶片椭圆形、灰绿色、较大;荚果斧头形,前室小、后室大,果嘴略锐,百果重 170 g 左右;子仁三角形、粉红色,百仁重 72 g 左右,出米率 70.4%;抗旱、抗倒伏能力强;夏播生育期 110 d 左右。

(十二)远杂9847

远杂9847是河南省农业科学院经济作物研究所利用远缘杂交技术选育的花生新品种,2010年通过河南省农作物品种审定委员会审定,2011年通过国家鉴定。

据农业部农产品质量监督检验测试中心(郑州)测试,2007/2008年两年远杂9847子仁蛋白质含量21.98%/23.19%,粗脂肪含量56.46%/55.12%,油酸含量39.3%/40.2%,亚油酸含量38.8%/39.3%,油酸亚油酸比值(O/L)1.01/1.02。经河南省农业科学院植物保护研究所鉴定,远杂9847高抗网斑病,抗叶斑病、锈病、病毒病和根腐病。

远杂9847株型紧凑、耐密植,属直立疏枝型,主茎高44.6 cm,侧枝长46.1 cm,总分枝7.7个,结果枝6.2个,单株饱果数10.2个;叶片绿色、椭圆形、中大;荚果普通形,果嘴锐,网纹粗、稍深,缩缢较浅,果皮硬,百果重174.2 g,饱果率80.3%;子仁椭圆形,种皮粉红色,有光泽,百仁重68.2 g,出仁率68.5%;在黄河流域夏播生育期110 d左右。其突出特点是:结实性强,结实集中,产量高,饱果率高,果形好,含油量高,综合抗性好,抗倒性强,适应性广。

(十三)郑农花12号

郑农花12号是郑州市农林科学研究所育成的高产、高油亚比、早熟、大果大粒型花生新品种,2012年3月通过全国农技推广中心鉴定,2013年4月通过河南省农作物品种审定委员会审定。该品种具有优质、高产、早熟、综合多抗、广适的特点。粗脂肪含量49.87%,油酸含量53.05%,亚油酸含量27.1%,油酸亚油酸比值(O/L)1.97。

特征特性:郑农花12号属普通型早熟品种,全生育期128 d左右,株高43.2 cm,总分枝7.5个。荚果普通型,籽仁椭圆形,种皮粉红色,无裂纹。百果重257.4 g,百仁重103.0 g,出仁率69.4%。抗旱性强。中抗花生叶斑病和黑斑病。

(十四)郑农花13号

郑农花13号是郑州市农林科学研究所以自育品系郑8159-1作母本,豫花11号作父本进行有性杂交,经过十多年潜心研究和不断探索,育成优质、高产、抗病兼具的双审花生新品种。该品种2015年通过国家鉴定(鉴定编号:国品鉴花生2015002),同年通过河南省审定(审定编号:豫审花2015005)。

品种特点:

(1)品质优异。①高油。据多年、多点测试,郑农花13号平均脂肪含量为55.0%,达到了"十五"国家"863"高油花生新品种脂肪含量为55%的攻关指标。②蛋白质含量高。据品质测验,蛋白质含量达23.2%,在2006年以来通过河南省审定的35个麦套花生品种中,高油花生品种共11个,郑农花13号蛋白质含量居同类型的品种第二位。③油亚比较高。一般育成品种油亚比在1.2左右,郑农花13号油亚比达到了1.3。

(2)果大粒大。郑农花13号荚果为标准的普通形,果大,商品品质好,平均百果重达238.1 g,百仁重达98.2 g。符合我国传统大花生出口标准;籽仁整齐饱满,商品外观品质优良,商品率高。

(3)高产、稳产。在国家区试中,荚果平均亩产344.8 kg,籽仁249.2 kg,比对照花育19号分别增产8.6%和7.2%;在国家生产试验中,荚果平均亩产356.5 kg,籽仁253.2 kg,分别比对照种花育19号增产8.4%和8.9%。

（4）综合抗性好。郑农花13号高抗网斑病，中抗黑斑病；耐涝性强，抗倒伏，耐干旱。

（5）适应性广。适宜于河南省中北部、河北、山西、辽宁、山东等北方大花生区种植。

（十五）郑农花14号

郑农花14号为品种（系）间杂交后，经系谱法选育而成的花生新品种，母本郑花5号是郑州市农林科学研究所选育的大花生新品种；父本远杂9102为河南省农科院经作所育成的小花生品种。

品种特征：属珍珠豆型小花生，生育期125 d。株型直立，连续开花。叶片长椭圆形、绿色，花色橙黄。主茎高36.4 cm，侧枝长39.2 cm，总分枝8.1条，结果枝6.8条。荚果普通形，籽仁椭圆形、粉红色、无裂纹、有油斑。1 kg果数572.6个，1 kg仁数1 226.2个，百果重221.96 g，百仁重78.9 g，出仁率74.99%。抗涝性强，抗旱性较差，中抗黑斑病和网斑病。适于河南、山东、河北、江苏、安徽、辽宁和吉林等省小花生产区种植。

（十六）开农41

开农41是开封市农林科学院选育的食用型花生新品种，2005年通过河南省农作物品种审定委员会审定。

开农41属早熟品种，株型直立疏枝，连续开花；主茎高36.4 cm，侧枝长39.0 cm，总分枝10个，结果枝7个，单株结果数14个；叶片椭圆形，深绿色，中等大小；荚果普通形，缩缢明显，果嘴锐，网纹细、浅，果皮薄且坚韧，百果重164.7 g，饱果率65.9%；子仁椭圆形，粉红色，百仁重72.6 g，出仁率76.6%。其突出特点是出苗快而整齐，夏播生育期110~115 d。开农41籽仁蛋白质含量23.60%，粗脂肪含量49.02%。中抗叶斑病、锈病、网斑病。

（十七）濮科花15号

濮科花15号是濮阳市农业科学院选育的出口型花生品种，2005年通过河南省农作物品种审定委员会审定。

濮科花15号籽仁蛋白质含量25.98%，粗脂肪含量51.57%，油酸含量49.80%，亚油酸含量31.80%，油酸/亚油酸比值1.57。中抗锈病、叶斑病、网斑病。

濮科花15号株型疏枝直立，连续开花；主茎高42.5 cm，侧枝长45.2 cm，总分枝9条，结果枝7条，单株结果数14.2个；叶片椭圆形、淡绿色，中大。荚果普通形，果嘴锐，网纹细、浅，果细小，百果重164.9 g，饱果率68.7%，单株生产力13.9 g；籽仁圆锥形，种皮粉红色，内种皮橘黄色，百仁重70.9 g，出仁率72.0%；夏播生育期112 d左右。

（十八）远杂9102

远杂9102是河南省农科院经济作物研究所利用远缘杂交手段选育的珍珠豆型小果、高油、高产、早熟花生新品种，2002年分别通过河南省和国家审定。

该品种籽仁脂肪含量为57.40%，蛋白质含量为24.15%。经鉴定，远杂9102高抗花生青枯病，抗叶斑病、网斑病和病毒病。

远杂9102植株直立疏枝，连续开花，主茎高30~35 cm，侧枝长34~38 cm，总分枝8~10条，结果枝5~7条；叶片宽椭圆形，微皱，深绿色，中大；荚果茧形，果嘴钝，网纹细深，百果重165 g；籽仁桃形，粉红色种皮，有光泽，百仁重66 g，出仁率73.8%；在河南夏播生育期100 d左右。其突出特点为：株型紧凑，长势稳健，抗旱、耐涝性强，抗倒伏性好；经农业部油料作物遗传改良重点实验室鉴定,其固氮能力强(1 级),能够较有效地利用大气中的氮素,对瘠薄的土壤条件表现出较好的耐受性。

(十九)远杂 9307

远杂 9307 是河南省农科院经济作物研究所利用远缘杂交技术选育的珍珠豆型出口品种,2002 年通过国家农作物品种审定委员会审定。

远杂 9307 籽仁蛋白质含量为 26.52%,脂肪含量为 54.07%,油酸含量为 40.4%,亚油酸含量为 39.6%。远杂 9307 高抗青枯病,抗叶斑病、网斑病和病毒病。

远杂 9307 植株直立疏枝,连续开花,一般主茎高约 30 cm,侧枝长约 33 cm,总分枝 8~9 条;叶片宽椭圆形、深绿色、中大;荚果茧形,果嘴钝,网纹细深,百果重 182.5 g;籽仁粉红色,桃形,有光泽,百仁重 74.9 g,出米率 73.6%;在河南夏播生育期 100 d 左右。

(二十)驻花 1 号

驻花 1 号是驻马店市农业科学院选育的珍珠豆型花生新品种,2007 年通过河南省农作物品种审定委员会审定。

据农业部农产品质量监督检验测试中心(郑州)测试,驻花 1 号籽仁蛋白质含量为 24.70%,脂肪含量为 53.30%,油酸含量为 38.6%,亚油酸含量为 38.4%。经河南省农业科学院植物保护研究所鉴定,驻花 1 号中抗病毒病,中感花生网斑病。

驻花 1 号属直立疏枝型,连续开花,主茎高 40 cm 左右,侧枝长 43.0 cm 左右,总分枝 8~10 条;叶片淡绿、倒卵形,荚果为茧型,果嘴钝,网纹粗深,缩缢不明显,百果重 166.9 g,饱果率 81.4%;籽仁桃形,淡红色,有光泽,百仁重 70.7 g,出仁率 74.35%。夏播生育期 112 d。

(二十一)豫花 22 号

豫花 22 号是河南省农科院经济作物研究所选育的珍珠豆型花生新品种,2012 年通过河南省农作物品种审定委员会审定。

据农业部农产品质量监督检验测试中心(郑州)测试,2009/2010 年两年豫花 22 号籽仁蛋白质含量 24.22%/24.74%,粗脂肪含量 51.39%/54.24%,油酸含量 36.08%/36.2%,亚油酸含量 42.84%/43.5%,油酸亚油酸比值(O/L)0.84/0.83。经河南省农业科学院植物保护研究所鉴定,豫花 22 号中抗叶斑病、锈病、病毒病,抗根腐病。

豫花 22 号为珍珠豆型品种,直立疏枝,连续开花,一般主茎高 43 cm 左右,侧枝长 44 cm 左右,总分枝 7 个,结果枝 6 个,单株饱果数 10 个;叶片浓绿色、椭圆形、中;荚果为茧形,果嘴钝,网纹细、稍深,缩缢浅,百果重 189.7 g 左右,饱果率 79.3% 左右;籽仁桃形,种皮粉红色,有光泽,百仁重 81.6 g 左右,出仁率 72%;夏直播生育期 113 d 左右。

(二十二)豫花 23 号

豫花 23 号是河南省农科院经济作物研究所选育的珍珠豆型花生新品种,2012 年通过河南省农作物品种审定委员会审定。

豫花 23 号属珍珠豆型品种,直立疏枝,连续开花,一般主茎高 43 cm 左右,侧枝长 45 cm 左右,总分枝 8 个,结果枝 6 个,单株饱果数 12 个;叶片淡绿色、椭圆形、中;荚果为茧形,果嘴钝,网纹粗、深,缩缢稍浅,百果重 188 g 左右,饱果率 80% 左右;籽仁桃形,种皮粉红色,有光泽,百仁重 80 g 左右,出仁率 72.8%;夏直播生育期 113 d 左右。

据农业部农产品质量监督检验测试中心(郑州)测试,2009/2010 年两年豫花 23 号籽仁蛋白质含量 26.15%/23.52%,粗脂肪含量 50.34%/53.09%,油酸含量 36.15%/36.9%,亚油酸含量 43.12%/44.6%,油酸亚油酸比值(O/L)0.84/0.83。经河南省农业科学院植物保护研究所鉴定,豫花 23 号抗网斑病,感叶斑病,中抗锈病、病毒病,抗根腐病。

(二十三)濮花 28 号

濮阳市农业科学院用濮 9412 作母本,与父本鲁花 14 号杂交选育而成。

该品种属于普通型中粒花生品种,株型直立紧凑,复叶椭圆形,叶色绿,荚果普通型,种仁椭圆形,种皮粉红色,全生育期 146 d,植株高 30 cm,百果重 160 g,百仁重 70 g,出仁率 67%,粗脂肪含量 51.03%,粗蛋白含量 24.79%,油酸含量 48.4%,亚油酸含量 31.3%,油亚比 1.55。

2013 年经河南省农业科学院植物保护研究所鉴定,抗网斑病、颈腐病,中抗叶斑病,感锈病;2014 年鉴定,高抗褐斑病、颈腐病,耐网斑病,感黑斑病。2013 年、2014 年农业部农产品质量监督检验测试中心(郑州)测试,粗脂肪含量 55.61%/46.96%,蛋白质含量 18.46%/22.29%,油酸含量 46.1%/44.6%,亚油酸含量 33%/35.8%,油酸亚油酸比值(O/L)1.4/1.25。适宜河南各地花生产区种植。

(二十四)花育 25 号

花育 25 号系山东省花生研究所于 1997 年用鲁花 14 号为母本,花选 1 号为父本杂交,后代采用系谱法选育而成。2007 年 4 月通过山东省农作物品种审定委员会审定定名。

该品种属早熟直立大花生,生育期 129 d 左右。主茎高 46.5 cm,株型直立,分枝数 7～8 条,叶色绿,结果集中。荚果网纹明显,近普通型,籽仁无裂纹,种皮粉红色,百果重 239 g,百仁重 98 g,1 kg 果数 571 个,1 kg 仁数 1 234 个,出米率 73.5%,脂肪含量 48.6%,蛋白质含量 25.2%,油酸/亚油酸比值 1.09。抗旱性强,较抗多种叶部病害和条纹病毒病,该品种后期绿叶保持时间长、不早衰。

(二十五)豫花 27 号

豫审花 2014005,申请单位:河南省农业科学院经济作物研究所。育种人员:张新友、汤丰收、董文召、臧秀旺、张忠信等。品种来源:远杂 9711 - 13/豫花 9620。

该品种属直立疏枝型,连续开花,生育期 124～129 d。主茎高 35.9～45.6 cm,侧枝长 38.8～48.9 cm,总分枝 6.5～7.4 条;结果枝 5.0～5.9 条,单株饱果数 7.2～7.4 个;叶片浓绿色、椭圆形、中;荚果普通型,果嘴微锐,网纹细、稍深,缩缢稍浅,百果重 266.5～279.5 g;籽仁椭圆形、种皮粉红色,百仁重 114.2～119.8 g,出仁率 70.8%～72.4%。

2011 年经河南省农业科学院植物保护研究所鉴定,抗网斑病(2 级),感叶斑病(6 级),中抗病毒病(发病率 30%),抗根腐病(发病率 13%);2012 年鉴定,抗网斑病(2 级),中抗叶斑病(5 级)、病毒病(发病率 24%),抗根腐病(发病率 16%)。2011 年农业部农产品质量监督检验测试中心(郑州)测试,粗脂肪含量 53.99%,蛋白质含量 20.91%,油酸含量 43.2%,亚油酸含量 35.2%,油酸亚油酸比值(O/L)1.23。2012 年测试,粗脂肪含量 57.59%,蛋白质含量 19.13%,油酸含量 41.2%,亚油酸含量 37.4%,油酸亚油酸比值

（O/L）1.10。适宜河南各地春播或麦垄套种花生产区种植。

（二十六）安花0017

豫审花2014001，申请单位：安阳市农业科学院。育种人员：华福平、申为民、张毅、李晓亮、张志民。品种来源：豫花15号/鲁花11号。

该品种属直立疏枝型，连续开花，生育期122～129 d。主茎高40.6～44.5 cm，侧枝长44.8～50.9 cm，总分枝7.0～7.2条；结果枝5.6～5.7条，单株饱果数8.3～11.3个；叶片绿色、椭圆形、中；荚果普通型，果嘴微锐，网纹粗、稍深，缩缢较浅，百果重239.5～244.8 g；籽仁椭圆形、种皮粉红色，百仁重96.1～104.4 g，出仁率69.0%～71.7%。

2011年经河南省农业科学院植物保护研究所鉴定，抗网斑病（2级），感叶斑病（7级），中抗病毒病（发病率22%），抗根腐病（发病率18%）；2012年鉴定，抗网斑病（2级），中抗叶斑病（5级）、病毒病（发病率24%），抗根腐病（发病率15%）。2011年农业部农产品质量监督检验测试中心（郑州）测试，粗脂肪含量52.83%，蛋白质含量21.24%，油酸含量40.2%，亚油酸含量37.3%，油酸亚油酸比值（O/L）1.08；2012年测试，粗脂肪含量54.60%，蛋白质含量21.37%，油酸含量50.3%，亚油酸含量30.6%，油酸亚油酸比值（O/L）1.64。该品种适宜河南各地春播或麦垄套种。

（二十七）开农1715

豫审花2014002。申请单位：开封市农林科学研究院。育种人员：谷建中、任丽。品种来源：开农30/开选01－6。

该品种属直立疏枝型，连续开花，生育期122～123 d。主茎高35.7～38.6 cm，侧枝长40.8～42.8 cm，总分枝7.1～7.6条；结果枝6.3～6.5条，单株饱果数10.8～11.2个；叶片深绿、长椭圆形；荚果普通型，果嘴无，网纹浅、缩缢浅，百果重194.7～214.9 g；籽仁椭圆形、种皮粉红色，百仁重74.6～84.1 g，出仁率67.5%～72.6%。

2011年经山东花生研究所鉴定，中抗网斑病（相对抗病指数0.40），易感黑斑病（相对抗病指数0.24）；2012年鉴定，中抗网斑病（相对抗病指数0.48），易感黑斑病（相对抗病指数0.27）。2013年经河南省农业科学院植物保护研究所鉴定，抗网斑病（2级），抗叶斑病（3级），耐锈病（5级），高抗颈腐病（发病率6.7%）；2011年农业部油料及制品质量监督检验测试中心测试，粗脂肪含量51.95%，蛋白质含量25.73%，油酸含量73.4%，亚油酸含量9.6%，油酸亚油酸比值（O/L）7.65；2012年测试，粗脂肪含量51.53%，蛋白质含量24.48%，油酸含量77.8%，亚油酸含量5.5%，油酸亚油酸比值（O/L）14.15。适宜河南各地春播和麦套种植。

（二十八）开农172

豫审花2014003。申请单位：开封市农林科学研究院。育种人员：谷建中、任丽。品种来源：开农30/开选01－6。

该品种属直立疏枝型，连续开花，生育期122～127 d。主茎高41.9～43.1 cm，侧枝长45.9～46.2 cm，总分枝8条；结果枝6～6.9条，单株饱果数8.92～2个；叶片深绿色、椭圆形；荚果普通形，果嘴微钝，网纹中，缩缢浅，百果重222.0～237.8 g；籽仁椭圆形、种皮粉红色，百仁重91.6～97.1 g，出仁率69.6%～72.5%。

2011年经山东花生研究所鉴定，高感网斑病（相对抗病指数0.00），高感黑斑病（相对抗病指数 0.15);2012 年鉴定,高感网斑病(相对抗病指数 0.06),易感黑斑病(相对抗病指数 0.25);2013 年经河南省农业科学院植物保护研究所鉴定,抗花生网斑病(2 级),耐花生叶斑病(5 级),抗花生锈病(3 级),抗颈腐病(发病率 20.0%)。2011 年农业部油料及制品质量监督检验测试中心测试,粗脂肪含量 51.77%,蛋白质含量 25.02%,油酸含量 44.4%,亚油酸含量 33.6%,油酸亚油酸比值(O/L)1.32;2012 年测试,粗脂肪含量 54.56%,蛋白质含量 23.18%,油酸含量 45.4%,亚油酸含量 32.6%,油酸亚油酸比值(O/L)1.39。该品种适宜河南各地春播和麦套种植。

(二十九)开农 69

开封市农林科学研究院培育的高产抗病花生新品种。2014 年通过河南省审定(2014004)。

该品种开农 69 属普通型品种,生育期 126 d。直立疏枝,连续开花。主茎高 41.1 cm,侧枝长 44.8 cm,总分枝 8 个,结果枝 6 个,单株饱果数 9.5 个。叶片椭圆形,叶绿色,花色橙黄。荚果普通形,果嘴钝,网纹细、稍深,缩缢稍浅,0.5 kg 果数 274 个,百果重 238 g。籽仁椭圆形,种皮粉红色,内种皮橘黄色,0.5 kg 仁数 630 个,百仁重 96.5 g,出仁率 70.2%。

2012 年经农业部农产品质量监督测试中心(郑州)测定,开农 69 油酸含量 37.00%,亚油酸含量 42.60%,油酸亚油酸比值(O/L)0.87;蛋白质含量 21.75%,脂肪含量 54.24%。经河南省农业科学院植保研究所鉴定,开农 69 中抗花生叶斑病和病毒病,抗根腐病,感花生网斑病。适宜区域:适宜河南省各地春播和麦套种植。

(三十)漯花 4087

豫审花 2014007,申请单位:漯河市农业科学院。育种人员:周彦忠。亲本来源:漯花 6 号/徐州 402。

该种属直立疏枝型,连续开花,生育期 114~121 d。主茎高 28.4~31.5 cm,侧枝长 31.5~35.1 cm,总分枝 6.0~6.7 条;结果枝 5.5~6.1 条,单株饱果数 8.8~11.3 个;叶色绿色、椭圆形;荚果斧头形,网纹深,无油斑,无裂纹,百果重 174.1~178.6 g;籽粒三角形,种皮深红色,百仁重 74.8~76.0 g,出仁率 71.0%~73.9%。2009 年经山东花生研究所鉴定,中抗叶斑病(相对抗病指数 0.61);2010 年鉴定,抗网斑病(相对抗病指数 0.76),感黑斑病(相对抗病指数 0.39)。2009 年农业部油料及制品质量监督检验测试中心测试,粗脂肪含量 53.34%,蛋白质含量 22.38%,油酸含量 40.4%,亚油酸含量 37.3%,油酸压油酸比值(O/L)1.08。2010 年测试,粗脂肪含量 53.48%,蛋白质含量 22.46%,油酸含量 38.8%,亚油酸含量 38.9%,油酸亚油酸比值(O/L)1。该品种适宜河南省夏播花生区。

(三十一)远杂 6 号

豫审花 2013007。品种来源:远杂 9102/狮头企。选育单位:河南省农业科学院经济作物研究所。

该品种属直立疏枝珍珠豆品种,连续开花,夏播生育期 118 d 左右。一般主茎高 42.7 cm,侧枝长 47.1 cm,总分枝 9.5 条左右;平均结果枝 6.4 条左右,单株饱果数 11 个;叶片浓绿色、椭圆形、小;荚果为茧型,果嘴钝,不明显,网纹细、稍浅,缩缢稍浅,平均百果重

178.4 g 左右；籽仁桃形、种皮粉红色，平均百仁重 68.8 g 左右，出仁率 71.6% 左右。

2010 年、2011 年两年经河南省农业科学院植物保护研究所鉴定，2010 年中抗叶斑病（发病级别 5 级），抗网斑病（发病级别 2 级），中抗病毒病（发病率 23%），抗根腐病（发病率 17%）；2011 年中抗叶斑病（发病级别 5 级），抗网斑病（发病级别 2 级），中抗病毒病（发病率 25%），抗根腐病（发病率 17%）。2010 年、2011 年农业部农产品质量监督检验测试中心（郑州）测试，粗脂肪含量 51.52%/50.29%，蛋白质含量 27.31%/24.15%，油酸含量 36.6%/37.1%，亚油酸含量 42.5%/39.9%，油酸亚油酸比值（O/L）0.86/0.93。适宜区域：河南各地夏播种植。

（三十二）远杂 5 号

豫审花 2013006。品种来源：远杂 9102/狮油红 4 号。选育单位：河南省农业科学院经济作物研究所。

该品种属直立疏枝珍珠豆品种，连续开花，夏直播生育期 118 d 左右。一般主茎高 51.8 cm，侧枝长 56 cm，总分枝 7.1 条左右；平均结果枝 5.4 条左右，单株饱果数 12.6 个；叶片淡绿色、椭圆形、中大；荚果为茧形，果嘴钝，网纹细、稍深，缩缢浅，平均百果重 164 g 左右；籽仁桃形、种皮红色，平均百仁重 62.5 g 左右，出仁率 71.9% 左右。

2010 年、2011 年两年经河南省农业科学院植物保护研究所鉴定，2010 年中抗叶斑病（发病级别 5 级），抗网斑病（发病级别 2 级），中抗病毒病（发病率 21%），抗根腐病（发病率 15%）；2011 年中抗叶斑病（发病级别 5 级），抗网斑病（发病级别 2 级），中抗病毒病（发病率 25%），抗根腐病（发病率 16%）。2010 年、2011 年农业部农产品质量监督检验测试中心（郑州）测试，粗脂肪含量 57.87%/56.89%，蛋白质含量 23.45%/21.75%，油酸含量 40.5%/40.3%，亚油酸含量 38.3%/35.8%，油酸亚油酸比值（O/L）1.06/1.13；2010 年测定，硒含量 0.362 mg/kg。适宜区域：河南各地夏播种植。

（三十三）远杂 5 号

豫审花 2013006。品种来源：远杂 9102/狮油红 4 号。选育单位：河南省农业科学院经济作物研究所。

该品种属直立疏枝珍珠豆品种，连续开花，夏直播生育期 118 d 左右。一般主茎高 51.8 cm，侧枝长 56 cm，总分枝 7.1 条左右；平均结果枝 5.4 条左右，单株饱果数 12.6 个；叶片淡绿色、椭圆形、中大；荚果为茧形，果嘴钝，网纹细、稍深，缩缢浅，平均百果重 164 g 左右；籽仁桃形、种皮红色，平均百仁重 62.5 g 左右，出仁率 71.9% 左右。

2010 年、2011 年两年经河南省农业科学院植物保护研究所鉴定，2010 年中抗叶斑病（发病级别 5 级），抗网斑病（发病级别 2 级），中抗病毒病（发病率 21%），抗根腐病（发病率 15%）；2011 年中抗叶斑病（发病级别 5 级），抗网斑病（发病级别 2 级），中抗病毒病（发病率 25%），抗根腐病（发病率 16%）。2010 年、2011 年农业部农产品质量监督检验测试中心（郑州）测试，粗脂肪含量 57.87%/56.89%，蛋白质含量 23.45%/21.75%，油酸含量 40.5%/40.3%，亚油酸含量 38.3%/35.8%，油酸亚油酸比值（O/L）1.06/1.13；2010 年测定，硒含量 0.362 mg/kg。适宜区域：河南各地夏播种植。

（三十四）豫花 25 号

豫审花 2013005。品种来源：豫花 9414/豫花 9634。选育单位：河南省农业科学院经济作物研究所。

该品种属直立疏枝中大果品种,连续开花,夏播生育期115 d左右。一般主茎高42.1 cm,侧枝长47.4 cm,总分枝7条左右;平均结果枝5条左右,单株饱果数10~11个;叶片浓绿色、椭圆形、中;荚果为普通形,果嘴钝,网纹粗、稍浅,缩缢稍浅,平均百果重189.5 g左右;籽仁椭圆形,种皮粉红色,平均百仁重80.7 g左右,出仁率69.0%左右。

2010年、2011年两年经河南省农业科学院植物保护研究所鉴定,2010年中抗叶斑病(发病级别5级),抗网斑病(发病级别2级),中抗病毒病(发病率20%),抗根腐病(发病率12%);2011年中抗叶斑病(发病级别5级),抗网斑病(发病级别2级),中抗病毒病(发病率24%),抗根腐病(发病率16%)。2010年、2011年农业部农产品质量监督检验测试中心测试,粗脂肪含量52.55%/51.61%,蛋白质含量23.78%/22.83%,油酸含量36.6%/38.0%,亚油酸含量43.3%/40.3%,油酸亚油酸比值(O/L)0.85/0.94。适宜区域:河南各地夏播种植。

(三十五)秋乐花177

豫审花2013001。品种来源:开农30/开选01-6。选育单位:河南秋乐种业科技股份有限公司。

该品种属直立疏枝大果品种,连续开花,生育期125 d左右。一般主茎高43.6 cm,侧枝长46.85 cm,总分枝8.2条左右;平均结果枝7.05条,单株结果数12.35个,单株饱果数9.25个;叶片绿色、长椭圆形;荚果普通型,果嘴钝,网纹粗、浅,缩缢浅,平均百果重234.97 g;籽仁椭圆形、种皮粉红色,平均百仁重93.41g左右,出仁率71.64%左右。

2010年、2011年两年经山东花生研究所鉴定,2010年抗网斑病(相对抗病指数0.72),高感黑斑病(相对抗病指数0.13);2011年感黑斑病(相对抗病指数0.21)。2010年、2012年农业部油料及制品质量监督检验测试中心测试,粗脂肪含量53.86%/51.84%,粗蛋白质含量24.6%/24.64%,油酸含量45.6%/44.3%,亚油酸含量31.9%/33.5%,油酸亚油酸比值(O/L)1.43/1.32。适宜区域:河南各地大花生产区种植。

(三十六)开农176

豫审花2013002。品种来源:开农30/开选01-6。选育单位:开封市农林科学研究院。

该品种为高油酸花生新品种,属直立疏枝大果品种,连续开花,生育期126 d左右。一般主茎高40.6 cm,侧枝长45.8 cm,总分枝8.6条;平均结果枝6.8条,单株饱果数10.9个;叶片深绿色、椭圆形、中;荚果为普通形,果嘴钝,网纹浅,缩缢较明显,平均百果重231.2 g;籽仁椭圆形、种皮粉红色,平均百仁重87.5 g,出仁率69.6%。

2010年、2011年两年经山东花生研究所鉴定,2010年抗网斑病(相对抗病指数0.67),感黑斑病(相对抗病指数0.29);2011年感黑斑病(相对抗病指数0.22)。2010年、2012年农业部油料及制品质量监督检验测试中心测试,粗脂肪含量53.06%/51.25%,粗蛋白含量25.26%/25.31%,油酸含量63%/76.8%,亚油酸含量17.4%/6.9%,油酸亚油酸比值(O/L)3.62/11.13/。适宜区域:河南各地大花生产区种植。

(三十七)商花5号

豫审花2012003。选育单位:商丘市农林科学院。品种来源:豫花9414×远杂9102。

该品种属直立疏枝型品种,夏播生育期 112 d 左右。一般主茎高 41.5 cm,侧枝长 45.5 cm,总分枝 8 条左右,结果枝 6 条左右,单株饱果数 11～15 个;叶片浓绿色、长椭圆形、中等大小;荚果为茧形,果嘴钝,网纹细、深,缩缢浅,百果重 209.6 g;籽仁桃形、种皮粉红色,百仁重 90 g,出仁率 75.0%。

2009 年、2010 年两年经河南省农业科学院植物保护研究所鉴定,2009 年抗网斑病(2 级),中抗叶斑病(5 级),感锈病(7 级),中抗病毒病(发病率 24%),抗根腐病(发病率 19%);2010 年感网斑病(3 级),中抗叶斑病(5 级),中抗病毒病(发病率 28%),抗根腐病(发病率 20%)。2009 年、2010 年两年农业部农产品质量监督检验测试中心(郑州)检测,蛋白质含量 28.02%/27.12%,粗脂肪含量 49.11%/50.86%,油酸含量 38.24%/37.9%,亚油酸含量 40.14%/40.6%,油亚比(O/L)0.95/0.93。适宜地区:河南各地春、夏播种植。

(三十八)开农 61

育种者:开封市农林科学研究院。品种来源:开农 30×开选 016。

该品种为油食兼用普通型中熟品种,生育期 126 d 左右。株型直立,连续开花,主茎有花序。平均主茎高 39.1 cm,平均侧枝长 46.6 cm,总分枝 10 个左右,结果枝 7 个左右,单株饱果数 13 个左右。叶片长椭圆形、中大、绿色。荚果普通型,荚果缩缢程度弱,果嘴明显程度弱,网纹细、稍浅,荚果表面质地中。平均百果重 206.9 g,平均饱果率 83.85%,籽仁椭圆形,种皮浅红色,内种皮深黄色,种皮无油斑、无裂纹,平均百仁重 83.2 g,平均出仁率 69.8%。籽仁含油量 55.31%,蛋白质 24.59%,油酸 76.01%,亚油酸 7.95%。中抗青枯病、叶斑病、锈病、病毒病,感根腐病。适宜种植区域及季节:适宜在河南省花生产区春播和麦套种植。

(三十九)泛花 3 号

豫审花 2011001。品种来源:母本泛 0611,父本泛 0196。选育单位:河南黄泛区地神种业有限公司。

泛花 3 号属直立疏枝型,夏播生育期 113 d 左右。连续开花,主茎高 44.5 cm,侧枝长 45.6 cm,总分枝数 7.9 条,结果枝数 6.2 条,单株饱果数 9.9 个;叶片绿色,长椭圆形;荚果普通型,果嘴稍锐,网纹粗、稍浅,缩缢稍深,百果重 196.5 g,饱果率 81.8%;籽仁椭圆,种皮粉红、有光泽,百仁重 78.4 g,出仁率 68.3%。

经河南省农业科学院植物保护研究所鉴定,2008 年抗网斑病(2 级),感叶斑病(7 级),抗锈病(4 级)、抗病毒病(发病率 25%)、根腐病(发病率 18%);2009 年抗网斑病(2 级),感叶斑病(6 级),中抗锈病(5 级)、病毒病(发病率 23%),抗根腐病(发病率 17%)。2008 年、2009 年两年农业部农产品质量监督检验测试中心(郑州)测试,蛋白质 19.6%/25.2%,粗脂肪 54.5%/50.3%,油酸 41.5%/39.1%,亚油酸 38%/39.4%。适宜河南各地夏播种植。

(四十)驻花 2 号

豫审花 2012004。选育单位:驻马店市农业科学院。品种来源:冀 L9407×郑 201。

该品种为珍珠豆型花生品种,属直立疏枝型品种,夏播生育期 113 d。一般主茎高 42.3 cm,侧枝长 45.9 cm,总分枝 7.6 条,结果枝 6.2 条,单株饱果数 11 个;叶片淡绿色、椭圆形、中等大小;荚果为茧形,果嘴钝,不明显,网纹细、稍深,缩缢浅,百果重177.1 g,饱果率79.5%;籽仁桃形、种皮粉红色,百仁重76.8 g,出仁率76.8%。

2009 年、2010 年两年经河南省农业科学院植物保护研究所鉴定,2009 年抗网斑病(2级),中抗叶斑病(5 级)、锈病(5 级)、病毒病(发病率24%),感根腐病(发病率21%);2010 年抗网斑病(2 级),中抗叶斑病(5 级)、病毒病(发病率24%),感根腐病(发病率23%)。2009 年、2010 年两年农业部农产品质量监督检验测试中心(郑州)检测,蛋白质含量28.34%/28.00%,粗脂肪含量51.03%/52.59%,油酸含量34.91%/33.8%,亚油酸含量43.52%/45.3%,油亚比(O/L)0.80/0.75。适宜河南各地夏播种植。

(四十一)宛花 2 号

育种者:南阳市农业科学院。品种来源:P12 × 宛 8908。

该品种为珍珠豆型。油食兼用。属直立疏枝型品种,夏播生育期112 d。苗期长势稍弱。一般主茎高 40.0 cm,侧枝长 43.3 cm,总分枝 8.9 个,结果枝 7.1 个,单株饱果数12.8 个;叶片黄绿色、长椭圆形、中等大小;荚果茧形,果嘴钝、不明显,网纹细、稍深,缩缢浅,百果重 160.8 g,籽仁桃形,种皮粉红色,百仁重 68.4 g,出仁率75.0%。籽仁含油量49.12%,蛋白质含量 26.8%,油酸含量 39.37%,籽仁亚油酸含量 38.13%,油亚比值1.03。中抗青枯病,感叶斑病,中抗锈病,抗网斑病,中抗病毒病。适宜在河南花生种植区域春、夏播种植。

第三节　北方花生产区主要栽培模式

一、地膜覆盖高产栽培技术

(一)花生地膜覆盖栽培的增产机制

1. 改善生态条件

无论是春播还是夏播花生,通过地膜覆盖栽培,改善了花生田土壤水、肥、气、热条件,为花生生长发育创造了良好的生态环境。

(1)增温保温效应。地膜覆盖能够有效提高土壤耕层温度,使太阳辐射能透过地膜传导到土壤中去,并由于地膜的不透气性阻隔了水分蒸发,减少了地面热量向空气中的散发,使热量贮存于土壤并传向深层。

(2)保墒提墒。由于地膜覆盖切断了水分与大气的通道,使水分只能在膜内循环,因而水能较长时间地储存于土壤中,从而大大提高了花生对土壤中水分的有效利用。当天气干旱无雨时,耕层水分减少,由于土温上层高于下层,土壤深层的地下水通过毛细管向地表移动,不断补充和积累耕层土壤水分,起到了提墒作用。

(3)改良土壤结构。地膜覆盖能使花生田土壤在全生育期内处于免耕状态,表土层躲避风吹、降水及灌溉的冲击,减少中耕锄草、施肥、人工或机械践踏所造成的土壤硬化板结,从而使春耕层土壤始终处于良好的疏松状态,有利于根系发育和果针下扎及荚果膨大。

(4)促进土壤微生物繁殖,提高土壤有效养分含量。地膜覆盖能够均衡地调节土壤水、肥、气、热状态,使土壤保持湿润、疏松、温暖、肥沃的生态环境,促进土壤微生物繁殖,提高微生物活性,并加速有机质的分解转化,使土壤中氮、磷、钾等有效养分增加,土壤保持较高的肥力水平,为花生生长发育提供了充足的养分。

(5)增加近地层光照强度。由于地膜对阳光的反射作用,使覆膜花生植株行间及近地层光量增加。同时还增加了植株下部叶片的光照强度,增强了光合作用,进一步提高了光能利用率。

2.促进生长发育

地膜覆盖后,土壤的水、肥、气、热等条件得到了改善,各个生态因子相互协调,从而促进花生健壮生长,生育期提前,生育进程加快,产量品质提高。

1)改变生育进程

(1)春播花生提早播种。利用地膜覆盖栽培,使春花生提早播种 15～20 d,并保证了春花生苗期的正常发育,充分利用了生长季节和光能资源。

(2)生育期提前,生育速度加快,生殖生长期延长。花生覆膜栽培后,生理代谢活动加强,生育期进程加快,提前进入结实期,饱果期的时间得到相对延长,这也就是覆膜花生高产优质的主要原因之一。

2)促进植株生长发育

首先促进培育壮苗。覆膜栽培后,种子发芽势强,发芽率提高,发芽时间缩短,一般可比露地直播出苗早 5～8 d,其次是根、茎、叶都表现了比较强的优势,覆膜春花生苗期主根比对照长 4.6 cm,侧根多 10～14 条,苗期至成熟期主茎高比对照多 3.5～5 cm,分枝多 3～5 条,叶片多 15～20 片,苗期和下针期叶面积系数分别比对照高 0.3 和 0.98。

3)利于开花结实

一般春播地膜花生均比露地直播早开花、开花量大;单株结果数、饱果数、双仁果率、出仁率均比春直播显著增加。

(二)地膜覆盖栽培技术

1.播前准备

1)选择适宜的地膜

一般选用耐拉力强、耐老化,无色透明透光率高的聚乙烯薄膜,宽度为 80～90 cm,厚度为(0.007±0.002) mm。

2)选用优良品种

要选用适应性广、抗逆性强、增产潜力大,具有前期稳长、后熟长势强的中熟大果型或早熟中果型品种。

3)选择适宜的土地

地膜覆盖栽培花生生长势强,要求较高的土壤肥力水平才能充分发挥其增产潜力。应选择地势平坦、土层深厚、保水保肥、土质疏松、中等以上肥力,并经过 2～3 年轮作倒茬的土地。

4)整地施肥

(1)精细整地。春花生在前茬作物收获后及时进行冬季深耕、早春浅耕、耕后及时耙糖保墒。大垄距麦套地膜花生在前茬深耕的基础上,播前浅耕,播后及时中耕灭茬。在精耕细耙的基础上,结合起垄做畦,搞好三沟配套,使沟沟相通,畦垄相连,确保旱能浇、涝能排。

(2)科学配方,施足底肥。在中等以上肥力氮、磷、钾施用比例应掌握在5:1:2;同时由于地膜花生生育期内不便追施肥料,因此要求施足底肥,每亩要求施入优质农家肥4 000~5 000 kg,标准氮肥10~15 kg,过磷酸钙30~40 kg,硫酸钾12~15 kg,石膏粉20~30 kg。有条件的还可施入饼肥40~50 kg。

(3)起垄。播种前4~6 d起垄,80~90 cm一带,畦底宽30 cm,垄面宽50~60 cm。起垄标准是底墒足、垄体矮、垄底宽、垄面平、垄腰陡。

2.覆膜与播种

1)提高覆膜质量

覆膜质量的好坏,直接影响到地膜覆盖栽培技术的效果。

(1)覆膜时间。北方花生区一般是4月中下旬。

(2)覆膜方法。人工覆膜放膜时速度要缓慢,膜要摆平,伸直,拉紧,使薄膜在台面上平展没有皱纹,紧贴垄面。为了防止风刮掀膜,还可以采取每隔3~4 m压一条防风土带,既能保护薄膜,又不影响播种和透光的效果。

机械覆膜用覆膜机覆膜,能加快覆盖速度,提高劳动效率,保证覆盖的质量。采用花生联合播种机将镇压、筑垄、施肥、播种、覆土、喷药、展膜、压膜、膜上筑土带等技术一次完成。

(3)喷施除草剂。花生地膜覆盖常用的除草剂有拉索、农思他、都尔、乙草胺和西草净等。施用方法,均于盖膜前将除草剂的每亩适当用量加水50~75 kg,搅拌,使其稀释乳化后,均匀喷在垄面上和畦沟上。注意喷匀,不要漏喷,把规定的药量全部喷完,喷少了则会降低除草效果。

(4)盖膜方式。花生地膜覆盖有三种方式:一是随种随覆膜,即整地播种后,随即喷洒除草剂,接着盖膜,待花生出苗顶土时,及时破膜放苗。二是先盖膜后播种,即播种前5~6 d盖膜,待地温升至适宜温度后,用打孔器打也播种。播后苗孔上面压上3~5 cm厚的湿土,以防落干跑墒。三是先播种,齐苗后再盖膜,即花生播种后喷除草剂除草,花生齐苗后再边盖膜边打孔破膜。三种方式各有各的特点,可因地制宜选用。

2)适期播种

(1)确定播种期。当5 cm地温稳定在12 ℃以上,一般是4月15~25日。播种过早,膜内外温差大,幼苗不能正常生长;播种过晚,生育期缩短,营养生长不良,结果少,不能充分发挥地膜覆盖的作用。

(2)种子处理。一是种子精选,播种前带壳晒种2~3 d,以提高种子发芽势和发芽率;二是浸种子催芽和药剂拌种,这是经多年实践证明的一项全苗壮苗措施;三是根瘤菌拌种,能增加花生植株根瘤数,增加根瘤菌活性,提高花生固氮能力。

(3)提高播种质量。不论是先盖膜后播种,还是随播种随盖膜,或是出苗后再盖膜,都要按密度规格开沟或打孔。一定要注意墒情,墒情差,要提前浇水;覆膜后在打孔的周围要压严,否则起不到保温作用。

3）合理密植

花生的单位面积产量是由单位面积内穴数、穴荚果数和果重三因素构成。应根据品种类型、地力、栽培条件选择适宜的种植密度。一般应用中熟大粒型品种，每穴两粒，亩穴数 0.8 万 ~ 1.1 万穴。

3. 田间管理

1）苗田护膜

在播种出苗阶段，容易被风刮揭膜，或者因为垄面薄膜封闭不够严密及破损等原因，都会影响地膜的增温、保温、保墒的效果，影响出全苗、出齐苗。因此，在出苗前要深入田间细致检查，发现上述情况及时盖严压实，保持薄膜覆盖封闭严密，保证增温保墒效果。

2）助苗出土，壮苗早发

随播种随盖膜的花生顶土时，要及时开孔放苗和盖土引苗，防止窝苗。做到一次完成，不能出一棵引一棵，也不可待幼苗全部出土后再开孔引苗。因此，开孔引苗一定要在顶土时进行。开孔放苗的方法是：用三个手指或小刀在苗穴上方将地膜撕成一个孔径 4.5 ~ 5 cm 的圆孔，随即抓一把松散的湿土盖在膜孔上厚 3 ~ 5 cm，防止幼苗高温烫伤。散土后不要按压，以保持地膜增温、保墒、除草效果，避免引苗出土，起到自然清棵的作用，培育壮苗。

3）适时清墩和抠枝

（1）清墩。花生出苗后主茎有 2 片复叶展现，应及时清理膜孔上的土堆，并将幼苗根际周围浮土扒开，使子叶露出膜外，释放第一对侧枝，以免影响花生正常的生长发育。

（2）抠枝。花生出苗后主茎有 4 片复叶时，要及时将压在膜下的侧枝抠出来，而侧枝又是结果最多的第一对侧枝，若压在膜下时间久了，影响早生快发，降低结实能力，影响产量。

（3）查苗补种。结合开孔放苗和清理膜上土墩，进行查苗补种，若发现缺苗，应随即将准备好的催芽种子逐穴补上，保证全苗，为高产稳产打好基础。

4）中耕除草

降雨或浇水后，垄沟土壤容易板结，滋生杂草，应及时顺垄沟浅锄，破除板结，消灭杂草。膜内发生杂草时，用土压在杂草顶端地膜面上，3 ~ 5 d 后杂草因缺氧窒息枯死。

5）浇好关键水

播后 2 个月不降雨常发生旱象，此时正值花生荚果膨大期，需水最多，应立即采取沟灌、润灌的措施，以保根、保叶，维持盖膜花生正常生长发育，确保高产。

6）化学调控

在花生开花后 30 ~ 40 d，每亩叶面喷施 150 mg/kg 的多效唑溶液 50 kg，以控上促下，控制营养生长，促进生殖生长，提高营养体光合产物向生殖体运转速率，防止田间群体郁闭倒伏，保持较高而稳定的有效叶面积，提高光合效率，获取高产。

7）根外追肥

缺铁时可叶面喷洒 0.2% ~ 0.3% 的硫酸亚铁溶液及时补充铁元素。在缺硼、铁钼或缺锌的土壤，可叶面喷 0.2% 的硼酸液、0.03% 的钼酸铵溶液、0.02% ~ 0.05% 的硫酸锌溶液。在结荚后期每隔 7 ~ 10 d 叶面喷施一次 1% 尿素液每亩 75 kg 和 2% ~ 3% 的过磷酸钙水溶液 1~2 次,或 0.3% 的磷酸二氢钾水溶液 1~2 次,对提高荚果饱满度有重要作用。对有早衰迹象的地块叶面喷肥更为重要。

4. 适时收获,回收残膜

(1)适时收获,增产增收。覆膜春花生成熟期比露地栽培提早 7~10 d。花生正常成熟的长相,一般是植株下部茎枝落黄,叶片脱落但水肥条件好的这些现象不明显,因此地膜花生还要看荚果的饱满度。中熟大果品种的饱果指数达 50%~70%,早熟中果品种单株饱果指数达 70%~90% 时为适收标准。荚果成熟外观标准是果壳外皮发青而硬化,籽仁充实饱满,种皮色泽鲜艳。收获后及时晾晒,待种子含水量低于 12% 时,方可入库。

(2)残膜回收。结合用犁穿垄收获花生时,先把压在土里的残膜边揭起来,再抽去地上的残膜,回收率可达 98%;结合冬春耕地把前茬埋在地里的残膜拣起来。

二、麦套花生高效栽培技术

麦垄套种夏花生能较好地解决夏播花生光照积温不足问题。但是麦套花生在种植方式、施肥技术、品种搭配等方面存在很多问题,影响着产量效益的提高。分析麦套花生的生育特点,主要是播种时无法施底肥;与小麦共生期间存在争光热、争水肥的矛盾,具有前期缓升、中期突增、后期锐降的生长发育规律。中期是花生植株主要形成期,即始花后 20 d,光合效率高,积累干物质量占全生育期总量的 87.6%,因此其栽培要点如下:

(一)统筹安排,深耕增肥

选土层深厚、排灌方便、肥力中等以上的土地。种麦前深耕 20~30 cm。结合深耕每亩施优质圈肥 4 000 kg、碳酸氢铵 35 kg、过磷酸钙 65~70 kg、氯化钾 25 kg 作小麦基肥。第二年早春追肥推迟到小麦拔节至挑旗,兼作花生基肥。

(二)良种配套,光热互补

为减少两作物共生期争光争热矛盾,品种选用上必须搭配好。小麦选用早熟、矮秆、株型紧凑的品种;花生选用耐阴性好的中早熟品种。

(三)改革种植方式,发挥边行优势

(1)小垄宽幅麦套花生。秋种时不起垄,40 cm 一带,小麦播幅 6~7 cm,套种空当 33 cm。一般麦收前 15~25 d(中低产麦田可适当提前到麦收前 25~30 d 套种)在空当上开沟套种一行花生,穴距 16.5~20 cm。密度每亩种 8 333~10 000 穴,每穴两粒。小麦收获后立即灭茬、追肥、浇水。在花生封垄前深锄扶垄,培土迎针。

(2)大垄麦套花生。秋种小麦时,先起大垄,垄距 90 cm,垄沟 30 cm,垄高 12 cm,垄沟内播 2 行小麦,小麦小行距 20 cm,大行距 70 cm。春天在垄中间开沟施入花生基肥。4 月上中旬在垄上覆膜套种花生,播种规格:垄上种两行花生,小行距 25~30 cm,大行距 60~70 cm,穴距 16.5~18 cm,密度为每亩 8 000 穴,每穴两粒,采用幅宽 75~80 cm 地膜打孔播种。播种时尽量少损伤小麦。小麦收获后要立即浇水、灭茬、扶垄。在垄内也可种秋黄瓜或间作芝麻,增加收入。

(3)常规麦套花生。一般 2 万株/亩左右。小麦正常播种情况下(行距 23~30 cm)行行套种花生。

（四）科学管理

麦套花生的田间管理是前中期猛促,中后期保叶防衰。

（1）前期:小麦花生共生期间是花生幼苗出土和发育期,结合浇麦黄水,促进花生根早发和花器形成。麦收后即花生 8～9 叶期,结合灭茬培土,每亩追施磷酸二铵 10～15 kg,以促进侧枝生长和前期花开放。覆膜套种应适时破膜放苗。

（2）中期:培土迎针,防治病虫;遇旱浇水,促进发棵增叶,加速光合产物积累。7 月 20 日前后株高超过 35 cm,应及时喷施生长抑制剂控制旺长。

（3）后期:结荚期搞好叶面喷肥,延长绿叶功能期,促进荚果充实。

三、夏直播花生起垄种植技术

起垄种植是近年推广的一项夏直播花生高产栽培技术,它有效地解决了淮河流域夏播花生生产涝灾频繁、渍害严重,产量低而不稳、品质下降和机械化程度低、劳动强度大、生产成本高等制约该区域花生生产发展的主要限制因素。垄作不仅有利于灌溉和排水防涝,增加土壤的通透性,改善花生的生长环境,促进根系发育,加快花生的生育进程,增强花生的抗旱耐涝能力,同时便于田间管理和机械化操作。机械化起垄种植在正常情况下比平播增产 10% 以上,旱涝年份增产达 20% 以上,高产田可达到 400 kg/亩以上。

（一）选用优良早熟品种

起垄种植夏直播花生生育期短,个体发育差,应根据当地生态条件,选择早熟、耐密植、综合抗性好、生育期在 110 d 以内的高产优质花生品种。如远杂 9102、远杂 9307、驻花 1 号、豫花 22 号、豫花 23 号等花生品种。

（二）精细整地,科学播种

精细整地对于提高夏播起垄种植花生播种质量,特别是机械化播种质量至关重要,并且有利于实现苗全苗壮,促进花生生长发育,从而提高产量。保证整地质量的关键是机械化收获小麦后所留的麦茬要低,田间小麦秸秆最好清除,耕地时土壤墒情要适宜,一般以浅耕为宜(麦后可深耕、浅耕交替进行,或一年深、两年浅),真正做到精耕细耙,地面平整。

起垄播种一般垄高为 10～15 cm,垄距为 70～80 cm,垄沟宽 20～30 cm,垄面宽 40～50 cm,花生小行距控制在 20 cm 左右,即要保持花生种植行与垄边有 10 cm 以上的距离,利于花生果针入土。

播种要做到足墒播种,或播后顺沟灌溉,播深 3～5 cm。机械化播种可一次完成起垄、开沟、施肥、播种、覆土、喷除草剂等作业,不但省工省时,而且能提高播种质量。

（三）施足底肥、巧施叶面肥

起垄种植夏播花生生育期短,缺肥极易影响花生生长发育。因此,播前应施足基肥,增施有机肥,补充速效肥,巧施微肥。一般施有机肥 2 500～3 000 kg/亩、氮（N）6 kg、磷（P_2O_5）12 kg/亩、钾（K_2O）12 kg/亩。若考虑夏季花生整地播种时间紧,整地时来不及施肥,可在小麦播种时增加小麦的基肥数量,达到一肥两用,并在花生出苗后,追施速效氮肥（纯氮）6～10 kg/亩,促进花生的生长发育。同时根据生育期长势,缺肥田块中后期可通过叶面喷肥方式为花生的生长发育补充营养,提高植株抗逆性,减缓衰老,增加果重,提高产量。

（四）及早播种、适度密植

早播是起垄种植夏播花生高产的关键。据研究，随着播期的推迟，夏播花生产量明显降低。因此，夏播花生应及早播种，越早越好，最晚不能迟于6月20日。

起垄种植夏播花生生育期短，个体发育在一定程度上受到影响，单株生产力低，因此应加大种植密度，依靠群体提高花生产量。双粒播种时，中上等肥力地块，适宜种植密度为12 000～13 000穴/亩；中等肥力以下地块，每亩种植13 000～15 000穴。机械化单粒播种时，适宜种植密度为20 000株/亩以上。

（五）使用专用机械播种，提高播种质量

花生起垄种植应使用专用播种机械，能一次完成起垄、播种、施肥、喷施除草剂等作业，不但省工省时，而且能提高播种质量，花生出苗整齐一致。

（六）适时化控，防止倒伏

起垄种植夏播花生生育期间雨量充沛、气温高，特别是高产田块，花生前期生长发育快，中期生长旺，易造成群体郁蔽和后期旺长倒伏，从而导致减产。因此，应适时喷施植物生长延缓剂，控制徒长。当株高达到35 cm左右时，有旺长趋势的田块，每亩用15%的多效唑可湿性粉剂30～50 g或5%的烯效唑可湿性粉剂20～40 g，兑水40 kg左右，叶面均匀喷洒，防止旺长倒伏。

（七）叶面施肥

花生进入结荚期后，叶面喷施1%的尿素和2%～3%的过磷酸钙澄清液，或0.1%～0.2%磷酸二氢钾水溶液2～3次（间隔7～10 d），每次喷洒50～75 kg/亩。

（八）及时进行病虫害防治

起垄种植花生生长发育快，种植密度大，整个生育期又处在6月初至9月下旬高温多雨的季节里，病虫害发生一般较重，及时防治病虫害是获得高产的关键措施之一。

（九）旱浇涝排，防止积水

由于起垄增加了灌溉的便利，特别是在苗期及荚果膨大期，干旱时要及时浇水，确保花生的正常生长发育。

6～9月降水量大、涝灾频繁，易造成土壤缺氧，影响花生根部呼吸及营养物质吸收，严重时造成烂果。因此，雨后应及时排除积水，为花生生长发育创造良好的生态环境。

（十）适时收获

花生成熟后要及时收获，可采用分段式收获机械或联合收获机械收获。花生成熟（植株中下部叶片脱落，上部1/3叶片变黄，荚果饱果率超过80%）时应及时收获。收获摘果后，应及时晾晒或机器烘干，当花生荚果水分降至10%以下时，入库储藏。

四、高油酸花生高产栽培技术

油酸是一种较为稳定的物质，无须氢化也能长久保存，它是一种单不饱和Omega－9脂肪酸，高油酸花生产品明显较传统花生产品稳定且耐储存。高油酸花生油具有保质期长、可降低有害胆固醇、预防心脑血管疾病等优点，是提升消费者用油质量的重要油料。

（一）选用优良品种

选用高产、优质、抗逆性强的优良品种,推广选用开农 61 号、开农 71 号、开农 61 号、开农 1715、开农 176、开农 58、花育 52 号、豫花 37 号、冀花 16 号等新品种。

（二）种植模式

种植模式主要有麦套花生种植和夏直播花生种植。

1. 麦套花生种植

花生麦套栽培是在小麦行间进行间作套种花生的种植模式,达到小麦、花生的双丰收。

2. 夏直播花生种植

夏直播花生主要是在小麦收获后的田块上进行播种,近年来,随着种植业结构的调整和生产条件的改善,夏直播花生种植面积正在扩大,由于夏直播花生便于机械化操作、省时、省力,种植面积逐年扩大。

（三）播前准备

1. 种子处理

高油酸花生种子处理主要包括晒种、选种、药剂拌种等,要做到专人负责,不同高油酸花生品种分别进行处理。处理过程中更换品种时将用具清理干净。机械播种过程中、播种机里装种子前或换花生品种时,彻底清扫播种机具。

1）晒种

花生剥壳前,选择晴朗天气晒种 2 ~ 3 d,晒种可增强种子吸水能力,促进种子萌动发芽,晒种还有杀菌作用。

2）精细选种

花生荚果晾晒后,先挑选无霉变而饱满的高油酸花生品种荚果;将挑选好的花生荚果剥壳后,剔除秕粒、病粒、坏粒,选择粒大饱满、皮色亮泽、无病斑、无破损的籽粒做种子。要求种子纯度达到 100% 。

3）药剂拌种

防治根腐病、茎腐病播种前用 50% 多菌灵可湿性粉剂按种子量的 0.3% ~ 0.5% 或 12.5% 咯菌腈乳油（适乐时）按种子量的 0.1% 拌种,水分晾干后即可播种;防治地下害虫和鼠害用 50% 辛硫磷乳油 75 mL 加水 1 ~ 2 kg 拌种 40 ~ 50 kg。

2. 精细整地施足底肥

1）麦套花生

由于麦套花生一般不施底肥,结合中耕灭茬、浇水,尽早追施提苗肥,起到苗肥花用的作用。一般亩施尿素 7.5 ~ 10 kg,过磷酸钙 15 ~ 20 kg 或复合肥 50 ~ 60 kg。有条件的还可亩施有机肥 1 000 ~ 1 500 kg。

2）夏直播花生

小麦收获后,及时整地施肥,同时,对土壤进行药剂处理,防治蛴螬、金针虫、地老虎等地下害虫。

（四）播种

1. 播种期

麦套花生一般在小麦收获前 15 d 左右播种为宜,根据水肥条件、降雨及土壤墒情,采取趁墒或造墒,在 5 月 15 ~ 20 日播种。

夏直播花生应在小麦收获后抢时播种,播种时间最迟不应晚于 6 月 15 日。墒情差时,播种前后应浇水造墒,保证花生出苗所需水分。

2. 合理密植

每亩用种 20 ~ 25 kg。根据小麦行距,调整好花生株行距,一般行距 30 ~ 40 cm,穴距 15 ~ 20 cm,高肥力地块种植 10 500 ~ 11 000 穴/亩,中肥力地块种植 11 000 ~ 11 500 穴/亩,低肥力地块种植 11 500 ~ 12 500 穴/亩,每穴 2 粒。有条件的地区建议单粒播种,播种密度适当增加。

(五)田间管理

1. 中耕灭茬,施提苗肥

结合中耕灭茬、浇水,尽早追施提苗肥,起到苗肥花用的作用。一般亩施尿素 7.5 ~ 10 kg、过磷酸钙 15 ~ 20 kg 或花生专用肥 25 ~ 30 kg。有条件的还可亩施有机肥 1 000 ~ 1 500 kg。

2. 培土迎针,平衡施肥

初花期结合中耕进行培土迎针。花生生育中期对养分的吸收达到高峰,应视植株长相酌情追肥。一般每亩追施尿素 10 kg、过磷酸钙 10 ~ 15 kg。因雨水过大引起的花生缺铁,花生苗黄化,可用 0.2% 硫酸亚铁水溶液叶面喷施,每 7 d 喷 1 次,连喷 3 次。

3. 适期早控防徒长

在花生开花盛期,当主茎高度 35 ~ 40 cm 有旺长趋势的田块,进行叶面喷施植物生长调节剂,中低产田地一般不控制旺长。每亩用 5% 烯效唑 40 ~ 50 g 可湿性粉剂,加水 35 ~ 40 kg 进行叶面喷施,如果主茎高度超过 45 cm 可再喷 1 次,提高结实率和饱果率。烯效唑与多效唑相比,相同药量,烯效唑效果更好,并且烯效唑在植物体内和土壤中降解较快,建议最好使用烯效唑。

4. 根外追肥防早衰

进入饱果期后,要防早衰。每亩叶面喷施磷酸二氢钾 120 ~ 150 g + 尿素 350 ~ 400 g + 75% 百菌清可湿性粉剂 70 ~ 80 g 等杀菌剂的混合液 35 ~ 40 kg,连喷 2 次,间隔 10 ~ 15 d,延长花生顶叶功能期。

(六)主要病虫草害防治

1. 主要病害防治

1) 叶斑病

在发病初期,当田间病叶率达到 5 ~ 10% 时,应开始第一次喷药,药剂可选用 1 500 倍液阿米妙收(20% 嘧菌酯·12.5% 苯醚甲环唑)悬浮剂、600 倍液的百泰(5% 吡唑醚菌酯·55% 代森联)水分散粒剂,药剂用量为 30 kg(L)/亩,连喷 2 ~ 3 次。由于花生叶面光滑,喷药时可适当加入黏着剂,防治效果更佳。

2) 根腐病和茎腐病

播种前用 50% 多菌灵可湿性粉剂拌种(用药量为种子量的 0.3% ~ 0.5%),或用 50% 多菌灵可湿性粉剂 0.5 kg 加水 50 ~ 60 kg,冷浸种子 100 kg,浸种 24 h 播种;在发病初期,选用 50% 多菌灵可湿性粉剂或 65% 代森锌可湿性粉剂 500 ~ 600 倍液,70% 甲基托布津可湿性粉剂 800～1 000 倍液喷雾或苯并咪唑类杀菌剂,间隔 7 d 喷 1 次,连喷 2～3 次。

2. 主要虫害防治

1)播种期

花生拌种:选用有效成分为毒死蜱、辛硫磷、米乐尔等杀虫剂制成的种衣剂。配制毒土:采用辛硫磷等农药的颗粒剂或乳剂,撒于播种沟内,防治越冬后上移的蛴螬、金针虫等。

2)植株生长期

防治对象:蚜虫、红蜘蛛、棉铃虫、斜纹夜蛾、甜菜夜蛾等。

(1)蚜虫。

①农业防治:加强田间管理;适时播种;合理密植,防止田间郁闭;适时灌溉,防止田间过干过湿;合理邻作(豌豆)。

②化学防治:蚜虫盛发期用 3%的啶虫脒乳油 2 000 倍液、25%阿克泰水分散颗粒剂 5 000～10 000 倍液、20%阿维·辛乳油 2 500 倍液、10%氯氰菊酯(灭百可)4 000 倍液、50%溴氰菊酯 3 000 倍液、40%氧化乐果乳油 1 000 倍液,或 20%灭蚜净可湿性粉剂 2 000 倍液、10%吡虫啉可湿性粉剂 1 000 倍液进行喷雾,均能控制花生蚜的发生为害。

(2)红蜘蛛。

①农业防治:深翻土地,将虫源翻入深层;早春或秋后灌水,将虫源淤在泥土中窒息死亡;清除田间杂草,减少螨虫食料和繁殖场所;避免与大豆间作。

②化学防治:当螨虫在田边杂草上或边行花生田点片发生时,进行喷药防治,以防扩散蔓延。可用 1.8%的阿维菌素乳油 3 000 倍液、15%哒螨酮乳油 2 500～3 000 倍液、20%灭扫利乳油 2 000 倍液、10.5%阿维菌素·哒螨灵 1 500 倍液喷雾防治。喷药时要均匀,一定要喷到叶背面,并对田边的杂草等寄主植物也要喷药,防止其扩散。

(3)棉铃虫。

花生田以第二代(6 月中旬)和第三代(7 月中旬)危害为主。

①生物防治:在棉铃虫产卵初盛期,释放赤眼蜂。向初龄幼虫期的棉铃虫喷链孢霉菌或棉铃虫横形多角体病毒等生物杀虫剂。

②物理防治:利用黑光灯、玉米诱集带、玉米叶或杨树枝(在花生田用长 50 cm 的带叶杨树枝条,每 4～5 根捆成一束,每晚放十多束,分插于行间,早上扑捉、诱杀成虫。

③化学防治:用 2.5%敌百虫粉 3 kg 加干细土 50 kg,拌匀撒在花生顶叶、嫩叶上,每亩撒药土 60～75 kg;当二、三代棉铃虫百穴花生累计卵量 20 粒或有幼虫 3 头时,选用 4.5%高效氯氰菊酯乳油 1 500～2 000 倍液、2.5%高效氯氟氰菊酯 2 000～3 000 倍液、25%毒死蜱乳油 1 500～2 000 倍液、5%卡死克乳油、10%除尽悬浮剂 1 500～2 000 倍液、5%抑太保乳油 2 500～3 000 倍液进行喷雾防治,每代棉铃虫应防治 2～3 次。

(4)斜纹夜蛾、甜菜夜蛾。

①物理诱杀:利用黑光灯、糖醋液或杨柳枝诱杀成虫。

②化学防治:喷药在傍晚 5 时左右进行为宜。常用的药剂有 50%辛硫磷乳油 1 000 倍液。针对斜纹夜蛾还可喷施 5%氯虫苯甲酰胺悬浮剂 1 000 倍液,或棉铃虫核型多角体病毒 20 亿 PIB/克悬浮剂 1 500 倍液,或 0.5%甲维盐乳油 30～50 mL,或 10%虫螨腈(除尽)悬浮剂 40～50 mL,或 15%茚虫威(杜邦安打)悬浮剂 10～15 mL,兑水 40～50 kg 均匀

喷雾;针对甜菜夜蛾还可喷施 20% 米满悬浮剂 1 000 ~ 1 500 倍液或 5% 氟虫脲分散剂或 5% 氟铃脲乳油 3 000 倍液、5% 卡死克乳油 1 500 倍液、5% 抑太保乳油 3 000 倍液等。或亩用 25% 灭幼脲 III 号悬浮剂 40 mL,加水 40 ~ 50 kg 喷雾,必要时可在第一次喷药后 5 ~ 7 d,再喷施一次。

3) 结荚期

(1) 防治对象:蛴螬等。蛴螬孵化盛期和低龄幼虫期一般在 7 月中下旬,所以,低龄幼虫期是化学药剂防治的最佳时期。

(2) 防治措施。

① 药剂浇灌:有水利条件的地方,结合抗旱浇水,将 50% 辛硫磷,或 50% 毒死蜱乳油药液注入输液瓶内,架在进水口处边滴边浇水,让药随水漫溢,需亩用药 1.5 ~ 2 kg,效果甚佳。

② 撒施毒土:在花生开花下针时,亩用 10% 的毒死蜱颗粒剂 1.5 ~ 2 kg 拌土 20 ~ 30 kg,拌匀撒于花生墩周围。中耕后浇灌 1 次效果更佳。

③ 喷雾防治成虫:于成虫盛发期,在花生田周围树上选用辛硫磷乳油、高效氯氰菊酯乳油喷洒寄主植物防治成虫。

3. 主要草害防治

花生苗期至封行前,防除禾本科杂草在杂草 2 ~ 4 叶期亩用 10.8% 吡氟禾草灵(盖草能)乳油 30 ~ 40 mL 或 10.8% 精喹禾灵乳油 40 ~ 50 mL 兑水 30 kg 喷洒;防除阔叶杂草亩用 24% 乳氟禾草灵乳油(克阔乐) 3 ~ 5 mL 或 10% 乙羧氟草醚乳油 20 mL 兑水 30 kg 喷洒。禾本科杂草和阔叶杂草混生田块可用防除禾本科杂草除草剂和防除阔叶杂草除草剂混合使用。防除阔叶杂草除草剂对花生均有不同程度的药害,使用后可根据药害程度采取相应措施。

(七) 适时收获

花生植株衰老,顶端停止生长,上部叶片变黄,且昼开夜合的感夜运动基本消失,中下部叶片转黄后逐渐脱落,茎秆黄绿色;荚果多数果壳硬化,网纹清晰,果壳内白色的海绵组织收缩,裂纹明显,呈现黑褐色斑片;种仁颗粒饱满,皮薄光润,呈现本品种固有色泽时开始收获。收储时要低湿储藏,防止黄曲霉素产生。

(八) 防止机械混杂

适时收获后,应抓住有利的天气条件,及时晾晒、脱果,并进行种子挑选,待充分晾干后,入库储藏。

在花生收获和摘果过程中,最易发生机械混杂,要注意防杂保纯。不同花生品种的良种繁育田要单收、单晒、单独摘果、单独运送、单独储藏。

五、鲜食花生栽培技术规程

(一) 范围

本标准规定了鲜食花生栽培的术语和定义、品种选择、田块选择、种子处理、播种、田间管理、主要病虫草害防治、收获。

本标准适用于鲜食花生栽培。

（二）规范性引用文件

下列文件对于本文件的应用是必不可少的。凡是注日期的引用文件,仅所注日期的版本适用于本文件。凡是不注日期的引用文件,其最新版本(包括所有的修改单)适用于本文件。

GB 5084　农田灌溉水质标准

GB/T 8321(所有部分)　农药合理使用准则

GB 13735　农用地膜标准

NY/T 496　肥料合理使用标准通则

NY/T 855　花生产地环境技术条件

（三）术语和定义

下列术语和定义适用于本文件。

鲜食花生:指收获后不经晾晒而直接食用的花生。

（四）品种选择

选用优质、高产、多抗,生育期≤120 d 的中早熟品种。

（五）田块选择

选择地势平坦、排灌方便、肥力中上等的田块进行种植。种植田块环境应符合NY/T 855要求。

（六）种子处理

1. 晒种

播种前7~8 d 带壳晒种1~2 d,每天翻动1~2次。

2. 剥壳

晒种后剥壳,并去除霉变、破碎、发芽及发育不完全的种子。

3. 药剂处理

种子剥壳精选后,选用适宜的杀虫剂、杀菌剂进行拌种或包衣。药剂使用应符合GB/T 8321 的规定。

（七）播种

1. 整地

播种前应耕翻20~25 cm,随耕随耙,且做到田块平整无坷垃。

2. 基肥

基肥施用优质有机肥300~400 kg/亩,45%复合肥(15-15-15)30~40 kg/亩。肥料使用应符合 NY/T 496 的规定。

3. 播种期

春播在4月上中旬播种,夏播在前茬作物收获后及时播种。

4. 种植方式

宜采用起垄种植,垄宽75~85 cm,每垄两行,播深3~5 cm,春播宜采用地膜覆盖。地膜使用应符合 GB 13735 的规定。

5. 种植密度

春播0.8万~1.0万穴/亩,夏播1.2万~1.4万穴/亩,每穴2粒。

（八）田间管理

1. 查苗补种

在出苗期，对缺苗严重的地方采用催芽后的种子及时补种。

2. 水肥管理

苗期适宜的土壤水分含量应为土壤最大持水量的50%~60%，花针期、结荚期适宜的土壤水分含量应为土壤最大持水量的60%~70%，饱果期土壤水分应为土壤最大持水量的50%~60%，各生育时期土壤水分含量低于适宜含水量时应及时润浇，遇涝应及时排水。灌溉用水应符合 GB 5084 的要求。

3. 化学调控

有徒长趋势的田块，盛花期株高达到30 cm 时，用5% 烯效唑可湿性粉剂，50 g/亩加水 40 kg 喷雾或用15% 多效唑可湿性粉剂，50 g/亩加水 50 kg 喷雾。

（九）主要病虫草害防治

1. 防治原则

坚持"预防为主，综合防治"的原则，在病虫预测预报的基础上，应适时适期防治，且合理用药，药剂使用应符合 GB/T 8321 的规定。

2. 防治方法

主要病虫草害防治方法见表8-1。

表8-1　主要病虫草害防治方法

类型	防治对象	防治时期	防治药剂	防治方法
病害	病毒病	发病初期	菌毒清	用5% 水剂200~400 倍液喷雾，7~10 d 喷1 次，连喷2~3 次
	根腐病和茎腐病	发病初期	多菌灵或甲基托布津	用50% 的多菌灵 1 000 倍液全田喷雾或每亩用70% 甲基托布津100 g，兑水 80~100 kg 喷液
	叶斑病	发病初期	多菌灵或百菌清	用喷洒50% 多菌灵 800 倍液或75% 百菌清可湿性粉剂 600 倍液，每隔 15 d 喷药 1 次，共喷 2~3 次
	网斑病	发病初期	代森锰锌或百菌清	用70% 代森锰锌 500 倍液或75% 百菌清可湿性粉剂 800 倍液，每隔 15 d 喷药 1 次，共喷 2~3 次
	果腐病	发病初期	吡唑醚菌酯和甲基硫菌灵	每亩用25% 吡唑醚菌酯乳油 40 mL 或25% 吡唑醚菌酯乳油 20 mL + 70% 甲基硫菌灵可湿性粉剂 100 g 兑水 50 kg，每隔 10 d 喷 1 次，连喷 2~3 次
虫害	蚜虫	为害初期	吡虫啉	10% 高效吡虫啉可湿性粉剂 4 000 倍液，叶面喷施
	蛴螬	结荚期	辛硫磷或毒死蜱	50% 辛硫磷或40% 毒死蜱乳油 0.2~0.25 kg 拌土撒施
草害	芽前杂草	播种时	异丙草胺或乙草胺	每亩用72% 异丙草胺乳油 100~200 mL 或50% 乙草胺乳油 120~200 mL，兑水 50 kg 喷施土表
	田间杂草	杂草 3~5 叶期	盖草能或精吡氟禾草灵	每亩用 5~8 g 兑水 60~70 kg 喷雾或用 15% 精吡氟禾草灵 33~50 mL 兑水 50 kg 左右喷雾

（十）收获

成熟果占总结果数50%时即可收获。收获后应及时捡收残膜。

六、花生"两增三改"高产栽培技术

花生"两增三改"高产栽培技术，是在花生高产创建实践中创新集成的新技术。"两增"，就是增施有机肥、合理增加种植密度；"三改"，为改早播为适期晚播、改一次化控为系统化控、改病虫害常规防治为绿色防控。该技术解决了花生品种混杂退化、单产增速变缓、病虫害发生趋重等问题。

技术要点如下。

（一）增施有机肥

花生施肥要以有机肥为主，化肥为辅助。一般中高产地块，在原来每亩 1 000 ~ 1 500 kg 基础上，每亩增加腐熟有机肥 500 kg，亩产 500 kg 高产地块要达到 2 000 kg 以上；适当减少化肥用量，一般地块亩施氮肥（纯氮）6 ~ 7 kg、磷肥（P_2O_5）8 kg 左右、钾肥（K_2O）3 kg 左右；同时要根据不同地区或地块土壤养分丰欠情况，因地制宜施用硼、锌等微肥，每亩可施用硼肥 0.5 ~ 1 kg、锌肥 0.5 ~ 1 kg；缺钙地区和高产田要单独补施钙肥，以促进结实和荚果饱满，碱性土壤可施 50 ~ 80 kg 石膏，酸性土壤亩施 30 ~ 50 kg 石灰或 20 ~ 30 kg 石灰氮。施肥方法为：①基肥。基肥的施用是结合耕地进行的，在耕地前，将要施用的有机肥和化肥，按照有机肥的全部，化肥总量的 2/3，均匀地撒在地表。②种肥。在花生播种时施用，一般为化肥总量的 1/3，跟种肥时要注意，花生种子千万不能和花生接触，人工起垄的要先将化肥掩上，在另外的地方开沟播种，机械播种的，要将化肥拌匀，不要有化肥坷垃，随时检查化肥的排肥速度和排肥量，避免集中排肥。③追肥。根据田间的花生长势确定，追肥时间一般在结荚期和饱果成熟期，追肥的种类视花生的长势确定。

（二）合理增加种植密度

选择高产优质、抗病性强、产量潜力高的大花生品种，目前主要有豫花 15、远杂 9102、豫花 65 号、豫花 37 号、花育 22 号、花育 25 号、鲁花 11 号等，春播合理密植，密度以 8 000 ~ 10 000 穴/亩为宜，高产田要达到 9 000 穴/亩以上。

（三）改抢墒早播为适期晚播

改抢墒早播种植习惯，春花生地膜栽培，将播种期由原来 4 月中下旬推迟到 5 月 1 日以后，最佳播种期为 5 月 1 ~ 10 日，如旱地抢墒播种不能早于 4 月 25 日。

（四）改一次化控为系统化控

对于花生有徒长趋势的地块，当花生株高 35 cm 以上（一般花生封垄前）时应用化控技术，可喷施壮饱安、新丰果宝或新丰 1 号等花生专用调节剂。喷雾时，没有必要喷施花生植株的全部，只喷施花生顶部生长点即可。喷施时间最好在下午 4 点以后，有利于吸收，提高药效。

（五）改病虫害常规防治为绿色防控

搞好田间管理，开展统防统治，通过生物、物理和化学防治相结合，应用频振杀虫灯、性诱剂诱杀、药剂拌种，利用白僵菌、阿维菌素、宁南霉素等生物制剂防治，综合防治蛴螬和线虫为主的地下害虫；实施健康栽培，采用高效低毒新产品技术组合，防治花生病害。

（六）适时收获

花生收获前 4～6 周如遇严重干旱,应及时顺沟灌水,控制黄曲霉毒素感染,并及时收获。在花生收获后 1 周内应及时晾晒,把水分降到 10% 以下,避免霉捂,杜绝黄曲霉毒素污染。

七、花生单粒精播节本增效栽培技术

（一）精选种子

精选籽粒饱满、活力高、发芽率≥95% 的种子播种。种子要包衣或拌种。

（二）适期足墒播种

5 cm 日平均地温稳定在 15 ℃以上,土壤含水量确保 65%～70%。北方春花生适期为 4 月下旬至 5 月中旬播种。麦套花生麦收前 10～15 d 套种,夏直播抢时早播。

（三）单粒精播

单粒播种,亩播 13 000～16 000 粒,播深 2～3 cm,播后酌情镇压。

（四）田间管理

花生生长关键时期,合理灌溉。适期化控和叶面喷肥防病,确保植株不旺长、不脱肥,叶片不受危害。

（五）适宜区域

适合全国花生中高产田。

（六）注意事项

花生单粒精播要注意精选种子。

八、玉米花生间作种植模式

（一）品种选择

玉米选用紧凑或半紧凑型的耐密、抗逆高产良种;花生选用耐阴、抗倒高产良种。

（二）播种与施肥

3:4 间作模式(3 行玉米、2 垄花生,带宽 340 cm)播种规格:间作玉米小行距 60 cm,株距 12～14 cm;间作花生垄距 80～85 cm,垄高 10 cm,一垄 2 行,小行距 30 cm,大行距 50 cm,双粒或单粒播种均可。

底肥亩施 8～12 kg 纯氮、6～9 kg P_2O_5、10～12 kg K_2O、8～10 kg CaO。在玉米大喇叭口期亩追施 8～12 kg 纯氮,施肥位点可选择靠近玉米行 10～15 cm 处。

（三）管理

玉米、花生病虫害按常规防治技术进行,主要加强地下害虫、蚜虫、红蜘蛛、玉米螟、花生叶螨、锈病和根腐病的防治。

（四）收获

玉米收获选用现有的联合收获机,花生收获选用联合收获机或分段式收获机。

（五）适宜范围

春播适用于玉米、花生栽培地区;夏播山东(除去胶东地区)、河南及以南地区。

（六）注意事项

播种时期，夏播适时早播，尽量在 6 月 20 日之前，保障玉米、花生成熟。

九、连作花生生产关键技术

花生连作面积较大，连作花生田土壤养分缺乏，植株生长不良，减产严重，种植效益低。该技术可较好地解决连作花生种植技术落后、产量低而不稳的问题，使连作花生减产的幅度明显降低。采用该技术可实现连作花生增产 10% 以上，亩增效 100 元以上。

技术要点如下。

（一）深耕改土

应强调冬前耕地，深度 30 ~ 33 cm，冻垡晒垡，翌年早春顶凌耙耢。对于土层较浅的地块，可逐年增加耕层深度。有条件的地区可采用土层翻转改良耕地法，即将 0 ~ 30 cm 土层的土向下平移 10 cm，而其下 30 ~ 40 cm 土层的土平移到地表，操作时尽量不要打乱原来的土层结构。

（二）施肥

连作花生田更应重视有机肥的施用。每亩施腐熟鸡粪 1 000 ~ 1 200 kg 或养分总量相当的其他有机肥。化肥施用量：氮（N）8 ~ 10 kg、磷（P_2O_5）10 ~ 12 kg、钾（K_2O）8 ~ 10 kg。全部有机肥和 60% ~ 70% 的化肥结合耕地施用，30% ~ 40% 的化肥结合播种集中施用。采用农闲轮作的地块，施肥量应增加 20% ~ 25%。适当施用硼、钼、锌、铁等微量元素肥料。

（三）农闲期抢茬轮作

在花生收获后下茬花生播种前的一段农闲时间种植一茬秋冬作物，秋冬作物在花生播种前收获或直接压青，相当于花生与其他作物进行了一茬轮作，以降低连作减产的幅度。轮作选用的作物以小麦效果最佳，其次为萝卜、油菜、菠菜等。实行农闲轮作的地块，深耕和施肥（花生基肥）可在轮作作物播种前进行。

（四）田间管理

生长期间干旱较为严重时及时浇水，花针期和结荚期遇旱，若中午叶片萎蔫且傍晚难以恢复，应及时适量浇水。饱果期（收获前 1 个月）遇旱应小水润浇。结荚后如果雨水较多，应及时排水防涝。生育中后期植株有早衰现象的，每亩叶面喷施 2% ~ 3% 的尿素水溶液或 0.2% ~ 0.3% 的磷酸二氢钾水溶液 40 kg，连喷 2 次，间隔 7 ~ 10 d，也可喷施经农业部或省级部门登记的其他叶面肥料。

（五）注意事项

（1）地膜选用。旱薄地花生应覆膜。选用宽度 90 cm 左右、厚度 0.01 mm、透明度 ≥ 80%、展铺性好的常规聚乙烯地膜。覆膜前应喷施除草剂。

（2）防止徒长。在花生结荚期有徒长趋势或倒伏危险的地块，应喷施多效唑等植物生长延缓剂，用量为 15% 的可湿性多效唑粉剂 30 ~ 40 g/亩，兑水 20 ~ 30 kg，均匀喷洒于花生植株叶面。

第四节　花生病虫害及其防治

一、花生主要病害

(一)花生褐斑病和黑斑病

1. 分布与寄主

发生范围广,我国多数地区以褐斑为主。在叶片上产生病斑,破坏光合作用,引起落叶,造成荚果空秕,一般减产10%~20%。二者只危害花生,尚未发现其他寄主。

2. 症状

褐斑病发生时在叶上产生近圆形或不规则病斑,正面暗褐色,背面稍浅,病斑周围有黄色晕圈,潮湿时在叶正面产生灰霉状物。黑斑病发生比褐斑病晚,病斑近圆形,颜色黑褐,正反面相似,且无黄色晕圈。二者也可侵染叶柄、托叶和茎。

3. 发病规律

病菌以菌丝座和菌丝在土壤病残体上越冬,翌年在菌丝上产生分生孢子,随风雨传播染病。一般下部老叶先发病,病斑上产生的分生孢子进行再侵染。在25~30 ℃的适宜温度和较高湿度下,病菌侵入10~14 d后显症。褐斑病比黑斑病较耐低温。一般花期发病、中后期逐渐严重。7~8月多雨,发病重。

4. 防治方法

实行花生与水稻、玉米、甘薯轮作1~2年可明显减轻病害;及时清除田间病残枝叶,减少菌源;种植抗病品种,如豫花9326、豫花9327、远杂9102等;发病初期每亩用爱苗20 mL,或用金极冠(30%苯酯甲环唑·丙环唑乳油)10 mL,也可用阿米妙收(20%嘧菌酯和12.5%苯酯甲环唑混配悬乳剂)40 mL,兑水30~40 kg均匀喷雾,一般7~10 d喷1次,连喷2~3次,有较好的防病增产效果。其他:每亩用12.5%禾果利16~48 g兑水50 kg喷雾,也可用50%多菌灵1 000~1 500倍液、75%百菌清600~800倍液等。

(二)花生茎腐病

1. 分布与寄主

全国各地均有发生,北方花生区比较严重。除为害花生外,还侵染大豆、绿豆、棉花、甘薯等20多种植物。

2. 症状

花生幼苗发病在茎基部产生水渍状黄褐色斑,后变黑褐色,并向四周扩展,最终导致地上部萎蔫枯死。潮湿时病部密生小黑点,表皮易剥落。成株期发病时,先在主茎和侧枝基部产生黄褐色水渍状病斑,病斑发展后使茎基变黑枯死,引起主茎侧枝逐渐枯死,病部密生小黑点。

3. 发病规律

病菌以菌丝在种子上,或以菌丝、分生孢子器在病残株上越冬。混有病残体的土杂肥也是重要的病菌来源。在田间主要是通过风雨、流水传播。一般在6月中下旬形成发病高峰。用霉捂种子,苗期雨多、雨后骤晴,春播、早播和连作等情况下病情严重。雨后骤晴、气温回升快就会出现大批死株。

4. 防治方法

(1)农业措施,主要是防止种子霉捂、轮作和清除病残体;进行轮作倒茬,避免重茬连作,施用的有机肥应充分腐熟。

(2)拌种。方法一是先将种子用清水湿润,然后每 10 kg 花生种子加入 30 kg 50% 的多菌灵可湿性粉剂,拌匀后即可播种;方法二是用 40% 的多菌灵胶悬剂 50 g 兑水 1.5~2 kg,拌花生种子 15~20 kg,注意要随拌随种。

(3)用花生专用种衣剂进行包衣,晾干后进行播种,不但能有效地防治花生苗期的茎腐病、根腐病,而且对越冬地下害虫也有明显的防治效果。

(4)苗期初发病时,每亩用 40% 的多菌灵胶悬剂 100 g,或用 25% 的多菌灵可湿性粉剂 200 g 或 72% 克露可湿性粉剂 100 g,也可用 70% 的甲基托布津 100 g 加 5% 井冈霉素水剂 100~150 mL(每亩),兑水 80~100 kg,于苗齐后和开花前对根部喷洒两次。

(三)花生立枯病

1. 分布与寄主

主要分布在北方和长江流域,寄主广泛,茄子、辣椒、黄瓜、马铃薯、十字花科蔬菜等也是其常见寄主。

2. 症状

侵染种子造成种子腐烂;侵染幼苗在近土表茎基部产生凹陷病斑,发展后引起死苗。成株期发病常从底部叶片和茎开始,产生暗褐色病斑,潮湿时,病斑迅速扩展,引起叶片、茎腐烂。

3. 发病规律

病菌以菌核或病残体上的菌丝越冬,在合适条件下萌发侵染花生。苗期低温多雨时幼苗受害重。成株期主要发生在结荚后,群体过大过密,高温高湿时就会大发生。

4. 防治方法

注意合理轮作、排灌降湿、合理密植、合理施肥。种子处理同花生茎腐病,可防治烂种、死苗。成株期发病时可选用 3% 井冈霉素 800~1 000 倍液、50% 甲基立枯磷可湿性粉剂 1 000 倍液、50% 多菌灵 600~800 倍液喷雾,10 d 一次,连续 2~3 次,效果较好。

(四)花生根腐病

1. 分布与寄主

全国各地均有发生,寄主极广。

2. 症状

主要危害根部,侵染幼苗,主根变褐,无侧根或少侧根,拔出呈"鼠尾状",地上部矮小变黄乃至枯萎。成株期症状是慢性的,在根部引起稍凹陷、长条形褐色病斑,地上部暂时性萎蔫,病情严重时,植株逐渐萎蔫死亡。

3. 发病规律

病菌在土壤、病残体和种子上越冬,腐生性强。土质黏重、土层浅薄、排水不良田发生重。

4. 防治方法

种子处理效果明显,方法同花生茎腐病。另外,清沟排水、深翻改土等也有一定作用。

(五)花生青枯病

1. 分布与寄主

南方严重,北方呈加重趋势。常见寄主的有番茄、茄子、萝卜、菜豆等 200 多种植物。

2. 症状

花生各生育期均可发生,开花期达到发病高峰。地上部从顶梢第一、二片叶首先表现症状,中午萎蔫,早、晚尚能恢复,1~2 d 后,全株叶片从上至下急剧凋萎,呈青枯状。病株根茎部开始时外表完好,但主根尖间发生褐色湿腐,逐渐发展至全根腐烂。剖开根茎部,维管束变为浅褐色乃至黑褐色,土壤含水量高时,病部流出白色浑浊细菌黏液。

3. 发病规律

病原菌在土壤中越冬,成为侵染来源,在土温稳定在 25 ℃以上 6~8 d 显症,病菌是从伤口或自然孔口侵入的,借病土、流水、农具、带菌粪肥传播。高温多湿利于病害发生,干旱后多雨、时晴时雨、雨后骤晴常引起流行。

4. 防治方法

主要是种植抗病品种、合理轮作、加强栽培管理等农业措施。抗青枯病的花生品种有远杂 9102、远杂 9307 等。加强栽培管理:发病初期及时拨除田间病株,收获后清除田间带病的病株残体,并将其烧毁或施入水田作基肥,不要将混有带病植株残体的堆肥直接施入花生田或轮作田,要经高温发酵后再施用。发病田要增施有机肥和磷钾肥,促使植株生长健壮;也可每亩施用石灰 30~50 kg,使土壤呈微碱性,以抑制病菌生长,减少发病。目前尚未发现特别有效的药剂。发病初期可喷施 0.01%~0.05% 的农用链霉素,每隔 7~10 d 喷 1 次,连续喷 3~4 次,有一定的防治效果。

(六)花生病毒病

1. 分布与寄主

花生病毒病有 4 种,即花生条斑病、黄花叶病、普通花叶病和芽枯病。花生条纹病主要发生在北方花生区,自然侵染寄主还有大豆、芝麻等。花生普通花叶病广泛分布于北方花生区,自然侵染寄主还有菜豆、刺槐、紫穗槐等。

2. 症状

花生条纹病开始在顶端嫩叶上出现清晰的褪绿斑和环斑,随后发展成浅绿与绿色相间的轻斑驳、斑驳、沿侧脉出现绿色条纹及橡树叶状花叶等症状,该病症状较其他病毒病轻,早期病株稍矮化,其他病株一般不矮化,叶片也不变小。

花生普通花叶病开始在顶端嫩叶上出现明脉或褪绿斑,后发展成浅绿或绿色相间的普通花叶症状,沿侧脉出现辐射状绿色小条纹和斑点,叶片窄小,叶缘波状扭曲,植株中度矮化,多小果和畸形果。

3. 发病规律

花生条纹病初侵染源是带毒种子,豆蚜、桃蚜等蚜虫以非持久性方式传播,花生出苗后 10 d 开始发生,长期形成高峰。该病是常发流行性病害,苗期少雨病情重。

花生普通花叶病初侵染源是种子和受 PSU 感染的刺槐树,通过蚜虫传播。

4. 防治方法

主要是农业措施:①用无毒种子,杜绝病毒来源。②花生种植区内除去刺槐花叶病树,清除田间和周围杂草。③种植抗耐病品种。④驱蚜治蚜,可用地膜覆盖栽培,药剂拌种,苗期药剂治蚜;从防蚜虫入手,应在花生苗期用2.5%高效氯氰菊脂1 000倍液加新高脂膜800倍液,或者用3%啶虫脒乳油1 000倍液加新高脂膜800倍液,喷雾花生园,可以有效控制花生病毒病的蔓延。⑤拔除种传早发病苗。⑥做好种子调运中病毒病的检疫。

(七)花生根结线虫病

1. 分布与寄主

我国黄河以南为花生根结线虫,以北为北方根结线虫。已知寄主330~550种,主要危害番茄、葱、甘蓝、萝卜等。

2. 症状

以2龄幼虫从根尖、果锥尖等幼嫩组织侵入,刺激组织细胞过度增生,形成瘤状"根结",根结上又生细根,细根尖处又生根结,反复多次就形成根结团。地上部呈现缺水缺养分状。根结线虫所形成的根结与粗根结合,根结大且包括着主根。

3. 发病规律

一年发生3~5代,以卵在卵囊内和以幼虫在根结内随病根及病荚在土壤或粪肥内越冬。来年在适宜条件下孵生2龄侵染幼虫,侵入寄主寄生,形成根结,而幼虫也在根结内脱皮3次发育成成虫,雌虫产卵,卵囊露在根结外。病原线虫田间传播主要是带虫土壤及粪肥和流水。

4. 防治方法

应采取以农业防治为主的综合防治方法。主要是轮作、增肥改土、清除根结病残体。进行轮作倒茬有明显效果。化学防治可直接杀伤土壤中的线虫,起到一定的控制作用,可用10%的克线磷颗粒剂每亩2~3 kg或5%米乐尔颗粒剂每亩3.6 kg或10%灭线磷颗粒剂1~1.25 kg,加土40~50 kg拌匀,播种时开沟施入,沟深12 cm左右。

(八)花生网斑病

又称污斑病、网纹斑病、泥褐斑病等。近年来蔓延迅速,许多地方危害程度已超过黑斑病和褐斑病,一般减产20%左右,严重时可达30%以上。防治措施如下:

(1)清除初侵染来源。

(2)选用抗病品种。目前较抗病的花生品种有豫花9719、豫花9327、花17等,可根据当地情况选择种植。

(3)合理轮作。花生网斑病病菌寄主范围很窄,与其他作物轮作1~2年,可以有效减轻病害的发生。

(4)药剂防治。7月中下旬,在网斑病发病初期每亩用爱苗20 mL,或用金极冠(30%苯酯甲环唑·丙环唑乳油)10 mL,也可用阿米妙收(20%嘧菌酯和12.5%苯酯甲环唑混配悬乳剂)40 mL,兑水30~40 kg均匀喷雾,一般每隔10 d左右喷1次,连喷2~4次。其他:戊唑醇、己唑醇、百菌清等。

(九)花生白绢病

花生白绢病是一种土传真菌性病害,该病主要危害茎部、果柄及荚果。发病初期叶片枯黄,晴天叶片闭合,阴天尚能展开,茎基部组织呈软腐状,表皮脱落,严重的整株枯死。感病组织长出白色绢丝状的菌丝覆盖病部周围土表。

白绢病防治措施:应采取以轮作为基础,以清洁田园、深翻晒土和药剂防治为辅的综合防治措施。与禾本科作物进行3年以上轮作。增施有机肥,培肥地力,采用起垄种植方式,改善土壤通透条件,合理化控,防止花生倒伏。在花生结荚初期喷240 g/L噻呋酰胺悬浮剂1 000倍液,或20%的三唑酮乳油1 000倍液,或40%菌核净600倍液进行防治,每株喷淋兑好的药液100~200 mL。也可在发病期用三唑酮、根腐灵、硫菌灵等药剂交替灌根2~3次,隔7~15 d一次,防治效果明显。

二、花生主要虫害

(一)蛴螬

1. 危害特点及发生规律

蛴螬是金龟子幼虫的总称,有危害记载的百余种,其中危害花生较重的有华北大黑金龟甲、黑皱鳃金龟等。以幼虫危害地下部根和果实为主,成虫咬食茎叶也造成一定危害。

(1)华北大黑金龟甲。黄淮海地区2年1代,以成虫、幼早隔年交替越冬,成虫5月下旬至6月上中旬是出土盛期,幼虫则于春季10 cm地温达10 ℃时上升活动,13~18 ℃是幼虫活动适温。幼虫老熟后在土壤中20 cm处筑室化蛹,7月见到羽化成虫,羽化成虫当年不出土,在土中直接越冬。成虫多在矮秆植物、灌木丛或杂草多的田边集中取食、交配。

(2)暗黑鳃金龟。1年发生1代,多以3龄老熟幼虫在20~40 cm土中越冬,也可以成虫越冬。越冬幼虫5月上中旬化蛹,6月下旬至8月上旬是成虫羽化高峰,8月中下旬是幼虫危害盛期,11月越冬,成虫集中在灌木或玉米上交配。

2. 防治方法

以化学防治为主,化学防治又以播种期防治为主,兼顾作物生长期防治。

①播种期:播种前防治。每亩用5%吡虫·辛硫磷颗粒剂1~2 kg或50%辛硫磷乳油、40%毒死蜱乳油等有效成分50 g拌毒土于花生播种前撒施于田间,可兼防其他地下害虫;②开花下针期:在6月下旬或7月上旬成虫产卵期,每亩用5%吡虫·辛硫磷颗粒剂1~2 kg加干细土撒施,也可用50%辛硫磷乳油、40%毒死蜱乳油等有效成分每亩50 g拌毒土,趁雨前或雨后土壤湿润时,将药剂集中而均匀地撒施于植株主茎处的土表上,可有效毒杀成虫,减少田间卵量。③成虫防治:在成虫活动的地边或树木上喷洒40%氧化乐果1 000倍液,时间为成虫盛发期产卵前。④水旱轮作可大量杀死蛴螬。⑤深耕细耙,中耕除草,适时灌水,不施未腐熟有机肥等,降低地下虫的密度。

(二)花生蚜虫

1. 发生及危害

花生"顶盖"尚未出土时,蚜虫即钻入土内危害幼茎嫩芽。花生出土后,多在顶端心叶及嫩叶背面吸取汁液,始花后聚集在花萼管和果针上危害,使花生植株矮小,叶片卷缩,影响开花下针和正常结实。严重时,蚜虫排出大量蜜汁,引起霉菌寄生,使茎叶变黑,能致全株枯死。一般减产20%~30%,严重的减产45%~55%,甚至绝产。此外,蚜虫是花生病毒病的重要传播媒介,往往带来暴发性的病毒病害。

花生蚜虫一年发生20余代。主要以无翅成蚜和若蚜栖息于荠菜、地丁、野豌豆、野苜蓿等须根植物,以及冬豌豆嫩芽、心叶和根茎交界处越冬。第二年春天,随着气温回升,花生蚜虫先在越冬寄主上繁殖,再产生有翅胎生雌蚜,向附近麦田的荠菜、冬豌豆和"三槐"新梢上迁飞,扩散蔓延。当花生顶盖出土时,有翅蚜即迁飞到花生田繁殖为害,形成花生田点片发生。6月中下旬花生开花期,花生蚜第三次迁飞,在花生田内外蔓延为害,如遇天气干燥、少雨、气温较高的适宜条件,花生蚜则繁殖很快,一般4~7 d就能完成一代,造成蚜虫猖獗发生。7月上旬以后,雨季来临,花生田小气候高温多湿,种群数量逐渐下降。花生收获后,中间寄主衰老,气温降低,又产生有翅蚜,飞到越冬寄主上,繁殖为害并越冬。

花生蚜耐低温能力很强,而且适于繁殖的温度范围很广,适宜花生蚜发生繁殖的相对湿度为60%~70%,低于50%或高于80%,对其繁殖有明显的抑制作用。此外,暴风雨能将成蚜震落地上,引起大批死亡。常年早春至初夏气候干旱少雨,对花生蚜的发生为害极为有利。花生蚜的天敌种类很多,如瓢虫、草蛉、食蚜蝇和蚜茧蜂等,对其种群数量有一定的抑制作用。

2. 防治方法

(1)种植地块选择。宜选择沙壤、排灌条件好的种植地。

(2)合理轮作。避免2年以上在同一地块种植花生。

(3)覆膜栽培。覆膜花生保水、保温、保肥性能好,实现减少病虫害的危害,可提早收获。覆膜栽培花生,苗期具有明显的反光驱蚜作用,特别是使用银灰膜覆盖,可以有效减轻花生苗期蚜虫的发生与危害。

(4)生物防治。花生出土后,选择早播,靠近越冬、中间寄主植物多的花生田2~3块,采用五点取样的方法,每5 d(6月3 d)调查一次,至7月中旬止。每点查20墩花生,统计蚜量和天敌数量。当蚜墩率达30%、百墩蚜量达100头以上,在气候适宜、天敌数量少的情况下,应及时开展防治。如遇雨量偏多,相对湿度达85%以上,或天敌总数与蚜虫比为1:40,即可控制为害,而不必防治。

(5)化学防治。

①药剂拌种:用挪威进口翠瑞+爱尔稼拌种。每套组合产品兑水400~500 mL,混合均匀配成母液,拌种包衣25 kg种子,既可机械包衣也可人工包衣,迅速搅拌均匀,充分晾干后即可播种。

②毒土(砂):苗期每亩用2.5%敌百虫粉0.5 kg,兑细干土(砂)15 kg配制毒土(砂),于早晚花生叶闭合时,撒施到花生墩基部,使其尽可能与虫体接触,杀蚜效果良好。

③喷药防治:在有翅蚜向花生田迁移高峰后2~3 d,开始喷洒10%吡虫啉可湿性粉剂或50%抗蚜威可湿性粉剂2 500倍液、50%辛硫磷乳油1 500倍液或80%敌敌畏乳油1 000~1 500倍液、70%灭蚜净可湿性粉剂2 000倍液喷药防治。开花下针期可用农药熏蒸防治蚜虫。

④药剂熏蒸:花生进入开花下针期,发现蚜虫危害时,可亩用80%敌敌畏75~100 g,加细土25 kg或麦糠7.5 kg,加水2.5 L拌均匀,顺花生垄沟撒施,在高温条件下,敌敌畏挥发熏蒸花生植株,杀死蚜虫,防效可达90%以上。

(三)花生叶螨

1. 危害特点及发生规律

花生田叶螨北方以二斑叶螨,南方以米砂叶螨可危害花生、大豆、玉米、棉花等作物。叶螨群集在叶背面吸食汁液,出现褪绿斑点,严重时叶片干枯脱落。

北方发生 10～15 代,南方发生 15～20 代,以成螨在作物或杂草根际、土缝、树皮等处越冬。花生生长中后期达到高峰。气候干旱对其发生有利。

2. 防治方法

清洁田园及地头,消灭越冬虫源。化学用药应选择高效、低毒、安全的农药。当花生田间发现发病中心或被害虫率达到 20% 以上时,用杀螨剂进行喷药防治,喷药要均匀,一定要喷到叶背面。另外,对田边的杂草等寄生植物也要喷药,防止其扩散。具体方法是:可用 1.8% 阿维菌素 3 000 倍液或 73% 克螨特乳油 1 000 倍液喷雾防治。

(四)棉铃虫

1. 棉铃虫的发生及危害

较早世代的幼虫主要取食玉蜀黍,尤其是穗尖的小籽粒;以后各代幼虫危害番茄、棉花和其他季节性作物。棉铃虫黄昏开始活动,吸取植物花蜜作补充营养,飞翔力强,有趋光性,产卵时有强烈的趋嫩性。卵散产在寄主嫩叶、果柄等处,每雌一般产卵 900 多粒,最多可达 5 000 余粒。初孵幼虫当天栖息在叶背不食不动,第 2 天转移到生长点,但为害还不明显,第 3 天变为 2 龄,开始蛀食花朵、嫩枝、嫩蕾、果实,可转株为害。4 龄以后是暴食阶段。老熟幼虫入土 5～15 cm 深处做土室化蛹。

秋季和春季气温的变化直接影响棉铃虫的越冬基数和存活率。9～10 月温度偏高,气温下降慢,次年春季气温稳定回升,棉铃虫的越冬基数大、成活率高。冬季气候变暖,有利于棉铃虫的越冬

2. 棉铃虫的防治

(1)强化农业防治措施,压低越冬基数。坚持系统调查和监测,控制一代发生量;保护利用天敌,科学合理用药,控制二、三代密度。

(2)秋耕冬灌,压低越冬虫口基数。秋季棉铃虫危害重的棉花、玉米、番茄等农田,进行秋耕冬灌和破除田埂,破坏越冬场所,提高越冬死亡率,减少第一代发生量。

(3)加强田间管理,适当控制后期灌水,控制氮肥用量。

(4)利用棉铃虫成虫对杨树叶挥发物具有趋性和白天在杨枝把内隐藏的特点,在成虫羽化、产卵时,摆放杨树枝把诱蛾,是行之有效的方法。每亩放 6～8 把,日出前捉蛾毙死。

(5)高压汞灯及频振式杀虫灯诱蛾具有诱杀棉铃虫数量大,对天敌杀伤小的特点,宜在棉铃虫重发区和羽化高峰期使用。

(6)药剂防治:掌握在卵孵盛期至 2 龄幼虫时期喷药防治,以卵孵盛期喷药效果最佳。每隔 7～10 d 喷 1 次,共喷 2～3 次。喷药时,药液应主要喷洒在棉株上部嫩叶、顶尖以及幼蕾上,须做到四周打透。并注意多种药剂交替使用或混合使用,以避免或延缓棉铃虫抗药性的产生。亩选用 8.2% 甲维·虫酰肼 20 mL 兑水喷雾 15 kg 喷雾,20% 毒死蜱·辛硫磷乳油 100～150 mL/亩,15% 阿维·三唑磷乳油 60～70 mL/亩,15.5% 甲维·毒死

蜱乳油 75 ~ 100 mL/亩,1.8% 阿维菌素乳油 10 ~ 20 mL/亩,5% 氟铃脲乳油 120 ~ 160 mL/亩,8 000 IU mL/苏云金杆菌可湿性粉剂 200 ~ 300 g/亩,10 亿 PIB/g 棉铃虫核型多角病毒可湿性粉剂 80 ~ 100 g/亩,48% 毒死蜱乳油 90 ~ 125 mL/亩,兑水 50 ~ 60 kg 均匀喷雾。

(五)甜菜夜蛾

1. 危害特点及发生规律

甜菜夜蛾又叫玉米叶夜蛾、玉米小夜蛾,在我国发生很普遍。它可危害蔬菜、棉花、玉米、大豆等 170 多种植物,咬断生长点,将叶片吃成孔洞或缺刻。

北方 1 年发生 4 ~ 5 代,以蛹在表土层越冬,6 ~ 9 月是危害严重盛期。成虫昼伏夜出,卵多产于叶背和叶柄。初孵幼虫有群居习性,3 龄以后分散为害。气温高、密度大、食料缺乏时成群迁移。幼虫多在夜间出土为害。幼虫受惊落地有假死性。该虫不耐低温,幼虫在 −2 ℃下大量死亡。夏秋干旱容易导致大发生。

2. 防治方法

铲除田间、地头杂草,可以减少早期虫源。卵盛期至 1 ~ 2 龄幼虫盛期喷雾防治。20% 米螨悬浮剂每亩 50 mL,20% 螨克 30 mL + 35% 赛丹乳油 40 mL,0.9% 虫螨克 5 mL + 2.5% 辉丰菊酯 20 mL + 4.5% 高效氯氰菊酯 25 mL。施药时应注意在傍晚或清晨喷药,上翻下扣,四面打透,在配好药液中加入少许柴油或中性洗衣粉,可明显提高防效。

(六)新黑地珠蚧

1. 危害特点和发生规律

分布在老花生产区,寄主主要是花生、大豆、棉花及多种杂草,蚧虫吸食根部汁液造成叶片发黄,生育不良,甚至死亡。

1 年 1 代,以 2 龄幼虫(蛛体)在土内 20 cm 以上土层越冬,5 月中下旬羽化,交配产卵,卵期 20 d 左右,6 月下旬是 1 龄幼虫孵化盛期,也是防治的有利时机,7 月上中旬是 2 龄幼虫危害始盛期。7 月下旬重发田块就有死株出现。

2. 防治方法

花生收获后,及时捡拾残体,集中销毁;与禾谷类作物轮作 3 年以上。卵盛期中耕、浇水,破坏卵室,降低卵孵化率;1 龄幼虫盛期,每亩用 3% 米乐颗粒剂 2 kg,穴施花生基部,然后浇水,防效可达 72.5%。

第九章　油　菜

第一节　油菜栽培的生物学基础

一、油菜的形态特征

(一)根

油菜的根系为直根系,由主根、侧根和支根组成。主根上部膨大而下部细长,呈长圆锥形。一般耕作水平下,直播油菜主根入土深度为 40~50 cm,木质化。侧根多密集在 20~30 cm 的耕层,水平扩展 40~50 cm。

(二)主茎和分枝

油菜的根颈(脚颈)是由下胚轴发育而成的,是介于根与主茎之间具有储藏功能的一段。根颈的长短粗细以及直立与否是判断油菜长势强弱和营养状况的重要形态标志之一。凡根颈细长软弱而弯曲的,必是弱株;根颈粗、短直,则是壮苗的标志。根颈以上的茎为主茎,由子叶以上的幼茎延伸后形成。油菜主茎伸长高度依品种而异。幼苗时,叶排列紧密而丛生其上;抽薹后,主茎节间才迅速伸长呈直立型,并同时长粗;至终花期,茎的伸长基本停止。开花前主茎柔嫩、多汁,开花后由下而上逐渐木质化。甘蓝型油菜主茎分三个茎段:①短缩茎段,位于主茎基部,节间短而密集,节上着生长柄叶;②伸长茎段,位于主茎中部,节间由下而上增长,节上着生短柄叶;③薹茎段,位于主茎上部,节间自下而上缩短,节上着生无柄叶。

油菜抽薹后,茎秆叶腋间的腋芽延伸形成分枝。分枝上可再生分枝,即二次分枝、三次分枝等。根据一次分枝在主茎上的分布,可把油菜分为三种株型:①下生分枝型,分枝较多,集中着生于主茎中下部,主茎花序不发达,植株筒状或丛生状;②匀生分枝型,分枝多,均匀分布在主茎上,植株扇形,大多数甘蓝型品种属于此类;③上生分枝型,分枝较少,集中于主茎上部,主茎花序发达,植株帚形。一般下生分枝型油菜比较早熟,上生分枝型油菜比较晚熟。

分枝是油菜的重要特性,在一般情况下,一次分枝上的角果数约占单株角果数的 70%,是油菜产量构成的主要部分。油菜分枝的形成,除与品种特性有关外,还与植株的营养状况和栽培条件有关。据研究,一次分枝数与主茎总叶数呈显著正相关,主茎叶数多,一次分枝数也多。抽薹期、初花期绿叶数与一次分枝数亦呈正相关。因此,在油菜花芽分化前争取形成较多的绿叶,对于形成较多的一次分枝有重要意义。一般播期早、密度小、追肥早有利于分枝数的增加。

(三)叶

油菜的叶分为子叶和真叶两种。子叶一对,近肾形。甘蓝型品种为心脏形,在出现

3～4片真叶后,逐渐枯萎脱落。真叶着生在主茎和分枝各节上,无托叶,只有叶片,有的有叶柄,有的没有,为不完全叶。不同类型品种和同一植株在不同生育阶段产生的叶片,其形状各异。一般可分为三组叶型。

1. 长柄叶

长柄叶也叫缩茎叶,着生于主茎基部缩茎段上,具有明显的叶柄,叶柄基部两边无叶翅,叶面积自下而上逐渐增大,叶形呈长椭圆和勺子形,叶身整齐或有裂叶和琴状缺刻,中熟甘蓝型品种的主茎长柄叶15～17片,约占主茎总叶片数的1/2。其主要功能期在苗期,至抽薹期失去功能。

2. 短柄叶

着生于主茎中部伸长茎段上,叶柄不明显,叶柄基部两侧有叶翅,全缘,齿形带状、羽裂状或缺裂状等,叶面积自下而上逐渐减小,形状与相邻长柄叶相似,但愈往上,外形差异愈大,中熟甘蓝型品种有7～8片,约占主茎总叶片数的1/4。短柄叶的出生可作为感温阶段结束和花芽分化开始的标志。短柄叶是蕾薹期的主要功能叶,其生理功能到开花中后期结束。

3. 无柄叶

无柄叶也叫薹茎叶,着生于主茎上部的薹茎段上或分枝上。叶片无叶柄,叶身两侧向下延伸成耳状半抱茎,叶面积最小,形状为戟形或长三角形等,中塾甘蓝型品种有6～7片,约占主茎总叶片数的1/4。无柄叶在抽薹后抽出,功能期主要在开花后到角果成熟,其光合产物主要运输到本节位分枝,供角果和籽粒发育充实之用。

（四）花序和花

油菜的花序为总状无限花序,着生于主茎顶端的称为主花序,而着生于分枝顶端的称为分枝花序。每一花序上着生数十朵花,每一朵花有花萼4个、花瓣4个,盛开时呈十字形,黄色,雄蕊6枚,其中4枚长、2枚短,为四强雄芯。雌蕊1枚,子房上位,2心皮,子房基部有4个绿色球形蜜腺。

（五）角果

油菜果实为长角果,由果柄、果身和果喙组成。果柄、果身和果喙分别由花柄、子房、花柱发育而来。果身包括两片壳状果瓣（心皮）和假隔膜,种子着生于假隔膜两侧的胎座上。角果的着生状态分为:直生型,果柄与果轴夹角近90°;斜生型,夹角40°～60°;平生型,夹角20°～30°;垂生型,夹角大于90°,果身下垂。角果是油菜后期进行光合作用的主要器官,其光合产物直接供给种子发育和油分积累。

（六）种子

油菜种子近球形,大小与品种类型有关。一般千粒重3～4 g。种子由种皮和胚组成。种皮有黄、褐、黑等色,其色泽深浅与品种和成熟度有关,并具有辛辣味。胚有两片肥大子叶和胚根、胚轴、胚芽组成,子叶主要由薄壁细胞组成,油分就储藏在薄壁细胞内。一般甘蓝型品种含油量40%以上,蛋白质25%左右。白菜型、芥菜型含油量相对较低,分别为38%、36%左右。

二、油菜的分类

油菜在植物学分类中属于十字花科芸薹属,根据我国栽培油菜的植物学形态特征、遗传亲缘关系,结合农艺性状、栽培利用特点等,将我国栽培的油菜分为三种类型:白菜型油菜、芥菜型油菜、甘蓝型油菜。

(一)白菜型油菜

主要特征是染色体 $2n = 20$,白菜型油菜的特点是植株较矮小,叶色深绿至淡绿,上部薹茎无柄,叶基部全抱茎,花淡黄至深黄色,花瓣圆形较大,开花时花瓣两侧互相重叠,花序中间花蕾的位置多半低于周围新开花朵的平面,角果较肥大,果喙显著。它分为两种:

1. 北方小油菜

原产中国北部和西北部,此类油菜植株矮小,分枝少,茎秆细,基叶不发达,叶椭圆形,有明显琴状缺刻,且多刺毛,被有蜡粉,匍匐生长。这种油菜春性特别强,生长期短,耐低温,适宜于高海拔、无霜期短的高寒地区作春油菜栽培。

2. 中国南方油白菜

它原产中国长江流域,外形很像普通小白菜,是小白菜的油用变种,株型较大,分枝性强,茎秆粗壮,茎叶发达,叶片较宽大,呈长椭圆或长卵圆形(叶全缘或呈波状),茎叶全抱茎着生,叶面蜡粉较少,半直立或直立,幼苗生长较快,须根多,种子有褐色、黄色或杂色三种,含油率38% ~45%,中国南方各地的白油菜、甜油菜、黄油菜均属此类。这种油菜生育期短、抗病性较差、产量较低,感病毒病、霜霉病。

(二)芥菜型油菜

芥菜型油菜原产于非洲北部,广泛分布于欧洲东部、中亚细亚、印度、巴基斯坦及中国西部干旱地区和高原地区。在中国栽培的芥菜型油菜有两个变种,即小叶芥油菜和大叶芥油菜,这两个变种的染色体数 $2n = 36$,这两个种系由白菜型原始种($2n = 20$)和黑芥($2n = 16$)自然杂交后异源多倍化进化而来的,自交亲和性高。小叶芥油菜茎部叶片较少而狭窄,有长叶柄,叶缘有明显锯齿,上部枝条较纤细,株型较高大,分枝部位较高,如高油菜、辣油菜、苦油菜及大油菜均属这种类型,主要分布在中国西北各省。大叶芥油菜茎部叶片较宽大而坚韧,呈大椭圆形或圆形,叶缘无明显锯齿,叶面粗糙,茎叶有明显短叶柄,分枝部位中等,分枝数多,株型较大,如高脚菜籽"牛耳朵""马尾丝"等地方品种属此种类型,它主要分布在中国西南各省,在河南省的信阳和南阳也有一定种植面积。芥菜型油菜主要特点主根入土较深,主根和茎秆木质化程度高,耐旱耐瘠耐寒性强,适应性强,不易倒伏,生育期比白菜型长,抗病性介于白菜型和甘蓝型之间,种子较小,种皮多为褐色、红褐色及黄色,含油量较低,一般为30% ~40%,种子有辛辣味。芥菜型油菜抗性强(抗旱,耐瘠),产量低。适宜我国西北和西南地区人少地多、干旱少雨的山区种植。

(三)甘蓝型油菜

甘蓝型油菜原产欧洲地中海沿岸西部地区,染色体数 $2n = 38$。其主要特点是:幼苗匍匐或半直立,叶色较深,叶质似甘蓝,叶面一般被有蜡粉,茎部叶形椭圆,叶片有琴状缺裂,菱茎叶半抱茎着生,分枝性强,枝叶繁茂,细根较发达,耐寒、耐湿、耐肥,抗霜霉病能力强,抗菌核病、病毒病能力优于白菜型和芥菜型油菜,花瓣大,花黄色,角果较长,结荚多,粒大饱满,种皮呈黑色、暗褐或红褐色,少数暗黄色,种子含油量较高,一般为35% ~45%。生育期长,中晚熟种抗病性较强,产量高,耐肥。目前生产上90%以上的面积为甘蓝型油菜品种。

三、油菜的生长发育

（一）油菜的生育时期

油菜从播种到成熟所需要的时间因类型、品种、地区和播种期等相差很大。春油菜生育期80～130 d，冬油菜160～280 d。油菜一生可以分为以下五个生育时期。

1. 发芽出苗期

油菜从种子发芽到出苗为发芽出苗期。在土壤水分和氧气等条件适宜时，一般日均气温在16～20 ℃时播种后，3～5 d即可出苗，而在5 ℃以下时，则需20 d左右才能出苗。油菜种子发芽时，首先是胚根突破种皮深入土壤，随后下胚轴向上伸长，将子叶及胚芽顶出地面。当两片子叶出土展开，由淡黄转绿，即为出苗。

2. 苗期

从子叶出土展平至现蕾为苗期。一般春油菜20～45 d，冬油菜60～180 d。一般从出苗至花芽开始分化称为苗前期，而从花芽分化开始至现蕾称为苗后期。苗前期主要是生长根系、缩茎、叶片等营养器官的时期，为纯营养生长期。苗后期以营养生长为主，并进行花芽分化。苗前期发育好，则主茎节数多，可促进苗后期主根膨大，幼苗健壮，分化较多的有效花芽。

3. 蕾薹期

油菜从现蕾到初花阶段称为蕾薹期。一般春油菜持续15～25 d，冬油菜30～50 d。油菜在现蕾时和现蕾后主茎节间伸长，称为抽薹。当主茎高达10 cm时进入抽薹期。蕾薹期是以根、茎、叶生长占优势的营养生长和花芽分化的并进生长阶段，是油菜一生中生长最快的时期，需从土壤中吸收大量的水和无机养分，是对水和各种养分吸收利用最迅速、最迫切的时期。

4. 开花期

油菜从初花到终花所经历的时间为开花期。油菜花期较长，一般持续25～30 d。当全田有25%以上植株主茎花序开始开花为始花期，全田有75%的花序完全谢花为终花期。此期是决定角果数和每果粒数的重要时期。

一株油菜的开花顺序是先主茎花序，后一次分枝花序，自上而下，自内向外逐次开放。每一花序的开花顺序是自下而上逐次开放。油菜开花时间一般在上午7～12时，以9～10时开花最多。油菜开花期持续一个月左右。

油菜属于异花和常异花授粉植物，主要靠昆虫传粉，开花时，晴朗天气有利于昆虫传粉，可提高结实率。

5. 角果发育成熟期

油菜从终花到成熟的过程称为角果发育成熟期。一般为25～30 d。此期包括了角果、种子的体积增大，幼胚的发育和油分及其他营养物质的积累过程，是决定粒数、粒重的时期。此期植株体内大量的营养物质向角果和种子内转移、积累，直到完全成熟。种子内所积累的养分，一部分来自植株（茎秆）积累物质的转移，约占种子储存养分的40%。另一部分是中后期油菜叶片和绿色角果皮的光合产物，约占60%，其中，中后期叶片的光合产物约占20%，绿色角果皮的光合产物约占40%。油菜的成熟过程，可划分为3个时期：

（1）绿熟期。主花序基部的角果由绿色变为黄绿色，种子由灰白变为淡绿色，分枝花序上的角果仍为绿色，种子仍为灰白色。此期种子含油量只有成熟种子的70%左右。

（2）黄熟期。植株大部分叶片枯黄脱落，主花序角果已成正常黄色，种子皮色已呈现出本品种固有的色泽；中上部分枝角果为黄绿色，当全株和全田70%~80%的角果达到淡黄色（所谓半青半黄）时，即为人工收获适期。

（3）完熟期。大部分角果由黄绿色转变为黄白色，并失去光泽，多数种子呈现出本品种固有色泽，角果容易开裂。如果此期人工收获，易因炸角造成田间损失。

（二）油菜的阶段发育特性

油菜完成生长周期，需要一定的外界环境条件，同一品种生长周期的长短则主要与油菜从营养生长进入生殖生长的迟早有关，决定生殖生长的主要因素是苗期的温度和光照条件。这种对一定温度、光照条件的感应特性称油菜的春化阶段（感温性）和光照阶段（感光性）。

1. 春化阶段（感温性）

油菜一生中必须通过一个较低的温度条件才能进入现蕾和开花结实，这种特性就是油菜的春化阶段。根据油菜春化阶段对低温要求的程度和时间的长短分为三种类型：

（1）冬性型。对低温要求严格，在0~5℃低温下经15~45 d才能顺利通过春化阶段，进入生殖生长；否则，不能开花结实。冬油菜晚熟和中晚熟品种属此类，如双低品种中双2号和胜利油菜等。

（2）春性型。在10~20℃条件下，经15~20 d甚至更短时间就可以通过春化阶段而开花结实。春性型品种在春季或夏初播种都可以正常抽薹开花。一般春油菜品种或冬油菜早熟和极早熟品种属此类。如青油14、蒙油4号等。

（3）半冬性型。对低温感应性介于冬、春性之间，一般在5~15℃条件下，经20~30 d可通过春化阶段开始生殖生长。一般冬油菜中熟和早中熟品种属此类。如秦油2号、中油821等。

2. 光照阶段（感光性）

油菜是长日照作物。每日光照14 h以上可提早现蕾开花，而短于12 h则延迟现蕾开花，甚至不能正常抽薹和开花结实。油菜不同品种的感光类型有两种：①强感光型，多数春油菜品种感光性强，开花前需经过14~16 h平均日照长度。②弱感光型，极早熟的春油菜品种和一般冬油菜品种感光性弱，花前需经历的平均日长为11 h左右。

3. 阶段发育的实践意义

在引种中，一般在纬度相近地区引种，其成功的可能性较大。如将我国北方冬性强的冬油菜引到南方种植，因不能满足其低温要求，所以发育慢、成熟迟，甚至不能抽薹开花。在品种布局和播期确定上，一般来说，甘蓝型油菜在我国大部分地区种植能够高产稳产，但在春油菜产区，尤其是西部高寒地区仍以种植芥菜型和白菜型油菜较多，特别是生育期短的白菜型早熟品种，以适应春种夏收或夏种秋收。北方冬油菜区宜选用冬性品种，江淮流域一年两熟地区可选用冬性、半冬性品种，并适当早播。在春油菜区，春性强的品种发育快，可适当迟播，但要早间苗、早施肥、早管理，春性较弱的品种发育较慢，应适当早播。

（三）油菜生长发育及其对温光的要求

1. 种子萌发及出苗

油菜种子吸水达自身种子重量60%左右时,在一定温度条件下即可萌发。发芽时土壤水分为田间最大持水量的60%~70%最为适宜。种子发芽的最低温度为3~5℃,最适温度20~25℃,最高35~37℃。油菜种子发芽需要较高的氧气。发芽初期土壤偏酸性较为有利,而碱性条件则降低发芽率。一般在土壤水分适宜时,3~5℃低温下播种需20 d以上才能出苗,当日均气温达12℃左右时需7~8 d出苗,当气温达16~20℃时,3~5 d即可出苗。油菜种子吸水膨大后,胚根首先突破种皮,并向下深入土壤中,而下胚轴向上伸长将子叶顶出地面。当两片子叶出土展开,且由淡黄转绿时,即为出苗。

油菜苗期可耐0~-3℃的低温,在短时间的-7~-8℃低温下也不至于冻死,但长时间的-5℃低温也会受冻害。苗期适宜温度为10~20℃,田间最大持水量以70%以上为宜,否则叶片分化生长慢。油菜若遇冻害和严重缺水,可导致叶片发皱和红叶现象。

2. 根系生长

油菜苗期根系的垂直生长快于水平生长,且相对生长速度快于地上部。北方白菜型冬油菜越冬期间地上部基本干枯,营养物质就储藏在根系和短缩茎等部位。冬油菜在返青到盛花期、春油菜在蕾薹期至盛花期,根系生长旺盛,盛花期以后逐渐衰老。根系生长的适宜温度为12~15℃,5℃以下或35℃以上则生长缓慢或停止。

3. 主茎与分枝生长

油菜主茎节间在苗期即已分化形成,自蕾薹期由下而上依次伸长呈直立型。抽薹到初花,主茎每日平均伸长3 cm左右,最快达5~6 cm。初花后伸长基本停止,养分迅速积累,干重明显增加,终花期主茎达最大值。蕾薹中期之后,主茎上陆续长出分枝。下位分枝伸长快,但多成为无效分枝,中、上位分枝伸长慢,但多为有效分枝。始花期之后,有效分枝进入迅速生长期。10℃以上茎秆生长加快,高于32℃或低于10℃则生长减缓。

4. 叶片生长

油菜子叶出土后数日即出现第一片真叶。初花前主茎叶全部出齐。甘蓝型冬油菜一生主茎叶20~35片,而白菜型春油菜仅有7~12片。盛花期分枝叶全部出齐。主茎最大叶为长、短柄叶交替处的叶,由此往上往下,叶片逐渐变小,分枝叶最小。甘蓝型冬油菜主茎叶寿命30~105 d,白菜型春油菜25~45 d。叶片生长最适温度为10~20℃。

5. 油菜花芽分化及开花结角

甘蓝型冬油菜6~12叶时花芽开始分化,分化期长;白菜型春油菜1.5~3叶时花芽开始分化,分化期短。花序花芽分化由主茎开始,依次为一次、二次分枝,同级分枝花序花芽自上而下分化;同一花序花芽自下而上分化。甘蓝型冬油菜花芽分化过程分为花蕾原始体形成期、花萼形成期、雌雄蕊形成期、花瓣形成期、花药、胚珠形成期。花芽分化速度表现为苗期慢,蕾薹期快,始花期达分化高峰。但蕾薹期后分化的花芽有效率低。主茎花序和一次分枝花芽开花结角率高。花芽开始分化后,较高的气温和长日照可促进分化进程。

油菜开花期需要12~20℃的温度,最适温度为14~18℃,气温在10℃以下,开花数量显著减少,5℃以下不开花,易导致花器脱落,产生分段结果现象;高于30℃时虽可开花,却结实不良。种子发育要求温度在20℃左右。春油菜在12℃以下,冬油菜在15℃

以下种子不能顺利成熟。开花期适宜的相对湿度为70%～80%,低于60%或高于94%都不利于开花,花期降雨会显著影响开花结实。

开花期,对水、肥的吸收量均达到最高峰,如果此期营养不足,营养生长和生殖生长均会受到严重影响,造成减产。但如果氮肥过多,水量过大,又会造成营养体生长过盛而徒长,生殖生长受阻,导致大量花蕾和花脱落,产量降低。因此,自现蕾到开花期,水、肥调剂是使油菜植株以正常的营养生长促进旺盛的生殖生长,增花保角,取得高产的关键。

第二节　优质油菜品种介绍

(一)杂双 7 号

生物学特性:杂双 7 号属甘蓝型半冬性双低油菜细胞质雄性不育三系杂交种。该品种幼茎颜色绿色,子叶肾脏形,花色黄色,叶片大小中等,叶形为琴状裂叶,叶色深绿色,叶被有蜡粉,种子褐色;生育期为 230 d 左右,属中早熟品种;苗期长相稳健,春季返青快,茎秆粗壮,抗病、抗倒性强。在河南省油菜区域试验中,杂双 7 号农艺性状表现为:株高157.6 cm,分枝部位 47.8 cm,一次有效分枝 8.6 个,主花序长 56.3 cm,主花序角数 64.6个,结角密度 1.13 个/cm,单株有效角果 309.6 个,角粒数 24.4 个,千粒重 3.85 g,不育株率 0.77%。

抗性表现:两年区域试验平均冻害指数为 39.68%,具有较强的抗寒性;该杂交种菌核病病害率 6.65%,病害指数平均为 3.73%,属抗(耐)病类型;没有发生病毒病。

合理密植:高肥力田块每亩 1 万株,中肥田块 1.2 万～1.5 万株,旱薄地或晚播田 1.5万～2 万株。

(二)丰油 10 号

生物学特性:丰油 10 号属甘蓝型半冬性胞质不育三系杂交种。该品种幼苗直立,绿色,子叶肾脏形;苗期发苗快,长势强,长相稳健;茎、叶深绿色;株型较紧凑,匀生分枝,茎秆粗壮;籽粒褐色;在长江上游区域生育期为 220 d,较对照油研 10 号早熟 1 d 左右,属中早熟品种。在区域试验中,丰油 10 号农艺性状表现为:株高 153.4 cm,分枝部位 69.3 cm,一次有效分枝 9.2 个,主花序长 63.9 cm,主花序角数 82.3 个,结角密度 1.29 个/cm,单株有效角果 454.0 个,角粒数 16.4 个,千粒重 3.88 g,不育株率 0.62%,单株产量 26.9 g。

抗性表现:在国家区域试验中,经鉴定,丰油 10 号菌核病发病率 8.71%,病害指数为3.97%,病毒病发病率 1.42%,病害指数为 0.45%,菌核病鉴定结果为低抗,抗倒性强。

品质指标:丰油 10 号品质优良,国家区试两年品质检测结果分别为:芥酸 0.0%、0.1%、硫苷 35.69 μmol/g、38.40 μmol/g(饼),含油量 40.51%、40.52%,品质符合国家品种审定标准。

合理密植:移栽密度 1 万株/亩(1.5×10^5 株/hm^2)左右,直播密度 1.5 万株/亩(2.25×10^5 株/hm^2)左右。在旱薄地或晚播田应适当增加种植密度。

(三)杂双 4 号

生物学特性:杂双 4 号属甘蓝型半冬性细胞质雄性不育油菜三系杂交种,叶片深绿色,叶被有蜡粉。春季返青快,长相稳健,茎秆粗壮,抗病、抗倒性强。生育期 228 d,幼茎颜色绿色,花色黄色,叶形琴状裂叶,叶色深绿色,株高 166.93 cm,一次有效分枝 8.33 个,单株有效角果 380.33 个,角粒数 24.04 个,千粒重 3.11 g,单株产量 20.6 g。

抗性表现:经河南省农科院植保所鉴定,杂双 4 号菌核病发病率和病害指数分别为 4.61%和 3.08%,属抗(耐)病类型;杂双 4 号病毒病发病率和病害指数分别为 5.21%和 1.31%,属抗病类型。

品质指标:由区域试验主持单位统一抽样,经农业部油料及制品质量监督检验测试中心(武汉)检验,杂双 4 号芥酸含量 1.60%,硫甙含量 25.78 μmol/g(饼),含油量 41.01%。品质符合国家优质油菜标准。

合理密植:高肥力田块每亩 1 万株,中肥田块 1.2 万~1.5 万株,旱薄地或晚播田 1.5 万~2 万株。

(四)创杂油 9 号

特征特性:属甘蓝型半冬性双低雄性不育三系杂交种,生育期 230.7 d。苗期叶挺,幼茎绿色,琴状裂叶,叶深绿色,叶面平较宽,黄色花;株高 156.8 cm,分枝高度 37.6 cm,一次有效分枝 7.6 个,单株有效角果 304.1 个,角粒数 22.7 粒,千粒重 3.49 g,单株产量 20.3 g,不育株率 2.8%。

抗性鉴定:2010 年省区域试验田间鉴定,受冻率 81.66%,冻害指数 25.2%;菌核病病害率 4.5%,病害指数 9.8%;病毒病病害率 5%,病害指数 0.0%,抗倒伏。

品质分析:2009 年经农业部油料及制品监督检验测试中心(武汉)分析,芥酸含量 0.4%,硫苷含量 32.48 μmol/g,含油量 44.12%。

播期和密度:育苗田 9 月 15 日左右播种,10 月 20 日左右移栽,最佳直播期 9 月 25~30 日;直播田最佳密度 1.2 万~1.5 万株/亩,移栽田 6 000~8 000 株/亩。

(五)群英油 801

特征特性:属甘蓝型半冬性中早熟双低杂交种,全生育期 231 d。叶片深绿色,叶被有蜡粉,叶形琴状裂叶;长相稳健,茎秆粗壮,幼茎绿色,花黄色;株高 157.1 cm,一次分枝数 9.1 个,分枝高度 31.4 cm,单株总角数 326.14 个,角粒数 21.54 粒,千粒重 3.59 g,单株产量 23.2 g,不育株率 2.1%。

抗性鉴定:2010 年省区域试验田间鉴定,受冻率 54.7%,冻害指数 27.4%;菌核病病害率 27.3%,病害指数 2.1%;病毒病病害率 2.1%,病害指数 1.2%,较抗倒伏。

品质分析:2009~2010 年经农业部油料及制品监督检验测试中心(武汉)检测,芥酸含量 0.6%,硫苷含量 20.24 μmol/g,含油量 43.25%。

播期和密度:适宜播期 9 月 15~30 日,育苗田为 9 月 10~20 日;一般田块每亩 1.5 万株,旱薄地或晚播田块每亩 2 万株。

(六)秦优 33

特征特性:该品种为甘蓝型半冬性诱导型不育两系杂交种,全生育期平均 245.0 d,比对照秦优 7 号早熟 1 d。幼苗半直立,苗期叶色绿,裂叶型,叶缘锯齿状,微披蜡粉,无刺毛,叶柄短,顶叶圆。花瓣中等,花色黄,花瓣侧叠。种皮黄褐色。匀生分枝类型,平均株高 169.00 cm,一次有效分枝数 9.77 个。平均单株有效角数 353.0 个,每角粒数 21.0 粒,千粒重 3.65 g。区域试验田间调查,菌核病平均发病率 5.68%、病害指数 3.23%。抗性鉴定综合评价中感菌核病,低抗病毒病。抗倒性较强。经农业部油料及制品质量监督检验测试中心检测,平均芥酸含量 0.05%,硫甙含量 22.43 μmol/g,含油量 47.77%。

水肥地亩留苗密度 9 000 ~ 10 000 株,旱地亩留苗密度 12 000 ~ 14 000 株。苗期注意防治虫害,返青后防治油菜茎象甲,后期注意防治菌核病。

(七)杂双 5 号

特征特性:属甘蓝型双低油菜杂交种,生育期 229 d,比对照种杂 98009 早熟 1 d。幼茎绿色,花黄色,叶形琴状裂叶,叶深绿色;株高 167.4 cm,一次有效分枝 7.2 个,单株有效角果 262.3 个,角粒数 22.47 个,千粒重 3.7 g,单株产量 19.7 g,不育株率 1.6%。

抗病性鉴定:2006 ~ 2007 年度区试田间鉴定,平均冻害指数为 23.06%,具有较强的抗寒性;菌核病病害指数平均为 2.63%,属抗(耐)病类型;病毒病病害指数平均为 1.26%,属抗病类型;没有发现感染霜霉病、白锈病;抗倒性能较好。

2007 ~ 2008 年度生试田间鉴定:受冻率 75.9%,冻害指数 34.7%;菌核病病株率 2.2%,病害指数 1.1%;病毒病病株率 4.3%,病害指数 2.1%;抗倒性能较好。

品质分析:2008 年农业部油料及制品质量监督检验测试中心(武汉)检验,芥酸含量 0.0%,硫甙含量 28.36 μmol/g(饼),含油量 47.54%。

直播田适播期 9 月 15 ~ 30 日;育苗田 9 月 10 ~ 20 日;高肥力田块密度每亩 1 万株,中肥田块 1.2 万 ~ 1.5 万株,旱薄地或晚播田 1.5 万 ~ 2 万株。

(八)双油 9 号

特征特性:属甘蓝型冬性双低常规种,生育期 231.6 d。株型半紧凑,株高 149.0 cm,幼茎绿色,花黄色,叶形琴状裂叶,叶深绿色,一次有效分枝 8.2 个,单株有效角果 294.21 个,角粒数 23.84 个,千粒重 3.01 g。

抗性鉴定:2006 年经河南省农科院植保所抗性鉴定,菌核病属抗(耐)病类型,病毒病属抗病类型,霜霉病属抗病类型,白锈病属抗病类型。

品质分析:2006 年经农业部油料及制品质量监督检验测试中心(武汉)分析,芥酸含量 0.08%,硫甙含量 25.53 μmol/g(饼),含油量 41.75%。

适时播期是 9 月 20 日至国庆前后,过早和过迟播种都不利于高产。中等肥力田块每亩 1.2 万株。

(九)双油 10 号

特征特性:属甘蓝型半冬性双低常规品种,生育期为 228.4 ~ 235.4 d。幼茎绿色,花黄色,琴状裂叶,叶深绿色,叶被有蜡粉;株高 150.7 ~ 167.3 cm,一次有效分枝 8.4 ~ 9.1 个,单株有效角果 262.5 ~ 319.2 个,角粒数 21.6 ~ 23.8 个,千粒重 3.6 ~ 4.0 g,单株产量 15.3 ~ 21.8 g,不育株率 0。

2012 ~ 2014 年河南省农业科学院经济作物研究所综合两年 17 点次抗性鉴定结果,对菌核病表现低抗类型(菌核病发病率和病害指数平均为 14.78% 和 9.50%);对病毒病表现抗病类型;霜霉病和白锈病田间未见发病。2014 年农业部油料及制品质量监督检验测试中心(武汉)检测,芥酸含量 0.1%,硫甙含量 23.33 μmol/g,含油量 44.38%。

直播田适宜播期为 9 月 15 ~ 30 日;育苗田为 9 月 10 ~ 20 日,一般中肥田块 1.5 万 ~ 2.0 万株,机械化收获田密度加大到 3 万株/亩。

（十）双油 092

特征特性：属甘蓝型半冬性双低杂交品种。生育期为 229～233.3 d。幼茎绿色，花黄色，叶琴状裂叶，叶深绿色；株高 146.4～167.3 cm，一次有效分枝 7.1～9.2 个，单株有效角果 239.1～323 个，角粒数 23.6～30 个，千粒重 3.22～3.45 g，单株产量 17～18.78 g，不育株率 0.9%～6.25%。

2012～2013 年河南省油菜生产试验田间鉴定，受冻率 63.8%，冻害指数 25.9%；菌核病病害率 13.7%，病害指数 7.9%；病毒病病害率 0.0%，病害指数 0.0%，较抗倒伏。2012 年农业部油料及制品质量监督检验测试中心（武汉）检测，芥酸含量 0.0%，硫苷含量 17.19 μmol/g，含油量 46.60%；2013 年农业部油料及制品质量监督检验测试中心（武汉）检测，芥酸含量 0.1%，硫苷含量 19.78 μmol/g，含油量 45.76%。

适期早播，直播田适宜播期为 9 月 15～30 日；育苗田为 9 月 10～20 日，以保证壮苗安全越冬。豫北、豫西比较寒冷地区，冬季封冻前要浇越冬水，并用土壅根或用土杂粪盖芯。一般中肥田块 1.5 万～2.0 万株，旱薄地或晚播田 2 万～3 万株。

（十一）双油 123

特征特性：属甘蓝型半冬性双低杂交油菜品种。生育期 220.7～235.5 d。幼茎绿色，花黄色，叶形琴状裂叶，叶色深绿色；株高 157.0～171.6 cm，一次有效分枝 7.9～8.1 个，单株有效角果 265.1～300.7 个，角粒数 22.5～26.4 个，千粒重 3.1～3.9 g，单株产量 14.0～24.0 g，不育株率 0.3%～2.0%。

抗病鉴定：2013～2014 年河南省农科院经济作物研究所综合两年 17 点次抗性鉴定，对菌核病表现低抗类型（该品种菌核病发病率和病害指数平均为 10.76% 和 8.24%），对病毒病表现抗病类型（田间未发病），霜霉病和白锈病田间未见发病。

品质分析：2014 年农业部油料及制品质量监督检验测试中心（武汉）检测，芥酸含量 0.1%，硫苷含量 17.12 μmol/g，含油量 42.42%；2015 年检测，芥酸含量 0.0%，硫苷含量 18.50 μmol/g，含油量 43.04%。

直播田适宜播期为 9 月 15～30 日，育苗田为 9 月 10～20 日；中肥田 1.5 万～2.0 万株/亩，旱薄地、晚播田 2 万～3 万株/亩，机械化种植提高到 3 万～4 万株/亩。

（十二）群英油 802

特征特性：属甘蓝型半冬性双低杂交油菜品种。生育期 220.8～235.6 d。幼茎绿色，花黄色，叶形琴状裂叶，叶色深绿；株高 151.9～167.8 cm，一次有效分枝 7.6～7.9 个，单株有效角果 256.3～329.1 个，角粒数 23.2～25.2 个，千粒重 3.1～3.8 g，单株产量 13.8～25.4 g，不育株率 0.4%～3.1%。

2013～2014 年河南省农科院经济作物研究所综合两年 17 点次抗性鉴定，对菌核病表现低抗类型（菌核病发病率和病害指数平均为 12.15% 和 7.13%），对病毒病表现抗病类型（田间未发病），霜霉病和白锈病田间未见发病。2014 年农业部油料及制品质量监督检验测试中心（武汉）检测，芥酸含量 0.2%，硫苷含量 18.92 μmol/g，含油量 44.99%；2015 年检测，芥酸含量 0.2%，硫苷含量 25.51 μmol/g，含油量 42.18%。

直播田宜在 9 月 15～30 日播种，育苗宜在 9 月 10～20 日播种，一般田块 1.5 万株/亩，旱薄地或晚播田 2 万株/亩。适宜河南黄河流域及南部冬油菜区种植。

(十三)信油杂 2906

特征特性:属甘蓝型半冬性双低杂交品种,生育期 229.3~234.4 d。幼茎绿色,花黄色,琴状裂叶,叶深绿色;株高 155.8~172.4 cm,一次有效分枝 7.6~8.1 个,单株有效角果 272.9~329.1 个,角粒数 22.0~24.1 个,千粒重 3.4~3.6 g,单株产量 15.5~21.8 g,不育株率 1.6%~2.5%。

2012~2014 年度河南省农业科学院经济作物研究所综合两年 17 点次抗性鉴定结果,对菌核病表现低抗类型(该品种菌核病发病率和病害指数平均为 10.22% 和 6.48%);对病毒病表现抗病类型;霜霉病和白锈病田间未见发病。2014 年农业部油料及制品质量监督检验测试中心(武汉)检测,芥酸含量 0.0%,硫苷含量 17.35 μmol/g,含油量 42.92%。

适期早播,直播田适宜播期为 9 月下旬或 10 月上旬;育苗田为 9 月 10~20 日,一般中肥田块 1.5 万~2.0 万株/亩,旱薄地或晚播田 2 万~4 万株/亩。适宜河南省中南部冬油菜区域种植。

(十四)开油 1208

特征特性:属甘蓝型半冬性双低杂交油菜品种。生育期为 220.5~234.9 d。幼茎绿色,花黄色,叶形琴状裂叶,叶色深绿;株高 153.8~175.3 cm,一次有效分枝 8.1~8.6 个,角粒数 18.8~19.7 粒,千粒重 3.7~4.1 g,单株产量 13.3~23.2 g,不育株率 2.6%~4.8%。

2013~2014 年河南省农科院经济作物研究所综合两年 17 点次抗性鉴定,对菌核病表现较抗(耐)类型(菌核病发病率和病害指数平均为 12.55% 和 7.76%),对病毒病表现抗病类型(病毒病病害率平均为 0.18% 和 0.14%),田间未见霜霉病和白锈病发病。2014 年农业部油料及制品质量监督检验测试中心(武汉)检测,芥酸含量 0.9%,硫苷含量 17.76 μmol/g,含油量 43.59%;2015 年检测,芥酸含量 0.0%,硫苷含量 19.07 μmol/g,含油量 42.99%。

直播田适宜播期为 9 月下旬,育苗移栽可比当地直播期适当提前一周下种。直播每亩 0.2 kg,育苗移栽每亩苗床地播 0.5 kg,水肥地每亩留苗 0.7 万~0.9 万株,旱肥地和晚播田每亩留苗 1.0 万~1.2 万株。机械化收割田每亩可留苗 1.2 万~1.5 万株。适宜河南黄河流域及南部冬油菜区种植。

(十五)创杂油 15 号

特征特性:属甘蓝型半冬性双低杂交油菜品种。生育期 229.3~233.4 d。幼茎绿色,花黄色;叶形琴状裂叶,叶片深绿色。株高 153.4~157.1 cm,一次有效分枝 7.6~9.4 个,单株有效角果 258.7~277.8 个,角粒数 21.7~23.5 个,千粒重 3.2~3.6 g,单株产量 15.8~19.4 g,不育株率 2.9%~5.5%。

2011~2012 年河南省农科院经济作物研究所综合两年 16 点次抗性鉴定,对菌核病表现低抗类型(菌核病发病率和病害指数平均为 6.34% 和 5.22%),对病毒病表现抗病类型(田间未发病),霜霉病和白锈病田间未见发病。2012 年农业部油料及制品质量监督检验测试中心(武汉)检测,芥酸含量 0.0%,硫苷含量 19.45 μmol/g,含油量 37.54%;2014 年检测,芥酸含量 0.3%,硫苷含量 19.31 μmol/g,含油量 40.35%。

直播田适宜播期为 9 月 15 日至 10 月 5 日;育苗田为 9 月 10~20 日。一般中肥田块

1.2 万~1.5 万株/亩,旱薄地或晚播田 1.8 万~3 万株/亩。适宜河南省中部及南部冬油菜区域种植。

(十六)信油杂 2803

特征特性:属甘蓝型半冬性双低杂交品种,生育期 228.8~233.8 d。幼茎绿色,花黄色,叶琴状裂叶,叶深绿色;株高 147.5~164.9 cm,一次有效分枝 7.9~9.4 个,单株有效角果 277.5~341.3 个,角粒数 21.8~25.9 个,千粒重 3.19~3.5 g,单株产量 18.4~19.28 g,不育株率 0.1%~3.7%。

2012~2013 年河南省油菜生产试验田间鉴定,受冻率 63.4%,冻害指数 28.6%;菌核病病害率 8.7%,病害指数 7.2%;病毒病病害率 0.0%,病害指数 0.0%,抗倒伏。2012 年农业部油料及制品质量监督检验测试中心(武汉)检测,芥酸含量 0.0%,硫苷含量 23.65 μmol/g,含油量 41.92%。2013 年农业部油料及制品质量监督检验测试中心(武汉)检测,芥酸含量 0.0%,硫苷含量 18.35 μmol/g,含油量 41.04%。

直播适播期为 9 月下旬至 10 月上旬,适时早播能在年前达到壮苗标准,直播种植密度 1.5 万株/亩,移栽种植密度 1.2 万株/亩。适宜河南省黄河以南冬油菜区域种植。

(十七)双油 092

特征特性:属甘蓝型半冬性双低杂交品种。生育期为 229~233.3 d。幼茎绿色,花黄色,叶琴状裂叶,叶深绿色;株高 146.4~167.3 cm,一次有效分枝 7.1~9.2 个,单株有效角果 239.1~323 个,角粒数 23.6~30 个,千粒重 3.22~3.45 g,单株产量 17~18.78 g,不育株率 0.9%~6.25%。

2012~2013 年河南省油菜生产试验田间鉴定,受冻率 63.8%,冻害指数 25.9%;菌核病病害率 13.7%,病害指数 7.9%;病毒病病害率 0.0%,病害指数 0.0%,较抗倒伏。2012 年农业部油料及制品质量监督检验测试中心(武汉)检测,芥酸含量 0.0%,硫苷含量 17.19 μmol/g,含油量 46.60%;2013 年农业部油料及制品质量监督检验测试中心(武汉)检测,芥酸含量 0.1%,硫苷含量 19.78 μmol/g,含油量 45.76%。

适期早播,直播田适宜播期为 9 月 15~30 日;育苗田为 9 月 10~20 日,以保证壮苗安全越冬。豫北、豫西比较寒冷地区,冬季封冻前要浇越冬水,并用土壅根或用土杂粪盖芯。一般中肥田块 1.5 万~2.0 万株,旱薄地或晚播田 2 万~3 万株。适宜河南省黄河以南冬油菜区域种植。

(十八)周油 589

特征特性:属甘蓝型半冬性中熟双低杂交品种,生育期 229~234.1 d。幼茎绿色,花黄色,叶琴状裂叶,叶色深绿;株高 141.6~160.1 cm,一次有效分枝 7.1~8.6 个,单株有效角果 219.5~315.4 个,角粒数 20.7~25.5 个,千粒重 3.5~3.73 g,单株产量 17.2~18.52 g,不育株率 1%~1.2%。

抗性鉴定:2012~2013 年河南省油菜生产试验田间鉴定,受冻率 63.4%,冻害指数 27.2%;菌核病病害率 5.8%,病害指数 3.8%;病毒病病害率 0.0%,病害指数 0.0%,抗倒伏。

2012 年农业部农产品质量监督检验测试中心(武汉)检测,芥酸含量 0.0%,混合样硫甙含量 23.01 μmol/g,含油量 42.79%,2013 年农业部农产品质量监督检验测试中心(武汉)检测,芥酸含量 0.1%,硫甙含量 24.42 μmol/g,含油量 46.04%。

直播田9月18日至10月5日播种,育苗移栽播期9月10~20日,冬季封冻前要浇越冬水,并用土壅根或用土杂粪盖芯。适宜密度1.0万~1.5万株/亩。适宜河南省黄河以南冬油菜区域种植。

(十九)信优2508

特征特性:属甘蓝型半冬性双低杂交种,生育期227.1 d,比对照杂98009晚熟1 d。幼茎绿色,花黄色,叶深绿色,琴状裂叶;株高177.5 cm,一次有效分枝8.6个,单株有效角果346.1个,角粒数20.9个;千粒重3.9 g,单株产量20.3 g,不育株率3.4%。

2008~2009年度省生产试验田间鉴定:受冻率73.6%,冻害指数33.8%;菌核病病害率4.9%,病害指数3.0%;病毒病病害率5.7%,病害指数2.9%,较抗倒伏。2009年农业部油料及制品质量监督测试中心(武汉)检测,芥酸0.5%,硫甙27.60 μmol/g,含油量43.30%。适宜河南省黄河以南油菜区种植。

直播在9月中下旬,育苗移栽在9月15~20日播种为宜。直播每亩1万~1.2万株,育苗移栽0.8万~1.0万株/亩。

(二十)杂双6号

特征特性:属甘蓝型半冬性双低杂交种,生育期226.7 d,与对照杂98009熟期相当。幼茎绿色,花黄色,叶深绿色,琴状裂叶;株高164.2 cm,一次有效分枝9.2个,单株有效角果345.0个,角粒数22.5个;千粒重3.7 g,单株产量21.3 g,不育株率4.8%。

抗性鉴定:2008~2009年度省生产试验田间鉴定,受冻率77.9%,冻害指数33.2%;菌核病病害率3.2%,病害指数1.6%;病毒病病害率7.1%,病害指数4.3%,抗倒伏。2009年农业部油料及制品质量监督测试中心(武汉)检测,芥酸0.0%,硫甙29.32 μmol/g,含油量44.64%。

直播田适宜播期为9月15~30日;育苗移栽适宜播期9月10~20日。豫西比较寒冷地区,冬季封冻前要浇越冬水,并用土壅根或用土杂粪盖芯。适宜密度1.2万~1.5万株/亩,适宜河南省黄河以南油菜区种植。

第三节　油菜节本增效栽培技术

一、轮作与选地、整地

油菜直播整地要求是:整地要早,耕层要深,耕作层要达到20 cm以上;土壤要碎,在翻、松整地基础上,耙透耙碎,表土要细碎无土块,保证播种质量和出苗齐全;地表要平,地表平整才能播深均匀,出苗整齐,成熟一致,有利于机械化收获;实:上松下实,既可保墒,又可提墒,使浅播的种子得到必需的水分,迅速出苗,一次齐苗。因而,播后镇压在油菜整地中是不可缺少的措施。

二、播种技术

(一)选用良种

"双低"油菜是指菜油中芥酸含量低于3%、菜饼中硫甙含量低于30 μmol/g的油菜品种。机械化生产用种应选用具有株高中等、抗倒伏性强、株型紧凑、早熟且熟期集中、抗裂角等特性，适应当地耕作制度和地理气候条件的油菜品种。目前适合郑州市种植的优质油菜品种主要有秦油 2 号、豫油 15、成油 1 号、陕油 15、杂双 2 号、双油 8 号、双油 9 号等。

（二）种子处理

1．拌种

油菜播种前根据不同情况可用杀菌剂和杀虫剂、微量元素肥料（如硼、锌、稀土等）及生长调节剂（如烯效唑、增产菌等）进行拌种，以达到防治病虫、肥育健株、生育调控等目的。可采用干拌种和湿拌种两种方法进行，一般用药量占种子重量的 2% ~ 3%。

2．种子包衣

播种前用含有杀虫剂、杀菌剂、生长激素及微肥等成分的油菜专用种衣剂包衣，可有效地达到防治病虫、育肥植株、调节生长等作用。种衣剂用量一般为种子重量的 2% ~ 2.5%，应用时先按药与水 1:1 兑水后拌种，使每个种粒都被种衣剂均匀包裹即可，阴干后备用。

3．大粒化处理

方法是将种子放入特制滚筒内，先均匀喷水，摇动滚筒，待种子表面湿润后，逐步加入适量微肥、细肥土、杀虫（菌）剂、水等，直至种子被包成直径 5 ~ 6 mm 的颗粒。然后取出阴干备用。

（三）适期早播

直播油菜无起苗环节，生长无停滞阶段。因此，同一品种油菜直播应比育苗移栽延迟 10 ~ 15 d 播种。播种过早，苗期气温高，油菜生长旺盛，年前易抽薹开花，发生冻害，年后易早衰；播种过迟，油菜生长缓慢，不能壮苗越冬，年后发棵差。郑州市油菜直播的适宜播期为 9 月下旬至 10 月上旬，在适宜播期内应抢时早播。

（四）合理密植

精量播种和加强对密度的控制，既可以有效降低劳动强度，也有利于培育壮苗，减少间苗、补苗的工作量。精量的关键在于种子用量的掌握。直播一般采用小麦播种机，亩播种量 0.4 ~ 0.5 kg，为保证下籽均匀，可加 0.5 kg 炒熟的油菜籽混合播种，或将种子与细沙土混合一起播种。需要注意的是，机械化精量播种之前，必须对用种进行精选处理，一般要求种子水分不高于 9%，净度不低于 97%，发芽率 85% 以上。

采用宽窄行种植，宽行 60 ~ 70 cm，窄行 30 cm，出苗数是应留苗数 10 倍，及时疏疙瘩苗，1 ~ 3 叶间苗 1 ~ 2 次，4 ~ 5 叶定苗。定苗密度依品种特性、播种早晚、土壤质地和肥力及作业方式而定，一般以每亩 1.2 万 ~ 1.5 万株为宜。

机械化生产要求油菜植株株高降低、分枝短、茎秆易切割、熟期集中，通过加大种植密度可以达到以上要求，而且通过增加密度，可以有效增加单位面积的角果数，达到增产的目的。采用油菜机械化生产的地块播种适宜密度为 3 万 ~ 4 万株/亩。播种推迟，密度加大。

（五）适度浅播

油菜种子粒小，子叶顶土能力弱，播种深度对油菜的出苗速度、保苗率和产量都有很大影响。油菜直播的适宜播种深度,在墒情允许的情况下尽量浅播,一般以为 1.5 ~ 2.5 cm 为宜,最深不超过 3 cm。播后要及时轻镇压,使种子和土壤密接,以利提墒和种子吸水发芽。当土壤水分不足时,可采用深播浅覆土的办法,使种粒播在湿土中,覆土厚度以镇压后不超过 3 cm 为准。

(六)种植方法

油菜的种植方法有育苗移栽和直播两种。郑州市油菜多采用直播法。直播法以机械条播法较好,在良好整地的基础上,播种深度易控制,播种量准确,行距可调,覆土均匀,出苗整齐,便于田间管理。油菜的行距一般采用 25 ~ 30 cm 的行距,在水肥条件较好的土地上种植,行距可适当加大些,一般可加大到 40 ~ 50 cm。育苗移栽:苗床要平整、肥沃、土壤疏松、向阳、水源方便,采取营养钵育苗方式,比直播提早 7 ~ 10 d 育苗,播量每亩苗床控制在 0.5 ~ 0.7 kg,苗齐后早疏苗、匀留苗,做到"一叶疏、二叶间、三叶定",在大田精细整地施足底肥基础上,实行沟栽,同时浇定根水。密度应该控制在 0.8 万 ~ 1.2 万株/亩。

三、科学施肥

重施基肥。施农家肥 1 ~ 2 t/亩、45% 的三元复合肥 40 ~ 50 kg/亩、硼肥 0.5 ~ 1 kg/亩。

合理追肥。掌握"早施、轻施提苗肥,腊肥搭配磷、钾肥,薹肥重而稳"的原则。早施、轻施提苗肥,结合间、定苗,追施尿素 8 kg/亩;腊肥一般在 12 月中旬,以农家肥 1 ~ 1.5 t/亩,覆盖苗间,壅施苗基。开春后施 1 次薹肥,一般施尿素 10 ~ 15 kg/亩,做到见蕾就施,促春发稳长。

推荐使用油菜专用缓释型复合肥,科学配方油菜所需氮、磷、钾和硼肥。一次施肥,可以满足油菜整个生育期营养需求,省时省工。

四、灌溉与排水

油菜生育期间,根据其需水情况及时进行补充灌水。尤其在开花期,经常保持土壤湿润,有利于增角、增粒、增重。

油菜区的灌水经验为"头水晚,二水赶,三水满"。头水晚灌以不影响花芽分化需水为准,二水要赶上现蕾抽薹需水,三水要满足开花需水。灌水时间一般在薹高 8 ~ 12 cm 时结合追肥浇第一次水,以后根据土壤墒情、天气及苗情进行补充灌水。到终花期以后不再进行灌溉,以促进成熟,终花期以后到成熟这一时期,应适当控制土壤水分或排水,以确保油菜正常成熟,防止因土壤含水量过高而延迟成熟或引起根部霉烂影响产量。

五、田间管理

(一)疏苗、间苗

直播油菜出苗后需进行疏苗、间苗,将密度过大,互相拥挤的苗间开,以防苗欺苗现象,或防止形成软弱纤细的高脚苗。第一次在 1 ~ 2 叶期进行,称为疏苗,株距在 3 ~ 5 cm 左右。第二次间苗在 3 ~ 4 叶期进行,又叫定苗,根据预计的单位面积留苗数确定株距,一般在 10 ~ 12 cm。如果在瘠薄的土地上种植,留苗密度较大,株距较小,可一次定苗,株距在 5 ~ 7 cm。疏苗和定苗要在保证株距基本一致的前提下掌握留壮、大、纯苗,间除弱、病、小、杂苗的原则。

(二)中耕除草与化学除草

中耕除草是油菜田间管理不可缺少的重要环节,一般需要进行 2 ~ 3 次。第 1 次在齐苗后结合疏苗进行,这时杂草也刚刚出苗,是消灭杂草的好时机。此时宜浅锄,以不压苗、不伤苗为原则。第 2 次中耕在定苗后进行,此期根系已向纵深发展,中耕深度应深些。第 3 次中耕在抽薹前后结合培土进行。

化学除草是大面积机械化栽培油菜田间灭草的主要手段。其方法有:①播前土壤处理。常用除草剂有 48% 氟乐灵、50% 大惠利、88% 灭草猛、40% 燕麦畏等。可以有效防除一年生禾本科、阔叶类等多种杂草。②播后苗前土壤处理。油菜播种后出苗前亩用 96% 金都尔乳油 100 mL 兑水 60 kg 均匀喷雾。③苗后对植株茎叶喷药处理。应采用选择性除草剂进行田间茎叶喷药处理,可在杂草 1 ~ 2 叶时用 10.8% 高效盖草能 30 mL 兑水 45 kg 及时防除,喷药时间在清晨或傍晚均匀喷施于杂草茎叶表面,效果较好。

(三)油菜主要病虫害防治

1. 油菜菌核病

(1)选种和种子处理:选无病株留种,筛去种子中的大菌核,然后用盐水(5 kg 水加食盐 0.5 ~ 0.75 kg)或硫酸铵水(5 kg 水加硫酸铵 0.5 ~ 1 kg)选种,外用清水洗种;也可用 50 ℃温水浸种 10 ~ 20 min 或 1:200 福尔马林浸种 3 min。

(2)药剂防治。药剂种类与用量为:40% 菌核净(原名纹枯利)可湿性粉剂 1 000 ~ 1 500 倍液 1 ~ 2 次,50% 多菌灵粉剂或 40% 灭病威悬浮剂 500 倍液 2 ~ 3 次,70% 甲基托布津可湿性粉剂 500 ~ 1 500 倍液 2 ~ 3 次,50% 速克灵粉剂 2 000 倍液 2 ~ 3 次,50% 氯硝胺粉剂 100 ~ 200 倍液 2 ~ 3 次,50% 朴海因粉剂 1 000 ~ 1 500 倍液。上述药液用量为每亩每次 100 ~ 125 kg。油菜开花期,叶病株率 10% 以上,茎病株率在 1% 以下时开始喷药,每次间隔 7 ~ 10 d。

(3)生物防治。一般将生防制剂施入土壤中。防效较好的有盾壳霉、木霉等制剂。

2. 油菜霜霉病

无病株留种或种子处理。如用 10% 盐水处理种子,再清洗种子,或用 25% 瑞毒霉浸种、拌种,用量为种子重量的 1%。药剂防治:25% 瑞毒霉粉剂 600 ~ 800 倍液,80% 乙磷铝 500 倍液,50% 托布津 1 000 ~ 1 500 倍液,50% 退菌特粉剂 1 000 倍液,65% 代森锌 500 倍液,于初花期叶病株率 10% 以上开始喷药,每 7 d 1 次,喷 2 ~ 3 次,每次每亩喷药液 100 kg。

3. 油菜蚜虫

油菜蚜虫有 3 种,即萝卜蚜、桃蚜和甘蓝蚜,是危害油菜最严重的害虫。苗期早治:苗期有蚜株率达 10%,每株有蚜 1 ~ 2 头,抽薹开花期 10% 的茎枝或花序有蚜虫,每枝有蚜 3 ~ 5 头时,要注意及早进行防治,可用 40% 乐果乳剂 1 000 倍液或 2.5% 溴氰菊酯 2 500 ~ 3 000 倍液防治多次。越冬期普治:萝卜蚜的无翅成蚜、若蚜喜欢潜伏在油菜心叶内越冬,桃赤蚜喜欢躲在贴近地面的油菜叶背面越冬,这些都是开春后蚜虫暴发的基础。因此,在油菜越冬期要全面普治 1 次蚜虫。可在油菜开盘前后,每亩用 40% 乐果乳剂 80 ~ 100

mL、10% 吡虫啉可湿性粉剂 10~15 g 兑水 75 kg 喷雾防治,或用 5% 马拉硫磷乳剂 800 倍液喷雾防治。抽薹期狠治:要在抽薹始期开始,及时狠治蚜虫。一般可在主枝孕蕾初期用 40% 乐果乳剂 2 000 倍液喷雾防治,或每亩用 0.5 kg 洗衣粉和 1 kg 尿素兑水 100 kg 喷雾防治。开花结荚期重治:应在蚜虫危害始期进行重治,以压住其爆发和蔓延的势头。一般可用 20% 灭菌酯 800 倍液或 2.5% 溴氰菊酯 2 500~3 000 倍液喷雾防治,也可每亩用 0.5 kg 洗衣粉加磷酸二氢钾 0.2 kg 兑水 100 kg 喷雾防治,效果较好。

在油菜播种时采用播种沟施用地蚜灵对油菜蚜虫具有较佳防治效果,用地蚜灵粉剂 40 g/亩拌干土 10 kg 施入播种穴内,可控制油菜整个生育期蚜虫的危害。

4. 跳甲和猿叶甲

黄曲条跳甲。成虫、幼虫都可为害,幼苗期受害最重,常常食成小孔,造成缺苗毁种。成虫善跳跃,高温时还能飞翔,中午前后活动最盛。油菜移栽后,成虫从附近十字科蔬菜转移至油菜危害,以秋、春季危害最重。猿叶甲:别名黑壳甲、乌壳虫,危害油菜的主要是大猿叶甲。以成虫和幼虫食害叶片,并且有群聚为害习性,致使叶片千疮百孔。每年 4~5 月和 9~10 月为两次危害高峰期,油菜以 10 月左右受害重。

防治方法:跳甲和猿叶甲可一并防治,重点防治跳甲兼治猿叶甲。药剂可用 20% 吡虫啉可湿性粉剂 5~10 g 兑水 50~60 kg 均匀喷雾;或 40% 速扑杀乳油 60 mL 兑水 50 kg 喷雾;或 25% 溴氰菊酯 2 000~3 000 倍液防治。

六、适时收获

油菜为无限花序,开花延续时间长,角果成熟很不一致,全田成熟不整齐。为了避免过早收获造成油菜籽产量低,质量下降,或过迟收获致使油菜角果成熟过度而造成种子散落损失,则要根据以下三点来判断油菜的最佳收获期:

一看全田油菜植株成熟度,全田 70%~80% 的植株已经黄熟,大部分叶片由绿变黄并开始干枯脱落。

二看角果的颜色,主序角果呈正常黄色,大部分分枝角果开始退色而转为黄绿色,并富有光泽,整田油菜角果呈半清半黄色,分枝上部只有少数角果呈绿色。

三看籽粒色泽,大多数角果内籽粒的颜色已由淡绿转为黑褐色,并籽粒饱满,已具有本品种固有的光泽。

据此收获的油菜,经过一段时间后熟进行脱粒的油菜籽,其产量和品质均可达到较高的水平,可避免过早或过迟收获造成的损失。

一般当大田油菜终花后 25~30 d,主茎角果呈现黄白色,分枝角果尚有 1/3 仍为绿色时,即在油菜的黄熟末时收获最为适宜。收获后堆放 3~5 d,进行后熟,而后摊洒脱粒。不宜割后马上摊晒,以免影响后熟作用。农谚有"黄八成,收十成,黄十成,收八成"的说法,若收获过迟,落粒现象严重;收获过早,对产量和品质影响也较大。

可以采取联合收获和分段收获两种方式。

机械化收获的关键在于收获时机的掌握。采用联合收获方式时,油菜田 85% 左右角果颜色呈枇杷黄,85%~90% 籽粒呈黑褐色时为机械收获适期,过早或过迟收获将会影响产量,为防止籽粒脱粒不彻底,机械收割宜在露水干后进行,以降低损失率;在油菜 75%

左右黄熟时,即可进行分段式机械化收获,先用割倒机械将油菜放倒、平铺,晾晒一周左右,再用捡拾脱粒机械进行捡拾和脱粒。比较两种收获方式,前者具有省时省工的优点,但存在适收时期短、技术要求高的限制;分段收获延长了适收期,但由于分两次作业,人工和机械成本提高。具体操作时,各地应根据实际情况选择收获方式。

第四节　油菜轻简高效栽培技术

长期以来,油菜生产一直以人工作业为主,生产工序过于复杂,生产成本较高。近年来,由于农村劳动力的缺乏,劳动力成本相对提高,致使油菜生产投入产出的比较效益下降,农民种植油菜的积极性受到挫伤,导致我国油菜种植面积和产量连续出现滑坡。因此,油菜生产迫切需要省工、省力、省时的油菜简化高效生产技术。

与传统的油菜栽培技术相比,油菜简化栽培技术是一种简洁、高效和低成本的现代油菜栽培技术。传统油菜栽培技术工序多,劳动强度大,通过各种措施使油菜单株的丰产达到群体丰产。简化栽培技术是一种适应市场经济的简单高效油菜栽培技术,它在保证高产的同时,要求尽量减少劳动力、水分和肥料的投入,通过使用机械、化学除草剂、植物生长调节剂等现代技术和手段提高油菜的产量与质量,达到高产高效率的目的。简化栽培通过群体的丰产达到高产的目的。在示范过程中,经过测算,推广该技术每亩可节省成本50元左右,增产15%～20%。

正确选用品种:杂双7号、杂双4号、丰油10号。

技术要点如下。

一、机械化精量播种技术

同人工直播和育苗移栽相比,机械化精量播种和加强了对密度的控制,既可以有效降低劳动强度,也有利于培育壮苗,减少间苗、补苗的工作量。精量的关键在于种子用量的掌握。根据试验结果,在不同的密度要求下,一般品种的机械化精量播种亩用种量系数为0.005 4。如密度要求为4万株,则用种量为40 000×0.005 4 = 216(g)。播种机械可采用湖北黄鹤楼机械厂生产的油菜播种机,非水稻田采用一般的小麦播种机即可,但播种时每亩需配播1 kg无发芽力商品油菜籽。250 g种子+配播1 kg炒种子即可。

二、播期和密度控制

机械化播种的适宜播期在9月20日至10月10日,播种密度为3万～4万株/亩,播种越迟,密度加大。

三、蚜虫轻简高效防治技术

经过几年研究,结果表明,在油菜播种时采用播种沟施用地蚜灵对油菜蚜虫具有较佳防治效果,把用22%地蚜灵乳油50～80 g/亩拌适量细沙或细土制成毒沙或毒土于播种沟施药,防蚜效果高,苗期防治效果几乎为100%,开花结角期防治效果仍高达87.34%～93.60%,持效期长达7个月以上,可控制油菜整个生育期蚜虫的危害,这种选择性施药技术(播种沟施药、根区施药、土壤处理等)与常规施药方法整株喷雾相比,具有简单易行、保护环境、只杀害虫等优点,是一种简化高效的病虫害防治新技术。

四、科学施肥

重施基肥。施农家肥 1 ~ 1.3 t/亩、40% ~ 45% 的三元复合肥 40 kg/亩、硼肥 1 kg/亩。

合理追肥。掌握"早施、轻施提苗肥,腊肥搭配磷、钾肥,薹肥重而稳"的原则。早施、轻施提苗肥,结合间、定苗,追施尿素 8 kg/亩;腊肥一般在 12 月中旬,以农家肥 1 ~ 1.5 t/亩和草木灰为主,覆盖苗间,壅施苗基。也可在寒流到来之前用稻草 150 ~ 250 kg/亩均匀覆盖在菜苗四周,对除草保温、保墒和抗寒防冻、改善土壤结构都有好处。开春后施 1 次薹肥,一般施尿素 10 ~ 15 kg/亩,做到见蕾就施,促春发稳长。

五、机械化收获

联合收获时,在 85% 左右角果颜色呈枇杷黄,85% ~ 90% 籽粒呈黑褐色时为机械收获适期,过早或过迟收获将会影响产量,为防止籽粒脱粒不彻底,机械收割宜在露水干后进行,以降低损失率。油菜具有无限开花结角的习性,植株各部位的角果成熟时间极不同步,为降低机收损失,可进行药剂催熟角果。在机收前 5 ~ 6 d,用 40% 乙烯利 350 mL/亩喷雾,待油菜植株和角果全部转为琵琶黄色后进行机械化收获,落籽损失可以减少到 8% 以内。

第五节　双低油菜"一菜两用"栽培技术

双低油菜从菜苗到菜薹均可作为蔬菜食用,味道甜美、营养丰富。尤其是在春节前后采摘一次油菜薹,可解决春节前后蔬菜供应相对较紧张的问题,又可利用双低油菜分枝能力强的特性促发一次、二次分枝,对产量没有影响甚至有增产作用,实现一种两收,大幅度提高油菜种植经济效益。在城市周边、蔬菜物流发达和有蔬菜保鲜加工配套设施的地区,示范推广菜油两用技术。

一、选准推广品种

生产上一般选择高纯度的双低油菜种源,才能保证菜薹和菜籽的高品质与高产量。因为菜薹的品质决定于硫甙含量的高低,硫甙含量越高,菜薹味道越苦涩;硫甙含量低,则菜薹脆甜可口,口味纯正。菜籽的品质则与芥酸和硫甙两因子呈正相关,含量越高,品质越差,而纯度越高、代数越低的优质油菜种子,芥酸和硫甙的含量就越低,就越适宜于作"一菜两用"的种源。同时,油菜各个品种之间的生育特性存在明显的差异,作为"一菜两用"技术的备选品种,还应该是苗薹期生长势强、易攻早发、生育期偏早、具备再生能力强、恢复性能好的品种,这样的品种能在较短时间内从叶腋中多生长出第 1 次分枝,第 1 次分枝生长越早,第 2、第 3 次分枝就越多,构成产量的角果数就越多,才能在获得较高油菜薹产量的同时,兼顾油菜籽的高产。

二、抢早培育壮苗

苗床要土质好、排灌方便、地势平,苗床与大田比例为1:(5~6),结合整地,施腐熟有机肥5 t/亩,复合肥20~25 kg/亩,硼砂1 kg/亩,开好厢沟,厢宽1.5 m。为了使菜薹提早到春节前后上市,8月下旬至9月上旬抢墒抗旱育苗,播种0.4 kg/亩,分厢定量播种,稀播匀播。用竹扫帚或其他工具在厢面扫1遍浅盖籽粒,用稻草或花生禾等覆盖物覆盖保墒,浇透水。播种4~5 d后揭草,当看到油菜苗出土时及时揭草以免形成线苗。1叶1心时间苗,疏理窝堆苗、拥挤苗,以苗不挤苗为宜。3叶1心时定苗,留足100~120株/m²,苗距5~8 cm,以叶不搭叶为宜,剔除异品种,去小留大,去弱留强,去病留健。3~6叶期用15%多效唑可湿性粉剂15~20 g/亩兑水750 kg均匀喷雾于菜苗上,培育矮壮苗,切忌重复喷雾。久干无雨或苗受旱时,于晴天早晚浇水保墒。定苗后施尿素2.5~4.5 kg/亩,雨天可撒施,晴天结合抗旱加水追施。苗床期气温较高,病虫害发生较普遍,出苗后每隔3~7 d用10%吡虫啉800倍液加万虫统杀800倍液喷雾,或氯氰菊酯、速灭杀丁或杀虫灵50 mL/亩+Bt 50 g/亩,或克虫星50 mL/亩等兑水750 kg防治蚜虫、菜青虫、小菜蛾、黄曲跳甲等害虫。病毒病、茎腐病等病害,可用灭菌威粉剂30 g/亩兑水50 kg喷雾。

三、抢早移栽

于10月中旬前移栽,移栽时确保单株绿叶7片以上。拔苗前苗床墒情要足,移栽前1 d,苗床要浇水润土,以免起苗时伤根;大小苗分级拔,先拔大苗,秧苗要求矮壮青绿色、叶片厚、无病虫;带土拔苗;当天拔苗当天栽。大田要精整,土要细、田要平、厢要窄、沟要深。大田总施肥量以氮:磷:钾为1.0:0.5:0.7为宜。亩施纯氮20 kg、五氧化二磷12 kg、氧化钾14 kg、硼砂1.5 kg。或施碳酸氢铵65 kg、过磷酸钙45 kg、氯化钾10 kg、硼砂1 kg,并加施充分腐熟的猪牛栏粪等土杂肥3~4 t/亩。或氮、磷、钾三元素复合肥(20-10-18)50 kg,硼肥1 kg混合施入大田。移栽时要推广"四个一",即1个穴、1棵苗、1捧多元复配杂肥压根、1瓢水定根。

四、控制适宜群体密度

移栽密度是保证"一菜两用"技术成功的重要因素。根据试验观察,密度越大,油菜摘薹量越高,对油菜籽产量影响越大。因此,要兼顾摘薹量和油菜籽产量,结合大田肥力条件和前茬因素,合理安排密度。确定密度,肥力高的玉米田按7.5万株/hm²移栽,中等肥力的为9万株/hm²,肥力差的花生田块为12万株/hm²。苗要栽稳,行要栽直,苗间距要匀,根部要按紧,不能将苗栽得过浅或过深,培土到子叶节。边移栽边浇足活根水。苗活后施尿素60~75 kg/hm²或碳铵150 kg/hm²,15 d后再施尿素75 kg/hm²或碳铵210 kg/hm²促苗,为促发分枝留下合理空间。

五、田间管理

双低油菜"一菜两用"技术田间管理,要在搞好中耕、除草、防虫治病和及时排渍抗旱的基础上,重点是适量增加肥料,在总体施肥水平上强调较常规技术增加10%以上用量。

并按底肥足、苗肥适、腊肥优、薹肥早、采薹前补肥的原则科学肥水运筹。底肥以有机肥为主,优质复合肥为辅,施精土杂肥 22.5 kg/hm^2 或饼肥 1.2~1.5 t/hm^2,优质复合肥 525~600 kg/hm^2,持力硼 3.0~4.5 kg/hm^2。苗肥在油菜活棵后施用,施尿素 90~120 kg/hm^2 促早发,薹肥于 12 月底前冬至前后施下,施尿素 105~135 kg/hm^2,压土杂肥 45 t/hm^2 以上。摘薹前一周补施尿素 75 kg/hm^2 左右,促进腋芽分化发育。

六、病虫害综合防治

在病虫防治上,以综合防治为主,禁止使用剧毒化学农药,提倡使用生物农药和低毒无残留新型农药,尽量减少化学物质的残留。由于采摘菜薹后基部分枝,且二次分枝数极多,有利于菌核病发生蔓延。为此,从油菜盛花前开始,进行统一防治,考虑到田间分枝多、人难下田的实际困难,采取 1 人在前用 2 根竹竿分厢,1 人在后喷药的方法,提高防治质量,使菌核病发病率降低到 3% 以内。

七、严格采摘标准,成熟收获

为保证菜薹鲜嫩可口和兼顾菜籽产量,采摘时一定要按下列标准严格掌握:薹高达到 30~35 cm 的为最佳采摘时期,摘取主茎顶端 15 cm 左右的菜薹作蔬菜,保证茎基部留有 10 cm 高度的腋芽发育生长空间。做到"薹不等时、时过不摘",最迟摘薹期不超过 2 月 10 日。摘薹后视油菜长势,每亩追施 3~5 kg 尿素和 2 kg 钾肥,促进分枝生长。

每株平均达到 5 个以上的一次分枝。一般摘薹 200 kg/亩,油菜籽产量比未摘薹的油菜不减产乃至略增产。摘薹时要先抽薹先摘,后抽薹后摘,切忌大小一起摘。油菜摘薹后 20 d 内,油菜生育期表现出相当大的差异,随着时间的推移,生育期逐渐减小差距,直至成熟时,摘薹的油菜较未摘薹油菜的生育期最多推迟 2~3 d,因此摘薹油菜应推迟 3~4 d 收割,以保证油菜籽的成熟度。

菜油两用。在城市周边、蔬菜物流发达和有蔬菜保鲜加工配套设施的地区,示范推广菜油两用技术。采用优质高产早熟油菜品种,适期早播早栽,合理密植,增施基肥和苗肥,促进油菜早发。在油菜薹高 30~40 cm 时期,摘取主茎顶端 15 cm 左右的菜薹作蔬菜,每亩可采收菜薹 200 kg 左右。

第六节　观光油菜栽培技术

观光油菜除具有传统的经济价值外,还有着其他农作物所没有的观赏价值,种植时将不同熟期、不同花色品种分区域规模化种植,这样既可延长花期,增加旅游收入,也可收获商品菜籽,一举两得,大幅度提高观光油菜种植的经济效益。

一、选好品种

结合栽培地的气候条件、当地土壤肥力水平和生产情况,应选择抗逆性强、花期偏长、花色鲜艳、株高适中、不同熟期的高产稳产品种。

观光油菜要求选择花期偏长(花期大于等于 35 d)、花色鲜艳的高产稳产品种。要注意品种搭配,进行早、中、晚熟品种搭配,同一品种连片规模化种植。直播油菜一般播期较晚,宜选用发苗快、耐迟播、产量潜力高、株型紧凑、抗病抗倒性强的双低油菜品种,如杂双5号、双油8号、双油9号、豫油4号、豫油5号、郑杂油2号、秦油2号等品种。

油菜对播种季节反应比较敏感,播种期的确定是油菜栽培技术的关键技术。油菜发芽、出苗和发根、长叶均需要一定的温度条件,发芽适温需要日平均温度 15 ~ 23 ℃,幼苗出叶也需要 11 ~ 16 ℃以上才能顺利进行。

二、适期早播

播种前要精选纯净、优质、粒大的种子,并且晒种 1 ~ 2 d 结合土壤施药。直播油菜适播期为 10 月上旬,最好不要晚于 10 月 20 日。越冬前叶片数要达到 7 ~ 12 片。根据前茬作物收获时间,宁早勿晚。

三、合理密植

播种后早间苗、定苗,每亩适宜种植密度为 1 万 ~ 1.2 万株,晚播和旱薄地可加大种植密度,每亩种植 1.5 万 ~ 2.5 万株,每亩播种 0.3 ~ 0.5 kg。早播、套种、肥力较高的田块可适当稀植。

四、科学施肥

"三追不如一底,年外不如年里"。油菜施肥要按照"底肥足,苗肥轻,腊肥重,薹肥稳,花肥补"的要领。一般要求基肥以长效肥和速效肥混施,每亩施粗肥 1 000 ~ 1 500 kg、复合肥 30 kg、尿素 5 kg、硼砂 1 kg。施肥 2 d 后,每亩用 5 kg 尿素或油菜专用复合肥与种子混匀同播。花期结合病虫害防治,每亩喷洒 0.2% 的磷酸二氢钾溶液 50 kg。

五、及时间定苗

苗后要及时间苗,做到 1 叶疏苗、2 叶间苗、3 叶定苗。3 叶期可喷施多效唑防止高脚苗,可每亩用 15% 多效唑可湿性粉剂 50 g 加水 50 kg 喷施。在 2 ~ 3 叶期时要及早间苗,主要去除丛籽苗、扎堆苗以及小苗、弱苗,同时检查有无断垄缺行现象,尽早移栽补空。4 ~ 5 叶期后,根据田间苗情长势和施肥水平,适当定苗,一般每亩密度控制在 1.5 万 ~ 2 万株。

六、化学除草

在播种前每亩用 41% 农达水剂 300 mL 兑水 30 kg 或乙草胺 80 ~ 100 mL 兑水 15 ~ 20 kg 进行地表喷雾除杀,或者在 11 月中下旬前,日均温度在 5 ~ 8 ℃,3 叶期前后每亩用 12.5% 的盖草能乳油 50 mL 或 10% 高特克乳油 150 mL 兑水 30 kg 喷防,可分别防治禾本科杂草和阔叶杂草。

七、防冻保苗

(1)在 6 ~ 7 片真叶期喷施多效唑以增厚叶片,抑制根茎延伸,增强抗冻能力。

（2）在 12 月上中旬进行中耕培土，防止根茎外漏受冻。

（3）进行冬灌，但田间不能积水，浇后及时中耕保墒。

八、防病治虫

油菜主要病虫害有菌核病、猝倒病和蚜虫、菜青虫、黄曲跳甲等。其中以菌核病发生普遍，危害最大。防治上以防为主，除采取轮作、种子处理，做好清沟排渍、降低湿度等措施外，一般在初花期及盛花期用 40% 菌核净可湿性粉剂 1 000 ~ 1 500 倍液或 50% 多菌灵可湿性粉剂 300 ~ 500 倍液喷施，每次每亩可喷洒药液 80 ~ 100 kg。对感病品种和长势过旺的田块应在第 1 次施药后的 7 d，施好第 2 次农药。

九、适时收获

适时收获是油菜生产的重要环节。在油菜终花后 30 d、主轴角果 80% 转为黄色、种皮呈现固有色质、种子不易捏烂时是油菜收割的最佳时期，要及早抢晴收割。

十、注意事项

（1）注意油菜不同品种统一规模化种植，不能插花种植。

（2）控制油菜的密度和播期，首播密度太稀不能保证产量，密度太高花期又太集中。

（3）开花后期喷施磷钾肥，但要注意肥水控制，既要防止发生贪青迟熟倒伏，也要防止早衰。

第七节　　油菜病虫草害防治技术

一、油菜主要病害

（一）油菜菌核病

1. 症状与危害

油菜菌核病又称菌核软腐病，也称霉秆、烂秆等，发生普遍，危害严重，影响油菜的产量和质量，已成为油菜继续增产的主要矛盾。油菜生育期高温多雨，菌核病发生严重。油菜菌核病是一种真菌性病害，它危害时间长，从苗期到成熟期都可发生，开花后发生最多。

2. 防治方法

（1）选种和种子处理。选无病株留种，筛去种子中的大菌核，然后用盐水（5 kg 水加食盐 0.5 ~ 0.75 kg）或硫酸铵水（5 kg 水加硫酸铵 0.5 ~ 1 kg）选种，外用清水洗种；也可用 50 ℃温水浸种 10 ~ 20 min 或 1:200 福尔马林浸种 3 min。

（2）药剂防治。药剂种类与用量为：每亩用 15% 氯啶菌酯乳油 55 ~ 66 g 兑水喷雾，每亩用 25% 使百克（咪鲜胺）40 mL 兑水喷雾，或 40% 菌核净（原名纹枯利）可湿性粉剂 1 000 ~ 1 500 倍液 1 ~ 2 次，50% 多菌灵粉剂或 40% 灭病威悬浮剂 500 倍液 2 ~ 3 次，70% 甲基托布津可湿性粉剂 500 ~ 1 500 倍 2 ~ 3 次，50% 速克灵粉剂 2 000 倍 2 ~ 3 次。上述药液用量为每亩每次 100 ~ 125 kg。油菜开花期，叶病株率 10% 以上，茎病株率在 1% 以下时开始喷药,每次间隔 7~10 d。

（3）生物防治。一般将生防制剂施入土壤中。防效较好的有盾壳霉、木霉等制剂。

（二）油菜病毒病

油菜病毒病又称花叶病、缩叶病、毒素病或萎缩病,是油菜常见的病害,严重发生时对产量影响很大,同时使菜籽含油量降低。染病植株不仅抗病力低,容易被菌核病、霜霉病和软腐病所侵染,而且冬春也易受冻害。主要传染途径是由蚜虫的活动,蚜虫在病株上吸汁,可使油菜感病。蚜虫是油菜的主要虫害之一,在干旱年份更为严重,蚜虫又是传播油菜病毒病的主要媒介,因此一定要把蚜虫消灭在造成危害之前,治蚜虫的关键是:第一早治,油菜出苗就开始治蚜虫;第二连续治;第三普治,将其他十字花科作物间油菜一起防治。

苗期主要症状是枯斑和花叶,成株期茎秆上主要有条斑、轮纹斑和点状枯斑。防治病毒病关键在于预防苗期感病。最直接的措施:一是远离十字花科菜地及防治（油菜播种前至 5 叶期）十字花科菜田的蚜虫;二是推迟油菜播期,躲过感病期。

（三）油菜霜霉病

1. 症状与危害

霜霉病又名露菌病,以冬油菜区发生普遍,自苗期到开花结荚期都有发生,危害叶、茎、花和果,影响菜籽的产量和质量。霜霉病在油菜一生期间均可发生,叶片发病后,初为淡黄色斑点,后扩大成黄褐色大斑,受叶脉限制呈不规则形,叶背面病斑上出现霜状霉层,茎、薹、分枝和花梗感病后,初生褪绿斑点,后扩大成黄褐色不规则形斑块,花梗发病后有时肥肿、畸形,花器变绿、肿大,呈"龙头"状,表面光滑,上有霜状霉层,感病严重时叶枯落直至全株死亡。

2. 防治方法

（1）无病株留种或种子处理。如用 10% 盐水处理种子,再清洗种子,或用 25% 瑞毒霉浸种、拌种,用量为种子重量的 1%。

（2）药剂防治。52.5% 抑快净水分散粒剂 1 500 倍液,69% 安克·锰锌可湿性粉剂 900~1 000 倍液,72.2% 普力克（霜霉威）水剂 600~800 倍液,翠伟（32.5% 苯甲·嘧菌酯悬浮剂）2 500~3 000 倍液,或翠江（70% 丙森锌可湿性粉剂）500~700 倍液,25% 瑞毒霉粉剂 600~800 倍液,80% 乙磷铝 500 倍液,50% 托布津 1 000~1 500 倍液,50% 退菌特粉剂 1 000 倍液,65% 代森锌 500 倍液,于初花期叶病株率 10% 以上开始喷药,每 7 d 1次,喷 2~3 次,每次每亩喷药液 100 kg。

（四）油菜猝倒病

1. 症状与危害

病菌以卵孢子在 12~18 cm 表土层越冬,并在土中长期存活。翌春,遇有适宜条件萌发产生孢子囊,以游动孢子或直接长出芽管侵入寄主。以南方多雨地区较重。

病菌浸染幼苗,油菜出苗后,在茎基部近地面处产生水渍状斑,初期幼茎近地表处出现水渍状斑,后变黄腐烂并渐干缩,折断而死亡。根部发病后出现褐色斑点,严重时地上部分萎蔫,从地表折断,潮湿时病部密生白霜,即病菌菌丝、孢囊梗和孢子囊。发病轻的幼苗,可长出新的支根和须根,但植株生长发育不良。

2. 防治方法

（1）选用耐低温、抗寒性强的品种，如陇油 2 号、杂双 5 号、豫油 2 号等。

（2）可用种子重量 0.2% 的 40% 拌种双粉剂拌种或土壤处理。药剂处理土壤方法可用每亩 10 kg 30% 的石灰氮进行土壤处理。必要时可喷洒 25% 瑞毒霉可湿性粉剂 800 倍液或 3.2% 恶甲水剂 300 倍液、95% 恶霉灵精品 4 000 倍液、72.2% 普力克水剂 400 倍液，每亩喷兑好的药液 2 ~ 3 L。

（3）合理密植，及时排水、排渍，降低田间湿度，防止湿气滞留。

（五）油菜软腐病（又称根腐病）

1. 症状与危害

油菜软腐病又名根腐病，在我国冬油菜区发生较普遍。油菜感病后茎基部产生不规则水渍状病斑，以后茎内部腐烂成空洞，溢出恶臭黏液，病株易倒伏，叶片萎蔫，籽粒不饱满，重病株多在抽薹后或苗期死亡。病原菌主要在病株残体内繁殖、越夏越冬，由雨水、灌溉水、昆虫传播，从伤口侵入。高温高湿有利于发病，连续阴雨有利于病菌传播和侵入。发病症状主要是靠近地表的茎秆，发生水渍状的软腐，内部腐烂，呈空洞状，有恶臭。本病可在根茎叶上发生，病苗从茎基伤口入侵，产生不规则的水渍状病斑，略为凹陷，表皮稍皱缩，继而病部皮层开裂，内部软腐变空，可从茎蔓延到根部。靠近地面发病的叶片，叶柄纵裂、软化、腐败，病部出现灰白色或污白色黏液，有强烈臭味。病株叶片萎缩，初期早晚间能恢复，晚期则失去恢复能力，重者抽薹后倒伏死亡。

2. 防治方法

（1）因地制宜选用抗病品种。

（2）与材料作物实行 2 ~ 3 年轮作。

（3）加强田间管理。合理掌握播种期，采用高畦栽培，防止冻害，减少伤口。播前 20 d 耕翻晒土，施用酵素菌沤制的堆肥或充分腐熟的有机肥，提高植株抗病力；合理灌溉，雨后及时开沟排水；收获后及时清除田间病残体，减少来年菌源。

（4）药剂防治。发病初期喷洒 72% 农用硫酸链霉素可溶性粉剂 3 000 ~ 4 000 倍液或 47% 加瑞农可湿性粉剂 900 倍液、30% 绿得保悬浮剂 500 倍液、14% 络氨铜水剂 350 倍液，隔 7 ~ 10 d 1 次，连续预防治 2 ~ 3 次。油菜对铜制剂敏感，要严格控制用药量，以防药害。

二、油菜害虫

（一）蚜虫

1. 症状与危害

油菜蚜虫有 3 种，即萝卜蚜、桃蚜和甘蓝蚜，是危害油菜最严重的害虫。在干旱年份更为严重，蚜虫又是传播油菜病毒病的主要媒介，因此一定要把蚜虫消灭在造成危害之前，治蚜虫的关键是：第一早治，油菜出苗就开始治蚜虫；第二连续治；第三普治，将其他十字花科作物间油菜一起防治。

2. 具体防治方法

（1）苗期早治。苗期有蚜株率达 10%，每株有蚜 1 ~ 2 头，抽薹开花期 10% 的茎枝或花序有蚜虫，每枝有蚜 3 ~ 5 头时，要注意及早进行防治，每亩可用 10% 吡虫啉 20 g，或

4.5%高效氯氰菊酯30 mL,或3%啶虫脒乳油40~50 mL,或50%抗蚜威可湿性粉剂10~15 g,或2.5%功夫乳油10~20 mL等兑水喷雾防治。

（2）越冬期普治。萝卜蚜的无翅成蚜、若蚜喜欢潜伏在油菜心叶内越冬,桃赤蚜喜欢躲在贴近地面的油菜叶背面越冬,这些都是开春后蚜虫暴发的基础。因此,在油菜越冬期要全面普治1次蚜虫。可在油菜开盘前后,每亩用3%啶虫脒乳油40~50 mL或50%抗蚜威10~15 g或40%乐果乳剂80~100 mL、10%吡虫啉可湿性粉剂10~15 g兑水75 kg喷雾防治。

（3）抽薹期狠治。要在抽薹始期开始,及时狠治蚜虫。一般可在主枝孕蕾初期亩用25%吡蚜酮可湿性粉剂20 g或10%烯啶虫胺水分散颗粒剂6 g或70%吡虫啉水分散颗粒剂8~10 g,以上药剂任选一种,加2.5%高效氟氯氰菊酯乳油20 mL,兑水50 kg进行叶面喷雾。

（4）开花结荚期重治。应在蚜虫危害始期进行重治,以压住其爆发和蔓延的势头。一般可用25%阿克泰（噻虫嗪）水分散粒剂5 000~7 500倍液,或20%灭菌酯800倍液,或2.5%溴氰菊酯2 500~3 000倍液,或80%敌敌畏1 500倍液喷雾防治。

（5）在油菜播种时,采用播种沟施用地蚜灵,对油菜蚜虫具有较佳防治效果,用地蚜灵粉剂40 g／亩拌干土10 kg施入播种穴内,可控制油菜整个生育期蚜虫的危害。

（二）菜青虫

1. 症状与危害

菜青虫是菜粉蝶的幼虫,在油菜苗期危害最严重,幼虫咬食油菜的叶片,2龄前仅啃食叶肉,留下一层透明表皮,3龄后蚕食叶片出现孔洞或缺刻,严重时叶片全部被吃光,只残留粗叶脉和叶柄,造成绝产。菜青虫取食时,边取食边排出粪便污染。幼虫共5龄,3龄前多在叶背为害,3龄后转至叶面蚕食,4~5龄幼虫的取食量占整个幼虫期取食量的97%。根据菜青虫发生和危害的特点,在防治上要掌握治早、治小的原则,将幼虫消灭在1龄之前。

2. 防治方法

（1）农业防治。清洁田园,油菜收获后,及时清除田间残株老叶,减少菜青虫繁殖场所和消灭部分蛹。

（2）化学防治。一般在卵高峰后1周左右,即幼虫孵化盛期至3龄幼虫前用药,连续使用2~3次,可以选用以下药剂:①高效Bt可湿性粉剂750~1 000倍液,或0.2%阿维虫清乳油2 500~3 000倍液喷雾防治。②亩用2.5%高效氟氯氰菊酯乳油20 mL,或10%除尽悬浮剂10 mL,或5%来福灵乳油10~20 mL,兑水40 kg喷雾防治。24%美满悬浮剂2 000~2 500倍液,或5%锐劲特悬浮剂2 500倍液,或2.5%菜喜悬浮剂1 000~1 500倍液等喷雾。③20%灭幼脲1号悬浮剂或25%灭幼脲3号悬浮剂1 000倍液喷雾防治。

防治时要注意抓住防治适期,在田间卵盛期、幼虫孵化初期喷药,据菜青虫习性,于早上或傍晚在植株叶片背面和正面均匀喷药,可有效防治菜青虫的危害。

（三）油菜潜叶蝇

1. 危害特点

油菜潜叶蝇以幼虫危害植物叶片,幼虫往往钻入叶片组织中,潜食叶肉组织,造成叶片呈现不规则白色条斑,使叶片逐渐枯黄,造成叶片内叶绿素分解,叶片中糖分降低,危害严重时被害植株叶黄脱落,甚至死苗。由于潜叶蝇的幼虫钻到叶片里危害,一般药剂不容易接触它,所以最好在幼虫潜入叶片前用药,以产卵期喷药效果最好。

2. 防治方法

(1)防治适时灌溉,清除杂草,消灭越冬、越夏虫源,降低虫口基数。

(2)杀灭掌握成虫盛发期,及时喷药防治成虫,防止成虫产卵。成虫主要在叶背面产卵,应喷药于叶背面。或在刚出现危害时喷药防治幼虫,防治幼虫要连续喷 2 ~ 3 次,农药可用 1.8% 阿维菌素乳油 600 ~ 1 200 倍液,或 40% 毒死蜱乳油 750 ~ 1 000 倍液,或 30% 灭蝇胺可湿性粉剂 1 500 ~ 1 800 倍液,或 5% 氟啶脲乳油 2 000 倍液等喷雾防治。或每亩喷 2.5% 敌百虫粉剂 2 ~ 2.5 kg,视虫情每隔 7 ~ 10 d 防治 1 次。在移栽时,可带药移栽,用手握住油菜苗的根基,将苗叶在 40% 乐果乳剂 2 000 倍液里浸一浸,这样不仅可消灭幼苗叶上的害虫,而且对移栽到大田后的幼苗也有一段时间的保护作用。

(四)蟋蟀(俗称蛐蛐)

1. 危害特点

蟋蟀主要在油菜幼苗期咬食幼茎,造成严重缺苗断垄,给油菜生产带来严重损失。

2. 防治方法

(1)毒饵诱杀。用 60 ~ 70 ℃ 的水将 90% 的晶体敌百虫溶解成 30 倍液,取药液 1 kg,与 30 ~ 50 kg 炒香的麦麸或饼粉拌均匀,亩用药 3 ~ 5 kg,在傍晚时撒施于行间,一般用 2 ~ 3 次。

(2)堆草诱杀。利用蟋蟀白天的隐蔽习性,在油菜田或地头设置一定数量 5 ~ 15 cm 厚的草堆,可大量诱集幼、成虫,集中捕杀。

(3)药剂防治。亩用 20% 速灭杀丁(氰戊菊酯)乳油 30 mL 或 2% 阿维菌素 35 mL 加 48% 毒死蜱 50 mL 兑水 40 kg,从油菜田四周向中心喷雾防治。每 7 d 喷一次药,连续喷 2 ~ 3 次。由于蟋蟀活动性强,防治时应注意连片统一防治,否则难以获取较持久的效果。

(五)黄曲条跳甲

1. 危害特点

危害油菜和十字花科蔬菜,成虫、幼虫都可为害,幼苗期受害最重,常常食成小孔,造成缺苗毁种。成虫善跳跃,高温时还能飞翔,中午前后活动最盛。油菜移栽后,成虫从附近十字科蔬菜转移至油菜为害,以秋、春季为害最重。严重时可使整株叶片发黄枯死,另外还能传播软腐病。

2. 防治方法

药剂可用 20% 吡虫啉可湿性粉剂 5 ~ 10 g 加水 50 ~ 60 kg 均匀喷雾;或 40% 速扑杀乳油 60 mL 加水 50 kg 喷雾;10% 高效氯氰菊酯乳油 3 000 倍液或 48% 毒死蜱乳油 1 000 倍液或 25% 溴氰菊酯 2 000 ~ 3 000 倍液防治。

三、油菜田杂草

油菜田杂草种类繁多,杂草与油菜争夺水分、养分和空间,对油菜的生长发育有很大的影响,使油菜分枝数、结荚数、单荚粒数明显减少,千粒重降低。同时,杂草是多种病虫害的宿主,造成油菜病虫害发生率增大。因此,油菜田间杂草是制约油菜籽高产的主要生物灾害,一般造成减产10%,草害严重的,可减产50%以上,直播油菜的草害减产更为突出。

冬油菜区油菜田的主要杂草有禾本科、菊科豆科、石竹科、十字花科、大戟科、蓼科、紫草科石、竹科、玄参科、茜草科等10科30余种。水旱轮作田土壤湿度较大,杂草发生有两种类型,一种以繁缕为主要优势种,亚优势种为看麦娘、早熟禾、播娘蒿等;另一种类型以看麦娘为主要优势种,亚优势种为菵草、繁缕等;旱旱连作田杂草种类较水田多,特别是阔叶杂草多,以婆婆纳、荠菜、一年蓬、猪殃殃等为主,看麦娘、早熟禾等也有发生。

化学除草是大面积机械化栽培油菜田间灭草的主要手段。其方法有:①播前土壤处理。常用除草剂有48%氟乐灵、50%大惠利、88%灭草猛、40%燕麦畏等。可以有效防除一年生禾本科、阔叶类等多种杂草。②播后苗前土壤处理。油菜播种后出苗前亩用96%金都尔乳油100 mL或60%丁草胺水剂150 mL,兑水60 kg均匀喷雾。③苗后对植株茎叶喷药处理。应采用选择性除草剂进行田间茎叶喷药处理,常用的除草剂有10.8%高效盖草能、20%拿捕净、10%禾草克、35%稳杀得、25%胺苯黄隆等。可在杂草1~2叶时用10.8%高效盖草能30 mL兑水45 kg及时防除,喷药时间在清晨或傍晚均匀喷施于杂草茎叶表面,效果较好。

第十章　芝　麻

第一节　芝麻栽培的生物学基础

一、芝麻的类型与特征

芝麻是一年生草本植物,目前生产上种植的芝麻虽然因品种、生态类型不同在形态特征上有明显差异,但它们均来自胡麻科芝麻属中仅有的一个栽培种,而该属其他一些野生种和半野生种极少有人工种植。芝麻植株由根、茎、叶、花、蒴果、籽粒等器官组成。不同器官不仅形态特征和组织结构各不相同,它们所担负的生理功能也不一样,但它们在生长发育过程中是一个有生命的不可分割的统一体。依据相同器官的不同特征,芝麻可以划分为若干种类型,每种类型均具有其相应的特征。生产实践中,了解并掌握不同类型芝麻的特征,对于科学选育品种和实现优质高产高效栽培均具有十分重要的意义。

(一)种子

芝麻的子实在生产上叫种子或籽粒。芝麻种子是芝麻的繁殖体,它由胚珠经过传粉受精形成。种子结构由种皮、胚和胚乳三部分组成。种子具有适于传播或抵抗不良条件的结构,为其种族延续创造了良好的条件。芝麻种子的形状一般呈扁椭圆形、长圆形、卵圆形等,种子的一端为圆形,另一端稍尖呈钝突状或锐突状。蒴果中籽粒较大的品种,籽粒尖端多呈钝突状;蒴果中籽粒多且小的品种,籽粒尖端多呈锐突状。种子成熟后脱落出的痕迹叫种脐。种子背面有一条浅纵线条,叫种脊,这是通向种子内部的输送水分和养分的微型维管束。四棱型品种的种子呈扁平的椭圆形,长宽比例适当。多棱型品种的种子呈长椭圆形。芝麻在大田作物中属于小粒作物种子,平均大小 3.40 mm × 1.95 mm,千粒重一般为 2.0 ~ 3.5 g。芝麻种子的大小因品种、播期、收获期和原产地不同而差异很大。如山西绛县黑芝麻千粒重可达到 4.0 g,而广西忻城县尚宁矮芝麻千粒重只有 1.3 g,两者相差 2 倍多。有研究表明,同一品种春播且适当迟收较之夏播早收,千粒重有所增加。此外,一般植株下部种子生长时间较长、发育基础较好,故千粒重较高,而顶端种子灌浆时间短,发育基础差,千粒重相应较低。另据研究生产中收获前 20 d 左右打顶可增加粒重。

芝麻种子呈白、黄、褐、黑、紫等基本种色,且各种颜色又有深浅、浓淡之分,这主要是种皮细胞内色素的种类和数量不同所致。一般种子色淡者比色重者含油量高,即白 > 黄 > 褐 > 紫 > 黑,且白色和黄色种皮一般薄于褐色、紫色和黑色种皮。一般白芝麻含油量达到 55% 左右,黑芝麻含油量达到 50% 左右,但也有例外情况。生产中应根据市场需要,选用油用、食用或油食兼用型品种,以满足不同需要获取最大经济效益。种子含油量的多寡除与品种和着生部位不同有差异外,栽培环境条件(温度、养分、水分)对含油量也有较大影响。因此,良种、良田、良法三者有机结合,才可有效提高种子质量。

根据芝麻种子的颜色,芝麻可分为 4 类,分别为:①白色芝麻:主要用于糕点等食品,白芝麻具有含油量高、色泽洁白、籽粒饱满、种皮薄、口感好、后味香醇等优良品质。白芝麻及其制品具有丰富的营养性和抗衰老性。②黄白芝麻:主要用于榨油、芝麻酱。③黑色芝麻:主要作糕点及药用,黑芝麻药食两用,具有"补肝肾,滋五脏,益精血,润肠燥"等保健功效,被视为滋补圣品。一方面是因为含有优质蛋白质和丰富的矿物质,另一方面是因为含有丰富的不饱和脂肪酸、维生素 E 和珍贵的芝麻素及黑色素。④杂色芝麻:主要用于榨油。

(二)根

芝麻根系是固定支撑植株生长、进行呼吸作用以及吸收水分和矿质营养的器官。芝麻的根系属于直根系,由主根、侧根、细根和根毛所组成,稠密且集中。根尖端的根毛区着生大量密生细嫩的根毛,该区对植株的水肥营养非常重要。

根据芝麻根系的分布,将芝麻根系的分布类型划分为细密型和粗疏型两种。

大多数的芝麻根系为细密型。该型的主要特点是主根短而较细,侧根多而细密。主根主要由胚根向下延伸至 1 m 左右。稠密的侧根则主要着生于表土层的主根上,绝大多数分布于 0 ~ 20 cm 土层以内,向主根四周伸展 50 cm 左右,其横向分布面积约为 1 m²,可充分吸收耕层中的水分和养分。芝麻植株的根系横向分布状况由品种、环境等多因素共同决定,这也是芝麻全田群体调控的重要依据。

粗疏型根系的主根粗而长,侧根少而壮,根系入土深,根系疏松且分布较广。此类型的植株抗渍性强。在当前芝麻播前整地的栽培措施中,不过分强调深耕是符合芝麻根系分布特点的,根据芝麻的不同根型采取针对性的中耕和施肥措施,对于增产增效具有重要意义。

根系在土壤中一方面纵向下扎,一方面横向扩展,成熟期单株根群常呈倒圆锥形(根群纵剖面为倒三角形)或卵圆形(纵剖面为椭圆形),其横向分布直径 80 ~ 120 cm。但在不同土壤环境下,根系发展的程度和分布构型有很大不同。根系的分布直接影响到植株对水肥资源的利用效率。

(三)茎

芝麻的茎秆是芝麻营养输送和支撑冠层的主要营养器官。芝麻的茎秆包括主茎和分枝,它是连接地下部分和地上部分的器官,在输送和调节芝麻各器官之间的水分与养料方面有着重要的作用。此外,它还支持着整个植株,使叶、花和蒴果适当地分布于一定的空间之内,便于接受光照进行光合作用和呼吸。因此,茎生长的好坏,关系着芝麻其他器官的形成和种子的产量。

依据株高可将芝麻分为高秆型、中秆型和矮秆型三种类型。按分枝习性划分为单秆型和分枝型两种。一般单秆型品种在正常密度下不分枝,但在早播、稀植、肥水又较足时,茎基部会长出 1 ~ 2 个分枝,如豫芝 4 号、中芝 8 号、皖芝 21 等有此习性。分枝型品种一般在主茎基部的 1 ~ 5 对真叶腋中,生长出分枝,一般有 3 ~ 5 个分枝,在水肥适宜、早播、稀植时,可长出 8 ~ 10 个分枝,最多可长出 15 ~ 16 个分枝。在第 1 次分枝上又长出分枝,被称为第 2 次分枝。

芝麻茎秆分枝部位高低,不仅与品种有关,而且受栽培条件的控制。一般在土壤水肥条件好、早播稀植、间苗定苗及时,分枝部位低,且分枝多。分枝型品种在种植密度大、水肥条件差的状况下,也会同单秆品种一样不能形成分枝,或分枝发育不良,植株矮小。

在芝麻栽培和选种方面,尽量选择芝麻秆高、茎粗、节多、节间短、腿低、黄梢尖短、有效分枝多的品种,这是芝麻丰产的基本条件。

（四）叶

芝麻是双子叶植物。种子内有两片很小的白色子叶,扁卵圆形,是种子储藏养分的主要地方。在种子发芽出苗后,子叶渐渐长大,颜色变绿,形状为椭圆形,可进行光合作用,制造有机营养物质。当出现 3~5 对真叶时,子叶渐渐枯黄脱落,留下一对痕迹,称为子叶节。子叶在种子发芽和真叶出现前提供了幼苗所需的有机养料。芝麻发芽后,在顶芽生长点上分化出对生的半圆球状叶原始体。以后成为三角形,并渐渐变为绿色,基部出现叶柄,形成叶的雏形。随着植株的生长,在生长点上,真叶成对地继续发生,直到停止生长。

芝麻的真叶没有托叶,由叶柄和叶片构成。叶柄是连接茎与叶片的中间部分,是其输送水分和养料的通道。芝麻叶柄最长可达 10 cm 以上,除植株最下几片叶的叶柄外,向上逐渐变短,这样生长的叶片,便于接受阳光。

芝麻叶片多种多样,有单叶和复叶;有全缘者,又有缺刻者。叶面上着生有茸毛,多少各不相同。叶的颜色为绿色,也有深浅之分。同一株上,不同部位的叶形差异很大,有披针形、长椭圆形、卵圆形、长卵圆形,还有心脏形。芝麻叶片在植株上的多样性表现是长期适应环境的结果,这对于充分利用日光和空气等自然条件比较有利。

芝麻的叶序有对生、互生、轮生和混生。对生叶,叶片两两相对着生于茎节。互生叶,叶片交错而生,一般多发生在主茎上部或分枝上。少数品种主茎的中上部出现轮生叶,即三片叶片着生于一个茎节。一般芝麻品种多为混生,即植株下部的叶序为对生,上部为互生,或者下部为互生,上部为对生。

叶色深浅因品种、地力、气候和栽培条件不同而不同,有深绿(墨绿)、绿、浅绿等色。叶的大小亦随品种、地力、气候和栽培条件的不同而有差异。

（五）花

芝麻长到一定的苗龄,其内部达到一定的生理成熟程度,如温、光条件适宜,便开始分化花芽,这时芝麻由苗期进入孕蕾期。随着花芽逐渐发育长大,当内部分化心皮时,肉眼已能看清幼蕾,蕾是花的雏形。随着蕾的长大,花器各部分渐次发育成熟,即行开花。此时芝麻便由蕾期进入花期。芝麻生殖器官的形成始于花原基的分化,现蕾以后雌雄配子体逐步形成,并依次发育成熟,而全部有性生殖过程则集中在开花时进行。花芽的发生与分化、花蕾的发育以及开花受精过程都直接关系到芝麻的经济产量。

根据芝麻开花习性,可分为有限开花习性和无限开花习性。芝麻在正常情况下都具有无限生长开花习性,即植株进入花期后,茎继续生长,不断生叶开花,俗称"芝麻开花节节高"。芝麻无限开花习性能够适应不同的生态环境和多变的气候条件,有利于物种的自身生存与繁衍。然而,这一特性造成了芝麻植株上、中、下不同部位蒴果成熟不一致,收获时落粒,损失产量,也影响芝麻籽粒品质。科学研究结果表明,有限与无限开花习性之间存在复杂的显、隐性的遗传关系,有限开花型芝麻在千粒重、抗病性等方面优于无限开花型芝麻。但是,改良工作难度较大。

（六）蒴果

芝麻的果实叫做蒴果，一般为绿色，有的品种为紫色，蒴果成熟时则转变为灰绿色、绿色、黄色。其形态呈短棒状，有棱，基部圆钝，顶端扁而尖。成熟后自己开裂，内含许多芝麻籽粒。芝麻每叶腋可着生一个蒴果或三个蒴果甚至多个蒴果。常见的芝麻蒴果有四棱，四、六、八棱混生，多棱（六棱以上）等多种，但以四棱最为普遍。这种棱数差异是芝麻分类上的重要特征之一。

二、芝麻的生长发育

（一）芝麻的生育期和生育时期

华北地区有"小满芝麻芒种谷"的农谚，浙江则是"头伏芝麻二伏粟"。这说明芝麻有其自身的生长发育特性的同时，也有一定的地域特征，在不同的生态环境下，其生育期与生育特性都有很大不同。芝麻的一生是指从种子萌发到新种子产生的整个生活周期。栽培学上，把芝麻从种子萌发、出苗至新种子成熟这一过程所经历的天数称作芝麻的生育期或全生育期。而生产上为方便起见，把芝麻播种至收获这一过程所经历的天数亦称为生育期。

随气候条件和地域不同，芝麻生育期的长短亦各不相同。春芝麻生育期在 120 d 左右或以上，夏芝麻在 80～95 d。

在芝麻的整个生活周期之内，植株要经过一系列不同的发育阶段，同时，在这些不同的发育阶段里依一定的顺序形成相应的器官，使植株形态特征发生明显的变化。这些主要特征的出现日期叫芝麻的生育时期。若把播种期和收获期也考虑在内，芝麻一生共经历 10 个生育时期。

（1）播种期：播种之日期。

（2）出苗期：从种子下地到胚芽伸出地面直至两片子叶出土平展的时期。夏芝麻 4～7 d 或更长。

（3）苗期：芝麻单株从出苗到绿色花蕾出现的时期。芝麻苗期生育特点：一是幼苗对养分、水分吸收少；二是植株生长非常缓慢。在苗期 30～40 d 时间里，芝麻植株侧根数一般不超过 15 条，日增加 1～2 条，入土深度约 30 cm，主要分布在 10 cm 范围内；茎的高度为 20～30 cm，日生长量为 0.5～1.0 cm；叶片数 7～8 对，平均每 4～5 d 出一对真叶。

（4）现蕾期：田间半数以上芝麻出现花蕾的日期。心叶呈上耸状为进入现蕾标志。一般为 7～15 d。此期营养生长和生殖生长开始加快，干物质积累量显著多于苗期。

（5）初花期：田间 60% 以上芝麻第一个花冠张开的日期。

（6）盛花期：田间 60% 以上芝麻开花之日期。

（7）封顶期：田间 60% 以上芝麻株高定型，茎节不再伸长，不再形成花序的日期。

（8）终花期：田间 60% 以上芝麻停止开花的日期。

（9）成熟期：植株茎叶变黄，主茎基部叶片脱落，田间 70% 以上芝麻中下部蒴果中子粒已呈现出本品种固有特征的日期。一般为 15～20 d。此期营养生长停止，主要是蒴果和种子发育成熟。

（10）收获期：田间芝麻收获之日期。

　　我国地形地貌和土壤类型差异较大,气候复杂,栽培的芝麻品种各异。因此,全国各地芝麻的生育时期也各不相同。随着不同生育时期植株内部的生理变化,芝麻的根、茎、叶、花、蒴和籽粒逐渐形成。

(二)生育阶段及器官形成

　　从栽培学的角度来看,根据所形成器官的类型和生育特点的不同,将芝麻一生划分为营养生长期、营养生长与生殖生长并进生长期和生殖生长期三个阶段(见表 10-1)。

表 10-1　芝麻的生育阶段

芝麻的一生									
生长阶段	营养生长			营养生长和生殖生长并进				生殖生长		
生育时期	播种	出苗	苗期	现蕾	初花	盛花	封顶	终花	成熟	收获
生育特点	以营养生长为主						以生殖生长为主			

　　1. 营养生长期

　　营养生长期是指芝麻生长前期(自种子萌发到现蕾之前),主要进行生根、长叶、伸茎等生理活动,以芝麻的根、茎、叶等营养器官的生长为主,叫作营养生长。其所处的生长阶段,称之为营养生长阶段。具体是指自种子萌发到现蕾之前。该期根的分生组织细胞分裂、生长,使根不断伸长,其中生长最快的是根的伸长区。茎顶端的细胞分裂和生长,使茎增高。芝麻的茎有形成层,形成层细胞分裂、长大,使茎逐渐加粗伸长。与此同时,部分细胞分化成幼叶,幼叶生长成植株的叶。营养器官的生长是随后的生殖器官生长和发育的基础,因此芝麻栽培要注重前期的管理,为后期花蒴发育和产量形成搭好高产架子。

　　2. 营养生长与生殖生长并进生长期

　　芝麻自现蕾期到封顶期为生长中期,此期芝麻在根、茎、叶快速生长的同时,花、蒴果、籽粒也同步形成。由于该期既有营养器官的生长又有生殖器官的生长,故而将其称为芝麻的营养生长与生殖生长并进生长期。其所处的生长阶段,称之为并进生长阶段。具体指自现蕾期到封顶期。该期芝麻植株各器官全面发育,是水分和肥料的临界期,也是高产栽培的主攻时期,对此后的生殖生长和产量形成至关重要。

　　3. 生殖生长期

　　当芝麻植株生长到一定时期后,上部叶腋不再有新的花芽分化,蕾花不再增加,以籽粒形成、灌浆为主的阶段为生殖生长期。具体是指封顶期至成熟期,这一时期,植株生长势逐渐减弱,直至完全停止生长;叶片虽然略有增加,但下部叶片逐渐衰老并脱落,光合作用也减弱,蕾、花、蒴不再增加;根系逐渐衰老,吸收功能下降。此时植株的主要生理行为开始转向以产量形成为主(籽粒形成与灌浆成熟)。

　　4. 营养生长与生殖生长的关系

　　营养生长是生殖生长的基础和前提,在芝麻不徒长的前提下,营养生长旺盛、叶面积大、光合产物多,蒴果和种子才能良好发育;反之,若营养生长不良,则植株矮小瘦弱,叶小色淡,花器官发育不完全,蒴果发育迟缓,蒴果小,种子秕而少,产量低。芝麻生殖生长的一切物质基础都建立在营养生长的基础之上,营养生长是生殖生长的前提。营养器官生长的好坏会直接影响到生殖器官的发育,不能设想一株瘦矮的芝麻植株会蒴大籽多,籽粒饱满。同时营养生长对生殖生长的影响,因品种或环境不同又会有一定差异。苗期如过早进入生殖生长,就会抑制营养生长;受抑制的营养生长,反过来又制约生殖生长。因此,营养生长与生殖生长的生长中心各不相同,既是矛盾对立体,又存在着互相制约、互相联系,在芝麻栽培前中期应促进营养生长,可适当地施一些氮肥,促进根、茎、叶等营养器官的分化和形成,以便为生殖器官的生长发育提供必要的碳水化合物、矿质营养和水分等,在开花结实期更应加强肥水管理,促进芝麻营养生长和生殖生长;在生殖生长阶段,应尽量保根促叶,减缓根系和叶片的衰老,确保活熟到老。因此,调整芝麻植株的有关器官以控制其营养生长和生殖生长,并协调其相互关系是实现芝麻高产优质的关键。

第二节　芝麻生长对环境的要求

芝麻为喜温作物,要求日照充足,耐旱而喜湿润,但忌渍害,对光照、温度、水分、土壤和养分反应十分敏感。

一、芝麻生长对光照的要求

俗话说"大海航行靠舵手,万物生长靠太阳""芝麻田三日晴,回家洗油瓶"。这充分说明充足的光照是有利于芝麻丰收的。一般在高等植物中,光是叶绿素形成的必要条件。在黑暗中生长的芝麻,其节间特别长,叶片不发达、很小,侧枝和侧叶不发育,体内水分含量很高,细胞壁很薄,薄壁组织发达,细胞间隙小,机械组织和维管束分化很差,叶绿素不能形成,只能形成胡萝卜素和叶黄素,植株呈现黄色或黄白色,这就是"黄化现象"。这也证明光能抑制芝麻细胞的过度伸长,充足的光照能够促成作物健壮生长。

二、芝麻生长对温度的要求

对于夏季作物如水稻等,较高的温度能促进其发育,提早抽穗开花,缩短营养生长期;相反较低的温度会推迟发育,延迟抽穗开花,加长营养生长期。这种现象称为作物的感温性。起源地不同的芝麻品种,其感温性强弱也有所差异。芝麻生长发育要求一定的温度。在芝麻生产中,温度的昼夜和季节性变化影响芝麻的干物质积累甚至产量和品质,而且也影响芝麻正常的生长发育;芝麻的正常生长发育及其过程必须在一定的温度范围内才能完成。

芝麻属喜温作物,全生育期需≥15 ℃活动积温2 200～2 500 ℃,种子萌发的最低温度为12 ℃,16 ℃以上才能正常出苗,最适温度为24～30 ℃,高于40 ℃不能萌发。生育期间以日平均温度20～24 ℃最为适宜。适宜的温度有利于种子的萌发,反之则会引起霉变。芝麻的发育在昼夜平均温度为20 ℃时良好,在20～24 ℃时最适宜。气温低于15 ℃时,不但幼苗停止发育而且植株根系容易腐烂。苗期生长发育对温度要求较高。生殖生长期对温度的要求更为敏感。在开花结蒴期月平均气温的高低直接影响着芝麻蒴果和籽粒发育。因此,夏芝麻的适播期应在6月初以前,这样刚好使各个生育时期处在最适宜的温度环境中,利于高产。如播种过晚,苗期刚好处在高温期,导致植株始蒴部位增高发育成高腿苗,节间加长。而到花蒴期,高温阶段逐渐过去气温下降生长速度减缓迫使提前封顶,结蒴少产量低。因此,夏芝麻还要抢时早播,为芝麻生长创造适宜的温度条件。

三、芝麻生长对水分的要求

农谚说"有收无收在于水,收多收少在于肥"。芝麻的生长虽受许多环境因子的影响,但一般说来,干旱造成的芝麻水分亏缺导致的芝麻生长和产量降低更严重。

芝麻生长的数量和质量取决于细胞的分裂、增长与分化。不论是细胞分裂还是细胞的膨大,都会随芝麻水势的降低而减缓。最普遍的作用即使芝麻的外形尺寸变小和产量降低。在光合作用受到严重抑制之前,叶的伸展和生长即受到了限制。水分不足对光合面积的影响比对光合速率的影响更为严重。

芝麻的气孔对叶的水分状态非常敏感,随叶水势的降低,芝麻的气孔即趋于关闭。随水分亏缺从轻度到中度的发展,细胞生物化学过程所受的影响增大,蛋白质和叶绿素的合成都对水分亏缺相当敏感。而在中度水分亏缺下,硝酸盐还原水平、生长激素的代谢和对二氧化碳的同化作用开始受到影响。水分亏缺对光合作用的影响是对叶绿素合成和气孔影响的综合结果。

缺水对芝麻生长和产量的影响,一方面与芝麻的种类和品种有关,另一方面也与缺水的程度和缺水发生的时间有关。当缺水发生在芝麻生长的某一时期时,产量对缺水的反应随该芝麻的敏感程度而呈现极大的差异。一般来说,芝麻在出苗、开花和产量形成期比在生长初期(定植以后的营养生长期)和生长末期(成熟)对缺水更加敏感。缺水可能是持续发生在芝麻的整个生长期内,也可能是发生在某一个别生长期内。前一种情况缺水的程度与芝麻在整个生长期需水量的差额有关;后一种情况缺水的程度与芝麻个别生长期需水量的差额有关。当芝麻生长期内不止一个阶段受水分不足影响时,产量在前一阶段降低后,在以后的水分不足阶段还要继续下降。

四、芝麻生长对土壤的要求

良好的土壤应该使芝麻能"吃得饱(养料供应充足)""喝得足(水分充足供应)""住得好(空气流通、温度适宜)""站得稳(根系伸展开、机械支撑牢固)"。芝麻生长对土壤条件虽然要求不严格,但疏松肥沃的土壤,能协调水、肥和空气供给的矛盾。以沙质土最适合种植芝麻,由于它土质疏松、结构优良、排水良好,适合芝麻生长发育所需的高燥条件。黏土或沙土也能种芝麻,此外,还有河流、湖泊沿岸的淤泥土或冲积土,也适合种植芝麻。但沼泽土、盐渍土、强黑钙土和低洼地不适合种植芝麻。

芝麻怕渍,在地势低洼排水不良或地下水位过高的土壤上种芝麻,最易受渍涝害而减产,因此应选择地势较高排水良好的土地种植芝麻。同时芝麻对酸碱度也较敏感,适宜的土壤 pH 值(5.5~7.5)有利于芝麻的生长。过酸、过碱均不能种芝麻,土壤 0~5 cm 表层含盐量达到 0.351 时即不能出苗,其余时期土壤含盐量一旦超标芝麻苗就易受害死亡。南方新开垦的红土壤,如若 pH 值偏小达到 5.5 以下,应先种几年甘薯、花生等作物,使土壤得到改良后再开始种植芝麻。

五、芝麻生长对肥料的要求

农谚说"庄稼一枝花,全靠肥当家",肥料可改良土壤,提高土壤肥力。肥料是芝麻的营养来源,肥料不仅可以促进芝麻整株生长,也可促进芝麻植株某一部位生长;肥料在改善芝麻的商业品质、营养品质和观赏品质等方面有着重要意义。因此,对芝麻生产意义重大。

在土壤氮、磷、钾三要素中,芝麻对氮和钾需要量较大,应根据土壤氮、磷、钾含量进行配方施肥,平衡土壤营养供应。同时芝麻对硼、锌、锰、钼等微量元素反应敏感,可根据土壤中微量元素测定情况酌情补施微肥,特别是施用硼肥效果最为明显。

第三节 优质芝麻品种介绍

(一)豫芝 11 号

豫芝 11 号是河南省农业科学院芝麻研究中心于 1991 年从多元病圃的对照品种豫芝 4 号中发现天然优良变异单株,经连续系统选择和试验育成,2002 年通过国家农作物品种审定委员会审定。该品种夏播一般每公顷产量 1 125 kg 左右,高者达 2 700 kg。该品种属单秆型,株高一般 160 cm 左右,丰产条件下达 180 cm 以上。茎秆弹性好,不倒伏,叶色深绿,花冠白红色,基部微红。叶腋三蒴,单株成蒴数 87～100 个,蒴果四棱,蒴长中等,蒴粒数 60 粒左右,种子呈卵圆形,种皮纯白,千粒重 3.0 g 左右,种子含油量 56.66% 左右。豫芝 11 号夏播生育期 86～92 d。高抗叶斑病、枯萎病和茎点枯病,耐渍、耐旱。适宜种植范围为河南、湖北、安徽、河北等省春、夏播芝麻主产区。

(二)郑杂芝 H03

郑杂芝 H03 是河南省农业科学院芝麻研究中心利用雄性不育系制种的第二个芝麻杂交种,该组合亲本是"91ms2108×92D028"。母本 91ms2108 为改良型雄性核不育系,父本 92D028 通过系谱法选育而成。于 2001 年通过河南省农作物品种审定委员会审定。2002 年通过国家农作物品种审定委员会审定。夏播一般每公顷产量 1 050～1 500 kg,春播一般每公顷产量 1 350～1 800 kg,高产栽培条件下可达到 3 000 kg/hm² 以上。该品种属单秆型,植株高大,一般株高 170～200 cm,叶片浓绿,叶腋三花,花冠白色,蒴果四棱。单株蒴数 75 个左右,蒴粒数 70 粒左右,籽粒白色,千粒重 3.2 g 左右,种子含油量58.58%,粗蛋白质含量为 18.62%,适合外贸出口,茎点枯病病情指数为 1.80,枯萎病病情指数为 1.30。郑杂芝 H03 生育期 93 d 左右,属中熟品种,该品种苗期生长健壮,发育速度快,花期集中,籽粒灌浆速度快。表现高产、稳产、抗病。适宜种植范围为河南、湖北、安徽、河北等省春、夏播芝麻主产区。

(三)郑芝 97C01

郑芝 97C01 是河南省农业科学院芝麻研究中心 1984 年用 7801(母本)和 124(父本)有性杂交、辐射诱变选育而成的新品种,2001 年通过河南省农作物品种审定委员会审定。2002 年通过国家农作物品种审定委员会审定。该品种属单秆型,植株茎秆粗壮,株高 165 cm 左右,丰产条件下可达 200 cm。中下部叶片较大,叶色浓绿,叶腋三花,花粉红色,蒴果四棱,种子长卵形,种皮白色,千粒重可达 3.481 g,含油率 56.1%,蛋白质含量

19.72%,且籽粒纯白,纹路较细,符合外贸出口标准。抗性较强、耐低温,茎点枯病病情指数为2.16,枯萎病病情指数为1.63,属高抗品种,稳产性和丰产性较好。郑芝97C01生育期一般夏播87~90 d,春播95~102 d,属中早熟品种。在河南省夏播、春播皆宜。种植地区适应性广,适宜在河南、安徽、湖北等省区种植。

(四)郑芝98N09

郑芝98N09是河南省农业科学院芝麻研究中心利用杂交育种与诱变育种相结合的方法,经多年系谱选择而成的优质高蛋白食用型芝麻新品种,2004年通过国家农作物品种鉴定委员会鉴定。该品种属单秆型,植株高大,茎秆粗壮,一般株高150~180 cm,高产条件下可达2 m以上,果轴长度102.28 cm;叶腋三花,花白色,基部微红;蒴果四棱,单株成蒴数78个,高产条件下可达150个以上;籽粒纯白,籽大皮薄,千粒重3 g左右,粗脂肪含量54.83%,粗蛋白含量24.00%,适宜外贸出口;茎点枯病病情指数为8.70,枯萎病病情指数为3.50,抗旱耐渍害性强。郑芝98N09全生育期86 d,属中早熟品种。适应黄淮、江淮流域生态环境,适合在我国芝麻主产区河南、安徽、湖北、江西、河北、山西、陕西及新疆等省份推广种植。

(五)郑杂芝3号

郑杂芝3号是河南省农业科学院芝麻研究中心通过群体改良选育的优质、高产、多抗强优势芝麻杂交种。2004~2006年参加河南省芝麻区域试验及生产试验,2007年通过河南省农作物品种审定委员会鉴定,属优质、高产、高抗芝麻杂交种。该品种属单秆型,植株高大,茎秆粗壮,韧性较好,株型紧凑,一般株高162~175 cm。叶腋三花,蒴果四棱、花期35~45 d;成熟时微裂;籽粒纯白,千粒重2.8~3.0 g,脂肪含量56.04%,蛋白质含量20.77%,香味浓厚,感官品质较好。茎点枯病病情指数为2.69,枯萎病病情指数为3.32,抗旱耐渍害性强。郑杂芝3号全生育期87 d,属中早熟品种。出苗快,苗期生长健壮,适应黄淮、江淮流域生态环境,适合在我国芝麻主产区河南、安徽、湖北、江西、河北、山西、陕西及新疆等省份推广种植。

(六)郑芝12号

芝麻新品种郑芝12号(原名郑芝97S56)是河南省农业科学院芝麻研究中心利用复合杂交、多元病圃选择的方法育成的优质高产高抗芝麻新品种,2007年通过河南省特色农作物品种鉴定委员会鉴定。郑芝12号属单秆型品种,其出苗速度快,苗期生长健壮,叶色浓绿,基部叶片为全圆形,中下部叶片肥大,有缺刻;茎秆粗壮,韧性较好,茎上绒毛较多,植株高大,株形紧凑,一般株高155~180 cm;果轴长,节间短;花冠白色,基部微红;叶腋三花,蒴果四棱,花期40 d左右;籽粒纯白,千粒重最高达3.292 g;粗脂肪含量52.23%,蛋白质含量25.84%,属高蛋白品种。郑芝12号全生育期87~91 d,比豫芝4号晚熟1~3 d,成熟时微裂;属中早熟品种,适宜在河南及邻近省份芝麻产区种植。

(七)郑芝13号

郑芝13号(原名为郑芝04C85)是由河南省农业科学院芝麻研究中心利用有性杂交、混合系谱法选择,结合多元病圃筛选,并在多点联合鉴定的基础上,选育出的优质、高产、稳产、高抗白芝麻新品种。2009年通过河南省品种鉴定委员会鉴定。该品种属单秆型品种,叶色浓绿,叶片对生,基部叶片为长卵圆形,有缺刻,中上部叶片为披针形;茎秆粗壮,韧性较好,茎上绒毛较多;株型紧凑,株高 150~180 cm,高产条件下可达到 190 cm 以上;果轴长,节间短,花期 30~40 d,单株蒴数 82 个;花冠白色,叶腋三花;蒴果四棱、中长蒴,蒴粒数 62 粒,成熟时微裂;千粒重 2.9 g,粗脂肪含量 56.96%,粗蛋白质含量 20.92%;茎点枯病病情指数 4.92,枯萎病病情指数 4.70,高抗茎点枯病和枯萎病,且耐渍、抗倒伏能力也较强。郑芝 13 号全生育期 87 d 左右,属中早熟品种。适宜在河南省和邻近省份芝麻产区种植。

(八)郑芝 14 号

郑芝 14 号(原名郑芝 9921)是由河南省农业科学院芝麻研究中心利用复合杂交、系谱法选择、多元病圃及多点联合鉴定方法选育的高产、优质、高抗芝麻新品种。2009 年通过河南省品种鉴定委员会鉴定,定名郑芝 14 号。该品种为单秆型,叶色浓绿,叶片对生,茎秆粗壮、韧性较好。株型紧凑,株高 140~180 cm,高产条件下株高可达到 190 cm 以上。果轴长,节间短,单株蒴数 80 个。花冠白色,叶腋三花,花期 35~40 d。蒴果四棱、中长蒴,蒴粒数 62 粒,成熟时微裂。千粒重 2.68 g,籽粒粗脂肪含量 56.45%、粗蛋白质含量 19.95%,属优质芝麻新品种。茎点枯病病情指数 4.63,枯萎病病情指数 4.82,属高抗芝麻新品种。郑芝 14 号全生育期 87 d 左右,属中早熟品种。适宜在河南省和邻近省份芝麻产区种植。

(九)郑黑芝 1 号

郑黑芝 1 号是河南省农业科学院芝麻研究中心利用杂交育种方法育成的集优质高产抗病于一体的黑芝麻新品种,2007 年通过河南省农作物品种审定委员会鉴定。郑黑芝 1 号属单秆型品种,一般无分枝。苗期生长健壮,发育速度快,株型紧凑,适宜密植;植株高大,一般株高 150~180 cm,高产条件下可达 200 cm 以上,茎色绿色,茎秆粗壮,茎上绒毛稀少;叶色浓绿,中下部叶片长椭圆形,有缺刻,上部叶片呈柳叶形,无缺刻;叶腋三花,花色白色,花期 35 d 左右;蒴果四棱,肥大,蒴长 3.10 cm 左右;成熟时蒴果微裂;籽粒亮黑色,单壳,不脱皮,千粒重 2.555 g,粗脂肪含量 51.65%,粗蛋白质含量 22.36%。茎点枯病病情指数为 4.69,枯萎病病情指数为 2.30,抗病性强,耐旱性好,抗倒伏性强。郑黑芝 1 号全生育期 85~91 d,属中早熟品种。对河南及邻近地区具有广泛的适应性,适宜在黄淮流域推广种植。

(十)郑太芝 1 号

郑太芝 1 号是河南省农业科学院芝麻研究中心利用杂交育种、空间育种相结合,并通过多代系谱选择而成的芝麻新品种。2014 年通过安徽省非农作物品种审定委员会鉴定。郑太芝 1 号属单秆型品种,一般无分枝。出苗速度快,苗期生长健壮,生长势强,成熟时落黄好;株型紧凑,适宜密植;叶色浓绿,中下部叶片较大,长椭圆形,缺刻小,上部叶片柳条形;植株高大,茎秆粗壮,一般株高 170~190 cm,高产条件下可达 200 cm 以上,果轴长度 100~140 cm;叶腋三花,花粉白色,基部微红;蒴果四棱,单株成蒴数 100 个以上,单株产量 10 g 以上;籽粒纯白,籽大皮薄,千粒重 3.0 g 以上;粗脂肪含量 57.49%、蛋白质含量 17.49%;抗病性强,耐旱性好,抗倒伏性强。属高油、大粒、中早熟品种。郑太芝 1 号全生育期 83~88 d,属中早熟品种。对河南及邻近地区具有广泛的适应性,适宜在黄淮流域推广种植。

(十一)中芝 12 号

中芝 12 号是中国农业科学院油料作物研究所以国外引进的芝麻品种 CLSU － 9 作母本与宜阳白杂交,经系谱法选育而成的高产抗病优质芝麻新品种,2003 年通过湖北省农作物品种审定委员会审定,2004 年通过全国芝麻品种鉴定委员会鉴定。中芝 12 号属单秆型,在稀植的情况下,茎秆下部也可长出 1 ~ 2 个分枝。植株较高,一般为 160 cm 左右,高产条件下可高达 200 cm 以上。茎秆粗壮,茎秆(及蒴果)茸毛较少,成熟时为青黄色。叶片较大,叶柄较长。每叶腋 3 花,花为白色。主茎果轴长 70 ~ 100 cm,节间短,结蒴很密。单株蒴果数一般 80 ~ 100 个,可多达 200 个以上。蒴果四棱,蒴较短,每蒴粒数 70 ~ 80 粒;种皮白色,千粒重 2.7 ~ 2.9 g;全生育期 90 ~ 100 d,属于中熟偏晚品种。籽粒较大,种皮纯白,外观、内在品质较好,商品性好;含油量 56.09% ,蛋白质含量 20.11% 。中芝 12 号适宜在江淮地区的湖北、河南、安徽、江西等省及南方芝麻产区种植。

(十二)中芝 13 号

中芝 13 号是中国农业科学院油料作物研究所利用航天育种技术培育的芝麻新品种,2005 年通过全国芝麻品种鉴定委员会鉴定。中芝 13 号植株为单秆型,株高一般为 170 cm 左右,栽培条件好时可达 200 cm 以上,生长势强,根系发达,茎秆粗壮,叶色淡绿,花冠白色,叶腋三花,蒴果四棱,肥大,成熟时茎果为黄绿色,落黄性好,果轴长度一般为 100 cm 以上,平均每蒴粒数 70 粒左右;种子长卵圆形,种皮颜色纯白,千粒重 2.8 ~ 3.2 g。适宜湖北、安徽、河南、江西等芝麻产区种植,长江流域夏播全生育期 90 ~ 95 d,淮河流域夏播全生育期 95 ~ 100 d。

(十三)中芝 14 号

中芝 14 号是中国农业科学院油料作物研究所以有性杂交方式育成的白芝麻新品种。具有高产、稳产、抗(耐)病性强、品质优的特点。2006 年通过湖北省农作物品种审定委员会审定。该品种属单秆型,植株高度一般为 160 cm 左右。茎秆粗壮、绿色,茎秆及蒴果茸毛中等,成熟时为青黄色。叶绿色,叶片中等大小。叶腋三花,花白色。始蒴部位 40 ~ 60 cm,结蒴较密;单株蒴果数一般 80 ~ 100 个,多的可达 200 个以上;蒴果四棱,每蒴 65 ~ 70 粒,蒴中等大小。种皮白色、光滑、无网纹,千粒重 2.8 ~ 3.0 g,外观品质较好。粗脂肪含量为 57.50% ,粗蛋白质含量为 19.26% ,品质较好。对茎点枯病抗性较强。中芝 14 号全生育期一般 90 ~ 95 d。适宜在湖北、河南、安徽等芝麻主产省及以南地区种植。

(十四)中芝 16 号

中芝 16 号是中国农业科学院油料作物研究所以豫芝 8 号为亲本种子经太空环境诱变和地面系统选育而成,2010 年通过江苏省农作物鉴定委员会鉴定。该品种属单秆型,茎秆粗壮,株高一般 160 ~ 170 cm,生长条件好时可达 190 cm 以上,叶片绿色,每叶腋三花,花冠白色,蒴果四棱,较大,成熟时落黄好,种皮颜色纯白,千粒重 2.8 g 左右,含油率 59.3% ,蛋白质含量 17.8% 。中芝 16 号全生育期 90 d 左右。适宜于江苏、湖北、安徽南部、河南南部、湖南、江西等芝麻产区。

(十五)中芝 17 号

中芝 17 号是中国农业科学院油料作物研究所以国家芝麻种质库编号 ZZM3414 × 中芝 10 号杂交后经系统选育而成,2010 年通过江苏省农作物鉴定委员会鉴定。该品种属单秆,茎秆粗壮,株高一般160~170 cm,生长条件好时可达200 cm以上。叶腋三花,花冠白色,叶片黄绿色,蒴果四棱,肥大,成熟时茎果呈黄色,落黄好。含油量56.4%,蛋白质含量19.8%。较抗枯萎病和茎点枯病,耐渍、抗倒性较强。中芝17号全生育期88 d左右。适宜于江苏、江西、湖北、安徽南部、河南南部、湖南等芝麻产区。

(十六)中芝19号

中芝19号是中国农业科学院油料作物研究所以中芝8号为亲本种子经太空环境诱变和地面系统选育而成。该品种属单秆型,株高一般为170.9 cm,白花白粒。始蒴部位65.13 cm,主茎果轴长105.0 cm,单株蒴果数79个,每蒴粒数60粒,单株产量12 g,千粒重3.0 g,生长势强,生长整齐,产量表现:平均每公顷产量为1 505.55 kg,抗逆性较好。中芝19号全生育期90.0 d,适宜于安徽、湖北、河南南部、江西、湖南等芝麻产区。

(十七)中芝20号

中芝20号是中国农业科学院油料作物研究所以中芝11×安徽宿县芝麻(ZZM3604)杂交选育而成。该品种属单秆型,一般株高169.9 cm,白花白粒,果轴长94 cm,单株蒴果数90个,每蒴粒数63粒。单株产量13.17 g,千粒重2.97 g,生长势强,生长整齐。产量表现:平均每公顷产量1 371 kg,抗逆性较好。中芝20号全生育期89.7 d,适宜于安徽、湖北、河南南部、江西、湖南等芝麻产区。

(十八)豫芝DW607

河南省农业科学院芝麻研究中心以豫芝11为材料,通过EMS化学诱变途径选育而成的芝麻新品种。2013~2014年原阳试验结果显示,该品种生长发育正常,生育期90 d左右。平均单株结蒴82个;平均蒴粒数61粒,千粒重3.84 g,籽粒含油量52.62%,蛋白质含量22.28%。具有典型的密蒴、短节间、矮化特性,株高120~150 cm,始蒴位15~20 cm,节间长度3.8~4.6 cm;在黄淮地区,该品种果节位20个以上,结蒴密等特性。适合华北、西北、黄淮、江淮等芝麻产区种植。

(十九)晋芝3号

晋芝3号是由山西省农科院经济作物研究所培育的早熟、高产、优质、抗病、抗旱黑芝麻品种,2004年山西省品种审定委员会认定。该品种属单秆型,叶腋三花,蒴果四棱,种皮黑色。株高一般为160 cm左右,单株蒴果数100个左右,单蒴粒数80个左右。幼苗绿叶,叶片较狭窄。粗蛋白质含量为18.59%,粗脂肪含量为48.73%,富含锰和维生素E。锰含量10.48 mg/kg,维生素E 158.3 mg/kg。晋芝3号适宜我国华北及西北无霜期150 d以上的地区春播和油菜茬、麦茬夏播。

(二十)漯12

漯12是河南省漯河市农业科学研究所选育的优质高产多抗芝麻新品种,2001年通过河南省农作物品种审定委员会审定。漯12属单秆型品种,植株生长健壮,一般株高165 cm,高水肥条件下株高可达200 cm以上。叶腋三花,蒴果四棱,蒴长3.2 cm左右,较肥大。始蒴部位低,果轴长,黄梢短,成蒴多,籽粒灌浆快,饱满度好,三要素协调,千粒重平均3 g,籽粒洁白,商品性好。夏播生育期80~85 d,属早熟品种,茎秆坚韧,抗倒抗病,熟期一致,熟相好,丰产、稳产性好。经农业部油料及制品质量监督检验测试中心(武汉)测定,漯12粗脂肪含量58.34%,粗蛋白质含量17.51%。抗枯萎病、茎点枯病、病毒病、叶斑病。该品种综合性状好,适应性强,适合在河南省及周边省份春、夏播种植。

(二十一)漯芝 15 号

漯芝 15 号是河南省漯河市农业科学院以系统育种法从豫芝 4 号中选出的优良变异单株。2007 年通过河南省农作物新品种鉴定委员会鉴定。该品种属单秆型白芝麻品种,含油率高,种皮洁白干净,商品性好;耐渍抗旱,抗倒抗病,丰产稳产性好;叶腋三花或多花,四棱。千粒重 2.513 g,生育期为 88.4 d。含油率 57.46%,蛋白质含量 18.63%,符合国家优质标准。茎点枯病、枯萎病病株率分别为 9.1%、6.1%,病情指数分别为 8.73、10.39,属抗病品种。

(二十二)漯芝 16 号

漯芝 16 号是河南省漯河市农业科学院从漯芝 12 号系统选育而成,2006 年通过全国农作物品种鉴定。该品种为单秆型的白芝麻品种,叶腋三花,蒴果四棱,千粒重 2.81 g。经农业部油料及制品质检中心检测,含油量 58.87%,蛋白质含量 20.65%。该品种特点是丰产性好,品质优良,抗茎点枯病较强。漯芝 16 号全生育期为 87 d,适宜在湖北、河南、安徽芝麻生产区及江西中北部芝麻主产区推广种植。

(二十三)漯芝 18 号

漯芝 18 号是河南省漯河市农业科学院选育出的优质、高产稳产、多抗、早熟芝麻新品种,2005 年通过国家农作物新品种鉴定。该品种属单秆型,叶腋三花,蒴果四棱,个别有多棱现象。一般栽培条件下株高 160～175 cm。茎点枯病、枯萎病、病毒病、叶斑病病情指数分别为 3.62、3.42、0.80、2.21,属抗病型品种。含油率 58.32%,蛋白质含量 18.97%。该品种籽粒纯白洁净,口味纯正,商品性较好,适宜出口。漯芝 18 号夏播生育期 83 d 左右,适合在河南、安徽、湖北等省份芝麻产区推广应用。

(二十四)漯芝 19 号

漯芝 19 号是河南省漯河市农业科学院以豫芝 8 号为母本、漯 12 为父本杂交经过分离系统选育而成,2009 年通过河南省农作物品种鉴定委员会鉴定。该品种属单秆型,叶腋三花,四棱,一般条件下株高 160～190 cm。含油率 58.28%,粗蛋白含量 18.72%,属高油品种。枯萎病病情指数为 3～4,茎点枯病情指数为 6～10,属抗病品种。漯芝 19 号夏播全生育期 88 d 左右,熟相好,不早衰,广泛适应河南省及周边地区春夏播芝麻生产的需要。

(二十五)豫芝 4 号

豫芝 4 号芝麻新品种是河南省驻马店地区农科院 1978 年用宜阳白作母本,驻芝 1 号作父本杂交选育而成。河南省品种审定委员会于 1989 年命名为豫芝 4 号,陕西省 1989 年审定命名为引芝 1 号。该品种单秆型、叶腋三花,蒴果四棱,蒴长中等,花白色,千粒重 3.15 g,含油量 55.91%,蛋白质含量 24.79%。豫芝 4 号一般生育期 88～93 d,豫芝 4 号适应性较广泛,最适于长江以北各芝麻主产区和长江以南的南京、钟祥等地春、夏播皆可。

(二十六)驻芝 10 号

驻芝 10 号(原名驻黑-2)是河南省驻马店市农科所以豫芝 4 号天然变异单株,经过连年提纯的株系黑芝 7801H 为母本、武宁黑为父本,经有性杂交选育而成的黑芝麻新品系,2007 年 10 月通过河南省芝麻品种鉴定委员会鉴定。驻芝 10 号为单秆型,叶腋三花,花白色微带粉红,蒴果四棱。苗期生长健壮,长势强,植株高大,茎秆粗壮,一般株高 150～180 cm,高肥水条件下株高达 200 cm 以上。始蒴部位低,黄稍尖短,单株产量较高,千粒重 2.5 g 左右。籽粒黑色,有光泽,外观较好,据农业部油料及制品质量监督检验测试中心测定,驻芝 10 号含油量为 51.11%,蛋白质含量为 22.65%。全生育期 85～90 d,属中早熟品种,适宜在河南省芝麻产区种植。

(二十七)驻芝 11 号

驻芝 11 号(试验代号驻 J18)是河南省驻马店市农业科学研究所以驻 81043 做母本、驻 7801 优系作父本杂交选育而成的芝麻新品种,2003 年通过全国芝麻品种鉴定委员会鉴定。驻芝 11 号属单秆型品种,苗期生长健壮,植株高大,株型紧凑,一般株高 150～180 cm,高产条件下可达 200 cm 以上。茎秆粗壮,叶色浓绿,叶腋三花,蒴果四棱;始蒴部位较低,空梢尖短,单株结蒴多。生育期 85～90 d,属中早熟品种。粒色纯白,千粒重 3.0 g 左右。据农业部油料及制品质量监督检验测试中心(武汉)2001 年测定,驻芝 11 号含油量为 57.07%,蛋白质含量 20.72%,属高油类型。属高抗茎点枯病、枯萎病和病毒病。在江淮、黄淮芝麻主产区具有较强的适应性。

(二十八)驻芝 14 号

驻芝 14 号是河南省驻马店市农业科学研究所以驻 86036 为母本、驻 7801 优系为父本,通过有性杂交及后代在多元病圃中连续鉴定选育而成。2005 年通过全国芝麻品种鉴定委员会鉴定。该品种属单秆型,叶腋三花,蒴果四棱。苗期生长健壮,植株高大,一般株高 160～170 cm,高产条件下可达 200 cm 以上。叶腋三花,蒴果四棱,蒴长 3 cm,千粒重 2.8～3.0 g。含油量为 58.48%,蛋白质含量为 18.87%,属高油类型。茎点枯病病情指数为 1.24,属高抗类型;枯萎病病情指数为 2.38,属高抗类型。驻芝 14 号全生育期 85～90 d,属中早熟品种。

(二十九)驻芝 15 号

驻芝 15 号是河南省驻马店市农业科学研究所以驻 81043 为母本、驻 92701 优系为父本,经有性杂交,后代在多元病圃连续鉴定选育而成的芝麻新品种,2007 年通过全国芝麻品种鉴定委员会鉴定。该品种属单秆型品种,一般株高 160～170 cm,高产条件下可达 200 cm 以上。始蒴部位低,黄梢尖短,叶腋三花,蒴果四棱,蒴果长度达 3 cm,千粒重 2.8～3.0 g。夏播一般从出苗到初花 35 d 左右,花期 40 d 左右。茎点枯病病情指数为 1.24,枯萎病的病情指数为 2.38,均属高抗类型。2006 年中国农科院油料作物研究所测试中心测定,驻芝 15 号含油量为 58.48%,蛋白质含量为 18.87%,属高油类型。驻芝 15 号全生育期 85～90 d,属中早熟品种。

(三十)驻芝 16 号

驻芝 16 号是河南省驻马店市农业科学院以"驻 044"为母本、"驻 9106 优系"为父本,经有性杂交、多元病圃多年鉴定、高代鉴定选育而成的芝麻新品种,2009 年通过河南省芝麻品种鉴定委员会鉴定。该品种属单秆型,一般株高 160～180 cm,高产条件下可达 200 cm 以上。始蒴部位一般为 50 cm 左右,黄梢尖 5 cm 左右,蒴果四棱,千粒重 2.7～3.2 g。驻芝 16 号脂肪含量为 58.40%,蛋白质含量为 17.18%。茎点枯病病情指数为 5.16,枯萎病病情指数为 2.83。驻芝 16 号全生育期约 90 d,属中早熟品种。

（三十一）驻芝 18 号

驻芝 18 号（原名驻 122）是河南省驻马店市农业科学院以驻 893 为母本、驻 7801 优系为父本通过有性杂交选育而成的芝麻新品种，2009 年通过全国芝麻品种鉴定委员会鉴定。该品种属单秆型，叶腋三花，花白色，蒴果四棱，始蒴部位 43 cm 左右，千粒重 3 g 左右。含油量为 57.89%，蛋白质含量为 19.28%，属高油类型。茎点枯病病情指数为 6.53，枯萎病病情指数为 1.68。驻芝 18 号夏播全生育期 84～90 d，早播生育期会适当延长。经试验、示范，驻芝 18 号适宜在河南、湖北、安徽、江西、陕西等芝麻主产区种植。

（三十二）驻芝 19 号

驻芝 19 号（原名驻 0019）是河南省驻马店市农业科学院以驻 975 为母本、驻 99141 优系为父本，通过有性杂交、多元病圃多年鉴定、高代鉴定选育而成的芝麻新品种。2011 年通过全国芝麻品种鉴定委员会鉴定。该品种属单秆型，一般株高 140～170 cm。始蒴部位为 50 cm 左右，黄梢尖长 4 cm，花色为白色，蒴果四棱，千粒重 2.8～3.12 g，全生育期 83.5 d。含油量 56.20%，蛋白质含量 20.96%。

（三十三）驻芝 20 号

驻芝 20 号（试验名称：驻 06J3）是河南省驻马店市农业科学院以"驻 97077"为母本、"驻 7801 优系"为父本，通过有性杂交、多元病圃多年鉴定、高代鉴定选育而成的芝麻新品种。2012 年 4 月通过河南省芝麻品种鉴定委员会鉴定。驻芝 20 号属单秆型品种，苗期生长健壮。植株高大，一般株高 160～180 cm，茎秆粗壮；植株叶片对生，下部叶片较大，叶缘浅裂，中部叶型为椭圆形，上部柳叶形，茎秆颜色至成熟一直为绿色；叶腋三花，蒴果四棱，茎秆茸毛量中等，始蒴部位约为 50 cm，黄梢尖长约 7 cm，主茎果轴长 100 cm 以上；花色为白色，籽粒纯白。该品种千粒重 3.3 g 左右，耐渍、抗倒、抗病，夏播从出苗到初花 35 d 左右，初花至终花 40 d 左右，全生育期 88～91 d。经试验、示范，驻芝 20 号适宜在河南驻马店、南阳、商丘、洛阳、周口，也可在安徽阜阳、湖北孝感等芝麻主产区种植。一般夏播生育期 86 d 左右，早播生育期会适当延长。茎点枯病病株率为 6.05%，枯萎病病株率为 3.43%。据农业部农产品质量监督检验测试中心（郑州）2012 年 2 月测定，驻芝 20 号脂肪含量为 53.34%，蛋白质含量为 19.94%。

（三十四）舆芝二十

平舆县农科站用杂交育种方法选育的芝麻新品种。该品种为单秆型，全生育期 89 d 左右。株高 158 cm 左右，花冠白色，叶腋三花，蒴果四棱；单株蒴数 75～85 个，蒴粒数 65 粒；籽粒白色，千粒重 2.97 g；粗脂肪含量 55.05%，粗蛋白质含量 21.61%；抗茎点枯病和枯萎病，抗倒性强；适宜河南省及邻近省份芝麻产区种植。

（三十五）辽品芝 2 号

辽品芝 2 号芝麻是从辽宁省经济作物研究所种质资源库保存的芝麻品种资源 8605－10 变异株经过系统选育而成的。2007 年通过辽宁省非主要农作物品种备案办公室备案登记。该品种株高 160 cm 左右，叶腋三花，蒴果四棱，千粒重 3.2 g，蛋白质含量 21.6%，含油率 58.4%，生育期 110 d，在辽宁省内均可种植。

（三十六）舆芝十六

舆县农科站用杂交育种方法选育的芝麻新品种。该品种属单秆品种，全生育期 91 d。

株高 160~200 cm,始蒴部位低,开花结蒴早,花白色,叶腋三花,蒴果四棱;籽粒白色,千粒重 3 g 左右;粗脂肪含量 57.72%,粗蛋白质含量 18.54%;抗茎点枯病和枯萎病,抗倒性强。蛋白质含量稍低;适宜河南省及邻近省份芝麻产区种植。

(三十七)舆芝十八

平舆县农科站用杂交育种方法选育的芝麻新品种。该品种为单杆型,全生育期 88 d 左右。株高 180 cm 左右,叶色浅绿,花冠白色,叶腋三花,蒴果四棱;单株蒴数 70~90 个,蒴粒数 66 粒;籽粒白色,千粒重 2.8 g;粗脂肪含量 58.06%,粗蛋白含量 18.03%;抗茎点枯病和枯萎病,抗倒性强,成熟时蒴果微裂;适宜河南省及邻近省份芝麻产区种植。

(三十八)驻芝 23 号

驻马店市农业科学院通过有性杂交选育而成的芝麻新品种,2015 年 12 月通过河南省鉴定。2014~2015 年参加河南省芝麻区域试验,9 个点次汇总,平均亩产 95.12 kg,比对照增产 8.23%。粗脂肪含量 57.38%,粗蛋白质含量 18.90%,属高油品种;综合抗性好,抗枯萎病和茎点枯病,抗旱、耐渍、抗倒伏;平均生育期 91.4 d,花期 36.4 d,属中早熟品种,适宜河南省及邻近省份芝麻产区种植。

(三十九)驻芝 22 号

驻马店市农业科学院用杂交育种方法选育的芝麻新品种,2012~2013 年参加河南省芝麻区域试验,17 个点次汇总,平均亩产 92.75 kg,比对照增产 6.43%,居第 3 位;粗脂肪含量为 52.74%,粗蛋白质含量为 19.04%,达到国家优质标准;驻芝 22 号高抗芝麻茎点枯病和芝麻枯萎病;该品种属单杆型,综合农艺性状优,主茎果轴长 107.3 cm,单株蒴数 90.45 个,千粒重 3.025 g,单株产量 15.28 g,夏播从出苗到初花 35 d 左右,初花至终花 40 d 左右,全生育期 88.8 d,适宜河南省及邻近省份芝麻产区种植。

第四节 芝麻优质高产栽培技术

芝麻的经济价值很高,籽实用途颇多,副产品可做饲料、肥料,也可进一步加工成多种产品,且芝麻是小麦等作物的好前作,利于种地与养地相结合,提高土壤肥力。黄淮区是我国芝麻主要产区年种植面积 36.7 万 hm² 左右,年产量 35 万 t 左右,约占全国总产量的 60%,均居国内第一位,其产量的高低对国内外市场有着举足轻重的作用。黄海区主要耕作制度为一年两季或两年三季,芝麻主要为夏播为主,少量春播。长期以来,由于品种的抗病耐渍性较差,管理技术落后,常造成产量低而不稳,品质较差,经济效益不高,严重降低了芝麻农民的生产积极性。为提高黄淮海芝麻产区产量和商品品质,应采取关键性高产高效栽培技术。

一、合理选择地块

芝麻是喜温怕渍作物,特别对渍害、干旱、大风的抵抗能力较差,因此选择土质优良地势高燥、质地轻松、通气透水性能较好、不重茬(3 年或 3 年以上没有种过芝麻)的沙壤土和壤土、砂姜黑土地最为适宜。做到排灌方便的地块种植,做到旱能浇、涝能排。要求土壤 pH 值在 6~7。

二、合理轮作

芝麻忌重茬,芝麻主要病害如苗期的"枯萎病"、中后期的"茎点枯病"等都可由土壤感病。芝麻连作病害严重,可与甘薯、玉米、大豆等轮作换茬。

三、精细整地

芝麻的种子很小,本身储藏的养分不多,幼芽细嫩,顶土力弱,幼苗出土比较困难,因此芝麻发芽出苗对整地的质量要求较高。农谚有"小籽庄稼靠精耕,粗糙悬虚无收成"。这说明种芝麻的地块必须精耕细耙。春播和地膜覆盖芝麻适耕期长,地块为冬季休闲地或早春收获的田块,应精细整地,使土层深厚,上虚下实,蓄水保墒,并结合翻耕,施足底肥,做到精耕细耙,耕层深厚,土壤细碎,地面平整,墒情良好;夏芝麻由于抢时播种,整地时间短,所以播前整地不需深耕,通常以 15～30 cm 为宜。如果过深,不但会翻上生土,且犁垡不能耙碎、耙实,易跑底墒,对出苗不利。夏芝麻在小麦收获后如遇降雨,也可"铁茬"种芝麻,以抢早、抢墒播种。

沟厢配套:芝麻对渍、旱均比较敏感,为排涝防旱,整地后应根据地势、地形,用犁开沟做厢,厢宽 2～3 m,沟深 0.2 m,沟宽 0.3 m,地块超过 50 m 长的要增挖腰沟,使厢沟、腰沟、地外排水沟相通。排渍方便,使雨天明水能排,暴雨后田面上基本无明水;暗水能控,旱天能浇。

四、合理施肥

芝麻生育季节较短,对肥料的需要比较集中,增施底肥是奠定芝麻丰产的重要措施。因此整地时,结合施用农家肥(腐熟农家肥、土杂肥 3 000 kg/亩),每亩施三元素复合肥 40～50 kg 或碳酸氢铵 40 kg、过磷酸钙 50 kg 作底肥,高产条件下可达到 75 kg/亩,在多病及地下害虫多发区,还可撒入多菌灵、金山雕、地虫杀毙等粉剂 0.5～1.5 kg/亩。苗期(定苗前后)亩施尿素 7～8 kg,初花期亩施尿素 5～6 kg,盛花期叶面喷施 0.3%磷酸二氢钾、0.2%硼肥。

五、选用良种

(1)品种选择。因地制宜选用适应性广、抗逆性强、增产潜力大的郑芝系列、驻芝系列、漯芝系列、舆芝系列、中芝系列等优良芝麻品种。近年来,大面积推广种植的品种有郑芝 13 号、郑太芝 1 号、中芝 10 号、豫芝 DW607、豫芝 8 号、豫芝 10 号、豫芝 11 号、驻芝 20 号、驻芝 22 号、驻芝 23 号、漯芝 18 号、漯芝 19 号、舆芝十六、舆芝十八、舆芝二十等优质高产品种。

(2)选种与晒种。用上年收获的种子,不选用隔年的陈种子。用风选或水选法清除秕籽、小粒和杂质,选留饱满干净的籽粒做种;临播前,将种子摊晒在席上暴晒 1～2 d,提高种子发芽势和发芽率。

(3)种子处理。为保证种子发芽势,并在播前作发芽试验,发芽率应在 95%以上;播种前用 0.2%多菌灵或 0.3%的硫酸铜溶液浸种 1～2 h,用清水冲洗干净或用 55 ℃温水浸种 10 ~ 15 min,晾干播种。

六、播种技术

(一)播种期

芝麻原产热带,整个生育期间必须处于较高温度情况下,才能满足其生长发育对温度的要求。据播期试验,春芝麻的适宜播期为 5 月上中旬;夏芝麻的播期是越早越好,最迟不能超过 6 月 15 日。因此,种植夏芝麻时应抢时抢墒早播,做到随收割、随犁耙、随播种、随镇压保墒,力争"茬子不过夜,种地不过晌"。

(二)播种量

每亩用种量 0.4 ~ 0.5 kg。

(三)播种方式

条播、撒播、点播,以条播为好。条播下籽均匀,深浅一致,出苗整齐,便于匀苗密植和田间管理。每亩播量 0.5 kg 左右为宜。芝麻宜浅播,播种深度以 3.5 cm(1 寸)左右为宜,墒情不足时,可适当深些或深播浅覆土。播后要及时镇压,使种子与土壤密接,有利于种子吸水萌发出苗。单秆型品种一般采取等行距条播,行距 33 cm,株距 16.7 cm 或行距 40 cm,株距 13 ~ 15 cm;也可以宽窄行条播,宽行 45 cm,窄行 30 cm,株距 13 ~ 15 cm,或 23 cm 等行距,株距 23 cm。分枝型品种采用 40 cm 或宽行 47 cm,窄行 33 cm,株距 23 ~ 26 cm 或 33 cm 等行距、株距 26 ~ 33 cm。也可以和红薯等矮秆作物间作。

七、田间管理

(一)苗前管理

在播后出苗前用 70% 乙草胺每 90 mL 兑水 15 ~ 25 kg,均匀喷雾,进行土壤封闭。播种后出苗前如遇雨猛晴造成表土板结时,应在天晴适墒时用钉齿耙横耙 1 ~ 2 遍,破除板结,以利出苗。

(二)苗期管理

芝麻的田间管理主要集中在苗期。因此,苗期管理一定抓早,防止苗荒、草荒。出苗后,应进行查苗补种,并及时间苗、定苗。铁茬播种的地块应及早进行中耕灭茬。一般出苗后 10 d 左右,二对真叶时除草间苗,出苗后 20 ~ 25 d 定苗。苗期管理应以控为主,控中有促,促根蹲苗,初花期前除草松土 3 次,做到田间无杂草,保证苗期正常生长。

(三)中期管理

芝麻中期生长速度加快,营养生长与生殖生长并进,因此这个时期应充分满足植株生长及开花结蒴对水分、养分的大量需求,又要防止芝麻因生长发育失调而植株徒长,落花落蒴。此期对水分比较敏感,雨水过多造成渍害、病害、死株严重;长期干旱又造成生长缓慢,提早停止生长,对产量均造成极大影响。伏旱 5 ~ 7 d 要及时灌水抗旱,在下午 4 时以后,随浇随排,最好夜间浇跑马水。暴雨过后要及时清沟排渍,做到雨后厢面无明水。结合第三次除草松土,进行培土,防止大风暴雨造成倒伏。

(四)后期管理

适时打顶能够减少养分的无效消耗,使植株体内的养分调节到已成的蒴果籽粒上去,促进植株中上部蒴果籽粒的饱满度,从而增加粒重,提高单株生产力。据试验适时打顶,一般可以增产 10% 左右,尤以晚播芝麻的打顶效果更为显著。

芝麻打顶的适宜时期,应根据栽培条件和后期长势而定。过早打顶会抑制植株顶端生长,减少结蒴,影响产量;晚打顶则起不到调节养分攻籽的作用。一般来说,以芝麻封顶时即主茎顶端叶片簇生,近乎停止生长时(夏芝麻一般为立秋前后)打顶为宜。打顶要选择晴天进行,摘掉 1 cm 左右的顶尖即可。

八、病虫害防治

芝麻病虫害防治应以预防为主、综合防治相结合为原则。苗期病害主要有枯萎病、疫病、病毒病,中后期主要有茎点枯病、叶斑病、青枯病等。防治方法:①选用抗病品种,合理轮作倒茬。②排涝防渍,实行小畦深沟,沟厢种植。③加强田间管理,增施磷钾肥,合理密植,中耕除草时避免伤根。④药剂防治:从初花期开始每隔 7 d 喷洒一次 40% 多菌灵、托布津、福美双、乙磷铝、代森锌等药剂,可有效地防治茎点枯病、枯萎病及叶部病害。中后期用 800 倍液的多菌灵或 1 000 倍液的甲基托布津等,于下午 6 时后喷洒叶片,喷洒 2～3 次,也有较好的预防效果。

芝麻虫害苗期主要为地老虎、金针虫和蛴螬等危害芝麻根部和幼茎,防治方法是:①农业综合防治。即施用腐熟农家肥料,清除田间地头杂草可消灭部分虫卵和早春杂草寄主,结合早春积肥铲除杂草,沤肥或烧毁,可消灭 1～2 龄幼虫和大量卵。②诱杀成虫。利用黑光灯、糖、酒、醋诱蛾液,加硫酸烟碱或苦楝子发酵液,或用杨树枝把或泡桐叶,诱杀成虫。③化学防治。出苗后可用炒香的麦麸、豆饼、花生饼、玉米碎粒、新鲜碎草、泡桐树叶等拌入辛硫磷乳油作毒饵诱杀幼虫;在芝麻 1 对真叶期喷施 800～1 000 倍液敌百虫 1 次,防治 3 龄以前的小地老虎,3 龄以上的幼虫用毒饵诱杀。

中后期虫害有蚜虫、棉铃虫、盲椿象、芝麻天蛾、玉米叶液蛾等。防治方法:①农业防治。即秋冬时清除杂草,消灭越冬虫源。②在大田发生时,苗期用 2 000～3 000 倍液的乐果乳油或 1 500 倍液灭蚜松防治蚜虫;中后期用 50% 辛硫磷、2.5% 高效氯氟氰菊酯、25% 灭幼脲 3 号悬浮剂 500～600 倍液、20% 溴氰菊酯乳油 2 000 倍液、50% 杀虫菊酯 2 500～3 000 倍液、2.5% 高效氯氟氰菊酯(功夫)乳油 3 000 倍液等药剂喷雾进行防治。

九、收获与储藏

(一)收获时间

芝麻蒴果成熟不一致,一般为 8 月底 9 月初,当植株变成黄色或绿色,叶片几乎完全脱落,下部蒴果的籽粒充分成熟,种皮呈固有色泽,并有 1～2 个蒴果开始裂嘴,中部蒴果的籽粒已十分饱满,上部蒴果的籽粒已进入乳熟后期时进行收获。

(二)收获方法

芝麻收割后捆成直径 15～20 cm 的小捆,立于田间或场院内,每 3～4 束支架成棚架,各架互相套架成长条排列,以利暴晒和通风干燥。晒干后脱粒,经 2～3 次脱粒即可。种子脱粒后应及时晾晒,可使籽粒色泽好,种子商品品质高。

（三）储藏

收获后的籽粒要及时晾晒，其含水量不超过7%、杂质不超过2%即可入库。

第五节　小麦－辣椒－芝麻间作套种栽培技术

小麦－辣椒－芝麻间作套种栽培技术是在麦垄套种小辣椒技术的基础上，为进一步提高土地利用率，增加经济效益前提下发展起来的。一般在不增加投入、小辣椒不减产的情况下，亩均增收25~40 kg芝麻，增收400~600元。其主要技术应把握以下几点。

一、适时早播芝麻，确保一播全苗

在小麦收割前后，采用4行小辣椒种1行芝麻的种植模式，即每隔4行小辣椒，在原来的小麦种植带内，人工或机械播种1行芝麻。这样可以在不影响辣椒管理的情况下，做到合理利用土地，实现高效种植。芝麻应做到及早播种，最好在小麦没有收获以前播种，最迟不能超过6月10日。播种过晚，出苗后辣椒已经长大，芝麻容易受到辣椒的荫蔽。播种量每亩50 g，可采用开沟播种。播种时要尽量避开收割机的秸秆出口行。麦秸或麦糠过大会影响芝麻出苗，出苗后易形成高脚苗。播种后根据墒情，应及时浇水，可以在浇辣椒的同时，对芝麻进行灌溉，确保一播全苗。

二、做好芝麻田间管理，实现高产和优质

（1）及时间苗、定苗。在第1对真叶时进行第1次间苗，拔除过密苗，以叶不搭叶为度；到3~4片真叶时进行第2次间苗，以促进芝麻幼苗的均衡健壮生长。间苗时，发现缺苗，要及时带土移苗补栽。当芝麻长至12~15 cm时，进行最后一次间苗并定苗，单秆型品种株距13~16 cm为宜，一般亩留苗3 000~4 000株。

（2）化学除草。在播种后3 d以内，每亩用72%都尔乳油100 mL，加水稀释后均匀喷布于地表。土质黏重或有机质含量丰富的田块，应增加20%的用药量。

（3）科学施肥。由于辣椒地土壤较为肥沃，一般不施入基肥。开化结蒴期是芝麻生长最旺盛时期，也是需肥高峰期，吸收养分占总量的70%左右，必须增施化肥满足需求。实践证明，追施化肥可增产30%以上。追肥方式是地面施氮肥，根外喷磷肥、钾肥和硼肥。于初花期每亩追施尿素7.5~10 kg，同时用0.4%的磷酸二氢钾与0.02%的硼砂混合溶液进行叶面喷施，5 d左右喷一次，连喷2次。

（4）打顶保叶。一般8月8~10日打顶。晴天下午用手摘除花序顶部生长点约1 cm。禁止掐芝麻叶食用。

（5）适时收获。8月底至9月初，当植株变成黄色或绿色，叶片几乎完全脱落，下部蒴果的籽粒充分成熟，种皮呈固有色泽，并有2~3个蒴果开始裂嘴，中部蒴果的籽粒已十分饱满，上部蒴果的籽粒已进入乳熟后期时进行收获。芝麻收割后捆成直径15~20 cm的小捆，4~5捆一起就地捆架晾晒，经2~3次脱粒即可。收获后的籽粒要及时晾晒，其含水量不超过7%，杂质不超过2%即可入库。

第六节 麦茬芝麻生产技术规程

1 范围

本标准化生产技术规程规定了麦茬芝麻生产选地、品种选择及种子处理、免耕精量直播、田间管理、收获、储藏等技术要求。

本标准适用于河南省麦茬芝麻生产。

2 规范性引用文件

下列文件对于本文件的应用是必不可少的。凡是注日期的引用文件,仅注日期的版本适用于本文件。凡是不注日期的引用文件,其最新版本(包括所有的修改单)适用于本文件。

GB 4407.2 经济作物种子第 2 部分:油料类

GB 5084 农田灌溉水质标准

GB/T 8321(所有部分) 农药合理使用准则

NY/T 496 肥料合理使用准则 通则

NY/T 1276 农药安全使用规范 总则

3 保苗要求

保苗率达到 80% 以上。

4 产量要求

在正常气候条件下,每亩产量可达 120~150 kg。

5 品种选择及种子处理

5.1 品种选择

根据市场要求,选择适应当地生态条件,经鉴定推广的优质、高产、抗逆性强、抗病性强的优良品种。品种生育期应选择 85~90 d。优质品种品质应符合 GB 4407.2 的规定。

5.2 晒种与种子清选

(1)晒种。播前选择晴朗天气,将种子摊匀晒在通风透光的地面上,阳光下暴晒 1~2 d,并经常翻动,以打破种子休眠状态,提高种子活力。

(2)种子清选。种子质量应符合 GB 4407.2 的规定。

5.3 种子处理

(1)种子包衣。在芝麻病害严重的地区,要进行种子包衣,使用种子包衣剂可有效地预防芝麻枯萎病、茎点枯病、立枯病和地下害虫地老虎、蝼蛄、蛴螬、金针虫等。种子包衣剂使用量与种子的质量比为 2:50。浸种拌种。

(2)温汤浸种:55 ℃浸种 10 min 或 60 ℃浸种 5 min;或用种子量 0.2% 的 40% 多菌灵

可湿性粉剂拌种;或用种子量0.3%的2.5%适乐时拌种,均可有效防治芝麻立枯病、枯萎病、茎点枯病、根腐病等。农药质量和使用方法应符合 GB/T 8321、NY/T 1276 的规定。

6 选地与麦茬免耕精播

6.1 选地

在不重茬的基础上,选用土质优良、质地疏松、排灌方便、肥力中上等的沙壤土和壤土、砂姜黑土地较为适宜。茬口为小麦茬。提倡连片种植、机械作业,提高生产效率。

6.2 麦茬免耕精播

小麦机收留茬高度10~15 cm,麦收后及时清理田间麦秸,有利于芝麻机械化播种和幼苗生长。麦茬芝麻适播期短,若墒情适宜,可免耕直播抢墒播种;墒情不足,宜先灌溉后播种。

播种方式。机械条播,等行距或宽窄行种植,行距28~30 cm 或 50 cm:30 cm,播种深度3.0~5.0 cm,使用芝麻免耕精播种施肥一体机,实行精量或半精量播种,播种量0.2~0.3 kg/亩,随播种随施 10~15 kg/亩 NPK 三元复合肥,播种施肥一次完成。肥料质量应符合 NY/T 496 的规定。

7 田间管理

7.1 密度

麦茬精播芝麻一般无须间苗,如密度过大,可在3~4对真叶时定苗一次,株距为15 cm,6月5日前播种,密度10 000 株/亩左右,以后,每推迟5~8 d,密度增加2 000~3 000 株/亩。

7.2 水肥管理

播种前未施底肥或发现土壤缺肥时,可用单腿施肥机械在芝麻现蕾期—初花期,追施尿素5~8 kg/亩或 NPK 三元复合肥 10~15 kg/亩;盛花期可喷施磷酸二氢钾、芸薹素、叶面保等以提高籽粒饱满度。肥料质量应符合 NY/T 496 的规定。麦茬芝麻盛花期需水量大,且此时在河南易遇旱涝灾害,高温干旱天气宜在上午7~11时或下午15时以后灌水,灌水量≤20 m³/亩,水质量应符合 GB 5084 的规定;遇涝时应及时清沟排水,以防涝灾。

7.3 草害防控

播种后出苗前宜用芽后除草剂50%乙草胺乳油100~120 mL/亩兑水 20~40 kg 进行田间喷施;芝麻出苗后,单子叶杂草可用12.5%盖草能乳油40~50 mL/亩兑水40~60 kg或10%精喹禾灵30~40 mL/亩兑水40~60 kg进行喷施;其他阔叶型杂草,可用人工拔除。农药质量和使用方法应符合 GB/T 8321、NY/T 1276 的规定。

7.4 病虫害防控

防治地老虎、蝼蛄、金针虫等地下害虫可用5%地亚农颗粒剂2.5~3.0 kg/亩与肥料混匀后施入;或出苗后用50%辛硫磷乳油150~200 mL/亩,拌细土1.0 kg(或炒熟的麻饼、豆饼)均匀施入田内。防治蚜虫、甜菜夜蛾、芝麻天蛾和盲蝽象等虫害可用2.5%菜喜1 000 倍液,或5%氟虫脲(卡死克)乳油4 000 倍液,或20%虫酰肼(米满)1 000~1 500倍液,进行喷施。防治枯萎病、茎点枯病、叶部病害及细菌性角斑病等,可用70%甲基托布津 800 倍液与 72% 农用硫酸链霉素 3 000 倍混合液喷施,一般宜在发病初期用药,全田喷雾 2~3 次,间隔时间为 5~7d,也可以防病与治虫药同时喷施,病害和虫害一次兼治,病虫害防治应符合 GB/T 8321、NY/T 1276 的规定。

7.5　适期打顶

麦茬芝麻宜在 8 月 10 日前后打顶,打顶长度 1.0 cm 左右,打顶方法是用剪子剪掉芝麻顶尖。

8　收获与贮藏

8.1　收获时期

人工收获和机械分段收获均宜在成熟期进行。植株由浓绿色变黄色,叶片除顶梢外全部脱落,下部籽粒完全成熟,现出本品种固有色泽,中部蒴果籽粒灌浆饱满,上部蒴果籽粒进入乳熟后期为宜。

8.2　收获方式

收获时期:8 月下旬至 9 月上旬,芝麻成熟时,及时收获、晾晒。机械分段割捆:用芝麻割捆机械,割茬高度为 10~15 cm,机械捆扎。

人工收割:人工用镰刀刈割,随割随捆,每 20~30 株扎成一捆。

小捆架晒,及时脱粒,保证籽粒外观颜色正常,确保产品质量。收获时,应避免中午阳光暴晒时段收获,以减少落粒损失。

8.3　储藏

芝麻脱粒后及时晾晒、精选。待籽粒含水量 <9.0% 时,分品种、分等级存放于清洁、干燥、无污染的仓库中。种子质量应符合 GB 4407.2 的规定。

第七节　芝麻 - 花生带状间作技术规程

1　范围

本标准规定了芝麻 - 花生间作选地、品种选择及种子处理、芝麻花生带状播种、除草剂施用、田间管理、收获与储藏等技术要求。

本标准适用于河南省芝麻 - 花生带状间作优质高效生产。

2　规范性引用文件

下列文件对于本文件的应用是必不可少的。凡是注日期的引用文件,仅注日期的版本适用于本文件。凡是不注日期的引用文件,其最新版本(包括所有的修改单)适用于本文件。

GB 4407.2　经济作物种子第 2 部分:油料类

GB 5084　农田灌溉水质标准

GB/T 8321(所有部分)　农药合理使用准则

NY/T 496　肥料合理使用准则　通则

NY/T 1276 农药安全使用规范 总则

3 产量要求

在气候正常年份,花生产量 300~350 kg/亩,芝麻产量 40~50 kg/亩。

4 选用品种及种子处理

4.1 品种选择

花生应选用国家登记品种,芝麻应选用经审(鉴)定推广的优质、高产、抗逆性强、抗病性强的优良品种。花生品种宜选择株型紧凑、生育期 110~120 d 的中熟品种,芝麻品种选择单秆型、生育期 85~90 d 的中早熟品种。

4.2 晒种与种子清选

(1)晒种。播前宜选择晴朗天气,将芝麻种子、花生果摊匀晒在通风透光的地面上,在阳光下暴晒 1~2 d,并经常翻动,以打破种子休眠状态,提高种子活力。花生剥壳时间以播种前 10~15 d 为好。

(2)种子清选。芝麻、花生种子清选后的质量应符合 GB 4407.2 的规定。

4.3 种子处理

(1)花生种子包衣。在花生重茬或病害严重区域,用高巧(60% 吡虫啉)悬浮种衣剂,用量为每 100 mL 兑水 0.5~1 kg,拌种 30~40 kg,病虫较重地区可加大用药量,可防治一季地下害虫和蚜虫。

(2)花生拌种。针对连作地区花生种子可用 50% 多菌灵可湿性粉剂按种子量的 0.5% 拌种,或用适乐时 10 mL 拌 5.0 kg 种子,防治土传性病害。

(3)芝麻温汤浸种。55 ℃ 浸种 10.0 min 或 60 ℃ 浸种 5.0 min。

(4)芝麻药剂拌种。用种子量 0.2% 的 40% 多菌灵可湿性粉剂拌种;或用种子量 0.3% 的 2.5% 适乐时悬浮剂拌种,防治芝麻立枯病、枯萎病、茎点枯病、根腐病等。

5 选地与播种

5.1 选地

选用地势平坦、土层深厚(1.0 m 以上),耕作层肥沃,花生结果层疏松,排灌方便、肥力中上等的地块为宜。

5.2 整地与施肥

芝麻-花生带状间作田块以主作物花生施肥量为准。施肥可根据田中土壤养分丰欠情况测土配方施肥。高产田施 45% NPK 三元复合肥 40~50 kg/亩;中低产田施 45% NPK 三元复合肥 30~40 kg/亩。肥料质量应符合 NY/T 496 的规定。

采用深耕或深旋的方法整地,做到耕层疏松、土碎田平,分箱整地、厢沟规整。

5.3 播种

(1)精(少)量播种的条件。耕层深厚,土壤肥沃;土碎田平,足墒播种;选用合格种子,适期足墒播种;机械条播;浅播、匀播、播后镇压。

(2)播种顺序。先播种花生、再播种芝麻。花生播种。用花生播种机械直播。大果花生密度 1.0 万～1.1 万穴/亩,小果花生 1.1 万～1.2 万穴/亩,每穴播 2 粒种子;每 4～6 行花生留 40～50 cm 行距,用以种植芝麻。

(3)芝麻播种。芝麻用独腿耧进行播种,播种量 0.2～0.3 kg/亩;留苗密度 0.4 万～0.5 万株/亩。若墒情差,可采用坐水播种。

6　田间管理

6.1　草害防控

带状间作田块待芝麻播种后,土壤封闭可使用 50% 乙草胺,用量 80～100 mL/亩兑水 30～40 kg,如土壤干旱,可兑水 60～80 kg。芽后除草剂在杂草长到 3～5 叶期喷洒效果最佳,禾本科杂草可选用 10.8% 高效氟吡甲禾灵乳油 20～30 mg/亩,兑水 20～25 kg,均匀喷雾于杂草茎叶。天气干旱或杂草较大时,须适当加大用药量至 30～40 mL,同时兑水量也相应加大至 25～30 kg;对阔叶型杂草于花生 2～5 叶期,可用 48% 灭草松水剂,药量 150～200 mL/亩,以防除花生田苍耳、蓼、马齿苋、油莎草等阔叶草及莎草等。农药质量和使用方法应符合 GB/T 8321、NY/T 1276 的规定。

6.2　水肥管理

花生在开花、果针下扎及饱果期用 0.2%～0.3% 磷酸二氢钾、0.1%～0.2% 尿素水溶液进行叶面追肥,用量 40～50 kg/亩,并灌水 1 次;芝麻在盛花后期喷施磷酸二氢钾、尿素,用量同前,喷施 2～3 次。肥料质量应符合 NY/T 496 的规定。

花生宜在花针后期和结荚后期,遇旱要及时浇水。灌溉次数,春花生灌水 2～3 次,夏花生浇水 1～2 次。遇涝时应及时清沟排水,以防涝灾。水质量应符合 GB 5084 的规定。

带状种植的芝麻水肥管理同花生管理。

6.3　病虫害防控

(1)病虫害防控原则。以防为主,一防多效,综合防控。

(2)主要病害。花生中后期的主要病害为茎腐病、根腐病、叶斑病、锈病、病毒病等,芝麻的主要病害为茎点枯病、枯萎病、叶斑病、病毒病等。

(3)主要虫害:花生中后期的主要虫害为蛴螬、金针虫、棉铃虫、蚜虫、飞虱、蓟马等;芝麻的主要虫害为蚜虫、棉铃虫、甜菜夜蛾、芝麻天蛾和盲蝽象等。

(4)防治方法为:可同时用杀虫剂、杀菌剂、叶面肥等混合喷施,达到一次喷施同时起到防病、治虫、叶片补养多种作用。药剂混配方法:600 倍花生克菌灵,或 40% 多菌灵悬浮液 700 倍液,或 70% 甲基托布津 800 倍液(防病)+ 2.5% 高效氯氰菊酯 1 000 倍液,或 5% 氟虫脲(卡死克)乳油 4 000 倍液,或 20% 虫酰肼(米满)1 000～1 500 倍液,或 300 倍液磷酸二氢钾。一般宜在发病初期用药,全田喷雾 2～3 次,间隔时间为 7～10 d。农药质量和使用方法应符合 GB/T 8321、NY/T 1276 的规定。

6.4　合理促控

针对高温多雨年份花生旺长、花位高、果针入土率低和芝麻始蒴部位高、开花晚等问题,可用 15% 多效唑可湿性粉剂,或 25% 缩节胺水剂,或 1.0～2.0 g/亩增产灵,兑水 40～50 kg/亩进行喷施。用药次数 1～2 次,时间间隔 7～10 d。肥料质量应符合 NY/T 496 的规定,农药质量和使用方法应符合 GB/T 8321、NY/T 1276 的规定。芝麻适期打顶:春芝麻宜在 7 月 30 日至 8 月 5 日、夏芝麻在 8 月 10 日至 8 月 15 日打顶,打顶长度 1.0 cm 左右,打顶方法用剪子剪掉芝麻顶尖即可。推迟打顶时间,应剪去顶端未开花的花序。

7 收获与贮藏

7.1 收获

芝麻 – 花生带状间作种植,芝麻成熟期较早,花生熟期较晚,宜先收芝麻,后收花生。

(1)芝麻收获。收获时期为当芝麻植株由浓绿色变黄色,叶片除顶梢外全部脱落,下部籽粒完全成熟,现出本品种固有色泽,中部蒴果籽粒灌浆饱满,上部蒴果籽粒进入乳熟后期为宜。收割方法分为人工收割,即人工用镰刀刈割,随割随捆,小捆架晒,及时脱粒,保证籽粒外观颜色正常,确保产品质量。收获时,应避免中午阳光暴晒,以减少落粒损失。

(2)花生收获。植株生长停滞,中下部叶片脱落,上部叶片发黄而不枯萎脱落,叶片昼开夜合的现象消失,植株由紧凑变为疏松,并且有倒伏的倾向。收获方法可采用花生收获机或花生联合收获机进行收获。

7.2 储藏

芝麻脱粒后及时晾晒、精选,籽粒含水量 <9.0% ,可分品种、分等级入库储藏,种子质量应符合 GB 4407.2 的规定。

新收获的花生应及时晾晒风干,以防止霉烂变质;籽粒含水量 8.0% ~10.0% ,可分品种、分等级入库储藏,种子质量应符合 GB 4407.2 的规定。

参 考 文 献

[1] 王绍中,田云峰,郭天财,等.河南小麦栽培学[M].北京:中国农业科技出版社,2010.

[2] 中国农业科学院植保研究所.中国农作物病虫害(上下册)[M].2版.北京:中国农业出版社, 1995、1996.

[3] 于振文.小麦高产创建示范技术[M].北京:中国农业出版社,2008.

[4] 于振文.现代小麦生产技术[M].北京:中国农业出版社,2007.

[5] 雷振生,季书勤,吴政卿.河南优质小麦与规范化栽培[M].郑州:中原农民出版社,2008.

[6] 余松烈.中国小麦栽培理论与实践[M].上海:上海科技出版社,2006.

[7] 万富世.小麦主导品种与主推技术[M].北京:中国农业出版社,2005.

[8] 于振文.黄淮海小麦绿色增产模式[M].北京:中国农业出版社,2017.

[9] 于振文.作物栽培学各论[M].北京:中国农业出版社,2003.

[10] 郭庆法,等.中国玉米栽培学[M].上海:上海科学技术出版社,2004.

[11] 董树亭.作物栽培学概论[M].北京:中国农业出版社,2007.

[12] 王璞.农作物概论[M].北京:中国农业大学出版社,2004.

[13] 邢君,李金才.安徽玉米丰产高效栽培理论与技术[M].合肥:安徽科学技术出版社,2015.

[14] 袁二排,李晓瑞.玉米4行密带状高光效栽培间作大豆技术[J].中国种业,2015(11):110-111.

[15] 郑殿升,方嘉禾.高品质小杂粮作物品种及栽培——种植业结构调整实用技术丛书[M].北京:中国农业出版社,2001.

[16] 杨国红,杨育峰,肖利贞.一本书明白甘薯高产与防灾减灾技术[M].郑州:中原农民出版社,2016.

[17] 任春玲.油料作物高效栽培新技术[M].北京:中国农业出版社,2000.

[18] 苏少泉.中国农田杂草化学防治[M].北京:中国农业出版社,1996.

[19] 崔杏春,靳福,李武高,等.马铃薯良种繁育与高效栽培技术[M].北京:化学工业出版社,2010.

[20] 徐冉,王彩洁,张礼凤.大豆优质高效栽培[M].济南:山东科学技术出版社,2006.

[21] 李海朝.一本书明白大豆高产与防灾减灾技术[M].郑州:中原农民出版社,2016.

[22] 农业部种植业管理司,全国农业技术推广服务中心.油料作物高产与减灾实用技术[M].北京:中国农业出版社,2011.

[23] 张书芬,朱家成,文雁成,等.一本书明白油菜高产与防灾减灾技术[M].郑州:中原农民出版社,2016.

[24] 卫双玲.一本书明白芝麻高产与防灾减灾技术[M].郑州:中原农民出版社,2016.

[25] 高桐梅,卫双玲.芝麻优良品种与繁育技术[M].郑州:河南科技出版社,2006.

[26] 王永宏,高桐梅,司马青焕,等.我国芝麻生产优势、存在问题及对策研究[J].河南农业科学,2010,39(12):133-135.